W0260214

Lehrbuch der Technischen Mechanik starrer Systeme

Zum Vorlesungsgebrauch und zum Selbststudium

von

Dr. **Karl Wolf**
o. Professor a. d. Technischen Hochschule in Wien

Dritte, unveränderte Auflage

Mit 250 Textabbildungen

Springer-Verlag Wien GmbH
1947

Ursprünglich erschienen bei Springer-Verlag OHG. in Vienna 1947

ISBN 978-3-7091-3930-1 ISBN 978-3-7091-3929-5 (eBook)
DOI 10.1007/978-3-7091-3929-5

Vorwort zur 3. Auflage.

Durch schnellen Absatz der 2. Auflage ist eine dritte notwendig geworden, die — mit Ausnahme von einigen Druckfehlerberichtigungen — einen unveränderten Abdruck der zweiten Auflage darstellt.

Wien, Juni 1947.

K. Wolf.

Vorwort zur 2. Auflage.

Die 2. Auflage dieses Buches war schon Ende 1938 fällig, durch die politischen Geschehnisse konnte sie aber erst jetzt verwirklicht werden. Sie ist im wesentlichen ungeändert geblieben, da die Einteilung, Gliederung und Darstellung des Stoffes bei der 1. Auflage bei den Studierenden sich bewährt und bei der Kritik eine gute Aufnahme gefunden hat. Außer einigen kleineren Änderungen wurden zwei große Beispiele aus der technischen Praxis, die Resonanzschwingungen bei der Landung eines Flugzeuges und die Bewegung eines Katapultsitzes beim Herausschleudern aus einem Flugzeug, neu aufgenommen, die Zahl der Aufgaben vermehrt und in einigen Fällen die Berechnung der Lösungen vervollständigt.

Bei der Korrektur des Satzes hat Herr Doz. Dr. C. Torre mitgewirkt. Ich bin ihm dafür zu besonderem Danke verpflichtet.

Wien, Weihnachten 1946.

K. Wolf.

Aus dem Vorwort zur 1. Auflage.

Ein großer Teil der Ingenieurfächer im engeren Sinn ist im wesentlichen angewandte Mechanik; daher ist das Studium derselben, das die theoretische Grundlage für jene Fächer liefert und teilweise auch schon Aufgaben aus deren Gebiet behandelt, für den angehenden Ingenieur, den Hörer der technischen Hochschule, von größter Bedeutung. Erfahrungsgemäß bietet die technische Mechanik den Studierenden große Schwierigkeiten, die im wesentlichen darin liegen, daß wegen der großen Zahl der Anwendungsmöglichkeiten dieser Gegenstand nicht rein gedächtnismäßig, nicht rein „mechanisch" erfaßt werden kann, sondern daß es bei ihm vor allem auf das Verständnis ankommt. Da ferner die Mechanik zum Teil ein Vorlesungsgegenstand der ersten Jahre ist, erschwert auch die mangelnde Reife vieler Studierender das Erarbeiten des Stoffes.

Dem Hörer bei der Überwindung dieser Schwierigkeiten an die Hand zu gehen, ist ein Zweck dieses Buches. Es behandelt in elementarer Darstellung im wesentlichen die technische Mechanik des starren Körpers und starrer Systeme mit besonderer Berücksichtigung der Bedürfnisse der Praxis, wobei auch auf eine möglichst systematische Darstellung Gewicht gelegt wurde. Über den gewöhnlichen Stoff einer Pflichtvorlesung aus diesem Gebiet hinaus sind noch einige Abschnitte eingefügt, die dem Studierenden die Möglichkeit geben, auch jene Begriffe und Methoden zum Teil wenigstens kennenzulernen, die er benötigt, um die einschlägige Literatur wenigstens einigermaßen lesen zu können, so z. B. die Behandlung einer einfachen Randwertaufgabe in der Dynamik der Ketten und Seile, die Abbildungsmethoden räumlicher Vektoren auf die Ebene nach Major und Mises, die Ableitung der Lagrangeschen Bewegungsgleichungen und anderes mehr. Die wissenschaftliche Durchbildung, welche die Ingenieurfächer im Laufe der Entwicklung erfahren, stellt ja in dieser Beziehung an den Techniker immer größere Ansprüche, die in einem normalen Lehrgang einer technischen Hochschule nicht berücksichtigt werden können, da die Hörer schon an und für sich genügend belastet sind. Bei der Aufnahme derartiger Abschnitte war auch die Rücksicht auf die technischen Physiker und Lehramtskandidaten maßgebend, denen das Buch daher gute Dienste leisten dürfte.

In der Anordnung des Stoffes ist der an den Hochschulen aus pädagogischen Gründen üblichen Einteilung gefolgt worden. Vorangestellt ist die Statik des starren Körpers und starrer Systeme in ziemlich ausführlicher Darstellung, so daß die speziellen Methoden der Baustatik, soweit sie auf starre Systeme Bezug haben, unmittelbar angeschlossen werden können. Erst dann folgt die Dynamik des Massenpunktes, an die sich die Kinematik und Dynamik des starren Körpers anreiht. Der letzte Teil enthält die Dynamik der Systeme, die bis zur Aufstellung der Lagrangeschen Bewegungsgleichungen reicht, und ein Schlußkapitel über mechanische Ähnlichkeit und Theorie der Modelle.

Von der Vektorrechnung wird reichlich Gebrauch gemacht, wobei aber nur die einfachsten Sätze derselben zur Anwendung gelangen; ein eigenes Kapitel wurde ihr nicht gewidmet, sondern es werden die benötigten Regeln im Laufe der Darstellung nach und nach eingeführt, was sich in der Statik der Einzelkräfte ungezwungen tun läßt. Das dürfte dem Anfänger weniger Schwierigkeiten als eine gesonderte Behandlung bereiten.

Wien, im Dezember 1930.

K. Wolf.

Inhaltsverzeichnis.

Einleitung.

Allgemeines und Kraftbegriff.

1. Definition und Aufgabe der Mechanik. Der Mensch, ins Leben gestellt, steht einer zunächst scheinbar unabsehbaren Fülle von Naturerscheinungen gegenüber. Diese Naturerscheinungen werden ihm durch die Sinneseindrücke vermittelt, und es ist wesentlich, daß diese gewisse Gesetzmäßigkeiten aufweisen, Gesetzmäßigkeiten, die ebenso in den Sinneswahrnehmungen anderer Menschen aufscheinen und so die Realität der Außenwelt bezeugen. Es war eine Entwicklung von vielen Jahrtausenden nötig, bis der Mensch es lernte, nicht nur als Objekt sich den Naturerscheinungen zu unterwerfen, sondern aktiv in ihren Verlauf einzugreifen und sie wenigstens teilweise nach seinem Willen zu lenken. Das ist möglich, weil eben in dieser Fülle von Naturerscheinungen Gesetzmäßigkeiten vorhanden sind, weil man sie in Klassen einteilen, Wesentliches von Unwesentlichem sondern, sie in das Verhältnis von Ursache und Wirkung bringen kann. Das Vorhandensein dieser Möglichkeit ist von vornherein keineswegs selbstverständlich, sie besteht aber, da es eine Naturwissenschaft gibt, deren Ergebnisse mit Erfolg auf die Erscheinungswelt angewendet werden können. Eine bloße Aufzählung und Beschreibung der Naturerscheinungen würde nicht genügen, denn jede Tatsache allein für sich genommen ist uns unverständlich. Einen Vorgang erkennen heißt ja zunächst nichts anderes, als ihn in Zusammenhang mit schon bekannten Tatsachen zu bringen. Diese zwei Prinzipien, das Ordnungsprinzip, das man auch das Prinzip der Klassifikation nennt, und das Prinzip der Kausalität, bilden die Grundlage jeder Naturwissenschaft und daher auch der Mechanik. Dabei muß einschränkend aber hervorgehoben werden, daß dies nur soweit gilt, als die Erscheinungen nicht durch die Beobachtungen selbst gestört werden, soweit als sie „objektivierbar" sind. Bei der Untersuchung der Vorgänge im Intramolekularen in der Atomphysik hat es sich im Verlauf der Fortschritte dieser Wissenschaft nun gezeigt, daß dort diese Objektivierbarkeit nicht mehr möglich ist, daß man dort nicht mehr von einer kausalen Bedingtheit in obigem Sinne sprechen kann. Da die Mechanik aber nur Vorgänge im Großen zu beschreiben, nur „makroskopische" Physik zu betreiben hat, so können wir von den damit zusammenhängenden Fragen absehen.

Die Mechanik befaßt sich also nur mit den einfachsten Naturerscheinungen, bei denen die Körper ihre Beschaffenheit beibehalten und nur ihre gegenseitige Lage ändern. Die Ursachen dieser später noch genauer zu definierenden Lagenänderungen bezeichnen wir als Kräfte.

Die Mechanik kann man dementsprechend als die Lehre von den Bewegungen der Körper und den Kräften definieren.

Dabei soll als Spezialfall auch der inbegriffen sein, daß die Kräfte keine Bewegung bewirken, daß sie sich, wie man sagt, das Gleichgewicht halten.

Diese Einführung des Kraftbegriffes schließt die Annahme in sich, daß die übrigen Körper der Außenwelt auf den betrachteten Einwirkungen ausüben, die von ihrer Lage, ihrem Bewegungszustand und etwa noch von Bedingungen physikalischer und chemischer Natur abhängig sind. Prinzipiell wäre es natürlich möglich, diese Einwirkungen in anderer Weise festzulegen, die Einführung des Kraftbegriffes in obigem Sinn erweist sich aber als das weitaus Vorteilhafteste.

2. Stellung und Methoden der Mechanik. Da die Mechanik sich die Aufgabe stellt, die Bewegungserscheinungen zu klassifizieren und die entsprechenden Kraftgesetze aufzustellen, ist sie ein Teil der Physik und daher eine Erfahrungswissenschaft. Ihre Grundannahmen wurzeln daher in der Erfahrung und im Experiment, ihre Ergebnisse müssen an diesen geprüft werden; namentlich der Techniker darf sich bei der Verantwortung, die er für die Sicherheit der von ihm ausgeführten Konstruktionen trägt, niemals auf willkürliche, nicht in der Erfahrung begründete Voraussetzungen verlassen. Dieses Zurückgehen auf die Erfahrung ist aber nicht etwa so aufzufassen, daß die Mechanik die Bewegungsvorgänge nur beschreiben — das könnte auf kinematographischem Wege viel besser geschehen — und ihre Probleme hauptsächlich durch Experimente lösen würde. Im Gegenteil, gerade die Mechanik als ältester Zweig der Physik, bedient sich in besonderem Maße der logischen Schlußweise, der exakten Sprache der Mathematik und Geometrie, da sie schon eine weitgehende mathematische Durchdringung erfahren hat.

Daher wird bei der Behandlung der Probleme der Mechanik die deduktive Methode die vorherrschende sein, man wird versuchen, möglichst allgemeine Sätze und Begriffe aufzustellen, aus denen man rein durch logische Schlußfolgerungen, mit mathematischen Hilfsmitteln, alle anderen Aussagen der Mechanik ableiten kann. Es zeigt sich, daß dies möglich ist, daß wir mit einer endlichen, und zwar recht geringen Zahl solcher allgemeiner Sätze, wir wollen sie Axiome nennen, auskommen. Der Charakter der Mechanik als Erfahrungswissenschaft kommt nur dadurch zum Vorschein, daß diese Axiome sich auf die Erfahrung stützen. Wie alle Naturgesetze werden sie nichts Unwandelbares darstellen; die Naturwissenschaft ist ja nichts Starres, sondern etwas Dynamisches, im Flusse Befindliches. Im Laufe der Entwicklung, mit der Verfeinerung der Beobachtungsmethoden werden sie durch noch allgemeinere Aussagen ersetzt werden können, die aber dann die früheren als Spezialfälle enthalten müssen.

Zur Aufstellung dieser Axiome sind außerdem gewisse Idealisierungen und Abstraktionen, wie der Begriff des kontinuierlichen, isotropen Raumes, der Einzelkraft, des starren Körpers u. dgl. notwendig. Prinzipiell könnte zwar die Wahl dieser Axiome und Abstraktionen noch auf verschiedene Weise geschehen, durch die Forderung der Ökonomie des Denkens, des Auskommens mit möglichst wenig Denkarbeit, wird diese Unbestimmtheit aber fast ganz, wenn nicht vollständig aufgehoben.

Dieser axiomatische Aufbau der Mechanik läßt sich, wie schon erwähnt, tatsächlich durchführen; es sei da vor allem auf das Kapitel von Hamel im Handbuch der Physik „Axiome der Mechanik" hingewiesen.[1] Die Mechanik nimmt dadurch eine Zwischenstellung zwischen Mathematik und Geometrie einer- und den übrigen Zweigen der Physik anderseits ein, wo diese axiomatische Darstellung noch nicht soweit ausgebaut ist. Wir wollen uns hier nicht streng an sie halten, das würde Zweck und Rahmen dieses Buches überschreiten, sondern bei der Zurückführung der Probleme der Mechanik auf allgemeine Sätze schon früher abbrechen und eine Reihe von Aussagen gewissermaßen als Axiome ohne Beweis als gegeben voraussetzen, obwohl sie sich noch aus allgemeineren Sätzen ableiten ließen.

Infolge des Umstandes, daß die Mechanik jener Teil der Physik ist, der historisch zuerst ausgebildet wurde, sind viele der in ihr verwendeten Darstellungsmethoden in die anderen Gebiete der Physik übernommen worden. Es gab eine Zeit, wo man hoffte, auch Elektrizität und Magnetismus, ja die gesamten Vorgänge der unbelebten Natur auf mechanische Weise erklären zu können; alle diese Versuche schlugen aber fehl und heutzutage ist wohl der entgegengesetzte Standpunkt vorherrschend, wie Relativitätstheorie und Wellenmechanik zeigen.

3. Einteilung der Mechanik. Die Mechanik kann nach verschiedenen Gesichtspunkten eingeteilt werden, und zwar:

a) nach der Beschaffenheit des Objekts, mit dem sie es zu tun hat, in die Mechanik der Bewegungen der Gestirne, die Mechanik des Himmels (Astronomie) und in die der Bewegungserscheinungen auf der Erde, die als technische Mechanik bezeichnet wird.

Diese letztere zerfällt wieder in mehrere Unterabteilungen. Sieht man die Körper, deren Bewegungs- und Ruhezustand untersucht werden, als vollkommen starr an, d. h. setzt man voraus, daß sie keinerlei Formänderung fähig sind, die gegenseitige Entfernung ihrer Teilchen absolut unveränderlich ist, dann haben wir die Mechanik der starren Körper vor uns (Stereomechanik). Da die Körper, die man nach dem gewöhnlichen Sprachgebrauch als feste bezeichnet, diesem Verhalten nahekommen, so werden viele ihrer Ergebnisse ohne weiteres auf solche anzuwenden sein.

Bei Problemen, wo dies nicht angängig ist, müssen wir Formänderungen zulassen und wir kommen dann einerseits zur Mechanik der elastischen (Elastizitäts- und Festigkeitslehre) und der plastischen Körper, anderseits zu der der flüssigen und gasförmigen Körper (Hydro- und Aeromechanik).

In dem vorliegenden Lehrbuch wollen wir uns im wesentlichen auf die Mechanik der starren Körper beschränken und die der elastischen nur soweit in Betracht ziehen, als es die gestellten Probleme verlangen.

[1] Hamel: Handbuch der Physik, Bd. V, Kap. 1.

Die mechanischen Grundgesetze sind natürlich immer die gleichen nur die Form der Anwendung ist für verschiedene Medien verschieden.

b) Nach der Art der Probleme unterscheiden wir in der Mechanik

1. die Statik, das ist die Lehre von der Zusammensetzung und dem Gleichgewicht der Kräfte. Eine Abhängigkeit von der Zeit ist dabei nicht vorhanden. Aufgaben, die in das Gebiet der Statik fallen, wären etwa die Bestimmung der Stützenwiderstände bei Baukonstruktionen, die Ermittlung der Spannkräfte in einem Fachwerk, die Berechnung des Wasserdruckes auf eine Staumauer u. dgl.

2. Die Kinematik oder die Bewegungslehre. Diese befaßt sich mit der Bewegung rein geometrisch ohne Rücksicht auf die Ursachen derselben, auf die Kräfte, sie ist sozusagen die Geometrie der Bewegung. Beispiele dazu wären die Bewegung zweier Zahnräder aufeinander, Schubkurbelgetriebe und Steuerung einer Dampfmaschine und andere mehr.

3. Die Dynamik untersucht die Bewegung mit Berücksichtigung der sie bewirkenden Kräfte. Sie ist also das allgemeinste Gebiet der Mechanik und enthält die Statik als Spezialfall. Aufgaben der Dynamik wären die Bewegung eines Eisenbahnzuges, eines Pendels, Schwingungen von Systemen, Strömung von Flüssigkeiten und ähnliche.

Diese Einteilung gilt natürlich sowohl für die Mechanik der starren, als auch für die der flüssigen und gasförmigen Körper.

c) Nach der Art der Darstellung kann man schließlich noch die Mechanik in die reine und die angewandte Mechanik einteilen. Die erste hat die Aufstellung der Gesetze im Auge, die andere ihre Anwendung auf vorgegebene Probleme.

Aus Gründen der Zweckmäßigkeit wollen wir uns an die zweite Einteilungsart halten und zunächst mit der Statik beginnen.

4. Allgemeines über die Kräfte, Arten derselben. Zuvor müssen wir uns aber noch etwas eingehender mit dem Kraftbegriff beschäftigen. Wir werden dabei von der direkten Anschauung ausgehen, wie sie uns durch unseren eigenen Körper und durch unsere Sinne vermittelt wird. Die Kraft wurde allgemein als Ursache der Bewegung, als bewegungsbestimmendes Moment eingeführt. Wenn nun ein Körper am Herabfallen gehindert wird, indem wir etwa ein Stück Kreide in der Hand halten, so wird die Kraft, die ihn sonst in Bewegung setzen würde, auch jetzt vorhanden und nur durch andere Kräfte, in dem betrachteten Falle durch unsere eigene Muskelkraft, in ihrer die Bewegung hervorrufenden Wirkung behindert sein. Wir haben ja bei dem Halten der Kreide eine Reihe von Tast- und Muskelempfindungen, die wir dadurch charakterisieren, daß wir sagen, wir üben eine Kraft aus, die an der Berührungsstelle von Hand und Kreide übertragen wird.

In konsequenter Verallgemeinerung dieser Vorstellung kommen wir zu der Anschauung, daß an allen Berührungsstellen von Körpern und dementsprechend auch an den im Innern eines Körpers gedachten Flächen Kräfte (Spannungen) von den dort sich berührenden Teilchen übertragen werden können. Diese Art Kräfte sind offenbar von denjenigen, die das Fallen eines Körpers bewirkt, merklich verschieden. Wir kommen auf diesem Wege zur Einteilung der Kräfte in zwei Arten, in solche, die über den ganzen Bereich der Körper, also räumlich verteilt sind, man nennt sie Massenkräfte, wie die Schwerkraft, die Gravitation oder auch elektrische und magnetische Kräfte, und in Oberflächenkräfte, die ihren Sitz in den Grenzflächen der Körper haben, wie Drücke der Körper aufeinander, Stützkräfte, Reibung, Gasdruck. Um die Darstellung zu vereinfachen, werden oft Oberflächenkräfte als Einzelkräfte eingeführt, die man sich an bestimmten Punkten der Oberfläche angreifend denkt. Das ist natürlich eine Abstraktion, in Wirklichkeit sind diese Kräfte immer über eine endliche, wenn auch unter Umständen sehr kleine Fläche verteilt.

An dieser Stelle möge auch gleich auf eine andere wichtige Unterscheidung der Kräfte hingewiesen werden, auf eingeprägte und Zwangskräfte, wenn auch die eigentliche Bedeutung derselben erst später hervortreten wird. Zu der ersten Gruppe zählen wir alle Kräfte, die uns in ihren Bestimmungsstücken von vornherein bekannt sind, wie die oben angeführten Massenkräfte, aber auch die Lasten der Baukonstruktionen, die Triebkräfte der Maschinen, Federkräfte u. dgl. Da aber die in der Technik vorkommenden Körper sich stets in Verbindung mit anderen befinden, gestützt oder geführt sind, so werden an den Berührungsstellen zwangsläufig Oberflächenkräfte auftreten, die von vornherein nicht bekannt sind, sondern sich aus der Art der Stützung oder Führung bestimmen, was später noch genauer dargelegt werden soll. Diese Kräfte sind die Zwangs- oder Reaktionskräfte.

5. Messung der Kräfte, Gewicht. Die Kraft, die am häufigsten und unmittelbarsten in Erscheinung tritt, ist die Schwerkraft, das ist jene Kraft, die das Herabfallen eines Körpers verursacht. Wird dieser gestützt, so äußert sie sich nach dem oben Gesagten in einem Druck an der Stützstelle. Diesen Druck, den ein frei aufliegender Körper auf seine Unterlage ausübt, nennt man das Gewicht des Körpers. Diese Gewichte lassen sich untereinander und mit Kräften gleicher Art, wie dem Zug einer Feder, durch geeignete Instrumente, Waagen, vergleichen, so daß jeder Kraft eine Zahl, die Maßzahl derselben, zugeordnet werden kann, die angibt, wie oft eine beliebig gewählte Krafteinheit in ihr enthalten ist. Als Einheit der Kraft gilt in der Technik das Kilogramm (kg), das ist das Gewicht, das ein bestimmtes, in dem „Bureau international des poids et mesures“ in Breteuil bei Paris aufbewahrtes Metallstück besitzt. Es ist gleich dem Gewicht eines Kubikdezimeters chemisch reinen Wassers bei einer Temperatur von 4° C und einem Druck von einer Atmosphäre. Wir werden später sehen, daß dieses Gewicht je nach der Lage und Höhe des Ortes verschieden ist, doch sind diese Unterschiede so gering, daß sie für technische Zwecke nicht in Betracht kommen. Der tausendste Teil eines Kilogramms heißt ein Gramm (1 g), 100 kg sind ein Meterzentner (1 q), 1000 kg eine Tonne (1 t).

6. Die Kraft als Vektor. Die Erfahrung zeigt nun unmittelbar, daß eine Einzelkraft durch Angabe ihrer Maßzahl in obigem Sinne, ihres Betrages, noch keineswegs in ihrer Wirkungsweise vollständig bestimmt ist. Größen, die durch Angabe eines einzigen Zahlenwertes, der eventuell noch positiv oder negativ sein kann, vollständig gekennzeichnet sind, nennt man Skalare. Dazu gehören Arbeit, Masse, Temperatur, ferner auch unbenannte dimensionslose Größen, Zahlenwerte, die zu bestimmten Zwecken eingeführt werden, wie Reibungsziffer, Stoßzahl u. dgl. Die Kraft gehört aber nicht zu diesen, die Anschauung und besonders die technische Anwendung zeigt, daß es bei ihr außer auf ihren Betrag auch noch auf die Richtung im Raume ankommt, wenn wir den Angriffspunkt als gegeben annehmen. Die Kraft ist daher eine gerichtete Größe, ein Vektor[1] und die Merkmale oder Bestimmungsstücke, die eine Kraft und damit auch einen Vektor überhaupt charakterisieren, sind: 1. eine Richtung, dargestellt durch eine Gerade (Richtungs- oder Wirkungslinie der Kraft); 2. ein bestimmter Richtungssinn in dieser Geraden, da diese noch nach zwei Richtungen durchlaufen werden könnte, und 3. der absolute Betrag der Kraft oder des Vektors, wie er oben eingeführt wurde.

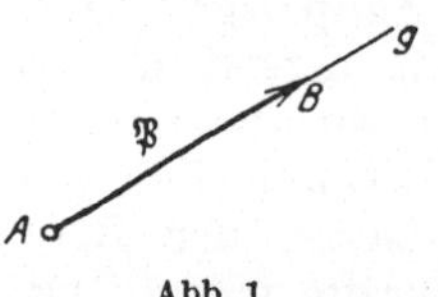

Abb. 1.

Genau die gleichen Bestimmungsstücke definiert ein von einem Punkt A bis zu einem zweiten Punkt B reichendes Geradenstück, eine gerichtete Strecke (Abb. 1). Wir können daher Kräfte wie alle Vektoren durch solche gerichtete Strecken darstellen, wenn wir noch ein Übereinkommen über die Zuordnung der Längeneinheiten der Strecke zu den Krafteinheiten treffen. Diese Zuordnung gibt mir den Maßstab an, in dem die Längeneinheit der Strecke, die ich zur Darstellung der Kraft benütze, der Krafteinheit entspricht. Es ist von Wichtigkeit, daß man diesen Kraftmaßstab in jeder technischen Zeichnung gesondert angibt, so wie ja auch der Längenmaßstab, in dem die gezeichneten Figuren dargestellt sind, festgelegt sein muß.

Zur Bezeichnung der Vektoren wollen wir immer Fraktur-Buchstaben verwenden.

7. Satz der Gleichheit von Wirkung und Gegenwirkung. Für die so eingeführten Kräfte läßt sich nun sofort ein allgemeines Gesetz aufstellen, das wir als Axiom in dem oben dargelegten Sinn ansetzen, nämlich das Gesetz der Gleichheit von Wirkung und Gegenwirkung, auch Wechselwirkungsgesetz genannt. Es besagt, daß die Kräfte in der Natur immer paarweise auftreten. Wenn ein Körper A auf einen zweiten Körper B eine Kraft ausübt, so ist auch eine zweite von dem Körper B auf den Körper A einwirkende Kraft vorhanden, die gleichen Betrag und gleiche Wirkungslinie wie die erste, aber entgegengesetzten Richtungssinn besitzt. Man muß sich dabei auch

[1] Eine gerichtete Größe schlechtweg ist noch kein Vektor. Wir können Säcke, die mit roten, weißen und blauen Kugeln gefüllt sind, auch durch gerichtete Größen darstellen, indem wir als Komponenten in einem Koordinatensystem die Zahl der roten, blauen und weißen Kugeln auftragen. Auch die Parallelogrammzusammensetzung (Nr. 8) solcher gerichteten Größen hat noch einen Sinn; denn wenn man die geometrische Summe von zweien bildet, entspricht sie einem Sack, in dem die Anzahlen der roten, blauen und weißen Kugeln gleich den Summen der in den beiden Säcken befindlichen sind. Ein Vektor aber behält zum Unterschied davon seine Bedeutung auch bei einer Drehung des Koordinatensystems bei, was bei dem gebrachten Beispiel natürlich nicht der Fall ist.

vor Augen halten, daß die Angriffspunkte der beiden Kräfte verschieden sind, der der ersten liegt im Körper B, der der zweiten im Körper A.

Für Kräfte, die an der Berührungsstelle zweier Körper übertragen werden, ist dieses Gesetz auf Grund der unmittelbaren Anschauung sehr einleuchtend — wenn ich mit der Hand auf den Tisch drücke, habe ich die Empfindung, daß vom Tisch dieselbe Kraft auf meine Hand ausgeübt wird — es gilt aber auch für Fernkräfte; denn mit derselben Kraft, mit der die Erde von der Sonne angezogen wird, zieht auch die Erde die Sonne, aber in entgegengesetzter Richtung, an. Wenn ein Körper auf einer Unterlage ruht, wird demnach von dieser auf den Körper ein Widerstand ausgeübt, der gleich dem Gewicht des Körpers, aber entgegengesetzt, vertikal nach aufwärts, gerichtet ist.

Erster Teil.

Statik.

Wie schon erwähnt, ist die Statik die Lehre von der Zusammensetzung und dem Gleichgewicht der Kräfte. Sie ist eigentlich ein spezieller Fall der Dynamik. Wir wollen sie aber aus Zweckmäßigkeitsgründen voranstellen, da sie erfahrungsgemäß dem Verständnis geringere Schwierigkeiten bietet als die weiteren Kapitel der Mechanik und weil sie auf vielen Gebieten der technischen Anwendungen besonders im Bauingenieurfach, in erster Linie in Betracht kommt. Entsprechend der oben angegebenen Definition der Statik haben wir bei den hierher gehörigen Aufgaben immer zwei Fragen zu beantworten; erstens, welches ist das einfachste Kraftsystem, das einem vorgegebenen gleichwertig ist, also dieselbe Bewegung hervorbringt, und zweitens, welchen Bedingungen muß ein Kraftsystem gehorchen, damit Ruhe herrscht. Dabei wird es nicht bloß auf das Kraftsystem, sondern auch auf das Objekt, an dem es angreift, ankommen. Die erste ist die Frage nach der Zusammensetzung, die zweite die nach dem Gleichgewicht der Kräfte.

I. Kräfte mit demselben Angriffspunkt.

8. Satz vom Parallelogramm der Kräfte. Bei der Behandlung dieser Aufgaben wird es sich empfehlen, zunächst den Fall zu betrachten, daß alle Kräfte an demselben Punkte des Körpers angreifen. Wir haben dann auf die physikalische Beschaffenheit des Körpers noch keine Rücksicht zu nehmen. Um die dabei auftretenden Fragen zu beantworten, benötigen wir ein zweites allgemeines Gesetz, das wir als Axiom voraussetzen, den Satz vom Parallelogramm der Kräfte. Er lautet: Zwei Kräfte $\mathfrak{P}_1$ und $\mathfrak{P}_2$ mit gleichem Angriffspunkt sind gleichwertig einer einzigen Kraft $\mathfrak{P}$, die der Größe und Richtung nach durch die Diagonale jenes Parallelogramms gegeben ist, dessen Seiten die zwei Kräfte bilden (Abb. 2). Man nennt die Kraft $\mathfrak{P}$ auch die Resultierende oder Mittelkraft, die beiden Kräfte $\mathfrak{P}_1$ und $\mathfrak{P}_2$, aus denen sie sich zusammensetzt, die Komponenten oder Teilkräfte. Da die Resultierende von demselben Punkte wie die Komponenten ausgeht, ist damit auch ihr Richtungssinn festgelegt.

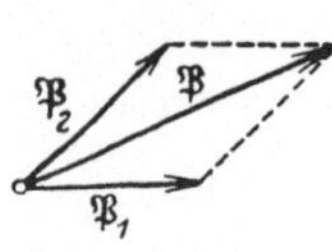

Abb. 2.

Wir können jetzt zunächst alle Fragen beantworten, die sich bei zwei in einem Punkte angreifenden Kräften ergeben. Sie setzen sich zu einer resultierenden Einzelkraft zusammen, die durch die Diagonale des Parallelogramms bestimmt ist. Statt das ganze Parallelogramm zu zeichnen, genügt es, ein Dreieck zu konstruieren, dessen zwei Seiten die nach Größe und Richtung aneinandergereihten zwei Kräfte bilden; die Reihenfolge ist dabei gleichgültig (Abb. 3). Die vom Anfangspunkt der ersten zum Endpunkt der zweiten Kraft gezogene Strecke stellt dann nach Größe, Richtung und Richtungssinn die resultierende Einzelkraft dar. Ein solches Dreieck nennen wir ein Kraftdreieck. Fallen beide Kräfte in eine Gerade und haben sie denselben Richtungssinn, so schrumpft das Kraftdreieck zu einer Strecke zusammen, und der Betrag der Resultierenden ist gleich der Summe der Beträge der beiden Kräfte; haben sie verschiedenen Richtungssinn, so ist die Resultierende gleich der Differenz derselben und ihr Richtungssinn stimmt mit dem der größeren der Teilkräfte überein. Wir können diese beiden Fälle zusammenfassen, wenn wir einen positiven Richtungssinn auf der Geraden festlegen und den Betrag der Kräfte mit entsprechenden Vorzeichen versehen. Den absoluten Betrag einer Kraft $\mathfrak{P}$ schlechtweg wollen wir, wie üblich, mit $|\mathfrak{P}|$, den mit einem Vorzeichen ausgestatteten dagegen mit P bezeichnen. Dann ist die Resultierende von zwei Kräften, die in eine Gerade fallen, gleich der algebraischen Summe derselben, $P = P_1 + P_2$ und das Vorzeichen gibt uns den Richtungssinn. Die Kräfte werden keine Resultierende haben, sich das Gleichgewicht halten, wenn die Diagonale im Kräfteparallelogramm verschwindet, wenn also die Kräfte in eine Gerade fallen, gleich groß, aber entgegengesetzt gerichtet sind.

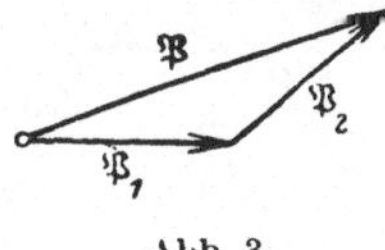

Abb. 3.

9. Krafteck, geometrische Summation. Wenn drei Kräfte an einem Punkt angreifen, so können wir durch zwei eine Ebene legen, sie nach dem Parallelogrammsatz zu einer Resultierenden vereinen und diese auf gleiche Weise wieder mit der dritten zusammensetzen, so daß wir wieder eine Einzelkraft erhalten. Sollen sich die drei Kräfte im Gleichgewicht befinden, so muß die Resultierende aus zweien in dieselbe Gerade wie die dritte fallen und dieser entgegengesetzt gleich sein. Das ist nur möglich, wenn alle drei Kräfte in einer Ebene liegen. Diese Bedingungen für das Gleichgewicht können wir auch so aussprechen: Das Kraftdreieck der drei Kräfte muß geschlossen sein, das heißt bei der Aneinanderreihung der Kräfte muß ich mit dem Endpunkt der dritten in den Anfangspunkt der ersten gelangen.

Haben wir nun beliebig viele, etwa n Kräfte vor uns, so resultiert ebenfalls eine Einzelkraft, die sich durch wiederholte Anwendung des Parallelogrammgesetzes ergibt, indem man zuerst zwei Kräfte zu einer Resultierenden zusammensetzt, diese mit einer dritten und sofort, bis alle Kräfte erledigt sind. Wenn man bei diesem Vorgang möglichst überflüssige Linien ersparen will, so sieht man, daß analog wie beim Kraftdreieck die Kräfte nur in beliebiger Reihenfolge so nebeneinandergefügt werden müssen, daß jede Kraft der Größe und Richtung nach an den Endpunkt der vorhergehenden angesetzt wird. Die vom Ausgangspunkt nach dem Endpunkt der letzten Kraft gezogene Strecke stellt uns dann nach Größe, Richtung und Richtungssinn die Gesamtresultierende dar. Die Reihenfolge ist gleichgültig, denn man kann ja nicht zwei verschiedene Resultierende erhalten. Das Vieleck, das man auf diese Weise erhält, nennt man das Krafteck oder Kraftpolygon, die Resultierende bildet die Schlußseite desselben.

Für den Fall, daß alle Kräfte in einer Ebene liegen, erhält man ein ebenes Krafteck, vgl. Abb. 4. Sind die Kräfte an dem Angriffspunkte beliebig im Raume verteilt, dann wird das Krafteck ein räumliches Vieleck und die Konstruktion desselben muß nach den bekannten Methoden der darstellenden Geometrie durchgeführt werden, indem man die Projektion des Kraftteckes im Grundriß und Aufriß zeichnet.

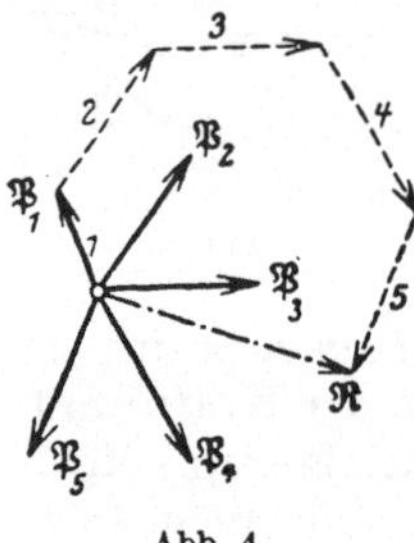

Abb. 4.

Ganz analog wie Kräfte können wir, wie schon hervorgehoben, beliebige Vektoren zusammensetzen. Da bei dieser Aneinanderreihung der Vektoren zu einem Vieleck das Vertauschbarkeitsgesetz besteht — die Reihenfolge ist ja gleichgültig — und das Resultat auch ungeändert bleibt, wenn man etwa an Stelle einer Anzahl dieser Vektoren deren Teilresultierende hinzufügt, so kann man diese Operation als eine Addition bezeichnen; denn deren Rechengesetze, das kommutative und das assoziative Gesetz stehen für sie in Geltung. Zum Unterschied von der Addition algebraischer Zahlen nennt man sie eine geometrische Addition und das Resultat derselben, das durch die Schlußseite des Kraftecks dargestellt ist, eine geometrische Summe. Wir schreiben sie genau wie eine algebraische Summe an, der Unterschied ist nur der, daß die Summanden Vektoren sind. Es ist also die resultierende Einzelkraft $\mathfrak{R}$ eines Systems von n Kräften in einem Punkte gegeben durch

$$\mathfrak{R} = \mathfrak{P}_1 + \mathfrak{P}_2 + \ldots + \mathfrak{P}_n. \tag{1}$$

Dabei treffen wir noch die Vereinbarung, daß wir unter $-\mathfrak{P}$ eine Kraft bzw. einen Vektor verstehen, der mit $+\mathfrak{P}$ gleich groß, aber entgegengesetzt gerichtet ist. Fallen die Kräfte (Vektoren) alle in eine Gerade, so geht die geometrische Summe in eine gewöhnliche algebraische über

$$R = P_1 + P_2 + \ldots + P_n,$$

wo die $P_1, P_2 \ldots P_n$ positives oder negatives Vorzeichen besitzen.

Verschwindet die Resultierende, ist also Gleichgewicht vorhanden, so muß das Krafteck geschlossen sein und wir kommen bei der Aneinanderfügung mit dem Endpunkt der letzten Kraft wieder in den Anfangspunkt der ersten. Die geometrische Summe verschwindet.

$$\mathfrak{R} = \mathfrak{P}_1 + \mathfrak{P}_2 + \ldots + \mathfrak{P}_n = 0. \tag{2}$$

10. Zerlegung einer Kraft. Wir können den Satz vom Parallelogramm der Kräfte auch umgekehrt benützen, um eine gegebene Kraft in zwei Komponenten zu zerlegen. Diese Zerlegung ist im allgemeinen unendlich vieldeutig; um sie eindeutig zu machen, müssen von den Teilkräften so viele Bestimmungsstücke gegeben sein, daß die Konstruktion des Kraftdreiecks möglich wird, so z. B. wenn die Richtungen der beiden Komponenten gegeben sind, die natürlich mit der Mittelkraft in eine Ebene fallen müssen. Der wichtigste Fall ist dabei der, daß diese beiden Richtungen zueinander senkrecht stehen. Man kann sie dann als Achsen eines ebenen, rechtwinkligen Koordinatensystems mit dem Ursprung im Angriffspunkte ansetzen. Die rechtwinkligen Komponenten einer Kraft, wie eines Vektors überhaupt, wollen wir immer durch den dem deutschen Buchstaben des Vektors entsprechenden lateinischen, versehen mit dem Weiser x oder y, darstellen, also die der Kraft $\mathfrak{P}$ durch P_x und P_y.

Durch die Wahl der positiven Richtungen der Achsen des Koordinatensystems haben wir zugleich einen positiven Drehsinn in der Ebene festgelegt, nämlich jenen, der die positive x-Achse über einen Winkel von $\frac{\pi}{2}$ in die positive y-Achse überführt. Wir setzen die Achsenrichtungen so an, daß dieser positive Drehsinn dem Umlaufungssinn eines Uhrzeigers entgegengesetzt ist (Abb. 5). Den Winkel zwischen der positiven x-Achse und der Richtung der Kraft, in diesem Drehsinn durchlaufen, den Winkel $(x\,\mathfrak{P})$ — er liegt zwischen 0 und 2π — wollen wir den Richtungswinkel der Kraft nennen.

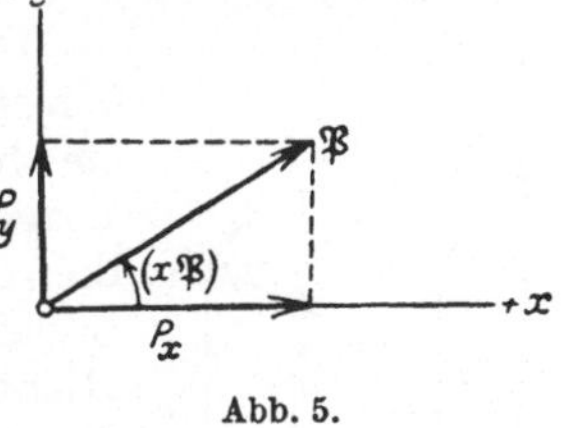

Abb. 5.

Die Komponenten sind durch die rechtwinkligen Projektionen der Kraft auf die Koordinatenrichtungen gegeben, also sind ihre Beträge

$$P_x = |\mathfrak{P}| \cos(x\,\mathfrak{P}), \quad P_y = |\mathfrak{P}| \cos(y\,\mathfrak{P}) = |\mathfrak{P}| \sin(x\,\mathfrak{P}). \tag{3}$$

Umgekehrt kann man durch Angabe der Komponenten P_x und P_y den Kraftvektor in der Ebene eindeutig festlegen. Sein absoluter Betrag ist dann $|\mathfrak{P}| = \sqrt{P_x^2 + P_y^2}$, wobei die Wurzel stets mit positivem Vorzeichen zu nehmen ist, und sein Richtungswinkel ist bestimmt durch

$$\cos(x\,\mathfrak{P}) = \frac{P_x}{\sqrt{P_x^2 + P_y^2}}, \quad \sin(x\,\mathfrak{P}) = \frac{P_y}{\sqrt{P_x^2 + P_y^2}},$$

da ein Winkel in den ersten vier Quadranten durch seinen Sinus und Kosinus eindeutig gegeben ist.

Ganz entsprechend könnte man die Zerlegung natürlich auch in einem schiefwinkligen Koordinatensystem durchführen, nur wären da die Formeln nicht so einfach.

Ähnlich wie in der Ebene können wir auch im Raume eine Kraft in Komponenten nach den Achsenrichtungen eines recht- oder schiefwinkligen Koordinatensystems zerlegen; wir wollen nur den ersten Fall betrachten. Bei der Wahl eines solchen kommt es auf die Reihenfolge der positiven Achsenrichtungen an. Es gibt da zwei wesentlich verschiedene Möglichkeiten; man kann die drei positiven Achsenrichtungen

x, y, z so aufeinanderfolgen lassen, wie die zueinander senkrecht gehaltenen Daumen, Zeigefinger und Mittelfinger der rechten Hand (Abb. 6a) oder wie die der linken Hand (Abb. 6b). Alle anderen Reihenfolgen kann man durch Drehung mit einer von diesen beiden zur Deckung bringen. Das erste nennt man ein rechtsgewundenes, das zweite ein linksgewundenes Koordinatensystem. Der Name rührt davon her, daß bei dem ersten die Vorwärtsbewegung einer rechtsgewundenen Schraube in der positiven z-Richtung einer Drehung entspricht, die die positive x- in die positive y-Achse überführt, während beim zweiten für eine linksgewundene Schraube das gleiche gelten würde. Wir wollen immer einheitlich das rechtsgewundene K.-S. benützen.

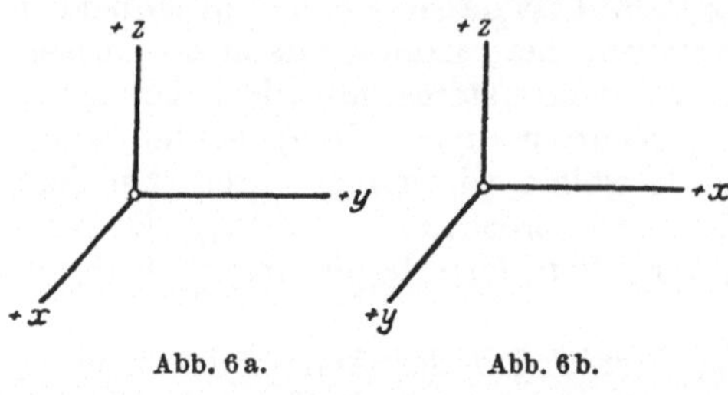

Abb. 6a. Abb. 6b.

Die Komponenten erhalten wir, indem wir die Kraft in die drei Koordinatenrichtungen projizieren; sie bilden dann die Kanten eines Quaders, dessen Diagonale die Kraft selbst ist (Abb. 7). Die Winkel, die die Kraft mit den positiven Achsenrichtungen bildet, $(x\,\mathfrak{P})$, $(y\,\mathfrak{P})$ und $(z\,\mathfrak{P})$, nennen wir wieder die Richtungswinkel der Kraft, sie sind nie größer als π. Es ist also

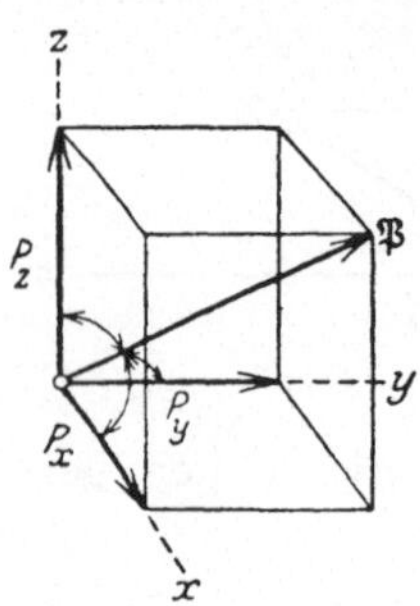

Abb. 7.

$$P_x = |\mathfrak{P}| \cos(x\,\mathfrak{P}), \quad P_y = |\mathfrak{P}| \cos(y\,\mathfrak{P}),$$
$$P_z = |\mathfrak{P}| \cos(z\,\mathfrak{P}). \tag{4}$$

Die Richtungswinkel sind voneinander nicht unabhängig, da zwei Winkel allein zur Festlegung einer Richtung genügen. Es besteht daher zwischen ihnen eine Beziehung, die man sofort ableiten kann. Weil $\mathfrak{P}$ die Diagonale des Quaders ist, haben wir $|\mathfrak{P}|^2 = P_x^2 + P_y^2 + P_z^2$, quadrieren und addieren wir die Gleichungen (4), so erhält man

$$P_x^2 + P_y^2 + P_z^2 = |\mathfrak{P}|^2 [\cos^2(x\,\mathfrak{P}) + \cos^2(y\,\mathfrak{P}) + \cos^2(z\,\mathfrak{P})]$$

und daraus

$$\cos^2(x\,\mathfrak{P}) + \cos^2(y\,\mathfrak{P}) + \cos^2(z\,\mathfrak{P}) = 1, \tag{5}$$

die bekannte Beziehung zwischen den Richtungskosinus einer Geraden. In der Ebene entspricht dem die Gleichung $\cos^2(x\,\mathfrak{P}) + \sin^2(x\,\mathfrak{P}) = 1$, da dort $\cos(y\,\mathfrak{P}) = \sin(x\,\mathfrak{P})$ und $\cos(z\,\mathfrak{P}) = 0$ ist.

Umgekehrt wird durch Angabe der drei Komponenten der Kraftvektor nach Betrag und Richtung eindeutig bestimmt. Denn der absolute Betrag ist dann $|\mathfrak{P}| = \sqrt{P_x^2 + P_y^2 + P_z^2}$ und die Richtungskosinus sind durch die Gleichungen gegeben

$$\cos(x\,\mathfrak{P}) = \frac{P_x}{|\mathfrak{P}|}, \quad \cos(y\,\mathfrak{P}) = \frac{P_y}{|\mathfrak{P}|}, \quad \cos(z\,\mathfrak{P}) = \frac{P_z}{|\mathfrak{P}|}.$$

Aus diesen bestimmen sich eindeutig die Richtungswinkel, da sie ja nicht größer als π sind, die Summe der Quadrate ist dabei, wie es sein muß, gleich Eins.

Statt durch drei Winkel, zwischen denen eine Beziehung besteht, kann man die Richtung des Kraftvektors auch durch zwei unabhängige Winkel fest legen, etwa durch den Längenwinkel λ und den Breitenwinkel φ, siehe Abb. 8. λ ist der Winkel, den die Horizontalprojektion der Kraft mit einer willkürlich in der Horizontalebene angenommenen Achse einschließt, φ der Winkel, den die Kraft mit der Horizontalebene bildet. Dabei ist

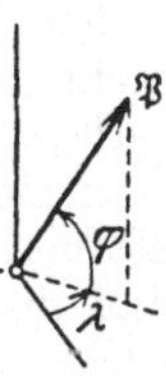

Abb. 8.

$$0 \leqq \lambda \leqq 2\pi \quad \text{und} \quad -\frac{\pi}{2} \leqq \varphi \leqq +\frac{\pi}{2}.$$

11. Analytische Methode der Zusammensetzung. Jetzt können wir dazu übergehen, auf analytischem Wege die Zusammensetzung von Kräften mit gleichem Angriffspunkte durchzuführen und die Bedingungen für das Gleichgewicht aufzustellen. Man legt in den Angriffspunkt als Ursprung ein rechtwinkliges Koordinatensystem und bestimmt die Komponenten jeder Kraft in diesem. Die in jede der drei Achsenrichtungen fallenden Komponenten setzen wir dann zusammen, indem wir die algebraische Summe derselben bilden. Wenn wir n solche Kräfte $\mathfrak{P}_i$ $(i = 1, 2 \ldots n)$ haben, so ist dann

$$R_x = {}_i\sum_1^n P_{xi}, \quad R_y = {}_i\sum_1^n P_{yi}, \quad R_z = {}_i\sum_1^n P_{zi}. \tag{6}$$

Diese drei Summen als Kräfte aufgefaßt sind die Komponenten der resultierenden Einzelkraft $\mathfrak{R}$. Daher bekommen wir

$$|\mathfrak{R}| = \sqrt{(\Sigma P_{xi})^2 + (\Sigma P_{yi})^2 + (\Sigma P_{zi})^2},$$

$$\cos(x\mathfrak{R}) = \frac{\Sigma P_{xi}}{|\mathfrak{R}|}, \quad \cos(y\mathfrak{R}) = \frac{\Sigma P_{yi}}{|\mathfrak{R}|}, \quad \cos(z\mathfrak{R}) = \frac{\Sigma P_{zi}}{|\mathfrak{R}|}. \tag{7}$$

Herrscht Gleichgewicht, so muß $|\mathfrak{R}|$ verschwinden; das ist nur möglich, wenn jede der drei Summen für sich Null ist. Umgekehrt ist $\mathfrak{R}$ gleich Null, wenn diese drei Summen verschwinden. Wir erhalten also im Raume drei notwendige und hinreichende Bedingungen für das Bestehen des Gleichgewichtes

$${}_i\sum_1^n P_{xi} = 0, \quad {}_i\sum_1^n P_{yi} = 0, \quad {}_i\sum_1^n P_{zi} = 0. \tag{8}$$

Liegen alle Kräfte in einer Ebene, dann reduzieren sich diese Bedingungen auf zwei.

Haben wir an einem Punkt angreifende Kräfte vor uns, die im Gleichgewicht stehen sollen, so können wir mit Hilfe der Gleichgewichtsbedingungen im Raume drei, in der Ebene zwei unbekannte Größen bestimmen. Diese können entweder Komponenten einer Kraft oder Lagekoordinaten des Angriffspunktes sein. Wir können dies auch auf graphischem Wege tun, indem wir das Krafteck schließen. Welches Verfahren dabei das zweckmäßigste ist, hängt von der gestellten Aufgabe ab. Vor allem muß man dabei darauf achten, daß wirklich alle angreifenden Kräfte berücksichtigt, nicht etwa Reaktionskräfte an Berührungsstellen mit anderen Körpern vergessen werden.

12. Vollkommen glatte Berührung, Beispiele. Über die an Berührungsstellen übertragenen Kräfte wissen wir im allgemeinen von vornherein nichts auszusagen. Wenn wir eine solche Kraft in zwei Komponenten zerlegen, in eine senkrecht zur Berührungsfläche bzw. zum Berührungsflächenelement stehende und in eine in diese hineinfallende, d. h. in eine Normal- und eine Tangentialkomponente, dann zeigt die Erfahrung, daß diese letztere desto kleiner wird, je glatter die Berührungsflächen sind. Ein Körper bleibt bei rauher Berührung auf einer geneigten Ebene in Ruhe, solange der Neigungswinkel α derselben nicht zu groß wird. Wenn G das Gewicht des Körpers bedeutet, so ist die Normalkomponente des Widerstandes $W_n = G \cos \alpha$, die Tangentialkomponente $W_t = G \sin \alpha$, wie sich aus den Gleichgewichtsbedingungen ergibt. Der Gesamtwiderstand W schließt den Winkel α mit der Ebenennormalen ein. Je glatter nun die Berührung ist, desto kleiner wird der Winkel α sein, bei dem der Körper noch in Ruhe bleibt, desto kleiner daher auch die Tangentialkomponente W_t. Als Grenzfall kommen wir zu dem Begriff der vollkommen glatten Berührung, wo überhaupt keine Tangentialkomponente des Widerstandes vorhanden und die Reaktionskraft senkrecht zum Flächenelement gerichtet ist. Wenn der Begriff der vollkommen glatten Berührung auch eine Abstraktion darstellt, so ist er doch für die Anwendungen sehr wichtig, da man in vielen Fällen von den Tangentialwiderständen absehen und die Auflagerung einer Baukonstruktion als vollkommen glatt ansetzen kann. Oft bedient man sich eigener Vorrichtungen, wie Gleitlager, Rollenlager, Lagerung auf Schneiden u. dgl., um die Berührung möglichst einer vollständig glatten anzugleichen.

Beispiel 1. Ein beweglicher Punkt wird von drei festen Punkten, die die Ecken eines Dreiecks bilden, mit Kräften angezogen, die direkt proportional den Entfernungen von diesen Punkten sind. Die Proportionalitätskonstante ist für alle die gleiche. An welcher Stelle wird der bewegliche Punkt im Gleichgewicht sein?

Die auf den Punkt wirkenden Anziehungskräfte können durch die von ihm nach den Ecken gezogenen Strecken dargestellt werden. Für den Gleichgewichtsfall müssen sie ein geschlossenes Dreieck bilden. Der Schnittpunkt der von den Ecken nach den Mittelpunkten der gegenüberliegenden Seiten gezogenen Strahlen, der Schwerpunkt des Dreiecks, ist der einzige Punkt, der diesen Bedingungen genügt. Man erkennt dies sofort, wenn durch die Ecken Parallele zu den Schwerlinien gezogen werden, man erhält ein Dreieck, dessen Seiten je dreimal so lang als die die Kräfte darstellenden Strecken sind.

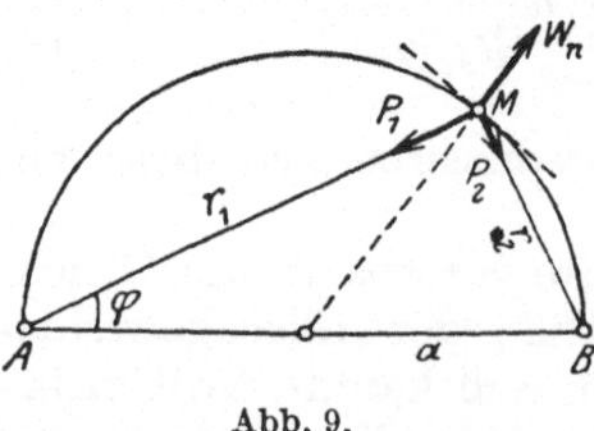

Abb. 9.

Die Lösung auf analytischem Wege möge der Leser selbst durchführen.

Beispiel 2. Ein Punkt M, der auf einem vollständig glatten Halbkreis mit dem Radius a gleiten kann, wird von den zwei Endpunkten A und B des Durchmessers mit Kräften angezogen, die direkt proportional der Entfernung sind. Die Proportionalitätskonstante ist k. An welcher Stelle des Halbkreises wird M in Ruhe sein? (Abb. 9.)

Die Kräfte, die auf M wirken, sind $P_1 = kr_1$, $P_2 = kr_2$ und der Widerstand W_n. Die Komponentensummen in der Richtung der Kreistangente und Normalen gleich Null gesetzt geben, wenn man als Veränderliche den Winkel φ einführt,

$$-P_1 \sin\varphi + P_2 \cos\varphi = 0 \qquad W_n - P_1 \cos\varphi - P_2 \sin\varphi = 0.$$

Setzen wir die Werte für P_1 und P_2 ein, $P_1 = kr_1 = k\,2\,a \cos\varphi$, $P_2 = kr_2 = k\,2\,a \sin\varphi$, so ist die erste Gleichung identisch erfüllt, — es ist also jede Lage des Punktes M am Halbkreis eine Gleichgewichtslage — und der Widerstand W_n ist konstant gleich $2\,k\,a$. Sind die beiden Proportionalitätskonstanten verschieden k_1 und k_2, so kann M nur in den Punkten A und B in Ruhe sein und der Widerstand ist dann $2\,k_2\,a$ bzw. $2\,k_1\,a$.

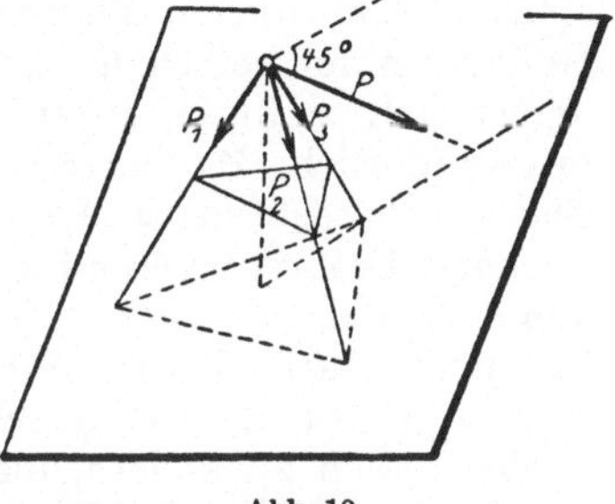

Abb. 10.

Beispiel 3. An der Spitze eines Bockgerüstes, das aus drei Stäben besteht, die Kanten eines regelmäßigen Tetraeders bilden, greift eine in der gleichen Vertikalebene wie ein Stab liegende, gegen die Horizontale unter 45° nach abwärts geneigte Kraft vom Betrage P an (Abb. 10). Wie groß sind die in den Stäben wirkenden Kräfte?

Die Stabkräfte P_1, P_2, P_3, die wir von der Spitze weg positiv rechnen wollen, und die Kraft P bilden ein Gleichgewichtssystem. Legt man die x-Achse in die Ebene der Kräfte P_3 und P, so erhält man wegen der Symmetrie aus $\Sigma P_{yi} = 0$ das Ergebnis $P_1 = P_2$. Die beiden anderen Komponentensummen gleich Null gesetzt ergeben

$$P\,\tfrac{1}{2}\sqrt{2} + P_3\,\tfrac{1}{3}\sqrt{3} - (P_1 + P_2)\,\tfrac{1}{6}\sqrt{3} = 0, \quad P\,\tfrac{1}{2}\sqrt{2} + (P_1 + P_2 + P_3)\,\tfrac{1}{3}\sqrt{6} = 0.$$

Daraus bekommt man

$$P_1 = P_2 = +\frac{P}{2\sqrt{3}}(\sqrt{2}-1), \quad P_3 = -\frac{P}{2\sqrt{3}}(2\sqrt{2}+1).$$

Das negative Vorzeichen sagt aus, daß die von den Stäben auf die Spitze wirkenden Kräfte nicht nach abwärts, sondern nach aufwärts gerichtet sind, nach dem Gesetz der Wechselwirkung daher die von der Spitze auf die Stäbe übertragenen Kräfte gegen das Innere derselben wirken, also Druckkräfte sind.

Sind die Stäbe nicht so regelmäßig angeordnet oder ist die Kraft P beliebig gerichtet, dann empfiehlt sich die graphische Behandlung. Man kann dabei die Konstruktion des geschlossenen Kraftecks im Grund- und Aufriß leicht bewerkstelligen, wenn man sich überlegt, daß die Resultierende aus zwei Stabkräften und die aus der dritten und der Kraft P in dieselbe Gerade, also in die Schnittlinie der durch diese Kräfte gelegten zwei Ebenen fallen müssen.

II. Ebenes Kraftsystem am starren Körper.

13. Begriff des starren Körpers, Gleichgewicht zweier Kräfte an demselben. Während wir bei der Zusammensetzung von Kräften, die an einem Punkte angreifen, auf die physikalische Beschaffenheit des Körpers, an dem die Kräfte wirken, keine Rücksicht zu nehmen brauchen, ist dies nicht mehr angängig, wenn die Kräfte verschiedene Angriffspunkte besitzen. Dies zeigt die unmittelbare Erfahrung: Zwei entgegengesetzt gleiche Kräfte, die in eine Gerade fallen, aber verschiedene Angriffspunkte besitzen, werden keine Bewegung hervorrufen, wenn sie an einem Stab aus Metall oder Holz wirken. Dagegen wird eine solche eintreten, wenn sie an den Enden einer Gummischnur angreifen. Diese wird sich zunächst ausdehnen und erst dann wird sich das Gleichgewicht einstellen. Die Wirkung der Kräfte wird also auch von der Formänderung, die der Körper erfährt, abhängig sein. Die einfachsten Verhältnisse werden wir haben, wenn wir annehmen, daß der Körper unter der Einwirkung der Kräfte seine Gestalt nicht ändert. Das ist natürlich eine Abstraktion, in Wirklichkeit erleidet jeder Körper dabei eine, wenn auch unter Umständen sehr kleine, Formänderung. Einen solchen Körper, der seine Gestalt immer beibehält, nennen wir einen starren Körper. Er bleibt immer sich selbst kongruent, die Entfernung zweier seiner Punkte ist unveränderlich. Zu dieser Einführung des Begriffes eines starren Körpers sind wir berechtigt, weil die Körper, die man gewöhnlich als feste bezeichnet, in ihrem Verhalten starren Körpern in vielen Fällen sehr nahekommen und weil die unter dieser Annahme abgeleiteten Resultate auch für nicht starre Körper ihre Bedeutung haben. Ist ein nicht starrer Körper in Ruhe, so kann ich ihn mir ja, ohne etwas an den gegebenen Verhältnissen zu ändern, als erstarrt denken.

Um die in der Statik des starren Körpers auftretenden Fragen beantworten zu können, müssen wir außer dem Satz vom Parallelogramm der Kräfte und dem Wechselwirkungsprinzip noch ein weiteres aus der Erfahrung genommenes Grundgesetz einführen, das aber weitaus nicht dieselbe allgemeine Bedeutung hat wie die beiden anderen. Wir wollen es in folgender Form aussprechen. Zwei Kräfte halten sich an einem starren Körper das Gleichgewicht, wenn sie gleich groß, entgegengesetzt gerichtet sind und in dieselbe Gerade fallen. Die Richtigkeit dieses Satzes ist fast unmittelbar einleuchtend. Später in der Dynamik werden wir ihn als Folgerung aus allgemeineren Prinzipien darstellen; vorläufig sehen wir ihn aber ohne Beweis als gegeben an. Fallen die Angriffspunkte beider Kräfte zusammen, so geht er in die schon früher ausgesprochene Bedingung für das Gleichgewicht zweier Kräfte an einem Punkte über. Wir können aus ihm sofort zwei Folgesätze ableiten:

1. Die Wirkung eines Kraftsystems am starren Körper wird nicht geändert, wenn man zu ihm zwei entgegengesetzt gleiche, in eine Gerade fallende Kräfte hinzufügt.

2. Man kann eine Kraft in ihrer Richtungslinie am starren Körper um ein beliebiges Stück verschieben, ohne an ihrer Wirkung etwas zu ändern (Verschiebbarkeitssatz).

Voraussetzung ist dabei nur, daß die Verbindung zwischen dem alten und dem neuen Angriffspunkt eine starre ist. Denn, fügt man in einem Punkte der Richtungslinie der Kraft zwei Kräfte hinzu, die entgegengesetzt gleich sind, in diese Gerade fallen und außerdem mit der gegebenen gleiche Größe besitzen, so ändert man an deren Wirkung nichts, da die hinzugefügten Kräfte sich im Gleichgewicht befinden. Nach dem eben aufgestellten Satze halten sich nun aber auch die ursprüngliche und die ihr entgegengesetzt gerichtete der hinzugegebenen Kräfte das Gleichgewicht und es bleibt nur eine Kraft übrig, die mit der ursprünglichen gleich groß und gleich gerichtet ist, die aber jetzt in einem anderen Punkt der Richtungslinie angreift. Dieser Verschiebungssatz wurde ebenso wie der vom Parallelogramm der Kräfte zuerst von Varignon in seinen Werken „Projet d'une nouvelle mecanique" (1685) und in der nach seinem Tode erschienenen „Nouvelle mecanique" (1725) klar ausgesprochen und konsequent angewendet.

Eine Kraft an einem starren Körper stellt demnach einen Vektor dar, den man längs seiner Richtungslinie verschieben kann. Einen solchen Vektor bezeichnen wir zum Unterschied von dem mit festem Angriffspunkt, dem gebundenen Vektor, als einen Stab.

14. Elementare Methode der Zusammensetzung. Nach diesen allgemeinen Überlegungen wollen wir zur speziellen Behandlung der Probleme der Statik des starren Körpers übergehen und da empfiehlt es sich, zunächst den Fall zu betrachten, wo alle Kräfte, die an dem starren Körper angreifen, in einer Ebene liegen. Bei der Zusammensetzung eines solchen Kraftsystems wollen wir zuerst ganz elementar vorgehen. Sind die Richtungslinien aller n Kräfte nicht zufällig parallel, so können wir die Richtungslinien zweier zum Schnitt bringen, die Kräfte dorthin verschieben und sie nach dem Parallelogrammsatz zu einer Resultierenden vereinen. Wir haben dann um eine Kraft weniger, nur mehr $n - 1$ Kräfte, und können das Verfahren solange wiederholen, bis wir entweder eine einzige Einzelkraft oder ein System paralleler Kräfte erhalten, wenn nicht etwa Gleichgewicht herrscht. Zwei parallele, gleichgerichtete Kräfte kann man aber in zwei sich schneidende überführen, indem man zwei entgegengesetzt gleiche in der Verbindungslinie der Angriffspunkte liegende Hilfskräfte, die sich also das Gleichgewicht halten, hinzufügt und jede der parallelen Kräfte mit je einer von ihnen zusammensetzt. Die so erhaltenen, sich schneidenden zwei Kräfte kann man wie früher zu einer Resultierenden vereinen und man entnimmt leicht aus der Konstruktion, daß zwei parallele, gleichgerichtete Kräfte eine zu ihnen wieder parallele resultierende Einzelkraft ergeben, deren absoluter Betrag gleich der Summe der absoluten Beträge der Teilkräfte ist und deren Richtungslinie den Abstand derselben von innen im verkehrten Verhältnisse ihrer Größen teilt.

Sind die beiden Kräfte ungleichsinnig parallel und verschieden groß, so kann man dieselbe Methode anwenden und erhält das Ergebnis, daß auch diese Kräfte wieder einer zu ihnen parallelen Einzelkraft gleichwertig sind, deren absoluter Betrag die Differenz der absoluten Beträge der Teilkräfte ist, deren Richtungssinn mit dem der größeren von ihnen übereinstimmt und deren Richtungslinie jetzt den Abstand der Teilkräfte von außen im verkehrten Verhältnis der Größen derselben teilt.

Durch Anwendung dieser Sätze können wir daher das System paralleler Kräfte, das bei der Zusammensetzung übrig bleiben konnte, wenn sich nicht früher schon eine Einzelkraft ergab, auf eine Einzelkraft allein oder auf zwei entgegengesetzt gleiche, nicht in einer Geraden liegende Kräfte reduzieren, vom Fall des Gleichgewichtes abgesehen, wo diese beiden entgegengesetzt gleichen Kräfte in dieselbe Gerade fallen.

Zwei derartige Kräfte können wir aber auf keinerlei Weise in etwas Einfacheres verwandeln. Wenden wir das Verfahren an, das uns bei parallelen Kräften sonst zum Ziele führte so versagt das jetzt, da wir durch Hinzunahme der sich das Gleichgewicht haltenden Hilfskräfte wieder nur zwei entgegengesetzt parallele, gleiche Kräfte erhalten, die nicht in einer Geraden liegen, siehe Abb. 11. Zwei solche Kräfte stellen also ein **neues Element** der Mechanik dar, sie werden ein **Kräftepaar** genannt.

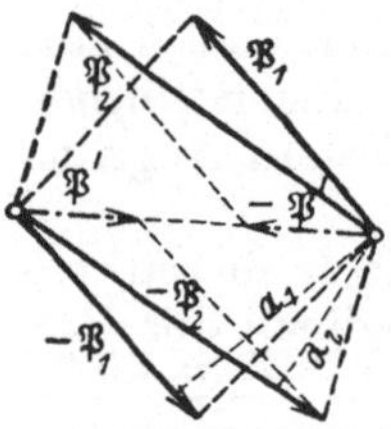

Abb. 11.

Wir sehen also, saß ein **ebenes** Kraftsystem am starren Körper, wenn nicht Gleichgewicht herrscht, eine Einzelkraft **oder** ein Kräftepaar als Resultierendes ergibt.

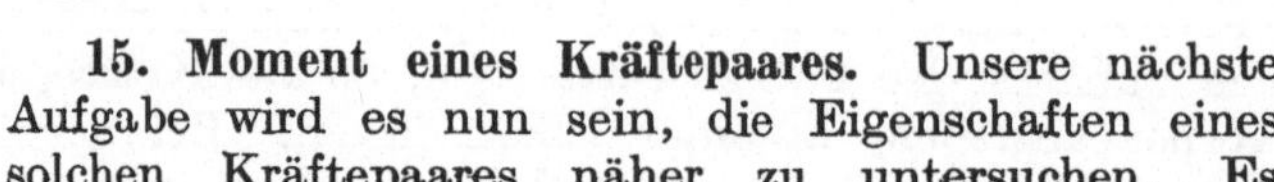

15. Moment eines Kräftepaares. Unsere nächste Aufgabe wird es nun sein, die Eigenschaften eines solchen Kräftepaares näher zu untersuchen. Es sind zunachst alle jene Kräftepaare gleichwertig, die man erhält, wenn man eine Kraft desselben in ihrer Wirkungslinie verschiebt, dann auch solche wie die in Abb. 11 gezeichneten, die man bekommt, wenn man zwei entgegengesetzt gleiche Kräfte in derselben Geraden hinzufügt. Was haben alle diese Kräftepaare gemeinsam? Man sieht ohne weiteres, daß für alle diese der Flächeninhalt der Parallelogramme der gleiche ist, die man erhält, wenn man Anfangs- und Endpunkte der Kräfte in der angezeichneten Art verbindet. Denn sie setzen sich aus Dreiecken mit gleicher Grundlinie und gleicher Höhe zusammen. Es ist daher für alle diese untereinander gleichwertigen Kräftepaare das Produkt aus dem absoluten Betrag einer Kraft und dem Abstand beider Kräfte das gleiche $|\mathfrak{P}_1|\, a_1 = |\mathfrak{P}_2|\, a_2$. Das wird aber allein nicht genügen, um die Wirkung eines Kräftepaares festzulegen. Denn wenn ich zwei solche hernehme, die sich voneinander nur dadurch unterscheiden, daß bei dem einen der Richtungssinn der Kräfte der entgegengesetzte als wie bei dem anderen ist, absoluter Betrag und Abstand der Kräfte aber der gleiche sind, so wird zwar das obige Produkt für sie gleich sein, sie haben aber augenscheinlich nicht die gleiche Wirkung. Denn das eine Kräftepaar sucht den Körper in der einen, das andere in der entgegengesetzten Richtung zu drehen, der **Drehsinn** ist verschieden.

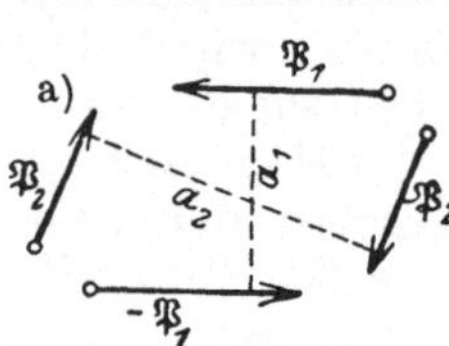

Abb. 12.

Wir können nun leicht zeigen, daß zwei Kräftepaare, die gleiches Produkt aus Kraft und Kraftabstand, aber verschiedenen Drehsinn besitzen, sich aufheben, vgl. Abb. 12. Wir können die Kräfte, wie in Abb. 12b gezeichnet ist, zu zwei Einzelkräften zusammensetzen, $\mathfrak{P}_{AC}$ und $\mathfrak{P}_{A'C'}$, die entgegengesetzt gleich sind. Wir haben nur noch zu zeigen, daß sie auch in eine Gerade fallen. Die beiden

Dreiecke (Abb. 12b) ABC und ADA' sind ähnlich, da der Winkel bei B gleich dem bei D ist und wegen $|\mathfrak{P}_1|\, a_1 = |\mathfrak{P}_2|\, a_2$ sich $b : c = a_1 : a_2 = |\mathfrak{P}_2| : |\mathfrak{P}_1|$ verhalten, die homologen Seiten also proportional sind. Dann ist aber auch $\alpha = \alpha' = \beta$ und somit ist der Beweis erbracht.

Daraus folgt, daß zwei Kräftepaare mit gleichem Produkt aus Kraft und Kraftabstand und gleichem Drehsinn einander gleichwertig sind. Diese beiden Eigenschaften können wir zusammenfassen, indem wir dem Produkt ein Vorzeichen geben, und zwar das positive, wenn der Drehsinn positiv ist, entgegengesetzt dem Uhrzeigersinn, das negative, wenn das Gegenteil der Fall ist. Dieses mit einem Vorzeichen versehene Produkt aus Kraft und Abstand der beiden Kräfte, das allein für die Wirkung des Kräftepaares maßgebend ist, nennen wir das Moment des Kräftepaares und bezeichnen es mit M. Die Einheit des Momentes ist dementsprechend durch das Produkt aus Krafteinheit und Längeneinheit gegeben, also etwa durch kgm, wenn wir kg und m als diese letzteren Einheiten wählen.

16. Zusammensetzung von Kräftepaaren in der Ebene. Haben wir zwei solche mit den Momenten M_1 und M_2 und gleichem positiven Drehsinn $M_1 = P_1 a_1$, $M_2 = P_2 a_2$, so können wir das zweite Kräftepaar durch ein anderes ersetzen, das denselben Abstand a_1 wie das erste hat. Die Kraft P' desselben ergibt sich dann aus der Beziehung $P' = \frac{P_2 a_2}{a_1}$. Lassen wir die Richtungslinie der Kraft P' mit der der Kraft P_1 zusammenfallen so können wir die in dieselbe Gerade fallenden Kräfte P_1 und P' addieren und erhalten ein resultierendes Kräftepaar mit der Kraft $P_1 + P'$ und dem Abstand a_1. Dessen Moment ist daher

$$(P_1 + P')\, a_1 = \left(P_1 + \frac{P_2 a_2}{a_1}\right) a_1 = P_1 a_1 + P_2 a_2 = M_1 + M_2.$$

Hätte das zweite Kräftepaar negativen Drehsinn, ist M_2 negativ, so wäre auch P' negativ zu nehmen und wir bekommen ein Kräftepaar, dessen Moment ebenfalls $M = M_1 + M_2$, gleich der algebraischen Summe der Momente der ursprünglichen Kräftepaare ist. Sind n-Kräftepaare vorhanden, so kommen wir durch wiederholte Anwendung dieses Verfahrens zu einem resultierenden Kräftepaar, dessen Moment

$$M = M_1 + M_2 + \ldots + M_n, \tag{1}$$

gleich der algebraischen Summe der Momente der gegebenen Kräftepaare ist.

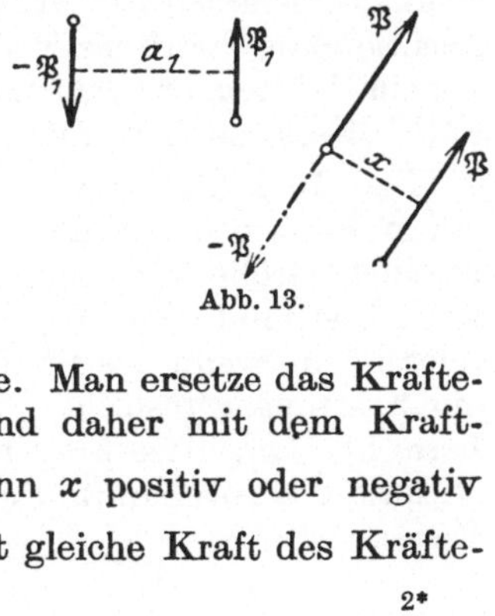

Abb. 13.

17. Einzelkraft und Kräftepaar. Es wirke eine Einzelkraft $\mathfrak{P}$ und ein Kräftepaar mit dem Momente M_1 in derselben Ebene. Man ersetze das Kräftepaar durch ein anderes mit der Kraft $\mathfrak{P}$ und daher mit dem Kraftabstand $x = \frac{M_1}{|\mathfrak{P}|}$ (siehe Abb. 13). Dabei kann x positiv oder negativ sein. Man legt nun die mit $\mathfrak{P}$ entgegengesetzt gleiche Kraft des Kräftepaares in die Richtungslinie von $\mathfrak{P}$; die zweite Kraft ist dann rechts oder links im Abstande x so anzubringen, daß der Drehsinn des Kräftepaares mit dem des gegebenen übereinstimmt. Die beiden Kräfte in der Richtungslinie der ursprünglichen Kraft $\mathfrak{P}$ heben sich jetzt auf und es bleibt als Resultat der Zusammensetzung eine einzige Kraft übrig, die gleich groß und gleichsinnig parallel mit der gegebenen ist, deren Richtungslinie aber derart verschoben ist, daß das Produkt aus Kraft und Abstand von einem Punkt der ursprünglichen Richtungslinie der Größe und dem Vorzeichen nach gleich dem Moment des Kräftepaares ist. Wenn man daher umgekehrt eine Kraft parallel zu sich selbst verschieben will, muß ein Kräftepaar mit einem Moment, gebildet nach der obigen Regel, hinzugefügt werden, um die Wirkung der Kraft nicht zu ändern.

18. Allgemeine Methode der Reduktion, Seileck. Der oben geschilderte elementare Vorgang der Zusammensetzung eines ebenen Kraftsystems ist zwar nützlich, um den Begriff des Kräftepaares abzuleiten, eignet sich aber, wenn die Anzahl der Kräfte eine größere ist, nicht zur wirklichen graphischen Durchführung. Wir wollen daher einen anderen Weg zur Reduktion einschlagen. Wir wählen einen beliebigen Punkt in der Ebene des Systems der n vorgegebenen Kräfte, den sogenannten Reduktionspunkt, und legen durch ihn $2n$ Kräfte, von denen immer je eine gleich groß und gleichsinnig, die andere gleich groß und entgegengesetzt parallel mit je einer der gegebenen Kräfte ist. Wir ändern dadurch an dem vorgelegten Kraftsystem nichts, da die hinzugefügten Kräfte sich das Gleichgewicht halten, je zwei sind ja entgegengesetzt gleich. Jetzt können wir aber das Ganze als ein System von n Kräften, die im Reduktionspunkt angreifen, und von n Kräftepaaren ansehen. Jedes Kräftepaar besteht aus der ursprünglich gegebenen Kraft und der durch den Reduktionspunkt gelegten entgegengesetzt gleichen. Die n Kräfte geben eine resultierende Einzelkraft im Reduktionspunkt, die Reduktionsresultante, die n Kräftepaare ein resultierendes Kräftepaar. Diese beiden können wir nach der eben abgeleiteten Regel wieder zu einer Einzelkraft zusammensetzen, die mit der Reduktionsresultante gleich groß und gleichgerichtet, deren Wirkungslinie aber gegen den Reduktionspunkt verschoben ist. Wenn die Reduktionsresultante verschwindet, das resultierende Kräftepaar dagegen von Null verschieden ist, bekommen wir ein Kräftepaar allein als Ergebnis der Zusammensetzung; verschwindet auch dieses, so herrscht Gleichgewicht.

Die Reduktionsresultante ist als Resultierende von Kräften in einem Punkte durch die Schlußseite des Kraftes gegeben und damit ist auch Größe, Richtung und Richtungssinn der resultierenden Einzelkraft bestimmt. Die Lage der Richtungslinie derselben kennen wir aber noch nicht; wenn das Krafteck geschlossen ist, wissen wir auch nicht, ob ein Kräftepaar resultiert und wie groß dieses ist oder ob Gleichgewicht herrscht. Um diese Fragen zu beantworten, konstruieren wir ein zweites Vieleck, das sogenannte Seileck oder Seilpolygon, und zwar auf folgende Weise.

In einer willkürlich angenommenen Geraden g, die mit einer der Kräfte, etwa der ersten zum Schnitt gebracht wird, fügt man zwei entgegengesetzt gleiche Kräfte $\mathfrak{P}_{1.r}'$ und $\mathfrak{P}_{r.1}'$ hinzu, $\mathfrak{P}_{r.1}' = -\mathfrak{P}_{1.r}'$ (vgl. Abb. 14). In der Richtung der Resultierenden der Kräfte $\mathfrak{P}_1$ und $\mathfrak{P}_{1.r}'$ setzen wir wieder zwei Kräfte an, von denen die eine $\mathfrak{P}_{1.2}'$ mit dieser Resultierenden gleich groß und entgegengesetzt gerichtet, die andere $\mathfrak{P}_{2.1}'$ wieder gleich $-\mathfrak{P}_{1.2}'$ ist. Diese letztere Kraft bringt man mit $\mathfrak{P}_2$ zum Schnitt und wiederholt das Verfahren, bis alle Kräfte erledigt sind. Die hinzugefügten Kräfte sind demnach so gewählt, daß sie einerseits sich untereinander das Gleichgewicht halten, anderseits immer drei in einem Punkt A_1, $A_2 \ldots A_n$ zusammenstoßende sich aufheben. Das ganze Kraftsystem ist dann den in der Abbildung mit $\mathfrak{P}_{r.1}'$ und $\mathfrak{P}_{r.n}'$ bezeichneten Kräften gleichwertig und wir haben nur das Verhalten dieser beiden zu untersuchen, um über das Resultierende des ganzen Systems Aufschluß zu zu erlangen. Da sind nun drei Fälle möglich: 1. der allgemeine Fall, wie er auch in der Zeichnung angenommen ist, die beiden Kräfte schneiden sich in einem Punkte O. Das ist also ein Punkt der Richtungslinie der resultierenden Einzelkraft. Größe und Richtung derselben ist durch die Schlußseite des in diesem Falle *offenen Kraftecks* gegeben; man könnte sie natürlich auch durch direkte Zusammensetzung der beiden Kräfte finden. Sind die Richtungen der Kräfte $\mathfrak{P}_{r.1}'$ und $\mathfrak{P}_{r.n}'$ parallel oder fallen sie zusammen, die Kräfte aber dabei *ungleich* groß, so bekommt man ebenfalls eine Einzelkraft und man kann diesen Fall in den eben besprochenen überführen, indem man die erste Gerade oder die Größe der ersten Hilfskraft $\mathfrak{P}_{1.r}'$ anders wählt. 2. Sind die Kräfte $\mathfrak{P}_{r.1}'$ und $\mathfrak{P}_{r.n}'$ entgegengesetzt gleich und ihre Richtungen parallel ohne zusammenzufallen, dann erhält man ein Kräftepaar als Resultierendes, das durch diese beiden Kräfte dargestellt ist. Wir sagen dann, der gebrochene Linienzug, in dem die Hilfskräfte wirken, das „*Seileck*“, *ist offen*, da die erste und letzte Seite parallel sind. Das Krafteck ist *geschlossen*, da keine Einzelkraft resultiert. 3. Sind die beiden Kräfte entgegengesetzt gleich und liegen sie in derselben Geraden, so herrscht Gleichgewicht. Dann fallen die Geraden A_1O und OA_n zusammen, das *Seileck ist ebenso wie das Krafteck geschlossen*.

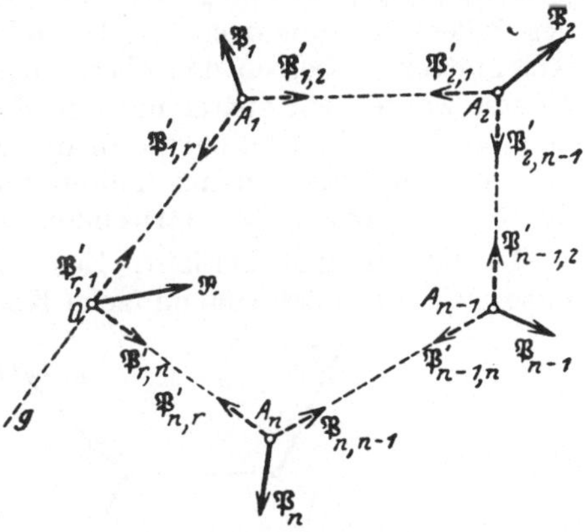

Abb. 14.

Durch die Konstruktion dieser beiden Vielecke ist also die Zusammensetzung eines ebenen Kraftsystems auf graphischem Wege vollständig gegeben. Wir wollen das Ergebnis zusammenfassen: Ist das

Krafteck offen, so gibt die Schlußseite desselben Größe, Richtung und Richtungssinn der resultierenden Einzelkraft, der Schnittpunkt der ersten und letzten Seileckseite die Lage der Richtungslinie. Ist das Krafteck geschlossen und das Seileck offen, dann resultiert ein Kräftepaar, das durch die gleich großen, aber entgegengesetzt gerichteten Kräfte in den parallelen ersten und letzten Seileckseiten dargestellt ist. Ist Krafteck und Seileck geschlossen, dann herrscht Gleichgewicht.

Der Name Seileck rührt davon her, daß ein vollständig biegsames Seil, das in einem Punkt der ersten und letzten Seite festgehalten wird, unter dem Angriff der Kräfte die Gestalt des gebrochenen Linienzuges, des Seileckes, annehmen würde und die Spannkräfte in den einzelnen Abschnitten desselben den oben eingeführten Hilfskräften gleich wären. Darauf werden wir später noch zurückkommen. Vorausgesetzt ist dabei noch, daß die Kräfte, so wie in der Zeichnung, alle nach außen wirken, daß nur Zugkräfte in den Seiten vorkommen, sonst müßte man statt des Seiles starre Stäbe verwenden.

19. Seileck und Polfigur. Zur wirklichen Anwendung obiger Sätze haben wir nun noch eine einfache Konstruktion des Seileckes anzugeben.

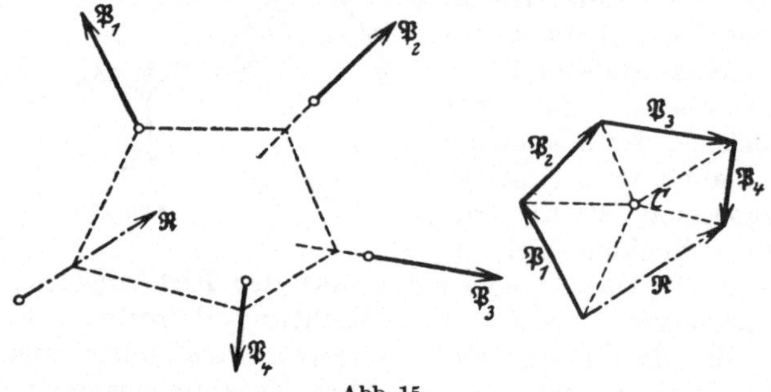

Abb. 15.

Das kann man tatsächlich leicht tun. Wenn man einen Punkt in der Ebene des Kraftteckes annimmt und von diesem die Strahlen nach den Ecken desselben zieht, dann haben diese Strecken als Kräfte aufgefaßt genau die Eigenschaften, die wir von den oben eingeführten Hilfskräften verlangten. Je zwei Strahlen, die eine Kraft des Kraftteckes einschließen, bilden mit dieser ein geschlossenes Dreieck, also als Kräfte genommen ein Gleichgewichtssystem. Den Punkt nennt man den Pol des Kraftteckes, die Verbindungsstrecken nach den Eckpunkten die Polstrahlen. Die Seiten des Seileckes, die Seilstrahlen werden demnach durch Parallele zu diesen Polstrahlen gegeben sein; siehe Abb. 15, wo eine solche Polfigur und das zugehörige Seileck gezeichnet ist. Bezüglich der Zuordnung wäre folgendes zu merken: Ein Seilstrahl, der zwischen den Richtungslinien zweier Kräfte verläuft, ist parallel zu dem Polstrahl, der in der Polfigur nach dem Schnittpunkt dieser beiden Kräfte gezogen ist. Zwei Seilstrahlen, die sich auf der Richtungslinie einer Kraft schneiden, sind parallel zu den Polstrahlen, die diese Kraft im Krafteck einschließen.

In Abb. 15 ist der allgemeine Fall behandelt, wo das Krafteck offen ist, in Abb. 16 ist ein Kraftsystem vorausgesetzt, bei dem das Krafteck geschlossen und das Seileck offen ist, wo also ein Kräftepaar resultiert. Der Vorgang ist der gleiche, der erste und letzte Seilstrahl sind in letzterem Fall zueinander parallel, da sie zu dem gleichen Polstrahl parallel sind, fallen aber nicht zusammen. Das resultierende Kräftepaar bekommt man, indem man in dem ersten Seilstrahl eine Kraft $\mathfrak{P}$ ansetzt, die der Größe nach gleich dem ersten Polstrahl und deren Richtungssinn entgegengesetzt dem ist, der bei Durchlaufen des aus $\mathfrak{P}_1$ und den beiden Polstrahlen gebildeten Dreieckes Gleichgewicht ergeben würde. Man kann aber auch so vorgehen, daß man die aus den $n-1$ ersten Kräften gebildete resultierende Einzelkraft konstruiert; diese bildet dann mit der

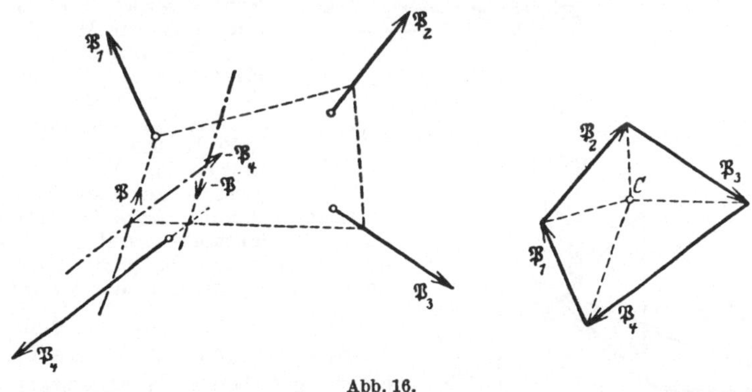

Abb. 16.

n-ten Kraft das resultierende Kräftepaar. In unserer Abbildung ist es durch $\mathfrak{P}$ und $-\mathfrak{P}$ oder durch $\mathfrak{P}_4$ und $-\mathfrak{P}_4$ dargestellt. Die auf diese beiden Arten erhaltenen Kräftepaare sind natürlich gleichwertig, sie haben gleiches Moment und gleichen Drehsinn.

Diese Überlegungen und die entsprechenden Konstruktionen gelten ganz allgemein, gleichgültig, ob die vorgegebenen Kräfte parallel sind oder nicht. Haben wir nur drei Kräfte, deren Richtungen sich schneiden, dann reduziert sich die Bedingung, daß das Seileck bei Gleichgewicht geschlossen sein muß, darauf, daß die Richtungslinien der drei Kräfte durch einen Punkt gehen. Das Kraftdreieck muß natürlich auch geschlossen sein.

Bei der Anwendung der allgemeinen Gleichgewichtsbedingungen müssen wir immer so vorgehen, daß wir vom Kraft- und Seileck alles zeichnen, was möglich ist und dann beide zu einem geschlossenen Vieleck ergänzen.

Der Begriff des Seileckes kommt schon bei Varignon in seinen beiden früher erwähnten Werken vor, aber die Anwendung desselben zur Zusammensetzung eines ebenen Kraftsystems und zur Entscheidung, ob Gleichgewicht herrscht oder nicht, rührt von Culmann her (Graphische Statik 1864 und 1866), ist also relativ neuen Datums.

20. Beispiele. Beispiel 4. Es ist das Resultierende des nebengezeichneten Systems von vier parallelen Kräften zu bestimmen. Abb. 17.

Die Lösung ist nebenstehend durchgeführt. Das Kraftеck schrumpft zu einer Geraden zusammen. Es ist besonders auf die richtige Zuordnung von Pol- und Seilstrahlen zu achten.

Abb. 17.

Beispiel 5. Ein Stab, dessen Gewicht wir vernachlässigen, stützt sich, Abb. 18, mit einem Ende an eine vollkommen glatte Wand, mit dem anderen ist er gelenkig am Boden befestigt. Er trägt eine Last P. Wie groß und wie gerichtet sind die Widerstände, die im Gelenk und an der Wand auf ihn übertragen werden?

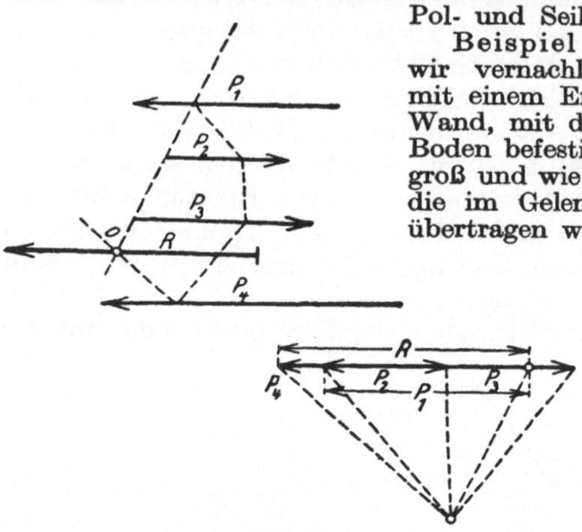

Da wir nur drei Kräfte haben, ist die Richtung des Widerstandes in A sofort gegeben, er muß durch den Schnittpunkt von P und der in B zur Wand errichteten Normalen gehen. Das Kraftdreieck gibt die Größe der Widerstände.

Greifen mehrere vertikale Lasten an dem Stabe an, so ist das Seileck zur Lösung zu verwenden, wie in nebenstehender Abb. 19. Dabei ist der erste Seilstrahl durch A zu legen, da dies der einzige Punkt der Richtungslinie von W_1 ist, den wir kennen.

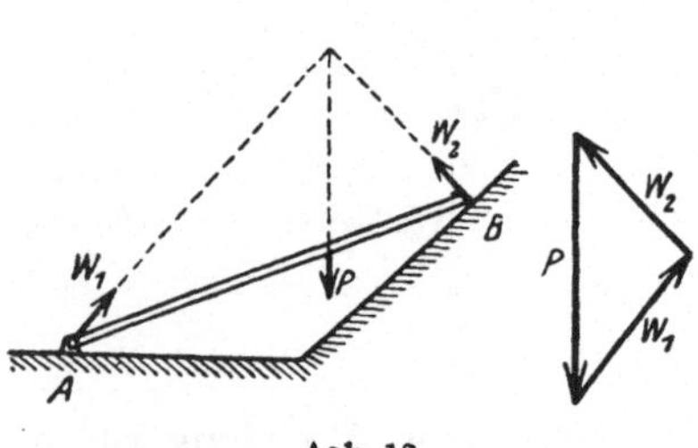

Abb. 18.

21. Seilecke, die zu demselben Kraftsystem gehören, Polarachse. Zu einem gegebenen Kraftsystem können auf dreifach unendliche Arten Seilecke gezeichnet werden, sie bilden also eine Mannigfaltigkeit 3. Di-

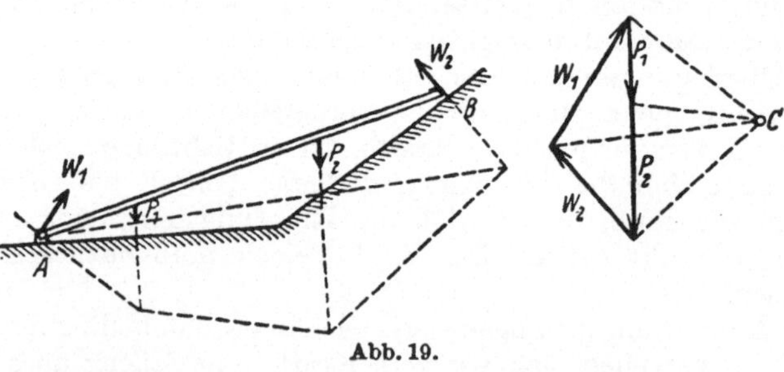

Abb. 19.

mension. Denn Lage und Richtung des ersten Seilstrahles und die Größe der ersten Hilfskraft können noch beliebig angenommen werden oder, was auf dasselbe hinausläuft, der Pol C des Kraftеckes kann jeder beliebige der ∞^2 Punkte der Ebene sein und die Lage des ersten Seilstrahles kann auf ∞^1 Arten gewählt werden. Ist der Pol festgelegt, so sind die verschiedenen Seilecke, die man dann noch zeichnen kann, ähnliche Vielecke mit parallelen Seiten, deren Eckpunkte auf den Richtungslinien der Kräfte liegen.

Wichtig sind die Eigenschaften der Seilecke, die zu verschiedenen Polen ein und desselben Kraftecks gehören. Da gilt folgender Satz: Die Schnittpunkte entsprechender Seilstrahlen, die zu zwei Polen eines Kraftecks gehören, liegen auf einer Geraden, die zu der Verbindungslinie der beiden Pole parallel ist. Die Gerade heißt die Polarachse (Culmannsche Gerade).

Den Beweis wollen wir auf folgende Art führen: Die in den ersten und zweiten Seilstrahlen beider Seilecke in der Weise, wie es die Abb. 20 zeigt, hinzugefügten acht Hilfskräfte $\mathfrak{P}_{CA}$, $\mathfrak{P}_{AC'}$..., die den entsprechenden Polstrahlen gleich sind, bilden ein Gleichgewichtssystem, da je

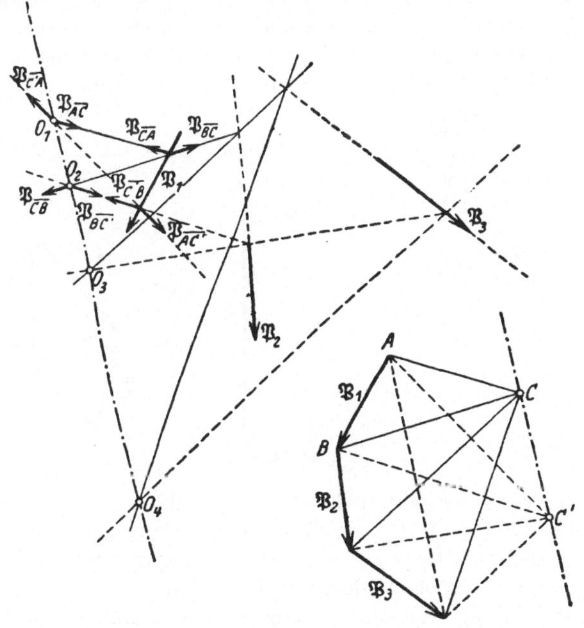

Abb. 20.

zwei sich aufheben. Es halten sich aber auch die vier Kräfte für sich allein das Gleichgewicht, die auf der Richtungslinie von $\mathfrak{P}_1$ angreifen, $\mathfrak{P}_{AC'}$ und $\mathfrak{P}_{C'B}$ setzen sich zu $+\mathfrak{P}$, $\mathfrak{P}_{CA}$ und $\mathfrak{P}_{BC}$ zu $-\mathfrak{P}$ zusammen. Daher müssen auch die übrigen vier Kräfte im Gleichgewicht stehen, es muß also die Resultierende der Kräfte in O_1 entgegengesetzt gleich der der Kräfte in O_2 sein und beide müssen in die Verbindungslinie von O_1 und O_2 fallen. Diese Resultierende ist aber der Größe und Richtung nach auch gegeben durch die Strecke $\overline{CC'}$ bzw. $\overline{C'C}$ in der Polfigur. Daher muß die Verbindungslinie der beiden Schnittpunkte O_1 und O_2 parallel zur Verbindungslinie der beiden Pole C und C' sein. Diese Überlegung können wir für jeden weiteren Schnittpunkt entsprechender Seilstrahlen vornehmen, z. B. für O_3, $\overline{O_2O_3}$ muß ebenfalls $\overline{CC'}$ parallel sein usw. Daher müssen alle Schnittpunkte auf ein und derselben zu der Verbindungslinie der Pole parallelen Geraden liegen.

Dieser Satz ist im Grunde genommen rein geometrischer Natur, denn er gibt Beziehungen zwischen Vielecken an, die auf bestimmte Art konstruiert sind. Man kann ihn natürlich auch rein geometrisch ableiten. Er stellt sich als Folgerung aus dem bekannten Satz von Desargues über perspektive Dreiecke dar. Perspektive Dreiecke sind solche, deren Ecken auf drei Strahlen eines Strahlenbüschels liegen; dann sagt dieser Satz aus, daß die Schnittpunkte entsprechender Seiten in eine Gerade fallen.

22. Seileck durch drei Punkte. Den soeben abgeleiteten Satz kann man benützen, um für ein vorgegebenes Kraftsystem jenes Seileck zu zeichnen, das durch drei beliebig angenommene Punkte der Ebene hindurchgeht. Da bei der Zeichnung eines Seileckes noch drei Stücke willkürlich sind, ist dies immer möglich. Dabei müssen wir aber noch

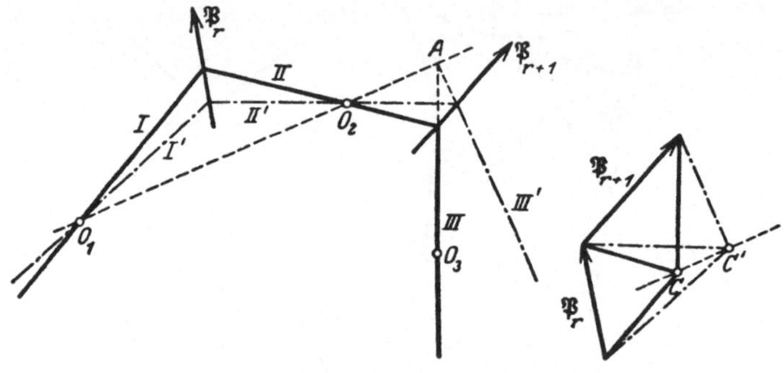

Abb. 21.

festsetzen, welche Seilstrahlen durch die gewählten Punkte gehen sollen. Es seien (Abb. 21) O_1, O_2, O_3 die drei Punkte, durch die drei Seilstrahlen gelegt werden sollen, die zu den in der Polfigur nach den Kräften $\mathfrak{P}_r$ und $\mathfrak{P}_{r+1}$ gezogenen Polstrahlen parallel sind.

Man zieht beliebig den ersten Seilstrahl I' durch O_1 und in der Polfigur vom Anfangspunkt von $\mathfrak{P}_r$ einen parallelen Polstrahl, dann legt man den nächsten Seilstrahl II' durch O_2 und zieht parallel dazu den entsprechenden Polstrahl; den Schnittpunkt beider Polstrahlen nimmt man als vorläufigen Pol C' des Krafteckes an. Der dritte Polstrahl ist dann festgelegt, der zu ihm parallele Seilstrahl III' wird aber nicht durch O_3 gehen. Nun ist die Verbindungslinie von O_1 und O_2 die Polarachse für alle zu dem Pol C' und dem noch unbekannten richtigen Pol C gehörigen Seilecke. Es müssen ja alle durch O_1 und O_2 gehen. Daher können wir mit Hilfe unseres Satzes jetzt das richtige Seileck konstruieren. Der Pol C muß auf der durch C' zur Verbindungsgerade $\overline{O_1 O_2}$ gelegten Parallelen liegen und der richtige durch O_3 gehende Seilstrahl III muß sich mit dem zuerst gezeichneten III' auf dieser Polarachse schneiden, also durch A gehen. Wir haben daher durch den Endpunkt von $\mathfrak{P}_{r+1}$ im Krafteck die Parallele zu ihm zu ziehen; der Schnittpunkt mit der durch C' zur Polarachse parallel gezogenen Geraden gibt uns den Pol C und das zu ihm gezeichnete Seileck $I\ II\ III$ hat die gewünschte Eigenschaft, es geht durch die drei vorgegebenen Punkte.

23. Analytische Methode, Drehmoment einer Kraft. Wir haben gesehen, daß die Wirkung einer Kraft am starren Körper durch Größe, Richtung und Richtungssinn und durch die Lage der Angriffslinie gegeben ist. Größe, Richtung und Richtungssinn sind analytisch in der Ebene durch die beiden Komponenten P_x und P_y festgelegt. Das genügte bei Kräften mit gleichem Angriffspunkte; jetzt müssen wir noch nach einem Merkmal suchen, das die Lage der Richtungslinie angibt. Das könnte auf verschiedene Weise geschehen, etwa durch Angabe des Abschnittes, den die Wirkungslinie auf der x- oder y-Achse ausschneidet oder durch Angabe des Abstandes der Geraden vom Ursprung, wobei wir denselben allerdings noch mit einem Vorzeichen ausstatten müßten. Wir sollen nun ein solches drittes Merkmal wählen, das dieselbe wesentliche Eigenschaft hat, wie die schon benützten beiden anderen Bestimmungsstücke der Kraft, der Komponenten, für das nämlich ebenfalls die Beziehung gilt, daß das Merkmal der Resultierenden zweier Kräfte gleich der algebraischen Summe der Merkmale der Teilkräfte ist. Diese Bedingung ist erfüllt, wenn wir als drittes Bestimmungsstück das Drehmoment der Kraft einführen. Wir verstehen darunter das mit einem Vorzeichen versehene Produkt aus Größe der Kraft und Abstand derselben vom Ursprung des K.-S. und bezeichnen es mit $M^{\mathfrak{P}}$. Positives und negatives Vorzeichen werden wir wie bei dem Momente eines Kräftepaares wählen, vgl. Abb. 22, positiv, wenn der Drehsinn entgegengesetzt dem Uhrzeigersinn, negativ, wenn er der gleiche ist. Da der Ursprung willkürlich ist, können wir auf diese Weise auch ganz allgemein das Drehmoment einer Kraft um einen Punkt definieren.

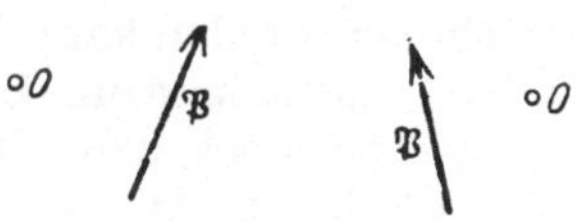

Abb. 22.

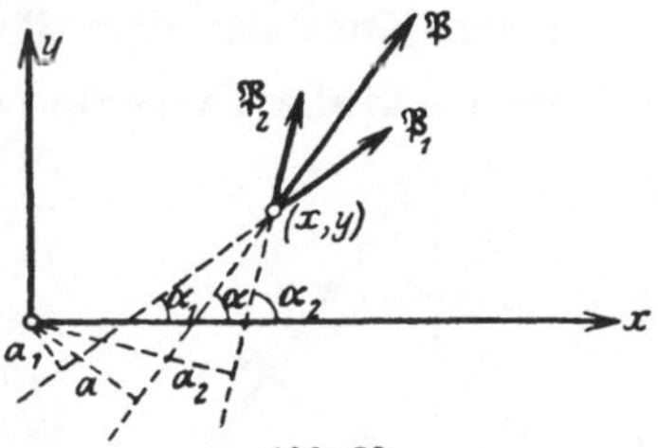

Der Beweis für die geforderte Eigenschaft ist leicht erbracht. Es ist, siehe Abb. 23,

Abb. 23.

$$M^{\mathfrak{P}_1} + M^{\mathfrak{P}_2} = P_1 a_1 + P_2 a_2 = P_1 (x \sin \alpha_1 - y \cos \alpha_1) + P_2 (x \sin \alpha_2 - y \cos \alpha_2)$$
$$= x (P_1 \sin \alpha_1 + P_2 \sin \alpha_2) - y (P_1 \cos \alpha_1 + P_2 \cos \alpha_2)$$
$$= x P \sin \alpha - y P \cos \alpha = P a,$$

also
$$M^{\mathfrak{P}_1} + M^{\mathfrak{P}_2} = M^{\mathfrak{P}}. \tag{2}$$

Genau das gleiche Resultat erhalten wir, wenn eines oder beide Drehmomente negativ anzusetzen wären.

Setzen wir in dieser Gleichung für $\mathfrak{P}_1$ und $\mathfrak{P}_2$ die Komponenten P_x und P_y ein, so erhalten wir die wichtige Beziehung

$$M^{\mathfrak{P}} = x P_y - y P_x, \tag{3}$$

die den Zusammenhang der Koordinaten des Angriffspunktes und der Komponenten einer Kraft mit dem Drehmoment um den Ursprung angibt (Abb. 24).

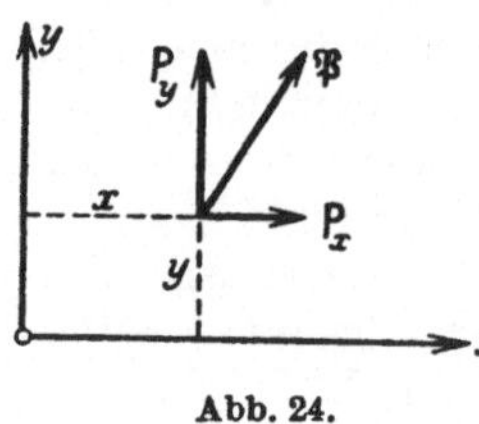

Abb. 24.

Durch die beiden Komponenten P_x und P_y und durch das Drehmoment $M^{\mathfrak{P}}$ ist eine Kraft in ihrer Wirkung am starren Körper, d. i. nach Größe, Richtung und Lage der Richtungslinie, eindeutig festgelegt. Denn der absolute Betrag ist gegeben durch $|\mathfrak{P}| = \sqrt{P_x^2 + P_y^2}$, der Richtungswinkel durch

$$\cos(x\,\mathfrak{P}) = \frac{P_x}{|\mathfrak{P}|}, \quad \sin(x\,\mathfrak{P}) = \frac{P_y}{|\mathfrak{P}|}$$

und die Lage der Richtungslinie erhalten wir aus dem Drehmoment. Mit x und y als laufenden Koordinaten stellt nämlich Formel (3) eine lineare Gleichung in x und y dar, die Gleichung der Geraden, in der die Kraft verschoben werden kann. Diese Richtungslinie kann man auch graphisch finden, indem man im Ursprung die Kraft $\mathfrak{P}$ in dem gewählten Kraftmaßstab zeichnet, dann $M^{\mathfrak{P}}$ durch den absoluten Betrag von $|\mathfrak{P}|$ dividiert, und mit diesem Quotienten, der eine Länge darstellt, als Radius einen Kreis um den Nullpunkt schlägt. Von den zwei Tangenten, die parallel zur Kraft an diesen gelegt werden können, ist dann jene die Wirkungslinie, die den richtigen, dem Vorzeichen des Drehmomentes entsprechenden Drehsinn der Kraft ergibt.

Haben wir etwa $P_x = -3$ kg, $P_y = 4$ kg, $M^{\mathfrak{P}} = 20$ kgm, so ist $|\mathfrak{P}| = \sqrt{25} = 5$ kg, $\cos(x\,\mathfrak{P}) = -\frac{3}{5}$, $\sin(x\,\mathfrak{P}) = \frac{4}{5}$ und $4x + 3y = 20$ die Gleichung der Richtungslinie. Will ich diese konstruieren, so habe ich einen Kreis mit dem Radius $a = \frac{20}{5} = 4$ m um den Ursprung zu schlagen und die Tangente entsprechend dem positiven Vorzeichen von $M^{\mathfrak{P}}$ auf der rechten Seite des Nullpunktes, parallel zur Kraftrichtung, an diesen zu legen. In Abb. 25 ist die Konstruktion mit einem Längenmaßstab L.-M. 1 cm ... 2 m, und einem Kraftmaßstab K.-M., 1 cm ... 2 kg, durchgeführt.

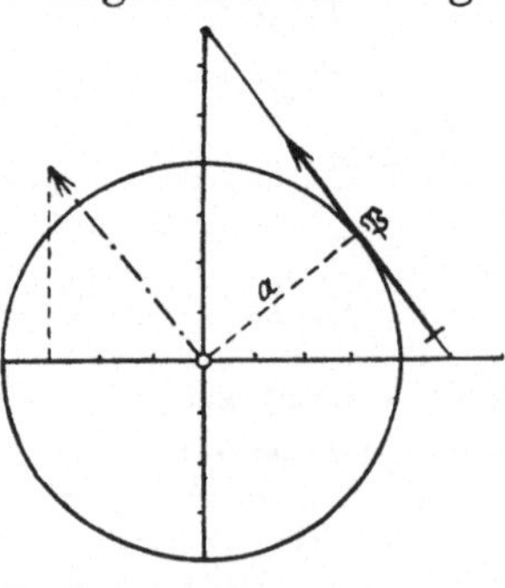

Abb. 25.

Aus der Definition des Drehmomentes folgt unmittelbar, daß das Moment eines Kräftepaares gleich dem Drehmoment einer Kraft desselben in bezug auf einen Punkt der Richtungslinie der zweiten ist. Umgekehrt ist auch das Drehmoment einer Kraft gleich dem Momente eines Kräftepaares, dessen eine Kraft die gegebene und dessen andere die durch den Bezugspunkt gelegte entgegengesetzt gleiche ist. Ferner sei noch darauf hingewiesen, daß die Summe der Drehmomente der beiden Kräfte eines Kräftepaares um einen beliebigen Punkt der Ebene immer gleich dem Momente des Kräftepaares selbst ist.

24. Analytische Methode (Fortsetzung). Diese letzteren Bemerkungen geben uns sofort die Möglichkeit, die analytische Zusammensetzung eines ebenen Kraftsystems durchzuführen. Wenn wir wieder wie früher einen beliebigen Punkt als Reduktionspunkt wählen und dort 2 n Kräfte hinzufügen, so daß das Kraftsystem n Kräften in einem Punkte und n Kräftepaaren gleichwertig wird, so können wir auf Grund der vorigen Überlegungen das resultierende Kräftepaar angeben. Sein Moment ist gleich der algebraischen Summe der Drehmomente aller Kräfte um den Reduktionspunkt. Legen wir also durch den Reduktionspunkt als Ursprung ein rechtwinkliges Koordinatensystem, dann ist die Reduktionsresultante nach den im vorigen Kapitel abgeleiteten Sätzen gegeben durch

$$R_x = {}_i\sum_1^n P_{xi}, \qquad R_y = {}_i\sum_1^n P_{yi}$$

und das Moment des resultierenden Kräftepaares nach Formel (3) durch

$$M = {}_i\sum_1^n M_i = {}_i\sum_1^n (x_i P_{yi} - y_i P_{xi}),$$

wo $x_i\, y_i$ die Koordinaten des Angriffspunktes der Kraft $\mathfrak{P}_i$ sind. Die Reduktionsresultante und das Kräftepaar kann man weiter zu einer einzigen Einzelkraft zusammensetzen, deren Wirkungslinie parallel so verschoben ist, daß ihr Drehmoment um den Ursprung gleich dem Momente des Kräftepaares wird. Damit ist die im allgemeinen Falle resultierende Einzelkraft vollständig gegeben, ihre Komponenten sind

$$R_x = {}_i\sum_1^n P_{xi}, \quad R_y = {}_i\sum_1^n P_{yi} \tag{4}$$

und ihr Drehmoment ist

$$M^R = M = {}_i\sum_1^n (x_i P_{yi} - y_i P_{xi}). \tag{5}$$

Die dritte Gleichung können wir auch in der Form aussprechen: Das Drehmoment der resultierenden Einzelkraft um irgendeinen Punkt der Ebene ist gleich der algebraischen Summe der Drehmomente aller Teilkräfte um diesen Pol.

Ist keine Einzelkraft vorhanden, also ${}_i\sum_1^n P_{xi} = 0$, ${}_i\sum_1^n P_{yi} = 0$, aber ${}_i\sum_1^n M_i^{\mathfrak{P}}$ von Null verschieden, dann resultiert ein Kräftepaar allein mit dem Momente $M = {}_i\sum_1^n M_i^{\mathfrak{P}}$.

Sind alle drei Summen Null

$${}_i\sum_1^n P_{xi} = 0, \quad {}_i\sum_1^n P_{yi} = 0, \quad {}_i\sum_1^n (x_i P_{yi} - y_i P_{xi}) = 0, \tag{6}$$

dann ist weder eine Einzelkraft noch ein Kräftepaar vorhanden, dann herrscht Gleichgewicht.

Die Größe der Komponentensummen in Formel (4) ist von der Wahl der Achsenrichtungen des Koordinatensystems, die Größe der Momentensumme von der Wahl des Ursprungs abhängig. Das Ergebnis der Zusammensetzung dagegen, nämlich absoluter Betrag, Richtung und Lage der Richtungslinie der resultierenden Kraft, bzw. das Moment des resultierenden Kräftepaares, wenn keine Einzelkraft sich ergibt, ist selbstverständlich vom Koordinatensystem unabhängig.

Wir haben also jetzt drei Gleichgewichtsbedingungen, die wir wegen der willkürlichen Annahme des K.-S. auch so formulieren können: Notwendige und hinreichende Bedingungen für das Gleichgewicht eines ebenen Kraftsystems am starren Körper sind die: Es müssen die Komponentensummen in zwei beliebigen, gewöhnlich zueinander senkrecht angenommenen Richtungen verschwinden, und es muß die Summe der Drehmomente um einen beliebigen Punkt gleich Null sein.

An Stelle der beiden ersten Gleichgewichtsbedingungen kann man auch folgende setzen: Es müssen die Drehmomente um zwei weitere Pole, die mit dem dritten nicht in einer Geraden liegen, verschwinden. Denn ist das Drehmoment der resultierenden Kraft in bezug auf zwei Punkte Null, so muß sie in deren Verbindungslinie liegen. Verschwindet auch das in bezug auf einen Punkt außerhalb derselben, so muß die Kraft selbst Null sein. Das Vorhandensein eines resultierenden Kräftepaares ist auch nicht möglich, dazu genügt ja schon, daß die Drehmomente um einen einzigen Punkt sich aufheben. Daher herrscht Gleichgewicht.

Die drei Gleichgewichtsbedingungen geben uns die Möglichkeit, bei einem in Ruhe befindlichen Kraftsystem drei unbekannte Größen zu berechnen, also entweder unbekannte Bestimmungsstücke von Kräften oder unbekannte Lagekoordinaten des Körpers.

25. Beispiele. Beispiel 6. Zusammensetzung paralleler Kräfte auf analytischem Wege. Wir wählen das K.-S. so, daß die y-Achse parallel zu den Richtungen der Kräfte ist. Die Abschnitte derselben auf der x-Achse seien $x_1 \ldots x_n$, die x-Komponenten sind alle Null, die y-Komponenten $P_1\ P_2 \ldots P_n$. Dann ist $R_x = 0$, $R_y = i\sum_1^n P_i$, $M = i\sum_1^n x_i P_i$. Sind alle Kräfte gleichsinnig parallel, dann bekommen wir als Resultierendes eine

Einzelkraft $R = i\sum_1^n P_i$, deren Abstand von der y-Achse $x_R = \dfrac{i\sum_1^n x_i P_i}{i\sum_1^n P_i}$ ist.

Ist das nicht der Fall, so kann eventuell ein Kräftepaar sich ergeben, wenn $\sum_1^n P_i = 0$ und $i\sum_1^n x_i P_i \neq 0$ ist, oder Gleichgewicht herrschen, wenn $i\sum_1^n P_i = 0$ und $i\sum_1^n x_i P_i = 0$ ist.

Beispiel 7. Es sind vier Kräfte mit umstehenden Koordinaten der Angriffspunkte und Größen der Komponenten in einem schon gewählten K.-S. gegeben, die Koordinaten sind in Längen-, die Kräfte in Krafteinheiten angeschrieben.

	P_{xi}	P_{yi}
$\mathfrak{P}_1$ (0,0)	$+3$	0
$\mathfrak{P}_2$ (3,2)	$+1$	$+2$
$\mathfrak{P}_3$ (0,3)	-2	$+2$
$\mathfrak{P}_4$ (0,4)	-1	$+3$

Zunächst berechnen wir nach Formel (3) die Drehmomente um den Ursprung. Das gibt der Reihe nach $0, +4, +6, +4$ in den entsprechenden Momenteinheiten.

Dann bilden wir die Summen

$$\sum_{i=1}^{n} P_{xi} = 1, \quad \sum_{i=1}^{n} P_{yi} = 7, \quad M^{\mathfrak{R}} = 14.$$

Daher ist $|\mathfrak{R}| = \sqrt{50}$ $\cos(x\,\mathfrak{R}) = \frac{1}{\sqrt{50}}$ $\sin(x\,\mathfrak{R}) = \frac{7}{\sqrt{50}}$, daraus ergibt sich der Winkel $(x\,\mathfrak{R}) = 81^\circ\,52'$. Die Gleichung der Richtungslinie ist $x \cdot 7 - y \cdot 1 = 14$ oder $y = 7x - 14$.

Beispiel 8. Ein Stab von der Länge 2 a, dessen Eigengewicht wir vernachlässigen und an dem zwei vertikale Lasten P_1 und P_2 angreifen, liegt mit seinen Enden auf einem Halbkreis vom Radius r (Abb. 26). Wo ist die Gleichgewichtslage und wie groß sind die auf den Stab übertragenen Widerstände, wenn die Berührung als vollkommen glatt angenommen wird?

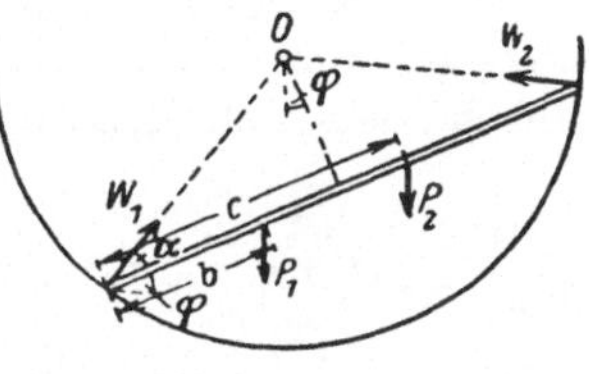

Abb. 26.

Nennen wir den Winkel, den der Stab mit der Horizontalen bildet, φ und wählen wir die waagrechte und lotrechte Richtung als Achsenrichtungen, so haben wir, wenn wir an Stelle von r den Winkel α einführen, $\cos\alpha = \frac{a}{r}$,

$$W_1 \sin(\alpha + \varphi) + W_2 \sin(\alpha - \varphi) - P_1 - P_2 = 0$$

$$W_1 \cos(\alpha + \varphi) - W_2 \cos(\alpha - \varphi) = 0,$$

und wenn wir die Momente um 0 bilden

$$P_1 \cos\varphi\,(a - b - a \tan\alpha \tan\varphi) - P_2\,(c - a + a \tan\alpha \tan\varphi) \cos\varphi = 0.$$

Da $\cos\varphi$ nicht Null sein kann, erhalten wir aus der letzten Gleichung

$$\tan\varphi = \frac{P_1\left(1 - \frac{b}{a}\right) - P_2\left(\frac{c}{a} - 1\right)}{P_1 + P_2} \cot\!g\,\alpha$$

und aus den beiden ersten

$$W_1 = \frac{(P_1 + P_2)\cos(\alpha - \varphi)}{\sin 2\alpha}, \quad W_2 = \frac{(P_1 + P_2)\cos(\alpha + \varphi)}{\sin 2\alpha}.$$

Aus den graphischen Gleichgewichtsbedingungen wissen wir, daß der Stab sich so einstellen wird, daß die Richtung der Resultierenden der Lasten durch den Mittelpunkt des Kreises geht.

26. Zerlegung von Kräften. Bei der Zerlegung einer Kraft in Teilkräfte, die mit ihr in einer Ebene liegen, werden nur jene Fälle in Betracht kommen, wo so viele Bestimmungsstücke der Teilkräfte gegeben sind, daß diese Zerlegung eindeutig wird. Unter den vielen derartigen Aufgaben wollen wir die wichtigsten besprechen.

Soll eine Kraft in zwei Teilkräfte zerlegt werden, von denen die eine vollständig nach Größe, Richtung und Lage der Richtungslinie gegeben ist, so können wir zunächst mit Hilfe des Kraftdreieckes Größe und Richtung der zweiten bestimmen. Liegt der Schnittpunkt der gegebenen Kraft $\mathfrak{P}$ und der ersten Teilkraft $\mathfrak{P}_1$ im Bereich der Zeichnung, dann kann man auch die Richtungslinie der zweiten sofort zeichnen. Ist er nicht erreichbar, so kann man sich des Seileckes, siehe Abb. 27, zur Konstruktion derselben bedienen.

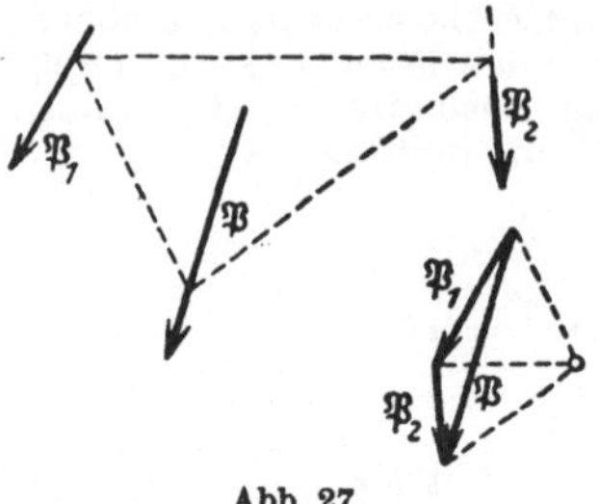
Abb. 27.

Ganz analog kann man auch vorgehen, wenn die Richtung der einen und ein Punkt der Richtungslinie der zweiten Teilkraft vorgegeben ist. Man kann mit Hilfe des Seileckes auf diese Weise die Aufgabe lösen, durch einen Punkt eine Gerade nach dem nicht erreichbaren Schnittpunkt zweier vorgegebenen Richtungen zu legen.

Ist eine Kraft in zwei Teilkräfte zu zerlegen, deren Richtungen gegeben sind, so ist dies nur möglich, wenn die Richtung der Kraft durch den Schnittpunkt der beiden Teilkräfte geht. Die Teilkräfte findet man dann durch Zeichnung des Kraftdreieckes. Liegt der Schnittpunkt im Unendlichen, hat man also eine Kraft in zwei parallele Teilkräfte zu zerlegen, deren Richtungslinien gegeben sind, so kommt man wieder mit Hilfe des Seileckes ohne weiteres zum Ziel. In Abb. 28 ist die Konstruktion für den Fall durchgeführt, daß die Richtungslinien der Teilkräfte auf derselben Seite der zu zerlegenden Kraft liegen. Man hat dabei nur das Seileck zu schließen, der zu der Schlußseite parallele Polstrahl gibt dann den Schnittpunkt der gesuchten Teilkräfte. Der Richtungssinn derselben ist entgegengesetzt als wie beim geschlossenen Krafteck.

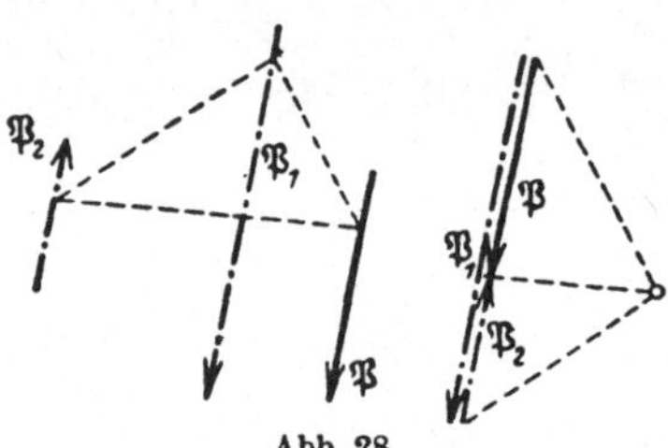
Abb. 28.

Die Zerlegung einer Kraft in drei Teilkräfte, deren Richtungen gegeben sind, ist dagegen immer eindeutig durchführbar, wenn sich die Richtungslinien weder im Endlichen noch im Unendlichen in einem Punkte schneiden; sie dürfen also auch nicht parallel sein. Man hat nur die Richtungslinie der gegebenen Kraft $\mathfrak{P}$ mit einer der Teilkräfte zum Schnitt zu bringen, die Kraft in diesen Punkt zu verschieben und sie dann in zwei Komponenten zu zerlegen, von denen die eine in die Richtung der Teilkraft fällt und die zweite durch den Schnittpunkt der beiden anderen Teilkräfte hindurchgeht. Diese letztere kann man dann wieder in Komponenten nach deren Richtungen zerlegen und so zur Lösung der gestellten Aufgabe gelangen. In Abb. 29 ist auf Grund dieser Überlegung die Konstruktion mit Hilfe des Kraftecks ausgeführt.

Man kann diese Aufgabe auch nach der von Ritter stammenden „Momentenmethode" lösen. Sie beruht auf dem Gedanken, daß das Drehmoment einer Teilkraft in bezug auf den Schnittpunkt der beiden anderen gleich dem Moment der gegebenen Kraft um diesen Punkt sein muß. Da also $|\mathfrak{P}|\,a = |\mathfrak{P}_3|\,a_3$ sein muß, ist $|\mathfrak{P}_3| = |\mathfrak{P}|\,\frac{a}{a_3}$, vgl. Abb. 30, wo die entsprechende Konstruktion mit ähnlichen Dreiecken durchgeführt ist. Das Vorzeichen findet man leicht durch Berücksichtigung des Drehsinns.

Ebenso kann man ein Kräftepaar immer eindeutig in drei Kräfte mit vorgegebenen Richtungslinien überführen, wenn sich diese nicht in

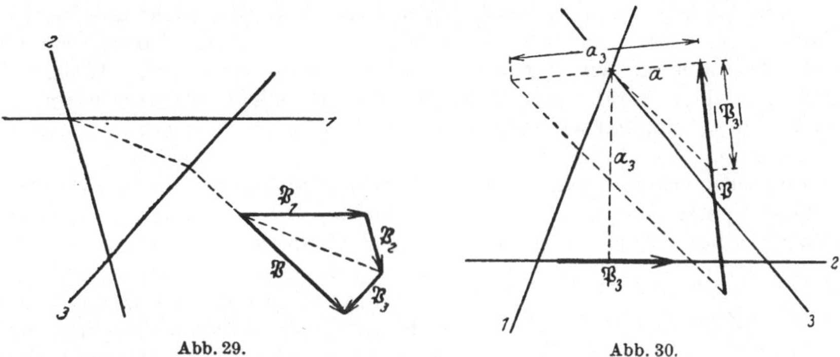

Abb. 29. Abb. 30.

einem Punkte schneiden bzw. parallel sind. Man könnte dies so machen, daß man für jede Kraft des Kräftepaares die vorige Konstruktion durchführt und die Kräfte addiert. Am einfachsten kommt man aber mit Hilfe der Momentenmethode zum Ziel, indem man wieder den Umstand benützt, daß das Drehmoment einer in einer Seite des Dreiecks wirkenden Kraft in bezug auf den gegenüberliegenden Eckpunkt, den Schnittpunkt der Richtungslinie der beiden anderen Kräfte, gleich dem Moment des Kräftepaares sein muß, $|\mathfrak{P}_1|\, h = |\mathfrak{P}|\, a$ (vgl. Abb. 31).

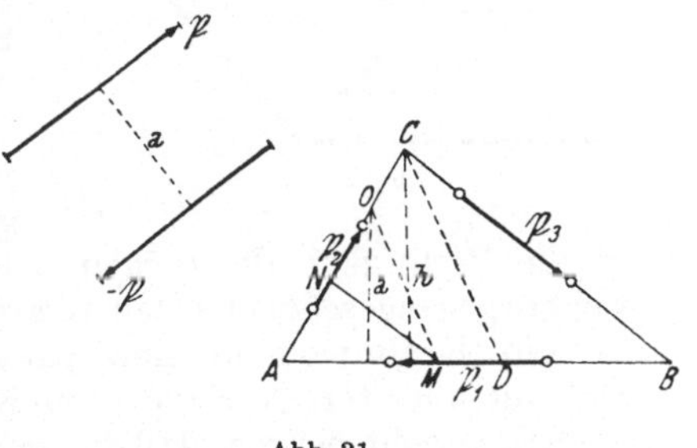

Abb. 31.

Man trägt eine Kraft $\overline{AD} = \mathfrak{P}$ des Kräftepaares auf eine der gegebenen Seiten vom Eckpunkt aus auf und zeichnet ein Dreieck, dessen zweite Seite mit der zweiten Richtungslinie zusammenfällt und dessen Höhe gleich dem Abstand a des Kräftepaares ist. Dann verbindet man den so erhaltenen Punkt D mit C und zieht durch O eine parallele zu $\overline{DC}$, die die Grundlinie im Punkte M trifft, dann ist $\overline{AM}$ die gesuchte Kraft $|\mathfrak{P}_1|$. Denn es verhält sich $\frac{\overline{AM}}{|\mathfrak{P}|} = \frac{\overline{AO}}{\overline{AC}} = \frac{a}{h}$. Zieht man jetzt durch M die parallele zu $\overline{BC}$, so geben $\overline{MN}$ und $\overline{AN}$ die Größe der beiden anderen Kräfte. Die Pfeilspitze setzt man so ein, daß der Drehsinn stimmt.

Da wir alle Zerlegungsaufgaben auch auf Gleichgewichtsaufgaben zurückführen können, wenn wir die gegebene Kraft durch die entgegengesetzt gleiche ersetzen, so kann man das allgemeine Verfahren, das wir bei solchen angewendet haben — von Kraft und Seileck soviel zu zeichnen als möglich ist und beide dann zu geschlossenen Vielecken zu ergänzen — auch für die Lösung von Zerlegungsaufgaben benützen.

III. Räumliches Kraftsystem.

27. Kräftepaare im Raum, Momentenvektor. Wir wollen uns nun mit dem allgemeinen Fall beschäftigen, wo die Kräfte nicht alle in einer Ebene liegen, sondern beliebig im Raum am starren Körper verteilt sind. Da müssen wir vor allem untersuchen, auf welche Weise die Wirkung eines Kräftepaares im Raum festgelegt werden kann; in der Ebene ist sie, wie wir wissen, durch Angabe des Moments vollständig bestimmt.

Zunächst erkennt man leicht, daß zwei Kräftepaare mit dem Betrag und dem Vorzeichen nach gleichem Moment, die in parallelen Ebenen wirken, einander gleichwertig sind. Denn zwei parallele Kräftepaare mit gleich großem Moment, aber entgegengesetztem Drehsinn heben sich auf. Wir können nämlich, vgl. Abb. 32, die vier Kräfte als gleich groß ansetzen, durch zwei gleichsinnig parallele eine Ebene legen und sie zu einer resultierenden Kraft 2 𝔓 zusammensetzen. Dasselbe machen wir bei den beiden anderen, sie geben eine Mittelkraft — 2 𝔓, die in dieselbe Gerade wie + 2 𝔓 fällt. Beide Kräftepaare halten sich also das Gleichgewicht. Daraus kann man unmittelbar die Richtigkeit des obigen Satzes ableiten, genau so, wie wir es bei zwei entgegengesetzt gleichen Kräften in einer Geraden getan. Man kann also ein Kräftepaar in eine parallele Ebene verschieben, ohne seine Wirkung am starren Körper zu ändern.

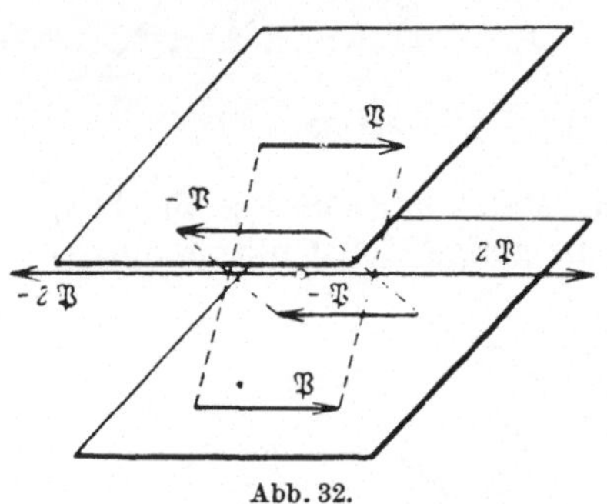

Abb. 32.

Daraus geht hervor, daß für ein Kräftepaar im Raume außer seinem Moment auch die Richtung der Ebene, in der es liegt, von Bedeutung ist. Man kann daher das Kräftepaar durch einen Vektor, den sogenannten Momentenvektor, darstellen, dessen absoluter Betrag gleich dem Produkt aus Kraft und Kraftabstand ist, dessen Richtung mit der Richtung der Ebenennormalen zusammenfällt und dessen Richtungssinn durch den Drehsinn des Kräftepaares derart festgelegt ist, daß die Pfeilspitze auf jener Seite der Ebene angebracht wird, von der aus gesehen das Kräftepaar in positivem Sinne dreht, siehe Abb. 33. Da es gleichgültig ist, in welchem Punkte der Ebene des Kräftepaares man den Momentenvektor errichtet und da man die Ebene durch

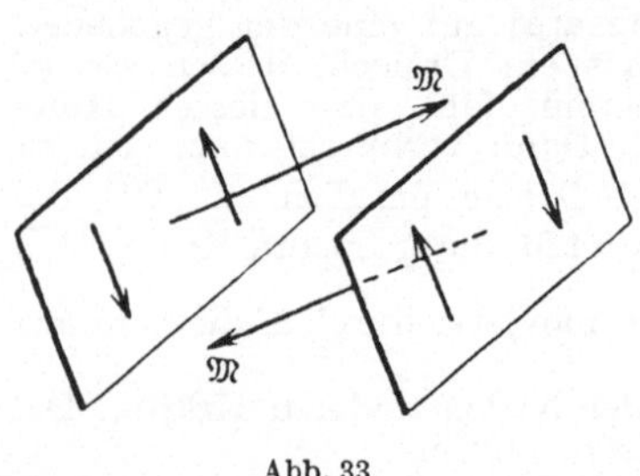

Abb. 33.

jede zu ihr parallele ersetzen kann, so ist dieser sowohl in seiner Richtungslinie als auch **parallel zu sich selbst** beliebig verschiebbar und heißt daher auch zum Unterschiede von den gebundenen Vektoren und den Stäben ein **freier** Vektor. Manchmal wird er auch als ein axialer Vektor bezeichnet.

Um die Berechtigung dieser Darstellung des Kräftepaares durch einen Vektor darzulegen, wollen wir auch zeigen, daß die Zusammensetzung zweier Kräftepaare wieder ein Kräftepaar ergibt, dessen Momentenvektor gleich der geometrischen Summe der Vektoren der beiden Kräftepaare ist. Für Kräftepaare in derselben oder in parallelen Ebenen — ich kann solche ja immer in eine Ebene verlegen — ist dies schon bewiesen. Wir haben ja im vorigen Kapitel gesehen, daß Kräftepaare in

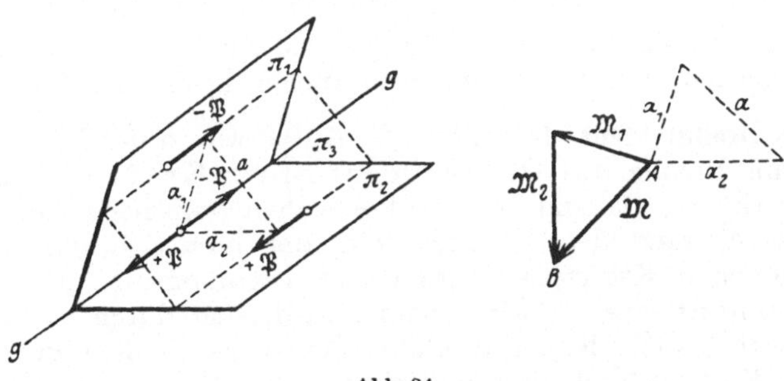

Abb. 34.

derselben Ebene ein resultierendes Kräftepaar ergeben, dessen Moment gleich der algebraischen Summe der Momente derselben ist. Da alle Momentenvektoren dieser Kräftepaare in eine Gerade fallen, so ist auch der resultierende Momentenvektor die algebraische Summe der Teilvektoren.

Für Kräftepaare in sich schneidenden Ebenen können wir den Beweis ebenfalls leicht erbringen. Wir ersetzen die Kräftepaare mit den Momentenvektoren $\mathfrak{M}_1$ und $\mathfrak{M}_2$ in den vorgegebenen Ebenen π_1 und π_2 (siehe Abb. 34) durch solche, die alle die gleiche Kraft $\mathfrak{P}$ besitzen — die Abstände der Kräfte ergeben sich dann aus den Gleichungen $|\mathfrak{M}_1| = |\mathfrak{P}|\, a_1$ und $|\mathfrak{M}_2| = |\mathfrak{P}|\, a_2$ — und legen die Kräfte so, daß zwei entgegengesetzt gleiche in die Schnittlinie g der beiden Ebenen fallen. Es bleibt ein Kräftepaar in der Ebene π_3 von dem Betrage $|\mathfrak{M}| = |\mathfrak{P}|\, a$ übrig. Man legt nun senkrecht zu g eine Schnittebene, die das Dreieck mit den Seiten a_1, a_2, a enthält und zeichnet die entsprechenden Momentenvektoren $\mathfrak{M}_1$ und $\mathfrak{M}_2$, die beide in diese Ebene fallen. Sie verhalten sich wegen der Gleichheit der Kräfte dem absoluten Betrage nach wie a_1 zu a_2, man kann sie also direkt diesen Längen gleichsetzen. $\mathfrak{M}_1$ steht senkrecht zu a_1, $\mathfrak{M}_2$ senkrecht zu a_2. Dann ist die Strecke $\overline{AB}$ gleich a, weil die Dreiecke kongruent sind, — sie haben zwei Seiten und den eingeschlossenen Winkel gleich — und steht senkrecht zu a. $\overline{AB}$ stellt also nach Größe, Richtung und Richtungssinn den Vektor $\mathfrak{M}$

dar. Damit ist der Beweis erbracht, $\mathfrak{M}$ ist die geometrische Summe von $\mathfrak{M}_1$ und $\mathfrak{M}_2$.

Es gelten demnach alle Sätze, die wir für Kräfte bzw. Vektoren mit demselben Angriffspunkt erhalten haben auch für Kräftepaare. Beliebig am starren Körper vorgegebene Kräftepaare setzen sich zu einem resultierenden zusammen, dessen Momentenvektor gleich der geometrischen Summe der Momentenvektoren derselben ist, also durch die Schlußseite in dem Vieleck dargestellt wird, dessen Seiten die Momentenvektoren der gegebenen Kräftepaare bilden. Man kann ferner einen Momentenvektor $\mathfrak{M}$ in Komponenten nach drei Koordinatenrichtungen zerlegen, also ein Kräftepaar in drei Kräftepaare, die in den Koordinatenebenen liegen. Die Beträge der Komponenten sind

$$M_x = |\mathfrak{M}| \cos(x\,\mathfrak{M}), \quad M_y = |\mathfrak{M}| \cos(y\,\mathfrak{M}), \quad M_z = |\mathfrak{M}| \cos(z\,\mathfrak{M}). \tag{1}$$

M_x ist dann das Moment eines Kräftepaares, das in der $y\,z$-Ebene liegt, M_y eines solchen in der $x\,z$-, M_z eines solchen in der $x\,y$-Ebene.

28. Das Drehmoment als Vektor. Genau so wie in der Ebene können wir auch im Raume das Drehmoment einer Kraft in bezug auf einen Punkt als das mit einem Vorzeichen versehene Produkt aus Kraft und Abstand des Punktes von der Kraftrichtung einführen. Analog wie beim Kräftepaar wird dieses Drehmoment, das auch das polare Moment einer Kraft genannt wird, sich durch einen Vektor $\mathfrak{M}^{\mathfrak{P}}$ darstellen lassen, dessen absoluter Betrag gleich dem Produkt aus Kraft und Kraftabstand, dessen Richtung die Richtung der Normalen der durch die Kraft und den Bezugspunkt gelegten Ebene und dessen Richtungssinn dadurch gegeben ist, daß die Pfeilspitze auf jener Seite der Ebene angebracht wird, von der aus gesehen die Kraft einen positiven Drehsinn um den Bezugspunkt besitzt. Er hat also dieselben Eigenschaften wie der Momentenvektor eines Kräftepaares, wie ja auch das Moment eines solchen immer dem Drehmoment einer Kraft desselben um einen Punkt der Richtungslinie der anderen gleich ist.

Daraus folgt unmittelbar, daß das Drehmoment der Resultierenden zweier Kräfte mit gemeinsamem Angriffspunkt um einen beliebigen Punkt gleich der geometrischen Summe der Drehmomente der Teilkräfte um diesen Punkt ist. Denn das Drehmoment der Resultierenden stimmt mit dem Moment des Kräftepaares überein, das aus dieser und der im Bezugspunkt hinzugefügten, entgegengesetzt gleichen Kraft gebildet wird. Dieses Kräftepaar ist nun das resultierende aus den zwei Kräftepaaren, die man erhält, wenn man im Bezugspunkt, dem Pol, zwei zu den gegebenen Kräften entgegengesetzt gleiche ansetzt. Deren Momente sind aber wieder gleich den Drehmomenten der Teilkräfte um den Pol. Das gilt natürlich auch, wenn beliebig viele Kräfte an einem Punkte angreifen. Das Drehmoment der aus ihnen resultierenden Einzelkraft ist gleich der geometrischen Summe der Drehmomente der Teilkräfte.

In der Ebene haben wir das Drehmoment um den Ursprung benützt, um die Lage der Wirkungslinie einer Kraft festzulegen; das wollen wir auch im Raume tun. Zu diesem Zwecke müssen wir uns zunächst überlegen, wie sich denn die Komponenten des Drehmomentes einer Kraft durch die Koordinaten des Angriffspunktes $x\,y\,z$ und durch die Komponenten derselben P_x, P_y, P_z ausdrücken lassen. Da der absolute Betrag des Drehmomentes durch die doppelte Fläche des Dreiecks dargestellt wird, das die Kraft und die nach dem Anfangs- und Endpunkt derselben vom Pol gezogenen Strahlen zu Seiten hat, so ist mit dem Ursprung als Pol die Projektion dieses Dreiecks in die $x\,y$-Ebene gleich $\frac{1}{2}\,|\mathfrak{M}^{\mathfrak{P}}|$ $\cos(z\,\mathfrak{M}^{\mathfrak{P}})$. Die Projektion eines ebenen Flächenstückes auf eine andere Ebene ist ja bekanntlich gleich dem Inhalt desselben, multipliziert mit dem Kosinus des Winkels zwischen beiden Ebenen, also des Winkels, den die Ebenennormalen miteinander einschließen. Da $|\mathfrak{M}^{\mathfrak{P}}|\cos(z\,\mathfrak{M}^{\mathfrak{P}})$ aber der Betrag der z-Komponente von $\mathfrak{M}^{\mathfrak{P}}$ ist, so stellt das erhaltene Dreieck in der $x\,y$-Ebene (vgl. Abb. 35) die halbe Größe dieser Komponente dar und das Analoge gilt von den Projektionen in die beiden anderen Koordinatenebenen. Anderseits ist aber dieses Dreieck gleich dem halben Drehmoment der Projektion $\mathfrak{P}'$ von $\mathfrak{P}$ in der $x\,y$-Ebene in bezug auf den Ursprung und auch das Vorzeichen stimmt mit dem von $\cos(z\,\mathfrak{M}^{\mathfrak{P}})$ überein. Wir haben also $M_z^{\mathfrak{P}} = M^{\mathfrak{P}'}$ und entsprechende Beziehungen für die beiden anderen Komponenten. Wenn wir das Moment der projizierten Kraft $\mathfrak{P}'$ um O durch die Koordinaten des Angriffspunktes x, y und die Komponenten P_x, P_y ausdrücken, die ja dieselben sind wie die der Kraft $\mathfrak{P}$, erhalten wir nach Formel (3) im vorigen Kapitel $M_z^{\mathfrak{P}} = x\,P_y - y\,P_x$ und analog für alle drei Komponenten

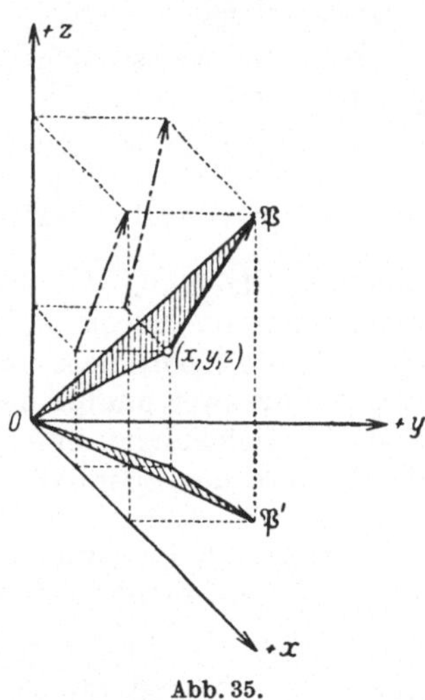

Abb. 35.

$$M_x^{\mathfrak{P}} = y\,P_z - z\,P_y,\quad M_y^{\mathfrak{P}} = z\,P_x - x\,P_z,\quad M_z^{\mathfrak{P}} = x\,P_y - y\,P_x. \qquad (2)$$

Diese Komponenten des polaren Momentes bezeichnen wir auch als die axialen Momente der Kraft $\mathfrak{P}$ um die Koordinatenachsen.

Wir können auf diese Weise auch ganz allgemein das Moment einer Kraft um eine Achse definieren. Es ist das Drehmoment der Projektion der Kraft in eine zur Achse senkrechte Ebene um den Schnittpunkt der Achse mit dieser Ebene. Aus dieser Definition folgt, daß das axiale Moment einer Kraft verschwindet, wenn die Richtung der Kraft die Achse schneidet oder zu ihr parallel ist.

Die Komponenten des polaren Momentes $\mathfrak{M}^{\mathfrak{P}}$ und die der Kraft $\mathfrak{P}$ sind nicht voneinander unabhängig; wenn wir die Gl. (2) je mit P_x, P_y, P_z multiplizieren und addieren, bekommen wir die von den Koordinaten des Angriffspunktes freie Beziehung

$$P_x\,M_x^{\mathfrak{P}} + P_y\,M_y^{\mathfrak{P}} + P_z\,M_z^{\mathfrak{P}} = 0. \qquad (3)$$

Daß eine solche lineare Gleichung zwischen diesen sechs Größen vorhanden ist, steht damit im Einklang, daß eine Kraft im Raum nach Betrag, Richtung und Lage der Angriffslinie schon durch fünf unabhängige Zahlenwerte festgelegt ist. Absoluter Betrag und Richtung ist durch ihre drei Komponenten gegeben, die Lage der Richtungslinie kann man durch zwei weitere Zahlenangaben fixieren, etwa durch die Koordinaten des Schnittpunktes in einer der drei Koordinatenebenen. Wenn man also sechs Bestimmungsstücke, die Komponenten der Kraft und die des polaren Momentes zur Festlegung einer Kraft im Raum einführt, so muß zwischen ihnen eine Beziehung bestehen, eben die in Formel (3) angeschriebene.

Sind uns sechs solche Zahlenwerte, die die Gl. (3) befriedigen, vorgegeben, so kann man in der Tat absoluten Betrag, Richtung und Lage der Angriffslinie bestimmen. Es ist $|\mathfrak{P}| = \sqrt{P_x^2 + P_y^2 + P_z^2}$

$$\cos(x\,\mathfrak{P}) = \frac{P_x}{|\mathfrak{P}|} \qquad \cos(y\,\mathfrak{P}) = \frac{P_y}{|\mathfrak{P}|} \qquad \cos(z\,\mathfrak{P}) = \frac{P_z}{|\mathfrak{P}|}$$

und die Gleichung der Richtungslinie in dem gewählten Koordinatensystem ist uns durch die Formeln (2) gegeben, wenn wir darin x, y, z als laufende Koordinaten ansehen. Wegen der Beziehung (3) entsprechen diesen nur zwei unabhängige, lineare Gleichungen in den Koordinaten, also die Gleichungen zweier Ebenen; das Zusammenbestehen beider gibt die Punkte der Schnittlinie derselben, der Richtungslinie der Kraft.

Beispiel 9. Ist etwa $P_x = 2$ kg, $P_y = -2$ kg, $P_z = 1$ kg, $M_x^{\mathfrak{P}} = 3$ kgm, $M_y^{\mathfrak{P}} = 2$ kgm, so ist nach Gl. (3) $M_z^{\mathfrak{P}} = -2$ kgm zu setzen. Dann erhält man $|\mathfrak{P}| = \sqrt{4+4+1} = 3$ kg, $\cos(x\,\mathfrak{P}) = \frac{2}{3}$, $\cos(y\,\mathfrak{P}) = -\frac{2}{3}$, $\cos(z\,\mathfrak{P}) = \frac{1}{3}$. Die Gl. (2) geben

$$y + 2z = 3, \qquad 2z - x = 2, \qquad x + y = 1.$$

Sie sind nicht voneinander unabhängig, subtrahiert man die zweite von der ersten, so erhält man die dritte. In der üblichen Form angeschrieben ergibt sich daraus die Gleichung der Angriffslinie zu

$$\frac{x+2}{2} = \frac{y-3}{-2} = \frac{z}{1}.$$

29. Reduktion des räumlichen Kraftsystems. Auf Grund dieser Überlegungen läßt sich die Reduktion eines räumlichen Kraftsystems nun sehr einfach durchführen. Wählt man wie in der Ebene einen beliebigen Reduktionspunkt und fügt in demselben in der bekannten Weise $2n$ Kräfte hinzu, so wird dadurch das vorgegebene System in n Kräfte in einem Punkt und n Kräftepaare übergeführt. Die Kräfte im Reduktionspunkte ergeben eine Einzelkraft, die Reduktionsresultante, die n Kräftepaare ein resultierendes Kräftepaar. Wir erhalten also eine Einzelkraft und ein Kräftepaar. Die Einzelkraft ist durch die geometrische Summe der Teilkräfte gegeben $\mathfrak{R} = \sum_{i=1}^{n} \mathfrak{P}_i$; da die Momente der Kräftepaare gleich den Drehmomenten der Kräfte um den Reduktionspunkt sind, ist der Momentenvektor des resultierenden Kräftepaares $\mathfrak{M} = \sum_{i=1}^{n} \mathfrak{M}^{\mathfrak{P}_i}$. Wird der Reduktionspunkt als Ursprung eines rechtwinkligen K.-S. angenommen, so ist dementsprechend

$$\left.\begin{array}{lll} R_x = \sum_{i=1}^{n} P_{x_i}, & R_y = \sum_{i=1}^{n} P_{y_i}, & R_z = \sum_{i=1}^{n} P_{z_i}, \\ M_x = \sum_{i=1}^{n} M_x^{\mathfrak{P}_i}, & M_y = \sum_{i=1}^{n} M_y^{\mathfrak{P}_i}, & M_z = \sum_{i=1}^{n} M_z^{\mathfrak{P}_i}. \end{array}\right\} \quad (4)$$

Den resultierenden Momentenvektor $\mathfrak{M}$ kann man aber jetzt im allgemeinen nicht mehr als das Drehmoment der aus dem Ursprung irgendwie parallel verschobenen Einzelkraft $\mathfrak{R}$ auffassen; denn für die sechs Größen in Gl. (4) muß nicht die Beziehung (3) erfüllt sein, da sie voneinander unabhängig sind. Der Ausdruck

$$R_x M_x + R_y M_y + R_z M_z,$$

den wir die Invariante des Kraftsystems nennen, ist im allgemeinen von Null verschieden. Der Name rührt davon her, daß dieser Ausdruck von der Wahl des K.-S. unabhängig ist, wie wir später noch sehen werden. Ebenso ist Größe und Richtung der Reduktionsresultante von der Lage des Reduktionspunktes unabhängig, das resultierende Kräftepaar aber nicht.

Während wir in der Ebene Reduktionsresultante und Kräftepaar wieder zu einer Einzelkraft zusammensetzen konnten, ist dies im Raum nur in dem speziellen Falle möglich, wo die Reduktionsresultante und das Kräftepaar in derselben Ebene liegen. Dann schließen Einzelkraft und Momentenvektor miteinander einen rechten Winkel ein. Haben wir nun zwei Gerade im Raum mit den Richtungswinkeln α, β, γ und α', β', γ', so ist der Winkel, den sie miteinander bilden, bekanntermaßen durch die Beziehung gegeben

$$\cos\delta = \cos\alpha\cos\alpha' + \cos\beta\cos\beta' + \cos\gamma\cos\gamma'.$$

Stehen die beiden zueinander senkrecht, so muß diese Summe verschwinden und das gilt auch, wenn wir an Stelle der Richtungskosinus zu ihnen proportionale Größen, sogenannte Richtungsparameter, einsetzen. Solche Richtungsparameter der Richtungen von $\mathfrak{R}$ und $\mathfrak{M}$ sind aber die Komponenten dieser beiden Vektoren und wir bekommen daher als Bedingung für das Senkrechtstehen die Gleichung

$$R_x M_x + R_y M_y + R_z M_z = 0. \quad (5)$$

Es muß also die Invariante verschwinden, wenn eine Einzelkraft allein resultieren soll. Denn dann kann man Einzelkraft und Kräftepaar nach den in der Ebene gefundenen Regeln weiter zu einer Einzelkraft zusammensetzen und $\mathfrak{M}$ stellt dann das Drehmoment der in die endgültige Lage verschobenen Einzelkraft $\mathfrak{R}$ um den Reduktionspunkt dar.

Wenn wir diese Ergebnisse zusammenfassen, haben wir also bei der Zusammensetzung eines räumlichen Kraftsystems von n Kräften

$\mathfrak{P}_1, \mathfrak{P}_2 \ldots \mathfrak{P}_n$ am starren Körper folgendermaßen vorzugehen: Wir nehmen einen beliebigen Punkt als Reduktionspunkt und Ursprung eines Koordinatensystems an und ermitteln für jede der Kräfte ihre Komponenten und die Komponenten ihres Drehmomentes, also die Werte P_{x_i}, P_{y_i}, P_{z_i}, $M_x^{\mathfrak{P}_i}$, $M_y^{\mathfrak{P}_i}$, $M_z^{\mathfrak{P}_i}$; dann bilden wir die sechs Summen aus diesen Größen entsprechend den Formeln (4). Es sind nun folgende Fälle möglich:

1. Es ist mindestens eine von den Komponenten- und eine von den Momentensummen von Null verschieden, und

a) die Invariante verschwindet nicht,

$$R_x M_x + R_y M_y + R_z M_z \neq 0.$$

Dann resultiert eine Einzelkraft durch den Reduktionspunkt mit den Komponenten R_x, R_y, R_z und ein Kräftepaar mit den Komponenten M_x, M_y, M_z. Oder

b) die Invariante ist gleich Null, $R_x M_x + R_y M_y + R_z M_z = 0$. Dann erhalten wir eine Einzelkraft allein als Resultat der Zusammensetzung.

2. Sind alle Komponentensummen gleich Null, mindestens eine der Momentensummen aber von Null verschieden, dann resultiert ein Kräftepaar.

3. Sind alle Komponenten- und Momentensummen Null, also

$$\left.\begin{aligned} &\sum_{i=1}^{n} P_{x_i} = 0, \quad \sum_{i=1}^{n} P_{y_i} = 0, \quad \sum_{i=1}^{n} P_{z_i} = 0, \\ &\sum_{i=1}^{n} M_x^{\mathfrak{P}_i} = 0, \quad \sum_{i=1}^{n} M_y^{\mathfrak{P}_i} = 0, \quad \sum_{i=1}^{n} M_z^{\mathfrak{P}_i} = 0. \end{aligned}\right\} \quad (6)$$

dann herrscht Gleichgewicht. Wir haben daher jetzt sechs notwendige und hinreichende Bedingungen für das Gleichgewicht eines starren Körpers.

30. Folgerungen und Beispiele. Aus diesen Resultaten kann man eine Reihe von Folgerungen ableiten. Zunächst ergeben sich die über Kräfte mit demselben Angriffspunkt und über ein ebenes Kraftsystem gefundenen Sätze als Spezialfälle. Bei dem ebenen Kraftsystem nimmt man dessen Ebene als $x\,y$-Ebene; dann erkennt man sofort, daß die Invariante verschwindet, also nur eine Einzelkraft oder ein Kräftepaar resultieren kann, vom Gleichgewichtsfall abgesehen. Dasselbe gilt für parallele Kräfte; sind diese außerdem alle gleichgerichtet, dann kann nur eine Einzelkraft sich ergeben. Legen wir nämlich das K.-S. so, daß die x-Achse parallel zu der Richtung der Kräfte verläuft, so ist

$$\sum_{i=1}^{n} P_{x_i} = \sum_{i=1}^{n} P_i, \quad \sum_{i=1}^{n} P_{y_i} = 0, \quad \sum_{i=1}^{n} P_{z_i} = 0,$$

$$\sum_{i=1}^{n} M_x^{\mathfrak{P}_i} = 0, \quad \sum_{i=1}^{n} M_y^{\mathfrak{P}_i} = \sum_{i=1}^{n} z_i\, P_i, \quad \sum M_z^{\mathfrak{P}_i} = -\sum_{i=1}^{n} y_i\, P_i.$$

Die Invariante verschwindet. Ist $\sum_{i=1}^{n} P_i \neq 0$, resultiert eine Einzelkraft von diesem Betrage; ist $\sum_{i=1}^{n} P_i = 0$ und mindestens eine der Momentensummen von Null verschieden, was nur eintreten kann, wenn nicht alle Kräfte gleichgerichtet sind, so haben wir ein Kräftepaar vor uns. Verschwinden auch die Momentensummen, dann ist Gleichgewicht vorhanden. Im ersten Falle ist die Richtungslinie der Einzelkraft gegeben durch die Gleichungen

$$z = \frac{\Sigma z_i P_i}{\Sigma P_i}, \qquad y = \frac{\Sigma y_i P_i}{P_i}.$$

Die Gleichgewichtsbedingungen ermöglichen uns im allgemeinen Fall sechs Unbekannte, die wieder Bestimmungsstücke von Kräften oder Lagekoordinaten sein können, zu berechnen. Wir wollen zunächst folgendes Beispiel[1] durchführen.

Beispiel 10. Von einem schiefliegenden Wellrad, das an seinem oberen Ende so gelagert ist, daß keine Kraftkomponente in der Richtung der Achse übertragen werden kann, sind uns die lotrechte Last Q, die Länge l, die Hebelarme r und R von Kraft und Last, die Neigung α und die Abstände a und b gegeben (Abb. 36). Es sind für den Gleichgewichtsfall die Kraft P und die Auflagerdrücke A und B zu bestimmen, Reibungswiderstände sind zu vernachlässigen.

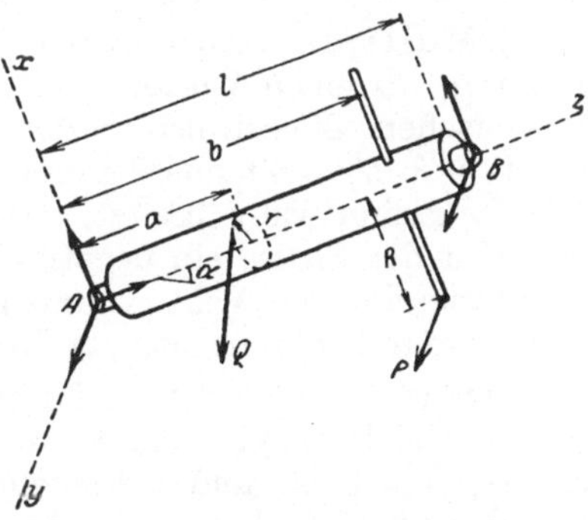

Abb. 36.

Wir legen das K.-S. so, daß die z-Achse mit der Achse des Wellrades zusammenfällt, die x-Achse in einer Vertikalebene dazu senkrecht steht und die y-Achse horizontal gerichtet ist. Dann sind die Koordinaten der Angriffspunkte und die Komponenten der vier Kräfte P, Q, A, B durch folgende Werte gegeben

$A\ (0, 0, 0)$	A_x	A_y	A_z
$B\ (0, 0, l)$	$B_x,$	$B_y,$	0
$P\ (-R, 0, b)$	$0,$	$P,$	0
$Q\ (0, r, a-\varepsilon)$	$-Q\cos\alpha,$	$0,$	$-Q\sin\alpha$

Das ε kann man dabei, wenn die Neigung nicht groß ist, vernachlässigen.

Die axialen Momente der Kraft A sind alle Null, die der Kraft B nach Formel (1) $-l\,B_y$, $+l\,B_x$, 0, die der Kraft P ebenso $-b\,P$, 0, $-R\,P$ und die von Q schließlich $-r\,Q\sin\alpha$, $-a\,Q\cos\alpha$, $r\,Q\cos\alpha$. Die Gleichgewichtsbedingungen lauten

$$A_x + B_x - Q\cos\alpha = 0 \qquad -l\,B_y - b\,P - r\,Q\sin\alpha = 0$$
$$A_y + B_y + P = 0 \qquad l\,B_x - a\,Q\cos\alpha = 0$$
$$A_z - Q\sin\alpha = 0 \qquad -R\,P + r\,Q\cos\alpha = 0$$

[1] Wittenbauer-Pöschl: Aufgaben aus der technischen Mechanik. 1. Bd. 6. Aufl. Berlin: Julius Springer 1929.

Nach den sechs Unbekannten aufgelöst, bekommen wir

$$P = \frac{r}{R} Q \cos\alpha, \quad B_x = \frac{a}{l} Q \cos\alpha, \quad B_y = -\frac{r}{l} Q\left(\frac{b}{R}\cos\alpha + \sin\alpha\right),$$

$$A_x = \frac{l-a}{l} Q \cos\alpha \quad A_y = \frac{r}{l} Q\left(\sin\alpha - \frac{l-b}{R}\cos\alpha\right) \quad A_z = Q\sin\alpha.$$

31. Grundzüge der Vektoralgebra. Bevor wir in der Behandlung des räunlichen Kraftsystems weitergehen, wollen wir die Sätze über das Rechnen mit Vektoren zusammenfassen und weiter ausgestalten; eine Reihe von Aussagen, die wir über die Kräfte abgeleitet haben, können wir nämlich ganz allgemein als Sätze über Vektoren auffassen. Den Begriff des Vektors, die geometrische Summe von Vektoren, die Zerlegung von solchen in Komponenten haben wir schon kennengelernt. Wir wollen uns nun überlegen, wie wir die Multiplikation eines Vektors mit einem Skalar oder mit anderen Vektoren einzuführen haben. Es sei dabei noch hervorgehoben, daß wir bei unseren Betrachtungen die Vektoren immer als freie Vektoren voraussetzen wollen.

a) Multiplikation eines Vektors mit einem Skalar. Multiplizieren wir einen Vektor $\mathfrak{a}$ mit einer skalaren Größe, die wir mit einem griechischen Buchstaben bezeichnen wollen, etwa mit einem positiven Wert $+\lambda$, so stellt uns $\lambda\,\mathfrak{a}$ einen Vektor dar, der gleiche Richtung und Richtungssinn wie $\mathfrak{a}$ besitzt, dessen absoluter Betrag aber λ mal größer ist. Hat der Skalar ein negatives Vorzeichen $-\lambda$, so ist dabei auch der Richtungssinn des Vektors umzukehren entsprechend unserer Definition eines Vektors mit negativem Vorzeichen.

Daraus folgt der Satz: Liegen zwei Vektoren in einer Geraden, dann müssen sich zwei Zahlen α und β finden lassen, derart, daß $\alpha\,\mathfrak{a} + \beta\,\mathfrak{b} = 0$ ist und umgekehrt. Man kann ja α und β so wählen, daß der absolute Betrag des resultierenden Vektors verschwindet. Das können wir uns auch durch Zurückgehen auf die Komponenten überlegen; ist $\alpha\,a_x + \beta\,b_x = 0$, $\alpha\,a_y + \beta\,b_y = 0$ und $\alpha\,a_z + \beta\,b_z = 0$, dann verhalten sich $a_x : a_y : a_z$ so wie $b_x : b_y : b_z$, dann fallen $\mathfrak{a}$ und $\mathfrak{b}$ in eine Gerade.

Ganz analog können wir behaupten: Liegen drei Vektoren $\mathfrak{a}$, $\mathfrak{b}$, $\mathfrak{c}$ in einer Ebene, so muß die Beziehung gelten $\alpha\,\mathfrak{a} + \beta\,\mathfrak{b} + \gamma\,\mathfrak{c} = 0$. Denn haben wir $\mathfrak{a}$ und $\mathfrak{b}$ gegeben, so kann man einen beliebigen Punkt der Ebene durch einen Vektor $\mathfrak{c}$ erreichen, der die geometrische Summe aus dem mit einen geeigneten Faktor α_1 multiplizierten ersten und den mit einem anderen Faktor β_1 multiplizierten zweiten Vektor ist $\mathfrak{c} = \alpha_1\,\mathfrak{a} + \beta_1\,\mathfrak{b}$. Daraus folgt die obige allgemeine Beziehung. Drei solche in einer Ebene liegende Vektoren nennen wir komplanar.

Führen wir Einheitsvektoren, das sind Vektoren mit dem absoluten Betrag Eins ein, so können wir einen Vektor $\mathfrak{a}$ in der Form einschreiben $\mathfrak{a} = |\mathfrak{a}|\,\mathfrak{a}_0$, wenn $\mathfrak{a}_0$ den Einheitsvektor in der Richtung $\mathfrak{a}$ bedeutet. Von Wichtigkeit sind die Einheitsvektoren, die in die Achsen eines rechtwinkligen Koordinatensystems fallen; nennen wir sie $\mathfrak{i}$, $\mathfrak{j}$, $\mathfrak{k}$, dann ist

$$\mathfrak{a} = \mathfrak{i}\,a_x + \mathfrak{j}\,a_y + \mathfrak{k}\,a_z. \qquad (7)$$

Der Vektor $\mathfrak{a}$ ist auf diese Weise als die geometrische Summe der Komponenten, dreier in die Richtungen der Koordinatenachsen fallender Vektoren, dargestellt.

b) Skalares Produkt zweier Vektoren. Bei der Multiplikation von Vektoren miteinander haben wir verschiedene Produktbildungen ins Auge zu fassen, und zwar sind es zwei Möglichkeiten, die hier in Betracht kommen. Unter dem skalaren oder inneren Produkt zweier Vektoren $\mathfrak{a}\,\mathfrak{b}$ (sprich $\mathfrak{a}$ in $\mathfrak{b}$) versteht man den Ausdruck (vgl. Abb. 37)

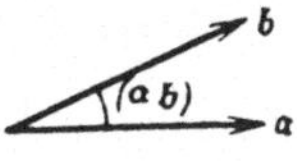

Abb. 37.

$$\mathfrak{a}\,\mathfrak{b} = |\mathfrak{a}|\,|\mathfrak{b}| \cos(\mathfrak{a}\,\mathfrak{b}). \tag{8}$$

Es ist, wie schon der Name besagt, eine skalare Größe, die noch positives oder negatives Vorzeichen besitzen kann. Von den Rechengesetzen der Multiplikation algebraischer Zahlen, dem kommutativen $a\,b = b\,a$, dem assoziativen $(a\,b)\,c = a\,b\,c$ und dem distributiven $(a + b)\,c = a\,c + b\,c$, bleiben das erste und das letzte für diese Produktbildung bestehen, das assoziative ist nicht erfüllt. Das kommutative Gesetz gilt, da $\mathfrak{b}\,\mathfrak{a} = |\mathfrak{b}|\,|\mathfrak{a}| \cos(\mathfrak{b}\,\mathfrak{a}) = \mathfrak{a}\,\mathfrak{b}$ ist; $\cos(\mathfrak{b}\,\mathfrak{a})$ ist ja gleich $\cos(\mathfrak{a}\,\mathfrak{b})$.

Das distributive Gesetz bleibt ebenfalls erhalten, es ist

$$(\mathfrak{a} + \mathfrak{b})\,\mathfrak{c} = \mathfrak{a}\,\mathfrak{c} + \mathfrak{b}\,\mathfrak{c}.$$

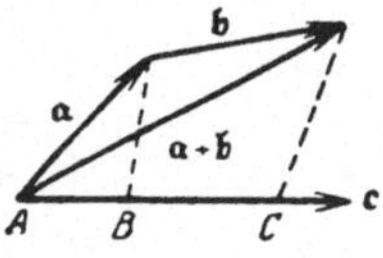

Dies ist nichts anderes als der Satz, daß die Summe der Projektionen eines geschlossenen Linienzuges auf eine Gerade Null ist, bzw. daß die Projektion der Schlußseite eines Polygons die Summe der Projektionen der übrigen Seiten, in entgegengesetzter Richtung durchlaufen, darstellt (Abb. 38).

Abb. 38.

$$(\mathfrak{a} + \mathfrak{b})\,\mathfrak{c} = \overline{AC}\,|\mathfrak{c}| = (\overline{AB} + \overline{BC})\,|\mathfrak{c}| = [|\mathfrak{a}| \cos(\mathfrak{a}\,\mathfrak{c}) + |\mathfrak{b}| \cos(\mathfrak{b}\,\mathfrak{c})]\,|\mathfrak{c}| =$$
$$= \mathfrak{a}\,\mathfrak{c} + \mathfrak{b}\,\mathfrak{c}. \tag{9}$$

Das assoziative Gesetz gilt in der gewöhnlichen Form nicht, da $(\mathfrak{a}\,\mathfrak{b})\,\mathfrak{c}$ etwas ganz anderes als $\mathfrak{a}\,(\mathfrak{b}\,\mathfrak{c})$ ist. Das erste stellt einen Vektor in der Richtung von $\mathfrak{c}$, das zweite einen solchen in der Richtung von $\mathfrak{a}$ dar.

Aus der Definition des skalaren Produktes folgt, daß die Komponente eines Vektors in der Richtung eines anderen gleich dem inneren Produkt des einen Vektors mit dem Einheitsvektor in der Richtung des zweiten ist. Die Komponente von $\mathfrak{b}$ in der Richtung von $\mathfrak{a}$ ist

$$|\mathfrak{b}| \cos(\mathfrak{a}\,\mathfrak{b}) = \mathfrak{b}\,\frac{\mathfrak{a}}{|\mathfrak{a}|} = \mathfrak{b}\,\mathfrak{a}_0, \tag{10}$$

wobei $\mathfrak{a}_0$ den Einheitsvektor in der Richtung von $\mathfrak{a}$ darstellt.

Danach gilt:

$$\mathfrak{i}\,\mathfrak{a} = a_x, \quad \mathfrak{j}\,\mathfrak{a} = a_y, \quad \mathfrak{k}\,\mathfrak{a} = a_z.$$

Ferner haben wir

$$\mathfrak{a}\,\mathfrak{a} = |\mathfrak{a}|^2. \tag{11}$$

Das skalare Produkt eines Vektors mit sich selbst ist gleich dem Quadrat des absoluten Betrages.

Das Verschwinden des inneren Produktes bedeutet, daß die beiden Vektoren zueinander senkrecht stehen, wenn nicht einer der Vektoren selbst gleich Null ist.

Dementsprechend haben wir

$$\mathfrak{i}\,\mathfrak{i} = \mathfrak{i}^2 = \mathfrak{j}^2 = \mathfrak{k}^2 = 1, \quad \mathfrak{i}\,\mathfrak{j} = 0, \quad \mathfrak{i}\,\mathfrak{k} = 0, \quad \mathfrak{k}\,\mathfrak{j} = 0. \tag{12}$$

Aus $\mathfrak{a}\,\mathfrak{b} = \mathfrak{a}\,\mathfrak{c}$ folgt nicht, daß $\mathfrak{b} = \mathfrak{c}$, sondern nur, daß $\mathfrak{a}\,(\mathfrak{b} - \mathfrak{c}) = 0$ ist, daß also $\mathfrak{b} - \mathfrak{c}$ senkrecht auf $\mathfrak{a}$ steht.

Stellt man $\mathfrak{a}\,\mathfrak{b}$ in den Komponenten der beiden Vektoren dar, so erhält man bei Berücksichtigung der Formeln (12)

$$\begin{aligned} \mathfrak{a}\,\mathfrak{b} &= (\mathfrak{i}\,a_x + \mathfrak{j}\,a_y + \mathfrak{k}\,a_z)\,(\mathfrak{i}\,b_x + \mathfrak{j}\,b_y + \mathfrak{k}\,b_z) = \\ &= a_x\,b_x + a_y\,b_y + a_z\,b_z. \end{aligned} \tag{13}$$

Dieses Ergebnis kann man auch auf direktem Wege erhalten, wenn man in (8) $\cos(\mathfrak{a}\,\mathfrak{b})$ durch die Kosinus der Richtungen von $\mathfrak{a}$ und $\mathfrak{b}$ in einem rechtwinkligen K.-S. ausdrückt. Die Invariante eines räumlichen Kraftsystems ist dementsprechend nichts anderes als das skalare Produkt der Vektoren $\mathfrak{R}$ und $\mathfrak{M}$.

Abb. 39.

c) Vektorielles Produkt. Ein ebenes Flächenstück, das irgendeine Lage im Raum hat und an dessen Umfang ein Durchlaufungssinn vorgegeben ist, kann man als einen Vektor darstellen, Abb. 39, dessen absoluter Betrag der Inhalt des Flächenstücks, dessen Richtung die Normale zu diesem und dessen Richtungssinn dadurch festgelegt ist, daß man ihn auf jener Seite des Flächenstücks anbringt, von der aus gesehen der Umlaufungssinn positiv ist. Wenn wir den auf dieser Seite normal zum Flächenstück f gezogenen Einheitsvektor mit $\mathfrak{n}$ bezeichnen, so ist $\mathfrak{f} = f\,\mathfrak{n}$.

Ist das Flächenstück ein Parallelogramm, dessen Seiten von den Vektoren $\mathfrak{a}$ und $\mathfrak{b}$ gebildet werden, dann heißt der so definierte Vektor das vektorielle oder äußere Produkt von $\mathfrak{a}$ und $\mathfrak{b}$, geschrieben $\mathfrak{a} \times \mathfrak{b}$ (sprich $\mathfrak{a}$ aus $\mathfrak{b}$, oder $\mathfrak{a}$ ex $\mathfrak{b}$). Durch die Reihenfolge der Vektoren ist schon ein Durchlaufungssinn an dem Parallelogramm bestimmt, nämlich derjenige, der den Vektor $\mathfrak{a}$ in den Vektor $\mathfrak{b}$ durch einen Winkel kleiner als π überführt. Unter einem Vektorprodukt $\mathfrak{a} \times \mathfrak{b}$ versteht man daher einen Vektor, dessen absoluter Betrag gleich $|\mathfrak{a}|\,|\mathfrak{b}|\,|\sin(\mathfrak{a}\,\mathfrak{b})|$ ist, dessen Richtung senkrecht zur Ebene der beiden Vektoren steht und dessen Pfeil auf jener Seite dieser Ebene angebracht wird, von der aus gesehen der erste Vektor in den zweiten im positiven Sinn über einen Winkel kleiner als π gedreht wird.

Aus dieser Definition ersieht man sofort, daß wir in der Mechanik schon äußere Produkte kennengelernt haben. Das Drehmoment einer Kraft um einen Punkt können wir ja durch ein solches gerichtetes Parallelogramm darstellen, dessen Seiten der Radiusvektor $\mathfrak{r}$, der von dem Bezugspunkt nach dem Anfangspunkt der Kraft gezogen ist, und die Kraft $\mathfrak{P}$ selbst bilden (Abb. 40). Der Richtungssinn stimmt auch überein, wenn man als ersten Vektor $\mathfrak{r}$ und als zweiten $\mathfrak{P}$ anschreibt. Es ist also

$$\mathfrak{M}^{\mathfrak{P}} = \mathfrak{r} \times \mathfrak{P}. \tag{14}$$

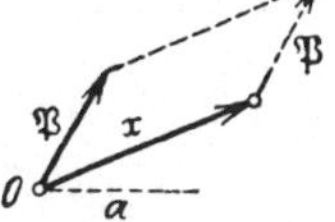

Abb. 40.

Aus der Definition ergibt sich weiters unmittelbar, daß

$$\mathfrak{b} \times \mathfrak{a} = -(\mathfrak{a} \times \mathfrak{b}) \tag{15}$$

ist, daß also das kommutative Gesetz in der gewöhnlichen Form nicht gilt, sondern durch das sogenannte antikommutative ersetzt wird, daß sich bei einer Vertauschung der Faktoren das Vorzeichen umkehrt.

Das assoziative Gesetz gilt nicht, wir werden auf die Sätze, die es vertreten, noch zurückkommen.

Das distributive Gesetz muß aber auch für das äußere Produkt erfüllt sein — es ist ja das wichtigste von den Rechengesetzen und sein Bestehen eine wesentliche Bedingung für jede Operation, die wir als Produktbildung bezeichnen wollen. Der in Nr. 28 abgeleitete Satz, daß das Drehmoment der Resultierenden von Kräften, die in einem Punkte angreifen, gleich der geometrischen Summe der Drehmomente der Teilkräfte ist, daß also $\mathfrak{r} \times \sum_{i=1}^{n} \mathfrak{P}_i = \sum_{i=1}^{n} (\mathfrak{r}_i \times \mathfrak{P}_i)$, drückt ja nichts anderes aus als das Bestehen des distributiven Gesetzes für diese Drehmomente und daher allgemein für vektorielle Produkte

$$(\mathfrak{a} + \mathfrak{b}) \times \mathfrak{c} = \mathfrak{a} \times \mathfrak{c} + \mathfrak{b} \times \mathfrak{c}. \tag{16}$$

Das äußere Produkt eines Vektors mit sich selbst verschwindet, da der Winkel Null ist, $\mathfrak{a} \times \mathfrak{a} = 0$, ebenso das zweier paralleler Vektoren. Für drei senkrecht zueinander stehende Einheitsvektoren $\mathfrak{i}$, $\mathfrak{j}$, $\mathfrak{k}$ gelten die Beziehungen

$$\mathfrak{i} \times \mathfrak{j} = \mathfrak{k}, \quad \mathfrak{j} \times \mathfrak{k} = \mathfrak{i}, \quad \mathfrak{k} \times \mathfrak{i} = \mathfrak{j}. \tag{17}$$

Bildet man das vektorielle Produkt der in den Komponenten entsprechend Formel (7) dargestellten Vektoren $\mathfrak{a}$ und $\mathfrak{b}$, so erhält man unter Berücksichtigung der Gl. (17)

$$\mathfrak{a} \times \mathfrak{b} = \mathfrak{i}\,(a_y b_z - a_z b_y) + \mathfrak{j}\,(a_z b_x - a_x b_z) + \mathfrak{k}\,(a_x b_y - a_y b_x), \tag{18}$$

wie wir es schon bei den Komponenten des Drehmomentes einer Kraft gesehen, vgl. Formel (2). Die Klammerausdrücke gehen durch zyklische Vertauschung ineinander über.

d) Zusammengesetzte Produkte. Wir wollen noch kurz die zusammengesetzten Produkte betrachten, die sich bei der skalaren oder vektoriellen Multiplikation eines äußeren Produktes zweier Vektoren mit einem dritten ergeben. Das sogenannte Tripelprodukt dreier Vektoren $(\mathfrak{a} \times \mathfrak{b})\,\mathfrak{c}$ ist als ein inneres Produkt eine skalare Größe. Es ist gleich dem Rauminhalt jenes Parallelflachs, dessen drei Kanten die Vektoren $\mathfrak{a}$, $\mathfrak{b}$, $\mathfrak{c}$ bilden, siehe Abb. 41. Denn dieser ist gegeben durch

$$|\mathfrak{a}|\,|\mathfrak{b}| \sin(\mathfrak{a}\,\mathfrak{b})\,|\mathfrak{c}| \cos(\mathfrak{n}_3\,\mathfrak{c}) = (\mathfrak{a} \times \mathfrak{b})\,\mathfrak{c}.$$

Analog kann man ihn aber auch darstellen durch

$$|\mathfrak{b}|\,|\mathfrak{c}|\,\sin(\mathfrak{b}\,\mathfrak{c})\,|\mathfrak{b}|\cos(\mathfrak{n}_1\,\mathfrak{a}) = (\mathfrak{b}\times\mathfrak{c})\,\mathfrak{a}$$

oder durch

$$|\mathfrak{c}|\,|\mathfrak{a}|\,\sin(\mathfrak{c}\,\mathfrak{a})\,|\mathfrak{b}|\cos(\mathfrak{n}_2\,\mathfrak{b}) = (\mathfrak{c}\times\mathfrak{a})\,\mathfrak{b}.$$

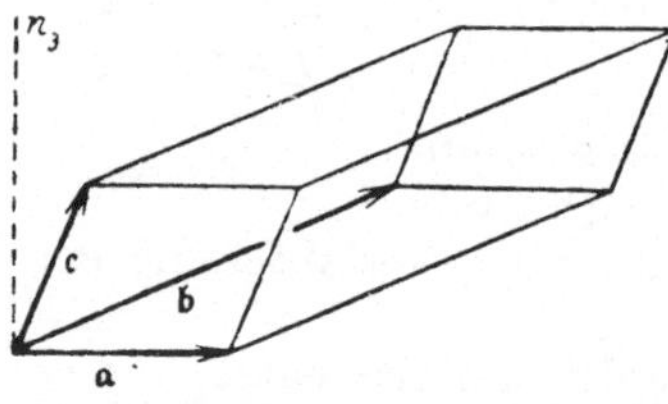

Abb. 41.

Daraus folgt das Gesetz

$$(\mathfrak{a}\times\mathfrak{b})\,\mathfrak{c} = (\mathfrak{b}\times\mathfrak{c})\,\mathfrak{a} = (\mathfrak{c}\times\mathfrak{a})\,\mathfrak{b}, \quad (19)$$

das an die Stelle des gewöhnlichen assoziativen tritt.

Für das **dreifache Vektorprodukt** gilt der Satz

$$\mathfrak{a}\times(\mathfrak{b}\times\mathfrak{c}) = \mathfrak{b}\,(\mathfrak{a}\,\mathfrak{c}) - \mathfrak{c}\,(\mathfrak{a}\,\mathfrak{b}). \quad (20)$$

Die rechte Seite stellt die Differenz zweier Vektoren von der Richtung $\mathfrak{b}$ und der Richtung $\mathfrak{c}$ dar. Der Beweis ist am einfachsten zu führen, wenn man die Komponentendarstellung der Vektoren benützt, er möge dem Leser überlassen werden.

Die Vektorsymbolik ist zur einfachen und übersichtlichen Darstellung aller mit Vektoren zusammenhängenden Sätze sehr geeignet, wir werden oft mit Vorteil von ihr Gebrauch machen, da sehr viele in der Mechanik vorkommende Größen Vektoren sind. Auch in der analytischen Geometrie des Raumes ist sie sehr verwendbar. Wir wollen nur ein Beispiel bringen, das wir später benötigen werden. Eine Gerade im Raum ist durch den festen Radiusvektor $\mathfrak{r}_1$ vom Ursprungspunkt zu einem ihrer Punkte und durch den Einheitsvektor $\mathfrak{e}$, der die Richtung der Geraden angibt, festgelegt (siehe Abb. 42). Es muß dann

$$\mathfrak{e}\times(\mathfrak{r}-\mathfrak{r}_1) = 0$$

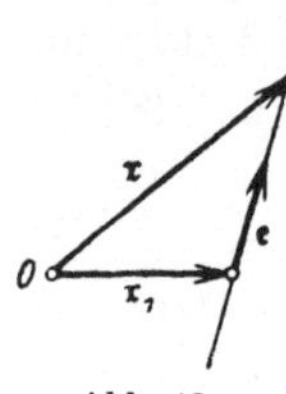

Abb. 42.

sein, wenn $\mathfrak{r}$ den Radiusvektor vom Ursprung zu einem variablen Punkt der Geraden bedeutet. Setzt man $\mathfrak{e}\times\mathfrak{r}_1 = \mathfrak{b}$, so hat man

$$\mathfrak{e}\times\mathfrak{r} = \mathfrak{b}. \quad (21)$$

Das ist die sogenannte Plückersche Gleichung der Geraden, $\mathfrak{e}$ und $\mathfrak{b}$ sind die Plückerschen Koordinaten derselben.

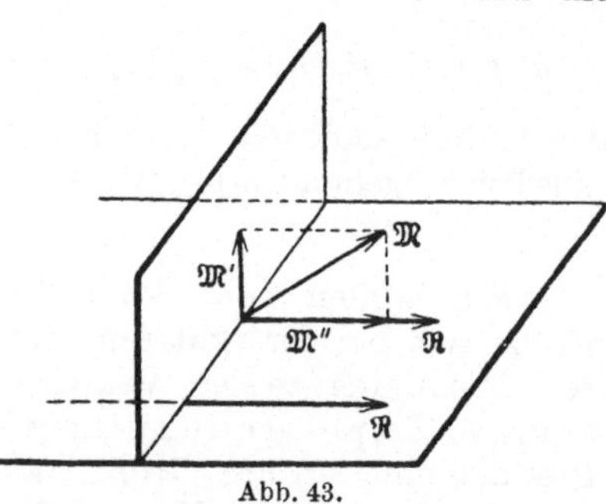

Abb. 43.

32. Kraftschraube und Zentralachse. Wir wollen nun wieder zur Betrachtung unseres räumlichen Kraftsystems übergehen. Die Reduktionsresultante und das Kräftepaar, das man im allgemeinen Falle der Zusammensetzung erhält, kann man noch auf verschiedene Weise umformen. Man kann etwa den Momentenvektor $\mathfrak{M}$ in eine in die Richtung der Reduktionsresultante fallende Komponente $\mathfrak{M}''$ und eine dazu senkrechte $\mathfrak{M}'$ zerlegen, siehe Abb. 43. $\mathfrak{M}'$, das einem in der Ebene von $\mathfrak{R}$ wirkenden Kräftepaar entspricht, kann man mit der Einzelkraft nach der bekannten Regel zusammensetzen; das gibt eine Verschiebung von $\mathfrak{R}$ parallel zu sich selbst. $\mathfrak{M}''$ ist der Momentenvektor eines Kräftepaares in einer zu $\mathfrak{R}$ senkrecht liegenden Ebene. Diese Zerlegung geht auf vollkommen eindeutige Weise vor sich, man kann so ein räumliches Kraftsystem auf eine Einzelkraft in einer bestimmten Angriffslinie und auf ein Kräftepaar in einer dazu senkrechten Ebene zurückführen. Dieses System nennt man eine Kraftschraube oder Dyname und die Angriffslinie, in der die Einzelkraft dabei wirkt, die Zentralachse des Kraftsystems.

Kraftschraube und Zentralachse sind von der Wahl des Reduktionspunktes unabhängig; zu jedem vorgegebenen Kraftsystem gehört eindeutig eine ganz bestimmte Dyname. Bekäme man nämlich für ein Kraftsystem zwei verschiedene Kraftschrauben, so müßten sie gleichwertig sein. Da das Kräftepaar senkrecht zur Einzelkraft liegt, so müßten beide Kräftepaare untereinander und beide Einzelkräfte für sich genommen äquivalent sein, d. h. beide Kraftschrauben müssen zusammenfallen.

Da der Momentenvektor $\mathfrak{M}''$ des Kräftepaares der Dyname die Komponente von $\mathfrak{M}$ in der Richtung von $\mathfrak{R}$ darstellt, so ist sein absoluter Betrag durch das innere Produkt von $\mathfrak{M}$ und den Einheitsvektor in der Richtung von $\mathfrak{R}$ also durch

$$|\mathfrak{M}''| = \frac{\mathfrak{R}\,\mathfrak{M}}{|\mathfrak{R}|}$$

gegeben. Im Zähler steht die Invariante und da $|\mathfrak{M}''|$ und $|\mathfrak{R}|$ vom Koordinatensystem unabhängig sind, so gilt dies auch für die Invariante, was schon bei ihrer Einführung hervorgehoben wurde.

Die Zentralachse findet man, indem man sich überlegt, daß die in ihr wirkende Einzelkraft in bezug auf den Reduktionspunkt ein polares Moment besitzen muß, das gleich $\mathfrak{M}'$ ist, und $\mathfrak{M}'$ sich wieder als Differenz der Vektoren $\mathfrak{M}$ und $\mathfrak{M}''$ ergibt. Es ist also, wenn wir, wie immer, mit $\mathfrak{r}$ den veränderlichen Radiusvektor vom Ursprung nach einem Punkt der Zentralachse bezeichnen

$$\mathfrak{r} \times \mathfrak{R} = \mathfrak{M} - \mathfrak{M}'' = \mathfrak{M} - \frac{\mathfrak{R}\,\mathfrak{M}}{|\mathfrak{R}|}\,\frac{\mathfrak{R}}{|\mathfrak{R}|} \qquad (22)$$

die Gleichung der Zentralachse. Die Richtung von $\mathfrak{M}''$ fällt mit der von $\mathfrak{R}$ zusammen, daher können wir für den Einheitsvektor in dieser Richtung $\frac{\mathfrak{R}}{|\mathfrak{R}|}$ setzen. In den Komponenten angeschrieben, gibt (22) drei lineare Gleichungen in x, y, z, von denen aber wegen Gl. (3) nur zwei linear unabhängig sind. Im folgenden sei die Rechnung an einem Beispiel durchgeführt:

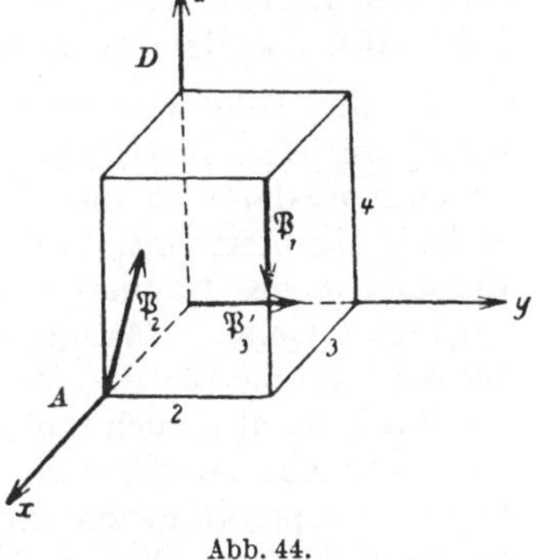

Abb. 44.

Beispiel 11. In den Ecken eines Quaders mit Kanten von 2, 3, 4 dm Länge greifen, wie nebengezeichnet (Abb. 44), drei Kräfte an. $|\mathfrak{P}_1| = 11$ kg, die in Diagonale $\overline{AD}$ liegende Kraft $|\mathfrak{P}_2| = 10$ kg und $|\mathfrak{P}_3| = 6$ kg. Die Angriffspunkte, Komponenten und axialen Momente sind folgende:

	P_{xi}	P_{yi}	P_{zi}	$M_x^{\mathfrak{P}_i}$	$M_y^{\mathfrak{P}_i}$	$M_z^{\mathfrak{P}_i}$
$\mathfrak{P}_1$ (3, 2, 4)	0	0	-11	-22	$+33$	0
$\mathfrak{P}_2$ (3, 0, 0)	-6	0	$+8$	0	-24	0
$\mathfrak{P}_3$ (0, 0, 0)	0	$+6$	0	0	0	0

Daher ist $R_x = -6$, $R_y = +6$, $R_z = -3$, also $|\mathfrak{R}| = 9$ kg. Ferner $M_x = -22$, $M_y = +9$, $M_z = 0$, demnach $|\mathfrak{M}| = \sqrt{565}$ kgdm die Invariante $\mathfrak{R}\,\mathfrak{M} = 186$, also von Null verschieden. Das Moment des Kräftepaars der Kraftschraube $|\mathfrak{M}''| = \frac{186}{9} = \frac{62}{3}$ kgdm. Die Zentralachse ist nach Formel (22) durch die Gleichungen dargestellt $3\,y + 6\,z = \frac{74}{9}$, $3\,x - 6\,z = -\frac{43}{9}$, $3\,x + 3\,y = \frac{31}{9}$; sie sind nicht unabhängig, die letzte ergibt sich durch Addition der beiden ersten. Wenn wir nur zwei unabhängige beibehalten, so stellt sich die Zentralachse als Schnittgerade der beiden entsprechenden Ebenen dar.

33. Kräftekreuz, Nullsystem. Man kann die Umformung des allgemeinen, sich nicht auf eine Einzelkraft reduzierenden Kraftsystems noch auf andere Weise vornehmen. Wir können die Einzelkraft in eine zu $\mathfrak{M}$ senkrechte Komponente $\mathfrak{P}_1$ und eine zweite $\mathfrak{P}_2$ zerlegen, welch letztere wegen der willkürlichen Größe von $\mathfrak{P}_1$ im allgemeinen noch beliebig gerichtet sein kann (Abb. 45). Da voraussetzungsgemäß $\mathfrak{R}$ nicht senkrecht zu $\mathfrak{M}$ steht, so ist die einzige Einschränkung die, daß $\mathfrak{P}_2$ weder in die Richtung von $\mathfrak{R}$ fallen noch zu $\mathfrak{M}$ senkrecht stehen kann. $\mathfrak{P}_1$, das in der Ebene des Kräftepaares liegt, kann man wieder mit diesem zusammensetzen; das bewirkt eine Parallelverschiebung von $\mathfrak{P}_1$ aus O heraus und wir erhalten so im allgemeinen zwei windschiefe Kräfte in den Geraden g_1 und g_2, ein sogenanntes Kräftekreuz (Abb. 45), das dem gegebenen Kraftsystem gleichwertig ist.

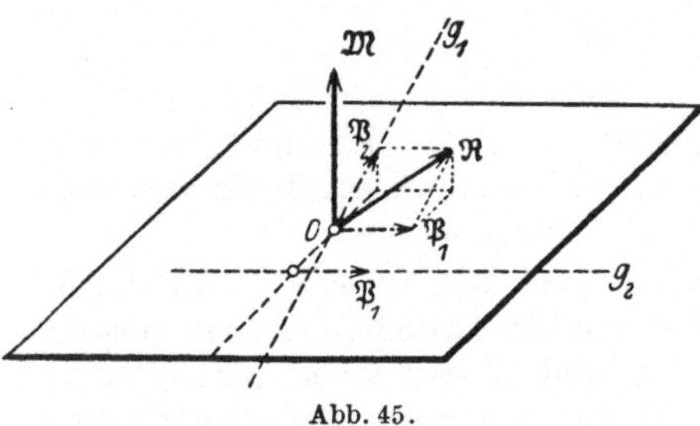

Abb. 45.

Da die Lage von O beliebig gewählt werden kann, so kann man für g_1 im allgemeinen noch eine ganz willkürliche Gerade des Raumes annehmen; dann ist aber die Größe der beiden Kräfte und die Gerade g_2 vollständig bestimmt. Auf diese Art wird durch das Kraftsystem jeder Geraden g_1 des Raumes eine zweite g_2 zugeordnet, man nennt sie konjugierte Gerade. Ausgenommen davon sind entsprechend der obigen Einschränkung für die Wahl der Richtungen, 1. die Geraden, die zu der Kraft $\mathfrak{R}$, also auch zur Zentralachse parallel sind und 2. alle Geraden die senkrecht zu $\mathfrak{M}$, also in der Ebene des Kräftepaares durch den Reduktionspunkt gehen und daher ein Strahlenbüschel mit diesem als Zentrum bilden. Die zur Zentralachse parallelen Geraden interessieren uns weiter nicht, wir können sie als zu der unendlich fernen Geraden konjugiert ansehen.

Mit den zu $\mathfrak{M}$ senkrechten wollen wir uns aber noch weiter beschäftigen. Da sie durch die Richtungen von $\mathfrak{P}_1$ und $\mathfrak{P}_2$ hindurchgehen, sind sie **Nullinien**, d. h. Gerade, um die das axiale Moment des gegebenen Kraftsystems verschwindet. Wir bezeichnen sie auch als zu sich selbst konjugiert. Ebenso nennen wir die Ebene senkrecht zu $\mathfrak{M}$ durch den Reduktionspunkt eine **Nullebene** und den Reduktionspunkt selbst, durch den alle Nullinien gehen, ihren **Nullpunkt**. Zu jedem Punkt des Raumes, den man als Reduktionspunkt nimmt, gehört dementsprechend eine Nullebene, für die dieser Punkt den Nullpunkt bildet; es ist die Ebene senkrecht zu dem betreffenden Momentenvektor.

Umgekehrt gehört auch zu jeder Ebene des Raumes ein Nullpunkt, nämlich jener Punkt derselben, für den als Reduktionspunkt der zugehörige Momentenvektor senkrecht zur Ebene steht. Einen solchen Punkt kann man immer finden; nimmt man einen beliebigen Punkt der Ebene als Reduktionspunkt an, so geht durch ihn eine Nullinie h, vgl. Abb. 46. Wenn man sich nun mit dem Reduktionspunkt auf dieser um die Strecke $\mathfrak{a}$ weiter bewegt, so kommt zu dem früheren Momentenvektor ein Drehmoment $\mathfrak{a} \times \mathfrak{R}$ hinzu, dessen Richtung in einer zur Ebene von $\mathfrak{R}$ und h senkrechten Geraden h' liegt. Zerlegt man also das ursprüngliche Moment $\mathfrak{M}$ in zwei Komponenten $\mathfrak{M}_1$ und $\mathfrak{M}'$, von denen die erste senkrecht zur gegebenen Ebene steht, die zweite in die Gerade h' fällt — man kann das immer tun, da diese Richtungen alle senkrecht zu h sind, also in einer Ebene liegen —, dann braucht man nur die Länge der Strecke $\mathfrak{a}$ so zu wählen, daß $\mathfrak{a} \times \mathfrak{R}$ entgegengesetzt gleich $\mathfrak{M}'$ ist, um den Reduktionspunkt O' zu erhalten, dessen Momentenvektor senkrecht zur Ebene liegt, der also der gesuchte Nullpunkt der Ebene ist. Nur wenn die vorgegebene Ebene zufällig zu $\mathfrak{R}$ parallel ist, dann ist dieser Vorgang nicht durchführbar, weil h' und die Normale zur Ebene zusammenfallen; wir können aber dann sinngemäß den durch die Richtung der Nullinie h festgelegten unendlich fernen Punkt der Ebene als Nullpunkt einführen.

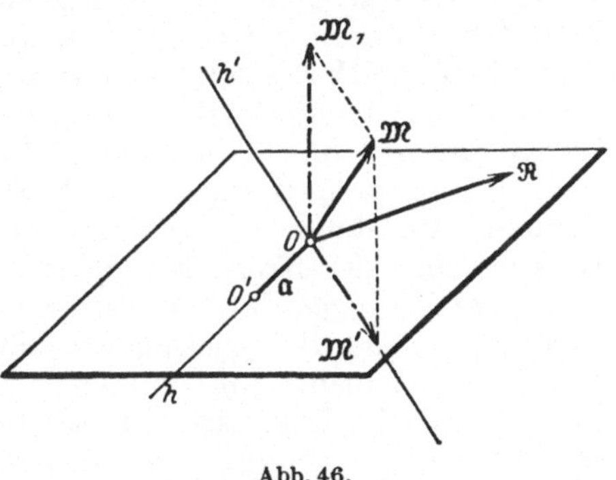

Abb. 46.

Durch jedes räumliche Kraftsystem mit nicht verschwindender Invariante ist uns daher ein System von Nullinien, konjugierten Geraden, Nullpunkten und Nullebenen im Raum gegeben, das folgende Eigenschaften hat: 1. Alle Nullinien, die durch eine Gerade g_1 gehen, schneiden auch die dieser konjugierte Gerade g_2 und 2. alle Nullinien, die durch einen Punkt gehen, bilden ein Strahlenbüschel, liegen also in einer Ebene, deren Nullpunkt dieser Punkt ist und umgekehrt alle Nullinien in einer Ebene bilden ein Strahlenbüschel durch den Nullpunkt derselben. Daraus folgt, daß die Nullpunkte aller Ebenen eines Ebenenbüschels durch eine

Gerade g_1 auf der zu dieser konjugierten Geraden g_2 liegen und umgekehrt auch die Nullebenen aller Punkte einer Geraden g_2 durch die konjugierte Gerade g_1 gehen.

Die Gesamtheit der Nullinien eines räumlichen Kraftsystems, durch die also eine derartige paarweise Zuordnung der Geraden des Raumes erfolgt, nennt man ein Nullsystem. Seine eben angeführten Eigenschaften sind auch die charakteristischen Eigenschaften eines linearen Komplexes von Geraden oder eines Strahlengewindes, das in der Liniengeometrie durch jene Geraden definiert ist, deren Plückersche Koordinaten, vgl. Formel (21), einer linearen homogenen Beziehung genügen. Tatsächlich ist das Nullsystem mit einem solchen linearen Komplex identisch, auf den Beweis wollen wir aber nicht näher eingehen.

Reduziert sich das Kraftsystem auf eine Einzelkraft allein, dann sind alle Geraden, die die Wirkungslinie der Einzelkraft schneiden, Nullinien. Die Gesamtheit dieser Geraden stellt ein spezielles Nullsystem, einen speziellen linearen Komplex, auch Strahlengebüsch genannt, dar. Alle Geraden des Raumes sind dann zu ein und derselben Geraden, der Wirkungslinie der Kraft, konjugiert.

34. Folgerungen für die Gleichgewichtsbedingungen. In der Ebene konnten wir die drei Gleichgewichtsbedingungen auch durch das Nullsetzen der Momente um drei nicht in einer Geraden liegende Punkte ausdrücken. Es fragt sich, ob wir im Raum nicht analog die Gleichgewichtsbedingungen (6) durch das Nullwerden der Momente um sechs Achsen ersetzen können. Das wird nach dem Vorhergehenden nur dann möglich sein, wir werden nur dann sechs unabhängige Gleichungen erhalten, wenn die gewählten Achsen nicht Nullinien irgendeines Nullsystems sind. Denn dann könnte trotz des Nullwerdens der Momente um dieselben noch das diesem Nullsystem entsprechende Kraftsystem vorhanden sein.

Vor allem dürfen diese sechs Geraden auch keinem speziellen Nullsystem angehören, es darf keine Gerade geben, die von allen sechs geschnitten wird. Wenn daher mehr als drei von ihnen in eine Ebene fallen oder mehr als drei durch denselben, endlichen oder unendlich fernen Punkt gehen — um nur diese Fälle hervorzuheben —, dann darf man sie nicht als Achsen wählen, denn sie gehören dann einem speziellen Nullsystem an.

Damit wird auch eine Frage beantwortet, die in der Statik der räumlichen Fachwerke eine gewisse Rolle spielt. Wenn man einem beliebigen Kraftsystem durch sechs Kräfte, die in vorgeschriebenen Richtungslinien wirken, das Gleichgewicht halten oder, was auf dasselbe herauskommt, das Kraftsystem in sechs Kräfte in vorgegebene Richtungen zerlegen soll, dann müssen diese Geraden auch die obige Bedingung erfüllen, sie dürfen keinem Nullsystem angehören. Denn wäre dies der Fall, so könnten diese sechs Kräfte nicht dem Kraftsystem gleichwertig sein, für das diese Geraden Nullinien bilden. Dann müßten nämlich diese Achsen auch Nullinien für das System der in ihnen wirkenden sechs Kräfte sein. Das ist aber nicht möglich, da das Nullsetzen der Momente um diese Achsen die Werte dieser sechs Kräfte für das Gleichgewicht eindeutig liefert. Wenn wir nämlich die Beträge der Kräfte als Unbekannte einführen, erhalten wir sechs homogene Gleichungen mit sechs Unbekannten, die sicherlich nicht unterbestimmt sind, da infolge der Bedingung, daß die Geraden einem Nullsystem angehören, nur eine lineare Beziehung zwischen den Koeffizienten vorhanden ist.

IV. Stetig verteilte Kräfte, Schwerpunkte.

35. Kräftemittelpunkt. Wir haben gesehen, daß parallele Kräfte im Raume sich nicht zu einer Einzelkraft und einem Kräftepaar zusammensetzen, sondern zu einer Einzelkraft oder einem Kräftepaar allein, wenn nicht etwa Gleichgewicht herrscht. Drehen wir nun derartige parallele Kräfte um ihre festgehaltenen Angriffspunkte in parallelen Ebenen um den gleichen Winkel, so wird auch die resultierende Einzelkraft, wenn eine solche existiert, sich um denselben Winkel um einen Punkt ihrer Richtungslinie drehen. Wir können nun leicht zeigen, daß dieser Punkt von dem Drehungswinkel unabhängig ist.

Die Größe der Resultierenden der parallelen Kräfte sei $P = \sum_{i=1}^{n} P_i$. Schließt die Richtung der Kräfte zunächst mit den Koordinatenachsen die Winkel α, β, γ ein, so ist die Gleichung der Richtungslinie nach den Formeln (2) des vorigen Kapitels gegeben durch

$$\begin{aligned}
\cos\gamma\, P\, y - \cos\beta\, P\, z &= \cos\gamma \sum P_i\, y_i - \cos\beta \sum P_i\, z_i,\\
\cos\alpha\, P\, z - \cos\gamma\, P\, x &= \cos\alpha \sum P_i\, z_i - \cos\gamma \sum P_i\, x_i,\\
\cos\beta\, P\, x - \cos\alpha\, P\, y &= \cos\beta \sum P_i\, x_i - \cos\alpha \sum P_i\, y_i.
\end{aligned}$$

Die Summen sind immer über alle n Kräfte zu nehmen.

Diese Gleichungen können wir auch in der Form schreiben

$$\frac{P\,x - \Sigma\, P_i\, x_i}{\cos\alpha} = \frac{P\,y - \Sigma\, P_i\, y_i}{\cos\beta} = \frac{P\,z - \Sigma\, P_i\, z_i}{\cos\gamma}. \tag{1}$$

Drehen wir nun die Kräfte um denselben Winkel, so daß sie jetzt mit den Koordinatenachsen die Winkel α', β', γ' einschließen, so hat die Gleichung der Resultierenden genau dieselbe Gestalt, nur daß jetzt in den Nennern $\cos\alpha'$, $\cos\beta'$, $\cos\gamma'$ steht. Der Punkt mit den Koordinaten

$$x_m = \frac{\Sigma\, P_i\, x_i}{P}, \quad y_m = \frac{\Sigma\, P_i\, y_i}{P}, \quad z_m = \frac{\Sigma\, P_i\, z_i}{P}, \tag{2}$$

der die Zähler der Ausdrücke (1) zu Null macht, befriedigt alle Gleichungen bei beliebigen Winkeln. Alle bei solchen Drehungen erhaltenen Richtungslinien der Resultierenden gehen also durch einen und denselben Punkt hindurch. Diesen Punkt mit den obigen Koordinaten (2) nennen wir den Mittelpunkt der parallelen Kräfte. Man bezeichnet das Produkt $P_i\, x_i$ auch als das statische Moment der Kraft P_i bezüglich der $y\,z$-, $P_i\, y_i$ das bezüglich der $x\,z$-, $P_i\, z_i$ das bezüglich der $x\,y$-Ebene.

Auch bei anderen Kraftsystemen, die eine Einzelkraft allein als Resultierende ergeben, also vor allem bei dem ebenen Kraftsystem, das nicht einem Kräftepaar gleichwertig ist, gibt es einen derartigen Mittelpunkt. Bei

Kräften in der Ebene können wir dies leicht auf graphischem Wege zeigen. Nehmen wir zunächst zwei Kräfte, so bewegt sich der Schnittpunkt O der beiden Kraftrichtungen bei der Drehung derselben auf einem Kreis, der durch die Angriffspunkte beider Kräfte hindurchgeht (s. Abb. 47); der Winkel, den die Kraftrichtungen miteinander bilden, ist ja immer der gleiche. Da auch der Winkel zwischen der Resultierenden und den Teilkräften konstant bleibt, geht diese immer durch den Punkt M hindurch. Das wäre also der Mittelpunkt zweier Kräfte. Ist noch eine dritte Kraft vorhanden, so kann man die Konstruktion für die in M angreifende Resultierende und diese dritte Kraft abermals durchführen und kann so durch Wiederholung des Verfahrens den Kräftemittelpunkt für eine beliebige endliche Anzahl von Kräften finden. Es lassen sich natürlich auch ohne Schwierigkeit auf analytischem Wege die Koordinaten desselben berechnen. Da aber dieser Kräftemittelpunkt nichtparalleler Kräfte keine weitere Bedeutung hat, wollen wir davon absehen.

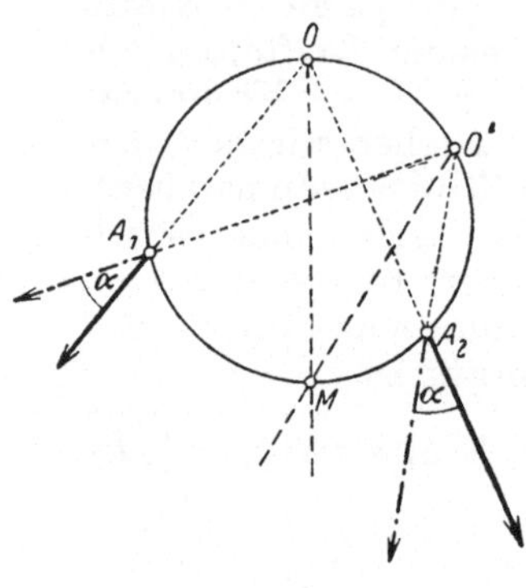

Abb. 47.

Aus der Definition des Kräftemittelpunktes paralleler Kräfte ergibt sich unmittelbar das Verfahren bei seiner graphischen Konstruktion; man hat nur den Schnittpunkt der Resultierenden für zwei verschiedene Lagen der Kräfte — gewöhnlich dreht man sie da um einen Winkel von 90° — zu bestimmen.

36. Allgemeines über Schwerpunkte. Bis jetzt haben wir bei unseren Überlegungen immer diskrete Einzelkräfte von beliebiger, aber endlicher Anzahl angenommen. Wir wollen nun auch stetige Kraftverteilungen, wie sie uns bei der Schwerkraft entgegentreten, in den Kreis unserer Betrachtungen ziehen.

Wir zerlegen einen Körper in kleine Teile vom Volumen ΔV, das Gewicht eines solchen sei ΔG; die Volumselemente mögen dabei so klein angenommen werden, daß die Angriffspunkte der an ihnen wirkenden Schwerkräfte mit den Mittelpunkten der Teilchen zusammenfallen. Alle diese Schwerkräfte können wir, da die betrachteten Körper klein gegen die Erde sind, als parallel und gleichgerichtet ansehen. Sie ergeben daher eine resultierende Einzelkraft, die vertikal nach abwärts gerichtet ist. Ihre Größe, das Gesamtgewicht des Körpers, wird dabei durch den Grenzwert einer Summe von unendlich vielen, unendlich klein werdenden Kräften, also durch ein bestimmtes Integral dargestellt:

$$G = \lim_{\substack{n \to \infty \\ \Delta G_i \to 0}} \sum_{i=1}^{n} \Delta G_i = \int_V dG. \tag{3}$$

Streng genommen ist dies aber kein einfaches, sondern ein dreifaches bestimmtes Integral, da der Körper ja nach allen drei Dimensionen ausgedehnt ist.

Diese parallelen Schwerkräfte besitzen nun einen Kräftemittelpunkt, um den sich ihre Resultierende dreht, wenn man den Körper dreht. Das läuft ja auf dasselbe hinaus, als wenn man die Richtungen aller

Kräfte um denselben Winkel ändert. Dieser Kräftemittelpunkt der parallelen Schwerkräfte heißt der Schwerpunkt und seine Koordinaten sind in einem mit dem Körper fest verbunden gedachten System

$$x_s = \frac{\sum_{i=1}^{n} x_i \Delta G_i}{G}, \quad y_s = \frac{\sum_{i=1}^{n} y_i \Delta G_i}{G}, \quad z_s = \frac{\sum_{i=1}^{n} z_i \Delta G_i}{G}. \tag{4}$$

An Stelle des Gewichtes können wir auch die Masse einführen, wenn wir aus der Dynamik die bekannte Beziehung $G = M\,g$, wobei g die Erdbeschleunigung bedeutet, vorweg nehmen. Bezeichnen wir das Massenelement vom Gewicht ΔG_i mit m_i, so ist die gesamte Masse des Körpers $M = \sum_{i=1}^{n} m_i$ und $\Delta G_i = g\,m_i$. Für irdische Verhältnisse, solange g im ganzen Bereich des Körpers als konstant angenommen werden kann, ist g von der Summation unabhängig und kann im Zähler und Nenner gekürzt werden, so daß Formel (4) übergeht in

$$x_s = \frac{\sum_{i=1}^{n} m_i x_i}{M}, \quad y_s = \frac{\sum_{i=1}^{n} m_i y_i}{M}, \quad z_s = \frac{\sum_{i=1}^{n} m_i z_i}{M}. \tag{5}$$

In diesen Ausdrücken ist auf die Schwerkraft keinerlei Bezug mehr genommen, wir könnten von vornherein auf diese Weise einen Punkt definieren, den wir dann sinngemäß als Massenmittelpunkt bezeichnen. Bei irdischen Objekten fällt er nach dem Vorstehenden mit dem Schwerpunkt zusammen. Der Ausdruck $m_i\,x_i$ wird analog wie bei den Kräften auch das statische Moment erster Ordnung der Masse m_i in bezug auf die $y\,z$-Ebene genannt. Das Koordinatensystem ist dabei fest im Raum angenommen. Haben wir keinen starren Körper vor uns, sondern ein System von Massenteilchen, die ihre Entfernungen gegenseitig ändern können, so sind auch die Koordinaten des Massenmittelpunktes veränderlich.

Ist die Massenverteilung kontinuierlich, so haben wir an Stelle von m_i das Massenelement dm und an Stelle der Summe das bestimmte Integral zu setzen und erhalten für die Koordinaten des Schwerpunktes bzw. Massenmittelpunktes

$$x_s = \int \frac{x\,dm}{M}, \quad y_s = \int \frac{y\,dm}{M}, \quad z_s = \frac{z\,dm}{M}; \tag{5a}$$

die Integrale sind dabei über die ganze Ausdehnung des Körpers zu nehmen. In vektorieller Darstellung kann man dafür

$$\mathfrak{r}_s = \int \frac{\mathfrak{r}\,dm}{M} \tag{5b}$$

schreiben, wobei das Integral natürlich den Grenzwert einer geometrischen Summe bedeutet.

Aus der Definition des Schwerpunktes ergibt sich unmittelbar ein Satz, der häufig benützt wird. Legen wir ein K.-S. mit den Achsen ξ, η, ζ so in den Körper, daß der Ursprung mit dem Schwerpunkt zusammenfällt, dann verschwinden die bestimmten Integrale $\int \xi\, dm$, $\int \eta\, dm$, $\int \zeta\, dm$. Denn die linken Seiten der Gl. (5a) sind dann nach Voraussetzung Null, daher müssen auch die Integrale rechts Null ergeben.

Können wir den Körper in Teilkörper mit den Massen $M_1, M_2 \dots M_n$ zerlegen, deren Schwerpunktskoordinaten $\mathfrak{r}_1, \mathfrak{r}_2 \dots \mathfrak{r}_n$ uns bekannt sind, so folgt aus dem Begriff des bestimmten Integrals, daß

$$M\,\mathfrak{r}_s = M_1\,\mathfrak{r}_1 + M_2\,\mathfrak{r}_2 + \dots M_n\,\mathfrak{r}_n \tag{6}$$

ist. Dieser Satz, den wir den Teilschwerpunktsatz nennen wollen, ist bei der Berechnung von Schwerpunkten sehr verwendbar.

Haben wir einen homogenen Körper vor uns, so ist für diesen das Verhältnis Masse eines Teilchens durch Volumen desselben konstant. Diese Masse pro Volumseinheit, für die wir bei einem nicht homogenen Körper allgemein den Grenzwert $\lim\limits_{\Delta V \to 0} \frac{\Delta M}{\Delta V} = \frac{dM}{dV}$ einzusetzen haben, bezeichnet man als die spezifische Masse oder absolute Dichte μ; bei einem homogenen Körper ist sie konstant, bei einem nicht homogenen kann sie sich von Stelle zu Stelle ändern. Analog nennen wir das Gewicht der Volumseinheit allgemein den Differentialquotienten $\frac{dG}{dV}$ das spezifische Gewicht des Körpers. Zwischen diesen beiden Größen besteht nach dem erwähnten dynamischen Grundgesetz die Beziehung $\nu = \mu\, g$. Beim homogenen Körper, wo μ konstant, also $M = \mu\, V$ und $dm = \mu\, dV$ ist, geht Formel (5b), da μ im Zähler und Nenner sich kürzt, über in

$$\mathfrak{r}_s = \int \frac{\mathfrak{r}\, dV}{V}. \tag{7}$$

Das ist jetzt eine rein geometrische Beziehung, die Massen kommen gar nicht mehr darin vor; wir können für jedes Volumen einen solchen Punkt, den Volumsschwerpunkt, finden. Bei einem homogenen Körper fällt er nach dem soeben dargelegten mit dem physikalischen Schwerpunkt zusammen.

Auf ähnliche Weise können wir den Schwerpunkt einer Fläche durch

$$\mathfrak{r}_s = \int \frac{\mathfrak{r}\, dF}{F} \tag{8}$$

definieren. Er wird dem physikalischen Schwerpunkt eines dünnen schalenförmigen Körpers entsprechen. Denn dann kann man, wenn δ die konstante Dicke der Schale bedeutet, $M = \mu\, \delta F$ und $dm = \mu\, \delta\, dF$ setzen, so daß in der Formel (5b) $\mu\, \delta$ herausfällt. Ebenso wird der Schwerpunkt einer Kurve durch

$$\mathfrak{r}_s = \int \frac{\mathfrak{r}\, dS}{S} \tag{9}$$

gegeben sein und mit dem physikalischen Schwerpunkt eines drahtförmigen Körpers von kleinem, konstantem Querschnitt zusammenfallen.

37. Ermittlung von Schwerpunkten. Die Bestimmung der Schwerpunkte gegebener Körper, die Auswertung der Integrale in den obigen

Formeln ist eine rein mathematische Aufgabe. Handelt es sich um homogene Körper bzw. um geometrische Schwerpunkte, so können wir in vielen Fällen von vornherein über deren Lage gewisse Aussagen machen. Hat der Körper z. B. eine Symmetrieebene, so muß der Schwerpunkt in dieser liegen; nehmen wir sie etwa als $x\,y$-Ebene unseres K.-S. an, so verschwindet ja wegen der Symmetrie das Integral $\int z\,dm$, es ist also $z_s = 0$. Sind zwei Symmetrieebenen vorhanden, so liegt der Schwerpunkt auf der Schnittlinie derselben, sind drei da, die nicht durch dieselbe Achse gehen, besitzt also der Körper einen geometrischen Mittelpunkt, so fällt der Schwerpunkt mit diesem zusammen. Der Schwerpunkt einer Kugel ist daher ihr Mittelpunkt, der Schwerpunkt eines Würfels der Schnittpunkt der Diagonalen, ebenso der eines Quaders, eines Parallelflachs usw. Läßt sich der Körper in zwei Teile zerlegen, deren Schwerpunkte wir kennen, so ist der Gesamtschwerpunkt auf der Verbindungslinie derselben gelegen und seinen Abstand erhält man nach dem Teilschwerpunktsatz (6). Wir wollen nun die Berechnung in einigen Fällen durchführen.

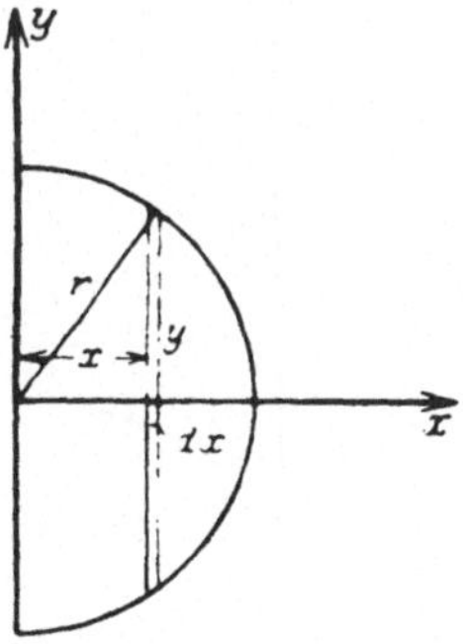

Abb. 48.

Der Schwerpunkt eines Halbkugelvolumens vom Radius r (Abb. 48) liegt auf der Symmetrieachse $y = 0$. Zerlegt man das Volumen in Scheiben senkrecht zu dieser Achse von der Dicke dx, so liegt der Teilschwerpunkt einer solchen Scheibe in ihrem Mittelpunkt im Abstand x, ihr Volumen ist

$$dV = y^2 \pi\, dx.$$

Daher haben wir $x_s = \frac{1}{V}\int_0^r x\, y^2 \pi\, dx = \frac{\pi}{V}\int_0^r x\,(r^2 - x^2)\, dx = \frac{\pi r^4}{4V}$. Das gibt, wenn man für $V = \frac{2 r^3 \pi}{3}$ einsetzt, $x_s = \frac{3}{8} r$.

Will man den Schwerpunkt der Halbkugelfläche bestimmen, so ist $F = 2 r^2 \pi$ und $dF = 2\pi y\, ds$, wobei $ds = \sqrt{1 + \left(\frac{dy}{dx}\right)^2}\, dx$ ist. Aus der Gleichung für den Kreis folgt $x\,dx + y\,dy = 0$ oder $\frac{dy}{dx} = -\frac{x}{y}$ und daher $ds = \frac{r}{y}\, dx$. Setzen wir diesen Wert in die Formel für den Schwerpunkt ein, so haben wir

$$2 r^2 \pi\, x_s = \int_0^r x\, dF = \int_0^r 2\pi r\, x\, dx = \frac{2\pi r^3}{2}, \text{ also } x_s = \frac{r}{2}.$$

Berechnen wir den Schwerpunkt der Halbkreiskurve, so haben wir $S = r\pi$ und

$$r\pi\, x_s = \int_0^s x\, ds = 2\int_0^r x\,\frac{r}{y}\, dx = 2\int_0^r \frac{r\,x}{\sqrt{r^2 - x^2}}\, dx =$$

$$= -2r\sqrt{r^2 - x^2}\,\Big|_0^r = 2 r^2,$$

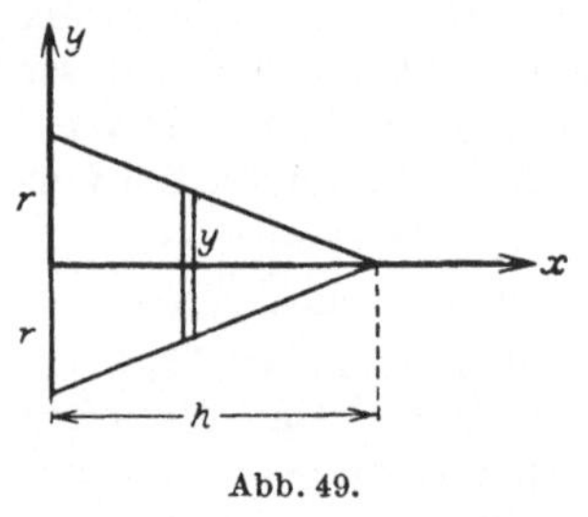

Abb. 49.

daher
$$x_s = \frac{2\,r}{\pi}.$$

Der Schwerpunkt eines geraden Kreiskegels mit dem Radius der Grundfläche r und der Höhe h (Abb. 49) liegt auf der Symmetrieachse in einem Abstand von der Basis x_s, der sich aus der Gleichung ergibt

$$\frac{r^2 \pi h}{3} x_s = \int_0^h x\,y^2 \pi\,dx. \quad \text{Da } \frac{y}{r} = \frac{h-x}{h} \text{ ist,}$$

erhalten wir

$$\frac{r^2 \pi h}{3} x_s = \int_0^h \frac{r^2 \pi}{h^2} x\,(h-x)^2\,dx = r^2 \pi \frac{h^2}{12} \text{ und daraus } x_s = \frac{h}{4}. \qquad (10)$$

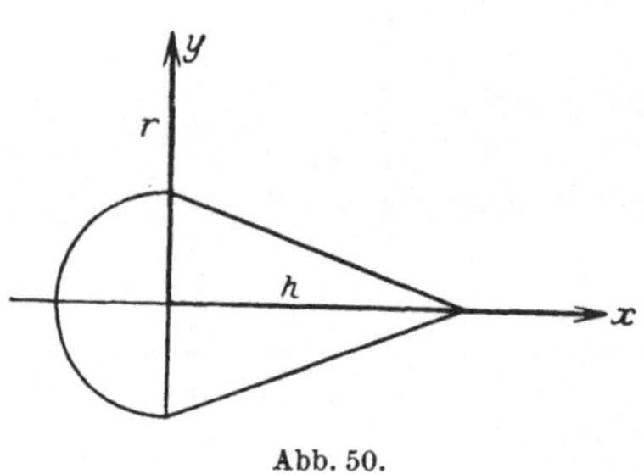

Abb. 50.

Dieselbe Formel gilt auch für den schiefen Kreiskegel. Analog findet man den Schwerpunkt einer dreiseitigen Pyramide, indem man den Scheitel mit dem Schwerpunkt des Grunddreiecks verbindet und diese Strecke in vier Teile teilt. Der der Grundfläche zunächst liegende Teilpunkt ist der Schwerpunkt.

Um den Schwerpunkt eines Körpers zu finden, der aus einer Halbkugel vom Radius r und einem aufgesetzten Kreiskegel von der Höhe h besteht (Abb. 50), wollen wir den Teilschwerpunktsatz anwenden. Es ist

$$x_s\left(\frac{2\,r^3 \pi}{3} + \frac{r^2 \pi h}{3}\right) = \frac{h}{4}\frac{r^2 \pi h}{3} - \frac{3}{8} r \frac{2\,r^3 \pi}{3},$$

daher
$$x_s = \frac{1}{4}\frac{h^2 - 3\,r^2}{2\,r + h}.$$

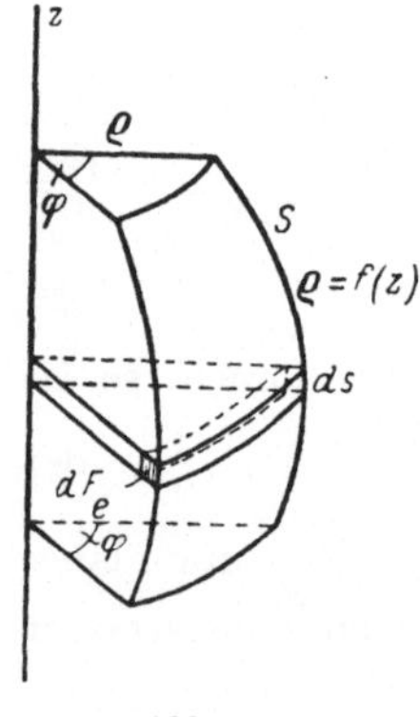

Abb. 51.

38. Guldinsche Regel. Bei der Bestimmung der Schwerpunkte von ebenen Flächen und Kurven ist oft die sogenannte Guldinsche Regel von Nutzen. Sie liefert eine Beziehung zwischen der Größe einer Drehfläche F, der Länge der erzeugenden Meridiankurve S und dem Weg des Schwerpunktes der letzteren bzw. zwischen dem Volumen des Drehkörper V, der erzeugenden Fläche F_e und dem Weg des Schwerpunktes dieser Fläche.

Ist ϱ_s der Abstand des Schwerpunktes der Meridiankurve $\varrho = f(z)$ von der Achse, so ist (Abb. 51) der Inhalt der Drehfläche

$$F = \int_0^S \varrho\,\varphi\,ds = \varphi \int_0^S \varrho\,ds = \varphi\,\varrho_s\,S \qquad (11)$$

und das Volumen des Drehkörpers

$$V = \int_{F_e} \varrho\,\varphi\,dF_e = \varphi \int_{F_e} \varrho\,dF_e = \varphi\,\bar{\varrho}_s\,F_e, \qquad (11\text{a})$$

wobei $\bar{\varrho}_s$ der Abstand des Schwerpunktes der erzeugenden Fläche F_e von der Achse ist. Die Guldinsche Regel sagt also aus: a) Die Oberfläche eines Drehkörpers ist gleich dem Produkt aus der Länge der erzeugenden Meridiankurve und dem Weg des Schwerpunktes derselben, b) das Volumen des Drehkörpers ist gleich dem Produkt aus der erzeugenden Fläche und dem Weg des Schwerpunktes dieser Fläche. Sie ist nach dem holländischen Physiker Guldin benannt, der sie im 17. Jahrhundert wieder entdeckte, nachdem sie schon in der ausgehenden Antike Pappus aufgestellt hatte. Es war dies die letzte Leistung der alten Griechen auf mathematischem Gebiet, die sich übrigens seit Archimedes ziemlich viel mit der Berechnung von Schwerpunkten befaßten und dabei die ersten Ansätze der Integralrechnung ausbildeten.

Diese Regel leistet gute Dienste bei der Ermittlung von Schwerpunkten, wenn man das Volumen bzw. die Oberfläche der entstehenden Drehkörper kennt. So ist der Schwerpunkt eines Kreisbogens vom Radius r und dem halben Zentriwinkel α (Abb. 52), da die Oberfläche der Kugelzone $2\,r\,\pi\,h$ ist, gegeben durch $2\,r\,\pi\,h = 2\,\pi\,\varrho_s\,2\,r\,\alpha$. Da $h = 2\,r \sin\alpha$ ist, bekommt man daraus

$$\varrho_s = r\frac{\sin\alpha}{\alpha}. \qquad (12)$$

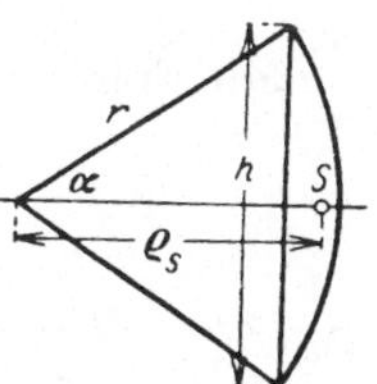

Abb. 52.

Bei einem Halbkreis, $\alpha = \frac{\pi}{2}$, erhält man die schon oben abgeleitete Formel $\varrho_s = \frac{2\,r}{\pi}$.

Analog ist der Schwerpunkt einer Halbkreisfläche aus der Formel

$$\frac{2\,r^3\,\pi}{3} = \pi\,\bar{\varrho}_s\,\frac{r^2\,\pi}{2}$$ zu berechnen. Man findet $$\bar{\varrho}_s = \frac{4\,r}{3\,\pi}. \qquad (13)$$

39. Schwerpunkte ebener Flächen. Von besonderer Bedeutung sind die Schwerpunkte ebener Flächen, da sie in der Festigkeitslehre eine große Rolle spielen.

Der Schwerpunkt eines Dreiecks liegt im Schnittpunkte der drei Schwerlinien, der Verbindungslinien der Ecken mit den Mittelpunkten der gegenüberliegenden Seiten. Denn zerlegt man das Dreieck in Streifen parallel zu einer Seite (Abb. 53), so liegt der Schwerpunkt eines jeden Streifens in dessen Mittelpunkt, daher der Gesamtschwerpunkt auf der Verbindungslinie dieser Mittelpunkte, also auf einer Schwerlinie. Der Schnittpunkt der Schwerlinien gibt uns daher den Schwerpunkt des Dreiecks, sein Abstand von einer Seite ist gleich dem Drittel der entsprechenden Höhe.

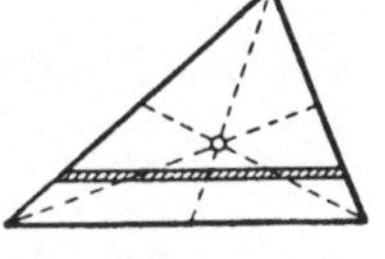
Abb. 53.

Den Schwerpunkt eines Vierecks bekommen wir, indem wir die Verbindungslinien der Teilschwerpunkte der beiden Dreiecke zum Schnitt bringen, die wir erhalten, wenn wir das Viereck einmal durch die eine und dann durch die andere Diagonale in zwei Dreiecke zerlegen.

Bei einem Trapez hat man eine große Anzahl derartiger Geraden, auf denen der Schwerpunkt liegen muß. Außer den Verbindungslinien der Teilschwerpunkte von Flächenstücken, Dreiecken und Parallelogrammen, aus denen man das Trapez zusammensetzen kann, sind da vor allem die Mittellinie MM' und die Gerade CD (siehe Abb. 54) hervorzuheben, die man erhält, wenn man die beiden Parallelseiten a und b oben und unten aufträgt und die Endpunkte verbindet. Um zu zeigen, daß diese Gerade wirklich eine Schwerlinie des Trapezes darstellt, wollen wir zunächst die Größe des Abstandes y_s des Schwerpunktes von der Parallelseite a berechnen.

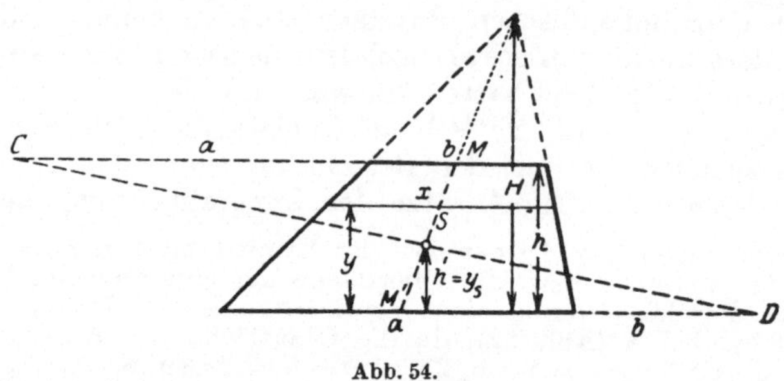

Abb. 54.

Mit den Bezeichnungen der Abb. 54 ist

$$\frac{a+b}{2} h\, y_s = \int_0^h y\, x\, dy.$$

Da $\frac{x}{a} = \frac{H-y}{H}$ ist, so haben wir

$$\int_0^h y\, x\, dy = \frac{a}{H} \int_0^h y\,(H-y)\, dy = a\, h^2 \left(\frac{1}{2} - \frac{h}{3H}\right).$$

Mit $\frac{h}{H} = \frac{a-b}{a}$ bekommen wir

$$y_s = \frac{h}{3} \frac{a+2b}{a+b}. \qquad (14)$$

Aus der Ähnlichkeit der Dreiecke CMS und $DM'S$ folgt aber, daß

$$\frac{h'}{h-h'} = \frac{\frac{a}{2}+b}{a+\frac{b}{2}}, \text{ also } h' = \frac{h}{3} \frac{a+2b}{a+b} = y_s$$

ist, daß wir also den Schwerpunkt tatsächlich als Schnittpunkt der Mittellinie und der Geraden CD erhalten. Es ist das die einfachste Konstruktion desselben.

Ist ein beliebiges Vieleck gegeben, so berechnet man den Schwerpunkt am besten mit Hilfe des Teilschwerpunktsatzes, indem man das Vieleck in Drei- und Vierecke teilt, deren Inhalte und Schwerpunkte man kennt. Ganz ebenso verfährt man, wenn die vorgegebene Figur auch krummlinig begrenzt ist, wenn sie sich nur in Flächenstücke von bekanntem Inhalt und bekanntem Schwerpunkt zerlegen läßt. Das gilt besonders für Trägerprofile. Auch bei einem ganz unregelmäßig begrenzten Querschnitt kann man durch Anwendung des Teilschwerpunktes den Schwerpunkt angenähert berechnen, indem man die Fläche näherungsweise durch Dreiecke und Trapeze ersetzt. Der Grad der Annäherung kann dabei durch Vermehrung der Teilflächen beliebig gesteigert werden.

Für einige wichtige Begrenzungen wollen wir den Schwerpunkt noch ausdrücklich berechnen. Der Schwerpunkt der Fläche, die als Differenz eines Quadrates und eines eingeschriebenen Viertelkreises vom Halbmesser r gegeben ist (Abb. 55), wird auf der unter 45° geneigten Symmetrieachse der Figur liegen. Da der Schwerpunkt des Viertelkreises denselben Abstand von der Seite hat wie der des Halbkreises — die Schwerpunkte der beiden Viertelkreise und der des ganzen Halbkreises müssen ja auf einer zur Symmetrale des Halbkreises senkrechten Geraden liegen — so haben wir

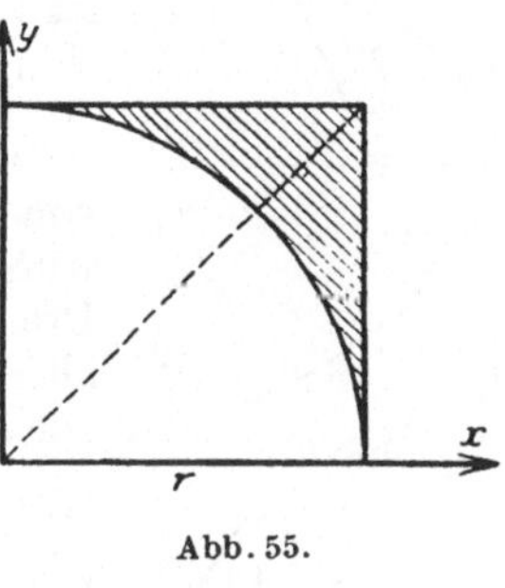

Abb. 55.

$$r^2 \frac{r}{2} = \frac{4r}{3\pi} \cdot \frac{r^2 \pi}{4} + x_s \left(r^2 - \frac{r^2 \pi}{4}\right)$$

und daraus

$$x_s = y_s = \frac{2r}{3(4-\pi)}. \tag{15}$$

Der Schwerpunkt eines **geraden Parabelsegmentes** von der Höhe a und der Breite $2b$ (Abb. 56) ist nach der allgemeinen Formel, da $F = \frac{4}{3} a b$, $dF = 2 y\,dx$ und $y^2 = \frac{b^2}{a} x$ ist, gegeben durch

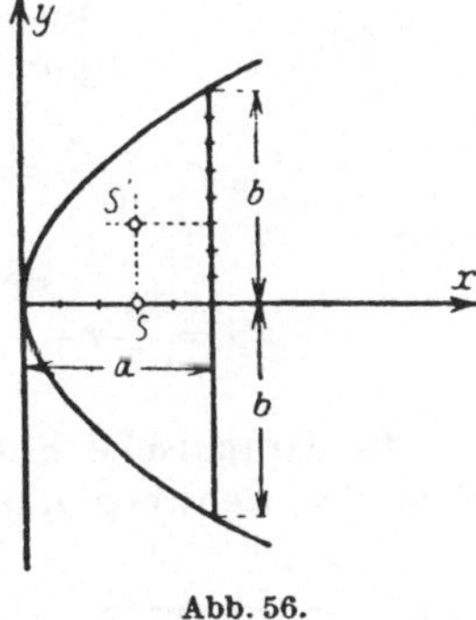

Abb. 56.

$$\frac{4}{3} a b x_s = 2 \int_0^a x y\,dx = \frac{2b}{\sqrt{a}} \int_0^a x^{\frac{3}{2}}\,dx = \frac{4}{5} b a^2,$$

daher

$$x_s = \frac{3}{5} a, \quad y_s = 0. \tag{16}$$

Der des halben Parabelsegmentes S' hat denselben Abstand $x_s = \frac{3}{5} a$, das y_s ist durch die Gleichung bestimmt

$$\frac{2}{3} a b y_s = \frac{1}{2} \int_0^a y^2\,dx = \frac{b^2 a}{4}, \quad \text{daher } y_s = \frac{3}{8} b. \tag{17}$$

Der Faktor $\frac{1}{2}$ vor dem Integralzeichen rührt davon her, daß das Flächenelement $y\,dx$ einen Teilschwerpunkt in der Entfernung $\frac{y}{2}$ von der Abszissenachse hat und wir in der allgemeinen Formel den Teilschwerpunkt eines Flächenelementes einsetzen müssen, wenn dieses nach einer Richtung eine endliche Ausdehnung hat.

Ganz analog findet man den Schwerpunkt eines **schiefen Parabelsegmentes**, indem man den parallel zur Achse in der Mitte der Sehne gezogenen Durchmesser in fünf Teile teilt. Der dritte Teil von der Parabel aus gerechnet gibt den Schwerpunkt S des ganzen Parabelsegmentes; vgl. Abb. 57. Den Schwerpunkt des halben S' bekommt man dementsprechend, indem man in S eine Parallele zur Sehne zieht und auf ihr von S aus $\frac{3}{8}$ der halben Sehne aufträgt.

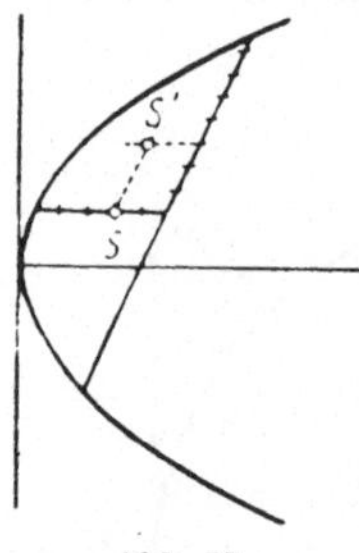

Abb. 57.

Um den Schwerpunkt eines **Kreissektors** (Abb. 58) vom Radius r und dem halben Zentriwinkel α zu bestimmen, denken wir uns den Kreissektor aus lauter Dreiecken mit der Spitze im Scheitel und unendlich klein werdender Grundlinie am Bogen zusammengesetzt. Die Schwerpunkte dieser Dreiecke liegen dann auf einem Kreisbogen vom Radius $\frac{2}{3}r$. Der Schwerpunkt dieses Kreisbogens ist mit dem des Sektors identisch; seinen Abstand vom Scheitel bekommen wir nach Formel (12) zu

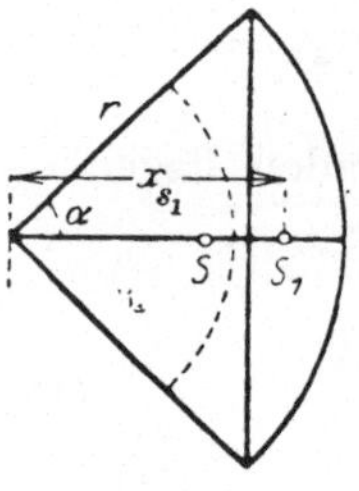

$$x_s = \frac{2}{3} r \frac{\sin\alpha}{\alpha}. \tag{18}$$

Abb. 58.

Daraus können wir den Abstand x_{s1} des Schwerpunktes S_1 eines **Kreissegmentes** von dem Mittelpunkt des Kreises durch Anwendung des Teilschwerpunktsatzes berechnen. Es ist

$$\alpha r^2 \frac{2}{3} r \frac{\sin\alpha}{\alpha} = \frac{r^2}{2} \sin 2\alpha \frac{2}{3} r \cos\alpha + x_{s_1}\left(\alpha r^2 - \frac{r^2}{2} \sin 2\alpha\right)$$

oder

$$x_{s_1} = \frac{4}{3} r \frac{\sin\alpha - \frac{1}{2}\sin 2\alpha\cos\alpha}{2\alpha - \sin 2\alpha} = \frac{4}{3} r \frac{\sin^3\alpha}{2\alpha - \sin 2\alpha}. \tag{19}$$

40. Graphische Bestimmung von Schwerpunkten. Bei der Konstruktion des Schwerpunktes kann man sich mit Vorteil eines graphischen Verfahrens bedienen, das direkt auf die Definition des Schwerpunktes als Kräftemittelpunkt zurückgeht. Zerlegt man die Abbildung wieder in Teilstücke, deren Inhalt und deren Schwerpunkte man kennt, so kann man in diesen Teilschwerpunkten parallele Kräfte anbringen, deren Größen dem jeweiligen Flächeninhalt proportional sind. Konstruiert man dann mit Hilfe des Seilecks die Richtung der Resultierenden dieser Kräfte, so liegt auf derselben der Gesamtschwerpunkt.

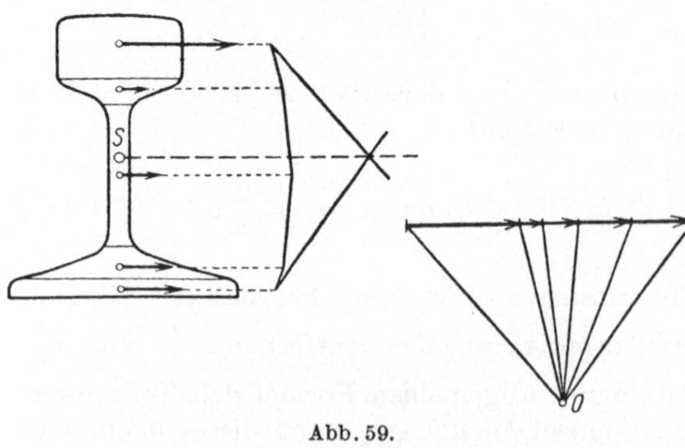

Abb. 59.

Dreht man nun die Kräfte alle um den gleichen Winkel, am besten um 90° und konstruiert wieder die Resultierende, so gibt der Schnittpunkt beider Richtungen den Schwerpunkt. Das Verfahren ist besonders dann zur Anwendung geeignet, wenn die Figur ganz unregelmäßig begrenzt oder überhaupt nur zeichnerisch vorgegeben ist. In Abb. 59 ist auf diese Weise der Schwerpunkt eines Schienenprofils ermittelt. Man zerlegt da die Fläche am besten in Streifen senkrecht zur Achse, die man angenähert als Trapeze und Dreiecke ansehen kann.

V. Starre Systeme. Elemente der Statik der Baukonstruktionen.

41. Mehrere starre Körper. Wir wollen jetzt den Kreis unserer Betrachtungen auch auf jene Fälle ausdehnen, wo wir nicht nur einen einzigen, sondern mehrere starre Körper vor uns haben, die sich an vorgegebenen Stellen berühren oder durch Gelenke, Führungen u. dgl. miteinander verbunden sind. Befindet sich dieses System starrer Körper in Ruhe, so können wir, ohne etwas an den Verhältnissen zu ändern, uns die Verbindungen als starr denken und das Ganze als ein einziges starres Gebilde ansehen. Daraus folgt, daß dann für dasselbe als Ganzes genommen die Gleichgewichtsbedingungen noch so wie früher gelten, daß diese daher für ein solches nicht starres System notwendige, aber im allgemeinen nicht mehr hinreichende Bedingungen darstellen. Um alle Gleichgewichtsbedingungen zu finden, kann man das System in die Teilkörper, aus denen es besteht, zerlegen, an den Verbindungsstellen Reaktionskräfte anbringen, die dem Prinzip der Wechselwirkung gehorchen, und dann für jeden Körper die Gleichgewichtsbedingungen anschreiben, wenn wir also n Körper haben, $3n$ bei einem ebenen, $6n$ bei einem räumlichen System. Sie enthalten außer den äußeren eingeprägten Kräften auch noch die an den Verbindungsstellen wirkenden Zwangskräfte. Auf diese Weise wollen wir zunächst folgendes einfache Beispiel berechnen.

Beispiel 12. Zwei gleich lange, gelenkig miteinander verbundene Stäbe von gleichem Gewicht G liegen wie nebengezeichnet (Abb. 60) auf einer Walze. Die Berührung ist vollkommen glatt. Welchen Winkel α schließen sie bei Gleichgewicht miteinander ein?

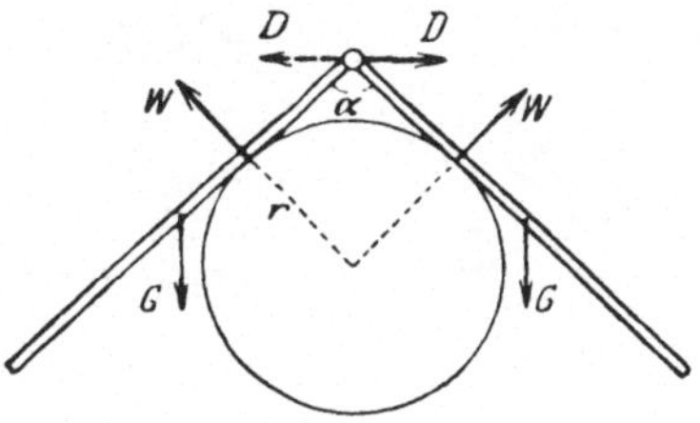

Abb. 60.

Da die Kräfte, welche die Stäbe im Gelenk aufeinander ausüben, wegen des Wechselwirkungsprinzips entgegengesetzt gleich sind und außerdem wegen der Symmetrie senkrecht zur vertikalen Symmetrieachse stehen, müssen sie horizontal gerichtet sein. Die Gleichgewichtsbedingungen geben dann für einen Stab, etwa den linken,

$$W \sin\frac{\alpha}{2} - G = 0, \quad D - W\cos\frac{\alpha}{2} = 0, \quad G\frac{l}{2}\sin\frac{\alpha}{2} - W r \operatorname{cotg}\frac{\alpha}{2} = 0.$$

Daraus erhält man für α die Gleichung

$$\tan\frac{\alpha}{2}\sin^2\frac{\alpha}{2} = \frac{\tan^3\frac{\alpha}{2}}{1+\tan^2\frac{\alpha}{2}} = \frac{2r}{l}.$$

Ist $2r = \frac{l}{2}$, dann ist eine Wurzel der Gleichung 3. Grades in $\tan\frac{\alpha}{2}$ gleich 1 und daher $\frac{\alpha}{2} = 45°$ und $W = \sqrt{2}G$, $D = G$.

42. Stützenwiderstände. Bei den Baukonstruktionen in der Technik, die wir zunächst als Systeme von einen oder mehreren **starren** Körpern ansehen wollen, handelt es sich vor allem darum, die Auflagerdrücke aufzufinden, die für den Gleichgewichtsfall infolge der einwirkenden eingeprägten Kräfte, Eigengewicht und Lasten, in den Auflagerstellen hervorgerufen werden. Bei bekannter Gleichgewichtslage können wir, wenn die Baukonstruktion sich als ein einziger starrer Körper auffassen läßt, aus den Gleichgewichtsbedingungen im allgemeinen in der Ebene drei, im Raume sechs Unbekannte berechnen. Wir nennen nun eine Konstruktion in bezug auf die **Stützenwiderstände** oder **äußerlich statisch bestimmt**, wenn wir die Auflagerdrücke mit Hilfe der statischen Gleichgewichtsbedingungen **allein** ermitteln können. Die Stützung muß also bei **einem** starren Körper derart gestaltet sein, daß sie in der Ebene nicht mehr als **drei**, im Raume nicht mehr als **sechs** unbekannte Bestimmungsstücke der Stützenwiderstände ergibt. Da bestehen nun verschiedene Möglichkeiten, die zunächst für den ebenen Fall besprochen werden sollen.

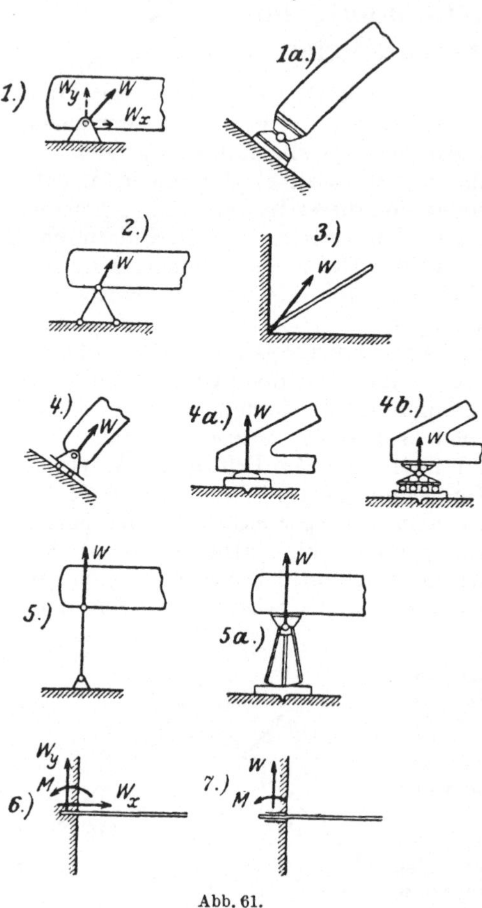

Abb. 61.

Die Auflagerung kann eine feste oder eine bewegliche sein. Ist sie **fest**, etwa durch ein **Gelenk**, siehe *1*, Abb. 61, vermittelt, in technischer Ausführung etwa *1a*, so kennen wir einen Punkt der Wirkungslinie des Stützendruckes W; Richtung und Größe können noch ganz beliebig sein, wir haben also zwei Unbekannte, z. B. die Komponenten W_x und W_y

zu berechnen. Genau dasselbe gilt, wenn wir eine Doppelstütze *2* oder eine Stützung in einer Ecke *3* vor uns haben. Bei der Doppelstütze haben die in den Stäben derselben wirkenden Kräfte die Richtung der Achsen, weil nur Kräfte an den Enden der Stäbe angreifen. Da die Größe derselben aber ganz beliebig sein kann, so ist auch Betrag und Richtung der Resultierenden, die gleich dem übertragenen Stützenwiderstand ist, noch unbestimmt.

Ist die Auflagerung eine bewegliche *4*, so entspricht die Auflagerstelle einer vollkommen glatten Berührung; in *4a* und *4b* sind Formen der technischen Ausführung angedeutet, *4a* ein Gleitlager, *4b* ein Rollen-

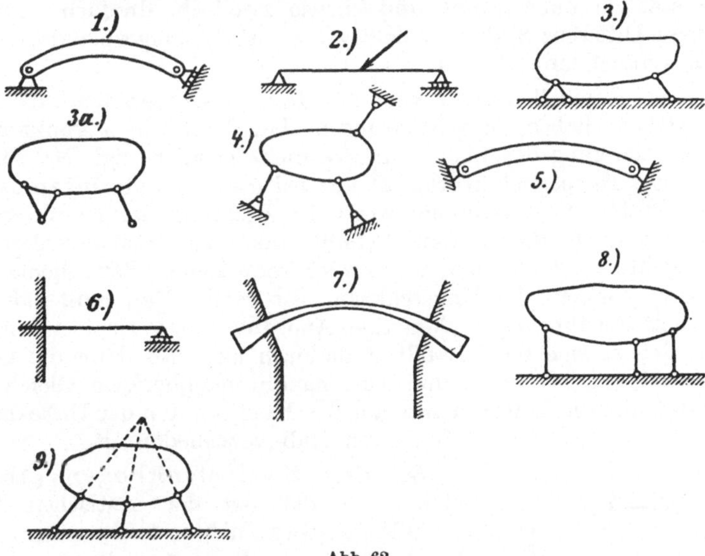

Abb. 62.

lager. Wir kennen jetzt von vornherein die Richtung des Stützendruckes, er steht senkrecht zum Lager; wir haben also nur eine Unbekannte, seinen Betrag. Die Richtung des Auflagerdruckes ist uns auch gegeben, wenn wir eine Pendelstütze *5* vor uns haben, technische Ausführung etwa wie in *5a*. Da an einer solchen nur zwei Kräfte angreifen und sie sich im Gleichgewicht befindet, müssen die Richtungen der beiden Kräfte in die Verbindungslinie der Angriffspunkte fallen und nach dem Gesetz der Gleichheit von Wirkung und Gegenwirkung muß dies auch die Richtung des Stützenwiderstandes sein. Wir haben also ebenfalls nur eine Unbekannte.

Ist aber der Körper, z. B. ein Stab, eingespannt *6*, so kann an dem eingespannten Teil, da jetzt auch der Angriffspunkt der Kraft nicht bekannt ist, eine Einzelkraft mit den Komponenten W_x und W_y und ein unbekanntes Moment M übertragen werden, wir haben also drei Unbekannte.

Bei der sogenannten Klemmung *7*, wo wir annehmen, daß uns die Richtung, aber nicht der Angriffspunkt des Stützenwiderstandes bekannt sind, sind wieder nur zwei Unbekannte, der Betrag von W und M, vorhanden.

Läßt sich nun die Baukonstruktion als ein einziger starrer Körper ansehen und liegen die Kräfte, die an ihr wirken, in einer Ebene, so werden nach dem Gesagten Konstruktionen, wie *1, 2, 3, 3a, 4,* in Abb. 62 statisch bestimmt in bezug auf die Stützenwiderstände sein, da nur drei Unbekannte in den Auflagerdrücken vorkommen. Bei *5* und *6* wird dies nicht der Fall sein; denn bei *5*, dem Zweigelenkbogen, haben wir vier Unbekannte, ebenso bei *6*, also um eine mehr als die Zahl der Gleichgewichtsbedingungen. Wir nennen eine solche Konstruktion einfach statisch unbestimmt und ebenso zweifach, dreifach ... n fach, wenn diese Differenz 2, 3 ... n beträgt. So ist der eingespannte Bogen *7* dreifach statisch unbestimmt.

Auch bei *8* und *9*, wo wir zwar nur drei der Größe nach unbekannte Auflagerdrücke haben, ihre Richtungen aber durch einen Punkt gehen, ist die Bestimmung der Stützendrücke nicht möglich, vgl. Nr. 26. Ein so gestützter Körper ist überhaupt nur bei ganz bestimmten Lastenangriffen stabil, dann nämlich, wenn die Richtung der Resultierenden der Lasten auch durch den Schnittpunkt der Stützenwiderstände hindurchgeht, sonst ist eine, wenn auch sehr kleine, Beweglichkeit des Körpers vorhanden, die Konstruktion also labil. Man muß daher bei technischen Ausführungen derartige Anordnungen vermeiden. Mathematisch drückt sich diese Labilität dadurch aus, daß dann die Gleichgewichtsbedingungen nicht drei voneinander unabhängige Gleichungen liefern, daß also die Determinante aus den Koeffizienten der Unbekannten nicht von Null verschieden ist.

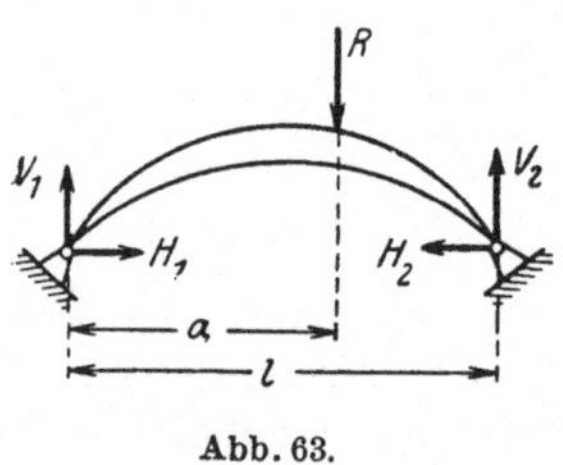

Abb. 63.

Bei dem Zweigelenkbogen (Abb. 63) wollen wir die Art der statischen Unbestimmtheit etwa näher untersuchen. Hat die Resultierende R der angreifenden Lasten, wir wollen nur vertikale annehmen, die gezeichnete Lage, so geben uns die Gleichgewichtsbedingungen

$$V_1 + V_2 = R, \qquad H_1 - H_2 = 0, \qquad V_2 l = R a.$$

Daraus läßt sich V_1 und V_2 berechnen

$$V_1 = \frac{R(l-a)}{l}, \qquad V_2 = \frac{R a}{l}. \tag{1}$$

Dagegen können wir von den Horizontalkomponenten der Stützenwiderstände nur sagen, daß sie gleich sind $H_1 = H_2$, ihr Betrag bleibt offen. Wir sagen daher, daß der Zweigelenkbogen in bezug auf den Horizontalschub, so nennen wir diese unbekannte Komponente, statisch unbestimmt ist.

43. Dreigelenkbogen. Besteht die Baukonstruktion aus mehreren starren Körpern, die miteinander zusammenhängen, so müssen wir, wie schon in Nr. 41 erwähnt, jeden Teil für sich auf das Gleichgewicht hin untersuchen und aus der Zahl der so erhaltenen Gleichungen und Unbekannten entscheiden, ob sie äußerlich statisch bestimmt ist oder nicht.

Haben wir eine aus zwei durch ein Gelenk miteinander verbundenen Teilen bestehende Konstruktion vor uns, die in zwei festen Gelenken gelagert ist, einen sogenannten **Dreigelenkbogen** (Abb. 64), so ist diese Konstruktion statisch bestimmt. Denn die Stützenwiderstände in den Gelenken der Fundamente geben vier Unbekannte, die im mittleren Gelenk übertragene Kraft liefert weitere zwei, die Gleichgewichtsbedingungen für jeden der beiden Körper geben zusammen sechs Gleichungen; wir haben also genau soviele Gleichungen als Unbekannte.

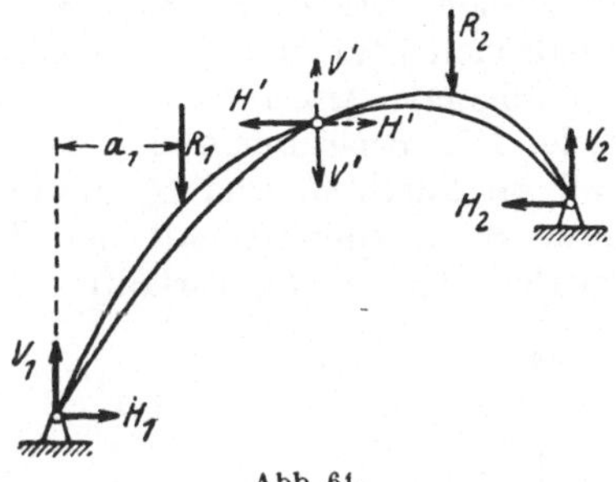

Abb. 64.

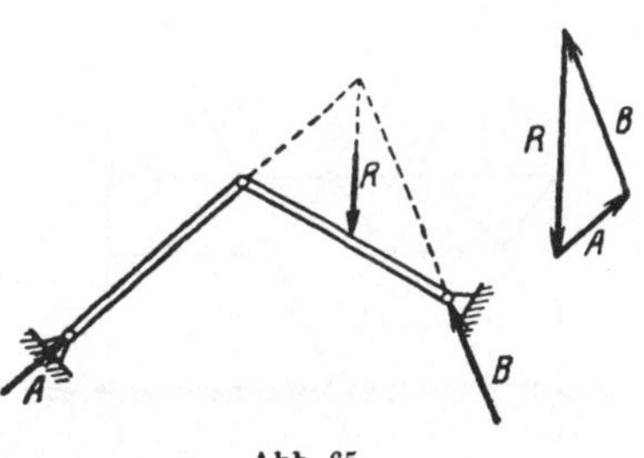

Abb. 65.

Die Werte der Stützenwiderstände kann man auch leicht auf graphischem Wege bestimmen. Nehmen wir zunächst an, daß nur die eine Seite einer derartigen Konstruktion belastet sei (Abb. 65). Wegen des Gleichgewichts des linken Teils müssen die beiden Kräfte, die an ihm angreifen, in die Verbindungslinie der beiden Gelenke fallen. Damit ist die Richtung des einen Stützenwiderstandes gegeben. Von den drei

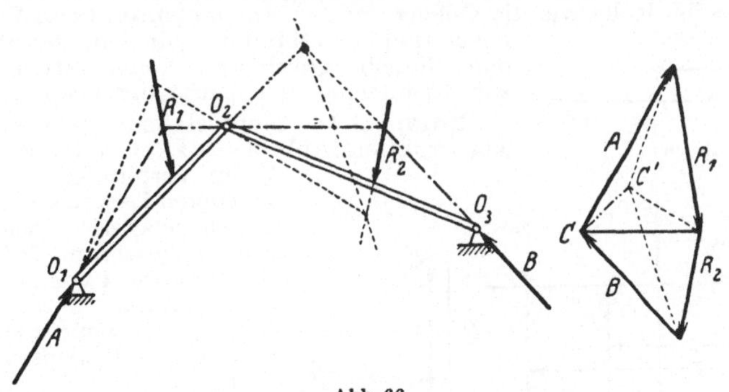

Abb. 66.

Kräften, die auf den rechten Teil wirken, ist uns die eine R vollständig, von der zweiten ein Punkt ihrer Richtungslinie, nämlich das Gelenk, und von der dritten, die im mittleren Gelenk übertragen wird, die Richtung gegeben. Die Richtungen der drei Kräfte müssen durch einen Punkt gehen und das Kraftdreieck muß geschlossen sein. Daraus erhalten wir die Stützenwiderstände A und B, wie in Abb. 65 eingezeichnet.

Sind beide Seiten belastet (Abb. 66), so könnten wir so vorgehen, daß wir zunächst den einen und dann den anderen Teil als unbelastet annehmen, die obige Konstruktion zweimal durchführen und die so erhaltenen Stützendrücke zusammensetzen. Schneller kommt man aber auf folgende Art mit Hilfe der Sätze über Seileck und Polarachse zum Ziel. Die Richtungen der Stützenwiderstände sind so zu bestimmen, daß sie durch O_1 und O_3 hindurchgehen und daß die Verbindungslinie ihrer Schnittpunkte mit den Richtungen von R_1 und R_2 durch das mittlere Gelenk O_2 verläuft. Wir haben also zu den Kräften R_1 und R_2 nach der bekannten Methode, vgl. Nr. 22, ein Seileck zu konstruieren, das durch die drei Punkte O_1, O_2 und O_3 hindurchgeht. Dann stellen die Polstrahlen in der zugehörigen Polfigur die Stützenwiderstände und die in O_2 übertragene Kraft dar. In Abb. 66 ist die Konstruktion durchgeführt. Diese Methode kann man auch in ähnlichen Fällen anwenden, etwa im folgenden Beispiel.

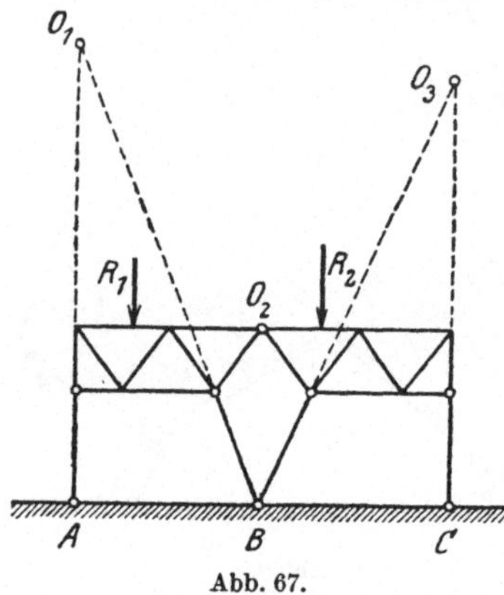

Abb. 67.

Beispiel 13. In nebengezeichneter Baukonstruktion (Abb. 67) sind die Stützendrucke graphisch zu bestimmen.

Die Konstruktion ist statisch bestimmt. Denn wenn wir sie analog wie den Dreigelenkbogen in zwei starre Körper zerlegen, so haben wir 6 Gleichungen und 6 Unbekannte, 4 von den Auflagerdrücken, 2 von der im Gelenk O_2 wirkenden Kraft. Da die Richtungen der von den Stützen auf jeden der beiden Körper übertragenen Kräfte sich in den Punkten O_1 bzw. O_3 schneiden, so gehen auch die Teilresultierenden der Stützenwiderstände durch diese Punkte, sie spielen daher dieselbe Rolle wie die Gelenke in den Fundamenten beim Dreigelenkbogen und in Verbindung mit dem Gelenk O_2 kann man dieselbe graphische Konstruktion wie oben zur Ermittlung der Auflagerdrücke verwenden.

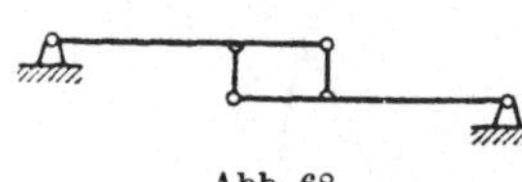
Abb. 68.

Beispiel 14. Nebenstehend gezeichnete Baukonstruktion (Abb. 68)— zwei in der abgebildeten Weise verbundene Träger mit beliebigen Lasten auf festen Gelenken gelagert — ist ebenfalls statisch bestimmt. Wir haben 6 Unbekannte, 4 von den Stützenwiderständen, 2 von den in den Querstäben übertragenen Kräften, und ebensoviele Gleichungen.

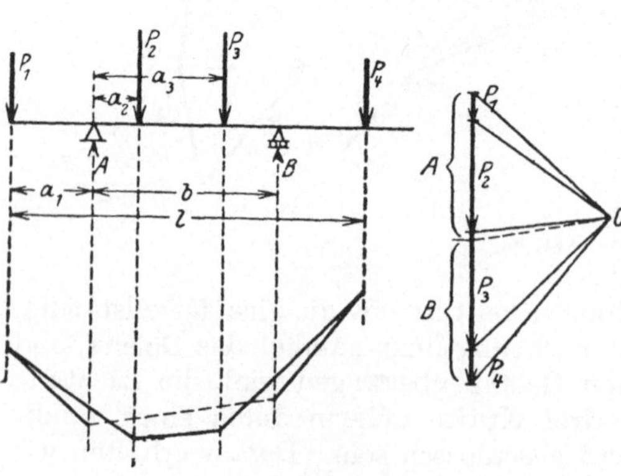

Abb. 69.

44. Träger auf zwei Stützen.

Ein solcher ist statisch bestimmt, wenn wir die Auflagerung an einer Stütze als vollständig glatt ansehen können, der Stützendruck also dort vertikal gerichtet ist.

Haben wir nur lotrechte Lasten, so ist dann auch der in der anderen Stütze vertikal. Die Ermittlung der Stützenwiderstände kann analytisch oder graphisch mit Hilfe des Seilecks erfolgen. In Abb. 69 ist sie für einen Kragträger, dessen Enden über die Stützen hinausreichen, durchgeführt. Rechnerisch erhält man aus den Gleichgewichtsbedingungen

$$A + B = P_1 + P_2 + P_3 + P_4,$$

$$B\,b = -P_1 a_1 + P_2 a_2 + P_3 a_3 + P_4 (l - a_1),$$

$$A = \frac{1}{b}[P_1 (b + a_1) + P_2 (b - a_2) + P_3 (b - a_3) - P_4 (l - a_1 - b)],$$

$$B = \frac{1}{b}[-P_1 a_1 + P_2 a_2 + P_3 a_3 + P_4 (l - a_1)] \qquad (2)$$

Statt die Summe der Komponenten gleich Null zu setzen, kann man auch die Momente um die zweite Stütze bilden; man bekommt dann direkt die Gleichung für A.

Sind auch schiefe Lasten vorhanden, wie sie etwa beim Bremsen eines Eisenbahnzuges entstehen, dann haben die im festen Gelenk auftretenden Stützendrücke eine horizontale und eine vertikale Komponente. Bei der graphischen Konstruktion, die in Abb. 70 ausgeführt ist, hat man das Seileck durch das feste Gelenk zu legen, da dies dann der einzige Punkt der Angriffslinie des Stützenwiderstandes ist, den wir von vornherein kennen.

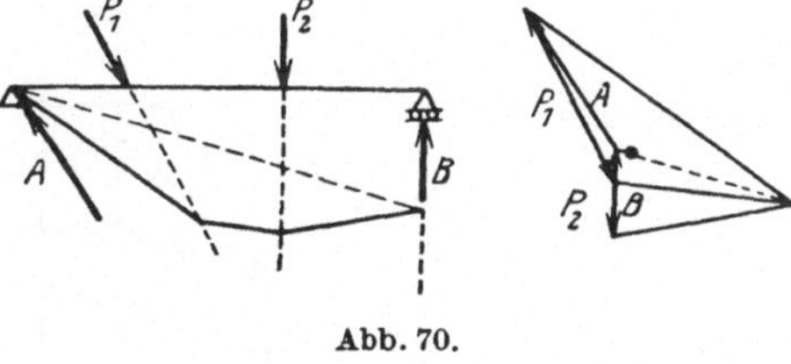

Abb. 70.

Statisch unbestimmt, und zwar einfach statisch unbestimmt ist dagegen der Träger auf drei Stützen (Abb. 71), auch wenn nur vertikale Lasten angreifen und die Auflagerung in zwei Punkten als vollständig glatt angenommen werden kann. Wir haben dann nur zwei Gleichungen und drei Unbekannte, die Größen der drei Auflagedrücke, also um eine Unbekannte mehr als Gleichungen vorhanden sind.

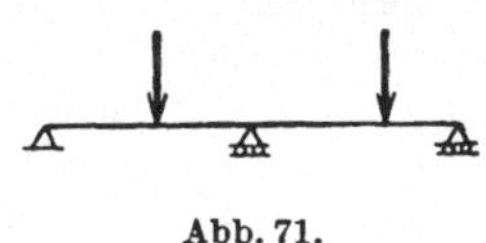
Abb. 71.

45. Räumlicher Kraftangriff. Kann man nicht voraussetzen, daß alle Lasten und Widerstände bei einer Baukonstruktion in einer Ebene liegen, dann haben wir den räumlichen Fall vor uns, den wir ganz analog wie in der Ebene behandeln können. Wir werden im allgemeinen ebenfalls durch Vergleich der Zahl der von den Auflagerdrücken herrührenden Unbekannten und der Zahl der Gleichungen für Gleichgewicht die Frage nach der äußerlichen statischen Bestimmtheit der Baukonstruktion beantworten können, nur sind die Verhältnisse komplizierter. Sind z. B. die Richtungen der unbekannten sechs Stützendrücke durch die Art der Auflagerung bekannt, so dürfen diese sechs Geraden außerdem keinem Nullsystem angehören, damit wir die Größe der Stützenwiderstände bei beliebigem Kraftangriff eindeutig berechnen können (vgl. Nr. 34). Stützen wir also einen starren Körper durch 6 Stäbe bzw. Pendelstützen, so darf es keine Gerade geben, die diese sechs Richtungen schneidet, denn dann würden sie ja einem speziellen Nullsystem angehören. Die sechs Gleichungen für das Bestehen des Gleichgewichtes sind in diesem Falle nicht voneinander unabhängig, die Determinante aus den Koeffizienten der Unbekannten ist nicht von Null verschieden. Es ist dann auch, wie in dem analogen Fall der Ebene eine gewisse Beweglichkeit des ganzen Systems vorhanden. Solche Ausführungen sind natürlich zu vermeiden, vor allem ist darauf zu achten, daß nicht mehr als drei solcher Stützenrichtungen durch einen Punkt gehen bzw. parallel sind oder nicht mehr als drei in einer Ebene liegen; denn in diesen Fällen läßt sich sofort eine Gerade angeben, die alle diese Richtungen schneidet.

Das Analoge zum Träger auf zwei Stützen mit vertikalen Lasten wäre im Raume ein starrer Körper, ebenfalls nur vertikal belastet, der in drei Punkten derartig gestützt wird, daß die Auflagerdrücke alle

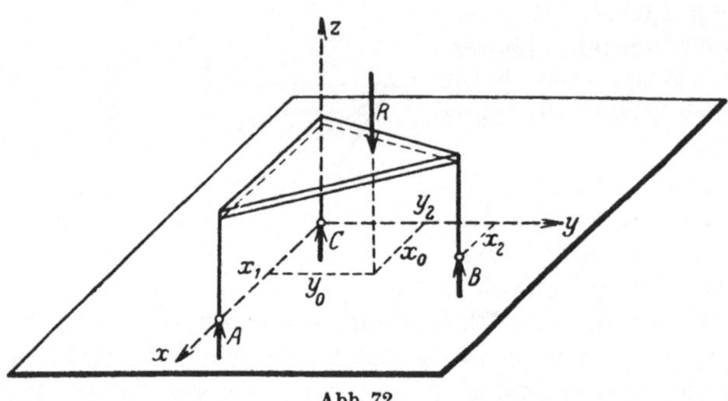

Abb. 72.

vertikal sind. Es muß also mindestens in zwei Stützpunkten die Auflagerung auf eine horizontale Ebene als vollständig glatt angesehen werden können. Ein solcher starrer Körper, etwa ein Tisch auf drei Beinen, ist natürlich nur für vertikale Lasten stabil. Mit den Bezeichnungen der Abb. 72 ergeben sich für die Berechnung der Stützendrücke A, B, C folgende drei Gleichungen: $A + B + C - R = 0$ — die beiden anderen Komponentensummen verschwinden identisch — und die beiden Momentengleichungen

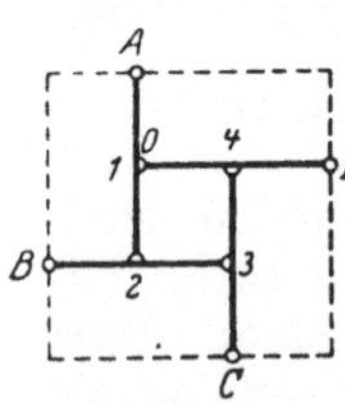

Abb. 73.

$$B\,y_2 - R\,y_0 = 0, \qquad -A\,x_1 - B\,x_2 + R\,x_0 = 0,$$

die dritte verschwindet ebenfalls identisch, da alle Kräfte zur z-Achse parallel sind. Daraus bekommt man

$$A = \frac{R}{x_1 y_2}(x_0 - y_2 y_0 x_2), \quad B = \frac{R\,y_0}{y_2}, \quad C = \frac{R}{x_1 y_2}(x_2 y_1 - x_0 y_2 - y_0 x_1).$$

Beispiel 15. In obenstehender im Grundriß gezeichneter Deckenkonstruktion (Abb. 73), die in O am Stabe 1 durch die Kraft P vertikal belastet ist, sind die vertikalen Auflagerdrücke A, B, C, D zu bestimmen.

Wir haben für jeden der vier Stäbe zwei, also im ganzen 8 Gleichgewichtsbedingungen und auch 8 Unbekannte, die vier Stützendrücke und die in den vier Halbgelenken in vertikaler Richtung übertragenen Kräfte D_1, D_2, D_3, D_4. Die Konstruktion ist also statisch bestimmt. Die Auflösung der Gleichungen kann man sich bei der speziell angegebenen Belastung auf folgende Weise vereinfachen. Wegen der Symmetrie des Kraftangriffs ist am Stabe 1 $A = D_2 = \frac{P + D_1}{2}$ und analog am Stabe 2, $B = D_3 = \frac{P + D_1}{4}$, am Stabe 3, $C = D_4 = \frac{P + D_1}{8}$ und für den Stab 4, $D = D_1$. Da ferner $D_1 - D_4 + D = 0$ sein muß, so erhalten wir aus dieser letzten Gleichung $D_1 = \frac{P}{15}$ und weiter

$$A = \frac{8\,P}{15}, \quad B = \frac{4\,P}{15}, \quad C = \frac{2\,P}{15}, \quad D = \frac{P}{15}.$$

46. Innere Kräfte: Biegungsmoment, Querkraft, Normalkraft, Torsionsmoment. Die Gleichgewichtsbedingungen lassen sich nicht nur zur Bestimmung der Stützenwiderstände verwenden, wir können mit ihrer Hilfe auch über die im Inneren eines Körpers herrschenden Kräfte, die für die Beanspruchung des Materials wichtig sind etwas aussagen. Denken wir uns den Körper durch einen Schnitt in zwei vollständig getrennte Teile zerlegt und bringen wir an der Schnittfläche Kräfte an, die die Teile im Gleichgewicht halten, so müssen diese Kräfte den inneren Kräften, die früher den Zusammenhang an der Schnittfläche vermittelten, gleichwertig sein. Wir können also durch das Auflösen der Gleichgewichtsbedingungen für die abgetrennten Teile, das Resultierende der inneren an der Schnittfläche wirkenden Kräfte berechnen. Allerdings nur das Resultierende, eine Einzelkraft und ein Kräftepaar im allgemeinen Fall, nicht den Verlauf im einzelnen.

Dieses Verfahren wollen wir zunächst auf den Träger auf zwei Stützen mit vertikaler Belastung anwenden. Zerlegen wir ihn durch einen Schnitt senkrecht zur Achse in zwei Teile (Abb. 74), so müssen wir, um das Gleichgewicht derselben unter Belassung der früher an ihnen angreifenden Lasten und Stützenwiderstände aufrecht zu erhalten, je eine Einzelkraft und ein Kräftepaar an beiden durch den Schnitt hervorgerufenen Trennungsflächen anbringen, die nach dem Wechselwirkungsgesetz gleiche Beträge, aber entgegengesetzte Vorzeichen besitzen. Die Einzelkraft Q heißt die Querkraft oder Schubkraft, das Moment des Kräftepaars M bezeichnen wir als das Biegungsmoment. Wir setzen beide Größen so an, wie es in der Abb. 74 gezeichnet ist, rechnen also am linken Trägerstück Q nach abwärts und M entgegengesetzt dem Uhrzeigersinn positiv, am rechten dagegen umgekehrt.

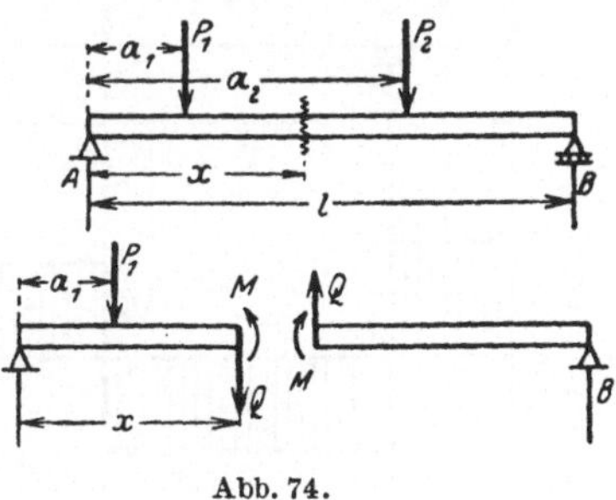

Abb. 74.

Die Querkraft ist die Resultierende der an der Querschnittsfläche angreifenden inneren Tangentialkräfte, das Biegungsmoment ist das Moment des aus den Normalkräften resultierenden Kräftepaares; diese Normalkräfte können ja bei nur vertikaler Belastung keine Horizontalkomponente einer Einzelkraft ergeben. Bei nicht vertikaler schiefer Belastung dagegen käme noch eine solche Komponente normal zum Querschnitt gerichtet hinzu, die wir dann die Normalkraft schlechtweg, oder auch die Axialkraft N nennen. Wir rechnen sie von der Schnittfläche nach außen positiv. Aus den Gleichgewichtsbedingungen für jeden der Schnitteile lassen sich nun diese Größen berechnen. Wie diese Tangential- und Normalkräfte, bzw. die Tangential- und Normalspannungen — so bezeichnen wir die Oberflächenkräfte pro Flächeneinheit — sich im einzelnen über den Querschnitt verteilen, darüber können wir, solange der Körper als starr angesehen wird, nichts aussagen.

Aus den Gleichgewichtsbedingungen ergibt sich, daß die am linken Trägerstück nach abwärts wirkende Querkraft Q gleich der nach oben positiv gerechneten algebraischen Summe aller links vom Querschnitt angreifenden Kräfte und das entgegengesetzt dem Uhrzeigersinn wirkende Biegungsmoment M gleich der im Uhrzeigersinn positiv genommenen algebraischen Summe der Drehmomente aller links vom Querschnitt angreifenden Kräfte in bezug auf einen Punkt desselben ist. Für das rechte Trägerstück gilt das Analoge nur mit Umkehrung der Vorzeichen.

Nennen wir den Abstand vom linken Trägerende x, so ist mit den Bezeichnungen in Abb. 74, wenn wir den linken Teil betrachten,

$$Q = A - P_1, \qquad M = A\,x - P_1\,(x - a_1) \tag{3}$$

und wenn wir den rechten nehmen,

$$Q = -B + P_2, \qquad M = B\,(l - x) - P_2\,(a_2 - x). \tag{3a}$$

Diese beiden Ausdrücke sind identisch, wie man sofort durch Einsetzen der Werte von B aus den Gleichgewichtsbedingungen

$$A + B = P_1 + P_2, \; Bl = P_1 a_1 + P_2 a_2$$

in (3a) erkennt.

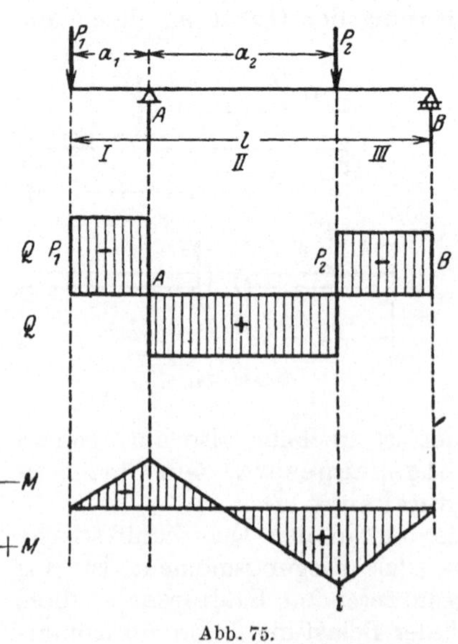

Abb. 75.

Wenn man den Verlauf von Querkraft und Biegungsmoment längs des ganzen Trägers verfolgen will, so muß man für jeden zwischen zwei Einzelkräften liegenden Abschnitt die entsprechenden Formeln aufstellen. Wir werden dabei je nach dem geringeren Rechenaufwand die Gleichgewichtsbedingungen für das linke oder das rechte Trägerstück benützen, wollen aber immer den Abstand vom linken Trägerende mit x bezeichnen. Wir erhalten so für das Feld I (vgl. Abb. 75)

$$Q = -P_1, \quad M = -P_1\,x,$$

$$x \text{ geht von } 0 \ldots . a_1,$$

und für das Feld II

$Q = -P_1 + A, \quad M = -P_1 x + A(x - a_1), \quad x$ geht von $a_1 \ldots a_1 + a_2$, wenn wir den linken Teil nehmen. Im Felde III werden wir natürlich das Gleichgewicht des rechten Trägerstückes ansetzen und bekommen

$$Q = -B, \quad M = B(l - x).$$

Dabei ist

$$A = \frac{1}{l - a_1}[P_1 l + P_2(l - a_1 - a_2)], \quad B = \frac{1}{l - a_1}[P_2 a_2 - P_1 a_1].$$

Die Querkraft ist also in jedem Abschnitt konstant, ihr Gesamtverlauf wird durch einen treppenförmigen Linienzug, siehe Abb. 75, dargestellt, unter jeder Einzelkraft ist sie unstetig und springt um den Betrag derselben. Das Biegungsmoment ist eine lineare Funktion des Abstandes und bleibt unter den Einzelkräften, Lasten und Stützenwiderständen, stetig, bildet aber dort eine Ecke. In der Abbildung ist sowohl Querkraft als Biegungsmoment nach unten positiv aufgetragen.

Die Beanspruchung des Materials ist in erster Linie von der Größe des in einem Querschnitt übertragenen Biegungsmomentes abhängig; daher interessiert uns auch besonders jene Stelle, wo das Biegungsmoment ein absolutes Maximum hat; man nennt diese Stelle den gefährlichen Querschnitt des Trägers. Nach dem dort vorhandenen Biegungsmoment muß er dimensioniert werden. Wenn nur Einzelkräfte wirken, das Biegungsmoment also eine lineare Funktion des Abstandes ist, kann dies nur in den Querschnitten, wo Einzelkräfte wirken, der Fall sein; wir müssen also die Werte des Biegungsmomentes dort berechnen und untereinander vergleichen, um den absolut größten zu erhalten.

Bei einem Träger mit schiefer Belastung, vgl. Abb. 70, der am linken Ende fest gelagert ist, wollen wir die Komponenten des dort auftretenden Stützendruckes mit V und H bezeichnen. Dann ist im ersten Felde, wenn wir im Abstand x einen Schnitt legen und den linken Trägerteil betrachten

$$N = -H, \quad Q = V, \quad M = V x, \tag{4}$$

N an der Schnittfläche nach außen positiv genommen. Im zweiten Felde ist N gleich Null, verschwindet also beim Passieren des Angriffspunktes von P_1, ist demnach wie die Querkraft an dieser Stelle unstetig.

Bilden die an dem abgeschnittenen Teile des Stabes angreifenden äußeren Kräfte ein räumliches Kraftsystem, dessen Momentenvektor auch eine Komponente in der Richtung der Stabachse besitzt, so muß auch das an der Schnittfläche angesetzte Moment eine solche besitzen. Diese Komponente senkrecht zur Schnittfläche heißt das Torsionsmoment. Ein solches tritt also bei einer derartigen Belastung noch zu dem Biegungsmoment hinzu. Es wird so genannt, weil das entsprechende in der Schnittebene liegende Kräftepaar einer Verdrehung des Stabes um seine Achse entgegenwirkt.

Beispiel 76. Ein eingespannter, vertikaler Stab von der Höhe h, ist oben starr mit einem Querbalken von der Länge b verbunden, an dessen Ende in einer gegen die Ebene der beiden Stäbe um den Winkel α geneigten Richtung die Last P angreift (siehe Abb. 76). Es sind die unbekannten Stützenwiderstände, die Einspannungsmomente und der Verlauf der inneren Kräfte zu bestimmen.

Die Stützenwiderstände sind:

$$A_x = O, \quad A_y = + P \sin\alpha, \quad A_z = + P \cos\alpha;$$

Die Einspannungsmomente sind:

$$M_x = + P h \sin\alpha, \quad M_y = + P b \cos\alpha, \quad M_z = - P b \sin\alpha.$$

Schneidet man den vertikalen Stab in der Höhe z durch, so ist die Normalkraft $N = - P \cos\alpha$, die Querkräfte $Q_x = O$, $Q_y = - P \sin\alpha$, die Biegungsmomente $M_{Bx} = M_x - A_y \cdot z = + P (h - z) \sin\alpha$, $M_{By} = - M_y = - P b \cos\alpha$ und das Torsionsmoment $M_T = - P b \sin\alpha$.

In dem horizentalen Stab in der Entfernung x vom linken Ende ist: $N = O$; $Q_y = + P \sin\alpha$, $Q_z = - P \cos\alpha$; $M_{By} = - P (b - x) \cos\alpha$, $M_{Bz} = - P (b - x) \sin\alpha$, $M_T = O$.

Der Drehsinn und die Richtungen sind in der Abb. 76 angezeichnet.

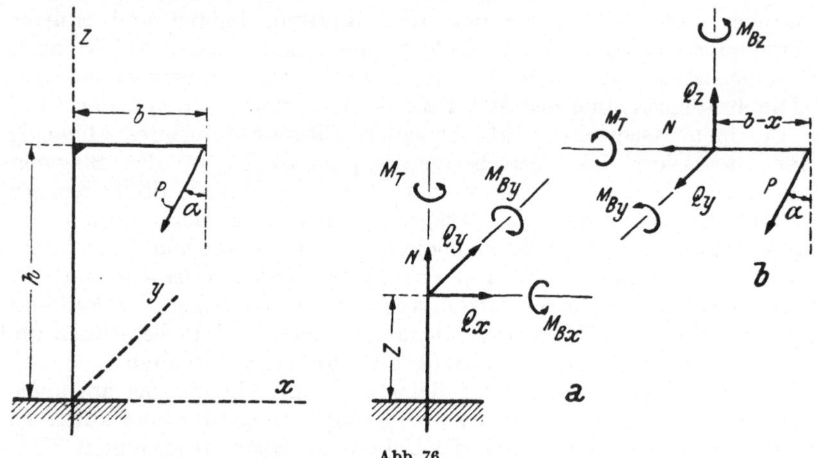

Abb. 76.

47. Träger mit stetiger Belastung. Wir wollen nun den Fall ins Auge fassen, wo die Belastung nicht aus Einzelkräften besteht, sondern kontinuierlich über den Träger verteilt ist. Nehmen wir zunächst an, daß nur das Eigengewicht wirkt. Dann ist das Gewicht des im Abstand x abgeschnittenen Trägerstückes gleich $\frac{G}{l} x$ und da sich Querkraft und Biegungsmoment nicht ändern, wenn man die stetig verteilte Last links und rechts vom Querschnitt durch ihre in den Schwerpunkten der Teilstücke angreifende Resultierende ersetzt, so bekommt man dafür die Werte

$$Q = A - \frac{G}{l} x, \quad M = A x - \frac{G}{l} \frac{x^2}{2}. \tag{5}$$

In diesen Gleichungen tritt der Faktor $\frac{G}{l}$, das Gewicht pro Längeneinheit, auch spezifische Belastung genannt, auf. Ist die Belastung nicht wie beim Eigengewicht gleichmäßig, so können wir diesen Begriff in der bekannten Weise verallgemeinern und von einer spezifischen Belastung in einem Punkt sprechen, indem wir den Grenzwert

$$\lim_{\Delta x \to 0} \frac{\Delta P}{\Delta x} = \frac{dP}{dx} = p(x) \tag{6}$$

bilden; er ist eine Funktion von x. Wir wollen nun die Entfernung vom Beginn der stetigen Belastung mit ξ bezeichnen und x wie früher für den Abstand vom linken Trägerende beibehalten; dann ist die spezifische Belastung eine Funktion von ξ, also $p = p(\xi)$, vgl. Abb. 77. Tragen wir uns die Werte von p als Ordinaten auf der Trägerachse auf, so erhalten wir eine Kurve, die Belastungslinie. Die Fläche, die von dieser, den vertikalen Endordinaten und der Trägerachse eingeschlossen wird, heißt die Belastungsfläche. Ihr Inhalt ist proportional der Gesamtbelastung P, aus $dF = p\,d\xi$ folgt ja ohne weiteres, daß

$$F = \int_0^\lambda p(\xi)\,d\xi = P \tag{7}$$

ist.

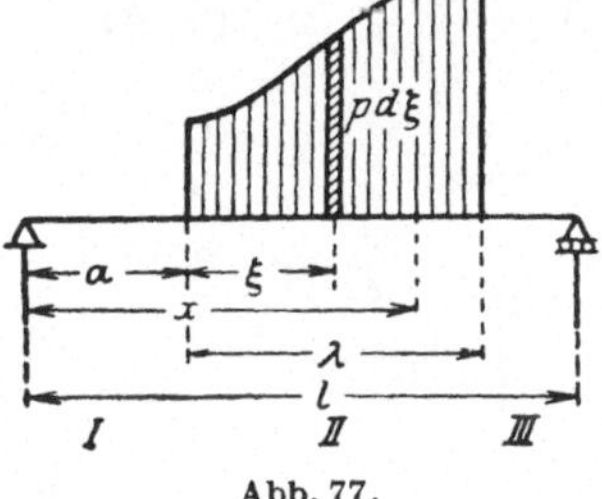

Abb. 77.

Die Stützwiderstände, der Verlauf von Biegungsmoment und Querkraft können wir nun für eine allgemeine stetige Lastverteilung ganz ähnlich wie bei den nur durch Einzellasten beanspruchten Träger bestimmen. Es ist

$$A + B = \int_0^\lambda p\,d\xi = P \quad \text{und} \quad B\,l = \int_0^\lambda (a + \xi)\,p\,d\xi, \tag{8}$$

da die Belastung $p\,d\xi$ in der Entfernung $(a + \xi)$ vom linken Trägerende angreift. Daraus ergeben sich die Auflagerdrücke A und B.

Die Querkraft im Felde I, Abb. 77, ist wie früher $Q = A$, das Biegungsmoment $M = A\,x$. Im Felde II haben wir

$$Q = A - \int_0^{x-a} p\,d\xi \tag{9}$$

entsprechend der allgemeinen Definition. Für $\int_0^{x-a} p\,d\xi$ können wir auch P' schreiben, wenn wir mit P' die Teilbelastung links vom Querschnitt bezeichnen, die auch durch den Inhalt der abgeschnittenen Belastungsfläche gegeben ist. Für das Biegungsmoment bekommen wir, wenn wir berücksichtigen, daß der Abstand des Belastungselements $p\,d\xi$ von dem betrachteten Querschnitt $x - a - \xi$ beträgt,

$$M = A\,x - (x - a)\int_0^{x-a} p\,d\xi + \int_0^{x-a} \xi\,p\,d\xi. \tag{10}$$

Da nun wegen $p\,d\xi = dF$ wie früher $\int_0^{x-a} p\,d\xi = P'$ und weiter $\int_0^{x-a} \xi\,p\,d\xi = P'\,\xi_s'$ ist, wo ξ_s' den Abstand des Schwerpunktes der abgeschnittenen Fläche vom Beginn der Belastung bedeutet, so können wir für (10) auch schreiben

$$M = A\,x - P'\,(x - a - \xi_s'). \tag{10a}$$

Diese Formel wird sich immer dann besonders zur Anwendung eignen, wenn wir Schwerpunkt und Inhalt der Teilfläche von vornherein kennen. Im Felde III erhält man wie früher $Q = -B$, $M = B(l - x)$.

Zwischen spezifischer Belastung, Querkraft und Biegungsmoment existieren Beziehungen allgemeiner Natur, die sich aus der Betrachtung des Gleichgewichtes eines kleinen, aus dem Träger herausgeschnittenen Scheibchens beim Grenzübergang zu verschwindender Dicke desselben ergeben. Setzen wir die Dicke gleich dx, die Belastung gleich $p\,dx$, die inneren Kräfte links gleich Q und M, so können wir Querkraft und Biegungsmoment rechts in der Form anschreiben $Q + \frac{dQ}{dx}dx$, $M + \frac{dM}{dx}dx$, vgl. Abb. 78, wenn wir Q und M in eine Taylorsche Reihe nach Potenzen von dx entwickeln und beim ersten Glied abbrechen, was ohne weiteres gestattet ist, da wir dx unendlich klein werden lassen. Die Gleichgewichtsbedingungen lauten dann

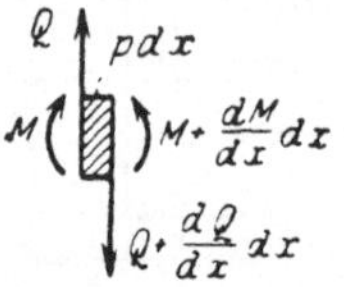

Abb. 78.

$$Q + \frac{dQ}{dx}dx - Q + p\,dx = 0,$$

$$M + \frac{dM}{dx}dx + p\,dx\,\frac{dx}{2} - M - Q\,dx = 0.$$

Beim Grenzübergang erhalten wir daraus

$$\frac{dQ}{dx} = -p, \tag{11}$$

$$\frac{dM}{dx} = Q. \tag{12}$$

Der **Differentialquotient der Querkraft** nach x ist also gleich der **negativen spezifischen Belastung**, der **Differentialquotient des Biegungsmomentes gleich der Querkraft**. Durch nochmalige Differentiation von (12) nach x, bekommen wir daraus ferner für M die Differentialgleichung

$$\frac{d^2M}{dx^2} = -p. \tag{13}$$

Wir hätten dieses Resultat natürlich auch direkt aus den Formeln (9) und (10) ableiten können, indem wir M und Q unter Berücksichtigung der bekannten Regeln für die Differentiation eines Integrals nach einem Parameter nach x differenzieren.

Daraus folgt, daß das Biegungsmoment nur dort ein **Maximum haben**, nur dort der gefährliche Querschnitt liegen kann, wo die **Querkraft verschwindet**. Kennt man diese Stellen, so muß man natürlich noch die zugehörigen Werte des Biegungsmomentes miteinander vergleichen, um zu entscheiden, wo das absolute Maximum sich befindet.

Aus den Formeln (11) und (12) erkennt man weiter, daß an jenen Stellen, wo die spezifische Belastung eine **endliche** Unstetigkeit besitzt, die Querkraftkurve, so nennt man die graphische Darstellung des Verlaufes der Querkraft, einen unstetigen Differentialquotienten, also eine Ecke hat. Die Momentenlinie, die graphische Darstellung des Biegungsmomentes, weist dagegen dort nur eine sprunghafte Änderung des Krümmungsradius auf, hat also eine stetige Tangente. Bewegt man sich unter einer Einzelkraft P_1 hindurch, so wird in diesem Punkt p unendlich groß, aber so, daß $\lim\limits_{\varepsilon \to 0} \int\limits_{x_1}^{x_1+\varepsilon} p\,dx$ einen endlichen Wert P_1 ergibt. Dann besitzt Q dort eine endliche Unstetigkeit und die Momentenlinie eine Ecke, wie wir schon bei dem durch Einzellasten beanspruchten Träger gesehen haben.

48. Beispiele. Nach dem Fall der konstanten spezifischen Belastung, der dem Eigengewicht entspricht, ist der einfachste der, daß die spezifische Belastung eine lineare Funktion von ξ, $p = c\,\xi$ ist. Die Belastungsfläche ist dann ein Dreieck (siehe Abb. 79) und wenn die Gesamtbelastung P beträgt, haben wir $c = \frac{2\,P}{l^2}$. Zur Bestimmung der Stützendrücke schreiben wir

$A + B = P$, $B\,l = P\,\frac{2}{3}\,l$ und bekommen daraus $A = \frac{P}{3}$, $B = \frac{2\,P}{3}$.

Für die Berechnung von Querkraft und Biegungsmoment wenden wir die Formel (9) und (10 a) an und haben

$$Q = A - x\,\frac{c\,x}{2} = P\left(\frac{1}{3} - \frac{x^2}{l^2}\right),$$

$$M = A\,x - \frac{c\,x^2}{2}\,\frac{1}{3}\,x = \frac{1}{3}\,P\,x\left(1 - \frac{x^2}{l^2}\right). \quad (14)$$

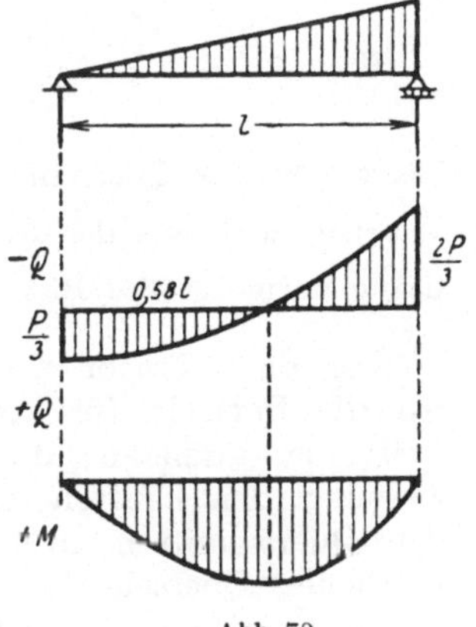

Abb. 79.

Die Querkraft ist eine gewöhnliche, die Momentenlinie eine kubische Parabel, siehe Abb. 79. Der gefährliche Querschnitt $\bar{x}$ ist durch die Gleichung $\frac{1}{3} - \frac{\bar{x}^2}{l^2} = 0$ gegeben, es ist also $\bar{x} = \frac{l}{\sqrt{3}} = 0{,}58\,l$ und das maximale Biegungsmoment $M_{\max} = \frac{2\sqrt{3}}{27}\,P\,l$.

Beispiel 16. Für einen Träger, der in nebengezeichneter Weise (Abb. 80) belastet ist, sollen die Stützenwiderstände und der Verlauf von Biegungsmoment und Querkraft berechnet werden.

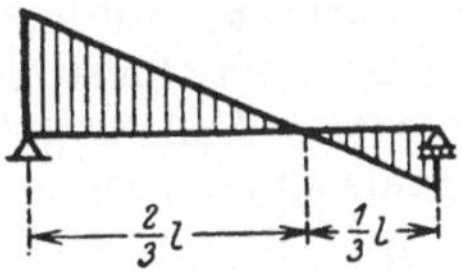

Abb. 80.

Wenn wir die nach aufwärts wirkende Belastung gleich P setzen, so ist die nach abwärts wirkende gleich $4\,P$. Die spezifische Belastung ist durch $p = c\left(\frac{2}{3}\,l - \xi\right)$ dargestellt. Das c ergibt sich aus $\frac{2}{3}\,l \cdot c\,\frac{2}{3}\,l \cdot \frac{1}{2} = 4\,P$ zu $c = \frac{18\,P}{l^2}$. Für die Stützenwiderstände erhalten wir aus $A + B = 3\,P$ und $B\,l = 4\,P \cdot \frac{2}{9}\,l - P \cdot \frac{8}{9}$ die Werte $B = 0$ und $A = 3\,P$. Ferner ist

$$Q = A - \int\limits_0^x c\left(\frac{2}{3}\,l - \xi\right)d\xi = 3\,P\left[1 - \frac{4\,x}{l} - \frac{3\,x^2}{l^2}\right],$$

$$M = A\,x - x\int_0^x c\left(\frac{2}{3}l - \xi\right)d\xi + \int_0^x \xi\,c\left(\frac{2}{3}l - \xi\right)d\xi = 3\,P\,x\left(1 - \frac{2\,x}{l} + \frac{x^2}{l^2}\right).$$

Der gefährliche Querschnitt $\bar{x}$ ergibt sich aus $Q = 0$ zu $\bar{x} = \frac{l}{3} = 0{,}333\,l$, das maximale Biegungsmoment $M_{\max} = 0{,}44\,P\,l$.

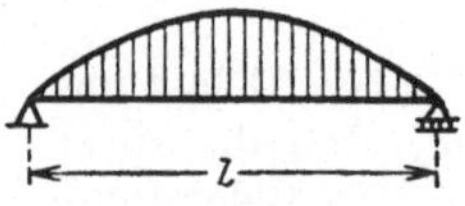

Abb. 81.

Beispiel 17. Ist eine Last P nach einem parabolischen Gesetz wie in Abb. 81 über einen Träger verteilt, so ist $p = c\,\xi\,(l - \xi)$ und daher

$$P = \int_0^l p\,d\xi = c\,\frac{l^3}{6};$$

daraus erhält man $c = \frac{6\,P}{l^3}$. Wegen der Symmetrie ist $A = B = \frac{P}{2}$, ferner hat man

$$Q = A - \int_0^x c\,\xi\,(l - \xi)\,d\xi = P\left(\frac{1}{2} - 3\,\frac{x^2}{l^2} + 2\,\frac{x^3}{l^3}\right)$$

und

$$M = A\,x - x\int_0^x c\,\xi\,(l - \xi)\,d\xi + \int_0^x c\,\xi^2\,(l - \xi)\,d\xi = P\left(\frac{x}{2} - \frac{x^3}{l^2} + \frac{x^4}{2\,l^3}\right).$$

Der gefährliche Querschnitt ergibt sich aus $4\,\bar{x}^3 - 6\,l\,\bar{x}^2 + l^3 = 0$ zu $\bar{x} = \frac{l}{2}$, was wir auch aus der Symmetrie der Belastung entnehmen können. Das dazugehörige größte Biegungsmoment ist $M_{\max} = \frac{5}{32}\,P\,l$.

Bei dem Träger mit Eigengewicht und Einzellasten haben wir die Formeln für konstante spezifische Belastung und für Einzelkräfte zu addieren; das Biegungsmoment wird also in den Feldern zwischen den Kräften wieder durch Parabelbögen gegeben sein, die in den Querschnitten unter den Einzellasten Ecken bilden. Um den gefährlichen Querschnitt zu finden, hat man zunächst zu untersuchen, ob der Abstand $\bar{x}$ für den $\frac{dM}{dx}$ verschwindet, in dem Felde liegt, für das der betrachtete Ausdruck für M gilt, ob also der betreffende Parabelbogen in dem Abschnitt einen Scheitel mit horizontaler Tangente hat. Ist dies nicht der Fall, dann kann der größte Wert des Biegungsmomentes in diesem Felde nur an einem der Enden desselben unter den Einzellasten liegen.

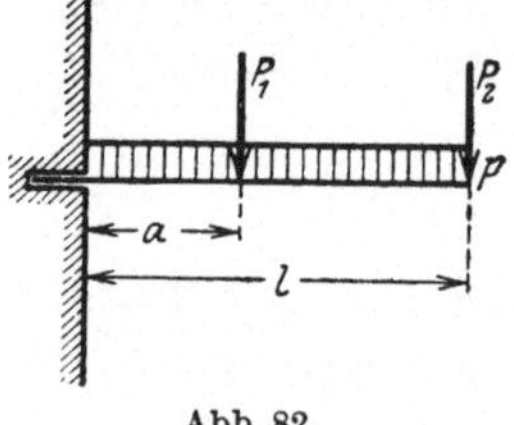

Abb. 82.

Beispiel 18. Eingespannter Träger. Bei einem solchen berechnen sich Biegungsmoment und Querkraft genau so wie in einem Kragarm eines Kragträgers.

Mit den Bezeichnungen nebenstehender Abb. 82 ist daher

$$A = P_1 + P_2 + p\,l,$$

$$M_e = P_1\,a + P_2\,l + \frac{p\,l^2}{2}.$$

Im rechten Feld ist

$$Q = \dots P_2 + p\,x, \qquad M = \dots P_2\,x + \frac{p\,x^2}{\dots}$$

im linken

$$Q = P_1 + P_2 + p\,x, \qquad M = P_2\,x + P_1\,(x - l + a) + \frac{p\,x^2}{2},$$

wenn man x vom rechten Ende an zählt.

49. Graphische Ermittlung von Querkraft und Biegungsmoment. Die zeichnerische Darstellung der Querkraftkurve ergibt sich bei Einzellasten ohne weiteres aus der Definition der Querkraft; vgl. Abb. 75. Für das Biegungsmoment können wir in diesem Falle auch leicht den graphischen Verlauf mit Hilfe des Seilecks finden, das wir sowieso zur Bestimmung der Stützendrucke konstruieren müssen. Es gilt nämlich der Satz: Das Biegungsmoment ist dem absoluten Betrage nach gleich dem Produkt aus dem Abschnitte im Seileck y und jener Kraftgröße, die durch den Abstand des Poles vom Krafteck, der sogenannten Momentenbasis H, dargestellt wird (siehe Abb. 83),

$$|M| = H\,y. \tag{15}$$

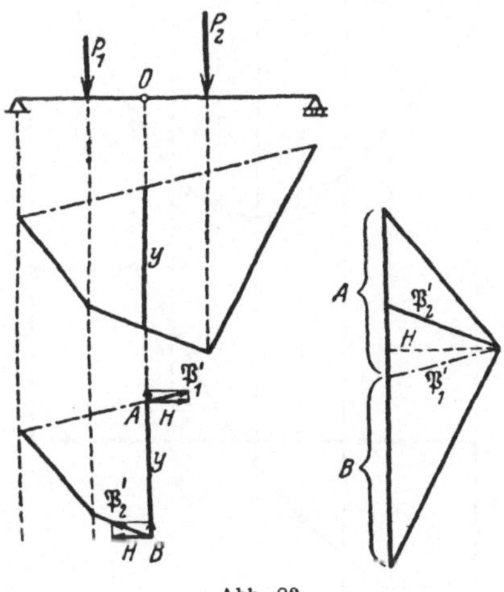

Abb. 83.

Aus der Definition des Seilecks folgt, daß in den beiden Seilstrahlen, die von der Vertikalen durch den betrachteten Querschnitt O getroffen werden, Kräfte $\mathfrak{P}_1'$ und $\mathfrak{P}_2'$ wirken, die durch die parallelen Polstrahlen ihrer Größe und Richtung nach bestimmt sind und die anderseits äquivalent den links von dem Querschnitt wirkenden Kräften A und P_1 sind. Daher muß ihr resultierendes Moment in bezug auf den Querschnitt gleich dem Biegungsmoment sein. Nun haben beide dieselbe Horizontalkomponente H. Das Biegungsmoment ist also seinem absoluten Betrage nach gleich

$$|M| = H\,(\overline{OB} - \overline{OA}) = H\,y.$$

Da H im ganzen Verlauf des Trägers konstant ist, ist daher der Abschnitt im Seileck proportional dem Biegungsmoment an der betreffenden Stelle und wenn man den Maßstab unter Berücksichtigung von H geeignet wählt, einen „Momentenmaßstab" einführt, gibt uns der Abschnitt direkt den Betrag des Biegungsmomentes an. Entspricht etwa 1 cm im Längenmaßstab 1 m und im Kraftmaßstab 200 kg und nehmen wir die Momentenbasis gleich 2, so stellt 1 cm im Abschnitt y ein Moment von 400 kgm dar.

Das Vorzeichen können wir im ersten Felde aus der Formel leicht bestimmen, es bleibt solange das gleiche, als sich das Seileck nicht selbst durchsetzt.

Auch für eine kontinuierliche Belastung läßt sich dieses Verfahren ohne weiteres verallgemeinern. Man zerlegt die Belastungsfläche, Abb. 84, durch vertikale Gerade in Teilflächen, deren Inhalte und Schwerpunkte man kennt, etwa in Trapeze und Dreiecke. Das kann im allgemeinen nur angenähert, aber doch mit einer der Zeichnung überhaupt entsprechenden Genauigkeit geschehen. Man konstruiert sich nun Stützendrucke, Querkraftkurve und Momentenlinie so, als ob statt der stetigen Belastung in den Schwerpunkten der Größe der Teilflächen entsprechende Einzellasten angreifen würden. Man erhält dabei die wirklichen Stützenwiderstände; Querkraft- und Momentenlinie werden aber nur in jenen Querschnitten mit der wirklichen für die stetige Belastung zusammenfallen, wo die Teilflächen aneinander grenzen. Denn man ändert ja Biegungsmoment und Querkraft in einem Querschnitt nicht, wenn man die Kräfte links und rechts von diesem durch ihre Resultierenden ersetzt und dies gilt außer für die unbelasteten Teile des Trägers nur für die Grenzen der Teilflächen. Wegen der Beziehung $\frac{dM}{dx} = Q$ stimmen an diesen Stellen aber nicht nur die Punkte des Seilecks mit den Punkten der wirklichen Momentenkurve überein, sondern wegen der Gleichheit der Querkräfte auch die Tangenten beider, die Seilseckseiten sind dort Tangenten an die Momentenkurve. Dadurch ist letztere genügend genau festgelegt.

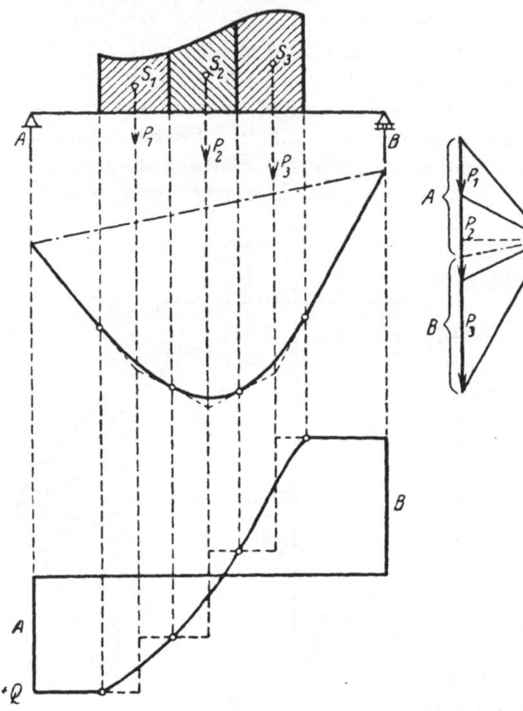

Abb. 84.

Ganz Analoges gilt für die Konstruktion der Querkraftlinie; weil $\frac{dQ}{dx} = -p$ die Tangente an die Querkraftkurve darstellt, also der spezifischen Belastung proportional ist, hat man auch noch Anhaltspunkte für die Lage der Tangenten, kann sie also ebenfalls genügend genau konstruieren, ohne allzuviel Teilflächen benützen zu müssen.

50. Beispiele. Bei einem gleichmäßig belasteten Träger ist die Momentenlinie eine Parabel. Ersetzt man daher die kontinuierliche Belastung durch die im Mittelpunkt angreifende Gesamtlast P, so folgt aus dem oben Gesagten, daß die Anfangs- und Endtangente an diese Parabel zur ersten und letzten Seilecksseite parallel sind. Die Parabel muß außerdem noch durch den Halbierungspunkt M der Strecke $\overline{CC'}$ hindurchgehen und dort eine zur Schlußseite parallele Tangente haben. Das erkennt man sofort, wenn man die Belastung in zwei gleiche Hälften teilt und für diese Teillasten das Seileck zeichnet (Abb. 85). Wollen wir für einen beliebigen Querschnitt O den Abschnitt in der Momentenfläche y konstruieren, so brauchen wir nur die Belastung rechts und links von dem Querschnitt durch ihre Resultierende ersetzen und das entsprechende Seileck zeichnen. Da man die Schlußlinie und erste und letzte Seileckseite schon kennt, läßt sich dies am einfachsten auf die in der Abb. 85 dargestellte Art tun; man hat nur die Schnittpunkte dieser beiden Seileckseiten mit den Vertikalen durch die Mittelpunkte der Teilflächen zu verbinden, um y und damit das Biegungsmoment in dem Querschnitt O zu erhalten.

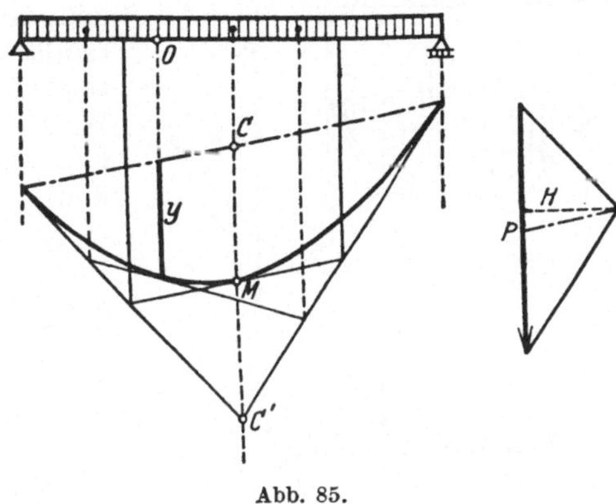

Abb. 85.

Beispiel 19. Reicht die stetige Belastung über eine Stütze hinaus, haben wir ein Kragende vor uns, dann kann die Konstruktion ganz analog durchgeführt werden, wie aus Abb. 86 zu entnehmen ist.

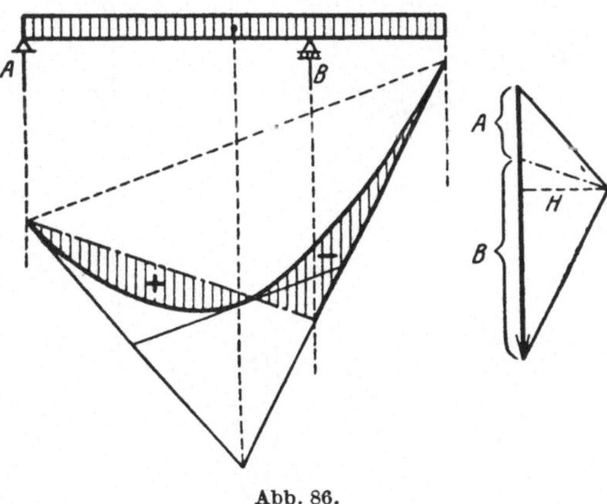

Abb. 86.

Beispiel 20. Bei einem Träger mit linear zunehmender spezifischer Belastung kann man die allgemeine Methode benutzen, um Punkte und Tangenten der kubischen Parabel, die sich als Momentenkurve ergibt (Nr. 48), zu konstruieren (Abb. 87). Man zerlegt etwa durch einen in $\frac{2}{3}\,l$ Abstand vom linken Ende geführten Schnitt die Belastungsfläche in zwei Teile, die sich wie 4 : 5 verhalten. Die linke Teilresultierende greift in $\frac{4}{9}\,l$ an, den Schwerpunkt des Trapezes rechts braucht man nicht zu bestimmen, wenn man sich überlegt, daß die Seileckseite parallel zu dem nach $\frac{4}{9} P$ gerichteten Polstrahl sein muß.

Sind Einzelkräfte und kontinuierliche Belastung vorhanden, so kann man die Momentenflächen für beide gesondert zeichnen und die entsprechenden Werte graphisch addieren, wobei man aber auf das Vorzeichen achten muß.

Beispiel 21. Bei einem an den Enden gestützten Träger mit Eigengewicht und Einzelkräften, wo das Biegungsmoment niemals sein Vorzeichen wechselt, kann man diese Addition ohne weiteres durch Zusammenlagen der beiden Momentenflächen durchführen, die man dann nur so zu zeichnen hat, daß sie die gleiche Schlußseite besitzen. In Abb. 88 ist die Konstruktion ausgeführt.

Beispiel 22. Mittelbar belasteter Träger. In vielen Fällen wirken die Lasten nicht unmittelbar auf einen Längsträger, sondern werden durch Querträger, die auf dem eigentlichen Längsträger aufliegen, auf diesen übertragen.

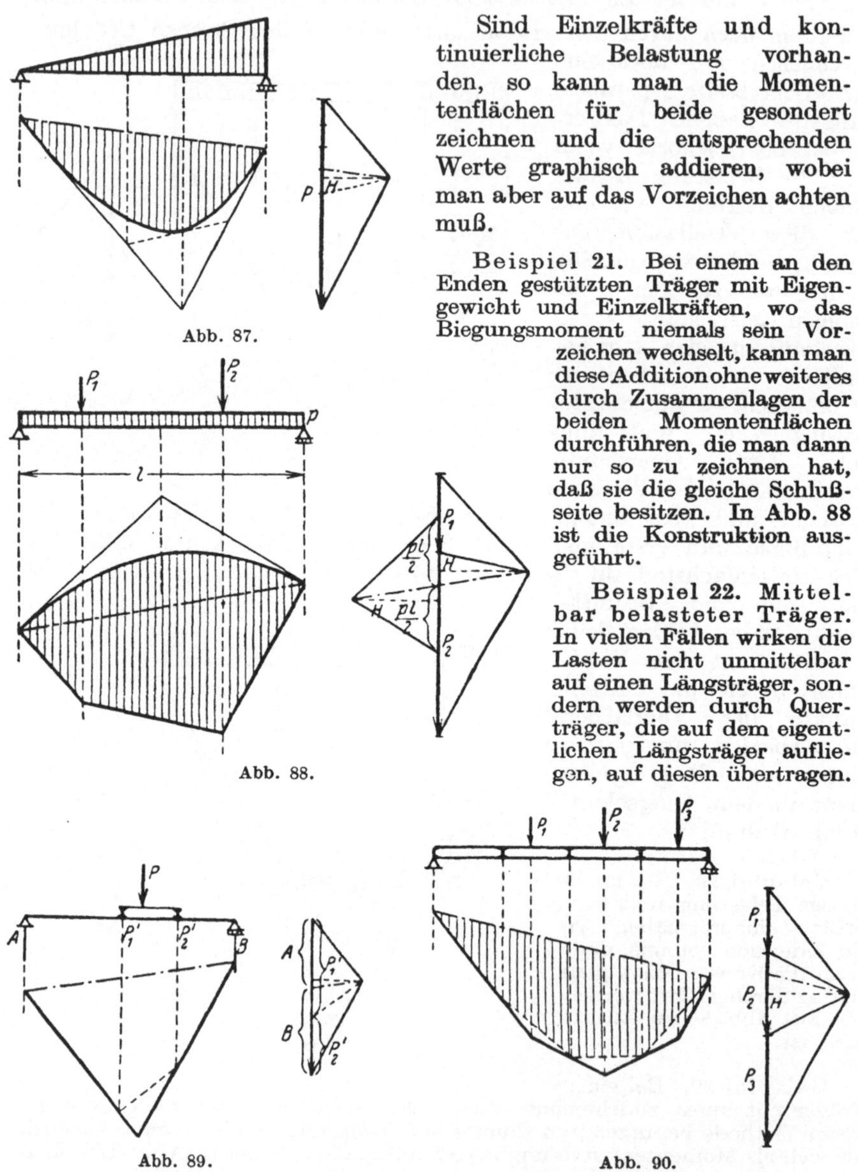

Abb. 87.

Abb. 88.

Abb. 89.

Abb. 90.

Man bezeichnet dies als eine mittelbare Belastung. Wenn man die Annahme macht, daß die auf einem Feld wirkende Kraft P sich auf beide Querträger, die das Feld begrenzen, so verteilt, als ob dort der Träger frei aufliegen würde (s. Abb. 89), dann können wir die an dem eigentlichen Längsträger angreifenden Kräfte ohne weiteres bestimmen und die Momentenfläche zeichnen, wie dies in Abb. 90 geschehen ist. Analog haben wir natürlich vorzugehen, wenn auch eine kontinuierliche Belastung, etwa das Eigengewicht, vorhanden ist.

Beispiel 23. Gerberträger. Ein durchlaufender Träger auf drei Stützen wäre, wie wir gesehen haben, auch bei glatter Auflagerung in zwei Punkten einfach statisch unbestimmt. Wenn ein solcher Träger (Abb. 91) aber durch ein Gelenk D in zwei Körper geteilt wird, so kommt die Bedingung hinzu, daß in diesem Gelenk kein Biegungsmoment auftreten kann; die Konstruktion wird dadurch statisch bestimmt. Wir können dann sofort den Stützendruck A durch Nullsetzen der Momente um den Pol D

$$A\,a = P_1\,(a - a_1)$$

bestimmen und dann die beiden anderen B und C mit Hilfe der allgemeinen Gleichgewichtsbedingungen berechnen.

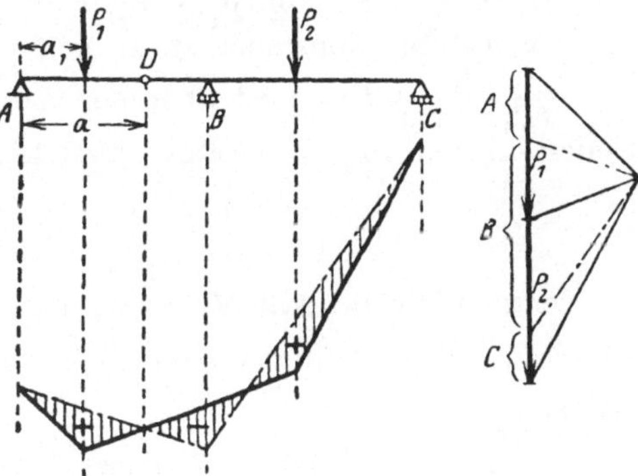

Abb. 91.

Graphisch geschieht die Ermittlung der Stützenwiderstände in der Weise, daß man das Seileck bzw. die Momentenfläche so zeichnet, daß der Abschnitt unter dem Gelenk Null wird (s. die Abb. 91).

51. Wandernde Lasten. Wenn sich mehrere Einzellasten in konstanten Abständen, ein Lastenzug, über einen Träger bewegen, wenn etwa ein Eisenbahnzug über eine Brücke fährt, wird die Frage von Wichtigkeit sein, für welche Stellung der bewegten Lasten das im jeweiligen gefährlichen Querschnitt auftretende Biegungsmoment seinen größten Wert erreicht.

Ist keine stetige Belastung da und nur eine einzige Last P im variablen Abstand ξ vom linken Ende vorhanden, dann liegt der gefährliche Querschnitt immer unter der Einzellast. Da der Stützendruck $A = P\left(1 - \frac{\xi}{l}\right)$ ist, hat das maximale Biegungsmoment $M_{\max} = A\,\xi = P\left(1 - \frac{\xi}{l}\right)\xi$ seinen größten Wert für

$$\frac{dM}{d\xi} = P\left(1 - \frac{2\,\xi}{l}\right) = 0, \text{ demnach für } \xi = \frac{l}{2},$$

wenn sich also P in der Mitte des Trägers befindet.

Haben wir zwei Einzellasten im Abstand d, siehe Abb. 92, so kann das maximale Biegungsmoment nur unter einer Einzellast liegen; wir haben daher zu untersuchen, wann die dort auftretenden Biegungsmomente ihren größten Wert annehmen. Es ist

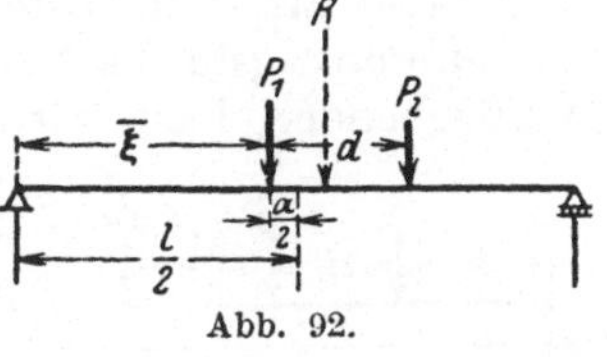

Abb. 92.

$$M_1 = A\,\xi = \frac{\xi}{l}\,[(P_1 + P_2)\,(l - \xi) - P_2\,d],$$

$$M_2 = A\,(\xi + d) - P_1\,d = \frac{\xi + d}{l}\,[(P_1 + P_2)\,(l - \xi) - P_2\,d] - P_1\,d.$$

Setzen wir zunächst voraus, daß $M_1 > M_2$ sei, daß das maximale Biegungsmoment unter der Last P_1 auftrete. Dann ergibt $\frac{dM_1}{d\xi} = 0$ den Wert $\xi = \frac{l}{2} - \frac{P_2}{2(P_1 + P_2)} d$ als jene Stellung des Lastenzuges, bei der das Biegungsmoment im gefährlichen Querschnitt am größten ist. $\frac{P_2}{(P_1 + P_2)} d = a$ ist aber der Abstand, den die Resultierende der beiden Lasten von P_1 besitzt. Man kann also schreiben

$$\bar{\xi} = \frac{l}{2} - \frac{a}{2} \text{ oder } \frac{l}{2} = \bar{\xi} + \frac{a}{2}. \tag{16}$$

Nehmen wir an, daß $M_2 > M_1$ sei, liegt also das absolute Maximum unter P_2, dann erhalten wir aus $\frac{dM_2}{d\xi} = 0$ für die ungünstigste Lage der Lasten

$$\bar{\xi} = \frac{l-d}{2} - \frac{a}{2} \text{ oder } \frac{l}{2} = \bar{\xi} + a + \frac{d-a}{2}. \tag{17}$$

Nennen wir die Last, unter der das absolut größte Biegungsmoment auftritt, die maßgebende Last, so ersieht man aus Formel (16) und (17), daß die ungünstigste Stellung des Lastenzuges immer jene ist, wo die Mitte des Trägers den Abstand der maßgebenden Last von der Resultierenden der beiden Lasten halbiert.

Setzt man den Wert von $\bar{\xi}$ aus (16) in den Ausdruck für M_2, den man in der Form anschreiben kann

$$M_2 = M_1 + \frac{d}{l}\left[P_2(l-d) - \xi(P_1 + P_2)\right],$$

ein, so erhält man

$$M_2 = M_1 + \frac{d}{l}\left[P_2\left(\frac{l+a}{2} - d\right) - \frac{l-a}{2} P_1\right].$$

Da $\frac{l-a}{2}$ immer größer ist als $\frac{l+a}{2} - d$, so erkennt man, daß $M_1 > M_2$ ist, wenn $P_1 > P_2$ und ebenso erhält man beim Einsetzen von (17) das Ergebnis, daß $M_2 > M_1$ ausfällt, wenn $P_2 > P_1$ ist. Es ist also bei zwei Lasten immer die größere als die maßgebende anzusetzen.

Komplizierter werden die Überlegungen, wenn man einen Lastenzug von mehr als zwei Lasten vor sich hat; das eben aufgestellte Gesetz für die ungünstigste Lastenstellung bleibt erhalten, die Bestimmung der maßgebenden Last wird aber schwieriger. Dabei kann man sich mit Vorteil eines Satzes bedienen, den wir noch ableiten wollen. Wenn wir uns die Frage vorlegen, bei welcher Stellung eines beliebigen Lastenzuges in dem willkürlich herausgegriffenen Querschnitt c, vgl. Abb. 93, das Biegungsmoment M_c ein Maximum wird, so geben uns die allgemeinen Formeln

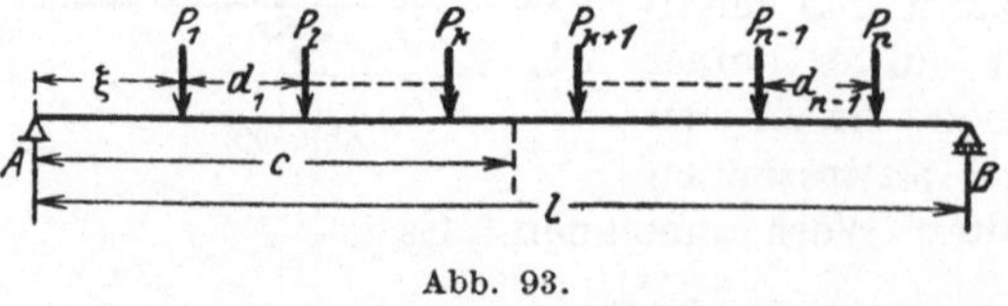

Abb. 93.

$$A = \frac{1}{l}\left[P_1(l-\xi) + \ldots P_n(l-\xi-d_1-d_2\ldots-d_{n-1})\right]$$

und

$$M_c = A\,c - P_1(c-\xi)\ldots P_k(c-\xi-d_1\ldots-d_{k-1}).$$

Setzt man A ein, so kann man diesen Ausdruck in die Form bringen

$$M_c = \left(1-\frac{c}{l}\right)\xi\sum_{i=1}^{k} P_i - \frac{c}{l}\,\xi\sum_{i=k+1}^{n} P_i + \text{konstante Glieder};$$

$\frac{dM_c}{d\xi} = 0$ gibt also als Bedingung für das Maximum von M_c

$$\frac{1}{c}\sum_{i=1}^{k} P_i = \frac{1}{l-c}\sum_{i=k+1}^{n} P_i \tag{18}$$

oder, wie wir dies ausdrücken wollen, es muß die durchschnittliche Belastung links und rechts vom Querschnitt gleich groß sein.

Da aber bei einer Bewegung des Lastenzuges sich die Summen unstetig ändern, so kann diese Bedingung nur erfüllt sein, wenn eine Last über den betrachteten Querschnitt hinweggeht, und zwar wird jene Last P_k die maßgebende sein, bei deren Durchgang der Wechsel im Ungleichheitszeichen stattfindet. Ist etwa $\frac{1}{c}\sum_{i=1}^{k} P_i > \frac{1}{l-c}\sum_{i=k+1}^{n} P_i$, so muß man den Lastenzug von links nach rechts verschieben, bis eine Änderung des Ungleichheitszeichens eintritt; im umgekehrten Fall hat die Verschiebung von rechts nach links zu erfolgen, also immer im Sinne des Ungleichheitszeichens. Denn nur dann wird durch das Hinzukommen oder Wegfallen einer Einzellast am Anfang oder Ende des Lastenzuges die Ungleichung nicht geändert. Auf diese Weise kann man also mit Hilfe der Bedingung (18) die maßgebende Last für einen Querschnitt ermitteln. Für eine eingehende Behandlung dieser Frage sei auf die entsprechenden Abhandlungen und Lehrbücher der Statik verwiesen.[1]

52. Einflußlinien. Wir wollen an dieser Stelle noch kurz einen Begriff einführen, der in der Baustatik eine sehr wichtige Rolle spielt, nämlich den der Einflußlinie. Irgendeine statische Größe, wie der Auflagerdruck in einer Stütze oder Biegungsmoment und Querkraft in einem beliebigen Querschnitt ist bei wandernder Last eine Funktion der Laststellung. Wir können uns dies graphisch veranschaulichen, wenn wir für jede Lage der Einzellast längs des Trägers als Abszisse die in dem betreffenden Querschnitt vorhandene statische Größe als Ordinate auftragen. Der geometrische Ort der Endpunkte dieser Ordinaten stellt dann die Einflußlinie dieser statischen Größe für den herausgegriffenen Querschnitt dar. Als Größe der wandernden Last setzt man dabei immer die Krafteinheit, etwa 1 t, ein.

Die Einflußlinie des Stützendruckes A in dem Träger (Abb. 94) ist

[1] Kaufmann, W.: Statik in „Handbibliothek für Bauingenieure". 2. Aufl. Berlin: Julius Springer, 1929. Müller-Breslau: Statik der Baukonstruktionen. Leipzig: Kröner.

dementsprechend eine Gerade, da derselbe durch eine lineare Funktion von ξ dargestellt wird. Steht die Last auf der linken Stütze, dann ist $A = +1_t$, steht sie über der rechten, dann ist $A = 0$, befindet sie sich auf dem Kragarm, ist A negativ (siehe Abb. 94 a).

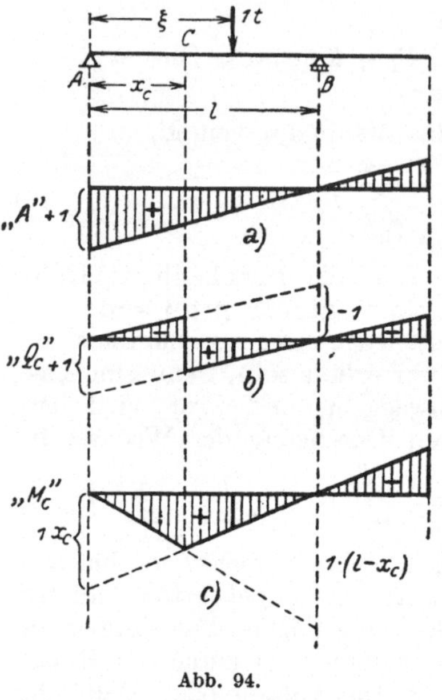

Abb. 94.

Die Querkraft Q_c im Abstand x_c ist gleich $A - P$, wenn sich die bewegte Last links von x_c befindet, und gleich A, wenn sie rechts davon liegt. Die Einflußlinie für Q_c ist daher durch zwei zur Einflußlinie von A parallele Geradenstücke gegeben, die im Querschnitt c einen Sprung im Betrage von $P = 1^t$ aufweisen (siehe Abb. 94 b).

Das Biegungsmoment M_c in diesem Querschnitt hat den Wert $A\,x_c$, wenn sich die wandernde Last rechts, und $B\,(l - x_c)$, wenn sie sich links von c befindet. Das sind wieder beides lineare Funktionen von ξ, wir erhalten als Einflußlinie für das Biegungsmoment an der Stelle x_c daher einen gebrochenen Linienzug, der in x_c eine Ecke besitzt und durch die Stützpunkte hindurch geht (Abb. 94c).

Man muß sich bei beiden Einflußlinien immer vor Augen halten, daß die Ordinate im veränderlichen Abstand x den Wert der Querkraft bzw. des Biegungsmomentes in einem anderen festgehaltenen Abstand x_c angibt. Für weitergehende Überlegungen sei ebenfalls auf die Lehrbücher der Baustatik verwiesen.

53. Steife Rahmen. So wie bei dem Träger auf zwei Stützen kann man natürlich auch bei jeder anderen Tragkonstruktion, Dreigelenkbogen usw., das Resultierende der inneren Kräfte an einem Querschnitt ermitteln. Wir wollen als Beispiel noch den steifen Rahmen, der statisch bestimmt gelagert ist, anführen. Um Mißverständnisse zu vermeiden, möge hervorgehoben werden, daß eine solche statisch bestimmte Lagerung wegen der ungünstigen Beanspruchung des Materials in der Praxis im allgemeinen nicht angewendet wird, daß aber die Berechnung eines solchen Rahmens als „statisch bestimmtes Grundsystem" von Bedeutung ist.

Beispiel 24. Bei einem, wie nebengezeichnet (Abb. 95), belasteten Rahmen ergeben sich die Stützendrucke aus den Gleichgewichtsbedingungen zu

$$H = p\,h_l - P \qquad A = \frac{1}{b}\left[P\,(h_l + c) - \frac{p\,h_l^2}{2}\right]$$

$$B = \frac{1}{b}\left[\frac{p\,h_l^2}{2} - P\,(h_l + c)\right]$$

Normalkraft, Querkraft und Biegungsmoment sind in den verschiedenen Feldern, wenn wir die Vorzeichen entsprechend den Abb. a), b), c), d) wählen

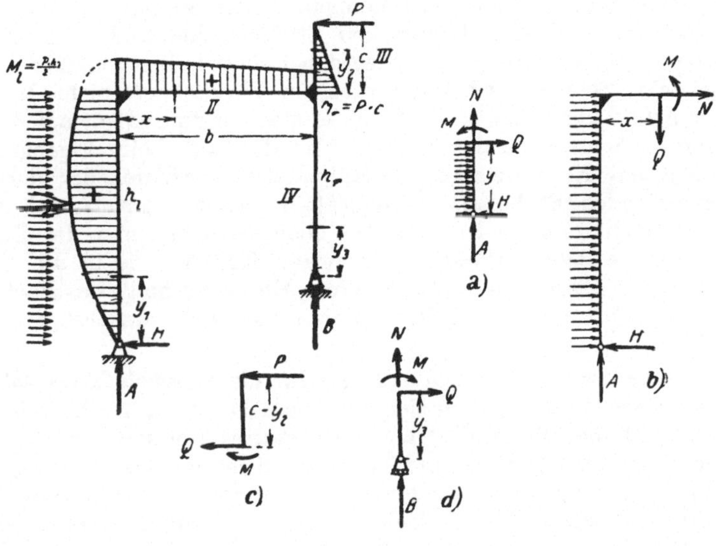

Abb. 95.

— sie sind vom Innern des Rahmens aus analog wie beim Träger auf zwei Stützen angesetzt — dargestellt durch

$$\text{I} \quad N = -A \quad Q = H - p\,y_1 \quad M = H\,y_1 - \frac{p\,y_1^2}{2}$$

$$\text{II} \quad N = H - p\,h_l \quad Q = A \quad M = A\,x + H\,h_l - \frac{p\,h_l^2}{2}$$

$$\text{III} \quad N = 0 \quad Q = -P \quad M = P\,(c - y_2),$$

$$\text{IV} \quad N = -B \quad Q = 0 \quad M = 0.$$

Für die Annahme $p\,h_l = 3\,P$ sind die Werte des Biegungsmomentes in der Zeichnung eingetragen; in der linken Ecke ist M stetig, in der rechten Ecke wegen des Kragarmes dagegen nicht, es springt von $M_r = P\,c$ auf Null, wenn wir zum letzten Feld übergehen.

VI. Fachwerke.

54. Allgemeine Voraussetzungen. Bei technischen Ausführungen kommen häufig Baukonstruktionen vor, die aus Stäben zusammengesetzt sind, die wir als starr ansehen wollen und die an ihren Enden miteinander in Verbindung stehen. Ist jeder Stab an seinen beiden Endpunkten mit anderen Stäben im Zusammenhang, so heißt eine solche geschlossene Stabverbindung ein F a c h w e r k. Um nun bei gegebener Belastung in einem solchen die Stabkräfte, von denen die Beanspruchung und damit die Dimensionierung der Stäbe abhängt, mit unseren Mitteln berechnen zu können, müssen wir z w e i wesentliche Voraussetzungen machen. Wir wollen einerseits von der S t e i f i g k e i t der Stabverbindungen, wie sie in Wirklichkeit immer vorhanden ist, absehen und uns dieselben durch reibungslose Gelenke ersetzt denken, die wir dann „Knoten“ nennen; das hat zur Folge, daß dort keine Biegungsmomente auftreten können. Ferner wollen wir annehmen, daß die äußeren Kräfte, Lasten und Stützenwiderstände, nur an den Knotenpunkten angreifen. Das wird bei einer Reihe von Lasten, wie Eigengewicht, Schnee- und Winddruck, in Wirklichkeit nicht der Fall sein, wir helfen uns dann so, daß wir sie statisch äquivalent auf die der Laststelle zunächst liegenden Knoten verteilen, also beim Eigengewicht etwa in jedem Knotenpunkt die Hälfte des Gewichtes der dort zusammenstoßenden Stäbe als Einzelkraft ansetzen. Auf Grund dieser Annahmen steht dann jeder Stab bei Gleichgewicht unter der Einwirkung zweier entgegengesetzt gleicher Kräfte, die in die Stabachse fallen. Liegen alle Stäbe in einer Ebene, so heißt das Fachwerk ein ebenes, sonst ein räumliches. Wir wollen uns zunächst mit dem ersten befassen.

55. Ebene Fachwerke. Bedingungen für die Starrheit eines solchen. Die erste Frage, über die man sich bei einem Fachwerk Rechenschaft zu geben hat, ist die, ob es als Ganzes ein starres Gebilde darstellt, oder ob seine Stäbe eine gewisse, endliche oder unendlich kleine Bewegungsmöglichkeit gegeneinander besitzen. Das wird von der Bildungsweise des Fachwerks abhängen. Die einfachste Art, in der man Stäbe zu einem Fachwerk vereinen kann, ist nun die, daß man zunächst drei Stäbe zu einem Dreieck zusammenfügt und das Fachwerk durch Hinzunahme von je zwei weiteren Stäben für jeden neuen Knoten „aufbaut“. Wenn k die Zahl der Knoten ist, so braucht man für die ersten zwei Knotenpunkte einen Stab, für jeden der übrigen $k-2$ Knotenpunkte aber zwei weitere Stäbe, so daß die Mindestzahl der Stäbe s, aus denen man ein starres Fachwerk von k Knotenpunkten zusammensetzen kann, gegeben ist durch

$$s = 1 + 2\,(k-2) = 2\,k - 3. \tag{1}$$

Solche Fachwerke, bei denen diese Beziehung besteht, heißen auch einfache Fachwerke, die anderen, bei denen $s > 2\,k - 3$ ist, zusammengesetzte[1] und die Stäbe, die diese Zahl überschreiten, „überzählige“.

Während man bei einem einfachen Fachwerk die Länge der Stäbe willkürlich annehmen kann, ist dies bei einem zusammengesetzten für die überzähligen Stäbe nicht mehr möglich, da ja die Knotenpunkte dann schon festgelegt sind. In dem Viereck mit doppelten Diagonalen, Abb. 96, das einen überzähligen Stab enthält, ist die Länge der Diagonale $\overline{AC}$ schon durch die übrigen Stäbe bestimmt. Ist nun der überzählige Stab etwas länger oder kürzer als diese Strecke, wird er hineingezwängt oder gedehnt, so entstehen in einem solchen Fachwerk, auch wenn keine äußere Belastung vorhanden ist, Spannkräfte, die von dem elastischen

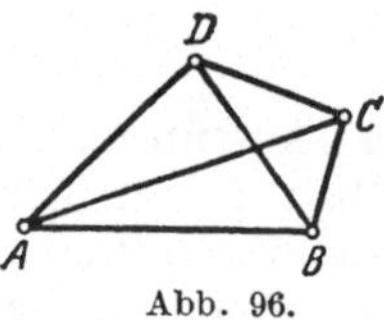

Abb. 96.

[1] Die Bezeichnungsweise ist schwankend. Oft wird auch der Name „einfache Fachwerke“ für jene verwendet, die einen Stab als Grundfigur (siehe das Folgende) besitzen und „zusammengesetzte“ für die, wo die Grundfigur ein Vieleck ist.

Verhalten der Stäbe abhängig sind. Auch durch ungleichmäßige Erwärmung können dann solche Kräfte entstehen. Auf die Behandlung solcher Systeme, die in das Gebiet der Elastizitätslehre fallen, können wir hier nicht näher eingehen.

Um nun analytisch die Bedingungen für die Starrheit einer solchen Stabverbindung zu finden, wollen wir die Verschiebungsmöglichkeit der Knotenpunkte bei einer kleinen Bewegung unter der Voraussetzung untersuchen, daß die Stablängen unveränderlich bleiben. In einem ebenen K.-S. seien $x_i\, y_i$ die Koordinaten eines Knotenpunktes A_i, der mit dem Knotenpunkt A_h durch einen Stab von der Länge l_{ih} verbunden ist. Dann drückt die Gleichung

$$(x_i - x_h)^2 + (y_i - y_h)^2 = l_{ih}^2 \tag{2}$$

die Konstanz der Stablänge aus und bei einer kleinen Verschiebung der Knotenpunkte mit den Komponenten $\delta x_i\, \delta y_i$ und $\delta x_h\, \delta y_h$ bekommen wir daraus, indem wir die Längenänderung gleich Null setzen

$$(x_i - x_h)(\delta x_i - \delta x_h) + (y_i - y_h)(\delta y_i - \delta y_h) = 0. \tag{3}$$

Wenn wir dies für alle Stäbe durchführen, erhalten wir für die $2\,k$ Knotenpunktsverschiebungen δx_i δy_i als Unbekannte s lineare Gleichungen. Drei von diesen Unbekannten können wir aber willkürlich ansetzen, da bei der Verschiebung des Fachwerkes als Ganzes, als starre Scheibe, die Verschiebungskomponenten eines Punktes und die Drehung um diesen noch beliebig angenommen werden können. Die anderen sind aber dann schon eindeutig bestimmt. Damit dies in unserem Falle eintritt, muß die Zahl der Gleichungen (3) ausreichen, um die übrigen $2\,k - 3$ Knotenpunktsverschiebungen auszurechnen. Es muß daher wieder

$$s = 2\,k - 3 \tag{4}$$

sein, wobei als weitere Bedingung hinzutritt, daß diese s linearen Gleichungen voneinander unabhängig sind, daß also die Determinante D aus den Koeffizienten der Unbekannten nicht verschwindet,

$$D \neq 0 \tag{5}$$

ist. Wenn dies zutrifft, ist das Fachwerk als Ganzes starr, man nennt es auch kinematisch bestimmt.

Daß trotz des Erfülltseins der Bedingung (4) ein Fachwerk infolge von Beziehungen zwischen den Stablängen, die die Determinante D zu Null machen, noch eine gewisse Beweglichkeit besitzen kann, können wir uns leicht an folgendem Beispiel klar machen. Das in Abb. 97 a gezeichnete Fachwerk mit 6 Knoten und 9 Stäben ist starr, so lange die Stablänge und Richtungen willkürlich sind; es erhält eine unendlich kleine Beweglichkeit, wenn drei Stäbe wie in Abb. 97 b parallel

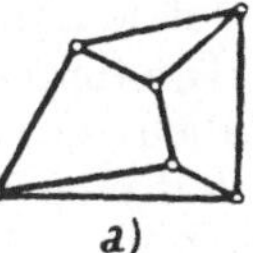

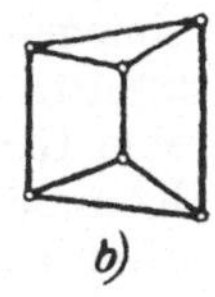

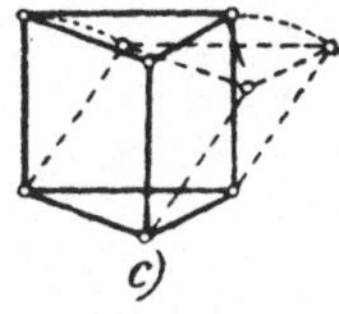

Abb. 97.

sind, und es wird zu einem Parallelkurbelgetriebe mit endlicher Beweglichkeit, wenn außerdem die Dreiecke oben und unten kongruent sind, Abb. 97 c.

Solche Fachwerke, bei denen die Determinante D verschwindet, die also bei Baukonstruktionen nicht verwendbar sind, nennt man Ausnahmefachwerke.

Die wirkliche Ausrechnung der Determinante D ist nun im allgemeinen viel zu umständlich. Man kann aber, besonders bei ebenen Fachwerken, die Berechnung derselben vermeiden und, wie wir schon an obigem Beispiel gesehen haben, durch Betrachtungen kinematischer Natur die Frage der Beweglichkeit entscheiden. Hier sei nur noch folgendes einfache Verfahren angeführt: Wenn wir einen Knotenpunkt A_3 mit zwei anderen A_1 und A_2 durch zwei Stäbe verbinden, vgl. Abb. 98, so wird diese Verbindung eine unbewegliche sein, solange die beiden Stäbe einen von 180° verschiedenen Winkel miteinander einschließen; denn dann werden die Verschiebungen der Endpunkte der Stäbe nicht in dieselbe Richtung fallen. Rückt aber A_3 in die Verbindungslinie von A_1 und A_2, ist die Summe der Stablängen gleich dem Abstand $\overline{A_1 A_2}$, dann ist bei starren Stäben eine infinitesimale, bei elastischen Stäben eine endliche, wenn auch kleine Beweglichkeit vorhanden.

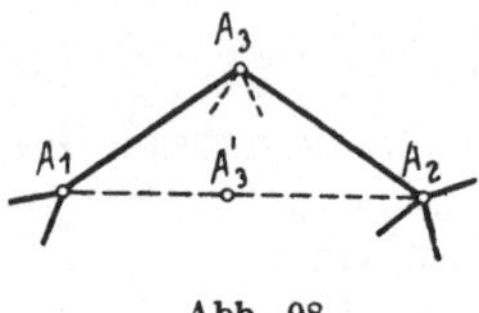

Abb. 98.

Diese Überlegung können wir zur Beurteilung der Starrheit eines Fachwerkes benutzen. Wir wollen die Knotenpunkte, in denen zwei, $3 \ldots n$-Stäbe zusammenstoßen, als zwei-drei-n-stäbige bezeichnen. Dann können wir ein einfaches Fachwerk auf folgende Weise „abbauen". Wir entfernen zunächst die zweistäbigen Knotenpunkte durch Wegstreichen der Stäbe, die nach diesen führen. Dann kann das übrigbleibende Fachwerk wieder zweistäbige Knotenpunkte haben oder nicht. Im ersten Falle beseitigt man diese wie früher und wiederholt den Vorgang, bis entweder ein einziger Stab oder ein einfaches Fachwerk ohne zweistäbige Knoten übrig bleibt. Dieses wird dann die Grundfigur oder das Grundeck des ursprünglichen genannt, siehe Abb. 99, wo die ausgezogene Figur das Grundeck darstellt. Führt nun dieses Verfahren auf einen einzigen Stab, ohne daß jemals die beiden mit einem zweistäbigen Knotenpunkt verbundenen Stäbe in eine Gerade fallen, so ist das Fachwerk unbeweglich. Kommen wir auf eine Grundfigur, so haben wir nur diese auf ihre Beweglichkeit zu untersuchen.

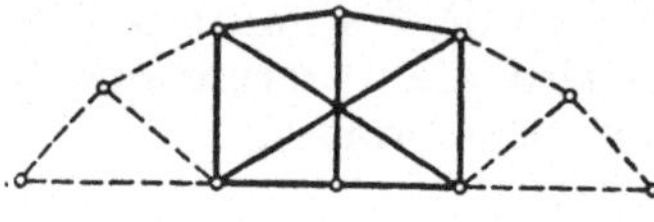
Abb. 99.

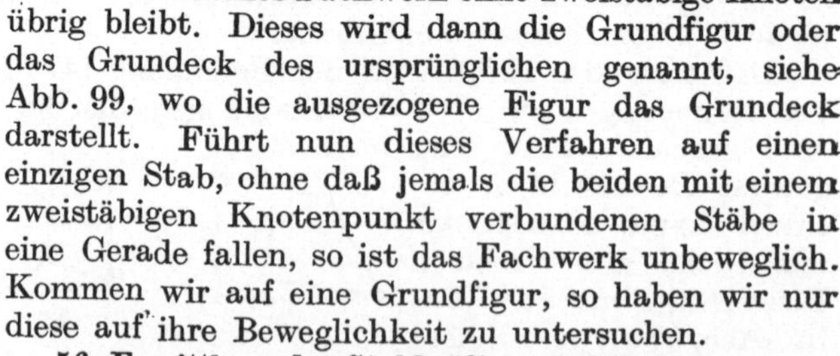

Abb. 100.

56. Ermittlung der Stabkräfte. Auf Grund unserer Voraussetzungen wirken auf jeden Stab zwei von den Gelenken übertragene Kräfte, die entgegengesetzt gleich sind $S_{ik} = S_{ki}$ und die beide von dem Inneren des Stabes weg (Abb. 100 a), oder beide gegen das Innere desselben (Abb. 100 b) gerichtet sind. Im ersten Falle erzeugen diese Kräfte im Stab einen Zug, im zweiten einen Druck. Da die Beanspruchung des Materials bei Zug und Druck eine verschiedene ist — bei Druckspannungen muß immer eine etwaige Knickgefahr berücksichtigt werden —, so muß man in jedem Falle feststellen, ob die Stabkraft S_{ik} eine Zug- oder eine Druckkraft ist. Wir unterscheiden beide durch das Vorzeichen und führen die Zugkraft als positiv, die Druckkraft als negativ ein.

Um die Größe der Stabkraft zu bestimmen, gehen wir von der Tatsache aus, daß jeder Knotenpunkt unter der Einwirkung der auf ihn von den Stäben übertragenen Kräfte, die auf Grund des Wechselwirkungsprinzips entgegengesetzt gleich den Stabkräften sind, und der äußeren Kräfte, Nutzlasten und Stützenwiderstände, sich im Gleichgewicht befindet. Im Einklang mit der eben getroffenen Vorzeichenwahl für Zug und Druck, sind dann die Stabkräfte mit vom Knotenpunkt weggerichteten Pfeilen anzusetzen. Wir können uns auch den Knotenpunkt mit kleinen Stücken der von ihm ausgehenden Stäbe herausgeschnitten denken und an den Schnittflächen unsere Stabkräfte mit nach außen gerichteten Pfeilen anbringen (Abb. 101). Wir erhalten dann für jeden Knotenpunkt zwei Gleichgewichtsbedingungen, indem wir die Komponentensummen in bezug auf die Achsen eines rechtwinkligen K.-S. gleich Null setzen,

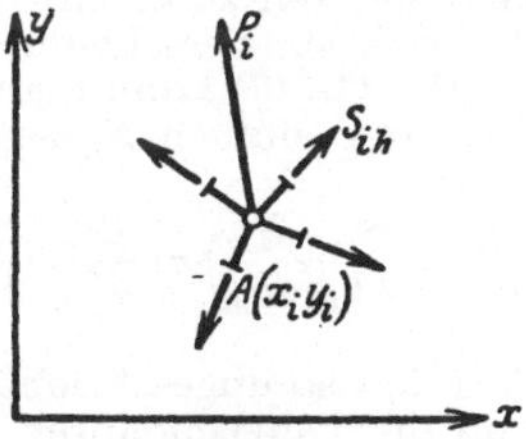

Abb. 101.

$$\sum_h (S_{ih} \cos \alpha_{ih}) + P_{xi} = 0, \quad \sum_h (S_{ih} \sin \alpha_{ih}) + P_{yi} = 0, \quad i = 1 \dots k \tag{6}$$

Dabei sind P_{xi} und P_{yi} die Komponenten der Resultierenden P_i der am i-ten Knotenpunkt angreifenden äußeren Kräfte und die Summe ist immer über alle von dem betrachteten i-ten Knotenpunkt ausgehenden Stäbe zu nehmen.

Bei Einführung der Stablängen und Knotenpunktskoordinaten können wir diese Gleichungen auch in der Form schreiben:

$$\left.\begin{aligned} \sum_h \left\{\frac{S_{ih}}{l_{ih}}(x_i - x_h)\right\} + P_{xi} = 0, \quad \sum_h \left\{\frac{S_{ih}}{l_{ih}}(y_i - y_h)\right\} + P_{yi} = 0, \\ i = 1 \dots k. \end{aligned}\right\} \tag{7}$$

Im ganzen erhalten wir so bei k-Gelenken $2\,k$-Gleichungen. Da aber in ihnen auch die drei Gleichgewichtsbedingungen für das Fachwerk als Ganzes, als starre Scheibe, enthalten sein müssen, so haben wir im allgemeinen nur $2\,k - 3$ unabhängige Gleichungen. Damit sie daher zur Berechnung der S unbekannten Stabkräfte ausreichen, damit das Fachwerk „innerlich statisch bestimmt" ist, muß $2\,k = s + 3$ oder

$$s = 2\,k - 3 \tag{8}$$

sein. Wir erhalten dieselbe Beziehung zwischen der Zahl der Stäbe und Knoten, wie wir sie für die kinematische Bestimmtheit abgeleitet haben.

Auch jetzt müssen außerdem die $2\,k - 3$ linearen Gleichungen voneinander unabhängig sein, es darf die Determinante Δ aus den

Koeffizienten der s unbekannten S_{ih} nicht verschwinden. Die Stützenwiderstände können wir ja aus den Gleichgewichtsbedingungen für das Fachwerk als Ganzes berechnen. Es läßt sich nun zeigen, daß diese Determinante Δ mit der des Gleichungssystems (3), die wir D genannt haben, übereinstimmt. Bezeichnen wir die Koordinaten der Knotenpunkte einheitlich mit $\xi_1, \xi_2 \ldots \xi_k$, allgemein ξ_m, und schreiben wir die Gl. (2), die die Länge eines Stabes in den Koordinaten der Endpunkte ausdrückt, in der Form

$$f_n(\xi_m) = 0 \quad n = 1 \ldots s,$$

— dabei durchläuft n alle Werte von 1 bis s — so ist

$$(x_i - x_k) = \frac{1}{2}\frac{df_n}{dx_i} = \frac{1}{2}\frac{df_n}{d\xi_m} \text{ und ebenso } y_i - y_k = \frac{1}{2}\frac{df_n}{dy_i} = \frac{1}{2}\frac{df_n}{d\xi_{m+1}}. \quad (9)$$

Die Gl. (3) kann man dann in der Gestalt ansetzen

$$\sum_{u=1}^{m=2k}\left(\frac{df_n}{d\xi_m}\delta\xi_m\right) = \frac{df_n}{d\xi_1}\delta\xi_1 + \frac{df_n}{d\xi_2}\delta\xi_2 + \ldots \frac{df_n}{d\xi_k}\delta\xi_k = 0, \quad n = 1 \ldots s \quad (10)$$

Drei der Unbekannten $\delta\xi$ sind dabei, wie schon erwähnt, willkürlich, außerdem gehören zu einem bestimmten f_n immer nur vier Differentialquotienten, die anderen verschwinden.

Die Gl. (7) kann man jetzt bei Berücksichtigung von (9), wenn wir weiter statt S_{ih} einfach S_n setzen, auf die Form bringen

$$\sum_{n=1}^{2k}\left(\frac{S_n}{2l_n}\frac{df_n}{d\xi_m}\right) = \frac{df_1}{d\xi_m}\frac{S_1}{2l_1} + \frac{df_2}{d\xi_m}\frac{S_2}{2l_2} + \ldots = -P_{xm}, \quad m = 1 \ldots s. \quad (11)$$

Aus den so angeschriebenen Gleichungssystemen (10) und (11) erkennt man, daß die Determinanten D und Δ aus den Koeffizienten der s Unbekannten $\delta\xi_m$ und $\frac{S_n}{2l_n}$ sich nur dadurch unterscheiden, daß in ihnen Zeilen und Spalten vertauscht sind, daß sie also nach einem bekannten Satz der Determinantentheorie übereinstimmen. Daraus folgt, daß ein kinematisch bestimmtes Fachwerk, ein einfaches Fachwerk ohne Beweglichkeit, auch statisch bestimmt ist. Das Umgekehrte ist nicht ohne Einschränkung richtig, weil ja die Belastung und Auflagerdrücke mit in Betracht kommen; man kann aber sagen, daß ein Fachwerk, das für beliebige Belastungen innerlich statisch bestimmt ist, keine Beweglichkeit aufweist.

Die Stabkräfte sind als Lösungen der Gl. (11) bekanntlich durch Ausdrücke gegeben, deren Nenner aus der Determinante Δ besteht; je kleiner diese Determinante wird, je mehr sich das Fachwerk dem Zustand der Beweglichkeit nähert, desto größer werden die Stabkräfte ausfallen und wenn man auch nicht im allgemeinen behaupten kann, daß sie für $\Delta = 0$ unendlich groß werden — für diesen Grenzfall sind ja die Gleichungen nicht mehr voneinander unabhängig — so wird man doch auch aus diesem Grunde Fachwerke, die dem Zustand der Beweglichkeit nahe kommen, vermeiden müssen.

Mit der geschilderten allgemeinen Methode zur Berechnung der Stabkräfte kommen wir bei einem statisch bestimmten Fachwerk immer zum Ziele. Oft ist es aber für die Anwendung praktisch ein anderes Verfahren einzuschlagen, das auf folgenden Gedanken beruht. Wenn man einen Schnitt durch das Fachwerk legt, der es in zwei getrennte Teile zerlegt, und an den Schnittflächen die Stabkräfte als äußere Kräfte anbringe, so müssen diese mit den anderen an den abgeschnittenen Teilen angreifenden äußeren Kräften ein Gleichgewichtssystem bilden. Wenn nicht mehr als drei Stäbe von dem Schnitt getroffen werden, kann man dann im allgemeinen durch Auflösung der Gleichgewichtsbedingungen die drei unbekannten Stabkräfte ermitteln.

Schneiden sich die Richtungen zweier Stabkräfte in einem Punkt, so berechnet man die dritte am schnellsten, wenn man die Momente um diesen Schnittpunkt gleich Null setzt. Das ist die bekannte „Rittersche Schnittmethode". Sind zwei Stabkräfte parallel, so ergibt sich die dritte am besten durch Nullsetzen der Komponentensumme senkrecht zur Richtung der parallelen Stäbe. Zur Anwendung eignet sich dieses Verfahren bei Parallelträgern, das sind solche, wo die obere und untere Begrenzung, der Ober- und Untergurt, parallel sind. Die Stäbe, die beide verbinden, heißen Diagonalen.

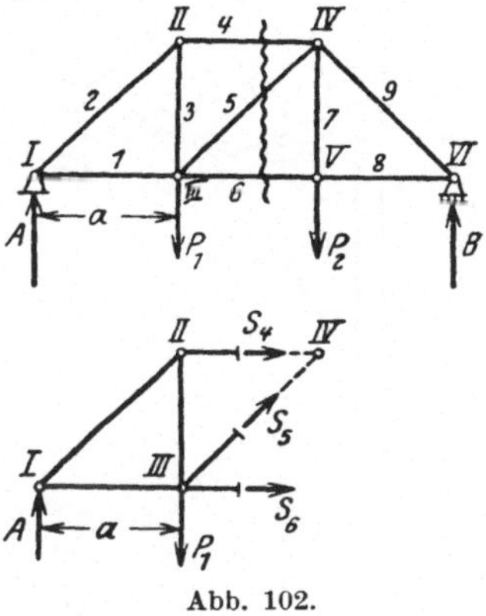

Beispiel 25. So ist in dem nebengezeichneten Brückenträger, Abb. 102, S_4 und S_6, gegeben durch

$$-S_4 a - A a = 0,$$

$$S_6 a - A\,2a + P_1 a = 0,$$

Abb. 102.

indem man die Momente um die Knoten *III* bzw. *IV* bildet, und S_5, durch

$$S_5 \frac{\sqrt{2}}{2} + A - P_1 = 0,$$

indem man die Summe der Vertikalkräfte gleich Null setzt. Daraus erhält man sofort

$$S_4 = -A = -\frac{2P_1 + P_2}{3}, \quad S_6 = \frac{P_1 + 2P_2}{3}, \quad S_5 = \frac{P_1 - P_2}{3\sqrt{2}}.$$

57. Reziproke Kräftepläne. Am häufigsten erfolgt die Bestimmung der Stabkräfte bei einem Fachwerk nicht auf analytischem, sondern auf graphischem Wege mit Hilfe des Kraftecks. Da die an einem Knoten angreifenden Kräfte im Gleichgewicht stehen, kann man durch Zeichnung des geschlossenen Kraftecks in jedem Knotenpunkt zwei unbekannte Kräfte ermitteln. In Abb. 102 ist dies z. B. für die Knotenpunkte *I*, *II*, *III* ausgeführt. Entsprechend unserer Vereinbarung über Zug und Druck herrscht dabei in einem Stabe Zug, wenn der Pfeil beim Durchlaufen des Kraftecks vom Knotenpunkt weg gerichtet ist, Druck wenn er gegen den Knoten hinweist. Nach dieser Regel bestimmt sich auch der Richtungssinn der schon bekannten Stabkräfte beim Durchlaufen eines Kraftecks für einen Knotenpunkt, wo nur Stabkräfte und keine äußeren Lasten angreifen. Zug- und Druckkräfte sind in der Fachwerksfigur durch ein dem Stab beigesetztes + oder — Zeichen angedeutet.

Bei dieser Zeichnung der Kraftecke kommt jede Kraft mindestens zweimal vor. Es fragt sich nun, ob wir die Kraftecke nicht derartig aneinander und in das geschlossene Krafteck der äußeren Kräfte legen können, daß jedem Stab und jeder Kraft im Fachwerk nur eine einzige Strecke in der so erhaltenen Figur, dem Kräfteplan, entspricht. Das ist bei vielen statisch bestimmten Fachwerken möglich, wir müssen nur auf gewisse Regeln achten, die sich teilweise unmittelbar aus der Zeichnung, vgl. Abb. 103, ergeben. Diese Regeln, die man bei der Konstruktion zu beachten hat, sind folgende:

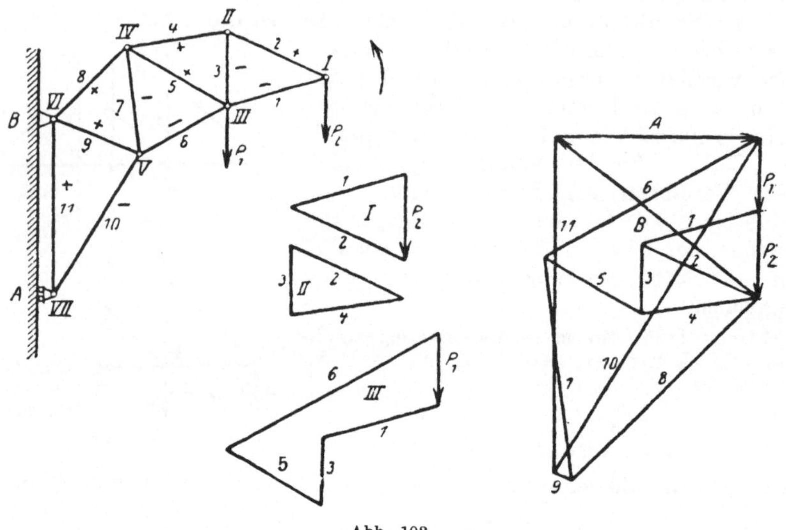

Abb. 103.

1. Das Krafteck der äußeren Kräfte, Lasten und Stützendrucke, wird so konstruiert, daß die Kräfte in einem bestimmten vom Innern des Fachwerks gewählten Umlaufungssinn aufeinanderfolgen. Sie dürfen daher nur in den äußeren Knoten angreifen und ihre Richtungslinien sind außerhalb des Fachwerks einzuzeichnen.

2. Man fängt an einer Ecke an, wo nur zwei Stäbe zusammenstoßen — eine solche muß vorhanden sein — und fügt die Kräfte beim Krafteck immer in demselben Umlaufungssinn aneinander, den man schon beim Krafteck der äußeren Kräfte gewählt hat. Beim Übergang zu einem weiteren Knoten hat man darauf zu achten, daß an denselben nur zwei neue, unbekannte Stabkräfte auftreten. Man beginnt mit der bekannten Kraft, die auf die beiden unbekannten in dem angenommenen Durchlaufungssinn folgt.

Nach diesen Regeln ist der Kräfteplan in Abb. 103 gezeichnet, als Umlaufungssinn ist der positive angenommen.

Auf Grund dieser Konstruktion entspricht jedem Knotenpunkt, jeder „Ecke“ in der Fachwerkfigur, die man jetzt auch den „Lageplan“ nennt, ein geschlossenes Vieleck im Kräfteplan; diese Beziehung ist aber in gewissem Sinn auch umkehrbar, jeder Ecke im Kräfteplan entspricht auch ein Vieleck im Lageplan, z. B. bilden die Stäbe, die zu den in einem Punkt zusammentreffenden Kräften 3, 4, 5 gehören, ein Dreieck. Sind in einer Ecke des Kräfteplanes auch äußere Kräfte vorhanden, z. B. 8, 4, 2, P_2, B, so ist das entsprechende Vieleck im Lageplan offen und wird erst geschlossen, wenn man die entsprechenden Seileckseiten dazu rechnet. Wegen dieser Reziprozität, die zwischen den beiden Figuren herrscht, wird ein derartiger Kräfteplan auch ein „reziproker" genannt. Er heißt auch oft ein „Cremonaplan" nach dem italienischen Physiker Cremona, obwohl er eigentlich von dem bekannten englischen Physiker Maxwell stammt.

Wie schon erwähnt, läßt sich nicht für jedes statisch bestimmte Fachwerk ein solcher reziproker Kräfteplan zeichnen. Auf die allgemeinen Bedingungen für die Möglichkeit dafür und auf die Beziehungen geometrischer Natur, die sich daraus ergeben, wollen wir nicht näher eingehen, erwähnt sei nur, daß eine notwendige Bedingung dafür die ist, daß sich das Fachwerk als ebene Projektion eines räumlichen Vielflächners darstellen läßt.

Die Konstruktion ist immer durchführbar, wenn das Fachwerk ein „einfaches Dreiecksfachwerk" ist, wenn es durch Aneinanderreihung von lauter Dreiecken derartig gebildet wird, daß jedes Dreieck sich an die vorhergehenden nur mit einer Seite und zwei Ecken, nicht mit zwei Seiten, anschließt. Das Fachwerk in Abb. 103 ist ein solches. Jedes solches Fachwerk hat als Grundfigur natürlich einen einzigen Stab. Es ist auch statisch bestimmt, da die Beziehung $s = 2k - 3$ für dasselbe gilt — zu den ersten drei Knoten benötigt man 3 Stäbe, zu jedem weiteren zwei, es ist also $s = 3 + 2(k - 3) = 2k - 3$ — und wegen der Starrheit der aneinander gelegten Dreiecke auch keine Beweglichkeit vorhanden sein kann.

58. Fachwerke mit belastetem Innenknoten und andere Spezialfälle. Auch in Fällen, wo die Voraussetzungen für die obigen Regeln 1 und 2

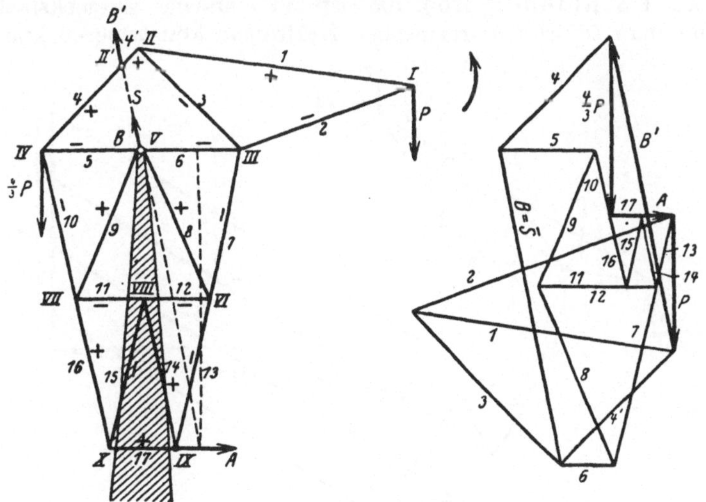

Abb. 104.

nicht alle erfüllt sind, lassen sich doch reziproke Kräftepläne unter Anwendung spezieller Kunstgriffe konstruieren. Wenn z. B. Lasten auch an inneren Gelenken angreifen, wie es manchmal, besonders im Kranbau, vorkommt, so kann man diesen Fall auf den früheren durch Einführung sogenannter „idealer Stäbe und idealer Knotenpunkte“ zurückführen. Von dem belasteten Knoten wird in der Richtung der auf ihn wirkenden Last P ein idealer Stab $\bar{s}$ bis zum Umfang der Fachwerkfigur gezogen, siehe Abb. 104, und dort in einem idealen Gelenk an den Fachwerkstab, an den er trifft, angeschlossen. An diesem idealen Knoten wird jetzt die äußere Last in der ursprünglichen Größe angesetzt und das Fachwerk, bei dem jetzt zwei Stäbe und ein Knoten hinzugekommen sind, nach dem gewöhnlichen Verfahren behandelt. Die Belastung des Innenknoten ist durch die in dem idealen Stab wirkende Kraft ersetzt. Die Spannung in dem Stab, in dem das ideale Gelenk eingefügt wurde, kommt jetzt zweimal, natürlich in gleicher Größe, vor, da wir ja diesen Stab in zwei Teile geteilt, also durch zwei ersetzt haben, ebenso die Innenlast, einmal als Stabspannung, einmal als äußere Kraft. In Abb. 104 ist die Zeichnung für ein Kranfachwerk durchgeführt.

Ist die Konstruktion des Kräfteplanes deswegen vorläufig nicht möglich, weil man bei der Zeichnung der Kraftecke zu Knoten kommt, wo mehr als zwei neue, unbekannte Stabkräfte auftreten — das Fachwerk muß dann eine von einem einzigen Stab verschiedene Grundfigur besitzen —, so kann man sich oft dadurch helfen, daß man eine Stabkraft auf andere Weise, etwa nach dem Ritterschen Verfahren, ermittelt und dann die Zeichnung fortsetzt. Der gewöhnliche Polonceau-Dachbinder, Abb. 105, ist ein einfaches Dreiecksfachwerk, bei dem man sofort den reziproken Kräfteplan konstruieren kann. Bei

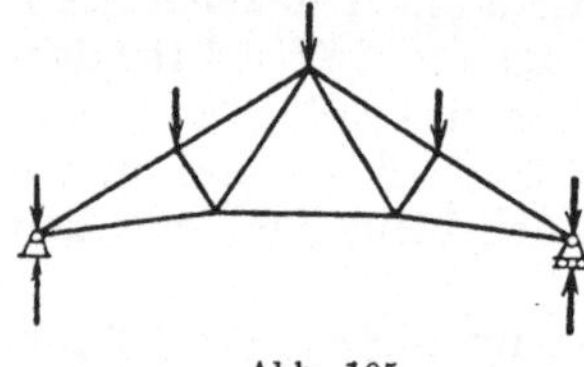
Abb. 105.

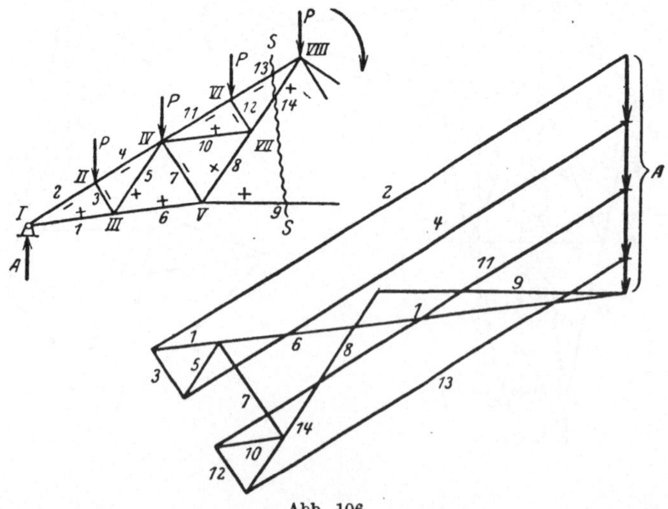

Abb. 106.

dem zusammengesetzten Polonceau-Dach (Abb. 106) ist das nicht mehr der Fall. Dieser besitzt eine Grundfigur, die sich nicht auf einen einzigen Stab reduziert. Für die Knotenpunkte *I*, *II*, *III* kann man nun den Kräfteplan auf die gewöhnliche Weise zeichnen, zum Knoten *IV* oder *V* kann man aber nicht übergehen, da dort drei neue Kräfte vorkommen. Wenn man aber S_0 mit Hilfe des Schnittes *s s* entweder rechnerisch durch Bildung der Momente der Kraft um den Punkt *VIII* oder graphisch dadurch bestimmt, daß man die Resultierende aus Stützendruck und Belastung in Teilkräfte nach den drei Richtungen 9, 13, 14 zerlegt (Nr. 26), kann man den Kräfteplan ohne weiteres zu Ende zeichnen, wie es in der Abbildung geschehen ist.

Bei Fachwerken, die keine zweistäbigen Knoten besitzen, kann man unter Umständen mit der sogenannten „Methode des unbestimmten Maßstabes" zum Ziele kommen. Man zeichnet für einen dreistäbigen Knoten, wo keine Lasten angreifen, das Krafteck in beliebiger Größe und ergänzt dann den Kräfteplan für die anderen Knotenpunkte. Dabei werden die äußeren Kräfte in einer sich aus der Zeichnung ergebenden Größe auftreten. Wenn man nun diese mit den vorgegebenen Werten vergleicht, kann man nachträglich den richtigen Maßstab festlegen.

Statt dieser Methode kann man auch das Stabtauschverfahren von Henneberg benutzen, um die Berechnung von Fachwerken mit Grundfigur auf solche von einfacherem Bau zurückzuführen. Man kann in einem statisch bestimmten Fachwerk einen Stab entfernen und einen neuen zwischen zwei anderen Knotenpunkten einsetzen, die nur so gewählt werden müssen, daß sie in dem durch Wegnahme des Stabes erhaltenen Fachwerk von $s-1$ Stäben eine gewisse Beweglichkeit gegeneinander besitzen. Man ersetzt z. B. in Abb. 107 a den Stab zwischen den Stützen $A\,B$ durch einen zwischen den Knoten $C\,C'$ und bekommt so ein einfaches Dreiecksfachwerk (Abb. 107 b). In diesem kann man dann die Spannkräfte für die ursprüngliche Belastung und außerdem diejenigen berechnen, die sich ergeben, wenn man nur in den Endpunkten des weggelassenen Stabes zwei entgegengesetzt gleiche, in die Richtung des Stabes fallende, dem Betrag nach unbestimmte Kräfte $\bar{S}$ angreifen läßt (siehe Abb. 107 c). Wegen der Linearität der Gleichungen kann man diese beiden Spannungssysteme überlagern und die unbekannte Kraft $\bar{S}$ so bestimmen, daß die Spannkraft in dem neu eingesetzten Stab $C\,C'$ verschwindet. Dann bekommt man die Stabkräfte, wie sie in dem ursprünglichen System vorhanden

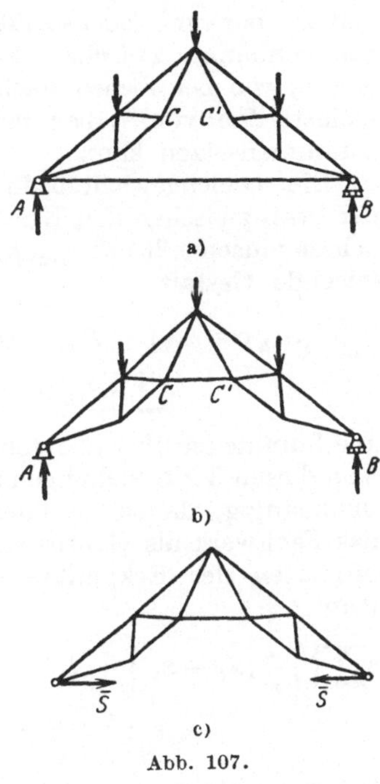

Abb. 107.

sind; das so berechnete $\overline{S}$ stellt die Spannkraft dar, die in dem weggenommenen Stab in der ursprünglichen Lage herrscht.

Dieses Verfahren ist vor allem deswegen von prizipieller Bedeutung, weil es uns erlaubt, eine Aussage über die kinematische Bestimmtheit des ursprünglichen Fachwerks zu machen, wenn dieses sich durch einen derartigen Stabtausch in eines, dessen Eigenschaften wir schon kennen, überführen läßt. Von praktischer Wichtigkeit ist dies besonders bei räumlichen Fachwerken.

59. Räumliche Fachwerke. Die Ermittlung der Stabkräfte in solchen ist im allgemeinen bedeutend komplizierter als in der Ebene. Da wir für jeden Knotenpunkt drei Gleichgewichtsbedingungen, also im ganzen $3\,k$, haben, von denen aber wegen des Gleichgewichtes des ganzen Fachwerks nur $3\,k - 6$ voneinander unabhängig sind, ergibt sich als notwendige Bedingung für die innerliche statische Bestimmtheit eines Raumfachwerks

$$s = 3\,k - 6. \tag{12}$$

Dieselbe Bedingung erhält man, wenn man analog wie in der Ebene die Knotenpunktsverschiebungen unter der Annahme untersucht, daß bei unveränderlicher Länge der Stäbe, das Fachwerk sich nur als starres Ganzes bewegt. Ebenso läßt sich zeigen, daß auch jetzt dieselben Zusammenhänge zwischen kinematischer und statischer Bestimmtheit gelten, wie bei ebenen Fachwerken. Ferner stellt $s = 3\,k - 6$ auch die kleinste Zahl von Stäben dar, aus denen man ein Fachwerk von k Knoten zusammensetzen kann.

Die Gleichgewichtsbedingungen haben, wenn wir die Winkel, die der Stab zwischen den Knotenpunkten A_i und A_h mit den Koordinatenachsen einschließt mit $\alpha_{ih}, \beta_{ih}, \gamma_{ih}$ und die Spannkraft mit S_{ih} bezeichnen, folgende Gestalt

$$\left.\begin{aligned} {}_h\sum (S_{ih} \cos \alpha_{ih}) + P_{xi} = 0, \quad {}_h\sum (S_{ih} \cos \beta_{ih}) + P_{yi} = 0, \\ {}_h\sum (S_{ih} \cos \gamma_{ih}) + P_{zi} = 0, \end{aligned}\right\} i = 1 \ldots k. \tag{13}$$

Die Summe ist über alle von dem Knoten ausgehenden Stäbe zu nehmen. Von diesen $3\,k$-Gleichungen sind im allgemeinen nur $3\,k - 6$ voneinander unabhängig, da sie ja auch die sechs Gleichgewichtsbedingungen für das Fachwerk als Ganzes enthalten müssen. Wenn man wieder die Koordinaten der Eckpunkte und Längen der Stäbe einführt, bekommt man

$$\left.\begin{aligned} {}_h\sum \left\{\frac{S_{ih}}{l_{ih}} (x_i - x_h)\right\} + P_{xi} = 0, \quad {}_h\sum \left\{\frac{S_{ih}}{l_{ih}} (y_i - y_h)\right\} + P y_i = 0, \\ {}_h\sum \frac{S_{ih}}{l_{ih}} (z_i - z_h) + P_{zi} = 0 \end{aligned}\right\} i = 1 \ldots k. \tag{14}$$

Bei der wirklichen Ausrechnung empfiehlt es sich, bei räumlichen Fachwerken aber in den meisten Fällen, kein festes Koordinatensystem anzusetzen, sondern in jedem Knotenpunkt dasselbe so zu wählen, daß immer eine Achse mit einer Stabrichtung zusammenfällt.

Als weitere Bedingung kommt auch hier noch hinzu, daß die Determinante des Gleichungssystems (14) von Null verschieden ist. Das ist jetzt natürlich noch umständlicher durch Rechnung zu entscheiden als in der Ebene. Man verwendet daher so wie dort andere Kriterien zur Beurteilung der Starrheit bzw. statischen Bestimmtheit eines Raumfachwerks. Entsprechend den Überlegungen, die beim räumlichen Kraftsystem angestellt wurden, ist eine notwendige Bedingung hierfür folgende: Kann man das Fachwerk durch einen Schnitt, der sechs Stäbe trifft, in zwei getrennte Teile zerlegen, so dürfen diese sechs Stäbe keinem Nullsystem angehören, wenn das Fachwerk für beliebige Belastungen statisch bestimmt sein soll. Denn sonst wären ja diese sechs Stabkräfte für einen zu diesem Nullsystem gehörigen Kraftangriff an dem abgeschnittenen Teil nicht eindeutig gegeben. Es dürfen also im besonderen nicht mehr als drei in einer Ebene liegen und nicht mehr als drei durch einen Punkt gehen bzw. parallel sein. Auch das Stabtauschverfahren leistet, wie schon erwähnt, bei der Beurteilung der Starrheit gute Dienste.

Dem einfachen Dreiecksfachwerk entspricht ein Raumfachwerk, das aus Tetraedern derartig gebildet wird, daß sich jedes folgende Tetraeder an die vorhergehenden mit einer Seitenfläche und drei Kanten anschließt. Solche Tetraederfachwerke sind immer starr und statisch bestimmt. Sie kommen aber nur selten zur Anwendung.

Die meisten der bei Baukonstruktionen benutzten Fachwerke sind solche, deren Knoten auf einer einfach zusammenhängenden Fläche, häufig einer Rotationsfläche (Kegel, Zylinder, Kugel usw.) liegen, und zwar gewöhnlich auf einem ringförmigen Teil derselben; sie werden Flecht- und Netzwerke genannt. Wenn man sie schließt, so daß sie einen einfach zusammenhängenden Raum überdecken, stellen sie Polyeder dar und es gilt für sie die bekannte Eulersche Regel, es muß die Zahl der Kanten gleich der Summe aus der Zahl der Ecken und Flächen vermindert um zwei, also mit unseren Bezeichnungen

$$s = k + f - 2 \tag{15}$$

sein (f = Zahl der Flächen).

Diese Beziehung kann man sich ableiten, indem man ein solches Polyeder, ausgehend von einer Fläche, nach und nach aufbaut. Die erste Fläche gibt genau soviel Ecken als Kanten, bei jeder weiteren ist die Zahl der neu hinzukommenden Kanten um eins größer als die der Ecken, nur bei der letzten nicht, mit der wir das Polyeder abschließen. Dort sind diese Zahlen wieder gleich, da überhaupt keine neuen Ecken und Kanten hinzukommen. Daher ist die Zahl der Kanten um $f - 2$ größer als die der Ecken.

Soll ein solches Fachwerk überdies statisch bestimmt sein, so tritt noch die weitere Bedingung (12) hinzu. Eingesetzt gibt dies

$$f = \frac{2}{3} s. \tag{16}$$

Da f und s ganze Zahlen sind, so muß die Zahl der Stäbe durch 3 und die Zahl der Flächen durch 2 teilbar sein. Sind die Flächen Dreiecke, so ist diese Beziehung (16) immer erfüllt, ein Polyeder aus Dreiecken stellt also immer ein statisch bestimmtes Fachwerk dar, wenn nicht einer der Ausnahmefälle infinitesimaler Beweglichkeit eintritt. Diese statische Bestimmtheit geht allerdings verloren, wenn man ein solches Fachwerk zerschneidet, was bei der Anwendung geschehen muß. Immerhin verwendet man gewöhnlich Dreiecksnetze, die Fachwerkskuppeln sind bekannte Vertreter dieses Typus.

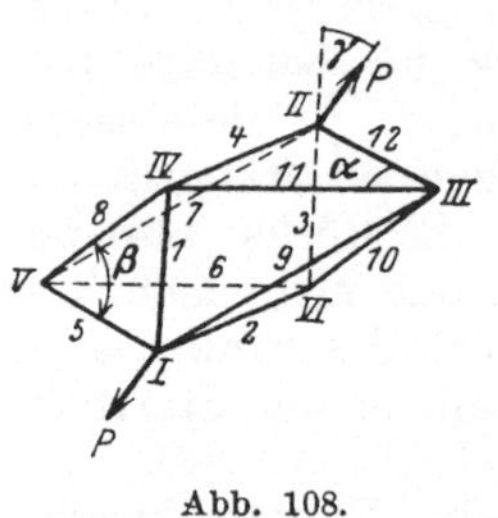

Abb. 108.

Beispiel 26. In nebengezeichnetem Fachwerk (Abb. 108), das aus 6 Knoten und 12 Stäben besteht, sind die Stabkräfte zu berechnen. Die Mittelfläche III, IV, V, VI ist ein Quadrat, die obere und untere Seitenfläche I, IV, V und II, III, VI sind gleichschenklige Dreiecke und stehen zu dem Quadrat senkrecht.

Aus den Gleichgewichtsbedingungen für den Knoten III folgt, daß $S_9 + S_{10} = 0$ und $S_{11} + S_{12} = 0$ ist und ebenso für den Knoten V

$$S_8 + S_7 = 0 \qquad S_5 + S_6 = 0;$$

für den Knoten IV erhalten wir

$$S_{11} \cos\frac{\alpha}{2} - S_8 \cos\beta \cos\frac{\alpha}{2} = 0, \qquad S_4 + S_{11} \sin\frac{\alpha}{2} + S_8 \cos\beta \sin\frac{\alpha}{2} = 0,$$
$$S_1 + S_8 \sin\beta = 0;$$

für II ergibt sich $P\cos\gamma - S_3 - S_7 \sin\beta = 0$.

Wegen der spiegelbildlichen Gleichheit ist $S_1 = S_3$, $S_2 = S_4$, $S_5 = S_{12}$, $S_7 = S_9$. Aus diesen 12 Gleichungen folgt, da $\alpha = \frac{\pi}{2}$ ist,

$$S_1 = S_3 = \frac{P}{2}\cos\gamma \quad S_2 = S_4 = \frac{P}{2}\sqrt{2}\cos\gamma \operatorname{cotg}\beta \quad S_5 = S_{12} = \frac{P}{2}\cos\gamma \operatorname{cotg}\beta$$

$$S_7 = S_9 = \frac{P\cos\gamma}{2\sin\beta} \quad S_8 = S_{10} = -\frac{P\cos\gamma}{2\sin\beta} \quad S_{11} = S_6 = -\frac{P}{2}\cos\gamma \operatorname{cotg}\beta.$$

VII. Theorie der Reibung.

60. Allgemeines über Reibungskräfte. Wir haben uns überlegt, daß an der Berührungsstelle zweier Körper, die aneinander gepreßt sind, eine Kraft übertragen wird, von der wir von vornherein weder Größe noch Richtung kennen. Wenn wir sie in zwei Komponenten, eine Normalkomponente N in der Richtung der Normalen zur Berührungsfläche und eine Tangentialkomponente R senkrecht dazu zerlegen, so nennen wir die Berührung vollkommen glatt, wenn wir diese Tangentialkomponente gleich Null setzen können. Ist dies nicht der Fall, ist eine Tangentialkomponente R vorhanden, so bezeichnen wir sie als Reibung und sprechen von Reibung in der Ruhe oder Haftreibung, wenn an der Berührungsstelle relative Ruhe herrscht, und von Bewegungsreibung, wenn sich die Körper dort relativ zueinander bewegen. Je nach der Art dieser Bewegung unterscheidet man wieder eine gleitende, rollende und bohrende Reibung.

Die Ursache der Reibung liegt in der physikalischen Beschaffenheit der zur Berührung gelangenden Flächenelemente, die in größerem oder geringerem Maße Unebenheiten aufweisen und daher einer seitlichen Verschiebung Widerstand entgegensetzen. Es ist nun sehr schwierig für diese Rauhigkeit der Flächen irgendein Maß zu finden, das uns einwandfrei ermöglichen würde, festzustellen, wann zwei Oberflächen, sogar aus gleichem Material, denselben „Rauhigkeitsgrad" besitzen. Selbst gut polierte Metallflächen zeigen unter dem Mikroskop noch bedeutende Unterschiede. Daher sind experimentelle Angaben über die Reibung, wie wir später noch sehen werden, sehr unsicher und schwer miteinander vergleichbar. Grenzen die beiden Körper nicht direkt aneinander, befindet sich eine Flüssigkeit, etwa ein Schmiermittel, dazwischen, dann haben wir ganz andere Verhältnisse vor uns, dann gleiten Flüssigkeitsschichten gegeneinander. Diese Flüssigkeitsreibung ist von der „trockenen Reibung" wesentlich verschieden.

Aus diesen Anschauungen über das Wesen der Reibung folgt, daß die Reibung bei Relativbewegung der Berührungsstellen gegeneinander immer entgegengesetzt der Relativgeschwindigkeit wirken und einen von der Größe des Druckes, der Rauhigkeit der Berührungsfläche und etwa auch der Größe der Relativgeschwindigkeit abhängigen Wert haben muß. Die Bewegungsreibung ist daher nach unserer im ersten Kapitel aufgestellten Definition eine eingeprägte Kraft, während die Haftreibung so wie der Stützendruck eine Reaktionskraft ist.

61. Das Coulombsche Reibungsgesetz. Die Haftreibung kann innerhalb gewisser Grenzen sowohl der Größe, als auch der Richtung nach jeden beliebigen Wert annehmen, sie läßt sich unter Umständen wie ein Auflagerdruck aus den Gleichgewichtsbedingungen der gestellten Aufgabe berechnen; davon überzeugt man sich an folgendem einfachen Beispiel. Liegt ein Körper auf einer schiefen Ebene (Abb. 109), so wird er auch bei verschiedener Neigung derselben in Ruhe bleiben, solange dieser Winkel nicht ein bestimmtes Maß überschreitet. Aus den Gleichgewichtsbedingungen folgt, daß die Tangentialkomponente des Widerstandes immer gleich $R = G \sin\alpha$ ist. Da $N = G \cos\alpha$, haben wir zwischen Reibung und Normalkraft immer die Beziehung $R = N \tan\alpha$. Bezeichnen wir den Grenzwinkel, wo gerade noch Gleichgewicht herrscht, mit ϱ_0, so gilt, da $\alpha \leqq \varrho_0$ in unserem Falle die Beziehung

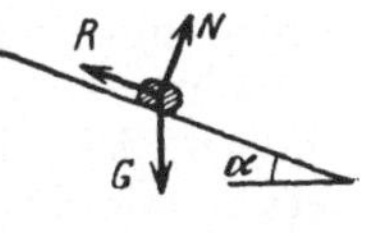

Abb. 100.

$$R \leqq \tan\varrho_0 N \quad \text{bzw.} \quad R \leqq f_0 N, \tag{1}$$

wenn wir $\tan\varrho_0 = f_0$ setzen. Der Grenzwinkel ϱ_0 bzw. der Koeffizient f_0 ist von der Beschaffenheit der Oberflächen beider sich berührender Körper abhängig. Wir wollen dieses Beispiel verallgemeinern und über die Größe der Reibung bei jeder Berührung zweier Körper und bei relativer Ruhe den Satz aussprechen

$$|R| \leqq f_0 N, \tag{2}$$

die Haftreibung ist kleiner oder höchstens gleich $f_0 N$, wo f_0 eine von der Beschaffenheit der Oberflächen abhängige, experimentell zu bestimmende Konstante, die wir die Reibungszahl nennen, darstellt. Den der Gleichung

$$f_0 = \tan \varrho_0 \tag{3}$$

entsprechenden Winkel nennen wir den Reibungswinkel der Haftreibung. Für den Grenzfall, wo gerade noch Gleichgewicht herrscht, gilt das Gleichheits-, sonst das Ungleichheitszeichen. Dabei ist N immer positiv als Druck eingeführt, $N > 0$. Bei dem idealen Fall der vollkommen glatten Berührung haben wir $f_0 = 0$ bzw. $\varrho_0 = 0$.

Wenn man auf das Gleichgewicht keine Rücksicht nimmt, dem Quotienten $\frac{R}{N}$ keine Beschränkung auferlegt, so kommt man ähnlich zu dem Fall der vollkommen rauhen Berührung, wo $f_0 = \infty$ zu setzen ist.

Ist die übertragene Kraft keine Einzelkraft, findet die Berührung auf einem größeren Flächenstück statt, so kann man die obige Gleichung für jedes Flächenelement anschreiben $|dR| \leqq f_0\, dN$, bei krummen Begrenzungsflächen muß man aber darauf achten, daß dann die Richtungen der Normalkräfte verschiedene sind und daher die Resultierende derselben sich durch eine geometrische Summe und nicht durch ein gewöhnliches Integral wie bei ebenen Flächen darstellt.

Wird bei dem angeführten Beispiel die Neigung der schiefen Ebene größer als der Reibungswinkel ϱ_0, dann wird eine Bewegung des Körpers, ein Gleiten nach abwärts eintreten. Wir nennen die dann vorhandene Tangentialkomponente des Widerstandes die Gleitreibung. Sie ist, wie schon erwähnt, entgegengesetzt der Relativgeschwindigkeit gerichtet und wird ihrem Betrage nach von dem Normaldruck, der Beschaffenheit der Flächen und außerdem noch von der Geschwindigkeit abhängen. Doch kommt diese letztere Abhängigkeit erst in zweiter Linie in Betracht und die einfachste Annahme, die wir machen können, ist die, die Gleitreibung proportional dem Normaldruck zu setzen, wie die Haftreibung im Grenzfall, wobei für die Proportionalitätskonstante — f wollen wir sie jetzt nennen — wieder nur die Rauhigkeit der Grenzflächen maßgebend sein soll. Wir haben also

$$R = f\, N. \tag{4}$$

Es liegt nahe, die Gleitreibung gleich dem größten Wert der Haftreibung $f = f_0$ zu setzen. Das ist auch in manchen Fällen möglich und wir wollen es bei unseren Beispielen im allgemeinen tun. Es zeigt aber schon die Beobachtung alltäglicher Vorgänge, daß dies nur angenähert richtig ist, daß für gewöhnlich die Gleitreibung kleiner als der maximale Betrag der Haftreibung ausfällt, $f < f_0$ ist.

Jeder Skifahrer weiß, daß er mit Schneeschuhen, wenn er sie bei jedem Schritt abhebt und wieder aufsetzt, einen Hang hinaufgehen kann, auf dem er bei der Abwärtsfahrt hinabgleitet. Diese Eigenschaft kann durch Anwendung geeigneter Schmiermittel noch bedeutend erhöht, die Differenz zwischen Haft- und Gleitreibung vergrößert werden, wie dies die Verwendung des sogenannten „Steigwachses" beim Skifahren zeigt. Auf diesem Verhalten der Gleitreibung beruht übrigens auch die Möglichkeit des Geigenspiels bzw. der Erzeugung eines Tones durch Streichen einer Saite mit einem Bogen. Durch Haftreibung wird die Saite aus ihrer Ruhelage entfernt, bis die elastische Kraft derselben die Haftreibung überwindet; wäre jetzt die Gleitreibung nicht bedeutend geringer, so könnte die Saite nicht unter dem Bogen zurückschwingen.

Obwohl das durch die Formeln (2) und (4) dargestellte Gesetz nur eine Annäherung darstellt, gibt es doch in den meisten Fällen die wirklichen Verhältnisse in überraschend guter Weise wieder und es wird schon seiner Einfachheit halber in der Technik weitgehend verwendet; es wird nach dem französischen Physiker Coulomb das Coulombsche Reibungsgesetz genannt. Aufgestellt wurde es allerdings schon vor ihm (G. Amontons, Parent 1700), Coulomb (1781) war aber der erste, der genauere Versuche durchführte und die Abhängigkeit der Reibungszahl f von der Art des Materials feststellte. Neben Coulomb wäre auch Morin hervorzuheben, der das Gesetz experimentell prüfte und für viele Stoffe die Reibungszahl bestimmte (1831).

Man kann das Reibungsgesetz, wie es in (2) und (4) dargestellt ist, unter Benutzung des Reibungswinkels noch in einer anderen für die graphische Anwendung tauglichen Form aussprechen. Denkt man sich einen geraden Kreiskegel mit dem Winkel ϱ_0 um die Normale zum Berührungselement geschlagen, so sagt Formel (2) aus, daß bei Haftreibung die Richtung des Gesamtwiderstandes innerhalb oder höchstens im Mantel des Reibungskegels liegt, und analog Formel (4), daß bei Gleitreibung der Widerstand immer in den Mantel des Reibungskegels fällt.

Bei der Einführung des Reibungsgesetzes haben wir stillschweigend die Voraussetzung gemacht, daß es nicht in Widerspruch mit den Gesetzen über das Gleichgewicht und die Bewegung starrer Körper steht. Daß dies nicht selbstverständlich ist, daß sich beim Rollen und Gleiten starrer Körper beim Übergang von Haft- zur Gleitreibung Widersprüche ergeben können, darauf hat Painlévé aufmerksam gemacht (1909). Es wurden verschiedene Vorschläge aufgestellt, wie man diesem Widerspruch ausweichen könnte; das Entsprechendste dürfte, wie in manchem anderen Fall, das sein, von der Hypothese des vollständig starren Körpers abzugehen und auf das elastische Verhalten der Körper Rücksicht zu nehmen.[1]

Der Umstand, daß die Gleitreibung der Relativgeschwindigkeit entgegengerichtet und dem Betrag nach kleiner als der Maximalwert der Haftreibung ist, erlaubt uns eine Reihe von Experimenten und Vorgängen des täglichen Lebens zu erklären, die auf die Reibung Bezug haben. Es ist bekannt, daß ein auf einer schiefen Ebene zunächst in Ruhe liegender Körper auch in der Fallrichtung derselben hinabzugleiten beginnt, wenn man ihn durch eine Kraft senkrecht zu dieser Richtung in Bewegung setzt. Durch letzteren Vorgang wird nämlich die Haftreibung ausgeschaltet, der Körper fängt an, sich in der Richtung der Resultierenden der angesetzten seitlichen Kraft und der nach abwärts wirkenden Komponente der Schwerkraft zu bewegen und hat nur die Gleitreibung in dieser Richtung zu überwinden. Dies gilt auch, wenn die Zusatzkraft klein ist, derartige Zusatzbewegungen können daher die Haltfähigkeit der Haftreibung stark beeinträchtigen, was für die Festigkeit von Schraubenverbindungen oft von großem Nachteil ist. Noch auffälliger tritt diese Erscheinung bei einem Versuch hervor, der von A. Ritter stammt. Legt man auf zwei parallele, unter gleichem Winkel geneigte Walzen quer einen Körper von prismatischer Gestalt, so bleibt er bei genügend großer

[1] Siehe den Artikel von v. Mises in der Enzyklopädie d. Math. Wiss. Bd. IV. „Dynamische Probleme der Maschinenlehre“ 10 b und die Diskussion, die in der Zeitschr. f. Math. u. Phys. Bd. 58 über diese Frage durchgeführt wurde.

Haftreibung in Ruhe, setzt sich aber auch bei kleinem Neigungswinkel sofort in Bewegung, wenn man die beiden Walzen gegeneinander mit gleicher Geschwindigkeit rotieren läßt. Wenn man mit der Hand einen Kork aus einem Flaschenhals ziehen will, so wird dies leichter gelingen, wenn man dem Kork zunächst eine drehende Bewegung erteilt. Ein Messer, das man nur schwer in einen Körper senkrecht hineindrücken kann, schneidet ihn leicht durch, wenn man es in der Schnittrichtung bewegt.

62. Experimentelle Ergebnisse. Die experimentellen Untersuchungen zur Bestimmung der Reibungszahl f bzw. der Reibungsgesetze überhaupt geben, wie schon erwähnt, hauptsächlich wegen der Schwierigkeit, den Zustand der Oberflächen genau zu beschreiben, sehr schwankende Resultate. Zur Orientierung seien einige Zahlenwerte angeführt, die der „Hütte“ entnommen sind und größtenteils von Morin stammen.

Stoffpaar	f_0 für Haftreibung			f für Gleitreibung		
	trocken	geschmiert	mit Wasser	trocken	geschmiert	mit Wasser
Stahl auf Stahl ...	0,15	0,11	—	0,09	—	—
Flußeisen auf Gußeisen oder Bronze .	0,19	0,10	—	0,18	—	—
Holz auf Holz.....	0,4—0,6	0,16	0,7	0,2—0,4	0,08	0,25
Holz auf Metall ...	0,6	0,11	0,65	0,4—0,5	0,10	0,24
Leder auf Metall ..	0,3—0,5	0,16	0,4—0,6	0,3	0,15	0,36
Gummi auf Asphalt.	—	—	—	0,7—0,8	—	0,8—0,9[1]

Die Versuche wurden hauptsächlich mit einem belasteten Schlitten auf einer schiefen Ebene durchgeführt, die Vertauschung des Stoffes von Schlittenkufe und Schiene ändert die Reibungszahl ganz wesentlich. Bei gleichem Material der beiden Oberflächen fällt sie im allgemeinen größer aus als bei verschiedenem. Aus den obigen Daten ergibt sich auch, daß bei Verwendung von Schmiermitteln der Einfluß des Materials stark zurücktritt. Sie setzen die Reibung herab, und zwar in der Reihenfolge Talg, trockene Seife, Schweinefett, Olivenöl.[2] Wasser kann manchmal reibungsvermindernd, manchmal auch reibungsvermehrend wirken, wie aus obigen Zahlen hervorgeht. Dasselbe gilt auch von anderen Flüssigkeiten, Ammoniak, Benzin, Terpentin.

Wie schon hervorgehoben, ist die Schmiermittelreibung ein Problem der Hydrodynamik. Aus deren Sätzen folgt, was hier ohne Beweis angegeben sei, daß die Reibung zwischen zwei Flächen bei Relativbewegung derselben mit der Geschwindigkeit v gegeneinander, der Größe der Flächen und der Geschwindigkeit direkt und der Dicke der Flüssigkeitsschicht verkehrt proportional zu setzen ist

$$R = \varkappa F \frac{v}{h}, \tag{5}$$

wobei die Konstante $\varkappa$ die „Zähigkeit“, ein Maß für die innere Reibung der Flüssigkeit gibt. Die Flüssigkeitsreibung ist also im Gegensatz zu der trockenen Reibung unabhängig vom Normaldruck und von der

[1] Wenn durch Schlamm schlüpfrig aber nur 0,4 bis 0,5.
[2] v. Mises, l. c. § 7.

Rauhigkeit der Flächen. Da bei den Versuchen kaum jemals völliges Trockenbleiben der Gleitflächen zu erzielen ist, so findet in der Mehrzahl der Fälle kombinierte Reibung statt.

Bei Stoffen, die nicht homogen sind, sondern eine gewisse Struktur aufweisen, wie Holz und ähnliche, ist die Reibung von der gegenseitigen Lage der Strukturlinien abhängig, bei Holz auf Holz ist sie kleiner, wenn die Fasernrichtungen zueinander senkrecht stehen als wenn sie parallel verlaufen, was auf eine gewisse Keilwirkung (siehe Nr. 66) zurückzuführen ist. Ferner ist, wie leicht erklärlich, auch die Größe der Berührungsfläche bzw. der Druck pro Flächeneinheit auf die Größe der Reibung von Einfluß. Sie nimmt bei faserigen Substanzen, wie Tuch, bei konstantem Normaldruck mit der Größe der Berührungsfläche stark zu.

Die Haftreibung ist außerdem auch von der Berührungsdauer abhängig, da die Unebenheiten eine gewisse Zeit brauchen, um ineinander einzudringen.

Sorgfältige und umfangreiche Versuche, die in neuerer Zeit von G. Sachs mit rotierenden, unter verschiedenem Druck gegeneinander gepreßten Scheiben durchgeführt wurden,[1] zeigen unter anderem, daß die durch Gl. (4) gegebene Beziehung zwischen Reibung und Normalkraft recht gut stimmt, daß nur eine kleine Abnahme der Reibungszahl bei zunehmender Normalkraft vorhanden ist. Allerdings können die Ergebnisse nur mit Vorsicht auf ebene Berührungsflächen übertragen werden, man darf die elastische Formänderung der tatsächlichen Berührungsflächen infolge der Normalkraft nicht außer acht lassen.

Bei den älteren Versuchen, wo nur geringe Geschwindigkeiten, etwa bis 2 m/sek in Betracht kamen, war die Reibungszahl von der Geschwindigkeit fast ganz unabhängig oder es ergab sich ein schwaches Anwachsen bis zu einem Höchstwert mit darauffolgender Abnahme. Für größere Geschwindigkeiten zwischen 3 und 27 m/sek wurden Versuche besonders im Interesse der Eisenbahntechnik in Frankreich von Poirée (1852) und Bochet (1861) und in besonders großem Maßstab von Galton (1878) in England vorgenommen. Sie betrafen die Reibung zwischen Laufrad und Bremsklotz oder zwischen festgebremstem Rad und Schiene. Die Versuchsergebnisse ließen sich durch die Formel ausdrücken

$$f = \frac{f_0 - f_\infty}{1 + a v} + f_\infty, \tag{6}$$

wo f_0 die Reibungsziffer für Ruhe $v = 0$, f_∞ die für $v = \infty$ bedeutet. Diese Formel wurde auch auf Grund weiterer Versuche von Wiechert (1889) von dem Verein deutscher Eisenbahnverwaltungen mit den Werten $a = 0{,}226$ sek/m, $f_\infty = 0{,}00495\, f_0$, $f_0 = 0{,}45$ für trockene, $f_0 = 0{,}25$ für nasse Flächen angenommen. Hier wirkt also Wasser reibungsvermindernd.

Daß f mit zunehmender Geschwindigkeit abnimmt, ist erklärlich, da die Reibungsflächen bei größerer Geschwindigkeit schneller abge-

[1] Z. f. ang. Math. u. Mech. 1924, H. 1.

schliffen werden. Bei anderen Materialien, wie Leder auf Eisen, nimmt dagegen f mit wachsender Geschwindigkeit zu,[1] was in der Maschinentechnik besonders wegen der Anwendung auf Riemenscheiben und Dichtungen von Wichtigkeit ist. Die Ursache liegt darin, daß die getriebene Scheibe eines Reibungstriebes hinter der treibenden um ein gewisses Maß zurückbleibt, was für eine Umdrehung der treibenden Scheibe als der „Schlupf" bezeichnet wird, daß also eine Kombination von reinem Abrollen und Gleiten stattfindet, die von der Umfangsgeschwindigkeit abhängig ist.

63. Bedeutung der Haftreibung für das Gleichgewicht. Das passive Verhalten der Haftreibung, der Umstand, daß sie jede Richtung und innerhalb gewisser Grenzen auch jeden Wert annehmen kann, ist von großer praktischer Bedeutung. Es hat zur Folge, daß bei Gleichgewicht irgendeines Systems sich berührender Körper den angreifenden Kräften ein gewisser Spielraum offen ist, innerhalb dessen diese liegen können, ohne daß das Gleichgewicht gestört wird. Das soll an einer Anzahl von Beispielen veranschaulicht werden. Wir werden später auch noch sehen, daß die Reibung, und zwar die Haftreibung, trotz ihres zunächst die Bewegung zu hemmen scheinenden Charakters im Gegenteil jene Kraft ist, die die Bewegung in vielen Fällen erst ermöglicht. Das Bewegen von Menschen und Tieren, von Fahrzeugen auf festem Boden beruht auf ihr.

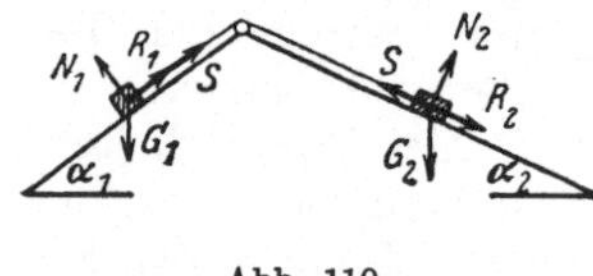

Abb. 110.

Beispiel 27. Zwei Gewichte G_1 und G_2 liegen (Abb. 110) auf zwei schiefen Ebenen mit den Neigungswinkeln α_1 und α_2 und der Reibungszahl f_0. Sie sind durch ein gewichtsloses Seil verbunden, das über eine vollständig glatte Rolle läuft. Zwischen welchen Grenzen wird das Verhältnis $\frac{G_1}{G_2}$ der beiden Gewichte liegen können, ohne daß Bewegung eintritt?

Wegen der glatten Berührung ist die Spannkraft im Seile konstant gleich S. Nehmen wir zunächst an, daß die Reibung so wie in der Abbildung gerichtet ist, daß also bei einer weiteren Vergrößerung von G_1 Bewegung nach links eintreten würde, so geben die Gleichgewichtsbedingungen für beide Körper

$$S + R_1 - G_1 \sin\alpha_1 = 0, \quad -S + R_2 + G_2 \sin\alpha_2 = 0, \quad N_1 = G_1 \cos\alpha_1,$$
$$N_2 = G_2 \cos\alpha_2.$$

Das Reibungsgesetz liefert

$$R_1 \leqq f_0 N_1, \qquad R_2 \leqq f_0 N_2.$$

Daraus erhält man

$$R_1 + R_2 = G_1 \sin\alpha_1 - G_2 \sin\alpha_2 \leqq f_0 (N_1 + N_2)$$

und wenn man für N_1 und N_2 die Werte einsetzt

$$\frac{G_1}{G_2} \leqq \frac{\sin\alpha_2 + f_0 \cos\alpha_2}{\sin\alpha_1 - f_0 \cos\alpha_1}$$

und bei Einführung des Reibungswinkels ϱ_0

$$\frac{G_1}{G_2} \leqq \frac{\sin(\alpha_2 + \varrho_0)}{\sin(\alpha_1 - \varrho_0)}.$$

[1] Sachs, G.: l. c. Abb. 20.

Damit haben wir einen Grenzwert dieses Verhältnisses $\frac{G_1}{G_2}$ gefunden. Würde nun $\frac{G_1}{G_2}$ so klein werden, daß eine Bewegung nach rechts eintreten würde, so kehren sich nur die Richtungen der Reibungen um. Wir können dies in unserem Resultat berücksichtigen, indem wir statt f jetzt $-f$ bzw. statt ϱ_0 den Wert $-\varrho_0$ setzen und das Ungleichheitszeichen umdrehen. Wir erhalten $\frac{G_1}{G_2} \geqq \frac{\sin(\alpha_2 - \varrho_0)}{\sin(\alpha_1 + \varrho_0)}$. Damit haben wir beide Grenzwerte gefunden, für Gleichgewicht muß

$$\frac{\sin(\alpha_2 - \varrho_0)}{\sin(\alpha_1 + \varrho_0)} \leqq \frac{G_1}{G_2} \leqq \frac{\sin(\alpha_2 + \varrho_0)}{\sin(\alpha_1 - \varrho_0)}$$

sein.

Beispiel 28. Ein homogener Stab lehnt an einer vertikalen Wand und schließt mit dem Boden den Winkel α ein. Innerhalb welcher Grenzen muß dieser Winkel liegen, wenn die Reibungszahl für den Boden f_1 und für die Wand f_2 ist?

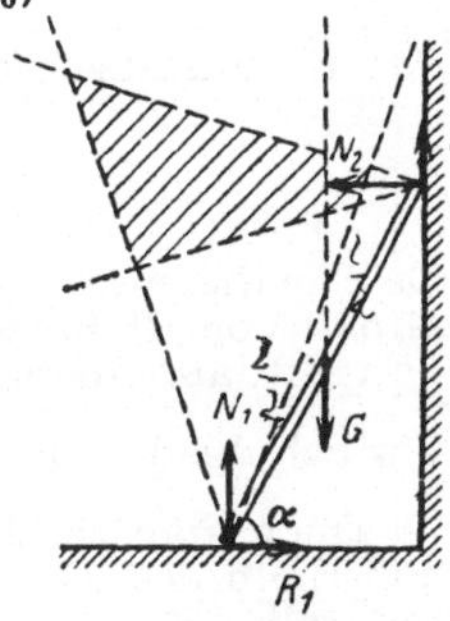

Mit den Bezeichnungen in nebenstehender Abb. 111 lauten die Gleichgewichtsbedingungen

$$N_1 + R_2 - G = 0, \qquad R_1 - N_2 = 0,$$

$$-G\,\frac{l}{2}\cos\alpha + N_2\, l \sin\alpha + R_2\, l \cos\alpha = 0.$$

Abb. 111.

Die Gleichungen für Haftreibung geben

$$R_1 \leqq f_1 N_1, \qquad R_2 \leqq f_2 N_2.$$

Wenn wir annehmen, daß sich der Stab gerade noch im Gleichgewicht befindet, haben wir in den beiden letzten Ausdrücken das Gleichheitszeichen zu setzen. Wir können dann alle Unbekannten durch den Winkel α ausdrücken und erhalten beim Einsetzen in die dritte Gleichung

$$\cos\alpha\,(1 + f_1 f_2) = 2 f_1 (\sin\alpha + f_2 \cos\alpha) \quad \text{oder} \quad \tan\alpha = \frac{1 - f_1 f_2}{2 f_1}.$$

Da sich der Stab nur nach links bewegen kann, so ist für

$$\tan\alpha \geqq \frac{1 - f_1 f_2}{2 f_1}$$

Gleichgewicht vorhanden.

Diese Aufgabe kann man auch mit Hilfe des Reibungskegels auf einfache Art graphisch lösen. Da sich bei Gleichgewicht die drei auf den Stab wirkenden Kräfte, die beiden Widerstände und das Gewicht, in einem Punkte schneiden müssen, muß die Richtung von G durch den gemeinsamen Raum beider Reibungskegel, also durch die in der Zeichnung schraffierte Fläche gehen.

Unter Umständen kann nun der Fall eintreten, daß auch bei beliebiger Vergrößerung einer an einem Mechanismus auftretenden Kraft dieser infolge der Reibung nicht in Bewegung gesetzt werden kann, sondern in Ruhe verbleibt, wir sprechen dann von Selbstsperrung. So ist schon eine rauhe, schiefe Ebene mit einer Neigung kleiner als der Reibungswinkel in gewissem Sinne selbstsperrend, da dann auch ein beliebig großes, auf ihr liegendes Gewicht nicht in Bewegung gerät.

Beispiel 29. An einer Schublade von der Breite $2\,b$ und der Länge a, die mit geringem Spielraum zwischen zwei Führungen gleiten kann, greift exzentrisch eine Kraft P an. Wie groß darf der Abstand ε derselben von der Mitte höchstens sein, wenn keine Selbstsperrung eintreten soll? Die Reibungszahl zwischen Lade und Führungen sei f_0.

Hat die Reibungskraft die Richtung wie in der Abb. 112, so lauten die Gleichgewichtsbedingungen

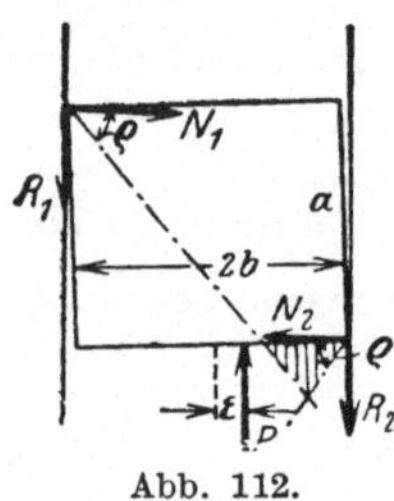

Abb. 112.

$$N_1 = N_2 = N, \quad R_1 + R_2 = P.$$

$$P(b - \varepsilon) + N_1 a - R_1 2b = 0.$$

Daraus erhält man $R_1 = \dfrac{R_2 (b - \varepsilon) + N a}{b + \varepsilon}$.

Das Reibungsgesetz gibt $\dfrac{R_2 (b - \varepsilon) + N a}{b + \varepsilon} \leqq f N$.

Hier kann man nicht so wie im vorigen Beispiel durch Einsetzen des Gleichheitszeichens in den Ungleichungen $R_1 \leqq f N$ bzw. $R_2 \leqq f N$ einen Grenzwert von ε finden, sondern man muß sich überlegen, daß der kleinste Wert, den R_2 annehmen kann, Null ist. Dann bekommt man für ε die Bedingung

$$\frac{N a}{b + \varepsilon} \leqq f N \text{ und daraus } \varepsilon \geqq \frac{a}{f} - b.$$

Da P in diesem Ausdrucke nicht mehr vorkommt, so besteht auch bei beliebiger Größe von P immer Gleichgewicht, wenn diese Bedingung erfüllt ist; es herrscht also dann immer Selbstsperrung. Dagegen ist keine vorhanden, die Schublade läßt sich bewegen, wenn $\varepsilon < \dfrac{a}{f} - b$ ist.

Die graphische Lösung ist ebenfalls in der Figur eingezeichnet, es muß P außerhalb des schraffierten Raumes angreifen, wenn eine Bewegung möglich sein soll.

Das Eintreten der Selbstsperrung ist manchmal, wie etwa bei obigem Beispiel, recht unerwünscht, in vielen anderen Fällen beruht aber gerade das Wesen eines Mechanismus auf ihr, wie wir noch bei verschiedenen Werkzeugen sehen werden.

64. Zapfenreibung. Für den Maschinenbau ist besonders die Reibung wichtig, die zwischen Zapfen und Lager stattfindet. Ist der Zapfen senkrecht zur Achse belastet, so sprechen wir von einem Tragzapfen, fällt die Richtung der Kraft mit der Achse zusammen, von einem Spur- oder Stützzapfen. Der Zapfen und die ihn umgebende Lagerschale müssen natürlich die Gestalt einer Drehfläche haben, wir wollen für den Tragzapfen die zylindrische, für den Spurzapfen die konische Form zugrunde legen.

a) Spurzapfenreibung. Liegt der Zapfen überall an, so wird auf ein Flächenelement des Kegelstutzes eine Normalkraft dN und eine der Richtung einer etwaigen Drehung entgegengesetzt wirkende horizontale Reibungskraft dR angreifen, die für den Grenzfall der Haftreibung gleich $f_0 \, dN$, für die Drehung gleich $f \, dN$ zu setzen ist. Wir wollen diesen Unterschied bei den folgenden Erörterungen nicht mehr berücksichtigen, sondern durchwegs f schreiben. Die Reibungskräfte werden einem Kräftepaar in einer horizontalen Ebene gleichwertig sein, dessen Moment durch den Ausdruck $M_r = \int r \, dR$ gegeben ist. Wenn wir den Normaldruck pro Flächeneinheit, den spezifischen Druck auf die stützende Kegelfläche mit p bezeichnen, so ist $dN = p \, dF$ und $dR = f \, p \, dF$. Als Flächenelement wollen wir einen Ringstreifen vom

Radius r und der Breite $dx = \frac{dr}{\sin\alpha}$ (siehe Abb. 113) nehmen, wo α den halben Öffnungswinkel des Kegels bedeutet. Dann ist $dF = 2\,r\,\pi\,\frac{dr}{\sin\alpha}$ und

$$M_r = \frac{2\,\pi\,f}{\sin\alpha}\int\limits_{r_2}^{r_1} p\,r^2\,dr. \tag{7}$$

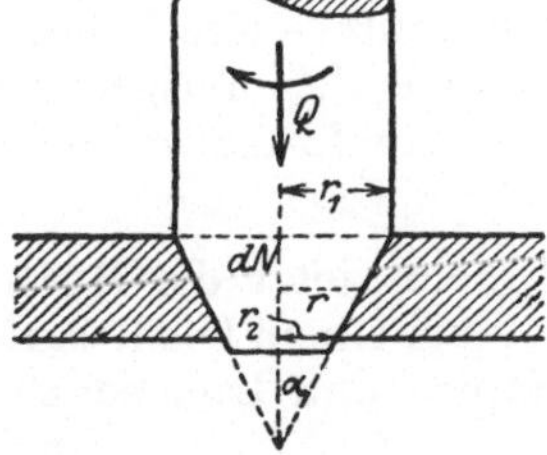

Abb. 113.

Das durch die Reibung hervorgerufene Moment wird also von der Verteilung des Normaldruckes p abhängen; nehmen wir ihn als konstant an, so erhalten wir

$$M_r = \frac{2\,\pi\,f\,p}{3\sin\alpha}(r_1^3 - r_2^3).$$

Wegen des Gleichgewichtes in vertikaler Richtung muß unter derselben Voraussetzung

$$Q = \int dN\sin\alpha = \pi\,p\,(r_1^2 - r_2^2)$$

und daher

$$M_r = \frac{2\,f}{3\sin\alpha}\,\frac{r_1^3 - r_2^3}{r_1^2 - r_2^2}\,Q \quad \text{sein.} \tag{8}$$

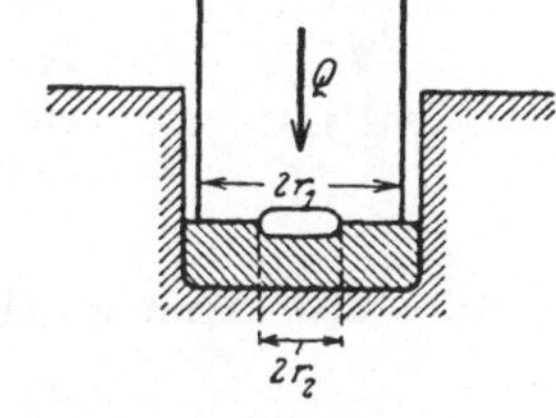

Abb. 114.

Sitzt der Zapfen, wie gewöhnlich, auf einer Kreisringfläche auf, **Ringzapfen** (Abb. 114), so ist $\alpha = 90°$ und demnach

$$M_r = \frac{2}{3}\,f\,\frac{r_1^3 - r_2^3}{r_1^2 - r_2^2}\,Q. \tag{9}$$

Mit $r_2 = 0$, für den Fall des ebenen Zapfens, erhalten wir

$$M_r = \frac{2}{3}\,f\,r\,Q. \tag{10}$$

Diese Formeln sind unter der Voraussetzung trockener Reibung abgeleitet, sie haben daher für die tatsächlichen Verhältnisse, wo ja immer Schmiermittel angewendet werden, nur sehr näherungsweise Geltung.

b) **Tragzapfenreibung.** Bei einem zylindrischen Tragzapfen ist die geometrische Summe der auf die Flächenelemente desselben wirkenden Normaldrücke dN gleich der an ihm angreifenden Last Q und geht durch die Achse des Zapfens hindurch (Abb. 115). Die Reibungskräfte haben um diese Achse ein Moment, das durch die algebraische Summe über alle $r\,dR$, also durch $M_r = \int r\,dR$ dargestellt wird. Nach dem Reibungsgesetz ist $M_r = r\,f\int dN$. Wenn die Berührung zwischen Zapfen und Lagerschale eine sehr enge ist, das Lager sehr spannt, so kann dieses Moment auch bei einer kleinen Last Q einen sehr großen Wert annehmen, da ja Q gleich

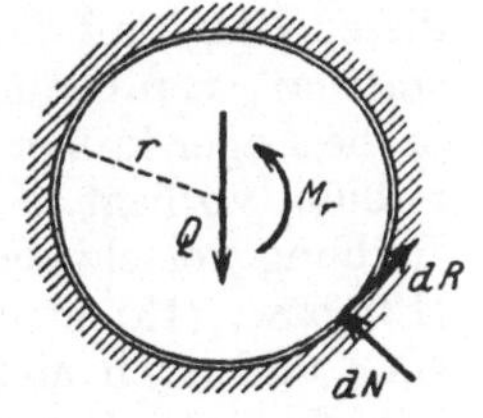

Abb. 115.

der geometrischen Summe der dN ist, das Moment aber mit der algebraischen Summe derselben anwächst. Ist die Verteilung des Druckes nicht bekannt, so kann man nur sagen, daß

$$\int dN = k\,Q \quad \text{mit } k \geqq 1 \tag{11}$$

sein muß — die Schlußseite in einem Vieleck kann nicht größer als die Summe der übrigen Seiten ausfallen. Setzen wir $k\,f = f_z$, so können wir rein formal schreiben

$$M_r = f_z\,r\,Q, \tag{12}$$

f_z heißt jetzt die **Reibungszahl** der Zapfenreibung.

Bei einem leicht laufenden Lager, wo ein gewisser Spielraum zwischen Zapfen und Lagerschale vorhanden ist, wäre die dem Begriff des starren Körpers entsprechendste Annahme die, Berührung zwischen Zapfen und Lager längs einer Erzeugenden des Zylinders anzusetzen. Dann hat man nur ein N und ein R (Abb. 116), die sich zu einem Gesamtlagerdruck W zusammensetzen, der der Größe nach gleich der Last Q ist und mit der Normalenrichtung den Reibungswinkel ϱ einschließt. Dabei ist für die Gleichgewichtsstellung der Berührungspunkt entgegen der Drehung des Zapfens verschoben, es findet in dieser Richtung ein „Auflaufen" des Zapfens statt. M_r ergibt sich zu

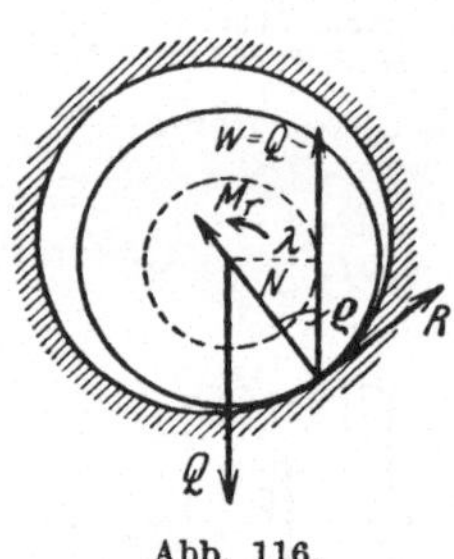

Abb. 116.

$$M_r = r \sin \varrho\, Q. \tag{13}$$

f_z wäre also dann gleich $\sin \varrho$ und der Kreis mit dem Radius

$$\lambda = r \sin \varrho,$$

den der Lagerdruck berührt, heißt der „Reibungskreis", λ selbst der Radius der Zapfenreibung. Das gilt für den Grenzfall, für die Haftreibung wäre analog

$$M_r \leqq \lambda\,Q \tag{14}$$

zu setzen.

In Wirklichkeit wird wegen der Abnutzung und der Elastizität des Materials die Berührung nicht längs einer Erzeugenden stattfinden; man könnte obige Überlegung ohne besondere Schwierigkeit auch auf diesen Fall, daß die Berührung längs eines Streifens von endlicher Breite statthat, verallgemeinern. Das hat aber kein besonderes Interesse, da ja die Lager immer geölt werden und daher hier ein Fall der Flüssigkeitsreibung vorliegt, der, wie erwähnt, grundsätzlich von dem der trockenen Reibung verschieden ist. Es wird zwar auch bei Schmierung die Formel (12) bzw. (13) in der Technik verwendet, f_z ist aber nicht mehr gleich $\sin \varrho$ und auch nicht mehr annähernd konstant, sondern hängt von der Zähigkeit des Schmiermittels, von dem Normaldruck, der in der Gestalt der mittleren Belastung pro Flächeneinheit der Projektion der Lagerfläche eingeführt wird, und von der Umlaufsgeschwindigkeit der Welle ab. Diese Abhängigkeiten kann man auf Grund der Gesetze der Hydrodynamik zäher Flüssigkeiten theoretisch verfolgen, es sind da die Untersuchungen von Sommerfeld[1] und von Gümbel[2] zu erwähnen. Es ergibt sich dabei auch, daß die Berührungsstelle von Zapfen und Lager im Sinne des Wellenumlaufs gegen die Lagermitte verschoben ist, nicht wie bei trockener Reibung in entgegengesetztem Sinn, ein Resultat, das mit der Beobachtung besser übereinstimmt.

Die besten experimentellen Arbeiten auf diesem technisch sehr wichtigen Gebiet stammen von Stribeck,[3] denen auch untenstehendes Schaubild, Abb. 117, entnommen ist, die den Zusammenhang zwischen

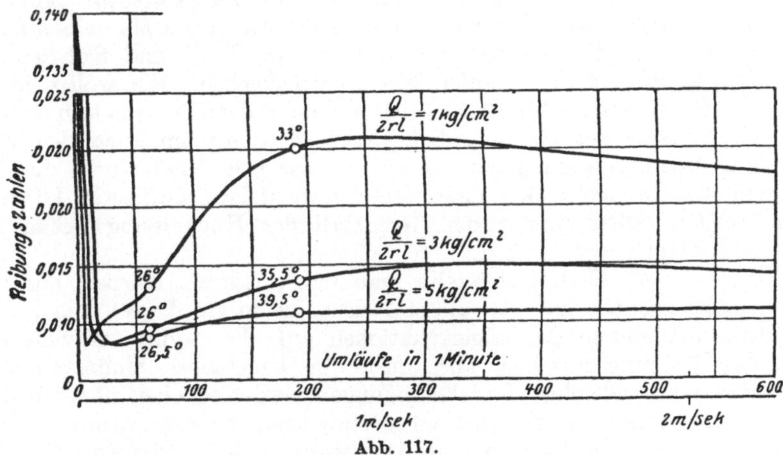

Abb. 117.

Reibungszahl und Umlaufgeschwindigkeit der Welle bei verschiedenen mittleren Drücken pro Flächeneinheit der Lagerprojektion, $\frac{Q}{2\,r\,l} = 1,\ 3,$ $5\ \mathrm{kg/cm^2}$ darstellt. Da die Zähigkeit sich stark mit der Temperatur ändert, so sind auch die einer äußeren Temperatur von 20° C entsprechenden „Beharrungstemperaturen" des Lagers für eine Reihe von Umdrehungszahlen eingetragen. Charakteristisch für die Kurven ist, daß sie für den Grenzfall $v = 0$ alle von dem ungefähren Wert $f_z \sim 0{,}14$ der „Reibungszahl der Ruhe" ausgehen, ein Wert, der also von der Pressung und der Temperatur unabhängig ist, zunächst sehr rasch bis zu einem Minimum, das wieder für alle gleich groß ausfällt, herabsinken, dann eine kurze Strecke linear ansteigen, um schließlich fast konstant zu bleiben bzw. leicht abzunehmen. Die theoretischen Überlegungen geben den Verlauf der Kurven in der Umgebung des Minimums und im ansteigenden Ast recht gut wieder, die Abweichungen dürften mit

[1] Sommerfeld: „Zur hydrodynamischen Theorie der Schmiermittelreibung", Z. f. Math. u. Phys. **50**, **1904**; ferner: „Zur Theorie der Schmiermittelreibung", Z. f. techn. Phys. **1921**, Nr. **3** u. **4**.

[2] Gümbel-Everling: Reibung und Schmierung im Maschinenbau. Berlin. 1925.

[3] Stribeck, R.: Die wesentlichen Eigenschaften der Gleit- und Rollenlager. Z. V. D. I. **46**, 1902.

der Änderung der Zähigkeit der Öle, teils infolge der Temperatur, teils aber auch mit molekularphysikalischen Vorgängen zusammenhängen.

65. Einfache Maschinen. Der Hebel und seine Anwendungen. Die Reibung spielt eine große Rolle bei einer Anzahl von Vorrichtungen, die man nach altem Sprachgebrauch als „einfache Maschinen“ bezeichnet, wenn sie auch mit dem modernen Begriff einer Maschine, bei dem man immer an Energieumwandlung denkt, nichts gemeinsam haben. Es sind Vorrichtungen, die dazu dienen, Kräfte auf möglichst günstige Art zur Wirkung zu bringen. Außer Hebel und schiefer Ebene, den beiden Grundformen, rechnet man zu den einfachen Maschinen noch Rolle und Winde, die auf das Hebelgesetz, Keil und Schraube, die auf das Prinzip der schiefen Ebene zurückgehen. Wir wollen nicht nur die Bedingungen für das Gleichgewicht aufstellen, sondern wegen der Wichtigkeit der Reibung bei diesen Mechanismen auch den Fall der langsamen Bewegung betrachten, wo wir jede Lage, durch die das System hindurchgeht, als eine Gleichgewichtslage auffassen können. Wir werden daher immer den Grenzfall der Haftreibung behandeln und außerdem $f = f_0$ setzen.

Unter einem Hebel versteht man einen starren Körper, der um eine Achse drehbar ist. An dieser Achse, die in ein Lager eingebettet ist, treten Widerstände, Lagerreaktionen auf, die, wenn wir zunächst von der Reibung absehen, alle durch die Lagerachse hindurchgehen. Von den sechs Gleichgewichtsbedingungen wird also eine, nämlich die, daß die Momente um die Drehachse Null sind, die Lagerdrücke nicht enthalten, sie wird eine „reine Gleichgewichtsbedingung“ sein. Die Aussage, daß ein Hebel im Gleichgewichte ist, wenn die Momente der äußeren Kräfte um die Drehachse verschwinden, das sogenannte Hebelgesetz, ist der älteste Bestandteil des menschlichen Wissens von der Mechanik, es wurde im 3. Jahrhundert vor Christi von Archimedes aufgestellt.

Die wichtigste Anwendung des Hebels ist die Hebelwaage. Sie beruht darauf, daß im Gleichgewichtsfall bei gleichen Hebelarmen zwei an denselben aufgehängte Gewichte gleich sein müssen. Wir wollen sie hier nur erwähnen und uns erst in der Dynamik näher mit ihr beschäftigen.

Eine horizontal gelagerte Welle, die an ihrem Umfang im Abstand r mit Hilfe eines Seiles, das um sie geschlungen ist, eine Last Q trägt und an der eine Kraft P mittelst eines Handarms ebenfalls tangential und senkrecht zur Achse in der Entfernung R angreift, nennt man eine Winde (Abb. 118). Die reine Gleichgewichtsbedingung gibt

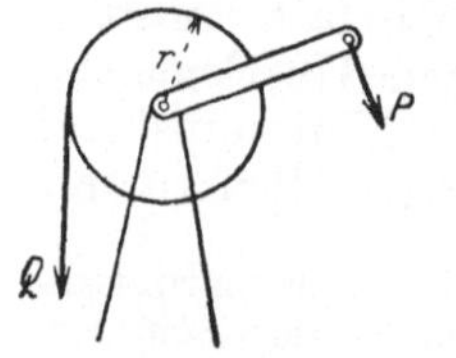

Abb. 118.

$$P = Q \frac{r}{R}, \tag{15}$$

wenn wir zunächst die Reibung in dem Lager vernachlässigen.

Eine weitere Anwendung des Hebels ist die Rolle, das ist eine kreisförmige Scheibe, die sich um ihre Achse drehen kann und an deren Rand tangential zwei Kräfte, etwa durch Vermittlung eines Seiles angreifen. Es herrscht wegen der Gleichheit der Hebelarme auch Gleichgewicht, wenn die Kräfte gleich groß sind. Ist die Achse nicht fest, sondern ist sie parallel zu sich selbst verschiebbar, so nennt man die Rolle beweglich. Auf die Kombinationen von Rollen und Seilen, die sogenannten Flaschenzüge, wollen wir im nächsten Kapitel noch zu sprechen kommen.

Wenn Reibung in den Lagern, Tragzapfenreibung, vorhanden ist, so tritt zu den Momenten der äußeren Kräfte noch das Moment der Zapfenreibung entsprechend Formel (14) hinzu. Graphisch lassen sich derartige Aufgaben leicht mit Hilfe des Reibungskreises lösen.

Beispiel 30. Wie groß muß eine in der Richtung $a\,a$ an nebengezeichneter Scheibe (Abb. 119) angreifende Kraft sein, damit sie dieselbe gerade in Bewegung setzt? Der Radius des Reibungskreises sei vorgegeben.

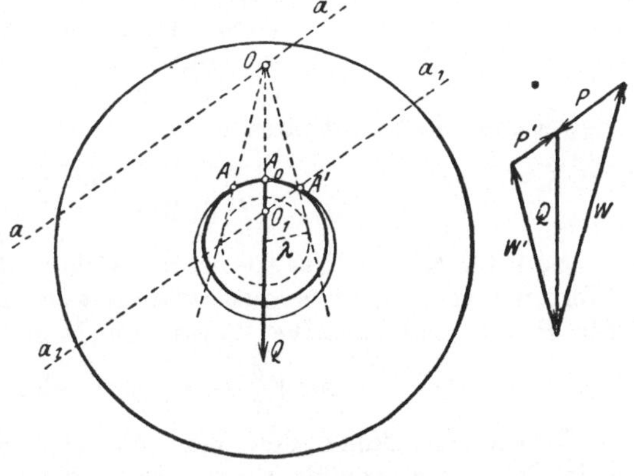

Abb. 119.

Die drei Kräfte, Gewicht Q, Widerstand W und die Kraft P müssen durch einen Punkt gehen und dabei muß außerdem W den Reibungskreis berühren. Da zwei Tangenten möglich sind, erhalten wir durch die Konstruktion des Kraftdreiecks zwei Kräfte P und P', je nachdem die Drehung nach links oder nach rechts in Gang gesetzt würde. Der Berührungspunkt von Lager und Zapfen wandert dabei von A_0 nach A bzw. A'.

Ist die Exzentrizität von P so gering, daß der Schnittpunkt O_1 von Q und P innerhalb des Reibungskreises liegt, dann kann man von diesem Punkte keine reelle Tangente an denselben ziehen. Dann ist auch für beliebig großes P keine Bewegung möglich, dann haben wir also wieder einen Fall der Selbstsperrung vor uns.

66. Keil. Der Keil wird in den mannigfaltigsten Formen bei Werkzeugen und Maschinen verwendet. Die Gleichgewichtsbedingungen ergeben sich immer aus den bekannten Sätzen für die schiefe Ebene. In der einfachen Gestalt, wie er zum Zerspalten von Holz oder bei Werkzeugen zum Zerschneiden von Gegenständen benutzt wird, ist die Beziehung zwischen der Kraft P, die zum Eintreiben des Keiles nötig ist, und dem Widerstand, den er an seinen Seiten erfährt, den wir in die Normalkomponente N und die Tangentialkomponente R zerlegen (Abb. 120), durch die Gleichung

$$P - 2\,N \sin\frac{\delta}{2} - 2\,R \cos\frac{\delta}{2} = 0$$

gegeben. Ist die Reibungszahl $f = \tan\varrho$ zwischen Material und Keil bekannt, so ist nach dem Reibungsgesetz $R \leqq f\,N$ für Gleichgewicht

$$P \leqq 2\,N\left(\sin\frac{\delta}{2} + f\cos\frac{\delta}{2}\right) \text{ oder } P \leqq 2\,N\frac{\sin\left(\frac{\delta}{2} + \varrho\right)}{\cos\varrho}. \tag{16}$$

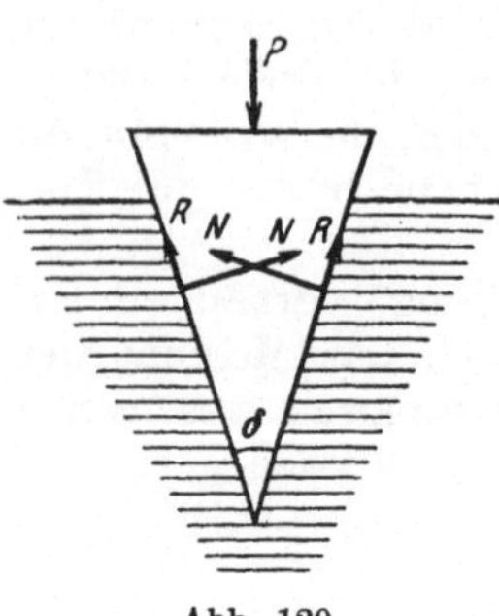

Abb. 120.

Soll eine Bewegung nach abwärts erfolgen, muß P größer als dieser Ausdruck sein. Um also den Widerstand des Materials mit einer gegebenen Kraft zu überwinden, wird δ und f bzw. ϱ bei dieser Verwendungsart des Keils möglichst klein gemacht werden müssen. Ein Messer schneidet desto besser, je schärfer und je glatter geschliffen seine Schneide ist.

Um den zweiten Grenzwert von P zu bestimmen, um zu sehen, wann eine Bewegung nach aufwärts eintreten würde, haben wir nur das Vorzeichen von R umzukehren. Wir erhalten so als Bedingung, daß keine Bewegung nach aufwärts eintritt,

$$P \geqq 2\,N\frac{\sin\left(\frac{\delta}{2} - \varrho\right)}{\cos\varrho}. \tag{17}$$

Soll der Keil **selbstsperrend** wirken, d. h. auch bei beliebig großen Werten von N nicht herausgetrieben werden, muß diese Bedingung auch für $P = 0$ und negative Werte von P gelten, es muß also

$$\sin\left(\frac{\delta}{2} - \varrho\right) \leqq 0 \text{ oder } \frac{\delta}{2} \leqq \varrho. \tag{18}$$

Wenn wir daher den Keil als **Befestigungsmittel**, wie etwa beim Nagel, verwenden wollen, so muß (18) erfüllt sein, ein Nagel wird desto besser halten, je kleiner der Winkel an der Spitze und je rauher die Berührung dort ist.

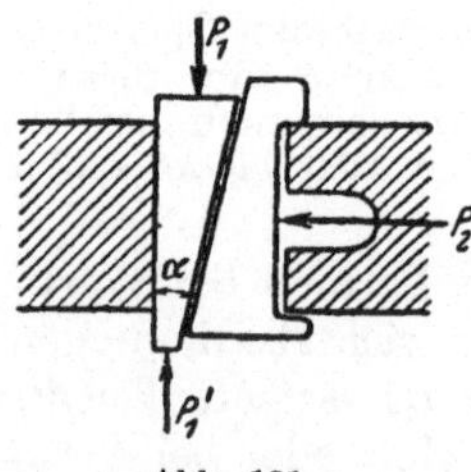

Abb. 121.

Beispiel 31. Wie groß ist bei der Keilverbindung, Abb. 121, a) die Kraft P_1, die nötig ist, den Keil hineinzutreiben, b) die Kraft P_1', die notwendig ist, ihn gerade herauszupressen, wenn der Reibungswinkel für alle Berührungsflächen der gleiche ϱ und die seitliche Kraft P_2 vorgegeben ist?

Die Komponenten des Widerstandes an der linken Seitenfläche wollen wir mit R_1 und N_1, die zwischen den beiden Keilen mit R_2 und N_2, die zwischen der oberen Führung des zweiten Keils und dem Widerlager mit N_3 und R_3 bezeichnen, N_3 ist vertikal nach oben, R_3 horizontal nach links gerichtet. Die Gleichgewichtsbedingungen für den ersten Keil lauten dann

$$P_1 - N_2\sin\alpha - R_2\cos\alpha - R_1 = 0, \quad N_1 - N_2\cos\alpha + R_2\sin\alpha = 0,$$

die für den zweiten

$$P_2 + R_2\sin\alpha - N_2\cos\alpha + R_3 = 0, \quad R_2\cos\alpha - N_3 + N_2\sin\alpha = 0.$$

Daraus erhalten wir bei Einführung des Reibungsgesetzes $R_i = \tan\varrho\, N_i$, $i = 1 \ldots 3$ für

$$P_1 = P_2\tan(\alpha + 2\,\varrho) \tag{19}$$

und für P_1' ergibt sich analog

$$P_1' = P_2(\tan 2\,\varrho - \alpha)$$

Es tritt Selbstsperrung ein, der Keil wird auch bei beliebig großer Kraft P_2 nicht herausgetrieben, wenn $\alpha < 2\varrho$ ist.

Von technischer Wichtigkeit ist auch die Reibung in Keilnuten, die auftritt, wenn ein Keil in eine Nut in einem Körper gepreßt wird und sich nun in dieser bewegen soll (Abb. 122). Die Reibungskräfte in beiden Seitenflächen sind parallel gerichtet, daher ist ihre Resultierende

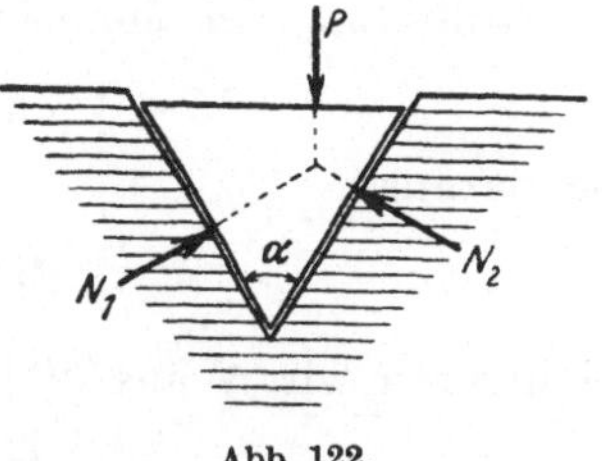

Abb. 122.

$$R = \int dR_1 + \int dR_2 = f \int dN_1 + f \int dN_2 = f(N_1 + N_2).$$

Da Gleichgewicht herrschen soll, müssen die Richtungen der drei Kräfte P_1, N_1 und N_2 durch einen Punkt gehen und

$$P - N_1 \sin\frac{\alpha}{2} - N_2 \sin\frac{\alpha}{2} = 0 \quad \text{oder}$$

$$R = \frac{f}{\sin\frac{\alpha}{2}} P \tag{20}$$

sein. Die Reibung ist daher wesentlich — im Verhältnis $\frac{1}{\sin\frac{\alpha}{2}}$ — größer, als wenn die Verschiebung auf ebener Unterlage vor sich ginge, ein Umstand, von dem oft mit Vorteil Gebrauch gemacht wird.

67. Schraube. Die Schraube besteht aus einem Kreiszylinder, der Spindel, um den eine Schraubenfläche aufgewickelt ist. Je nachdem die Schraubenfläche durch Gerade erzeugt wird, die die Achse unter rechtem oder schiefem Winkel δ schneiden, unterscheidet man flachgängige (Abb. 123a) oder scharfgängige Schrauben (Abb. 123b). Sie dienen entweder dazu, mit geringer Kraft große Drucke auszuüben, Schraubenpresse, oder als Befestigungsschrauben Körper unter starkem Druck in Ruhe aufeinander zu halten. Der Steigungswinkel sei α, Normaldruck und Reibung werden sich auf die ganze Schraubenfläche verteilen. Die auf ein Flächenelement zwischen zwei Erzeugenden entfallenden Werte seien dN und dR, sie greifen in einer mittleren Entfernung r von der Achse an. Der Druck in der Richtung der Achse sei P, antreibend auf die Schraube wirke ein Kräftepaar vom Moment M. Wird die Schraube wie in der Abbildung angezogen, dann hat dR die eingetragene Richtung, bei umgekehrter Bewegung dreht es sein Vorzeichen um. Betrachten wir zunächst die flachgängige Schraube, dann gibt die Gleichgewichtsbedingung in der Richtung der Vertikalen

Abb. 123 a.

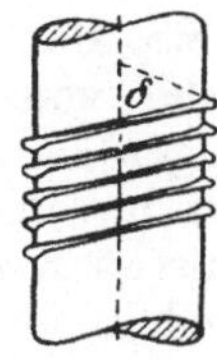

Abb. 123 b.

$$P - \int dN \cos\alpha + \int dR \sin\alpha = 0.$$

Wenn wir $\int dN = N$ und $dR = f\,dN$, also $R = f\,N = \tan\varrho\,N$ setzen, bekommen wir

$$P = N(\cos\alpha - f\sin\alpha) = N\frac{\cos(\alpha+\varrho)}{\cos\varrho}. \tag{21}$$

Das Nullsetzen der Momente um die Achse ergibt

$$M - \int \sin\alpha\, r\, dN - \int \cos\alpha\, r\, dR = 0$$

und daraus

$$M = r\,N\frac{\sin(\alpha+\varrho)}{\cos\varrho}. \tag{22}$$

Eliminieren wir N aus (21) und (22), so bekommen wir

$$M = r\,P\tan(\alpha+\varrho). \tag{23}$$

Bei der Drehung im entgegengesetzten Sinn erhalten wir

$$M = r\,P\tan(\alpha-\varrho), \tag{24}$$

so daß für Gleichgewicht die Bedingung besteht:

$$r\,P\tan(\alpha-\varrho) \leqq M \leqq r\,P\tan(\alpha+\varrho). \tag{25}$$

Bei Verwendung der Schraube als Schraubenpresse wollen wir bei kleinem M großes P erhalten, es muß also α und ϱ klein sein. Soll dabei Selbstsperrung herrschen, d. h. bei Null und negativen Werten von M und beliebig großen Beträgen von N bzw. P noch Gleichgewicht bestehen, dann muß ϱ groß gegen α, die Höhe eines Schraubenganges, $h = 2\,r\,\pi\tan\alpha$, also klein sein. Das gilt vor allem für Befestigungsschrauben. Soll Selbstsperrung unbedingt vermieden werden, wie beim Drillbohrer, muß umgekehrt α sehr groß gegenüber ϱ gewählt werden.

Ist die Schraube scharfgängig, so läßt sich die Bewegung jedes Schraubenganges als die in eine Drehung umgewandelte Bewegung eines Keils in einer Nut auffassen. Der halbe Winkel an der Spitze dieses Keiles ist $\left(\frac{\pi}{2} - \delta\right)$, daher haben wir nur die Keilreibungszahl

$$f_k = \frac{f}{\cos\delta} = \tan\varrho_k \tag{26}$$

an Stelle von f bzw. ϱ in die Formel (25) einzusetzen, um die Beziehungen für das Gleichgewicht der scharfgängigen Schraube zu bekommen. Da $\varrho_k > \varrho$ ist, wirkt diese wie eine flachgängige mit erhöhter Reibung. Sie wird daher vorzugsweise bei Befestigungsschrauben, wo es auf Selbstsperrung ankommt, verwendet.

68. Das Gewölbe als Keilsystem. Stellen wir uns vor, wir hätten eine Reihe von keilförmigen Körpern (Abb. 124), die in ebenen Flächen (Fugen) aneinandergrenzen. Diese Fugen mögen außerdem alle zu ein und derselben Ebene senkrecht stehen. In dieser Ebene sollen auch alle äußeren Kräfte wirken, so daß wir das Ganze als ein ebenes Problem behandeln können. An den Enden seien feste Widerlager angebracht, in den Fugen seien Normaldruck und Reibung wirksam. Ein solches Keilsystem können wir als das Modell eines Tonnengewölbes ansehen, bei dem der Mörtel durch die Reibung ersetzt ist.

Wenn wir die äußeren Kräfte auf jeden Körper zu einer Resultierenden $P_1 \ldots P_n$ zusammenfassen, so wirken auf jeden Keil drei Kräfte, die Resultierenden der Drücke — D_{i-1} und D_i — und die äußere Belastung P_i. Diese Kräfte müssen im Gleichgewichtsfall folgende Eigenschaften haben:

1. Je drei Kräfte D_{i-1}, D_i und P_i müssen durch einen Punkt gehen und ein geschlossenes Dreieck bilden.

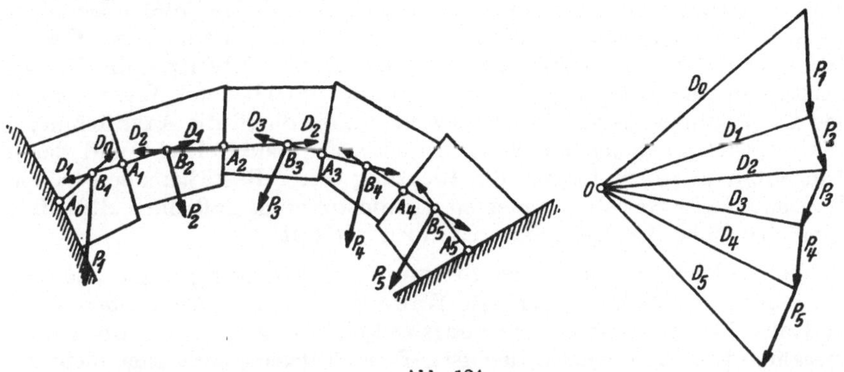

Abb. 124.

2. Die Normalkomponenten der Drücke müssen Drücke im eigentlichen Sinn, keine Zugkräfte sein, ihre Richtungen müssen in das Innere der Körper weisen und sie müssen die Fugen in Punkten A_i durchsetzen, die innerhalb der wirklichen Berührungsflächen liegen.

3. Die Richtungen der Gesamtdrücke dürfen mit den Normalen auf die Fugen keine Winkel einschließen, die größer als der Reibungswinkel ϱ sind.

Aus der ersten Bedingung folgt, daß die aneinandergereihten Kraftecke und der gebrochene Linienzug durch die Schnittpunkte der Kräfte $B_1 \ldots B_n$ sich so zueinander verhalten, wie das Seileck zur Polfigur. Es muß also zu dem gegebenen Krafteck ein Pol O sich derart finden lassen, daß das zugehörige Seileck den Bedingungen 1, 2, 3 genügt. Es muß also der Pol im gemeinsamen Bereich der Reibungskegel liegen, die sich von den Ecken des Kraftecks aus ziehen lassen. Da der Anfangspunkt des Seilecks A_0 außerdem auch noch innerhalb eines gewissen Bereichs an der Begrenzung des linken Widerlagers liegen kann, ist das Problem dreifach statisch unbestimmt.

Hat man daher ein Seilpolygon gefunden, das diese Bedingungen erfüllt, so muß es noch nicht das wirkliche Druckpolygon sein, d. h. es müssen die von O nach den Ecken gezogenen Strecken noch nicht die wirklichen Drücke und die Punkte A_i noch nicht die wirklichen Angriffspunkte, die Druckmittelpunkte, darstellen. Das richtige unter der dreifach unendlichen Mannigfaltigkeit der statisch möglichen Seilpolygone zu finden, ist Aufgabe der Elastizitätstheorie, fällt also aus dem Rahmen dieses Buches.

Geht man nun zu einer unendlichen Anzahl unendlich schmaler derartiger Keile über, so gibt das Seileck im allgemeinen zur Entstehung zweier Kurven Anlaß. Der geometrische Ort der Angriffspunkte A_i wird eine stetige Kurve ergeben, die man als die „Stützlinie“ des

Gewölbes bezeichnet. Der Ort der Punkte B_i, der Schnittpunkte der Drucke und der Lasten, geht ebenfalls in eine stetige Kurve über, die die „Drucklinie“ genannt wird, ihre Tangente gibt die jeweilige Richtung des Druckes in der betreffenden Fuge an. Diese beiden Kurven können voneinander verschieden sein, und es ist prinzipiell von Bedeutung, dies hervorzuheben. In den praktisch wichtigen Fällen werden sie allerdings gewöhnlich zusammenfallen, so etwa dann, wenn beim Grenzübergang die B_i immer zwischen A_{i-1} und A_i liegen bleiben, die Druckrichtungen also stumpfe Winkel miteinander einschließen.[1] Dann können wir die Stützlinie als jene Kurve definieren, die durch die Angriffspunkte der in jeder Fuge resultierenden Druckkräfte hindurchgeht und deren Tangenten in jedem Punkte die Richtung dieser Resultierenden haben. Man sucht ein Gewölbe immer so zu konstruieren, daß diese Stützlinie möglichst nahe der Mittellinie desselben verläuft.

69. Rollende und bohrende Reibung. Die Erfahrung zeigt, daß eine auf einer schiefen Ebene liegende Walze von kreisförmigem Querschnitt in Ruhe bleibt, wenn der Neigungswinkel zwar klein, aber doch noch merklich von Null verschieden ist. Diese Tatsache läßt sich nicht erklären, wenn wir Unterlage und Walze als starr ansehen, so daß die Berührung längs einer einzigen Erzeugenden stattfindet. Denn dann können die beiden auf die Walze wirkenden Kräfte, das Gewicht und der Widerstand nicht in eine Gerade fallen, sich daher niemals das Gleichgewicht halten. Wir müssen also eine Formänderung der Berührungsstelle zwischen Körper und Unterlage zulassen, die es ermöglicht, daß der Widerstand senkrecht unter dem Schwerpunkt angreift (s. Abb. 125a). Diese Exzentrizität des Widerstandes wird den größten Wert bei dem Grenzwinkel erreichen, bei dem Bewegung eintritt, und wir wollen weiters annehmen, daß sie auch bei dem Herabrollen erhalten bleibt. Wir wollen sie, gemessen in der Richtung der schiefen Ebene, mit λ_r bezeichnen.

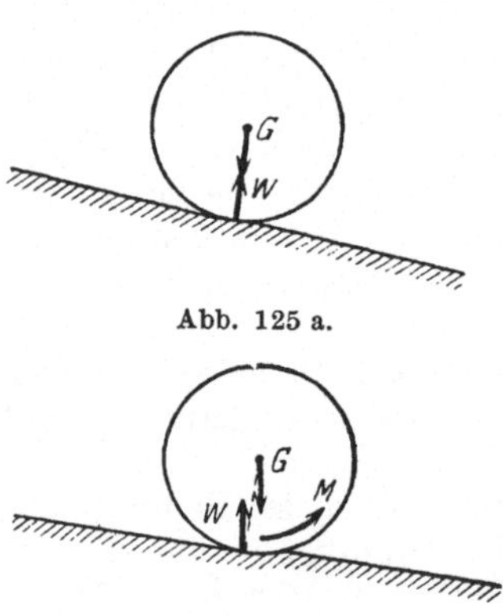

Abb. 125 a.

Abb. 125 b.

Statt den Widerstand exzentrisch anzusetzen, können wir ihn in dem alten Berührungspunkt angreifen lassen und dafür im Grenzfall ein Kräftepaar mit dem Moment $M = \lambda_r \cos\alpha\, W = \lambda_r N$, das der Drehung entgegengesetzt wirkt, hinzufügen (Abb. 125b). Dieses Moment nennt man das Moment der rollenden Reibung, und wir können nun analog dieses Moment wie bei der Gleitreibung dem Betrag nach kleiner oder höchstens gleich $\lambda_r N$ setzen

$$|M| \leqq \lambda_r N. \qquad (27)$$

Es wirkt dann auch bei der Bewegung auf einer horizontalen Ebene,

---

[1] Vgl. Hamel: Elementare Mechanik, Teubner, 1912, Nr. 176.

wo N gleich der Resultierenden Q der auf die Achse wirkenden Vertikallasten ist. Sein Zustandekommen hat man sich entsprechend dem oben Erwähnten so vorzustellen, daß beim Eindrücken des Rades in die Unterlage das Material wegen seiner unvollkommenen Elastizität hinter dem Rade die Formänderung nicht vollständig in derselben Weise rückgängig macht als wie sie vorn entsteht, die Kräfte also nicht symmetrisch wirken und daher ein Drehmoment ergeben. Durch die ungleiche Längenänderung von Boden und Rad entsteht außerdem ein teilweises Gleiten, ein Schlüpfen des Rades.

Über die experimentellen Werte von λ_r, das natürlich eine Länge darstellt, ist recht wenig bekannt; sie sind desto kleiner, je geringer die Formänderungen ausfallen, und hängen sehr von der Glätte der sich berührenden Flächen ab, für Holz auf Holz ist λ_r ungefähr 0,05 cm, für Eisen auf Eisen bzw. Stahl 0,005 cm, noch kleiner für Stahlkugeln in Rollenlagern. Die Verwendung von Kugellagern, um eine möglichst geringe Reibung zu erhalten, beruht auf der geringen Größe der Roll- gegenüber der Gleitreibung.

Von Bohrreibung sprechen wir, wenn sich zwei Körper bei rauher Berührung um die gemeinsame Normale drehen können oder wirklich drehen. Es tritt dann erfahrungsgemäß ein Drehmoment um diese gemeinsame Normale auf, was wieder nur so zu erklären ist, daß an der Berührungsstelle die Körper sich nicht starr verhalten, sondern gegenseitig abplatten, so daß die Berührung in einem endlichen keilförmigen Flächenstück stattfindet. Das auftretende, der Drehung entgegenwirkende Moment nennt man das Moment der Bohrreibung und setzt es so wie früher gleich

$$M = \lambda_b N. \tag{28}$$

λ_b wird von der Größe des Radius der Berührungsfläche und von den Eigenschaften des Materials abhängen, es hat wieder die Dimension einer Länge und ist experimentell zu bestimmen.

VIII. Statik der Seile und Ketten.

70. Allgemeines. Wir wollen jetzt ein System von unendlich vielen sehr kleinen starren Körpern betrachten, von denen jeder mit dem vorhergehenden und dem nachfolgenden durch ein reibungsloses Gelenk verbunden ist. Ein solches System stellt eine Kette von unendlich vielen, unendlich kleinen Gliedern dar, in der keine Biegungsmomente und Querkräfte, sondern nur axiale Spannungen wirken können, die wir daher als vollkommen biegsam bezeichnen wollen. Sie wird außerdem wegen der Starrheit ihrer Glieder ihre Länge unter Einwirkung äußerer Lasten nicht ändern, also unausdehnbar sein. Eine gewöhnliche Kette, ein Faden oder ein Seil wird diesem Grenzfall nahe kommen, wenn wir von der Steifigkeit und der Dehnbarkeit des Materials absehen.

Die Normalkräfte, die an einem Querschnitt der Kette übertragen werden, lassen sich zu einer durch den Schwerpunkt des Querschnittes gehenden Resultierenden vereinen, die senkrecht zum Querschnitt steht. Wir können daher die Kette durch eine **Kurve** ersetzen, die von dem geometrischen Ort der Schwerpunkte gebildet wird; die Richtung der Spannkraft fällt dann immer mit der **Tangente** an diese Kurve zusammen. Eine solche Kurve nennen wir eine „**allgemeine Kettenlinie**“, ihre Form wird nur von den äußeren Kräften abhängen, die an ihr angreifen, sie kann ein polygonaler Linienzug sein, wenn nur Einzelkräfte wirken, eine krumme Linie, wenn die Belastung stetig verteilt ist.

Unsere Aufgabe besteht nun darin, unter den gemachten Voraussetzungen bei vorgegebener Belastung für den Gleichgewichtsfall die Form der Kettenlinie und die Größe der Spannkraft in irgendeinem Querschnitte zu bestimmen. Zu diesem Zwecke wollen wir die Gleichgewichtsbedingungen für ein kleines Kettenstück Δs ansetzen und zur Grenze $\Delta s = 0$ übergehen. Die stetige Belastung, die auf dieses Stück entfällt, sei $\Delta\mathfrak{Q}$, sie hat eine beliebige, vorgegebene Richtung (Abb. 126). Die Spannkraft bezeichnen wir am linken Ende mit $\mathfrak{S}$, am rechten mit $\mathfrak{S} + \Delta\mathfrak{S}$, ihre Richtung fällt mit den Tangenten am Anfangs- und Endpunkte von Δs zusammen. Wir können dann den Quotienten $\frac{\Delta\mathfrak{Q}}{\Delta s}$ und dessen Grenzwert

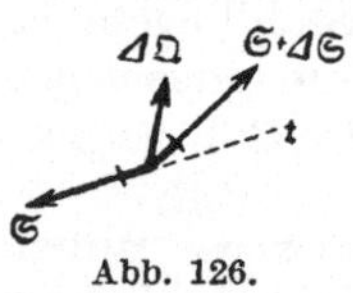

Abb. 126.

$$\lim_{\Delta s\to 0}\frac{\Delta\mathfrak{Q}}{\Delta s} = \frac{d\mathfrak{Q}}{ds} = \mathfrak{q} \tag{1}$$

bilden. Das ist der Differentialquotient eines Vektors nach einer skalaren Veränderlichen, stellt also wieder einen Vektor dar, dessen Richtung die von $\Delta\,\mathfrak{Q}$, der Belastungszunahme, an der Grenze ist und dessen absoluter Betrag sich als der Grenzwert $\lim\limits_{\Delta s\to 0}\left|\frac{\Delta\mathfrak{Q}}{\Delta s}\right|$ ergibt. Bei der Division eines Vektors durch einen Skalar wird ja die Richtung des Vektors nicht geändert, sondern nur sein absoluter Betrag. Diesen Vektor nennen wir $\mathfrak{q}$ und bezeichnen ihn als die **spezifische Belastung** der Kette an der betrachteten Stelle. Dann können wir die Gleichgewichtsbedingungen in Vektorform in der Gestalt schreiben

$$-\mathfrak{S} + \mathfrak{S} + \Delta\mathfrak{S} + \Delta\mathfrak{Q} = 0,$$

und wenn wir zur Grenze übergehen, $d\,\mathfrak{Q} = \mathfrak{q}\,ds$ setzen und durch ds dividieren, erhalten wir

$$\frac{d\mathfrak{S}}{ds} + \mathfrak{q} = 0. \tag{2}$$

Bei der Darstellung in Komponenten wollen wir uns auf den Fall beschränken, wo alle Kräfte und daher auch die Kettenlinie in einer Ebene liegen. In einem festen, rechtwinkligen Koordinatensystem sind die Komponenten von $\Delta\mathfrak{Q}$ durch ΔQ_x und ΔQ_y gegeben, daher die Komponenten der spezifischen Belastung $\mathfrak{q}$ durch

$$q_x = \frac{dQ_x}{ds}, \qquad q_y = \frac{dQ_y}{ds}. \tag{3}$$

Wenn wir die x-Komponente von $\mathfrak{S}$ mit H, die y-Komponente mit V benennen (Abb. 127), haben die Gleichgewichtsbedingungen die Form

$$H + dH - H + q_x\, ds = 0, \qquad V + dV - V + q_y\, ds = 0.$$

Daraus erhalten wir beim Grenzübergang

$$\frac{dH}{ds} + q_x = 0, \qquad \frac{dV}{ds} + q_y = 0, \quad (4)$$

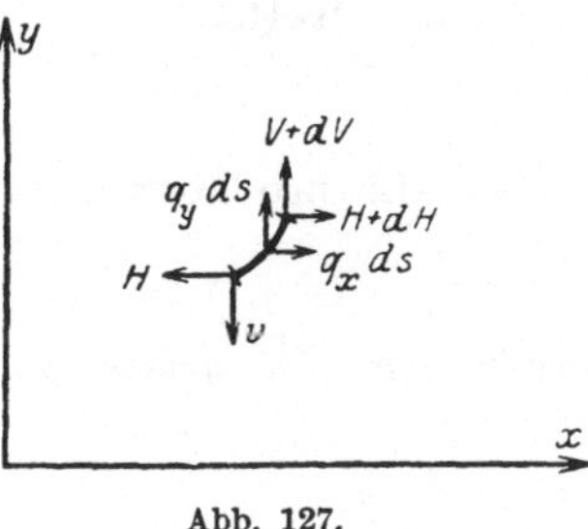

Abb. 127.

was wir natürlich auch durch direktes Einsetzen in (2) gefunden hätten. Da wegen der vollständigen Biegsamkeit die Richtung der Spannkraft mit der Tangente an die Kettenlinie zusammenfällt, bekommen wir, wenn $y = f(x)$ die Gleichung derselben darstellt,

$$\frac{dy}{dx} = \frac{V}{H}, \tag{5}$$

und die Unausdehnbarkeit der Kette gibt $ds^2 = dx^2 + dy^2$ oder

$$\left(\frac{dx}{ds}\right)^2 + \left(\frac{dy}{ds}\right)^2 = 1 \tag{6}$$

als vierte Gleichung. Dieses System von vier Differentialgleichungen (4), (5), (6) genügt zur Bestimmung der vier abhängigen Veränderlichen H, V, x, y als **Funktion** der unabhängigen Variablen s, der von einem beliebigen Ausgangspunkte an gezählten Bogenlänge, wenn uns außer der Belastung noch gewisse Randbedingungen, wie die Lage des Anfangs- und Endpunktes der Kette und ihre Länge oder die Spannkräfte an bestimmten Stellen vorgegeben sind.

Wenn wir statt H und V den absoluten **Betrag** der Spannkraft S einführen, können wir, da

$$H = S\cos\alpha = S\,\frac{dx}{ds} \text{ und } V = S\sin\alpha = S\,\frac{dy}{ds} \tag{7}$$

ist, an Stelle obiger vier Gleichungen folgende drei schreiben

$$\frac{d}{ds}\left(S\,\frac{dx}{ds}\right) + q_x = 0, \; \frac{d}{ds}\left(S\,\frac{dy}{ds}\right) + q_y = 0, \; \left(\frac{dx}{ds}\right)^2 + \left(\frac{dy}{ds}\right)^2 = 1. \tag{8}$$

Das sind die Grundgleichungen der Statik der Ketten.

70 a. Spezielle Fälle. Ist, wie fast immer bei technischen Problemen, nur vertikale Belastung vorhanden, so haben wir, wenn die x-Achse horizontal, die y-Achse vertikal nach aufwärts gelegt wird,

$$q_x = 0 \text{ und } q_y = -q$$

zu setzen. Damit folgt aus der ersten Gl. (4)

$$H = \text{konst} = H_0. \tag{9}$$

Die Horizontalkomponente der Spannkraft, der H o r i z o n t a l z u g ist, bei einer beliebig vertikal belasteten Kette immer konstant. Die Vertikalkomponente ist dann aus

$$\frac{dV}{ds} = q \tag{10}$$

zu bestimmen.

In vielen Fällen ist nun nicht die Vertikalbelastung pro Längeneinheit der Kette

$$q = -\frac{dQ_y}{ds},$$

sondern die pro horizontaler Längeneinheit

$$p = -\frac{dQ_y}{dx}$$

vorgegeben. Da $q\,ds = p\,dx$ ist, können wir

$$p = q\frac{ds}{dx} \tag{11}$$

setzen, und wenn wir diesen Ausdruck in (10) einführen, bekommen wir

$$\frac{dV}{dx} = p \tag{12}$$

und in Verbindung mit $\frac{dy}{dx} = \frac{V}{H_0}$

$$\frac{d^2y}{dx^2} = \frac{p}{H_0}. \tag{13}$$

Wenn wir diese Beziehung mit der bei dem Träger in Nr. 47 erhaltenen

$$\frac{d^2M}{dx^2} = -p$$

vergleichen und uns überlegen, daß $M = H_0\,y$, dem Produkt aus Momentenbasis und Abschnitt im Seileck, ist, so erkennt man, daß bei nach abwärts positiv gerechneten M bzw. y die Momentenlinie, die Seilkurve, mit jener Kettenlinie zusammenfällt, in der sich ein vollkommen biegsames Seil einstellt, das genau so wie der Träger belastet ist. Das steht mit unseren Überlegungen bei der Ableitung des Seilecks im Einklang.

Haben wir daher ein Seil vor uns, bei dem die Belastung pro horizontaler Längeneinheit konstant $p = p_0$ ist, so wird es die Form einer Parabel annehmen. Aus $\frac{dV}{dx} = p_0$ erhalten wir

$$V = p_0\,x + C_1. \tag{14}$$

Legen wir den Ursprung des Koordinatensystems in jenen Punkt der Kette, wo die Tangente horizontal ist, und lassen wir die x-Achse mit dieser zusammenfallen, so ist für $x = 0$ auch $V = 0$ und daher $C_1 = 0$. Aus der Formel $\frac{dy}{dx} = \frac{V}{H} = \frac{p_0}{H_0}\,x$ bekommen wir durch Integration die Gleichung einer Parabel in der Form

$$y = \frac{1}{2}\frac{p_0}{H_0}x^2. \tag{15}$$

Die Integrationskonstante verschwindet wieder, da für $x = 0$ auch $y = 0$ ist. Der Horizontalzug H_0 ist dabei noch unbekannt. Wenn wir die Kette an zwei Punkten in gleicher Höhe im Abstand l befestigen und der Durchhang an der tiefsten Stelle, die Pfeilhöhe, gleich f gesetzt wird, so ergibt sich H_0 aus der Bedingung, daß für $x = \frac{l}{2}$ der Wert von y gleich f sein muß, zu

$$H_0 = \frac{p_0 l^2}{8 f}. \tag{16}$$

Die Spannkraft S in einem beliebigen Punkt der Kette ist dann

$$S = \sqrt{V^2 + H^2} = \sqrt{H_0^2 + p_0^2 x^2}, \tag{17}$$

sie nimmt den größten Wert für die Aufhängepunkte an, dort ist sie

$$S_{\max} = \frac{p_0 l}{2} \sqrt{1 + \frac{1}{16} \left(\frac{l}{f}\right)^2}. \tag{18}$$

Realisiert ist dieser Fall in erster Annäherung bei den Tragkabeln einer Kettenbrücke, wo wir wegen des großen Gewichtes des Längsträgers und der Fahrbahn die spezifische Belastung pro horizontaler Längeneinheit als konstant ansehen können.

71. Homogene Kette unter Eigengewicht. Wir betrachten nun den Fall einer homogenen Kette, auf die nur ihr Eigengewicht wirkt. Hier ist die Belastung pro Längeneinheit der Kette konstant $q = q_0$. Eingesetzt in die Gl. (10) gibt dies

$$\frac{dV}{ds} = q_0 \quad \text{und daraus} \quad V = q_0 s + C_1, \tag{19}$$

während H wie immer konstant gleich H_0 ist. Rechnen wir das s von dem tiefsten Punkt der Kette, wo die Tangente horizontal ist, dann verschwindet V für $s = 0$, wir haben wieder $C_1 = 0$, also

$$V = q_0 s. \tag{20}$$

Dies eingesetzt in (5) gibt $\frac{dy}{dx} = \frac{q_0}{H_0} s$; aus der Unausdehnbarkeitsbedingung (6) folgt $\frac{ds}{dx} = \sqrt{1 + \left(\frac{dy}{dx}\right)^2}$. Daraus bekommen wir

$$\frac{d^2y}{dx^2} = \frac{q_0}{H_0} \frac{ds}{dx} = \frac{q_0}{H_0} \sqrt{1 + \left(\frac{dy}{dx}\right)^2}. \tag{21}$$

Schreiben wir für die Konstante $\frac{q_0}{H_0}$ den Wert $\frac{1}{a}$, setzen also

$$H_0 = a\, q_0 \tag{22}$$

— a stellt dabei eine Länge dar — und führen wir in (21) als neue Unbekannte $\frac{dy}{dx} = p$ ein, so bekommen wir

$$\frac{dp}{dx} = \frac{1}{a} \sqrt{1 + p^2}. \tag{23}$$

Diese Differentialgleichung können wir durch „Trennung der Variablen“ auflösen, es ist $\frac{dp}{\sqrt{1+p^2}} = \frac{dx}{a}$ oder

$$\frac{x}{a} = \ln\left(p + \sqrt{1 + p^2}\right) + C_2. \tag{24}$$

Legen wir die y-Achse durch den tiefsten Punkt der Kette, senkrecht zur horizontalen Tangente, so ist für $x = 0$ auch $p = 0$ und wir erhalten $C_2 = 0$. Aus

$$p + \sqrt{1 + p^2} = e^{\frac{x}{a}}$$

bekommen wir durch Quadrieren und Auflösen nach p

$$p = \frac{dy}{dx} = \frac{1}{2}\left(e^{\frac{x}{a}} - e^{-\frac{x}{a}}\right) = \mathfrak{Sin}\,\frac{x}{a} \tag{25}$$

und daraus

$$y = \int \mathfrak{Sin}\,\frac{x}{a}\,dx = a\,\mathfrak{Cos}\,\frac{x}{a} + C_3.$$

Wählen wir nun den Ursprung auf der y-Achse so, daß für $x = 0$ $y = a$ ist, so verschwindet auch die Konstante C_3 und wir erhalten für die Gestalt der homogenen Kette in unserem so festgelegten Koordinatensystem die Gleichung

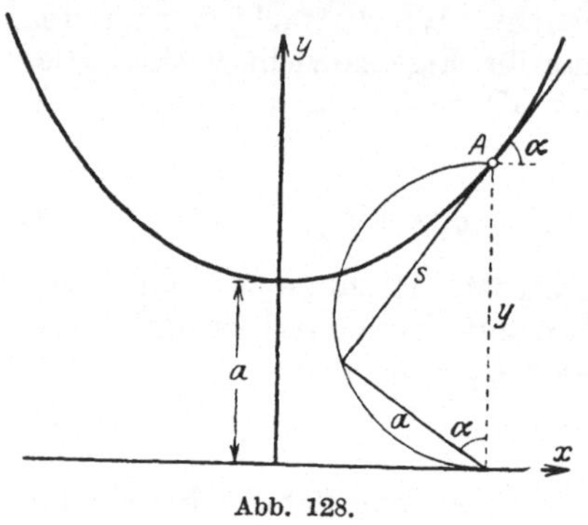

Abb. 128.

$$y = a\,\mathfrak{Cos}\,\frac{x}{a}. \tag{26}$$

Die Kurve, die dieser Gleichung entspricht, heißt die „gemeine Kettenlinie“ oder **Kettenlinie** schlechtweg. Ist der Parameter a vorgegeben, so kann man sie punktweise konstruieren (Abb. 128).

Die Kettenlinie hat eine Reihe bemerkenswerter Eigenschaften.

Man kann zunächst ihre **Bogenlänge** sehr einfach berechnen. Es ist

$$s = \int_0^x \sqrt{1 + y'^2}\,dx = \int_0^x \sqrt{1 + \mathfrak{Sin}^2\,\frac{x}{a}}\,dx = \int_0^x \mathfrak{Cos}\,\frac{x}{a}\,dx = a\,\mathfrak{Sin}\,\frac{x}{a}. \tag{27}$$

Daraus erhält man

$$s^2 = a^2\,\mathfrak{Sin}^2\,\frac{x}{a} = a^2\left(\mathfrak{Cos}^2\,\frac{x}{a} - 1\right) = y^2 - a^2. \tag{28}$$

Ferner ist

$$\tan\alpha = \frac{dy}{dx} = \mathfrak{Sin}\,\frac{x}{a} = \frac{s}{a}. \tag{29}$$

Aus diesen beiden Formeln (28) und (29) ergibt sich die in der Abbildung durchgeführte Tangentenkonstruktion. Man schlägt über y einen Halbkreis und trägt vom unteren Ende a auf; dann hat die zweite Kathete des rechtwinkligen Dreiecks die Länge s und fällt in die Richtung der Tangente, die im Punkte A die Kettenlinie berührt.

Die **Spannkraft** ergibt sich zu

$$S = \sqrt{H_0^2 + V^2} = q_0\sqrt{a^2 + s^2} = q_0\,y. \tag{30}$$

Diese und die analogen Gl. (22) und (23) $H_0 = q_0 a$ und $V_0 = q_0 s$, die leicht zu merken sind, kann man oft mit Vorteil bei der Berechnung von Beispielen benutzen.

Da die Kettenlinie nur von dem Parameter $a = \frac{H_0}{q_0}$ abhängt, so kann man jede beliebige Kette auch bei verschiedenem Eigengewicht mit einer vorgezeichneten Kettenlinie zur Deckung bringen, da man immer das H_0 so wählen kann, daß dasselbe a herauskommt. Wir wollen später noch zeigen, daß die gewöhnliche Kettenlinie unter allen Kurven gleicher Länge, die zwei feste Punkte verbinden, diejenige ist, deren Schwerpunkt am tiefsten liegt.

Wenn man

$$y = a \operatorname{Cof} \frac{x}{a} = \frac{a}{2}\left(e^{\frac{x}{a}} + e^{-\frac{x}{a}}\right)$$

in eine Reihe nach steigenden Potenzen von $\frac{x}{a}$ entwickelt, erhält man, da die ungeraden Potenzen sich wegheben,

$$y = a\left[1 + \frac{1}{2!}\left(\frac{x}{a}\right)^2 + \left(\frac{1}{4!}\right)\left(\frac{x}{a}\right)^4 + \ldots\ldots\right]. \tag{31}$$

Wenn wir Glieder 4. und höherer Ordnung in $\frac{x}{a}$ vernachlässigen, also in einem Bereich bleiben, wo x klein gegen a ist, dann geht die Kettenlinie in eine Parabel

$$y = a + \frac{x^2}{2a} \tag{32}$$

über. Das war zu erwarten, da ja, wie wir gesehen haben, bei konstanter Belastung pro horizontaler Längeneinheit sich als Form der Kette eine Parabel ergibt. Solange also der Durchhang der Kette klein gegen ihre Länge ist, der Tangentenwinkel α nicht viel von Null abweicht und man die Projektion eines Kettenstückes diesem selbst gleichsetzen kann, darf man die Kettenlinie durch eine Parabel ersetzen. Das ist bei vielen technischen Anwendungen, bei gespannten Drähten, bei den an Masten aufgehängten Kabeln der elektrischen Fernleitungen, ohne weiteres möglich, man kann dann den Horizontalzug nach Formel (16) berechnen.

Wirken außer ihrem Eigengewicht noch Einzelkräfte auf die Kette, so bilden die zwischen ihnen liegenden Teile natürlich auch noch Bögen von gewöhnlichen Kettenlinien, die in den Angriffspunkten in Ecken zusammenstoßen; es ändert sich nur die Spannkraft unstetig beim Übergang von einem zum andern Bogenstück. Analoges gilt bei beliebiger anderer stetiger Belastung.

Beispiel 32. Eine homogene Kette von gegebener Länge $2l$ wird mit ihren Enden an zwei festen, gleich hohen Punkten im Abstande $2b$ aufgehängt. Wie groß ist der Durchhang f?

Aus der Formel $s = a \operatorname{Sin} \frac{x}{a}$ erhalten wir

$$l = a \operatorname{Sin} \frac{b}{a}.$$

Das ist eine transzendente Gleichung, die wir mittelst einer der bekannten Methoden nach a aufzulösen haben. Dann ist

$$f = a\left(\mathfrak{Cof}\,\frac{b}{a} - 1\right).$$

Für $l = 1$, $b = \frac{1}{2}$ haben wir die Gleichung $1 = a\,\mathfrak{Sin}\,\frac{1}{2a}$, die Lösung ist

$$a = 0{,}2294 \quad \text{und} \quad f = 0{,}795.$$

Beispiel 33. Ist die Kette nicht fest aufgehängt, sondern trägt sie an ihren Enden die gleichen Gewichte P und läuft über zwei vollkommen glatte Bolzen (Abb. 129), so berechnet sich der Durchhang — es muß jetzt natürlich auch q_0 vorgegeben sein — auf folgende Art:

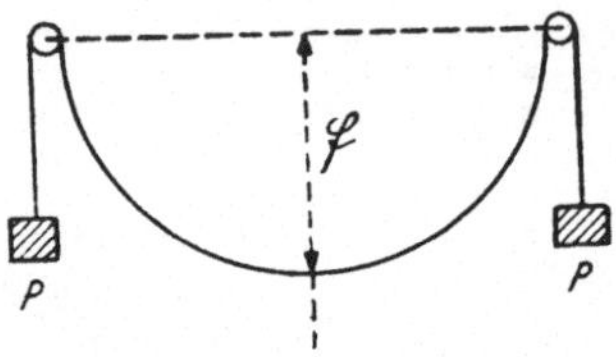

Abb. 129.

Aus den Gleichungen

$$P + h\,q_0 = q,\quad y = q_0\,a\,\mathfrak{Cof}\,\frac{b}{a}$$

und

$$h + a\,\mathfrak{Sin}\,\frac{b}{a} = l$$

bekommen wir die transzendente Gleichung für a

$$P + q_0\left(l - a\,\mathfrak{Sin}\,\frac{b}{a}\right) = q_0\,a\,\mathfrak{Cof}\,\frac{b}{a},$$

die wir nach a auflösen müssen. Der Durchhang f selbst ist dann wieder durch dieselbe Formel wie oben gegeben. Die zweite Unbekannte h ist dann $l - a\,\mathfrak{Sin}\,\frac{b}{a}$.

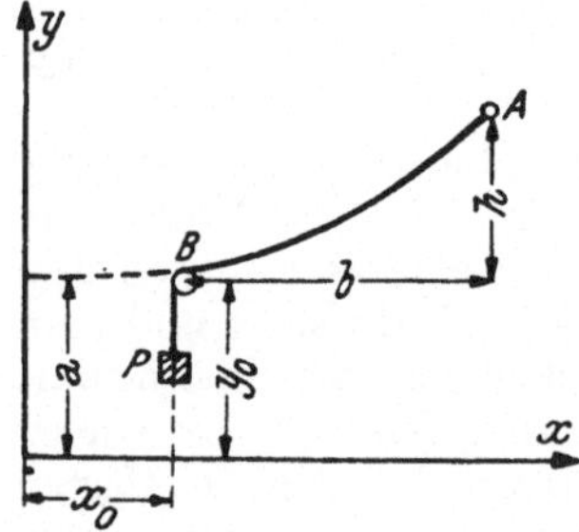

Abb. 130.

Beispiel 34. Ein Seil ist in A aufgehängt und trägt in B ein Spanngewicht P, das über eine vollständig glatte Rolle läuft (Abb. 130). Gegeben ist q_0, b, h und P, die Gleichung der Kettenlinie ist zu bestimmen.

Formel (30) gibt

$$P = q_0\,y_0 = q_0\,a\,\mathfrak{Cof}\,\frac{x_0}{a}, \tag{33}$$

wenn man den unbekannten Abstand von B von der y-Achse mit x_0 bezeichnet. Die Kettenlinie muß ferner auch durch A hindurchgehen, es muß also

$$a\,\mathfrak{Cof}\,\frac{x_0}{a} + h = a\,\mathfrak{Cof}\,\frac{b + x_0}{a} = a\left[\mathfrak{Cof}\,\frac{x_0}{a}\,\mathfrak{Cof}\,\frac{b}{a} + \mathfrak{Sin}\,\frac{x_0}{a}\,\mathfrak{Sin}\,\frac{b}{a}\right]$$

sein. Durch Einsetzen von (33) erhält man daraus

$$\frac{P}{q_0} + h = a\left[\frac{P}{q_0\,a}\,\mathfrak{Cof}\,\frac{b}{a} + \sqrt{\frac{P^2}{q_0^2\,a^2} - 1}\;\mathfrak{Sin}\,\frac{b}{a}\right]. \tag{34}$$

Diese transzendente Gleichung enthält nur mehr die Unbekannte a und ist nach dieser aufzulösen.

Beispiel 35. Wir wollen diese Gleichung benutzen, um in einem in der Praxis bei Seilbahnen vorkommenden Fall den Unterschied zu berechnen, der sich ergibt, wenn man den größten Durchhang einmal unter Benützung der Kettenlinie, das andere Mal unter Zuhilfenahme einer Parabel, wie es in der Praxis üblich ist, berechnet. Wir wählen zu diesem Zweck für $P = 30$ t, $q_0 = 10$ kg/m, $h = 500$ m, $b = 1000$ m, Beträge, wie sie bei einer Personenseilbahn vorkommen. Setzen wir ferner $\frac{1000}{a} = z$, so geht Gl. (34) in die Form über

$$1 = \frac{6}{7} \operatorname{Cof} z + \frac{2}{7z} \sqrt{9z^2 - 1} \operatorname{Sin} z.$$

Die Auflösung ergibt

$$z = 0{,}3489, \quad a = 2866 \text{ m}.$$

Der größte Abstand des Seiles von der Sehne BA, der größte Durchhang, wird dort, auftreten, wo die Tangente an die Kettenlinie parallel zur Sehne, also nach Gl. (29)

$$\tan \alpha = \frac{1}{2} = \frac{\bar{s}}{a}$$

ist. Das gibt

$$\bar{s} = \frac{a}{2} = a \operatorname{Sin} \frac{\bar{x}}{a}.$$

Daraus erhält man mit dem obigen Werte von a

$$\bar{x} = 1379 \text{ m} \quad \text{und weiters} \quad \bar{y} = 3204 \text{ m}.$$

Der diesem $\bar{x}$ entsprechende Punkt der Sehne hat ein y von 3252,6 m. Wir bekommen also für den größten Durchhang

$$f_{max} = 48{,}6 \text{ m}$$

und für den Abstand dieses Punktes von B den Betrag von 505,7 m.

Führt man die Rechnung analog unter Annahme eines Parabelbogens bei auf die Sehne bezogener konstanter spezifischer Belastung aus, so bekommt man $f'_{max} = 43{,}8$ m und für den Abstand von B einen Wert von 500 m. Wir sehen also, daß der Unterschied im Durchhang fast 5 m, genauer 4,8 m, ausmacht, daß man also in dem gewählten Beispiel einen Fehler von etwa 10% begeht, wenn man die angenäherte Rechnung mit der Parabel durchführt, ein Fehler, der sich praktisch schon auswirken kann.

72. Eine Anwendung in der Seilbahntechnik. Bei Seilbahnen tritt häufig folgende Aufgabe auf: An einem Tragseil, das zwischen den beiden Punkten A und B gespannt ist, hängen n durch das Zugseil miteinander verbundene Wagen in gleichen an diesem gemessenen Abständen. Wie werden sich Trag- und Zugseil einstellen und wie groß werden die Spannkräfte in den verschiedenen Seilstücken sein, wenn die Spanngewichte beider Seile G und G' gegeben und die Horizontalabstände $b_1, b_2, \ldots$ als näherungsweise bekannt vorausgesetzt werden können (vgl. Abb. 131a), wo vier Felder mit drei Wagenlasten P angenommen sind.

Die exakte Lösung dieser Aufgabe bietet beträchtliche Schwierigkeiten, man kann aber in relativ einfacher Weise graphisch ein Näherungsverfahren aufstellen, das den Bedürfnissen der Praxis vollauf genügt. Da wir die Berührung zwischen Rolle und Tragseil als vollkommen glatt annehmen können, muß sich das Seil so einstellen, daß die beiden Spannkräfte im Tragseil rechts und links vom Aufhängepunkt gleich groß sind und daß daher die Spannkräfte im Zugseil und die Wagenlast eine Resultierende ergeben, die in die Symmetrale des Winkels fällt, den die beiden Teile des Tragseils in diesem Punkte bilden (vgl. Abb. 131b), wo S_1 und $S_2 = S_1$ die Kräfte im Tragseil S_1' und S_2' jene im Zugseil bedeuten.

Da die Tangenten an die Trag- und Zugseilbögen im Halbierungspunkte der einzelnen Felder zueinander parallel sind, wenn wir diese Bögen als Parabeln ansehen, können wir durch eine Seileckkonstruktion für die gegebene Belastung die Punkte I, II, III finden, von denen wir zunächst nur wissen, daß sie auf den vertikalen Geraden liegen, die die

B
G'
III
P3
G°
II
A
I
P2
G
P1
G'
a)
S1
S2 = S1
I
S'2
S'1
P1
b)
Q3/2
Q3/2
Q3/2
Q'3/2
P3
W3
S'7
Q'2/2
S'6
Q2/2
S'5
Q2/2
Q'2/2
Q3
P2
W2
M
S'4
Q'1/2
Q2
S'3
Q1/2
S7
S6 = S5
Q1/2
c)
S5
Q'1/2
S4 = S3
Q1
S'2
P1
W1
S3
D2
S2 = S1
S1
D1
Q0/2
Q0/2
C
S1
Q0/2
Q0/2
M0
S0 = G
D
F
S'0 = G'
E
Q'0/2

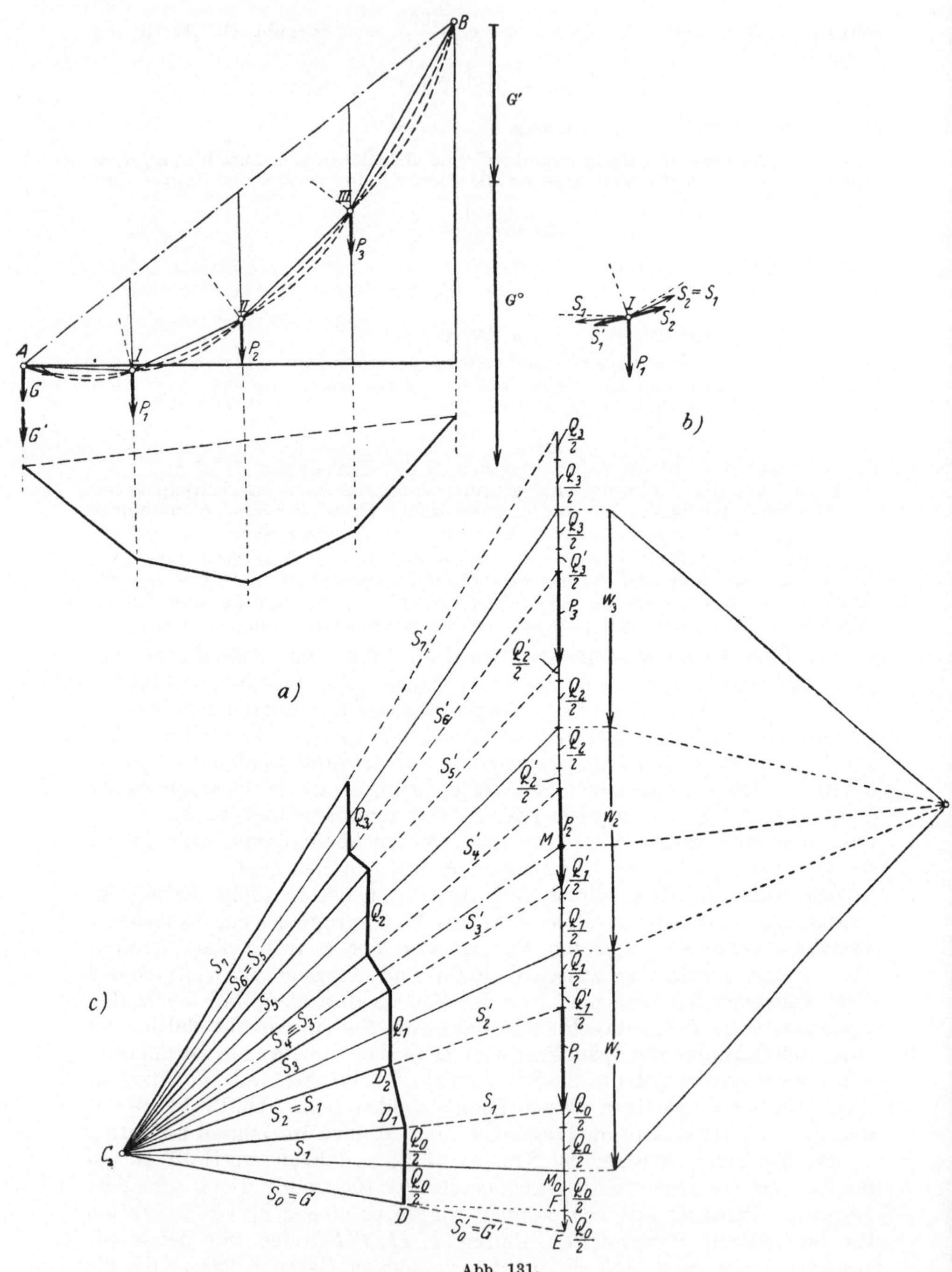

Abb. 131.

Felder begrenzen. Wir denken uns dabei in A und B und in diesen Punkten je die Hälfte des Gewichtes der in die anstoßenden Felder fallenden Teile des Trag- und Zugseils $\frac{Q}{2}$ und $\frac{Q'}{2}$ angebracht.

Wir können zu diesem Zwecke zunächst das Krafteck für die rechts von A angreifende Belastung mit dem Pol C_1 zeichnen und gesondert entweder graphisch oder auch rechnerisch ermitteln, welche lotrechten Widerstände in A und B diese Belastung hervorruft. In A müßten wir noch die Summe der beiden Spanngewichte hinzufügen, um die gesamte Vertikalkomponente des dort übertragenen Widerstandes zu erhalten. Zu diesem Krafteck ist nun eine Polfigur so zu zeichnen, daß der von dem so ermittelten Schnittpunkt M der Widerstände ausgehende Polstrahl parallel zu $A\,B$ und der unterste Polstrahl gleich der Summe der Spanngewichte $G + G'$ ist. Denn das sind ja die Spannkräfte, die in dem Tragseil und in dem Zugseil bei A herrschen.

$$G = S_0, \quad G' = S_0'.$$

Sie fallen zwar gewöhnlich nicht in dieselbe Richtung, die Seile bilden bei A einen kleinen Winkel miteinander, der Fehler, der durch das Nullsetzen dieses Winkels entsteht, kommt aber nicht in Betracht. Wir bekommen auf diese Weise den Pol C_2 und die Richtung von S_0 (vgl. Abb. 131c). Daraus können wir die Punkte I, II, III bestimmen, indem wir von C die Polstrahlen zu den Schnittpunkten der Resultierenden W_1, W_2, W_3 der an diesen Stellen angreifenden Kräfte und im Seileck die Parallelen dazu ziehen. Diese Seileckseiten geben, wie schon oben bemerkt, auch die Richtungen der Tangenten an Trag- und Zugseil in den Halbierungspunkten der Felder.

Dadurch, daß wir den Winkel zwischen S_0 und S_0' vernachlässigen, haben wir auch die weitere Voraussetzung gemacht, daß sich die Spanngewichte so wie Q_0 und Q_0', also wie die spezifischen Belastungen von Tragseil und Zugseil verhalten, eine Voraussetzung, die auch annähernd erfüllt ist.

Da die Differenz der Vertikalkomponenten der beiden Spannkräfte S_0 und S_1 gleich dem Gewichte Q_0 des in das erste Feld fallenden Tragseilstückes sein muß, so haben wir nur im Punkte D, den wir bekommen, indem wir von E aus $G' = \overline{ED}$ auftragen, vertikal nach aufwärts Q_0 einzuzeichnen und erhalten damit $\overline{C_2D_1} = S_1$; S_1' bekommt man, wenn man diesen Punkt D_1 mit dem Endpunkt von P_1 verbindet. Da die Resultierende von S_1', P_1 und S_2' in die Richtung der Symmetrale der beiden entsprechenden Seileckseiten fallen muß, so hat man in D_1 eine Parallele zu dieser Symmetrale zu ziehen, einen Kreisbogen mit dem Radius S_1 von C_2 aus zu schlagen und erhält so den Punkt D_2. Wenn man diesen mit dem Anfangspunkt von P_1 verbindet, hat man S_2'. Auf diese Weise kann man fortfahren und nach und nach alle gewünschten Spannkräfte $S_1 \ldots S_7$, $S_1' \ldots S_7'$ ermitteln.[1]

[1] Für den Hinweis auf diese Aufgabe bin ich Prof. E. Melan zu Dank verpflichtet. Vgl. auch R. Findeis: Über die Wirkung des Zugseils bei Seilbahnen. Wasserkraft 1929, H. 34.

73. Zweite Form der Gleichungen. Seilreibung. Wir können die Gleichungen der Statik der Ketten noch in eine andere Gestalt bringen, deren Anwendung besonders dann vorteilhaft ist, wenn wir die Form der Kette von vornherein kennen. Wir wollen als Komponentenrichtungen jetzt die Richtungen der Tangente und der Normale in einem Punkt der Kette nehmen. Wir zerlegen also die spezifische Belastung in zwei solche Komponenten q_t und q_n, rechnen sie aber in der negativen Tangentenrichtung, im Sinne abnehmender s, und in der negativen Normalenrichtung, nach der konvexen Seite der Kurve, positiv. Die Gleichgewichtsbedingungen für ein Kettenelement (Abb. 132) lauten dann

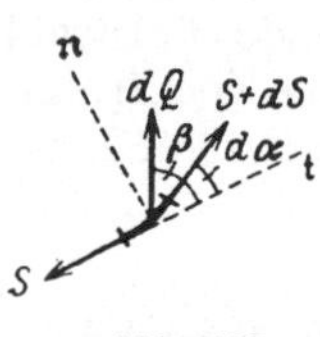

Abb. 132.

$$-S + (S + dS)\cos(d\alpha) + dQ\cos\beta = 0,$$
$$(S + dS)\sin(d\alpha) + dQ\sin\beta = 0.$$

Nach unserer Annahme über das Vorzeichen ist

$$dQ\cos\beta = -q_t\,ds, \quad dQ\sin\beta = -q_n\,ds;$$

wenn wir zur Grenze $ds \to 0$ übergehen, können wir für $\cos(d\alpha)$ eins und für $\sin(d\alpha)$ das Argument $d\alpha$ selbst setzen und erhalten

$$\frac{dS}{ds} - q_t = 0, \qquad S\frac{d\alpha}{ds} - q_n = 0.$$

Da $\frac{d\alpha}{ds}$ aber gleich $\frac{1}{\varrho}$, der Krümmung der Kurve ist — ϱ stellt dabei den Krümmungsradius an der betreffenden Stelle dar —, so haben die Gleichgewichtsbedingungen jetzt die Form

$$\frac{dS}{ds} - q_t = 0, \quad \frac{S}{\varrho} = q_n. \tag{35}$$

Aus der ersten Gleichung folgt

$$S = \int_0^s q_t\,ds + S_0. \tag{36}$$

Die Spannkräfte in zwei Punkten eines Seiles sind also um die algebraische Summe der in dem zwischenliegenden Seilstück übertragenen Tangentialkräfte verschieden, die Normalkräfte ändern entsprechend der zweiten Gleichung nur den Krümmungsradius, also die Richtung des Seiles. Läuft daher ein Seil über eine vollständig glatte Scheibe, so hat dies auf die Spannkraft in ihm keinen Einfluß.

Bei der gewöhnlichen Kettenlinie ist $q_n = q_0\cos\alpha$ und $S = q_0\,y$, daher können wir aus der zweiten Gl. (35) leicht den Krümmungsradius berechnen; es ist $\varrho = \frac{y}{\cos\alpha}$ und wegen $y = \frac{a}{\cos\alpha}$ (siehe Abb. 128)

$$\varrho = \frac{y^2}{a}. \tag{37}$$

Für den tiefsten Punkt der Kettenlinie ist also $\varrho = a$.

Wir wollen die Formeln (35) jetzt auf den Fall der rauhen Berührung zwischen einem Seil und einer kreisförmigen Scheibe anwenden. Auf ein Bogenelement ds wirkt ein Widerstand mit der Normalkomponente dN und der Tangentialkomponente dR; dann ist $dN = q_n\,ds$ und

$dR = q_t\,ds$. Für den Grenzfall, wo gerade Bewegung in der Richtung zunehmender s eintreten würde, ist $dR = f_0\,dN$ und hat die in der Abb. 133 eingezeichnete Richtung. Die erste Gl. (35) gibt

$$dS = dR = f_0\,dN, \tag{38}$$

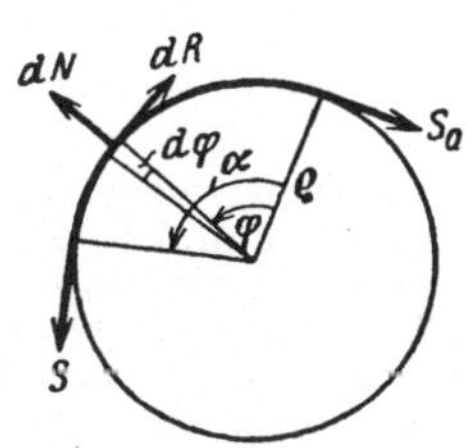

Abb. 133.

die zweite $\frac{S}{\varrho} = q_n = \frac{dN}{ds} = \frac{1}{\varrho}\frac{dN}{d\varphi}$,

da ja $ds = \varrho\,d\varphi$ ist, oder

$$S = \frac{dN}{d\varphi}. \tag{39}$$

Dividiert man (38) durch (39), so erhält man

$$\frac{dS}{S} = f_0\,d\varphi$$

und daraus durch Integration $\ln\frac{S}{S_0} = f_0\int\limits_{\alpha}^{0} d\varphi = f_0\,\alpha$ oder

$$S = S_0\,e^{f_0\alpha}. \tag{40}$$

Dabei ist S_0 die Spannkraft im Querschnitt $\varphi = 0$, wo sich das Seil an die Scheibe anlegt, S die im Querschnitt $\varphi = \alpha$, wo es dieselbe wieder verläßt. Das ist die bekannte, auf Euler zurückgehende Formel für die Spannkraft in einem Seil oder einem Treibriemen. Sie gilt aber nur für den Grenzfall, wo wir im Reibungsgesetz das Gleichheitszeichen schreiben können.

Beispiel 36. Um eine Walze ist ein Seil, das die Last Q trägt, in nebengezeichneter Weise (Abb. 134) herumgeschlungen. Zwischen welchen Grenzen kann die Kraft P liegen, wenn Gleichgewicht herrscht und $f_0 = 0{,}2$ gesetzt wird?

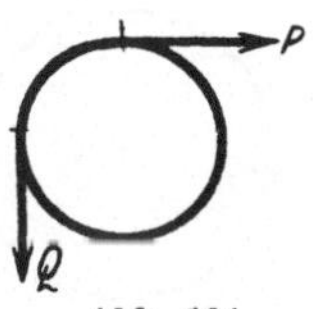

Abb. 134.

Für die Bewegung nach rechts ist $P = S$, $Q = S_0$, also

$$P = Q\,e^{f_0\frac{5\pi}{2}} = 4{,}80\,Q.$$

Das gibt die obere Grenze für P, die Kraft, die nötig ist, um gerade ein Heben der Last Q hervorzurufen. Um die untere Grenze zu finden, die Kraft, die nötig ist, gerade noch Q das Gleichgewicht zu halten, müssen wir $Q = S$ und $P = S_0$ setzen. Wir bekommen daher

$$Q = P\,e^{f_0\frac{5\pi}{2}} \quad \text{oder} \quad P = Q\,e^{-f_0\frac{5\pi}{2}} = 0{,}21\,Q.$$

Man sieht, daß der Unterschied sehr beträchtlich ist, daß die Reibung hier stark ins Gewicht fällt. Man kann schwere Lasten durch mehrmaliges Umschlingen eines Seiles um einen Pflock festhalten.

Beispiel 37. Ein Seil- oder Riementrieb (Abb. 135) dient dazu, mit Hilfe der Haftreibung ein Drehmoment auf eine Welle zwecks Antrieb einer Maschine oder Hebung einer Last zu übertragen.

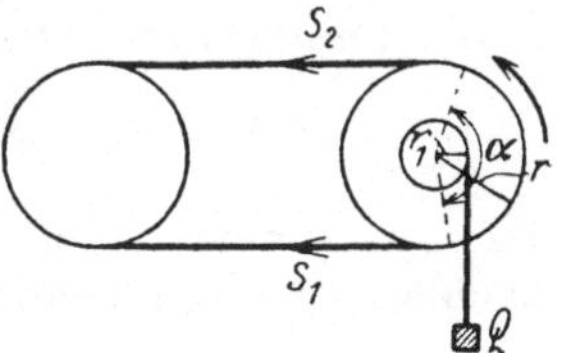

Abb. 135.

Es muß also

$$(S_2 - S_1)\,r \geqq Q\,r_1$$

sein, oder wenn man nach Formel (40) S_2 durch S_1 ausdrückt,

$$S_1 \geqq Q \frac{r_1}{r} \frac{1}{e^{f_0 \alpha} - 1} \tag{41}$$

und wenn man S_1 durch S_2 ersetzt,

$$S_2 \geqq Q \frac{r_1}{r} \frac{e^{f_0 \alpha}}{e^{f_0 \alpha} - 1} \tag{42}$$

sein. Es ist also zu einer Bewegung eine Mindestspannung S_2 im oberen, im ziehenden, und S_1 im unteren, dem gezogenen Riemenstück entsprechend dem Gleichheitszeichen in diesen Formeln notwendig. Haben wir nicht den Grenzfall, für den die Gl. (40) gilt, vor uns, dann sind die Spannkräfte S_1 und S_2 streng genommen unbekannt und wir müßten weitere Annahmen zu deren Berechnung machen.

74. Seilsteifigkeit. Bei Seilen und Treibriemen von größerer Dicke wird die Voraussetzung der vollständigen Biegsamkeit sich nicht mehr aufrechterhalten lassen und man wird bei solchen die Steifigkeit, den Widerstand, den ein Seil der Änderung seiner Krümmung entgegensetzt, berücksichtigen müssen. An solchen Stellen werden die äußeren Fasern gedehnt, die inneren verkürzt werden, die Verteilung der Spannungen wird nicht mehr eine gleichmäßige sein, die Resultierende wird nicht mehr durch den Schwerpunkt des Querschnittes gehen, sondern sich beim Übergang zu größerer Krümmung gegen die konvexe, bei dem zu kleinerer gegen die konkave Seite der Kurve verschieben. Wenn wir daher ein Seil haben, das um eine kreisrunde Scheibe vom Radius R läuft (Abb. 136), so wird das Moment der Spannkraft S_1 nicht mehr am Hebelarm R, sondern am Hebelarm $R + r_1$ und das der Spannkraft S_2 am Hebelarm $R - r_2$ angreifen, wir werden also infolge der Seilsteifigkeit zu den ursprünglichen Momenten der Spannkräfte noch die weiteren $B_1 = r_1 S_1$ und $B_2 = r_2 S_2$ in dem gezeichneten Drehsinn (siehe Abb. 136) hinzufügen müssen. Die Momente wirken ähnlich wie bei der Reibung immer entgegengesetzt der bei Zunahme der betreffenden Spannkraft eintretenden Bewegung. Berücksichtigen wir auch die Zapfenreibung der Rolle — die Reibung zwischen Seil und Unterlage kommt nicht in Betracht, solange sich die Scheibe um ihre Achse mitdreht und keine Relativbewegung zwischen Seil und Rolle stattfindet —, so gibt der Momentensatz für das Gleichgewicht

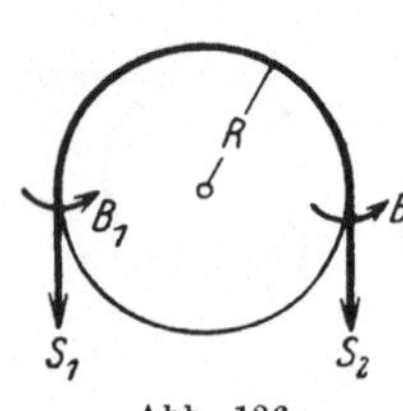

Abb. 136.

$$S_2 R - S_2 r_2 - S_1 R - S_1 r_1 - M_r = 0.$$

Im Grenzfall haben wir $M_r = \lambda W = \lambda (S_1 + S_2)$ (λ Radius der Zapfenreibung) zu setzen und erhalten

$$S_2 = S_1 \left(1 + \frac{r_1 + r_2 + 2\lambda}{R - (r_2 + \lambda)}\right).$$

Da $r_2 + \lambda$ eine kleine Größe ist, können wir sie im Nenner gegen R vernachlässigen und bekommen

$$S_2 = S_1 \left(1 + \frac{r_1 + r_2 + 2\lambda}{R}\right) = S_1 (1 + \varepsilon) = S_1 \zeta. \tag{43}$$

Da ε klein gegen eins ist, hat ζ einen die Einheit wenig übersteigenden Wert. Man nennt ζ die Rollenzahl.

$r_1 + r_2$, der für die Seilsteifigkeit charakteristische Wert, wird nach obigem von der Beschaffenheit und von der Größe des Querschnittes des Seiles abhängen. Man setzt daher

$$r_1 + r_2 = c\, d^2, \tag{44}$$

wo d die Dicke des Seiles bedeutet und c eine vom Material desselben abhängige, experimentell zu bestimmende Konstante ist. Für Hanfseile ist etwa $c = 0{,}13\ \mathrm{cm}^{-1}$, für Drahtseile $0{,}3\ \mathrm{cm}^{-1}$ zu nehmen, wobei r auch in Zentimeter zu rechnen ist.[1] Es sind dies natürlich nur Näherungswerte, wie ja auch Formel (43) keinen Anspruch auf Exaktheit hat, sondern nur einen ersten Versuch zur Abschätzung der tatsächlichen Verhältnisse darstellt.

75. Flaschenzüge. Wir wollen nun eine Reihe von Kombinationen von Seilen und Rollen, wie sie als Flaschenzüge in der Technik verwendet werden, besprechen. Bei dem sogenannten Potenzflaschenzug (Abb. 137) ist die Beziehung zwischen der Last Q und der Kraft P, die ihr das Gleichgewicht hält, wenn wir von Reibung und Seilsteifigkeit absehen, durch die Gleichung

$$P = \frac{Q}{2^n} \tag{45}$$

gegeben, wo n die Zahl der beweglichen Rollen bedeutet. Im ersten Seil ist nämlich die Spannkraft $\frac{Q}{2}$, im zweiten $\frac{Q}{4}$, daher allgemein im n-ten, wenn wir n bewegliche Rollen haben, $\frac{Q}{2^n}$; im gezeichneten Falle $n = 3$ ist also $P = \frac{Q}{8}$. Der Name rührt davon her, daß im Nenner n als Potenzexponent vorkommt. Weil dieser Flaschenzug einen verhältnismäßig großen Raum einnimmt, wird er weniger verwendet.

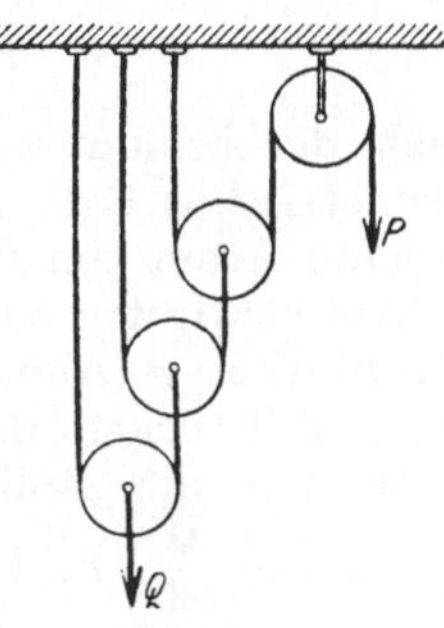

Abb. 137.

Öfters begegnet man dem gewöhnlichen Flaschenzug (Abb. 138). Meistens sind bei einem solchen je drei Rollen durch eine Leiste zu einer sogenannten Flasche verbunden; zwei solche Flaschen, von denen eine fest und die andere beweglich ist und um die in der gezeichneten Weise ein Seil läuft, stellen dann einen Flaschenzug dar. Die Spannkraft des Seiles ist zunächst bei Vernachlässigung aller Widerstände überall die gleiche, nämlich P. Legen wir einen Schnitt $s\,s$, der die Seilstücke zwischen den beiden Flaschen zerschneidet, und bringen wir an den abgeschnittenen Enden die Spannkräfte an, so ist $6\,S = Q$ und daher $S = P = \frac{Q}{6}$; allgemein haben wir bei n Rollenpaaren

[1] Aus Versuchen mit 0,3; 0,35 und 0,42 cm dicken Drahtseilen, die im Jahre 1941 bei der Firma Heinkel durchgeführt wurden und deren Ergebnisse dem Verfasser zur Verfügung standen, ergab sich ein Wert von $c = 0{,}3\ \mathrm{cm}^{-1}$, allerdings bei starker Streuung der Versuchsresultate.

$$P = \frac{Q}{2\,n}. \tag{46}$$

Wenn wir nun mit Hilfe der Formel (43) auch Seilsteifigkeit und Zapfenreibung berücksichtigen, erhalten wir im Grenzfall, wenn gerade eine Bewegung in der Richtung von P eintreten könnte:

$$P = \zeta\, S_1,$$

wenn jetzt mit S_1 die Spannkraft in dem äußeren linken Seilstück bezeichnet wird und analog

$$S_1 = \zeta\, S_2 \ldots,\quad S_{2n-1} = \zeta\, S_{2n}$$

oder

$$S_1 = P\,\zeta^{-1},\quad S_2 = P\,\zeta^{-2} \ldots,\quad S_{2n} = P\,\zeta^{-2n} \tag{47}$$

bei n Rollenpaaren. Führen wir wieder den Schnitt $s\,s$ und schreiben wir die Gleichgewichtsbedingung für die Kräfte in vertikaler Richtung an, so ist

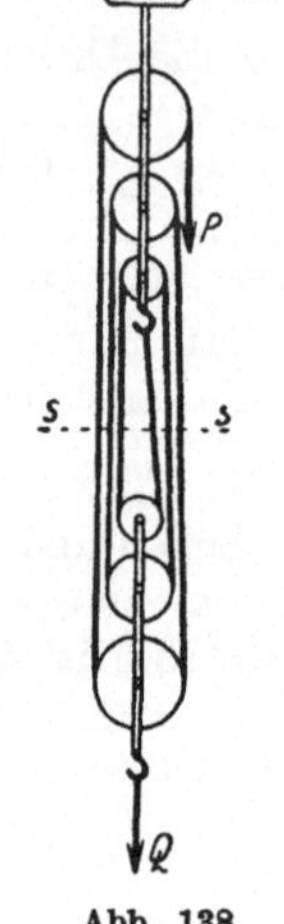

Abb. 138.

$$S_1 + S_2 + \ldots S_{2n} = Q$$

oder

$$P\,(\zeta^{-1} + \zeta^{-2} + \ldots \zeta^{-2n}) = Q$$

und daraus

$$P = Q\,\frac{\zeta^{2n}\,(\zeta - 1)}{\zeta^{2n} - 1} \tag{48}$$

nach der bekannten Formel für die Summation einer geometrischen Reihe. Analog könnten wir auch bei allen anderen Arten von Flaschenzügen verfahren.

Am häufigsten wird in der Praxis der **Differentialflaschenzug** (Abb. 139) benutzt. In den beiden unteren Teilstücken des Seiles, das in der gezeichneten Weise um die Rollen herumgeführt ist, herrscht die Spannkraft $\frac{Q}{2}$. Bilden wir die Momente um den Mittelpunkt der beiden oberen, fest miteinander verbundenen konzentrischen Rollen mit den Radien r und R, so bekommen wir $\frac{Q}{2}\,(R - r) = P R$. Dabei haben wir vorausgesetzt, daß zwischen P und A in dem Seil die Spannkraft Null ist; es muß also zwischen der kleinen oberen Rolle und dem Seil große Reibung herrschen oder durch irgendeine Vorrichtung, Zahnräder oder ähnliches, ein Gleiten des Seiles auf der Rolle verhindert werden. Von sonstigen Widerständen sehen wir ab. Das gibt

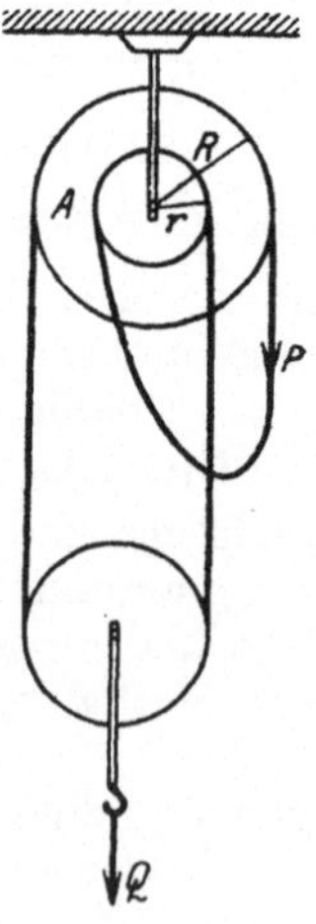

Abb. 139.

$$P = \frac{Q}{2\,R}\,(R - r). \tag{49}$$

Von der Differenz, die rechts in dieser Gleichung steht, kommt der Name Differentialflaschenzug.

Zweiter Teil.

Kinetik des Massenpunktes.

I. Kinematische Grundbegriffe.

76. Relativität der Bewegung, Zeit und Raum. In dem ersten Teile dieses Buches haben wir Systeme betrachtet, die relativ zueinander und zur Umgebung in Ruhe waren. Wir wollen uns jetzt dem allgemeinen Fall, dem der Bewegung, zuwenden, der das eigentliche Gebiet der Mechanik bildet und von dem die Statik nur einen Spezialfall darstellt. Zu diesem Zweck werden wir zunächst die Bewegung, rein geometrisch genommen, ohne Rücksicht auf ihre Ursache studieren, und zwar nicht die Bewegung eines ganzen Körpers, sondern zuerst nur die eines Punktes desselben, um von möglichst einfachen Verhältnissen auszugehen.

Wenn wir uns fragen, wie wir die Bewegung eines solchen Punktes festlegen können, so scheint die Antwort im ersten Augenblick sehr einfach zu sein; wir müssen die Lage des Punktes im Raum in den aufeinanderfolgenden Zeitmomenten angeben. Bei genauerem Zusehen erkennt man aber, daß in dieser Angabe schon eine ganze Reihe von Voraussetzungen liegen, über die wir uns klar sein müssen. Um die Lage im Raum zu fixieren, benötigen wir einen Bezugskörper, in bezug auf den wir den Ort des Punktes festlegen, und zwar derart, daß wir uns ein Koordinatensystem mit dem Bezugskörper fest verbunden denken. Dann ist die Lage des Punktes durch seine Koordinaten in diesem System gegeben. Die Frage, ob es vielleicht ein ausgezeichnetes Bezugssystem gibt, für das die Darstellung besonders einfach ausfällt, wollen wir jetzt, wo wir nur die kinematischen Bedingungen behandeln, noch nicht erörtern.

Außerdem müssen wir uns darüber Rechenschaft geben, wie wir die aufeinanderfolgenden Zeitmomente festlegen, wie wir die Zeit messen wollen. Die Zeit im physikalischen Sinne ist nicht das Gefühl des Ablaufes des Lebens, des Werdens und Vergehens, sondern eine meßbare Eigenschaft der Vorgänge, sie ist nichts anderes als die Zeigerstellung einer Uhr. Als eine solche Uhr können wir etwa die Erde bzw. deren Umdrehung benutzen, wie es am naheliegendsten ist und wie man es ja in Wirklichkeit tut; wir könnten aber auch auf Grund physikalischer

Gesetze eine andere Uhr ersinnen, etwa einen Lichtstrahl, der zwischen zwei parallelen spiegelnden Wänden hin- und hergeht, da wir aus anderen physikalischen Beobachtungen erkannt haben, daß ein Lichtblitz eine gewisse Zeit zum Zurücklegen eines Weges braucht.

Ferner müssen wir die Einheiten wählen, in denen wir einerseits die Länge in unserem Bezugssystem, anderseits die Zeit messen. Als Einheit der Länge nehmen wir das Meter bzw. den 100. Teil desselben, das Zentimeter. Es ist dies die Länge eines in Breteuil bei Paris aufbewahrten Normalmaßstabes, von dem alle Kulturstaaten Kopien besitzen. Dieses Normalmeter sollte die Länge des 10000000. Teiles eines Erdmeridianquadranten darstellen, spätere genauere Messungen haben aber ergeben, daß es etwas kleiner ist.

Die Zeiteinheit, die Sekunde, geht auf die Umdrehungszeit der Erde um ihre Achse, auf die Zeit zwischen zwei aufeinanderfolgenden Kulminationen desselben Fixsterns, den Sterntag, zurück. Mit diesem steht der mittlere Sonnentag, die Zeit zwischen zwei Kulminationen einer idealen Sonne, in festem Verhältnis. Dieser mittlere Sonnentag wird in 24 Stunden, die Stunde in 60 Minuten, die Minute in 60 Sekunden geteilt, so daß also letztere der 86400. Teil des Tages ist.

77. Darstellung der Bewegung eines Punktes. Nach diesen Überlegungen können wir die Bewegung eines Punktes darstellen, und zwar wollen wir dies auf zwei Arten tun:

a) Durch die Bewegung der Projektionen des Punktes auf den Koordinatenachsen. Wir können in jedem Augenblick den Radiusvektor der Größe und Richtung nach angeben,

$$\mathfrak{r} = \mathfrak{r}(t), \tag{1}$$

gerechnet von einem festen Punkt des Bezugskörpers, den wir als Ursprung eines rechtwinkligen Koordinatensystems ansetzen.

In Komponenten lautet diese Darstellung des Radiusvektors als Funktion der Zeit

$$x = x(t), \quad y = y(t), \quad z = z(t), \tag{1 a}$$

wobei diese drei Werte beliebige Funktionen der Zeit sein können, von denen wir, wie wir später noch sehen werden, nur verlangen müssen, daß sie zweimal nach der Zeit differenzierbar sind. Nach einem bekannten Satz der Analysis sind sie und ihre ersten Differentialquotienten dann auch stetig. Wir können sie uns auch als die jeweiligen Projektionen des bewegten Punktes auf die drei Koordinatenachsen veranschaulichen.

b) Durch Bahnkurve und Zeit-Weg-Funktion. Wir können die Bewegung aber auch festlegen, indem wir die Bahnkurve in unserem Bezugssystem und den jeweiligen Ort des Punktes auf dieser Bahnkurve vorgeben. Das letztere geschieht dadurch, daß man den Weg s auf der Bahnkurve, von einem bestimmten Anfangspunkte A an gerechnet, als Funktion der von einem bestimmten Anfangsmomente gemessenen Zeit ausdrückt.

$$s = f(t) \tag{2}$$

nennen wir die Zeit-Weg-Funktion, sie muß natürlich ebenfalls zweimal differenzierbar sein. Dabei ist der Weg von der einen Seite des Ausgangspunktes positiv, nach der anderen Seite negativ gerechnet (Abb. 140).

Die Bahnkurve ist nach den Ausführungen in der vorigen Nummer von dem Bezugssystem abhängig; die Bahnkurve eines Steines, der in einem fahrenden Eisenbahnzug herabfällt, ist in bezug auf diesen eine gerade Linie, sie ist eine Parabel in bezug auf den Fahrdamm. Die Frage, welche Kurve die „wirkliche" Bahnkurve ist, hat wegen der Relativität der Bewegung keinen Sinn.

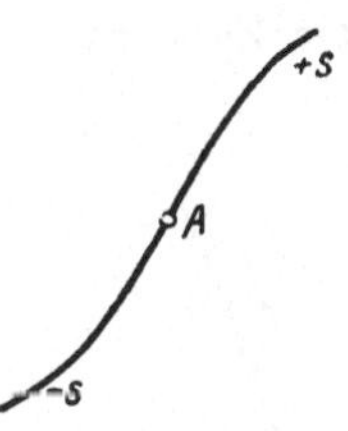

Abb. 140.

Für die Erde als Bezugssystem ist die Bahnkurve eines fallenden Steines eine Gerade, beim schiefen Wurf ist sie eine Parabel, ein schwingendes Pendel beschreibt einen Kreisbogen usw.

Die Zeit-Weg-Funktion kann natürlich noch ganz verschiedene Formen haben. Im einfachsten Falle ist sie eine lineare Funktion $s = c\,t$; dann nennt man die Bewegung auf der Bahnkurve eine gleichförmige, es werden in gleichen Zeiten gleiche Wege zurückgelegt. $s = \frac{g}{2}\,t^2$ ist die Zeit-Weg-Funktion beim freien Fall, $s = a \sin \nu\, t$ bei einer schwingenden Bewegung.

Die graphische Darstellung der Zeit-Weg-Funktion, wobei in einem ebenen K.-S. auf der einen Achse die Zeit, auf der anderen der Weg aufgetragen wird, heißt die Zeit-Weg-Kurve. Sie darf nicht mit der Bahnkurve verwechselt werden. Bei einer gleichförmigen Bewegung ist sie eine gerade Linie, beim freien Fall eine Parabel, bei der Pendelbewegung eine Sinuslinie (siehe Abb. 141). Die Zeit-Weg-Kurve spielt eine praktische Rolle bei der Herstellung der Eisenbahnfahrpläne, wo sie eine übersichtliche Darstellung der Bewegung eines Eisenbahnzuges gibt.

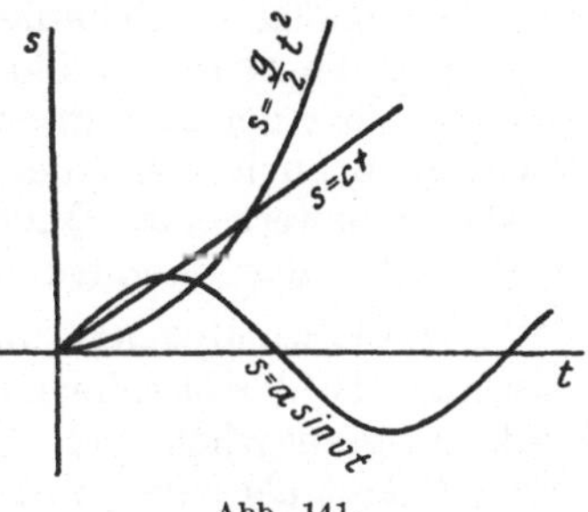

Abb. 141.

Wenn man die Zeit als Parameter betrachtet, kann man die Gl. (1 a) als eine Parameterdarstellung der Bahnkurve auffassen.

Wir können nun aus der Zeit-Weg-Funktion weitere Größen ableiten; wir können etwa den Grenzwert

$$v = \lim_{\Delta t \to 0} \frac{\Delta s}{\Delta t} = \frac{ds}{dt} \tag{3}$$

bilden. Diesen Differentialquotienten bezeichnet man als die Bahngeschwindigkeit. Bei einer gleichförmigen Bewegung ist er der Quotient Weg durch Zeit, stimmt also mit dem gewöhnlichen Begriff der Geschwindigkeit überein. Wenn man den Grenzwert, den Differentialquotienten, bildet, kann man dann bei einer beliebigen Bewegung von einer Geschwindigkeit in einem Punkte sprechen. Bei der Zeit-Weg-

Kurve ist demnach die Bahngeschwindigkeit in jedem Punkte durch die Tangente dargestellt.

Dieser Differentialquotient ist im allgemeinen wieder eine Funktion der Zeit, nur bei der gleichförmigen Bewegung ist er eine Konstante $v = c$; beim freien Fall ist $v = g\,t$, bei der Pendelbewegung $v = a\,\nu \cos \nu t$. Das Vorzeichen von v gibt an, ob sich der Punkt in der Richtung zunehmender oder abnehmender s bewegt (Abb. 142).

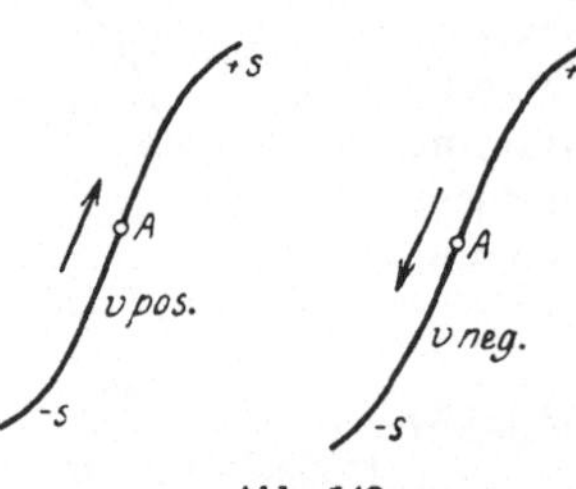

Abb. 142.

Die graphische Darstellung der Geschwindigkeit als Funktion der Zeit heißt die Zeit-Geschwindigkeits-Kurve.

Man mißt die Geschwindigkeit, da sie durch den Grenzwert eines Weges dividiert durch eine Zeit dargestellt wird, in m/sek bzw. cm/sek.

Auf ähnliche Weise können wir auch den Differentialquotienten von v nach t, also den zweiten Differentialquotienten der Zeit-Weg-Funktion aufstellen.

$$p = \lim_{\Delta t \to 0} \frac{\Delta v}{\Delta t} = \frac{dv}{dt} = \frac{d^2 s}{dt^2}; \tag{4}$$

er wird die Bahnbeschleunigung genannt. Bei einer gleichförmigen Bewegung auf der Bahnkurve ist er Null, beim freien Fall eine Konstante. Eine solche Bewegung mit konstanter Beschleunigung wird als eine gleichmäßig beschleunigte bezeichnet.

Nimmt die Geschwindigkeit zu, so hat die Bahnbeschleunigung ein positives Vorzeichen, nimmt sie ab, ein negatives; im letzteren Falle spricht man auch von einer Verzögerung.

Als Grenzwert eines Quotienten, Geschwindigkeit durch Zeit, werden als Einheiten der Beschleunigung m/sek² bzw. cm/sek² gewählt.

78. Geschwindigkeits- und Beschleunigungsvektor. Wir haben bis jetzt nur von der Geschwindigkeit als Differentialquotient der Zeit-Weg-Funktion gesprochen, bei näherer Betrachtung müssen wir aber die Geschwindigkeit als einen Vektor auffassen; denn an der Grenze müssen wir ja dem Wegelement Δs eine Richtung zuschreiben, die Richtung der Tangente an die Bahnkurve, und daher auch der Geschwindigkeit. Wir haben es also mit einem Vektor zu tun,

$$\mathfrak{v} = \frac{d\mathfrak{s}}{dt}, \tag{5}$$

dessen Richtung die Bahntangente und dessen absoluter Betrag $|\mathfrak{v}| = \left|\frac{ds}{dt}\right|$ gleich dem Betrag der Bahngeschwindigkeit ist.

Zu diesem Begriff des Vektors der Geschwindigkeit können wir aber auch von der Darstellung der Bewegung des Punktes durch Angabe des Vektors $\mathfrak{r} = \mathfrak{r}(t)$ kommen. Bilden wir dessen Differentialquotienten

$$\lim_{\Delta t \to 0} \frac{\Delta \mathfrak{r}}{\Delta t} = \frac{d\mathfrak{r}}{dt},$$

so stellt dieser einen Grenzwert der Größe und Richtung nach dar, und da $\Delta\mathfrak{r}$ mit $\Delta\mathfrak{s}$, dem Bogenelement der Bahnkurve, nach Größe und Richtung zusammenfällt (vgl. Abb. 143), so ist dieser Differentialquotient nichts anderes als unser oben definierter **Vektor der Geschwindigkeit**, wir haben

$$\mathfrak{v} = \frac{d\mathfrak{r}}{dt} \tag{6}$$

zu setzen.

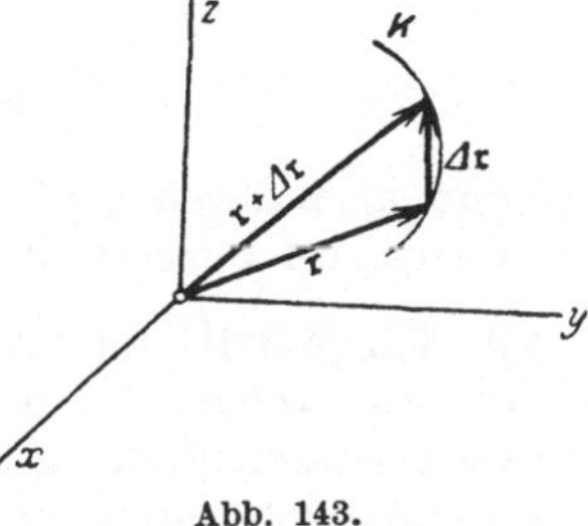

Abb. 143.

Die Komponenten von $\Delta\mathfrak{r}$ sind Δx, Δy, Δz, die von $\mathfrak{v}$ daher

$$v_x = \lim_{\Delta t \to 0} \frac{\Delta x}{\Delta t} = \frac{dx}{dt} \doteq \dot{x},$$

$$v_y = \frac{dy}{dt} = \dot{y}, \quad v_z = \frac{dz}{dt} = \dot{z}$$

— nach dem üblichen Vorgang wollen wir den ersten Differentialquotienten nach der Zeit durch einen, den zweiten durch zwei aufgesetzte Punkte bezeichnen. Diese Komponenten können wir auch als die Bahngeschwindigkeiten der Projektionsbewegungen auf den Koordinatenachsen ansehen. Der absolute Betrag von $\mathfrak{v}$ ist

$$|\mathfrak{v}| = \left|\frac{d\mathfrak{r}}{dt}\right| = \sqrt{v_x^2 + v_y^2 + v^2}.$$

Er ist im allgemeinen **nicht** gleich $\frac{d|\mathfrak{r}|}{dt}$, da $|\Delta\mathfrak{r}|$ und $\Delta|\mathfrak{r}| = \Delta r$ etwas ganz Verschiedenes sind.

Ebenso wie wir aus $\mathfrak{r}$ den Ausdruck für $\mathfrak{v}$ abgeleitet haben, können wir durch Differentiation des Geschwindigkeitsvektors nach der Zeit den **Beschleunigungsvektor** erhalten

$$\mathfrak{p} = \lim_{\Delta t \to 0} \frac{\Delta\mathfrak{v}}{\Delta t} = \frac{d\mathfrak{v}}{dt}. \tag{7}$$

Wir haben von einem Punkte aus die Geschwindigkeitsvektoren in den aufeinanderfolgenden Zeitmomenten aufzutragen, $\mathfrak{v} + \Delta\mathfrak{v}$ ist die Geschwindigkeit zur Zeit $t + \Delta t$ (siehe Abb. 144). Dann stellt $\frac{d\mathfrak{v}}{dt}$ einen Vektor dar, der die Richtung des Geschwindigkeitszuwachses Δv an der Grenze hat und dessen absoluter Betrag durch $\left|\frac{d\sigma}{dt}\right|$ gegeben ist, wenn wir mit $d\sigma = |d\mathfrak{v}|$ das Bahnelement jener Kurve bezeichnen, die durch die Endpunkte der Geschwindigkeitsvektoren gebildet wird. Diese Kurve heißt der **Hodograph** der Bewegung. Sie spielt in bezug auf die Beschleunigung also dieselbe Rolle wie die Bahnkurve in bezug auf die Geschwindigkeit, ihre Tangente gibt in jedem Punkte die Richtung der Beschleunigung an. Diese hat natürlich keinen unmittelbaren Zusammenhang mehr mit der Tangente an die Bahnkurve.

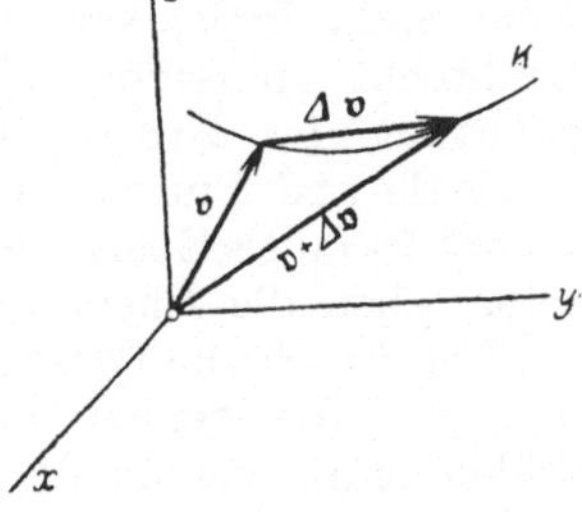

Abb. 144.

Da die Komponenten von $\Delta\mathfrak{v}$ in den Koordinatenrichtungen Δv_x, Δv_y, Δv_z sind, so bekommen wir für die Komponenten von $\mathfrak{p}$ die Ausdrücke

$$p_x = \frac{dv_x}{dt} = \frac{d^2x}{dt^2} = \ddot{x}, \quad p_y = \frac{dv_y}{dt} = \frac{d^2y}{dt^2} = \ddot{y},$$

$$p_z = \frac{dv_z}{dt} = \frac{d^2z}{dt^2} = \ddot{z}. \tag{8}$$

Sie sind also durch die Bahnbeschleunigungen der Projektionsbewegungen dargestellt.

79. Tangential- und Normalbeschleunigung. Wir wollen nun untersuchen, auf welche Art der Beschleunigungsvektor mit der Bahnkurve zusammenhängt. In jedem Punkt einer räumlichen Kurve sind drei zueinander senkrechte Achsenrichtungen ausgezeichnet, die das die Kurve begleitende „Dreikant" oder auch das „natürliche" Koordinatensystem der Kurve in dem betreffenden Punkte genannt werden. Die eine dieser Richtungen ist die der Tangente, die im Sinne zunehmender s positiv gerechnet wird, der zugehörige Einheitsvektor $\mathfrak{t}$ (siehe Abb. 145). Zwei Tangenten in verschiedenen Punkten der Kurve sind im allgemeinen zueinander windschief. Im Grenzfalle, wenn die beiden Punkte zusammenrücken, bestimmen die Tangenten die Lage einer Ebene, die die „Schmiegungsebene" genannt wird. Diesen Grenzübergang können wir kurz so charakterisieren, daß wir sagen: Die Schmiegungsebene ist die Ebene zweier unendlich naher Tangenten oder die Schmiegungsebene ist die durch drei unendlich nahe Punkte der Kurve gelegte Ebene. In dieser Schmiegungsebene nehmen wir senkrecht zur Tangente nach der konkaven Seite der Kurve positiv gerechnet die Normalenrichtung mit dem Einheitsvektor $\mathfrak{n}$ an. Auf dieser Normalen liegt der Mittelpunkt jenes Kreises, der sich die Kurve an dieser Stelle am engsten anschmiegt, der durch drei unendlich nahe Punkte der Kurve hindurchgeht; er heißt der Krümmungskreis, sein Mittelpunkt der Krümmungsmittelpunkt. Senkrecht zur Schmiegungsebene setzen wir unsere dritte Richtung, die Richtung der Binormalen, Einheitsvektor $\mathfrak{b}$, so an, daß Tangente, Normale und Binormale ein rechtsgewundenes K.-S. bilden. Liegt die Kurve in einer Ebene, so ist die Schmiegungsebene für alle Punkte dieselbe, eben die Ebene der Kurve.

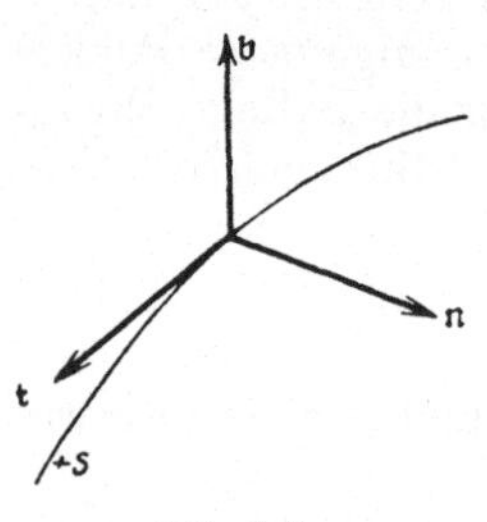

Abb. 145.

Der Geschwindigkeitsvektor fällt ganz in die Richtung der Tangente $\mathfrak{v} = |\mathfrak{v}|\,\mathfrak{t}$, die beiden anderen Komponenten sind Null. Da der Beschleunigungsvektor die Richtung des Geschwindigkeitszuwachses hat, so muß er ganz in die Ebene zweier benachbarter Tangenten, in die Schmiegungsebene, hineinfallen, seine Komponente in der Richtung der Binormalen verschwindet daher $p_b = 0$. Die beiden anderen Komponenten p_t und p_n wollen wir jetzt ermitteln.

Es ist (siehe Abb. 146)

$$p_t = \lim_{\Delta t \to 0} \frac{\overline{HB}}{\Delta t} = \lim_{\Delta t \to 0} \frac{|\mathfrak{v} + \Delta\mathfrak{v}| - |\mathfrak{v}| \cos \Delta\alpha}{\Delta t}$$
$$= \lim_{\Delta t \to 0} \frac{v + \Delta v - v}{\Delta t} = \frac{dv}{dt} = \frac{d^2 s}{dt^2}. \qquad (9)$$

Δv ist dabei der Zuwachs des absoluten Betrages $\Delta\,|\mathfrak{v}|$, nicht der absolute Betrag des Zuwachses $|\Delta\mathfrak{v}|$. Die **Tangentialkomponente** des Beschleunigungsvektors ist also gleich der **Bahnbeschleunigung**, dem zweiten Differentialquotienten der Zeit-Weg-Funktion.

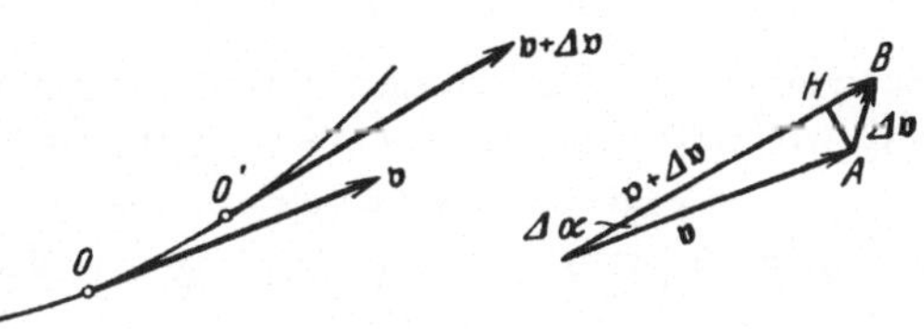

Abb. 146.

Für die Normalkomponente haben wir

$$p_n = \lim_{\Delta t \to 0} \frac{\overline{AH}}{\Delta t} = \lim_{\Delta t \to 0} \frac{\overline{AH}}{\Delta s} \frac{\Delta s}{\Delta t} = \lim_{\Delta t \to 0} \frac{v \sin \Delta\alpha}{\Delta s}. \quad v = v^2 \frac{d\alpha}{ds} = \frac{v^2}{\varrho}. \qquad (10)$$

$\frac{d\alpha}{ds}$ ist ja die Krümmung der Bahnkurve, gleich dem reziproken Wert des Krümmungsradius. Als Schlußresultat ergibt sich also

$$\mathfrak{p} = \mathfrak{t} \frac{d^2 s}{dt^2} + \mathfrak{n} \frac{v^2}{\varrho}. \qquad (11)$$

80. Anwendungen und Beispiele.

a) Bewegung im Kreise. Bewegt sich der Punkt auf einem Kreise mit dem Radius a (Abb. 147), so ist $s = a\,\varphi$, wobei $\varphi = \varphi\,(t)$ eine beliebige Funktion der Zeit sein kann. Dann ist $v = a \frac{d\varphi}{dt} = a\,\omega$ und fällt in die Richtung der Kreistangente, die Größe $\dot{\varphi} = \omega$ wird als Differentialquotient eines Winkels nach der Zeit die **Winkelgeschwindigkeit** genannt. Da ein Winkel als Quotient zweier Längen, Bogen durch Radius, eine unbenannte Zahl darstellt, ist die Dimension der Winkelgeschwindigkeit eine reziproke Zeit. Aus Formel (11) folgt

$$p_t = a\,\dot{\omega}, \quad p_n = \frac{v^2}{a} = a\,\omega^2. \qquad (12)$$

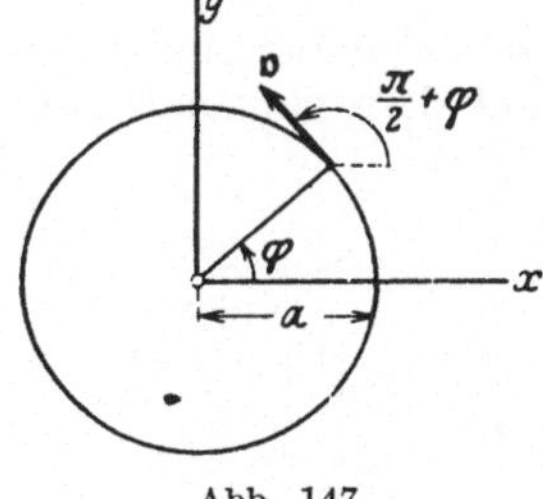

Abb. 147.

Geht die Bewegung auf dem Kreis mit konstanter Geschwindigkeit c vor sich, so ist $c = a\,\omega$ und daher ω ebenfalls eine Konstante; ist τ die Umlaufszeit des Punktes, so können wir für $\omega = \frac{2\,\pi}{\tau}$ schreiben. Die Bahnbeschleunigung p_t ist jetzt Null, die Normalbeschleunigung aber von Null verschieden $p_n = \frac{c^2}{a}$ und gegen das Zentrum des Kreises gerichtet. Der Hodograph ist ein Kreis mit dem Radius c.

Betrachten wir die Projektionsbewegung auf den rechtwinkligen K.-Achsen, so kommen wir zu demselben Resultat. Es ist

$$x = a\cos\varphi,\quad y = a\sin\varphi,\quad \dot{x} = -a\sin\varphi\,\omega,\quad \dot{y} = a\cos\varphi\,\omega,$$

also $v = \sqrt{\dot{x}^2 + \dot{y}^2} = a\,\omega$, $\cos(x\,\mathfrak{v}) = \frac{v_x}{v} = -\sin\varphi$, $\sin(x\,\mathfrak{v}) = \cos\varphi$,

daher $\sphericalangle(x\,\mathfrak{v}) = \frac{\pi}{2} + \varphi$. Die Beschleunigungskomponenten sind

$$\ddot{x} = -a\cos\varphi\,\omega^2 - a\sin\varphi\,\dot{\omega},\qquad \ddot{y} = -a\sin\varphi\,\omega^2 + a\cos\varphi\,\dot{\omega}.$$

Ist wieder die Umfangsgeschwindigkeit konstant, so ist $\dot{\omega}$ gleich Null und wir haben $p_x = -a\cos\varphi\,\omega^2$, $p_y = -a\sin\varphi\,\omega^2$, daher

$$p = a\,\omega^2,\quad \cos(x\,\mathfrak{p}) = -\cos\varphi,\quad \cos(y\,\mathfrak{p}) = -\sin\varphi,$$

demnach $\sphericalangle(x\,\mathfrak{p}) = \pi + \varphi$, $\mathfrak{p}$ ist gegen das Zentrum gerichtet.

b) Geschwindigkeit und Beschleunigung in ebenen Polarkoordinaten. Statt durch die beiden Koordinaten x und y können wir einen Punkt in der Ebene auch durch den absoluten Betrag r des Radiusvektors und den Winkel φ festlegen, den dieser mit einer festen Ausgangsrichtung einschließt (siehe Abb. 148). Solche Koordinaten nennt man Polarkoordinaten, r geht dabei von 0 bis $+\infty$, φ von 0 bis 2π. Die Kurven $r =$ konst. stellen eine Schar von konzentrischen Kreisen um den Ursprung dar, die Kurven $\varphi =$ konst. ein Strahlenbüschel mit dem Ursprung als Scheitel; beide Scharen schneiden sich unter rechten Winkeln, die Polarkoordinaten sind also ebenfalls Orthogonalkoordinaten. Das Bogenelement ds kann dann an der Grenze, wenn A' gegen A rückt, als die Hypotenuse eines rechtwinkligen Dreiecks mit den Katheten dr und $r\,d\varphi$ angesehen werden, wir haben also

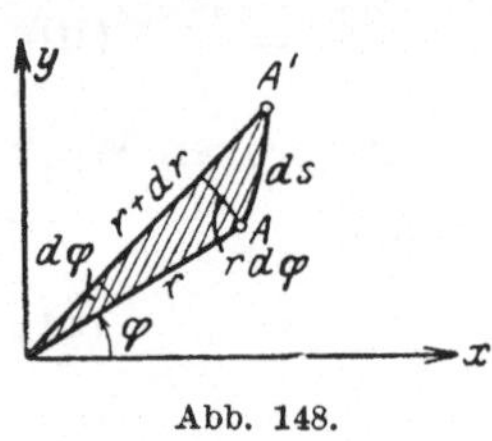

Abb. 148.

$$ds^2 = dr^2 + r^2\,d\varphi^2. \tag{13}$$

Das Flächenstück, das von zwei aufeinanderfolgenden Radienvektoren und dem Bogenelement der Kurve begrenzt wird, hat den Inhalt

$$dF = \frac{1}{2}\,r^2\,d\varphi. \tag{14}$$

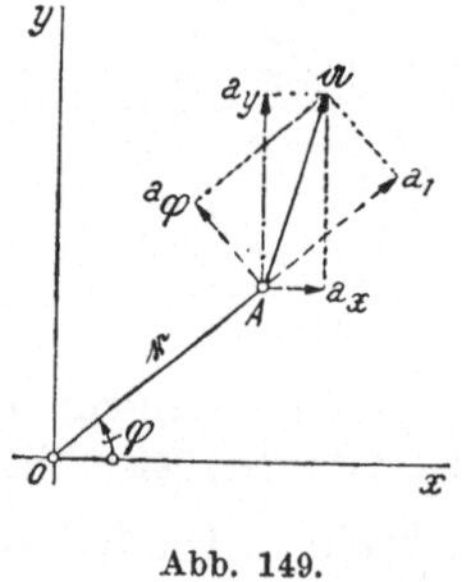

Abb. 149.

Jeden Vektor $\mathfrak{a}$ können wir jetzt in zwei zueinander senkrechte Komponenten zerlegen, eine a_r in der Richtung zunehmender r, und eine a_φ in der Richtung zunehmender φ (siehe Abb. 149). Lassen wir die x-Achse eines kartesischen K.-S. mit $\varphi = 0$ zusammenfallen, so sind die Komponenten der Einheitsvektoren $\mathfrak{e}_r$ und $\mathfrak{e}_\varphi$ gegeben durch $\cos\varphi$ und $\sin\varphi$ bzw. durch $-\sin\varphi$ und $\cos\varphi$, da $\mathfrak{e}_\varphi$ mit der x-Achse den Winkel $\frac{\pi}{2} + \varphi$ einschließt. Daher haben wir

$$a_r = \mathfrak{a}\,\mathfrak{e}_r = a_x\cos\varphi + a_y\sin\varphi,\quad a_\varphi = \mathfrak{a}\,\mathfrak{e}_\varphi = -a_x\sin\varphi + a_y\cos\varphi. \tag{15}$$

Wir wollen nun die Komponenten des Geschwindigkeits- und Beschleunigungsvektors nach diesen Richtungen ausrechnen. Da $x = r \cos \varphi$ und $y = r \sin \varphi$ ist, erhält man durch Differentiation nach der Zeit

$$v_x = \dot{x} = \dot{r} \cos \varphi - r \sin \varphi \, \omega, \quad v_y = \dot{y} = \dot{r} \sin \varphi + r \cos \varphi \, \omega,$$

ω ist wieder für $\dot{\varphi}$ geschrieben. Nach (15) bekommt man daraus, wenn man die erste Gleichung mit $\cos \varphi$, die zweite mit $\sin \varphi$ multipliziert und addiert

$$v_r = \dot{r} = \frac{dr}{dt} \tag{16}$$

und analog

$$v_\varphi = r \, \omega. \tag{17}$$

Die Beschleunigungskomponenten ergeben sich durch abermalige Differentiation nach der Zeit

$$p_x = \ddot{x} = \ddot{r} \cos \varphi - 2 \dot{r} \sin \varphi \, \omega - r \cos \varphi \, \omega^2 - r \sin \varphi \, \dot{\omega},$$
$$p_y = \ddot{y} = \ddot{r} \sin \varphi + 2 \dot{r} \cos \varphi \, \omega - r \sin \varphi \, \omega^2 + r \cos \varphi \, \dot{\omega}.$$

Durch Anwendung von Formel (15) wie bei der Geschwindigkeit erhält man

$$p_r = \ddot{r} - r \, \omega^2, \tag{18}$$

$$p_\varphi = 2 \dot{r} \, \omega + r \, \dot{\omega} = \frac{1}{r} \frac{d}{dt} (r^2 \omega) \tag{19}$$

zwei Gleichungen, die wir noch öfters benutzen werden.

Beispiel 38. **Ein Boot bewegt sich mit konstanter Geschwindigkeit in einem ebenfalls mit konstanter Geschwindigkeit strömenden Fluß und will an einer bestimmten Stelle des Ufers anlegen, die es ununterbrochen ansteuert. Wie sieht die Kurve aus, die es beschreibt und welche Bedingung muß zwischen der Geschwindigkeit des Bootes v_0 und der Strömung c bestehen, damit die Landung an dieser Stelle überhaupt möglich ist?**

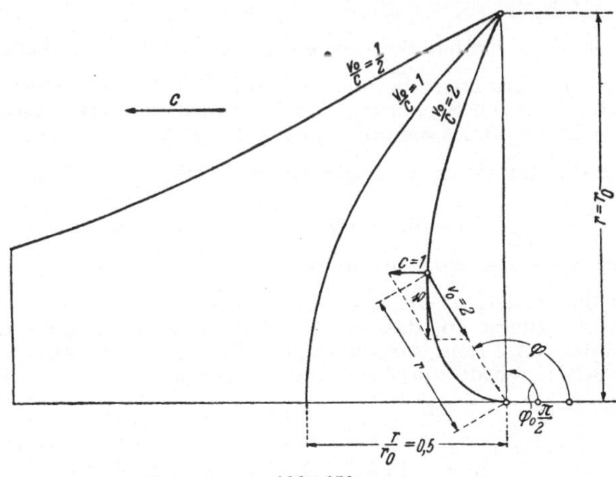

Abb. 150.

In Polarkoordinaten mit der Landungsstelle O als Ursprung haben wir für die Geschwindigkeitskomponenten folgende Gleichungen (vgl. Abb. 150)

$$\frac{dr}{dt} = -v_0 - c\cos\varphi \quad \text{und} \quad r\,\omega = c\sin\varphi,$$

da ja die Geschwindigkeit v_0 immer nach O gerichtet ist. Setzt man

$$\frac{dr}{dt} = \frac{dr}{d\varphi}\,\omega,$$

so bekommt man

$$\frac{dr}{d\varphi} \cdot \frac{c\sin\varphi}{r} = -v_0 - c\cos\varphi.$$

und wenn wir die Variablen trennen

$$\frac{dr}{r} = -\frac{v_0}{c\sin\varphi}\,d\varphi - \operatorname{cotg}\varphi\,d\varphi.$$

Integriert ergibt dies

$$\ln r = -\frac{v_0}{c}\ln\operatorname{tg}\frac{\varphi}{2} - \ln\sin\varphi + \ln C$$

oder

$$r = \frac{C}{\sin\varphi}\left(\operatorname{tg}\frac{\varphi}{2}\right)^{-\frac{v^0}{c}}.$$

Wählt man die Anfangslage so wie in der Abbildung, daß für $\varphi = \frac{\pi}{2}$, $r = r_0$ ist, so ist $C = r_0$, also

$$r = \frac{r_0}{\sin\varphi}\left(\operatorname{tg}\frac{\varphi}{2}\right)^{-\frac{v_0}{c}}.$$

Damit das Boot in den Punkt O gelangt, muß für $\varphi = \pi$, $r \gtreqless 0$ werden. Setzt man $\varphi = \pi - \varepsilon$, wo ε eine kleine Größe ist, so ist der Grenzwert von

$$\lim_{\varphi \to \pi} \frac{(\operatorname{tg}\varphi/2)^{-\frac{v_0}{c}}}{\sin\varphi} = 2^{-\frac{v_0}{c}}\,\frac{\varepsilon^{\frac{v_0}{c}}}{\varepsilon} = 2^{-\frac{v_0}{c}}\,\varepsilon^{\left(\frac{v_0}{c} - 1\right)}.$$

Ist $\frac{v_0}{c} < 1$, so wird r_0 niemals 0, sondern geht nach dem Wert Unendlich. Alle Bahnkurven verlaufen dann asymptotisch zu dem Ufer. Das Boot könnte bei dieser Art der Steuerung und bei diesem Geschwindigkeitsverhältnis nie zu dem Landepunkt kommen, ja überhaupt nicht landen. Ist dagegen $v_0 > c$, so ist die Landung an irgendeinem Punkte möglich. Für $\frac{v_0}{c} = 2$, $\frac{v_0}{c} = 1$ und $\frac{v_0}{c} = \frac{1}{2}$ sind die entsprechenden Kurven mit r_0 als Längeneinheit in der Abb. 150 eingezeichnet.

Beispiel 39. Galilei, der im Jahre 1638 die Gesetze des freien Falls aufstellte, nahme zuerst an, daß die Geschwindigkeit der geradlinigen Fallbewegung proportional dem zurückgelegten Wege, $v = c\,s$ sei. Was für eine Zeit-Weg-Funktion würde diese Annahme ergeben?

Aus

$$\frac{ds}{dt} = c\,s, \quad \frac{ds}{s} = c\,dt$$

folgt

$$\ln s - \ln s_0 = ct, \quad \text{also } s = s_0\,e^{ct}.$$

Da dies mit der Beobachtung nicht in Einklang zu bringen war, setzte Galilei dann in richtiger Weise die Geschwindigkeit proportional der Zeit $v = g\,t$, woraus sich die bekannten Gesetze des freien Falls ergeben.

Beispiel 40. Es ist der Hodograph des schiefen Wurfes im luftleeren Raum zu bestimmen.

Da bekanntermaßen $x = v_0 \cos\alpha\, t$, $y = v_0 \sin\alpha\, t - \frac{g}{2} t^2$, also $v_x = v_0 \cos\alpha$, $v_y = v_0 \sin\alpha - g\, t$ ist, so erhalten wir, wenn wir ein K.-S. ξ, η annehmen, von dessen Ursprung die Geschwindigkeitsvektoren aufgetragen werden und $v_x = \xi$, $v_y = \eta$ setzen, als Gleichung des Hodographen

$$\xi = v_0 \cos\alpha = \text{konst},$$

also eine vertikale Gerade. Das hätte man von vornherein daraus folgern können, daß hier ja nur die konstante und vertikal gerichtete Erdbeschleunigung g vorhanden ist.

Beispiel 41. Es sei die Bewegung eines auf einer horizontalen Unterlage mit konstanter Geschwindigkeit rollenden Rades zu untersuchen. Der Radius des Rades sei r, der Abstand des Punktes vom Zentrum a. Führen wir den abgerollten Winkel φ als Parameter ein, so gibt die Überlegung, daß der abgerollte Kreisbogen gleich dem Weg des Radmittelpunktes sein muß, für die Koordinaten des betrachteten Punktes in einem K.-S., das die Gerade, auf der das Rad rollt, zur x- und die Senkrechte durch den Mittelpunkt in der Anfangslage als y-Achse hat, die Gleichungen

$$x = r\,\varphi - a \sin\varphi, \quad y = r - a \cos\varphi. \tag{20}$$

Die Kurve, die uns durch diese Formeln in Parameterdarstellung gegeben ist, heit eine Zykloide, und zwar die gewöhnliche, wenn $a = r$, eine gestreckte, wenn $a < r$, und eine geschlungene, wenn $a > r$ ist.

Bei einer gleichmäßigen Bewegung des Mittelpunktes ist $\varphi = \frac{2\pi}{\tau} t$ zu setzen, wenn die Zeit einerUmdrehung des Rades τ genannt wird. Dann ist

$$v_x = \frac{2\pi}{\tau}\left(r - a \cos \frac{2\pi}{\tau} t\right), \quad v_y = \frac{2\pi}{\tau} a \sin \frac{2\pi}{\tau} t; \tag{21}$$

$$p_x = \frac{4\pi^2}{\tau^2} a \sin \frac{2\pi}{\tau} t, \quad p_y = \frac{4\pi^2}{\tau^2} a \cos \frac{2\pi}{\tau} t. \tag{22}$$

Die gesamte Beschleunigung

$$p = \sqrt{p_x^2 + p_y^2} = \frac{4\pi^2}{\tau^2} a$$

ist konstant und immer gegen den Mittelpunkt gerichtet; der Hodograph ist daher ein Kreis mit einem zum Pol der Geschwindigkeitsvektoren exzentrisch gelegenen Mittelpunkt. Setzen wir $v_x \Big/ \frac{2\pi}{\tau} = \xi$ und $v_y \Big/ \frac{2\pi}{\tau} = \eta$, so erhalten wir

$$(\xi - r)^2 + \eta^2 = a^2$$

als Gleichung des Hodographen. In Abb. 151 ist die Zykloide für $r = 2\,a$ gezeichnet und für gleiche Zeitintervalle $\frac{\tau}{8}$, $\frac{\tau}{4}$, $\frac{3\tau}{8}$ ... der Geschwindigkeits- und Beschleunigungsvektor eingetragen; auch der Hodograph ist konstruiert. Die Richtung von Geschwindigkeit und Beschleunigung fallen nur in den Wendepunkten der Kurve zusammen, wo

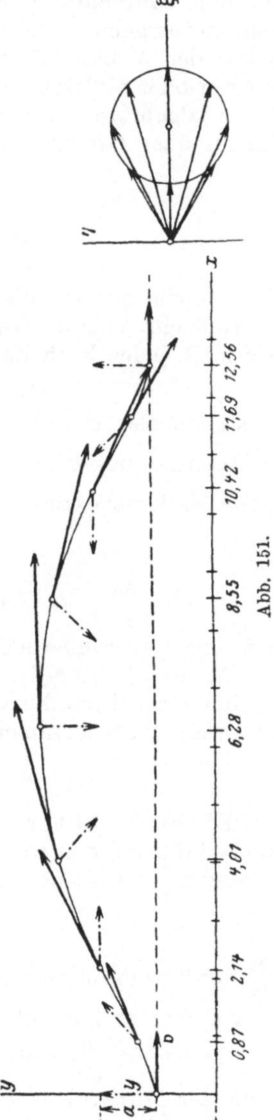

Abb. 151.

$\frac{1}{\varrho}$ und daher auch p_n verschwindet. Bei unserer Kurve geschieht dies für die Werte $t = \frac{\tau}{6}$ und $\frac{5\tau}{6}$.

81. Differentiation von Vektoren. Wir haben nun schon einige Male mit den Differentialquotienten von Vektoren nach einem Skalar, der Zeit, zu tun gehabt und wollen nun wie früher einige darauf Bezug habende Sätze der Vektorrechnung zusammenfassen. Die Differentiation eines inneren oder äußeren Produktes geht ganz analog wie die eines gewöhnlichen algebraischen vor sich, was ohne weiteres aus den allgemeinen Sätzen über Grenzwerte folgt. Wir haben also

$$\frac{d}{dt}(\mathfrak{a}\,\mathfrak{b}) = \frac{d\mathfrak{a}}{dt}\,\mathfrak{b} + \mathfrak{a}\,\frac{d\mathfrak{b}}{dt} \tag{23}$$

und

$$\frac{d}{dt}(\mathfrak{a} \times \mathfrak{b}) = \frac{d\mathfrak{a}}{dt} \times \mathfrak{b} + \mathfrak{a} \times \frac{d\mathfrak{b}}{dt}. \tag{24}$$

Das gleiche gilt für die Differentiale.

Hat ein Vektor einen konstanten Betrag, aber variable Richtung, wie z. B. jeder Einheitsvektor, so ist

$$d\,(\mathfrak{e}^2) = \mathfrak{e}\,d\,\mathfrak{e} + d\,\mathfrak{e}\,\mathfrak{e} = 2\,\mathfrak{e}\,d\,\mathfrak{e} = 0,$$

es stehen also $\mathfrak{e}$ und $d\,\mathfrak{e}$ zueinander senkrecht. Dasselbe gilt von dem Differentialquotienten, $\frac{d\mathfrak{e}}{dt}$ ist senkrecht zu $\mathfrak{e}$. Setzt man $\mathfrak{a} = |\mathfrak{a}|\,\mathfrak{a}_0$ ($\mathfrak{a}_0$ = Einheitsvektor in der Richtung $\mathfrak{a}$), so haben wir analog

$$\frac{d\mathfrak{a}}{dt} = \frac{d|\mathfrak{a}|}{dt}\,\mathfrak{a}_0 + |\mathfrak{a}|\,\frac{d\mathfrak{a}_0}{dt}.$$

Ist $\mathfrak{a} \times \frac{d\mathfrak{a}}{dt} = 0$, so hat $\frac{d\mathfrak{a}}{dt}$ dieselbe Richtung wie $\mathfrak{a}$, d. h. der Vektor $\mathfrak{a}$ hat eine unveränderliche Richtung.

Da $|\mathfrak{a}|^2 = \mathfrak{a}^2$, ergibt sich $|\mathfrak{a}|\,d\,|\mathfrak{a}| = \mathfrak{a}\,d\,\mathfrak{a}$.

Bei einer Raumkurve ist, wie wir gesehen haben, $|\Delta\mathfrak{r}| = \Delta s$; daher ist, wenn s als Parameter eingeführt wird,

$$\frac{d\mathfrak{r}}{ds} = \mathfrak{t} \tag{25}$$

ein Einheitsvektor, der in die Richtung der Tangente an die Bahnkurve fällt und den wir wie früher mit $\mathfrak{t}$ bezeichnen. Differenzieren wir $\mathfrak{t}$ wieder nach s, so können wir schreiben:

$$\frac{d\mathfrak{t}}{ds} = \frac{d\mathfrak{t}}{d\alpha} \cdot \frac{d\alpha}{ds}. \tag{26}$$

$\frac{d\mathfrak{t}}{d\alpha}$ muß nach unserer vorigen Überlegung ein Vektor sein, der senkrecht zu $\mathfrak{t}$ steht; er hat außerdem den absoluten Betrag eins, da $|d\mathfrak{t}| = d\,\alpha$ ist. Daher ist $\frac{d\mathfrak{t}}{d\alpha}$ nichts anderes als der Einheitsvektor in der Richtung der Normalen $\mathfrak{n}$. (26) geht also in die Gestalt über:

$$\frac{d\mathfrak{t}}{ds} = \frac{\mathfrak{n}}{\varrho}. \tag{27}$$

Das ist eine der sogenannten Frenetschen Formeln.

Wir wollen diese Resultate auf die Bewegung eines Punktes längs der Bahnkurve anwenden. Setzt man $\mathfrak{v} = v\,\mathfrak{t}$, so ist

$$\mathfrak{p} = \frac{d\mathfrak{v}}{dt} = \frac{dv}{dt}\,\mathfrak{t} + v\,\frac{d\mathfrak{t}}{dt}.$$

Da $\frac{d\mathfrak{t}}{dt} = \frac{d\mathfrak{t}}{ds}\,\frac{ds}{dt} = \frac{\mathfrak{n}}{\varrho}\,v$ ist, bekommen wir durch Einsetzen

$$\mathfrak{p} = \mathfrak{t}\,\frac{d^2 s}{dt^2} + \mathfrak{n}\,\frac{v^2}{\varrho},$$

wie wir es schon früher abgeleitet haben.

II. Die Newtonschen Prinzipien.

82. Kraft und Masse. Das dynamische Grundgesetz. Bis jetzt haben wir nur rein geometrische Betrachtungen über die Bewegung eines Punktes vorgenommen, sind aber auf die Ursache der Bewegung nicht eingegangen. Als solche, als bewegungsbestimmendes Moment, haben wir schon im ersten Teil dieses Buches den Kraftbegriff eingeführt und wir wollen jetzt die Frage beantworten, wie die Kraft mit den aus der Bewegung abgeleiteten Größen, der Geschwindigkeit und Beschleunigung zusammenhängt. Da zeigen schon Beispiele der täglichen Erfahrung, daß die Kraft, die auf einen Körper wirkt, nicht unmittelbar mit der Geschwindigkeit desselben in Beziehung stehen kann. Beim Kegelschieben wird der Kugel durch die Muskelkraft eine gewisse Geschwindigkeit erteilt, dann rollt sie aber auf einer glatten Bahn mit dieser Geschwindigkeit weiter, ohne daß merkliche Kräfte in dieser Richtung auf sie einwirken. Erst wenn man sie bremsen oder aus ihrer Richtung bringen will, muß man wieder Kräfte auf sie ausüben. Daraus erkennt man, daß nicht die Geschwindigkeit, sondern der Geschwindigkeitsunterschied der Größe und Richtung nach, also die Beschleunigung mit der Kraft in direktem Zusammenhang steht.

Die einfachste Annahme nun, die man machen kann, ist die, beide Größen einander proportional zu setzen. Dieser Ansatz wird hinterher dadurch in vollem Maße bestätigt, daß alle Folgerungen, die man aus ihm ziehen kann, zu keinem Widerspruch mit der Erfahrung führen. Die dabei auftretende Proportionalitätskonstante wird bei verschiedenen Körpern verschieden sein, man muß eine größere Kraft aufwenden, um einer größeren Kugel aus demselben Material dieselbe Geschwindigkeit zu erteilen als wie einer kleineren. Diese Proportionalitätskonstante, die sich also als der Quotient, Betrag der Kraft durch die Beschleunigung darstellt, ist etwas für einen Körper spezifisch Eigentümliches und, wie die Erfahrung lehrt, ganz unabhängig von allen den Zustand eines Körpers sonst charakterisierenden Größen, wie Temperatur, Druck, Aggregatzustand usw. Man bezeichnet sie als die träge Masse des Körpers.

Um dieses Gesetz in einer präzisen Form auszusprechen, nehmen wir weiter an, was sich später als richtig erweisen wird, daß wir uns die Masse eines Körpers für unsere Zwecke in einem Punkte konzentriert denken können; einen solchen Punkt nennen wir einen Massenpunkt.

Sind die Abmessungen der Körper klein gegenüber der gegenseitigen Entfernung und gegenüber den Wegen, die sie zurücklegen, wie dies z. B. bei den Himmelskörpern der Fall ist, dann können wir sie jedenfalls durch Punkte ersetzen. Wenn wir noch den Umstand berücksichtigen, daß Beschleunigungen und Kräfte Vektoren sind, können wir jetzt unser Grundgesetz in der Form anschreiben

$$m\,\mathfrak{p} = \mathfrak{P}, \tag{1}$$

ein Massenpunkt, auf den Kräfte wirken, erfährt in jedem Augenblick eine Beschleunigung, die in die Richtung der Resultierenden der Kräfte fällt und deren Betrag der Größe derselben proportional ist. Die Proportionalitätskonstante m ist die träge Masse des Punktes.

In diesem derartig formulierten Gesetz sind zwei Erfahrungstatsachen enthalten: 1. Die, daß die Kräfte proportional der Beschleunigung und die Proportionalitätskonstante unabhängig von den übrigen Zustandsgrößen des Körpers ist, und 2. daß sich mehrere Kräfte, die an einem Punkt angreifen, in ihrer Wirkung gegenseitig nicht stören. Die letztere Aussage wird auch das Unabhängigkeitsprinzip der Kräfte genannt. Wenn man von der Tatsache ausgeht, daß die Beschleunigungen Vektoren sind, so folgt daraus unmittelbar der Satz vom Parallelogramm der Kräfte, den wir in der Statik als Axiom ohne Beweis eingeführt und auch bei der obigen Formulierung unseres Gesetzes schon verwendet haben. Als drittes Grundprinzip wollen wir den Satz von der Gleichheit von Wirkung und Gegenwirkung, wie wir ihn am Anfang der Statik formuliert haben, beibehalten.

Diesen Inbegriff von Grundgesetzen nennt man die Newtonschen Grundprinzipien, sie bilden die Grundlage der sogenannten klassischen Mechanik. Sie sind im wesentlichen von Newton in seinem 1687 erschienenen Werk „Principia mathematica philosophiae naturalis“ zum erstenmal, allerdings in ziemlich verwickelter Form, ausgesprochen worden.

Bei allen diesen Überlegungen haben wir noch nicht auf eine Schwierigkeit Rücksicht genommen, die von prinzipieller Bedeutung ist und die darin liegt, daß wir ja nur von einer Relativbewegung bzw. Beschleunigung sprechen können, daß wir im allgemeinen für jedes Bezugssystem eine andere Beschleunigung erhalten. Newton selbst glaubte ein ausgezeichnetes Bezugssystem, einen absolut ruhenden Raum, postulieren zu können. Rein geometrisch könnte man natürlich nie zu einem solchen gelangen, es wäre aber möglich gewesen, daß man auf Grund von Erfahrungen auf elektrischem und optischem Gebiet einen solchen hätte festlegen können. Eine Zeitlang glaubte man ja in dem ruhenden Äther dieses absolute Bezugssystem gefunden zu haben. Genauere Beobachtungen führten aber zu dem Resultat, daß man auf keinerlei Weise experimentell ein solches ausgezeichnetes Bezugssystem nachweisen könne. Das war der Ausgangspunkt, in dem die moderne Entwicklung der Mechanik einsetzte, die zum Unterschied von der klassischen die relativistische genannt wird und die von Einstein im

Jahre 1915 begründet wurde. Wir wollen darauf nicht näher eingehen, es sei nur hervorgehoben, daß sich die klassische Mechanik als ein Spezialfall der relativistischen ergibt, wenn die Geschwindigkeit der Körper klein gegenüber der Lichtgeschwindigkeit ist. Diese Bedingung ist in der technischen Mechanik immer erfüllt, die Relativitätsmechanik hat daher für uns nur theoretisches Interesse. Als Bezugssystem werden wir gewöhnlich die Erde, bei Fragen astronomischer Natur das Sonnensystem, eventuell den Fixsternhimmel annehmen.

83. Folgerungen aus dem dynamischen Grundgesetz. Gleichung (1) können wir auch in Komponenten anschreiben; wir erhalten in einem festen K.-S., fest immer mit der eben besprochenen Einschränkung gebraucht,

$$m\ddot{x} = P_x, \quad m\ddot{y} = P_y, \quad m\ddot{z} = P_z, \tag{2}$$

wenn P_x, P_y, P_z die Komponentensummen der an dem Massenpunkt wirkenden Kräfte in der x-, y-, z-Richtung sind. Führen wir das natürliche K.-S. der Bahnkurve ein, so bekommen wir

$$m\frac{d^2s}{dt^2} = T, \qquad m\frac{v^2}{\varrho} = N, \tag{3}$$

wo T, die Tangentialkraft, die Komponentensumme der Kräfte in der Richtung der positiven Tangente, N die Normalkraft, die Komponentensumme in der Richtung der Normalen, zum Krümmungsmittelpunkt positiv genommen, darstellt. Die letztere wird auch Zentripetalkraft genannt, weil sie nach dem Zentrum, dem Krümmungsmittelpunkt hinstrebt. Da keine Komponente der Beschleunigung in der Richtung der Binormalen vorhanden ist, muß die resultierende Kraftrichtung immer in die Schmiegungsebene fallen. Bewegt sich ein Massenpunkt auf einer gekrümmten Bahn, so muß die Resultierende außerdem immer auf der konkaven Seite der Bahnkurve liegen, weil sie eine nach dem Krümmungsmittelpunkt gerichtete Komponente besitzen muß.

Heben sich die Kräfte, die auf einen Massenpunkt wirken, auf, dann werden die rechten Seiten der Gleichungen Null, wir haben

$$m\frac{d^2s}{dt^2} = 0, \qquad \frac{m\,v^2}{\varrho} = 0. \tag{4}$$

Aus der ersten Gleichung folgt, daß die Geschwindigkeit eine Konstante sein muß, aus der zweiten, daß diese Konstante entweder Null ist — dann befindet sich der Massenpunkt in Ruhe — oder daß $\frac{1}{\varrho}$ verschwindet, dann bewegt er sich auf einer Geraden mit konstanter Geschwindigkeit. Das ist das bekannte Trägheitsgesetz von Galilei: Ein Körper, auf den keine resultierende Kraft wirkt, ist entweder in Ruhe oder bewegt sich mit gleichbleibender Geschwindigkeit auf einer geraden Linie. Während dieses Gesetz hier als unmittelbare Folgerung aus dem dynamischen Grundgesetz auftritt, ist es in der historischen Entwicklung dem letzteren vorausgegangen, es wurde von Galilei 1638 in seinem „Discorsi" ausgesprochen, in denen auch die Gesetze des freien Falles das erste Mal aufgestellt wurden.

Umgekehrt kann man durch Nullsetzen der Beschleunigungen in den Gl. (2) die Gleichgewichtsbedingungen für Kräfte erhalten, die an einem Punkte angreifen; die Gesetze der Statik treten als Spezialfall der in der Dynamik geltenden Gleichungen auf.

Mit Hilfe des dynamischen Grundgesetzes können wir nun zunächst bei vorgegebener Bewegung eines Massenpunktes das Kraftgesetz finden, unter dessen Einfluß sich diese vollzieht. Aus dem Gesetz des freien Falles — alle Körper fallen gleich schnell mit konstanter Beschleunigung g — folgt daher, daß das Gewicht eines Körpers G, das ist ja auch die Kraft, die beim Fallen auf ihn wirkt, gleich mg ist

$$G = m g. \tag{5}$$

Das Gewicht eines Körpers ist also immer seiner trägen Masse proportional.

Man bezeichnet nun die Ursache des Gewichtes eines Körpers auch als seine Masse, und zwar als seine schwere Masse. Aus der Erfahrungstatsache, daß alle Körper im luftleeren Raum gleich schnell fallen, folgt nun, daß die schwere Masse gleich der trägen ist. Diese Gleichheit ist früher nicht so beachtet worden, hat sich aber bei der Begründung der allgemeinen Relativitätstheorie als sehr bedeutungsvoll in prinzipieller Beziehung erwiesen.

Daß diese Gleichheit von schwerer und träger Masse nicht etwas von vornherein Selbstverständliches ist, daß ein begrifflicher Unterschied zwischen diesen beiden Größen besteht, kann man sich auf folgende Weise klarmachen. Hängt man an einem elastischen Faden nacheinander verschiedene Körper auf, so erhält man verschiedene Längenänderungen desselben, die der schweren Masse proportional sind. Erteilt man nun diesen Körpern durch irgendwelche Kräfte Beschleunigungen, so sind die nach dem dynamischen Grundgesetz dabei auftretenden trägen Massen ebenfalls diesen Längenänderungen proportional, ein Ergebnis, das in den Voraussetzungen nicht enthalten war, also eine neue Erfahrungstatsache darstellt.

84. Die Keplerschen Gesetze und die Newtonsche Gravitationstheorie. Unsere nächste Aufgabe wird es nun sein, aus den bekannten Bewegungsgesetzen der Planeten mit Hilfe des dynamischen Grundgesetzes die Kraft zu finden, unter deren Einfluß ein Planet seine Bewegung ausführt. Das war das Ziel, das Newton bei der Aufstellung seiner Prinzipien vor Augen hatte und das er auch erreichte.

Die Bewegungen der Planeten sind bekanntlich durch die sogenannten Keplerschen Gesetze gegeben, die Kepler im Anfang des 17. Jahrhunderts hauptsächlich auf Grund von Beobachtungen von Tycho de Brahe über die Bewegung des Mars aufgestellt hat. Sie sind in den beiden Hauptwerken Keplers „Astronomia nova" (1609) und „Harmonik des Weltalls" (1619) enthalten. Sie lauten:

1. Ein Planet bewegt sich in einer Ellipse um die Sonne, in deren Brennpunkt die Sonne selbst steht.

2. Die von der Sonne nach dem Planeten gezogenen Fahrstrahlen beschreiben in gleichen Zeiten gleiche Flächen.

3. Die Quadrate der Umlaufszeiten verschiedener Planeten verhalten sich wie die dritten Potenzen der großen Halbachsen der Bahnellipsen.

Die beiden ersten beziehen sich, wie man sieht, auf denselben Planeten, das dritte gibt eine Beziehung zwischen verschiedenen Planeten an.

Nehmen wir die Sonne als ruhend an und führen wir ein ebenes Polarkoordinatensystem mit der Sonne als Zentrum ein (Abb. 152), so lautet die Gleichung eines Kegelschnittes in einem solchen

$$r = \frac{p}{1 + \varepsilon \cos\varphi},$$

wo p die halbe Sehne im Brennpunkt senkrecht zur großen Halbachse und ε, die numerische Exzentrizität, das Verhältnis der Brennweite e zur großen Halbachse a ist. Für eine Ellipse ist $\varepsilon < 1$, für eine Hyperbel ist $\varepsilon > 1$, für eine Parabel ist $\varepsilon = 1$. Da $p = \frac{b^2}{a}$ ist, können wir das erste Keplersche Gesetz in der Form anschreiben

$$r = \frac{b^2}{a + e\cos\varphi}. \tag{6}$$

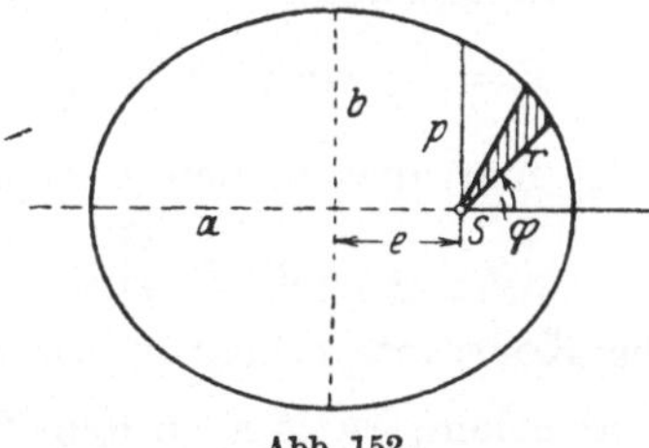

Abb. 152.

Das zweite Keplersche Gesetz, daß die Fahrstrahlen in gleichen Zeiten gleiche Flächen beschreiben, daß also die Flächengeschwindigkeit $\frac{dF}{dt}$ konstant ist, stellt sich, wenn wir diese Konstante mit $\frac{c}{2}$ bezeichnen, in der Form dar

$$\frac{dF}{dt} = \frac{1}{2} r^2 \frac{d\varphi}{dt} = \frac{c}{2} \text{ oder } r^2\omega = c. \tag{7}$$

Das dritte sagt aus, daß

$$\frac{a^3}{\tau^2} = \delta \tag{8}$$

eine für alle Planeten gleiche Konstante ist.

Benutzen wir die im vorigen Kapitel, Formel (18) und (19), abgeleiteten Ausdrücke für die Beschleunigungskomponenten in Polarkoordinaten $p_r = \ddot{r} - r\omega^2$, $p_\varphi = \frac{1}{r}\frac{d}{dt}(r^2\omega)$, so ergibt sich aus der zweiten dieser Gleichungen in Verbindung mit (7) sofort, daß $p_\varphi = 0$ ist, daß also nur eine Beschleunigungskomponente p_r vorhanden ist. Es fällt somit die ganze Beschleunigung und daher nach dem dynamischen Grundgesetz auch die Kraft in die Verbindungslinie Planet—Sonne. Aus Symmetriegründen — es ist ja in der Formel für p_r gleichgültig, von welchem Anfangswert man den Winkel φ zählt — folgt daraus auch, daß p_r und damit auch die Kraft nur von dem Abstand r und nicht mehr von dem Winkel φ abhängig sein kann.

Um die Art dieser Abhängigkeit zu finden, haben wir nur p_r als Funktion von r aufzusuchen. Dabei kommt man am raschesten zum Ziele, wenn man statt r den reziproken Wert $\frac{1}{r}$ als Unbekannte einführt und den Differentialquotienten nach t durch den nach φ, multipliziert mit ω, ausdrückt. Wir erhalten so, wenn wir noch ω nach (7) durch $\frac{c}{r^2}$ ersetzen

$$\frac{dr}{dt} = \frac{dr}{d\varphi}\omega = \frac{dr}{d\varphi}\frac{c}{r^2} = -c\,\frac{d\left(\frac{1}{r}\right)}{d\varphi}, \tag{9}$$

da nach Gl. (6) $\frac{1}{r} = \frac{1}{b^2}(a + e\cos\varphi)$, also

$$\frac{d\left(\frac{1}{r}\right)}{d\varphi} = -\frac{e}{b^2}\sin\varphi$$

ist, bekommen wir

$$\dot{r} = \frac{c\,e}{b^2}\sin\varphi,\quad \ddot{r} = \frac{c\,e}{b^2}\cos\varphi\,\omega = \frac{c^2\,e}{b^2}\,\frac{\cos\varphi}{r^2} = \frac{c^2}{r^2}\left(\frac{1}{r} - \frac{a}{b^2}\right).$$

Setzt man dies in den Ausdruck für p_r ein, so erhält man

$$p_r = \frac{c^2}{r^3} - \frac{c^2\,a}{b^2}\,\frac{1}{r^2} - \frac{c^2}{r^3} = -\frac{c^2\,a}{b^2}\,\frac{1}{r^2}. \tag{10}$$

Die Konstante c können wir nun durch die Umlaufszeit τ des Planeten ausdrücken, es ist nach dem 2. Keplerschen Gesetz $\frac{c}{2}\tau = a\,b\,\pi$. Eingesetzt in (10) gibt dies

$$p_r = -\frac{4\,a^3\,\pi^2}{\tau^2\,r^2}$$

und nach dem 3. Keplerschen Gesetz

$$p_r = -\frac{4\,\delta\,\pi^2}{r^2}, \tag{11}$$

wo jetzt $4\,\delta\,\pi^2 = \lambda$ eine für alle Planeten gleiche Konstante ist. Aus dem dynamischen Grundgesetz folgt daraus, daß die Kraft, die auf den Planeten ausgeübt wird,

$$P_1 = -\frac{\lambda\,m_1}{r^2}, \tag{12}$$

also verkehrt proportional dem Quadrat der Entfernung und zur Sonne hin gerichtet ist, wie es das negative Vorzeichen verlangt. Dabei bedeutet m_1 die träge Masse des Planeten, λ ist für alle Planeten gleich, also nur mehr von der Sonne abhängig.

Nach dem Wechselwirkungsgesetz ist nun die Kraft, die der Planet auf die Sonne ausübt, dem Betrag nach ebenfalls durch P_1 gegeben. Sie muß daher auch verkehrt proportional dem Quadrat der Entfernung sein, wir setzen sie etwa gleich

$$P_2 = -\frac{\lambda'\,m_2}{r^2},$$

wo m_2 die träge Masse der Sonne darstellt; sie ist auf den Planeten zu gerichtet. Da die absoluten Beträge von P_1 und P_2 gleich sind, haben wir $\frac{\lambda\,m_1}{r^2} = \frac{\lambda'\,m_2}{r^2}$ oder

$$\frac{\lambda}{m_2} = \frac{\lambda'}{m_1} = \varkappa, \tag{13}$$

eine Konstante, die wir die Gravitationskonstante nennen. Die Anziehungskraft, die zwischen Sonne und Planet wirkt, ist also durch den Ausdruck

$$P = -\varkappa \frac{m_1 m_2}{r^2} \tag{14}$$

gegeben. Verallgemeinert auf zwei beliebige Massenprodukte stellt uns dies das Newtonsche Gravitationsgesetz dar, zwei Massenpunkte ziehen sich mit einer Kraft an, die dem Produkte der Massen direkt, dem Quadrat der Entfernung verkehrt proportional ist.

Die beiden Massen m_1 und m_2 treten dabei sowohl als schwere als auch als träge Masse auf, je nachdem man die Kraft, die der erste auf den zweiten oder die, welche der zweite auf den ersten ausübt, ins Auge faßt. Die Gleichheit von schwerer und träger Masse zeigt sich im Gravitationsgesetz also dadurch, daß das Produkt der beiden Massen darin auftritt.

85. Fortsetzung. Der umgekehrte Vorgang, aus dem Gravitationsgesetz die Gesetze der Bewegung eines Himmelskörpers, Planeten oder Kometen, um die Sonne zu finden, ist etwas komplizierter, bietet aber ebenfalls keine besonderen Schwierigkeiten. Man geht, wie überhaupt immer, wenn eine Zentralkraft vorhanden, die Bewegung eine Zentralbewegung ist, von der Beziehung $p_\varphi = 0$, also $r^2 \omega = c$, aus und erhält, wenn man $\frac{1}{r} = u$ setzt, ähnlich wie oben für die Radialbeschleunigung — es ist ja $\dot{r} = -c \frac{du}{d\varphi}$, $\ddot{r} = -c\,\omega \frac{d^2u}{d\varphi^2} = -c^2 u^2 \frac{d^2u}{d\varphi^2}$,

$$p_r = -c^2 u^2 \frac{d^2u}{d\varphi^2} - c^2 u^3$$

oder

$$\frac{d^2u}{d\varphi^2} + u = -\frac{p_r}{c^2 u^2}. \tag{15}$$

Man hat also nur für p_r den aus dem Kraftgesetz folgenden Wert einzusetzen und diese Differentialgleichung zu integrieren. Bei dem Gravitationsgesetz mit $p_r = -\frac{\varkappa M}{r^2}$ wird die rechte Seite von (15) eine Konstante und erhält

$$\frac{d^2u}{d\varphi^2} + u = \frac{\varkappa M}{c^2}. \tag{16}$$

Das ist eine lineare Differentialgleichung zweiter Ordnung mit konstanten Koeffizienten, die als partikuläres Integral den konstanten Wert $u_1 = \frac{\varkappa M}{c^2} = \frac{1}{p}$ besitzt und deren allgemeines Integral daher durch die Summe aus diesem partikulären und dem allgemeinen Integral der homogenen Differentialgleichung in der Form gegeben ist

$$u = \frac{1}{p} + A \sin\varphi + B \cos\varphi = \frac{1}{p} + \frac{\varepsilon}{p} \cos(\varphi - \varphi_0), \tag{17}$$

wo an Stelle von A und B die willkürlichen Werte ε und φ_0 eingeführt sind. Zählen wir φ von dem Punkt der größten Annäherung an die Sonne, dem Perihel, weg, so ist $\varphi_0 = 0$ zu setzen und wir erhalten die bekannte Kegelschnittgleichung

$$\frac{1}{u} = r = \frac{p}{1 + \varepsilon \cos \varphi}. \qquad (18)$$

Der Körper wird also, je nachdem $\varepsilon \lesseqgtr 1$ ist, was von der Anfangslage und Anfangsgeschwindigkeit abhängt, eine Ellipse, Parabel oder Hyperbel um die Sonne beschreiben. Im Falle der beiden letztgenannten Bahnen kehrt er natürlich nicht mehr in das Sonnensystem zurück.

86. Die Schwerkraft als spezieller Fall der Gravitation. Aus der allgemeinen Gültigkeit des Gravitationsgesetzes folgt, daß die Schwerkraft an der Erdoberfläche nichts anderes als die hier herrschende Gravitationskraft ist. Wenn wir also mit R den Radius der Erde, mit M ihre Masse bezeichnen — wir werden später noch sehen, daß wir uns die Masse einer Kugel, was ihre Wirkung nach außen anbelangt, in dem Mittelpunkt konzentriert denken können — so ist

$$G = m\,g = \frac{\varkappa\, m\, M}{R^2}.$$

Die Masse des Körpers fällt heraus und wir bekommen die Beziehung

$$g = \frac{\varkappa\, M}{R^2}, \qquad (19)$$

die man zur Bestimmung der Masse der Erde benutzen kann, da sich die Gravitationskonstante $\varkappa$ aus direkten Versuchen über die Anziehung zweier Kugelmassen im Laboratorium ermitteln läßt.

Bei der Aufstellung von Gl. (19) haben wir außer der oben erwähnten noch die weitere Voraussetzung gemacht, daß die Erde eine vollständige Kugel sei, die sich in Ruhe befindet. Dies ist aber sicherlich nicht erfüllt, die Erde ist annähernd ein an den Polen abgeplattetes Rotationsellipsoid und dreht sich mit konstanter Winkelgeschwindigkeit um ihre Achse. Das hat zur Folge, daß die Erdbeschleunigung und daher auch das Gewicht eines Körpers an verschiedenen Stellen der Erdoberfläche verschieden groß ist. Wir wollen zunächst nur den Einfluß der Erddrehung auf das Gewicht bestimmen; am Pol ist dann, weil der Körper sich in Ruhe befindet, sein Gewicht- bzw. der Widerstand der Unterlage gleich der Erdanziehung S, also

$$G_p = m\,g_p = S. \qquad (20)$$

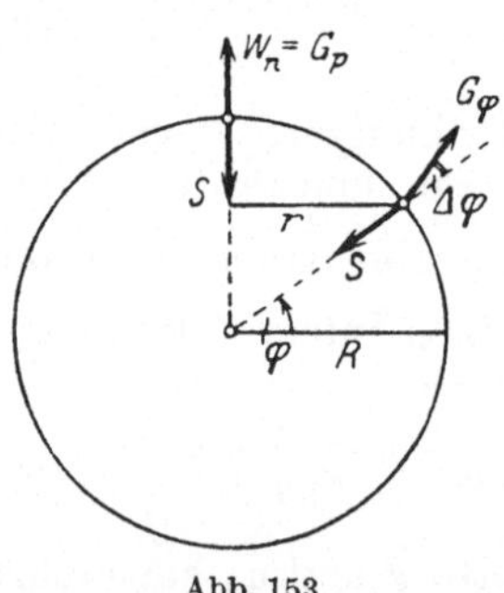

Abb. 153.

Befindet sich der Körper nicht am Pol, sondern auf einem Parallelkreis der geographischen Breite φ (Abb. 153), so ist er nicht in Ruhe, sondern beschreibt mit konstanter Winkelgeschwindigkeit ω einen Kreis mit dem Radius $r = R \cos \varphi$. Nach dem dynamischen Grundgesetz muß dann die Komponentensumme der Kräfte in der Richtung zum Krümmungsmittelpunkt positiv genommen gleich $m\,r\,\omega^2$ sein; in tangentialer Richtung tritt keine Beschleunigung auf. Es kann daher das Gewicht nicht in die Richtung des Erdradius R fallen, sondern, wenn wir die Komponentensumme in der Richtung desselben bilden, muß die Gleichung bestehen

$$m\, r\, \omega^2 \cos \varphi = S - G_\varphi \cos \Delta\varphi.$$

$\Delta\varphi$ ist dabei der Winkel, um den die Richtung von G_φ von der Richtung nach dem Mittelpunkt abweicht. Da dieser sehr klein ausfallen wird, kann man schreiben

$$G_\varphi = S - m\, r\, \omega^2 \cos \varphi = G_p - m\, R\, \omega^2 \cos^2 \varphi$$

oder, wenn man die Beschleunigung einsetzt

$$g_\varphi = g_p \left(1 - \frac{R\, \omega^2}{g_p} \cos^2 \varphi\right). \tag{21}$$

Die Beschleunigung in der geographischen Breite φ ist also kleiner als am Pol, und zwar nimmt sie um einen Betrag ab, der proportional dem Quadrat des Cosinus derselben ist. Am Äquator für $\varphi = 0$ ist $g_0 = g_p \left(1 - \frac{R\, \omega^2}{g_p}\right)$ am kleinsten.

Die Winkelgeschwindigkeit $\omega = \frac{2\pi}{23\ \text{St.}\ 56\ \text{min}} = 7{,}29\ 10^{-5}\ \text{sek}^{-1}$; daraus erhält man für $\frac{R\, \omega^2}{g_p}$ den Wert von $\frac{1}{290}$. Durch die Abplattung der Erde wird diese Abnahme g_p der Beschleunigung aber noch vergrößert — ein Äquatorpunkt ist ja weiter vom Erdmittelpunkt entfernt als der Pol —, so daß die Beschleunigung am Äquator um etwa $\frac{1}{200}$ kleiner ist als am Pol; die entsprechenden Werte sind

$$g_p = 9{,}83\ \text{m/sek}^2, \quad g_0 = 9{,}78\ \text{m/sek}^2,$$

auf 45° Breite ist $g = 980{,}616\ \text{cm/sek}^2$.

Aus der Erddrehung ergibt sich auch die Erscheinung, daß ein nach Osten fliegender Körper leichter ist, als wenn er sich nach Westen bewegt. Diese Tatsache wird nach dem ungarischen Physiker Eötvös, der sich große Verdienste um die Erforschung der Schwerkraft erworben hat, auch der Eötvös-Effekt genannt. Er kommt vor allem bei der Bewegung von Geschossen, aber bei den jetzigen großen Geschwindigkeiten auch schon bei der an Flugzeugen zur Geltung. Ist C die Geschwindigkeit des Körpers, so erhalten wir das Gewicht beim Flug nach Osten, indem wir in der Gleichung für G_φ an Stelle von ω den Wert $\omega + \frac{C}{R \cos \varphi}$ einführen, während wir beim Flug nach Westen $\omega - \frac{C}{R \cos \varphi}$ einzusetzen haben. Die Differenz beider Werte

$$\begin{aligned} \Delta G_\varphi &= G_p - m\, R \cos^2 \varphi \left(\omega - \frac{C}{R \cos \varphi}\right)^2 - \\ &- \left[G_p - m\, R \cos^2 \varphi \left(\omega + \frac{C}{R \cos \varphi}\right)^2\right] = 4\, m\, C\, \omega \cos \varphi = \\ &= \frac{G_\varphi}{g_\varphi}\, 4\, C\, \omega \cos \varphi \end{aligned}$$

und

$$\frac{\Delta G_\varphi}{G_\varphi} = \frac{4\, C\, \omega \cos \varphi}{g_\varphi}.$$

Ein Geschoß von 1000 m/sek ist also am Äquator beim Schuß nach Osten um 2,98% leichter als beim Schuß nach Westen, ein Flugzeug mit 720 km/St., d. i. 200 m/sek Geschwindigkeit hat bei der Bewegung nach Osten ein um 0,596% geringeres Gewicht als bei der nach Westen.

87. Technisches und absolutes Maßsystem. Bei der Einführung des Kilogrammgewichtes als Krafteinheit haben wir von dieser Änderung der Schwerkraft abgesehen, in der Statik spielt sie ja wegen ihrer Kleinheit keine Rolle. Bei physikalischen und astronomischen Untersuchungen ist dies aber nicht mehr angängig und man muß nach einer exakter definierten, vom Ort unabhängigen Festlegung der Einheiten trachten. Wegen der Geltung des dynamischen Grundgesetzes ist es uns freigestellt, als dritte zu den zwei schon festgesetzten Grundgrößen der Länge und der Zeit die Masse oder die Kraft zu wählen. Haben wir eine von diesen aber angenommen, so tritt die zweite nicht mehr als Grund-, sondern als abgeleitete Größe auf. Gemäß dieser zwei Möglichkeiten erhalten wir auch zwei Maßsysteme, das wissenschaftliche oder absolute, das die Masse als dritte Grundgröße einführt, und das technische, das die Kraft als solche festlegt, das wir schon in der Statik verwendet haben. Da die Masse etwas einem Körper Eigentümliches darstellt, die Kraft aber von dem Einfluß der Umgebung abhängt, so ist die erste Annahme die zweckentsprechendere, auf vielen Gebieten der Technik, wie z. B. in der ganzen Elektrotechnik, ist man daher auch zum absoluten Maßsystem übergegangen.

Durch die Zusammenhänge geometrischer und physikalischer Natur, die zwischen den einzelnen Größen bestehen, mit denen wir es zu tun haben, sind Beziehungen zwischen den Einheiten gegeben, in denen sie gemessen werden. Es zeigt sich nun, daß alle physikalischen Größen auf die drei Grundgrößen, die wir eben festgelegt haben, also auf Länge, Zeit und Masse, oder Länge, Zeit und Kraft zurückgeführt werden können. Die Art und Weise, wie sich eine Größe durch diese drei ausdrücken läßt, nennt man die Dimension der vorgegebenen Größe. In den beiden Maßsystemen werden diese natürlich im allgemeinen verschieden ausfallen, und es ist daher durch das Vorhandensein zweier solcher eine gewisse Mehrbelastung gegeben. Da sich aber beide Maßsysteme historisch entwickelt haben, muß man dies in Kauf nehmen.

Die beiden Maßsysteme unterscheiden sich auch durch die Wahl der Grundeinheiten voneinander. Im wissenschaftlichen M.-S. wird als Einheit der Länge 1 cm, der hundertste Teil eines Meters, angenommen, die Einheit der Zeit ist in beiden die gleiche, nämlich eine Sekunde. Als Einheit der Masse befiniert man im absoluten M.-S. die Masse eines Kubikzentimeters reinen Wassers bei einer Temperatur von 4° C und dem Druck einer Atmosphäre und nennt sie die Grammasse oder das Massengramm (g). Wegen dieser Wahl der Grundeinheiten heißt das wissenschaftliche M.-S. auch das *cm-g-sek*-System. Das Tausendfache eines Massengrammes ist ein Massenkilogramm. Da wir im technischen M.-S. den Druck eines solchen Massenkilogrammes auf seine Unterlage als Krafteinheit, als Gewichtskilogramm angenommen haben, sind die Maßzahlen des Gewichtes und der Masse immer einander gleich.

Im absoluten M.-S. ist die Kraft eine abgeleitete Größe, sie hat nach dem dynamischen Grundgesetz die Dimension

$$[P] = [m\,l\,t^{-2}]. \qquad (22)$$

Da man als Einheit der Beschleunigung 1 cm/sek² ansetzen muß, ist jetzt die Einheit der Kraft jene Kraft, die der Masseneinheit die Einheit der Beschleunigung, 1 cm/sek², erteilt. Diese Krafteinheit heißt ein Dyn.. Ein Gewichtskilogramm ist also bei einer Erdbeschleunigung von 9,81 m/sek² gleich $9{,}81 \cdot 10^5$ dyn.

Umgekehrt ist im technischen M.-S. die Dimension der Masse durch

$$[m] = [P\,l^{-1}\,t^{+2}] \qquad (23)$$

dargestellt.

Da wir nur Größen gleicher Art summieren können, müssen die einzelnen Glieder in einer Summe und ebenso die Teile rechts und links von einem Gleichheitszeichen dieselbe Dimension besitzen. Das gibt einen Fingerzeig bei der Aufstellung von Formeln und erlaubt auch eine gewisse Kontrolle bei der Rechnung; stimmen die Dimensionen der einzelnen Glieder nicht überein, so ist das Ergebnis sicherlich falsch. Bei der Aufstellung von Formeln können die darin vorkommenden Beiwerte entweder dimensionslose Zahlen sein, wie z. B. die Reibungsziffer f, oder können eine bestimmte Dimension besitzen, wie die Gravitationskonstante, deren Dimension sich zu $[\varkappa] = [m^{-1}\,l^3\,t^{-2}]$ ergibt. Die numerischen Werte derartiger Konstanten hängen natürlich von dem Maßsystem und den darin gewählten Einheiten ab, so ist $\varkappa = 6{,}65 \cdot 10^{-8}\,g^{-1}\,\mathrm{cm}^3\,\mathrm{sek}^{-2}$ im absoluten M.-S.

88. Die Zentrifugalkraft. Aus der dynamischen Grundgleichung erhalten wir, wie schon erwähnt, die Gleichgewichtsbedingungen, indem wir die Beschleunigung gleich Null setzen. Umgekehrt können wir der dynamischen Grundgleichung auch die Form einer solchen Gleichgewichtsbedingung für Kräfte geben, wenn wir zu den wirklich vorhandenen Kräften noch eine fiktive Kraft, $-m\,\mathfrak{p}$, hinzufügen. Man nennt diese Scheinkraft auch die Trägheitskraft. Zerlegt man die Beschleunigung nach den natürlichen Koordinaten der Bahnkurve, so zerfällt diese negative Trägheitskraft in zwei Komponenten, $-m\,\frac{d^2 s}{dt^2}$ und $-\frac{m\,v^2}{\varrho}$. Die zweite $-\frac{m\,v^2}{\varrho}$ führt nun einen eigenen Namen, sie heißt die Zentrifugalkraft, weil sie vom Krümmungsmittelpunkt weg gerichtet ist. Die Einführung dieses Begriffes hat eine gewisse praktische Bedeutung in allen Fällen, wo sich Massen auf Kreisbahnen mit konstanter Geschwindigkeit um eine Achse bewegen. Wenn wir dann zu den tatsächlich auf sie wirkenden Kräften noch die Zentrifugalkräfte in obigem Sinne hinzufügen, können wir alle Gleichungen so aufstellen, als ob die Massenpunkte in Ruhe wären. Da wir uns nun selbst in einem solchen System befinden — die Erde dreht sich mit konstanter Geschwindigkeit um ihre Achse —, so rechnen wir, wenn wir einen Körper als ruhend ansehen, zu den auf ihn tatsächlich wirkenden Kräften stillschweigend auch noch die Zentrifugalkraft infolge der Erddrehung als eine an ihm angreifende Kraft mit.

Gegen diese Anwendung des Begriffes der Zentrifugalkraft wäre nichts zu sagen; es wird aber dieser Name auch für andere wirkliche, nicht fiktive Kräfte gebraucht und man muß sich vor falschen Auffassungen und Verwechslungen hüten. Wenn man einen Stein horizontal im Kreise schwingt, so wirkt auf ihn eine Zentripetalkraft von der Größe $\frac{m c^2}{r}$, auf das Seil aber nach dem Wechselwirkungsprinzip eine gleichgroße nach außen gerichtete Kraft, die durch dasselbe auf die Hand übertragen wird. Diese wirkliche Kraft, die der früheren, fiktiven Zentrifugalkraft nach Betrag und Richtung gleich ist, aber an anderer Stelle angreift, wird ebenfalls Zentrifugalkraft genannt. Sie ist gemeint, wenn man sagt, „durch die Zentrifugalkraft würde ein Schwungrad zum Bersten gebracht"; es ist dies die Kraft, die von einem Teilchen des Schwungrades auf die benachbarten ausgeübt wird und die bei Steigerung der Tourenzahl unter Umständen so groß werden kann, daß sie die molekularen Anziehungskräfte überwindet. Sagt man aber, die Zentrifugalkraft ist es, die das Herabfallen des Mondes auf die Erde verhindert oder die die Teile des Saturnringes schwebend erhält, so denkt man wieder an die Zentrifugalkraft als Scheinkraft im oben dargelegten Sinn. Diese Ausdrucksweise ist natürlich nicht so aufzufassen, als ob auf dem Mond wirklich zwei Kräfte, die Gravitationskraft und die Zentrifugalkraft, wirkten, die sich gegenseitig aufhöben.

III. Freie Bewegung eines materiellen Punktes.

89. Anfangsbedingungen. Der schiefe Wurf. Die Bewegung eines Massenpunktes ist uns durch das dynamische Grundgesetz noch nicht vollständig gegeben; wenn wir die Kräfte kennen, die auf ihn wirken, müssen außerdem noch in einem beliebigen Zeitmoment die Lage und die Geschwindigkeit des Punktes, die Anfangsbedingungen bekannt sein. Bei der Integration der dynamischen Grundgleichung drückt sich das dadurch aus, daß gewisse Integrationskonstante auftreten, die wir den Anfangsbedingungen entsprechend zu wählen haben.

Wir wollen dies an dem einfachen Beispiel des schiefen Wurfes eines Körpers den wir als Massenpunkt ansehen, bei Vernachlässigung des Luftwiderstandes, also im luftleeren Raum, durchführen. Da bei den gemachten Voraussetzungen der Punkt in einer Ebene verbleibt, wollen wir diese als x-y-Ebene unseres K.-S. annehmen und die x-Achse horizontal, die y-Achse vertikal nach oben ziehen (siehe Abb. 154). Der Ursprungspunkt falle mit der Anfangslage des Körpers zusammen, die Anfangsgeschwindigkeit sei v_0 und schließe mit der Horizontalen den Abgangswinkel α ein. Die dynamische Grundgleichung gibt dann

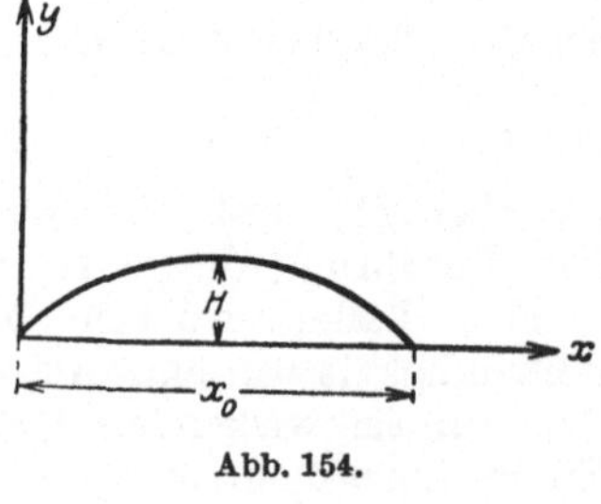

Abb. 154.

$$m \ddot{x} = 0, \quad m \ddot{y} = -m g. \tag{1}$$

Aus der ersten erhält man

$$\dot{x} = v_x = C_1 = v_0 \cos \alpha,$$

da die x-Komponente der Geschwindigkeit zur Zeit $t = 0$ gleich $v_0 \cos \alpha$ ist. Durch weitere Integration ergibt sich

$$x = v_0 \cos \alpha \, t + C_2 \tag{2}$$

und aus der Anfangsbedingung $x = 0$ folgt $C_2 = 0$. Geht man analog mit der zweiten Gl. (1) vor, so erhält man

$$\dot{y} = v_y = v_0 \sin \alpha - g\,t, \quad y = v_0 \sin \alpha \, t - \frac{g}{2} t^2, \tag{3}$$

wobei sich wieder die beiden Integrationskonstanten aus den Anfangsbedingungen berechnen.

Die Gleichung der Bahnkurve erhalten wir in der gewöhnlichen Form, indem wir t aus den Gleichungen für x und y eliminieren. Das gibt

$$y = x \tan \alpha - \frac{g\,x^2}{2\,v_0^2 \cos^2 \alpha}. \tag{4}$$

Das ist die Gleichung einer Parabel, da y^2 und $x\,y$ in dem Ausdruck nicht vorkommen, somit $A_{33} = a_{11}\,a_{22} - a_{12}^2$ verschwindet.

Die Wurfweite x_0, d. i. jene Entfernung, in der der Massenpunkt bei horizontalem Niveau wieder den Erdboden erreicht, ist gegeben durch die eine Wurzel der Gleichung

$$0 = x \tan \alpha - \frac{g\,x^2}{2\,v_0^2 \cos^2 \alpha}$$

— die andere ist ja $x = 0$ selbst —

$$x_0 = \frac{v_0^2}{g} \sin 2\,\alpha. \tag{5}$$

Sie ist ein Maximum für $\sin 2\,\alpha = 1$, $\alpha = \frac{\pi}{4} = 45°$. Betrachtet man die Abhängigkeit der Wurfweite vom Abgangswinkel α, so sieht man, daß zu demselben x_0 zwei Werte von α gehören; denn für α und $\frac{\pi}{2} - \alpha$ hat x_0 denselben Betrag. Man kann also ein Ziel durch einen „Flachschuß“ oder durch einen „Steilschuß“ unter dem komplementären Schußwinkel erreichen. Bei $\alpha = 45°$ gehen im luftleeren Raum beide ineinander über und die Schußweite hat dabei den größten Wert.

Die Steigzeit t_s, die verstreicht, bis das Geschoß seine größte Höhe erreicht hat, ist bestimmt durch $v_y = 0$, also gleich $t_s = \frac{v_0 \sin \alpha}{g}$, die entsprechende Steighöhe H ist

$$H = \frac{v_0^2 \sin^2 \alpha}{2\,g}.$$

Die Flugzeit t_0 erhalten wir aus

$$t_0 = \frac{x_0}{v_0 \cos \alpha} = \frac{2\,v_0 \sin \alpha}{g} = 2\,t_s. \tag{6}$$

Das Geschoß bewegt sich also auf dem absteigenden Ast der Parabel genau so lang als wie auf dem ansteigenden, es kommt auch mit derselben Geschwindigkeit am Boden an, mit der es abgeschossen wurde.

90. Der Luftwiderstand. Diese einfachen Verhältnisse werden durch das Vorhandensein des Luftwiderstandes bedeutend verwickelter. Die theoretische Ermittlung der Luftwiderstandsgesetze bildet im Grunde genommen ein Problem der Hydromechanik — Bewegung eines Körpers in einem widerstehenden Mittel — und hat bis jetzt nur teilweise seine Lösung gefunden. Man ist daher im wesentlichen auf experimentelle Grundlagen angewiesen.

Eine ebene Scheibe vom Inhalte F bewege sich in der Richtung ihrer Normalen in der Luft mit der konstanten Geschwindigkeit v. Wenn wir annehmen, daß die Luft aus lauter Massenteilchen bestehe, die bei dem Zusammenstoß mit der Scheibe von der Geschwindigkeit Null auf die Geschwindigkeit v gebracht werden, ohne sich gegenseitig zu stören, dann übt die Scheibe auf sie eine konstante Kraft aus, die nach dem Wechselwirkungsprinzip gleich dem Luftwiderstand W ist, den die Scheibe erfährt. Nach dem dynamischen Grundgesetz ist dann $m \frac{dv}{dt} = W$ und daher $m v = W t$, wo für m die gesamte in der Zeit t auf die Fläche auftreffende Masse zu setzen ist. Diese ist gleich $\mu F v t$, wo μ die spezifische Masse, die absolute Dichte der Luft bedeutet. Das gibt

$$W = \mu F v^2. \tag{7}$$

Wir erhalten also unter diesen Voraussetzungen einen Luftwiderstand, der proportional der Dichte des Mediums, der Größe der Fläche und dem Quadrat der Geschwindigkeit ist. In dieser Form ist das Luftwiderstandsgesetz schon von Newton aufgestellt worden; man hat es durch Versuche recht gut bestätigt gefunden.

Bewegt sich die Fläche nicht in der Richtung der Normalen, sondern bildet diese den Winkel α mit der Geschwindigkeit $\mathfrak{v}$ (siehe Abb. 155), oder, was auf dasselbe hinauskommt, trifft ein Luftstrom mit dieser Geschwindigkeit nicht senkrecht, sondern schief auf die Platte auf, so wollen wir doch W wieder senkrecht zu dieser ansetzen. Weil jetzt von $\mathfrak{v}$ nur die Komponente $v \cos \alpha$ wirksam ist, so hätten wir nach der obigen Überlegung

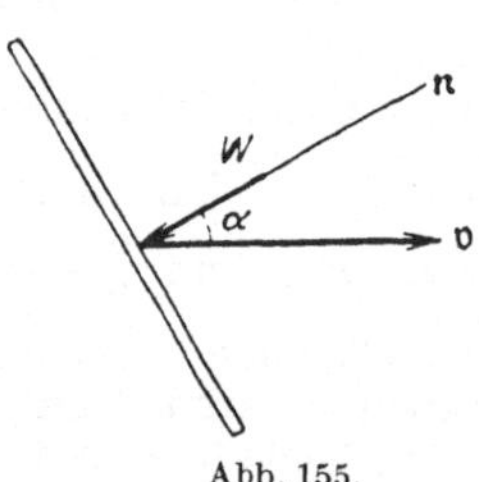

Abb. 155.

$$W = \mu F v^2 \cos^2 \alpha \tag{8}$$

anzunehmen. Der Widerstand wäre also von dem Quadrat des $\cos \alpha$ abhängig. Diese zweite Folgerung wird aber durch die Erfahrung lang nicht so gut bestätigt als wie die erste. Wir dürfen (8) vor allem nicht als ein Elementargesetz in dem Sinne anwenden, daß wir den Gesamtwiderstand auf eine krumme Fläche durch Integration über dieselbe unter der Annahme ermitteln, daß für ein Flächenelement obiges Gesetz richtig ist.

Dasselbe gilt auch von anderen Formeln für die Abhängigkeit des Luftwiderstandes vom Winkel α, durch die man (8) zu ersetzen versucht hat, wie etwa von der von Lößl

$$W = W_0 \cos \alpha, \tag{9}$$

wo W_0 den Luftwiderstand darstellt, den eine quadratische Platte bei senkrechter Bewegung $\alpha = 0$ erfährt. Für kleine Winkel zeigt übrigens dieser Ansatz eine bessere Übereinstimmung mit der Beobachtung als wie (8). Aus theoretischen Überlegungen folgt unter der Voraussetzung einer reibungslosen Flüssigkeit für eine lange, schmale Platte die Formel

$W = W_0 \frac{(4 + \pi) \cos \alpha}{4 + \pi \cos \alpha}$, wie dies Lord Rayleigh gezeigt hat. Alle diese Gesetze tragen aber keinen allgemeinen Charakter; aus Versuchen von Prandtl in Göttingen ergibt sich, daß kein einheitliches Gesetz für die Abhängigkeit vom Winkel α existiert, sondern daß man für große und kleine Winkel α verschiedene Formeln anwenden muß.

Daß alle diese Formeln nicht als Elementargesetze verwendet werden können, folgt schon daraus, daß durch die Bewegung eines Körpers in der Luft Strömungen und Wirbelbildungen veranlaßt werden, die von der gesamten Form des Körpers, nicht etwa nur von der Gestalt der Stirnfläche herrühren, die aber für den Gesamtwiderstand bedeutsam sind. Eine besondere Rolle spielt dabei das Totwasser, das sich hinter dem Körper bildet. Durch geeignete Formgebung des Körpers (Stromlinienform) kann man den Widerstand stark herabsetzen, was ja bei der Konstruktion von Luftschiffen und sonstigen Fahrzeugen, die zu schneller Fortbewegung in der Luft oder im Wasser dienen, von großer Bedeutung ist. Es zeigt sich, daß es dabei auch wesentlich auf das Verhalten der sogenannten Grenzschicht und auf die Gestalt der rückwärtigen Teile des Körpers, wo sich die Wirbel ablösen, ankommt. Neuere theoretische und experimentelle Untersuchungen an Geschossen haben ferner gezeigt, daß sich dieser Einfluß der Gestalt des Körpers nicht durch einen einzigen konstanten Faktor, den Formwert i im Luftwiderstandsgesetz darstellen läßt, wie man zunächst noch hätte meinen können, sondern daß streng genommen zu jedem Geschoß ein von der Form desselben abhängiges spezielles Luftwiderstandsgesetz gehört.

Das quadratische Luftwiderstandsgesetz gilt, wie schon angedeutet, nicht einheitlich über alle Geschwindigkeitsbereiche; für ganz kleine Geschwindigkeiten bis zu 1 m/sek, wie bei der Schwingung eines Pendels wo hauptsächlich Reibungserscheinungen eine Rolle spielen, ist der Widerstand proportional der ersten Potenz der Geschwindigkeit. Bei größeren Geschwindigkeiten von 1 bis 300 m/sek gilt recht gut das quadratische Gesetz, dann zeigt sich aber eine rasche Zunahme des Widerstandes, die etwa bis 450 m/sek reicht; von da besteht wieder das quadratische Gesetz allerdings mit einer größeren Proportionalitätskonstante. In Abb. 156 ist der Wert von $\frac{W(v)}{v^2}$ als Ordinate mit der Geschwindigkeit als Abszisse für ein Kruppsches Normalgeschoß eingetragen. Man erkennt den charakteristischen Sprung in der Nähe der Schallgeschwindigkeit; er wird dadurch hervorgerufen, daß hier, wo das Geschoß dieselbe Geschwindigkeit hat wie die Störungen, die sich in der Luft fortpflanzen, eine besonders starke Wellen- und Wirbelbildung, eine Art Resonanzerscheinung auftritt.

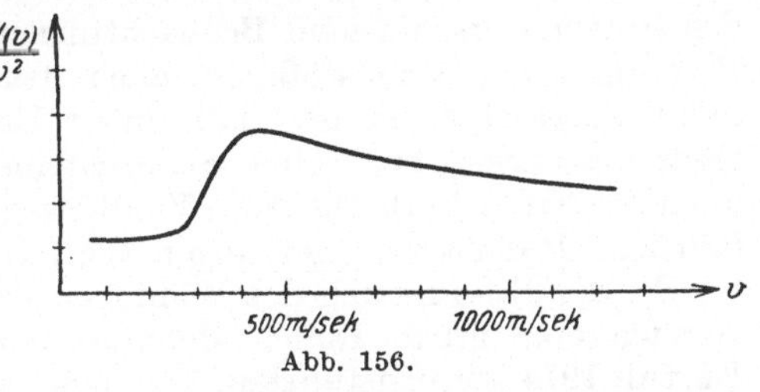

Abb. 156.

Gegen die höchsten in der Ballistik erreichten Mündungsgeschwindigkeiten, etwa 1400 m/sek, zu fällt die Kurve $\frac{W(v)}{v^2}$ merklich, der Luftwiderstand scheint sich dort wieder einer linearen Abhängigkeit von der Geschwindigkeit zu nähern; bei so großen Geschwindigkeiten dürfte die Reibung wieder eine bedeutendere Rolle spielen.

91. Winddruck auf Bauten. Diese mit dem Luftwiderstand zusammenhängenden Fragen sind auch für den Bauingenieur bei der Bemessung des Winddruckes, den seine Konstruktionen erfahren, von Wichtigkeit. Bei manchen Bauten, wie Schornsteinen und Funktürmen, ist ja dieser die einzige äußere Last. Bei weitgespannten Brücken macht sich der infolge des Winddruckes hinzukommende Mehraufwand an Material schon bemerklich, und bei der Berechnung aller Baukonstruktionen muß der Winddruck berücksichtigt werden. Die in der Technik übliche Formel für denselben auf eine ebene Fläche F lautet entsprechend Gl. (7)

$$W = c_w \frac{\mu}{2} F v^2 = 0{,}122\, F v^2, \qquad (10)$$

wo W in kg, F in Quadratmeter und v in m/sek einzusetzen ist, c_w ist der spezifische Widerstand. Die Werte, mit denen man dabei vorschriftsmäßig rechnet, liegen zwischen 125 und 270 kg/m². Sie sind nach der Art des Bauwerkes abgestuft, aber im übrigen ziemlich willkürlich gewählt, so daß sie oft zu hoch, unter Umständen aber auch zu niedrig ausfallen können. Der Maximalwert ist allerdings sehr hoch angesetzt; er entspricht einer Windgeschwindigkeit von 170 km/Stunden, die bei unseren Verhältnissen wohl niemals vorkommt; denn die größten von den Meteorologen überhaupt beobachteten Geschwindigkeiten von Windstößen liegen zwischen 50 bis 60 m/sek, also zwischen 180 und 210 km/Stde. Es sind aber nur wenige und dabei zum Teil auch nur aus den Wirkungen des Sturmes erschlossene Beobachtungen vorhanden. Das Studium des Rhythmus der Windstöße ist auch deswegen von Bedeutung, weil es nicht ausgeschlossen ist, daß unter Umständen die Eigenschwingung eines Bauwerkes, etwa eines Schornsteines, eine Periode aufweisen kann, die mit dem Rhythmus der Windbewegung übereinstimmt, so daß gefährliche Resonanzerscheinungen (vgl. Nr. 102) auftreten könnten.

Bei der Bestimmung des Winddruckes auf Gebäude spielt der Modellversuch eine große Rolle. Bekannt sind die an Luftschiffhallen von Eiffel 1914 durchgeführten Versuche, aus denen sich ergab, daß die Resultate bei scharfkantigen Modellen, dimensionsfrei dargestellt (vgl. Nr. 206) fast unabhängig von der Größe der Modelle und der Windgeschwindigkeit sind. Diese Untersuchungen wurden in der aerodynamischen Versuchsanstalt in Göttingen systematisch ausgebaut und in großer Vollständigkeit durchgeführt; es sind da besonders die Arbeiten von Betz und Flachsbart zu nennen,[1] denen im wesentlichen der Inhalt der folgenden Überlegungen entnommen ist.

Worin unterscheidet sich der Winddruck auf Bauten von den für den Widerstand normaler Versuchskörper experimentell und theoretisch

[1] Vgl. Flachsbart: Winddruck auf Bauwerke. Die Naturwissenschaften. 1930. Heft 20/21.

gefundenen Werten? Zunächst fällt ins Auge, daß wir bei Bauwerken keine allseitig von der Luft umflossenen Körper vor uns haben, daß keine allseitige Umströmung vorliegt. Denn bei allen Bauten muß ja immer eine Seite des Baukörpers mit anderen Gebäuden oder mit dem Erdboden verbunden sein. Diese Schwierigkeit kann man dadurch beheben, daß man die Bodenfläche als Symmetrieebene betrachtet, gegen die man den Körper spiegelt und so wieder auf den Fall des allseitig umströmten Körpers zurückkommt.

Von wesentlicher Bedeutung für den Widerstand, den eine Baukonstruktion der Luftströmung entgegensetzt, ist die Art und Weise, wie sie die Totwasserbildung auf der Leeseite beeinflußt. Denn die Gestalt und Ausbildung des Totwassers wirkt wieder auf den Gesamtwiderstand zurück. Wird das Totwasser von der Flüssigkeit die von der Vorderseite kommt, weggespült und ausgefüllt, so wird dessen Druck erhöht und damit der Widerstand vermindert. Je nachdem also eine Abweichung von der normalen „Belüftung", eine Behinderung oder Förderung derselben vorliegt, wird auch das Resultat von dem bei einem normalen Versuchskörper erzielten abweichen.

Eine Behinderung wird sich aus der einseitigen Begrenzung ergeben. Bei Prismen mit quadratischer Grundfläche mit dem Seitenverhältnis $\frac{b}{h} = \frac{1}{5}$ erfährt der entsprechend der schon verwendeten Formel definierte spezifische Widerstand

$$c_w = \frac{W}{\frac{\mu}{2} v^2 F} \tag{11}$$

eine Erhöhung um 10%, wenn man es mit der Grundfläche auf den glatten Boden stellt. Das stimmt mit den aus dem Spieglungsprinzip zu erwartenden Betrag überein, wonach der Widerstandswert eines auf der Unterlage stehenden Prismas von 1 : 5 dem eines solchen von 1 : 10 bei allseitig freier Umströmung zustrebt.

Bei Baukonstruktionen, wo man der Luft die Möglichkeit gibt, durch Öffnungen von der Vorder- auf die Rückseite des Baukörpers zu dringen, wird dagegen eine Förderung der Belüftung, also eine Herabminderung des Widerstandes eintreten. Das ist der Fall bei allen Gitterfachwerken, wie Brückenträgern, Masten u. dgl. Da haben die Versuche folgendes gezeigt: Es ergibt sich der erwartete Widerstandsabfall bei zunehmender Größe der Öffnungen, wenn man den Widerstandswert (11) auf die Projektion der unversehrten Fläche bezieht. Derselbe ist aber natürlich nicht so groß, daß man in (11) die wirkliche Fläche einsetzen könnte. Tut man dies, führt man die Fläche F_r ein, die übrig bleibt, wenn man die Aussparungen von der Gesamtfläche abzieht — sie wird auch „Restfläche" genannt — so steigt der Wert

$$c_{wr} = \frac{W}{\frac{\mu}{2} v^2 F_r}$$

mit zunehmendem „Völligkeitsgrad" $\frac{F_r}{F}$ an und es lassen sich deutlich zwei Gruppen von Versuchen herausheben, je nachdem die Öffnungen so gewählt wurden, daß der Umriß der Fläche unverändert bleibt oder nicht, die Löcher also nur im Innern liegen oder auch den Rand unterbrechen. Ferner ist bemerkenswert, daß bei beiden Gruppen — von Interesse ist für uns besonders die gelochte Fläche mit unversehrtem Umriß — es ziemlich gleichgültig ist, wie verteilt und wie geformt die Öffnungen sind.

Da bei Gitterfachwerken der Völligkeitsgrad in der Regel unter 0,5 liegt und die Auffüllung des Totwassers durch die Gitterebene hindurch vorherrscht, so wird bei ihnen der Einfluß des Seitenverhältnisses, Breite zur Höhe, verschwinden, die Luft strömt in allen Teilen des Fachwerkes so, als ob dasselbe unendlich lang wäre. Das gilt natürlich nur für hohe und schmale Fachwerke, wie Abspannmaste und Funktürme. Daher kann man die Winddruckverhältnisse bei solchen leicht an Modellen studieren, die nur einen Teil, einen Ausschnitt aus der Konstruktion enthalten, was von praktischer Bedeutung ist. Das gilt für räumliche und ebene Fachwerke in gleicher Weise. Ähnlich günstige Verhältnisse sind bei geschlossenen Flächen scheinbar nur bei zylindrischen Bauwerken vorhanden.

Schließlich darf bei Bauten auch die unter Umständen eintretende Saugwirkung des Windes, die sich durch Abheben der Dächer äußert, nicht außer acht gelassen werden.

92. Freier Fall mit Luftwiderstand. Nach diesen allgemeinen Bemerkungen können wir nun die Bewegung eines Körpers, den wir als Massenpunkt ansehen, unter Berücksichtigung des Luftwiderstandes betrachten und zunächst den Spezialfall hernehmen, daß sich der Körper in vertikaler Richtung geradlinig bewegt. Das dynamische Grundgesetz gibt für den freien Fall im lufterfüllten Raum den Ansatz

$$m \frac{dv}{dt} = m\, g - W(v), \tag{12}$$

wenn wir s vertikal nach abwärts positiv rechnen.

Aus dieser allgemeinen Gleichung, wo die Form des Luftwiderstandsgesetzes noch offen gelassen ist, können wir schon Verschiedenes entnehmen. Da v veränderlich ist, gibt es sicherlich einen Wert $v = c$, wo $W(c) = m\, g$ ist. Diesen Wert nennen wir die kritische Geschwindigkeit. Hat der Körper einmal diese erreicht, so wirkt keine resultierende Kraft mehr auf ihn, er muß sich also mit dieser gleichmäßigen Geschwindigkeit weiter bewegen. Ist die Anfangsgeschwindigkeit $v_0 < c$, dann nimmt die Geschwindigkeit des Körpers bis zu dieser Grenze zu, ist $v_0 > c$, dann nimmt sie bis dorthin ab. Bei dem quadratischen Luftwiderstandsgesetz $W(v) = \varkappa\, \mu\, F\, v^2$, das für die Geschwindigkeiten fallender Körper ja gut stimmt, ist daher die kritische Geschwindigkeit aus $G = \varkappa\, \mu\, F\, c^2$ gegeben durch

$$c = \sqrt{\frac{G}{\varkappa\, \mu\, F}} = \sqrt{\frac{\gamma\, V}{\varkappa\, \mu\, F}}. \tag{13}$$

Diese kritische Geschwindigkeit c ist es nun, die beim Fallen verschiedener Körper sich in erster Linie bemerkbar macht. Daher fallen größere

Körper schneller als kleinere, spezifisch schwerere rascher als spezifisch leichtere, Körper mit großem Querschnitt langsamer als solche mit kleinem. Das tritt besonders bei dem Fall der Regentropfen in Erscheinung, große kommen bedeutend schneller herab als kleinere, ja ganz kleine senken sich nur sehr langsam oder schweben wirklich wie Nebel und Wolken.

Aus (12) ersieht man, daß sich die Lösung immer auf Quadraturen zurückführen läßt. Durch Trennung der Variablen erhalten wir ja

$$dt = \frac{m\,dv}{mg - W(v)}, \qquad t = \int \frac{m\,dv}{mg - W(v)} + C, \tag{14}$$

wo die Konstante aus den Anfangsbedingungen zu ermitteln ist.

Setzen wir jetzt das quadratische Luftwiderstandsgesetz ein, so kann man dies wegen $\varkappa \mu F c^2 = m g$ in der Form schreiben

$$W(v) = \frac{m g}{c^2} v^2. \tag{15}$$

Das gibt

$$\frac{dv}{dt} = \frac{g}{c^2}(c^2 - v^2)$$

oder nach (14)

$$t = \frac{c^2}{g} \int \frac{dv}{c^2 - v^2} = \frac{c}{2g} \ln \frac{c+v}{c-v} + C_1.$$

Wenn für $t = 0$ $v_0 = 0$ gesetzt wird, ist $C_1 = 0$. Daher haben wir

$$\frac{c+v}{c-v} = e^{\frac{2g}{c}t}$$

oder wenn wir nach v auflösen

$$v = c \operatorname{\mathfrak{Tan}} \frac{g t}{c}. \tag{16}$$

Aus der Formel $ds = v\,dt$ erhalten wir durch Einsetzen dieses Wertes von v

$$s = c \int \operatorname{\mathfrak{Tan}} \frac{g t}{c}\, dt = \frac{c^2}{g} \ln\left(\operatorname{\mathfrak{Cof}} \frac{g t}{c}\right), \tag{17}$$

da die Integrationskonstante wieder Null ist, wenn wir zur Zeit $t = 0$ den Weg $s = 0$ annehmen.

Um den Zusammenhang zwischen s und v zu finden, drücken wir nach (14) dt durch v und dv aus und bekommen

$$ds = v\,dt = \frac{c^2}{g} \frac{v\,dv}{c^2 - v^2},$$

daher

$$s = -\frac{c^2}{2g} \ln(c^2 - v^2) + C_3$$

und wenn wir C_3 entsprechend den Anfangsbedingungen bestimmen

$$s = \frac{c^2}{2g} \ln \frac{c^2}{c^2 - v^2}. \tag{18}$$

Aus den Formeln (16), (17) und (18) bekommen wir die für den freien Fall im luftleeren Raum, wenn wir $W(v) = 0$, also $c = \infty$ setzen, wovon man sich durch Ausführung der Grenzübergänge leicht überzeugen kann.

11*

93. Das ballistische Problem. Die Ermittlung der Flugelemente eines Geschosses im lufterfüllten Raum ist Aufgabe der **äußeren Ballistik**, während sich die innere mit den Vorgängen bei der Bewegung des Geschosses im Geschützrohr selbst beschäftigt. Wenn wir von der Seitenabweichung absehen, so geben die dynamischen Grundgleichungen, das Geschoß als Massenpunkt betrachtet,

$$m\frac{d\,(v\cos\vartheta)}{dt} = -W\,(v)\cos\vartheta,$$

$$m\frac{d\,(v\sin\vartheta)}{dt} = -m\,g - W\,(v)\sin\vartheta; \qquad (19)$$

dabei bedeutet ϑ den Winkel, den die Bahntangente mit der Horizontalen einschließt (vgl. Abb. 157). Differenziert man die linken Seiten aus, multipliziert die erste Gleichung mit $\cos\vartheta$, die zweite mit $\sin\vartheta$ und addiert, so erhält man

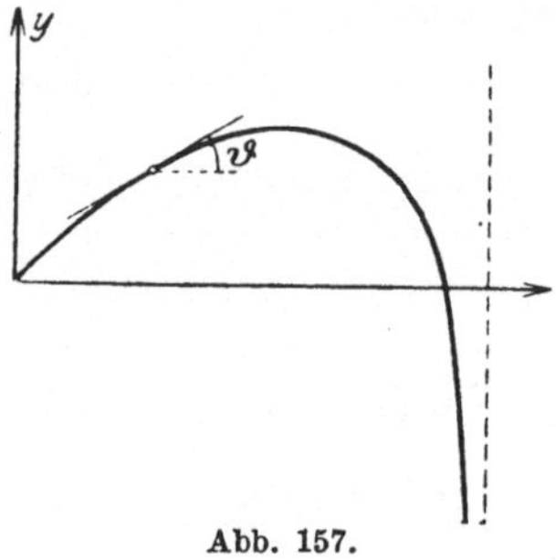

$$\frac{dv}{dt} = -\frac{W\,(v)}{m} - g\sin\vartheta. \qquad (20)$$

Multipliziert man sie mit $-\sin\vartheta$ und $\cos\vartheta$ und führt ebenfalls die Addition aus, so ergibt sich

$$v\frac{d\vartheta}{dt} = -g\cos\vartheta. \qquad (21)$$

Abb. 157.

Dividiert man nun (20) durch (21), so erhält man die sogenannte Hauptgleichung des außerballistischen Problems

$$\frac{dv}{v} = \frac{d\vartheta}{\cos\vartheta}\left(\frac{W\,(v)}{m\,g} + \sin\vartheta\right), \qquad (22)$$

in der nur v und ϑ als Veränderliche vorkommen.

Gelingt es diese Gleichung zu integrieren, v als Funktion von ϑ zu erhalten, $v = f\,(\vartheta)$, so ist der Hodograph der Bewegung bekannt. Die übrigen Bahnelemente lassen sich dann leicht durch Quadraturen bestimmen, es ist z. B.

$$dx = ds\cos\vartheta = v\cos\vartheta\,dt = -\frac{v^2}{g}\,d\vartheta,$$

wenn man für dt den Wert aus (21) einsetzt. Demnach ist

$$x = -\frac{1}{g}\int f^2\,(\vartheta)\,d\vartheta, \qquad (23)$$

und analog bekommt man

$$y = -\frac{1}{g}\int f^2\,(\vartheta)\tan\vartheta\,d\vartheta. \qquad (24)$$

Man kann nun für verschiedene Werte des Luftwiderstandsgesetzes Gl. (22) in geschlossener Form integrieren, unter anderem auch für $W = k\,v^n$. Die weiteren Quadraturen für x und y sind dabei aber nicht in elementarer Form auswertbar. Nur für das lineare Gesetz $W = k\,v$, das aber keine praktische Bedeutung hat, lassen sich auch diese Integrale in elementarer Weise ausrechnen. Wegen der Veränderlichkeit von $W\,(v)$

ist man aber wesentlich auch auf graphische und numerische Methoden zur Lösung der Hauptgleichung angewiesen.[1]

Über die Form der Flugbahn kann man einiges schon ohne spezielle Annahme für das Luftwiderstandsgesetz auf Grund der Bewegungsgleichungen aussagen, die man zu diesem Zwecke am besten im natürlichen K.-S. der Bahnkurve in der Form

$$m \frac{dv}{dt} = -m g \sin \vartheta - W(v),$$

$$m \frac{v^2}{\varrho} = m g \cos \vartheta \tag{25}$$

anschreibt. Aus der zweiten Gleichung folgt, daß der Krümmungsmittelpunkt immer auf derselben Seite der Kurve wie die Erdbeschleunigung liegt, die Flugbahn also nach unten konkav sein, ϑ daher immer abnehmen muß. Da ferner $\frac{v^2}{\varrho}$ und damit $\cos \vartheta$ stets positiv ist, kann ϑ nur zwischen dem Abgangswinkel ϑ_0 und $-\frac{\pi}{2}$ liegen. Aus der ersten Gl. (25) folgt wie beim freien Fall im vorhergehenden Abschnitt, daß v nach Erreichung des Scheitels einem konstanten, endlichen Grenzwert c zustreben muß, wenn man die Kurve nach abwärts beliebig verlängert. Da $x = -\frac{1}{g} \int\limits_0^{\vartheta} v^2 \, d\vartheta$ ist, so hat auch dies einen endlichen Grenzwert. Die ballistische Kurve hat also im Endlichen eine vertikale Asymptote (siehe Abb. 157).

IV. Impuls-, Flächen- und Energiesatz.

94. Bewegungsgröße und Kraftantrieb. Wir können aus der dynamischen Grundgleichung eine Reihe von Folgerungen ableiten, ohne daß die Kräfte, die auf den Massenpunkt wirken, im einzelnen bekannt sind, wir können Integrale der Bewegungsgleichungen aufstellen, die noch die unbekannten Kräfte enthalten. Wir bekommen auf diese Weise allgemeine Gesetze, die nach ihrer Entstehung auch als Integrationsprinzipe bezeichnet werden. Es sind dies die im Titel genannten Sätze.

Aus der dynamischen Grundgleichung in der Form

$$m \frac{d\mathfrak{v}}{dt} = \mathfrak{P}$$

erhalten wir durch Integration der linken Seite

$$m(\mathfrak{v} - \mathfrak{v}_0) = \int\limits_{t_0}^{t} \mathfrak{P} \, dt, \tag{1}$$

wo t_0 und t die den Geschwindigkeiten $\mathfrak{v}_0$ und $\mathfrak{v}$ entsprechenden Zeiten sind. Den auf der linken Seite auftretenden Ausdruck $m\mathfrak{v}$ nennen wir die Bewegungsgröße oder den Schwung, es ist dies ein Vektor, der seiner Ableitung nach in die Richtung der Geschwindigkeit fällt und

[1] Wegen des Näheren sei auf das „Lehrbuch der Ballistik" von C. Cranz, Bd. 1, verwiesen.

das Produkt $m\,|\mathfrak{v}|$ als absoluten Betrag besitzt. Die rechte Seite, das Zeitintegral der Kraft, der Grenzwert einer geometrischen Summe, stellt ebenfalls einen Vektor dar, der Kraftantrieb oder auch Impuls genannt wird. Der Name Impuls wird aber auch für die linke Seite von (1) bzw. für die Bewegungsgröße selbst verwendet. Der durch (1) ausgedrückte Satz heißt daher auch der Impulssatz, er sagt aus, daß die Änderung der Bewegungsgröße, des Schwunges, in einem bestimmten Zeitabschnitt gleich dem Antrieb der auf den Massenpunkt wirkenden Kräfte während dieser Zeit ist.

Die Komponenten von $m\,(\mathfrak{v} - \mathfrak{v}_0)$ sind die entsprechenden Differenzen $m\,(v_x - v_{x0})\ldots$, die Komponenten des Kraftantriebes sind $\int\limits_{t_0}^{t} P_x\,dt\ldots$ Der absolute Betrag des letzteren darf natürlich nicht mit dem Integral über den absoluten Betrag der Kraft $\int |\mathfrak{P}|\,dt$ verwechselt werden.

Erfolgt die Bewegung eines Massenpunktes auf einer Geraden, dann ist

$$m\,(v - v_0) = \int\limits_{t_0}^{t} P\,dt, \tag{2}$$

wo rechts jetzt ein gewöhnliches Integral steht. Ist die Kraft konstant und $v_0 = 0$, so erhält unser Satz die bekannte Gestalt $m\,v = P\,t$.

Die Dimension von Schwung und Antrieb ist natürlich die gleiche

$$[m\,v] = [P\,t] = [m\,l\,t^{-1}].$$

Dieser Impulssatz wird sich besonders dann für die Anwendung empfehlen, wenn die Kräfte groß sind, aber nur kurze Zeit hindurch wirken. Dann gibt nach (1) die Änderung der Bewegungsgröße, bzw. der Antrieb ein Maß für die Wirkung der Kraft, wenn wir auch den Verlauf im einzelnen nicht verfolgen können. Das ist besonders bei Stoßvorgängen von Bedeutung; man idealisiert einen solchen derart, daß man die Zeitdauer t eines solchen $t_1 - t_0 = \Delta t$ unendlich klein, dafür aber die Kraft unendlich groß werden läßt, so daß

$$\lim_{\Delta t \to 0} \int\limits_{t_0}^{t_1} \mathfrak{P}\,dt$$

einem endlichen Wert $\mathfrak{H}$ zustrebt. Es ist dann

$$m\,\Delta\mathfrak{v} = \mathfrak{H} \tag{3}$$

und man nennt $\mathfrak{H}$ die Stoß- oder Momentankraft.

95. Schwungmoment und Flächengeschwindigkeit. In der Statik war das Drehmoment einer Kraft eine häufig auftretende Größe; wir wollen nun sehen, was wir erhalten, wenn wir in dem Ausdruck dafür an Stelle der Kraft nach dem dynamischen Grundgesetz das Produkt aus Masse und Beschleunigung einsetzen. Wir erhalten

$$\mathfrak{r} \times \mathfrak{P} = \mathfrak{r} \times m\,\frac{d\mathfrak{v}}{dt} = \mathfrak{r} \times \frac{d\,(m\,\mathfrak{v})}{dt}.$$

Auf der rechten Seite können wir nun das Differentiationszeichen vor das äußere Produkt setzen, da

$$\frac{d}{dt}(\mathfrak{r} \times m\,\mathfrak{v}) = \frac{d\mathfrak{r}}{dt} \times m\,\mathfrak{v} + \mathfrak{r} \times \frac{d}{dt}(m\,\mathfrak{v}) = \mathfrak{r} \times \frac{d\,(m\,\mathfrak{v})}{dt} \qquad (4)$$

ist, weil das äußere Produkt $\mathfrak{v} \times m\,\mathfrak{v}$ verschwindet — $\mathfrak{v}$ und $m\,\mathfrak{v}$ sind ja zueinander parallel. Wir haben dadurch im Grunde genommen eine Integration ausgeführt, wenn man auch formal das betreffende Gesetz in der Form anschreibt

$$\frac{d}{dt}(\mathfrak{r} \times m\,\mathfrak{v}) = \mathfrak{r} \times \mathfrak{P}. \qquad (5)$$

Links steht unter dem Differentialzeichen das äußere Produkt aus Radiusvektor und Bewegungsgröße, das man analog wie bei der Kraft als das Drehmoment des Schwunges um den Bezugspunkt, von dem aus $\mathfrak{r}$ gezogen ist, als das Schwungmoment bezeichnet. Manchmal findet sich dafür auch der Name „Drehimpuls“. Rechts steht das Drehmoment der Kraft um denselben Punkt. Formel (5) sagt also aus, daß die zeitliche Änderung des Schwungmomentes gleich dem Drehmoment der auf den Massenpunkt wirkenden resultierenden Kraft ist.

Man kann diesem Satz noch eine andere Gestalt geben. Das äußere Produkt $\mathfrak{r} \times \mathfrak{v}$ ist nämlich gleich der doppelten Flächengeschwindigkeit $\frac{d\mathfrak{F}}{dt}$, wo $d\mathfrak{F}$ das gerichtete Flächenelement ist, das von den vom Bezugspunkt nach zwei aufeinanderfolgende Lagen des bewegten Massenpunktes gezogener Radienvektoren und dem Bogenelement ds gebildet wird. Es ist ja, vgl. Abb. 158,

$$|d\mathfrak{F}| = dF = \frac{1}{2}\, r\, ds \sin(\mathfrak{r}\,\mathfrak{v}),$$

daher

$$2\,\frac{dF}{dt} = r\left|\frac{ds}{dt}\right| \sin(\mathfrak{r}\,\mathfrak{v}) = |\mathfrak{r} \times \mathfrak{v}|. \qquad (6)$$

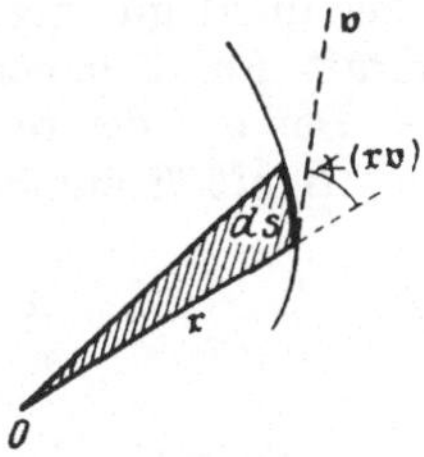

Abb. 158.

Richtung und Richtungssinn stimmen ebenfalls überein. Wir können also (5) auch in der Form schreiben

$$2\,m\,\frac{d^2\mathfrak{F}}{dt^2} = \mathfrak{r} \times \mathfrak{P}. \qquad (5\text{ a})$$

Das doppelte Produkt aus Masse und Flächenbeschleunigung um irgendeinen Punkt ist gleich dem Drehmoment der Kraft um denselben Punkt. Von dieser Darstellung rührt auch der Name „Flächensatz“ her.

Die Dimension des Schwungmomentes ist im absoluten M.-S. $[m\,l^2\,t^{-1}]$, im technischen $[P\,l\,t]$, sein Differentialquotient nach der Zeit stellt ja ein Drehmoment, also eine Kraft mal einer Länge dar.

Geht die Richtung der Kraft immer durch denselben Punkt O, wie es bei einer Zentralkraft der Fall ist, so ist das Drehmoment um O dauernd Null. Es muß also die Flächengeschwindigkeit um diesen Punkt konstant sein, eine Beziehung, die uns bei der Planetenbewegung als zweites Keplersches Gesetz entgegentritt.

Bei der kräftefreien Bewegung eines Massenpunktes auf einer Geraden muß nach (5 a) die Flächengeschwindigkeit für alle Punkte des Raumes konstant sein. Diese Bedingung ist erfüllt, denn die von den Fahrstrahlen nach dem Bezugspunkt pro Zeiteinheit überstrichenen Flächen sind als Dreiecke mit gleicher Grundlinie und gleicher Höhe immer inhaltsgleich.

96. Energie und Arbeit. Multipliziert man die beiden Seiten der dynamischen Grundgleichung $m\frac{d\mathfrak{v}}{dt} = \mathfrak{P}$ mit $d\mathfrak{r}$ innerlich, so kann man dies in der Form schreiben

$$m\,d\mathfrak{v}\,\frac{d\mathfrak{r}}{dt} = \mathfrak{P}\,d\mathfrak{r} \quad \text{oder} \quad m\,\mathfrak{v}\,d\mathfrak{v} = \mathfrak{P}\,d\mathfrak{r}.$$

Da $\mathfrak{v}\,d\mathfrak{v} = v\,dv$ ist, so bekommt man durch Integration

$$\frac{1}{2}\,m\,v^2 - \frac{1}{2}\,m\,v_0^2 = \int_{\mathfrak{r}_0}^{\mathfrak{r}} \mathfrak{P}\,d\mathfrak{r}, \tag{7}$$

wo v und $\mathfrak{r}$, v_0 und $\mathfrak{r}_0$ korrespondierende Werte bedeuten. Auf beiden Seiten des Gleichheitszeichens stehen jetzt skalare Größen. $\frac{1}{2}\,m v^2$, das wir mit K bezeichnen wollen, wird die **kinetische Energie** oder **Wucht** genannt; es kommt auch der Name „lebendige Kraft" dafür vor, der ist aber nicht günstig gewählt, da er zu Verwechslungen mit der wirklichen Kraft Anlaß geben könnte.

Das auf der rechten Seite stehende Kurvenintegral heißt die **Arbeit** der Kraft $\mathfrak{P}$ auf dem von $\mathfrak{r}_0$ nach $\mathfrak{r}$ zurückgelegten Wege. Es ist daher

$$\begin{aligned} A &= \int_{\mathfrak{r}_0}^{\mathfrak{r}} \mathfrak{P}\,d\mathfrak{r} = \int_{s}^{s_0} \mathfrak{P}\,d\mathfrak{s} = \int_{s_0}^{s} |\mathfrak{P}| \cos(\mathfrak{P}\,d\mathfrak{s})\,ds \\ &= \int_{(x_0\,y_0\,z_0)}^{(x\,y\,z)} (P_x\,dx + P_y\,dy + P_z\,dz). \end{aligned} \tag{8}$$

Fällt die Kraft immer in die positive Richtung der Bahntangente, ist der Winkel $(\mathfrak{P}\,d\mathfrak{s})$ gleich Null, so hat man

$$A = \int_{s_0}^{s} P\,ds,$$

ist die Kraft dabei auch unveränderlich, so ist $A = P\,s$, wenn s_0 gleich Null gesetzt wird. Wir bekommen als Spezialfall dann die bekannte elementare Definition der Arbeit als das Produkt von Kraft und Weg.

Gl. (7) können wir daher auch in Worten folgendermaßen aussprechen:

Die Änderung der kinetischen Energie ist gleich der von der Kraft am Massenpunkt geleisteten Arbeit.

$$K - K_0 = A. \tag{7 a}$$

Das innere Produkt $\mathfrak{P}\,d\mathfrak{r}$ bzw. $\mathfrak{P}\,d\mathfrak{s}$ wird die Elementararbeit genannt; da für dasselbe das distributive Gesetz gilt, so ist die Elementararbeit der Resultierenden zweier Kräfte gleich der algebraischen Summe der Arbeiten der beiden Teilkräfte

$$dA = \mathfrak{P}\,d\mathfrak{r} = (\mathfrak{P}_1 + \mathfrak{P}_2)\,d\mathfrak{r} = \mathfrak{P}_1\,d\mathfrak{r} + \mathfrak{P}_2\,d\mathfrak{r} = dA_1 + dA_2. \tag{9}$$

Ist die Arbeit positiv, dann sagen wir, daß Arbeit geleistet wird, ist sie negativ, dann wird Arbeit verbraucht. Bei geradliniger Bewegung ist die Arbeit positiv, wenn die Kraft in die Richtung des Weges fällt, also $\sphericalangle\, \mathfrak{P}\, d\mathfrak{s} = 0$ ist, negativ, wenn sie entgegengesetzt gerichtet, $\sphericalangle\, \mathfrak{P}\, d\mathfrak{s} = \pi$ ist; das letztere tritt z. B. bei der Gleitreibung ein.

Steht die Richtung einer Kraft immer senkrecht zum Wegelement, so leistet diese Kraft bei der Bewegung keine Arbeit, da der Winkel $(\mathfrak{P}\, d\mathfrak{s})$ dauernd $\frac{\pi}{2}$ ist. Das gilt vor allem für die Normalwiderstände, für Zwangskräfte.

Bei der Berechnung der Arbeit können wir von dem Umstand Gebrauch machen, daß wir die Elementararbeit $dA = P \cos(\mathfrak{P}\, d\mathfrak{s})\, ds$ entweder als Produkt des Wegelementes mit der Projektion der Kraft in die Richtung des Wegelementes oder als Produkt der Kraft mit der Projektion des Wegelementes in die Richtung der Kraft auffassen können. Das letztere wird dann vorteilhaft sein, wenn die Kraft eine konstante Richtung hat. Wenn wir also die Arbeit der Schwerkraft auf irgendeinem Wege zwischen zwei Punkten y_0 und y (Abb. 159) ermitteln, so haben wir

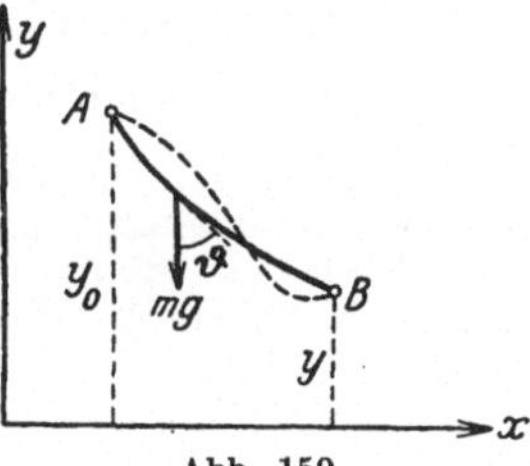

Abb. 159.

$$A = \int_{s_0}^{s} m\, g \cos\vartheta\, ds = -\int_{y_0}^{y} m\, g\, dy = m\, g\, (y_0 - y) = m\, g\, h, \qquad (10)$$

wenn h die durchfallene Höhe bedeutet. Die Arbeit der Schwerkraft ist also immer gleich dem Produkt aus Gewicht des Massenpunktes und Höhendifferenz, ganz gleichgültig, auf welchem Wege der Massenpunkt aus der Anfangs- in die Endlage gelangt.

Bei der Schwerkraft ist also die Arbeit von der Gestalt der Bahn unabhängig, bei anderen Kräften, wie etwa beim Luftwiderstand oder der Reibung, ist dies nicht der Fall. Für den Betrag der dabei auftretenden Arbeit

$$A = \int_{s_0}^{s} W(v)\, ds \quad \text{bzw.} \quad A = \int_{s_0}^{s} R\, ds$$

ist die Form der Bahnkurve, auch wenn Anfangs- und Endpunkt dieselben sind, von wesentlichem Einfluß.

Aus dem Energiesatz (7) folgt, daß ein Massenpunkt, der sich auf einer vollkommen glatten Bahn von A, wo er anfänglich in Ruhe war, nach B bewegt (Abb. 159), eine Geschwindigkeit v entsprechend der Gleichung

$$\frac{1}{2}\, m\, v^2 = m\, g\, h, \quad \text{also} \quad v = \sqrt{2\, g\, h} \qquad (11)$$

erhält, da ja dann nur die Schwerkraft Arbeit leistet. Es ist dies dieselbe Geschwindigkeit, die der Massenpunkt annehmen würde, wenn er die Höhendifferenz h frei herabfiele. Ist Reibung vorhanden, so muß die Geschwindigkeit in B immer kleiner als dieser Wert sein, da die Arbeit der Reibung immer negativ ausfällt.

Die Dimensionen von kinetischer Energie und Arbeit sind dem Energiesatz entsprechend einander gleich, und zwar $[m\, l^2\, t^{-2}]$ im absoluten und $[P\, l]$ im technischen M.-S. Als Einheit der Arbeit bzw. der Energie ist im ersteren die Arbeit von einem Dyn auf einem Wege von 1 cm Länge anzusetzen; man nennt sie ein Erg. Da diese Einheit sich aber in vielen Fällen als zu klein erweist, hat man noch eine größere von 10^7 Erg eingeführt und bezeichnet sie als ein Joule nach dem gleichnamigen englischen Physiker, der sich Verdienste um die Entdeckung des ersten Hauptsatzes der Thermodynamik erworben hat, der die Umwandlungsmöglichkeit von Arbeit in Wärme ausspricht.

Im technischen M.-S. ist die Arbeitseinheit die Arbeit von 1 kg auf einem Wege von 1 m Länge, 1 kgm. Da wir gesehen haben, daß 1 kg = = 980665 dyn ist — 980665 cm/sek² ist der normale Wert der Schwerebeschleunigung —, so ist

$$1 \text{ kgm} = 980665 \text{ dyn } 100 \text{ cm} \doteq 9{,}81 \cdot 10^7 \text{ Erg} = 9{,}81 \text{ Joule}.$$

Beispiel 41. Auf welchem Wege kann ein Zug, der mit 90 km/Std.-Geschwindigkeit fährt, abgebremst werden, wenn die Bremskraft als konstant und gleich 0,15 seines Gewichtes angenommen wird.

Der Energiesatz liefert

$$-\frac{1}{2}\, m\, v_0^2 = -P\, s$$

oder

$$-\frac{1}{2}\,\frac{G}{g}\, v_0^2 = -0{,}15\, G \cdot s,$$

da

$$v_0 = \frac{9 \cdot 10^4 \text{ m}}{3600 \text{ sek}} = 25 \text{ m/sek}$$

ist, so erhalten wir

$$s = \frac{v_0^2}{0{,}3\, g} = 212 \text{ m}.$$

97. Leistung und Wirkungsgrad. Bei den Maschinen, die zur Arbeitsleistung dienen, ist vor allem die pro Zeiteinheit geleistete Arbeit von wesentlichem Interesse. Diese Arbeit pro Zeiteinheit, allgemeiner den Differentialquotienten der Arbeit nach der Zeit bezeichnet man als die Leistung oder den Effekt

$$L = \frac{dA}{dt}. \tag{12}$$

Nach dem Energiesatz ist dies auch gleich der Änderung der kinetischen Energien, mit der Zeit

$$L = \frac{dK}{dt}. \tag{12 a}$$

In dieser zweiten Darstellung heißt L auch der Energiestrom. Setzt man für $K = \frac{1}{2}\, m\, v^2$ ein, so kann man L auch dem Produkt aus Kraft, richtiger Tangentialkraft, und Geschwindigkeit gleichsetzen

$$L = m\, v\, \frac{dv}{dt} = T\, v. \tag{13}$$

Die Dimension der Leistung ist dementsprechend $[m\, l^2\, t^{-3}]$ im absoluten $[P\, l\, t^{-1}]$ im technischen M.-S. Die Einheit der Leistung im cm-g-sek-System ist die Leistung eines Erg/sek bzw. eine Joule/sek gleich 10^7 Erg/sek. Diese letztere Einheit führt nach dem Erfinder der Dampfmaschine den Namen 1 Watt, 1000 Watt heißen ein Kilowatt (kW). Im technischen M.-S. wäre als Einheit 1 kgm/sek zu setzen; im Maschinenbau hat sich der Bedarf nach einer größeren Einheit herausgestellt, man bezeichnet 75 kgm/sek als eine Pferdestärke, ein PS. Da ein kgm 9,81 Joule ist, so besteht die Bezeichnung

$$1 \text{ kgm/sek} = 9{,}81 \text{ Watt}, \quad 1 \text{ PS} = 736 \text{ Watt}.$$

Von der so definierten Pferdestärke PS ist die englische Pferdekraft HP etwas verschieden.

In der Elektrotechnik benützt man als Bezeichnung für eine Energie oder Arbeit als Produkt aus Leistung und Zeit den Ausdruck Hektowattstunde bzw. Kilowattstunde. Einer Hektowattstunde entspricht daher eine Arbeit von $\frac{100}{9{,}81} \cdot 3600 = 36700$ kgm.

Bei der Beurteilung der Wirkungsweise einer. Maschine, die ja dazu dient, eine Energieart in eine andere umzuwandeln, etwa Wärmeenergie in kinetische oder elektrische, wird es vor allem auf das Verhältnis der in der Sekunde abgegebenen zu der in der Sekunde zugeführten Energie ankommen, also auf das Verhältnis der entnommenen zur hineingesteckten Leistung. Diesen Quotienten nennt man den Wirkungsgrad der Maschine; er wird immer kleiner als Eins sein, da infolge der inneren Widerstände, Reibung u. dgl. ein Teil der hineingesteckten Energie verlorengeht.

Das Produkt aus Energie bzw. Arbeit und Zeit oder allgemeiner $\int_{t_0}^{t} K\,dt$ führt auch einen eigenen Namen, es heißt die Wirkung und spielt besonders in der höheren Mechanik eine große Rolle.

Beispiel 42. Welchen Widerstand findet ein Dampfschiff bei seiner Bewegung, wenn es Maschinen von 27000 PS hat und in einer Stunde einen Weg von 22 Knoten zu 1850 m zurücklegt?

Da sich der Dampfer mit konstanter Geschwindigkeit bewegt, müssen die Kräfte, die auf ihn wirken, der Widerstand und die von den Maschinen ausgeübte Kraft, sich aufheben, also diese beiden Kräfte und daher auch ihre Leistungen dem Betrage nach gleich sein. Das gibt

$$27000 \cdot 75 \text{ kgm/sek} = W \frac{22 \cdot 1850 \text{ m}}{3600 \text{ sek}}$$

und daraus

$$W = 179000 \text{ kg}.$$

V. Erzwungene Bewegung eines Massenpunktes.

98. Bewegung auf einer schiefen Ebene. Während die freie Bewegung eines Massenpunktes sich zwar unter der Einwirkung vorgegebener Kräfte, aber doch so vollzieht, daß von vornherein keine feste Bahn vorgeschrieben ist, nennen wir eine erzwungene Bewegung eine solche, wo der Massenpunkt durch Führungen oder sonstige Hilfsmittel genötigt ist, eine bestimmte Bahnkurve einzuhalten. Dies ist z. B. bei einem Körper, der eine schiefe Ebene herabgleitet, oder einem Pendel, das in einem Kreisbogen schwingt, der Fall. Diese Art von Bewegung kann man genau so wie die freie behandeln, indem man zu den vorgegebenen, eingeprägten Kräften noch die Normalwiderstände, die Zwangskräfte hinzufügt, die von den Wandungen der Bahn auf den Massenpunkt ausgeübt werden und in jedem Punkt senkrecht zur Bahntangente gerichtet sind. Ist die Berührung nicht vollständig glatt, so tritt zu diesen Normalwiderständen noch die Reibung, die als Gleitreibung aber eine eingeprägte Kraft ist, wenn ihr Betrag auch von dem Normalwiderstand abhängt.

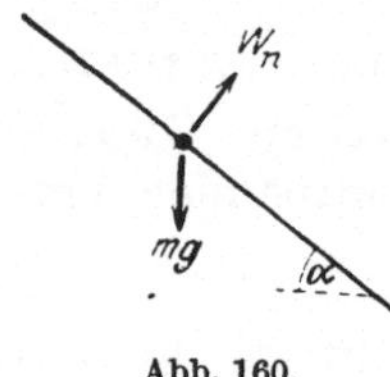

Abb. 160.

Wenn etwa ein Massenpunkt an einer vollständig glatten Ebene herabgleitet (Abb. 160), so haben wir in den Bewegungsgleichungen außer dem Gewicht des Massenpunktes noch den Widerstand W_n einzuführen. Die vorgeschriebene Bedingung, daß der Punkt sich auf der Ebene bewegt, liefert, da die Beschleunigung senkrecht zu ihr Null ist, die Gleichung

$$0 = W_n - m g \cos \alpha. \tag{1}$$

Für die Beschleunigung in der Richtung der schiefen Ebene erhalten wir

$$m \frac{d^2 s}{dt^2} = m g \sin \alpha. \tag{2}$$

Die erste Gleichung liefert uns für $W_n = m g \cos \alpha$ denselben Wert, wie wenn der Körper in Ruhe auf der schiefen Ebene liegt, die zweite Gleichung sagt aus, daß die Bewegung gleichmäßig beschleunigt wie beim freien Fall, nur mit einem kleineren Betrag der Beschleunigung, nämlich $g \sin \alpha$, vor sich geht.

Ist auch eine Reibung vorhanden, so haben wir

$$m \frac{d^2 s}{dt^2} = m g \sin \alpha - R. \tag{3}$$

Da nach dem Coulombschen Reibungsgesetz für Gleitreibung $R = f W_n$ ist und Gl. (1) bestehen bleibt, erhalten wir — ϱ sei der Reibungswinkel —

$$\frac{d^2 s}{dt^2} = g (\sin \alpha - f \cos \alpha) = g \frac{\sin (\alpha - \varrho)}{\cos \varrho},$$

also wieder eine gleichmäßig beschleunigte Bewegung.

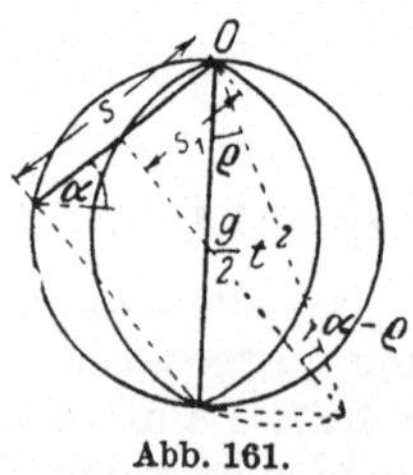

Abb. 161.

Beispiel 43. Wenn wir uns die Frage vorlegen, wo befinden sich in einem bestimmten Augenblick t alle Massenpunkte, die zu gleicher Zeit ihre Bewegung auf den von O ausgehenden, vollkommen glatten schiefen Ebenen begonnen haben (Abb. 161), so lautet die Antwort: Auf einer Kugel mit dem Durchmesser $\frac{g}{2} t^2$, deren Scheitel in O liegt (Satz von den isochronen Sehnen).

Denn auf einer unter dem Winkel α geneigten Ebene ist der Weg $s = \sin \alpha \frac{g}{2} t^2$ und der geometrische Ort der Ecken aller über $\frac{g}{2} t^2$ errichteten Dreiecke mit rechten Winkeln ist ein Halbkreis. Es werden also alle Sehnen des Kreises bzw. der Kugel in gleicher Zeit durchlaufen, daher der angeführte Name.

Ist die Berührung rauh, Reibungswinkel ϱ, so bekommen wir als Ort dieser Punkte in einer Schnittebene zwei symmetrische Kreisbögen mit dem Durchmesser $\frac{g}{2\cos\varrho}t^2$, die auf einer vertikalen Sehne von der Länge $\frac{g}{2}t^2$ errichtet sind, s. d. Abbildung. Denn dann ist

$$s_1 = \frac{\sin(\alpha - \varrho)}{\cos\varrho}\frac{g}{2}t^2$$

und die Punkte liegen alle auf einem Halbkreis, der über den um den Winkel ϱ gedrehten Durchmesser $\frac{g}{2\cos\varrho}t^2$ geschlagen wird.

99. Das mathematische Pendel. Ein Massenpunkt, der an einem gewichtslosen Faden hängt und daher gezwungen ist, sich auf einem Kreisbogen zu bewegen, wenn man zunächst nur die Bewegung in einer Vertikalebene betrachtet, wird ein mathematisches Pendel genannt. Eine schwere Kugel, die an einem dünnen Faden befestigt ist, entspricht in erster Annäherung einem solchen. Die Länge desselben sei l, der Winkel φ und ebenso der Weg s wird von der Vertikalen aus entgegengesetzt dem Uhrzeigersinn positiv gerechnet, die größten Werte seien α bzw. a (Abb. 162). Wenn wir vorerst von allen Widerständen absehen, gibt die dynamische Grundgleichung

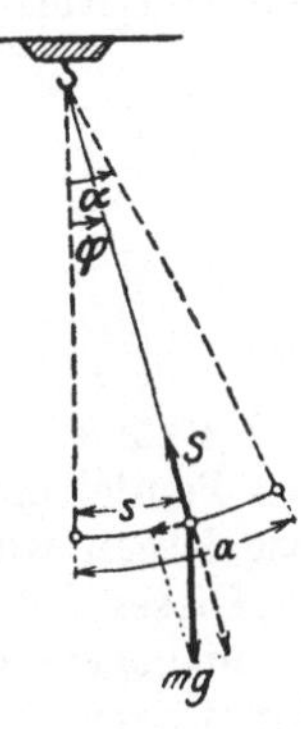

Abb. 162.

$$m\frac{d^2s}{dt^2} = -mg\sin\varphi, \tag{4}$$

$$\frac{mv^2}{l} = S - mg\cos\varphi. \tag{5}$$

Wenn wir die Fadenspannkraft S aus der zweiten Gleichung berechnen, erhalten wir

$$S = \frac{mv^2}{l} + mg\cos\varphi.$$

Nach dem Energiesatz bekommen wir — da die Fadenspannung keine Arbeit leistet —, wenn die Geschwindigkeit zu Beginn der Bewegung Null gesetzt wird,

$$\frac{1}{2}mv^2 = mgl(\cos\varphi - \cos\alpha) \tag{6}$$

und daher

$$S = mg(3\cos\varphi - 2\cos\alpha). \tag{7}$$

Die Fadenspannung ist also veränderlich, sie erreicht ihren größten Wert für $\varphi = 0$. Setzen wir etwa $\alpha = 90°$, ist also die Anfangslage des Pendels horizontal, dann ist beim Passieren der vertikalen Ruhelage $S = 3mg$. Die dynamische Beanspruchung ist also bei diesem Beispiel dreimal größer als die statische bei Gleichgewicht. Ein Faden, der in Ruhe gerade noch das Gewicht des Pendels tragen würde, reißt bei der Schwingung ab. Auch sonst zeigt es sich, daß im allgemeinen die dynamische Beanspruchung, besonders bei Schwingungen, größer ausfällt als die statische, ein Umstand, der bei der Dimensionierung von Konstruktionsteilen, die einer derartigen Beanspruchung unterliegen, beachtet werden muß.

Um die Bewegung des Pendels zu finden, gehen wir von der Gl. (4) aus

$$\frac{d^2 s}{dt^2} = -g \sin \varphi. \tag{8}$$

Diese Differentialgleichung, in der wir noch $\varphi = \frac{s}{l}$ setzen können, läßt sich nicht direkt auf elementare Weise integrieren, wir können die Lösung aber auf eine Quadratur zurückführen. Benützen wir den Energiesatz in der Form (6), so erhalten wir

$$\frac{ds}{dt} = \sqrt{2\, g\, l\, (\cos \varphi - \cos \alpha)} \tag{9}$$

oder

$$t = \int_a^s \frac{ds}{\sqrt{2\, g\, l \left(\cos \frac{s}{l} - \cos \frac{a}{l}\right)}}, \tag{10}$$

wobei für $t = 0$ der Weg $s = a$ und die Geschwindigkeit $v_0 = 0$ gesetzt, das Pendel also aus der Ruhelage um den Winkel α entfernt und dann losgelassen wird.

Dieses Integral läßt sich nicht auf elementare Weise auswerten, es ist ein sogenanntes elliptisches Integral. Seine Umkehrung, s als Funktion von t dargestellt, gäbe uns die gewünschte Lösung.

Wir können (10) ohne weiteres auf die normale Form derartiger elliptischer Integrale bringen, indem wir statt s wieder φ einsetzen und eine neue Variable ψ durch die Beziehung

$$\sin \frac{\varphi}{2} = \sin \frac{\alpha}{2} \sin \psi \tag{11}$$

einführen. Dann ist mit Benützung von $\cos \varphi = \left(1 - 2 \sin^2 \frac{\varphi}{2}\right)$

$$t = \int \frac{l\, d\varphi}{\sqrt{2\, g\, l\, (\cos \varphi - \cos \alpha)}} = \int \frac{2\, l \sin \frac{\alpha}{2} \cos \psi\, d\psi}{\sqrt{1 - \sin^2 \frac{\alpha}{2} \sin^2 \psi}\, \sqrt{4\, g\, l \left(\sin^2 \frac{\alpha}{2} - \sin^2 \frac{\varphi}{2}\right)}}$$

$$= \sqrt{\frac{l}{g}} \int \frac{d\psi}{\sqrt{1 - \varkappa^2 \sin^2 \psi}}, \tag{12}$$

wobei $\sin^2 \frac{\alpha}{2} = \varkappa^2$ gesetzt ist. Die Grenzen wollen wir jetzt so wählen, daß wir die Zeit von $\varphi = 0$ an zu zählen beginnen, also für $t = 0$ den Winkel φ und nach (11) daher auch $\psi = 0$ setzen. Dann haben wir (12) in der Form zu schreiben

$$t = \sqrt{\frac{l}{g}} \int_0^\psi \frac{d\psi}{\sqrt{1 - \varkappa^2 \sin^2 \psi}}. \tag{13}$$

Das ist das elliptische Normalintegral 1. Gattung $F(\varkappa, \psi)$, wobei φ und ψ gemäß Formel (11) zusammenhängen.

Wir wollen nun annehmen, daß die Ausschläge des Pendels so klein sind, daß wir an Stelle des $\sin \frac{s}{l}$ das Argument $\frac{s}{l}$ selbst anschreiben, also die Sehne dem Bogen gleich setzen können. Das muß natürlich auch noch für den größten Ausschlag $\alpha = \frac{a}{l}$ gelten, es darf dieser demnach nicht größer als etwa 5° sein, Dann geht (10) in ein elementares Integral über, wir haben

$$t = \int_a^s \frac{ds}{\sqrt{4\,g\,l \sin \frac{a+s}{2\,l} \sin \frac{a-s}{2\,l}}}$$

und wenn wir, wie gesagt, den Sinus durch das Argument ersetzen

$$t = \sqrt{\frac{l}{g}} \int_a^s \frac{ds}{\sqrt{a^2 - s^2}} = \sqrt{\frac{l}{g}} \left[\arcsin \frac{s}{a} - \frac{\pi}{2}\right] = \sqrt{\frac{l}{g}} \arccos \frac{s}{a}$$

und daher

$$s = a \cos \sqrt{\frac{g}{l}}\, t. \tag{14}$$

Dies ist unter den angegebenen Anfangsbedingungen die Zeit-Weg-Funktion der Pendelbewegung für kleine Ausschläge.

Wir hätten sie auch direkt aus der Differentialgleichung (8) ableiten können, da diese unter Annahme kleiner Schwingungen in die Form

$$\frac{d^2 s}{dt^2} = -\frac{g}{l}\, s \quad \text{oder} \quad \frac{d^2 s}{dt^2} + \nu^2 s = 0 \tag{15}$$

übergeht, wenn wir $\frac{g}{l} = \nu^2$ setzen. Das ist aber eine lineare, homogene Differentialgleichung mit konstanten Koeffizienten. Die Wurzeln der charakteristischen Gleichung sind $\pm\, i\, \nu$; daher hat das allgemeine Integral die Gestalt

$$s = A \cos \nu\, t + B \sin \nu\, t. \tag{16}$$

Wählen wir die Konstanten A und B entsprechend den obigen Anfangsbedingungen — für $t = 0$ ist $s = a$ und $v = 0$ —, so bekommt man wieder den Ausdruck (14) $s = a \cos \nu\, t$.

Die Bewegung ist also eine periodische; der größte Wert von s ist gleich dem Anfangswert a, der Amplitude. Die Zeit, die zwischen zwei gleichen Werten von s vergeht, die Schwingungsdauer τ, können wir leicht bestimmen; s ist gleich a für $t = 0$ und erhält wieder diesen Wert für $\nu\, \tau = 2\,\pi$. Es ist daher

$$\tau = \frac{2\,\pi}{\nu} = 2\,\pi \sqrt{\frac{l}{g}}, \tag{17}$$

die Schwingungsdauer ist also direkt proportional der Quadratwurzel aus der Pendellänge.

Für $t = \frac{\tau}{2}$ ist $s = -a$, ein Hin- und Hergang des Pendels ergibt also eine ganze Schwingung. ν heißt die Frequenz oder auch Kreisfrequenz. Ist die Zahl der Schwingungen in einer Sekunde n, so haben wir $n = \frac{1}{\tau}$, daher

$$\nu = \frac{2\pi}{\tau} = 2\pi n. \tag{18}$$

Die Kreisfrequenz ist also gleich der Zahl der Schwingungen in 2π-Sekunden.

Die Pendelgesetze wurden von Huyghens 1673 aufgefunden, wenn auch schon Galilei bekannt war, daß die Schwingungsdauer eines Pendels bei kleinen Schwingungen unabhängig von der Amplitude ist, eine Aussage, die wir bei der Behandlung der gedämpften Schwingung noch bestätigen werden.

Formel (17) ist zur experimentellen Bestimmung der Erdbeschleunigung g sehr geeignet, weil sich τ leicht mit großer Genauigkeit messen läßt und man auch l, wie wir später noch sehen werden, gut bestimmen kann.

Man kann übrigens auch für große Schwingungen mit Hilfe von Formel (13) auf einfache Weise die Schwingungsdauer ermitteln. Die Zeit, die verfließt, bis $v = 0$, also $\varphi = \alpha$ bzw. $\psi = \frac{\pi}{2}$ wird — wir haben bei der Aufstellung von (13) ja die Zeit von $\varphi = 0$ an gerechnet —, ist nach (13) gegeben durch

$$\frac{1}{\nu}\int_0^{\frac{\pi}{2}} \frac{d\psi}{\sqrt{1 - \varkappa^2 \sin^2\psi}} = \frac{1}{\nu} F\left(\varkappa, \frac{\pi}{2}\right) = \frac{1}{\nu} K,$$

wo K, das „vollständige" elliptische Integral für verschiedene Werte des „Moduls" $\varkappa$, entweder aus der Reihenentwicklung des Integrals berechnet oder aus Funktionentafeln[1] direkt entnommen werden kann. φ ist wieder Null, eine halbe Schwingung ist vorüber, wenn ψ den Wert π annimmt; daher ist die Dauer einer ganzen Schwingung τ dargestellt durch

$$\tau = \frac{2}{\nu}\int_0^{\pi} \frac{d\psi}{\sqrt{1 - \varkappa^2 \sin^2\psi}} = \frac{4}{\nu}\int_0^{\frac{\pi}{2}} \frac{d\psi}{\sqrt{1 - \varkappa^2 \sin^2\psi}} = 4K\sqrt{\frac{l}{g}}. \tag{19}$$

Es tritt also nur an die Stelle von π der Wert $2K$, der aber von α — das steckt ja in dem Modul $\varkappa$ —, also von der Amplitude abhängig ist.

100. Die harmonische Schwingung. Eine derartige Bewegung, wie sie die Pendelschwingung für kleine Ausschläge darstellt, wo die Beschleunigung bzw. die Kraft proportional dem zurückgelegten Weg und diesem entgegengesetzt gerichtet ist, vgl. Formel (15), nennt man eine harmonische Schwingung. Sie tritt bei allen Schwingungsproblemen auf.

Bei einer elastischen Feder ist die Kraft, mit der sie einer Längenänderung widerstrebt, proportional dieser Längenänderung x. Es ist also $P = -c\,x$, c bezeichnet man als die Federkonstante. Betrachten wir nun eine derartige gewichtslos gedachte Feder, die horizontal gelagert und an deren freiem Ende ein Gewicht von der Masse m befestigt ist, das auf einer vollkommen glatten Unterlage gleiten kann (Abb. 163).

[1] Jahnke u. Emde: Funktionentafeln. Leipzig u. Berlin: Verlag Teubner.

Bringt man das Gewicht aus der Ruhelage, wo die Feder ungespannt sein soll, um das Stück a heraus und läßt sie los, so tritt eine Bewegung ein, für die die dynamische Grundgleichung gibt

$$\frac{d^2 x}{dt^2} = -\frac{c}{m} x. \tag{20}$$

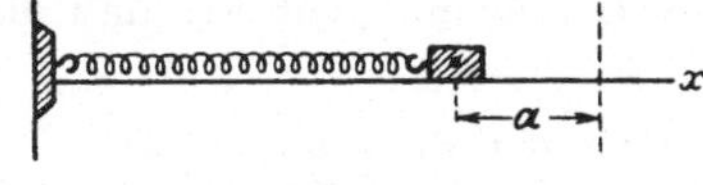

Abb. 163.

Es tritt also eine harmonische Schwingung mit der Frequenz $\nu = \sqrt{\frac{c}{m}}$ auf und für die Zeitwegfunktion erhalten wir unter Berücksichtigung der Anfangsbedingungen die ganz analog denen bei der Pendelschwingung im vorigen Paragraphen sind,

$$x = a \cos \sqrt{\frac{c}{m}}\, t.$$

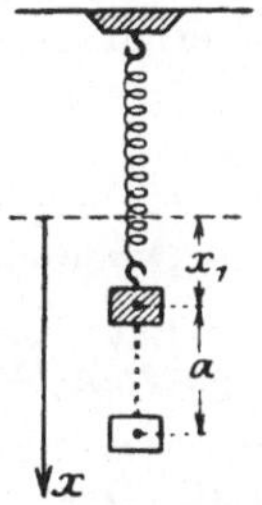

Läßt man die Feder mit dem Gewicht vertikal herabhängen (Abb. 164), so ist bei Gleichgewicht die Verlängerung aus dem ungespannten Zustande heraus gegeben durch $m g = c x_1$ oder $x_1 = \frac{m g}{c}$. Bringt man nun die Feder um das Stück a aus der Ruhelage heraus und läßt sie dann los, so lautet die Bewegungsgleichung

Abb. 164.

$$m \frac{d^2 x}{dt} = m g - c x, \tag{21}$$

wobei x wieder von der ungedehnten Lage der Feder aus gerechnet ist. Die Differentialgleichung

$$\ddot{x} + \frac{c}{m} x = g$$

ist jetzt nicht mehr homogen; wir können sie aber leicht nach den bekannten Regeln auf eine solche zurückführen, indem wir ein partikuläres Integral suchen. Als solches ergibt sich sofort $x_1 = \frac{m g}{c}$, die Lösung ist durch die Summe des allgemeinen Integrals der homogenen Differentialgleichung und dieses partikulären dargestellt, hat also die Form

$$x = A \cos \sqrt{\frac{c}{m}}\, t + B \sin \sqrt{\frac{c}{m}}\, t + \frac{m g}{c}. \tag{22}$$

Aus den Anfangsbedingungen — für $t = 0$ ist $x = \frac{m g}{c} + a$ und $v = 0$ — erhält man $A = a$ und $B = 0$. Daher haben wir

$$x = a \cos \sqrt{\frac{c}{m}}\, t + \frac{m g}{c}. \tag{23}$$

Die Schwingung geht genau wie früher vor sich, nur daß als Mittellage nicht die ungedehnte Länge der Feder, sondern die Gleichgewichtslage $x = x_1 = \frac{m g}{c}$ auftritt.

Beispiel 44. Schwingung mit Reibung. Wenn man bei dem ersten angeführten Beispiel auch die Reibung berücksichtigen will, muß man sich vor Augen halten, daß die Richtung der Gleitreibung immer entgegengesetzt der Geschwindigkeit ist, daß also die Bewegungsgleichung

$$m\ddot{x} = -cx \pm fmg \tag{24}$$

je nach der Richtung der Geschwindigkeit anzusetzen ist. Wir müssen daher die Lösung für jedes Hin- und Herschwingen gesondert bestimmen. Wenn wir wieder die Anfangsbedingungen derartig ansetzen, daß für $t = 0$, $x = a$ und $v = 0$ ist, so muß, damit überhaupt Bewegung eintreten kann $ca > fmg$ oder $a > \frac{fg}{\nu^2}$ sein $\left(\nu^2 = \frac{c}{m}\right)$. Bestimmen wir demgemäß die Integrationskonstanten in der dem positiven Vorzeichen in (24) entsprechenden Lösung

$$x = A\cos\nu t + B\sin\nu t + \frac{fg}{\nu^2},$$

so erhalten wir

$$x = \left(a - \frac{fg}{\nu^2}\right)\cos\nu t + \frac{fg}{\nu^2}.$$

Die Geschwindigkeit wird Null für $t = \frac{\pi}{\nu} = \frac{\tau}{2}$, also für $x_1 = -a + \frac{2fg}{\nu^2}$ und hat dann das entgegengesetzte Vorzeichen, wir haben daher in (24) den negativen Wert zu nehmen und die Integrationskonstanten in der Lösung so zu ermitteln, daß für $t = \frac{\pi}{\nu}$ die eben angeführten Bedingungen erfüllt sind. Das gibt

$$x = \left(a - \frac{3fg}{\nu^2}\right)\cos\nu t - \frac{fg}{\nu^2},$$

für $t = \frac{2\pi}{\nu}$ wird v wieder Null, der entsprechende Wert für x ist

$$x_2 = a - \frac{4fg}{\nu^2}.$$

Dieser Vorgang wiederholt sich, die maximalen Ausschläge nehmen nach beiden Seiten immer um $\frac{2fg}{\nu^2}$ ab

$$|x_n| = a - \frac{2nfg}{\nu^2}. \tag{25}$$

Das geht aber nur solange, als die Federkraft in diesen Umkehrpunkten größer als fmg bleibt, also

$$\left(a - \frac{2nfg}{\nu^2}\right) \geqq \frac{fg}{\nu^2} \tag{26}$$

ist. Wird sie kleiner, dann hört die Bewegung auf, der Körper bleibt in Ruhe.

101. Gedämpfte Pendelschwingung. Wir wollen nun bei der Schwingung des mathematischen Pendels den Luftwiderstand berücksichtigen und ihn nach unseren früheren Überlegungen, weil nur kleine Geschwindigkeiten vorkommen, direkt proportional der ersten Potenz der Geschwindigkeit setzen. Die Bewegungsgleichung lautet dann

$$m\frac{d^2 s}{dt^2} = -kv - mg\sin\frac{s}{l}. \tag{27}$$

Wenn wir uns wieder auf kleine Schwingungen beschränken, so können wir dafür schreiben

$$\frac{d^2 s}{dt^2} + \frac{k}{m}\frac{ds}{dt} + \frac{g}{l} s = 0.$$

Für $\frac{g}{l}$ setzen wir wieder ν^2, wo ν also die Frequenz der ungedämpften Schwingung bedeutet, und für $\frac{k}{m}$ den Wert 2λ ein. Dann lautet unsere Gleichung

$$\frac{d^2 s}{dt^2} + 2\lambda \frac{ds}{dt} + \nu^2 s = 0. \tag{28}$$

Es ist wieder eine lineare, homogene Differentialgleichung mit konstanten Koeffizienten, die Wurzeln der charakteristischen Gleichung $r^2 + 2\lambda r + \nu^2 = 0$ sind jetzt

$$r = -\lambda \pm \sqrt{\lambda^2 - \nu^2} \tag{29}$$

und das allgemeine Integral lautet

$$s = C_1 e^{(-\lambda + \sqrt{\lambda^2 - \nu^2})t} + C_2 e^{(-\lambda - \sqrt{\lambda^2 - \nu^2})t}. \tag{30}$$

Wir müssen nun drei Fälle unterscheiden, je nachdem die beiden Wurzeln (29) reell, oder gleich, oder konjugiert komplex sind.

a) Die Wurzeln sind reell und verschieden. $\lambda > \nu$.

Die Anfangsbedingung $s = a$ und $v = 0$ für $t = 0$ geben

$$C_1 + C_2 = a, \qquad -\lambda(C_1 + C_2) + (C_1 - C_2)\sqrt{\lambda^2 - \nu^2} = 0$$

und daher

$$C_1 = \frac{a}{2}\left(1 + \frac{\lambda}{\sqrt{\lambda^2 - \nu^2}}\right), \qquad C_2 = \frac{a}{2}\left(1 - \frac{\lambda}{\sqrt{\lambda^2 - \nu^2}}\right).$$

Damit bekommt (30) die Form

$$s = \frac{a}{2} e^{-\lambda t}\left\{e^{\sqrt{\lambda^2 - \nu^2}\,t} + \frac{\lambda}{\sqrt{\lambda^2 - \nu^2}} e^{\sqrt{\lambda^2 - \nu^2}\,t} + e^{-\sqrt{\lambda^2 - \nu^2}\,t} - \frac{\lambda}{\sqrt{\lambda^2 - \nu^2}} e^{-\sqrt{\lambda^2 - \nu^2}\,t}\right\}$$

oder, wenn man hyperbolische Funktionen einführt,

$$s = a e^{-\lambda t}\left\{\mathfrak{Cof}\sqrt{\lambda^2 - \nu^2}\,t + \frac{\lambda}{\sqrt{\lambda^2 - \nu^2}} \mathfrak{Sin}\sqrt{\lambda^2 - \nu^2}\,t\right\}. \tag{31}$$

In diesem Falle, wo also das λ, das die Dämpfung enthält, größer als ν ist, bei einer stark gedämpften Schwingung, nimmt s von seinem Anfangswert a beständig ab und nähert sich für $t = \infty$ der Null; denn (31) hat keine andere Nullstelle als $t = \infty$, der Ausdruck in der Klammer ist für positive Werte von t beständig positiv. Wir haben, wie man sagt, den aperiodischen Fall der Schwingung vor uns; das Pendel kehrt, wenn man es aus seiner Ruhelage um die Strecke a entfernt und losläßt, asymptotisch in diese Ruhelage zurück. In Abb. 165 ist die dementsprechende Zeitwegkurve eingetragen.

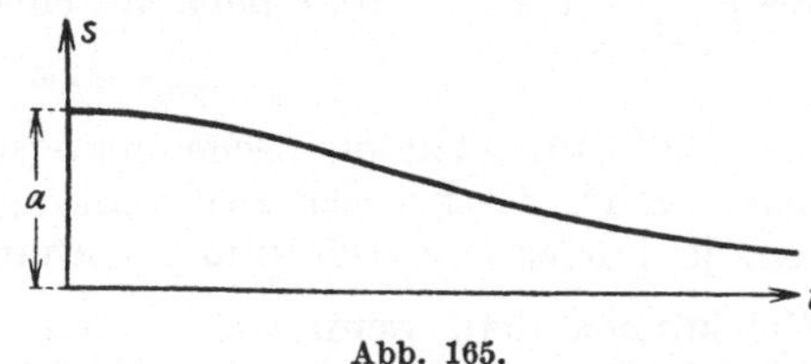

Abb. 165.

Wenn man die Anfangsbedingungen ändert, so daß für $t = 0$ die Geschwindigkeit nicht Null ist, sondern einen beliebigen Wert v_0 hat, so hat die Lösung auch einen Nullpunkt im Endlichen, der zweite liegt aber schon im Unendlichen. Dann geht das Pendel einmal durch die Vertikale hindurch, kehrt seine Bewegung um und nähert sich jetzt genau so wie früher, aber von der anderen Seite asymptotisch der Ruhelage. Der Vorgang ist also auch dann aperiodisch.

b) Die Wurzeln sind gleich $\lambda = \nu$, $r_1 = r_2 = -\lambda$.

Dann lautet die allgemeine Form der Lösung

$$s = e^{-\lambda t} (C_1 + C_2 t). \tag{32}$$

Dieselben Anfangsbedingungen wie oben liefern $C_1 = a$, $C_2 = \lambda a$ und daher

$$s = a e^{-\lambda t} (1 + \lambda t). \tag{33}$$

Es ergeben sich dieselben Verhältnisse wie im Falle a, die Bewegung ist wieder aperiodisch und verläuft ganz analog wie früher.

c) Es sind zwei konjugiert komplexe Wurzeln vorhanden, $\lambda < \nu$,

$$r_{1,2} = -\lambda \pm i \sqrt{\nu^2 - \lambda^2}.$$

Da $\mathfrak{Cof}\, i x = \cos x$ und $\mathfrak{Sin}\, i x = i \sin x$ ist, so nimmt Gl. (30) bzw. (31) die Form an

$$s = a e^{-\lambda t} \left\{ \cos \sqrt{\nu^2 - \lambda^2}\, t + \frac{\lambda}{\sqrt{\nu^2 - \lambda^2}} \sin \sqrt{\nu^2 - \lambda^2}\, t \right\}. \tag{34}$$

Wir haben also jetzt, wo die Dämpfung klein ist, im Gegensatz zu den beiden früheren Fällen eine periodische Bewegung, eine periodische Schwingung vor uns, deren Frequenz

$$\nu_1 = \sqrt{\nu^2 - \lambda^2} \tag{35}$$

und deren Schwingungsdauer

$$\tau = \frac{2\pi}{\sqrt{\nu^2 - \lambda^2}} \tag{36}$$

sich während der Bewegung wie bei einer ungedämpften Schwingung nicht ändern. Die Schwingungsdauer ist nur etwas größer, die Frequenz etwas kleiner als bei dieser.

Dagegen ändert sich die Amplitude wegen des Faktors $e^{-\lambda t}$. Ist der Anfangswert des Weges a, so beträgt er nach einer Schwingung nur mehr $s_1 = a e^{-\lambda \tau}$ und nach n Schwingungen

$$s_n = a e^{-n \lambda \tau}. \tag{37}$$

Die Unabhängigkeit der Schwingungsdauer von der Amplitude ist jene Eigenschaft, die bei der Beobachtung eines gewöhnlichen Pendels, bei dem ja immer eine Dämpfung vorhanden ist, zunächst ins Auge fällt. Wir können (34), wenn wir $\frac{\lambda}{\sqrt{\nu^2 - \lambda^2}} = \tan \varepsilon$ setzen, in der übersichtlicheren Form anschreiben

$$s = a e^{-\lambda t} \frac{\cos (\sqrt{\nu^2 - \lambda^2}\, t - \varepsilon)}{\cos \varepsilon}. \tag{38}$$

In Abb. 166 ist diese Funktion graphisch dargestellt. Die maximalen Ausschläge liegen für ganzzahlige Vielfache von τ auf der Kurve $\pm a e^{-\lambda t}$, eingeschlossen wird aber die abnehmende Wellenlinie, in der sich s darstellt, durch die Kurve $\frac{a e^{-\lambda t}}{\cos \varepsilon}$, s. d. Abb.

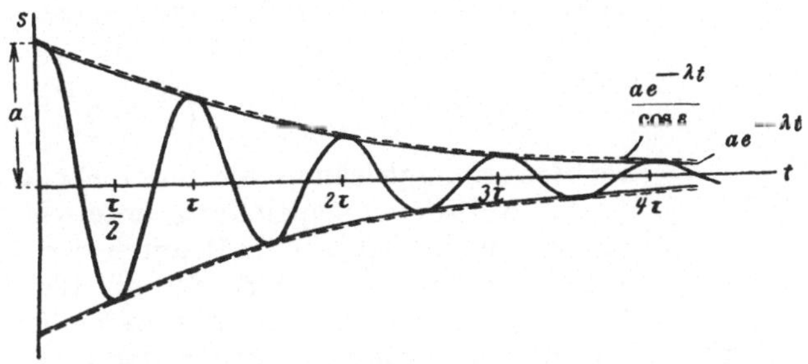

Abb. 166.

Nehmen wir zwei aufeinanderfolgende Amplituden her $s_n = a\,e^{-\lambda n \tau}$ und $s_{n+1} = a\,e^{-\lambda(n+1)\tau}$, so ist

$$\ln s_n - \ln s_{n+1} = -\lambda n \tau + \lambda (n+1) \tau = \lambda \tau. \tag{39}$$

Dieser Wert $\lambda \tau$, die Differenz der Logarithmen zweier aufeinanderfolgender Amplituden, wird das logarithmische Dekrement genannt, seine Kenntnis erlaubt uns das λ und damit ein Maß für die Dämpfung zu bestimmen.

Was wir hier für die gedämpfte Pendelschwingung bei kleinen Ausschlägen abgeleitet haben, gilt allgemein von jeder gedämpften harmonischen Schwingung, mag es sich um elastische Systeme oder aber um elektromagnetische Schwingungen handeln; wesentlich ist nur, daß die Dämpfung proportional der Geschwindigkeit ist.

102. Erzwungene Schwingungen, Resonanz. Schwingt ein mechanisches oder elastisches System, wie das Pendel oder der an einer Feder befestigte Körper, der aus seiner Gleichgewichtslage herausgebracht wird, nur unter dem Einfluß der in ihm wirkenden, der Entfernung aus der Ruhelage proportionalen Kräfte — bei der Feder sind es die elastischen Kräfte derselben —, so nennt man eine solche Schwingung eine freie Schwingung. Die Differentialgleichung der Bewegung ist dann homogen. Wenn aber außer diesen betrachteten Kräften noch andere störende auf das System einwirken, wenn etwa, um beim Pendel zu bleiben, der Aufhängepunkt desselben infolge einer derartigen Einwirkung selbst eine rhythmische Bewegung ausführt, so kommt wieder eine periodische Bewegung des Pendels zustande, die aber etwas anderer Natur ist und die wir als eine erzwungene Schwingung bezeichnen. Wir wollen sie jetzt näher untersuchen.

Hat die geradlinige, horizontale Bewegung des Aufhängepunktes die Beschleunigung $\ddot{x}_1$, vgl. Abb. 166 — $\ddot{x}_1$ wird dabei eine gegebene Funktion der Zeit sein —, so ist die Beschleunigung des Pendelkörpers in der Richtung der Bahntangente der relativen Kreisbahn $(\ddot{s} + \ddot{x}_1 \cos\varphi)$ und das dynamische Grundgesetz liefert

$$m(\ddot{s} + \ddot{x}_1 \cos\varphi) = -m g \sin\varphi, \tag{40}$$

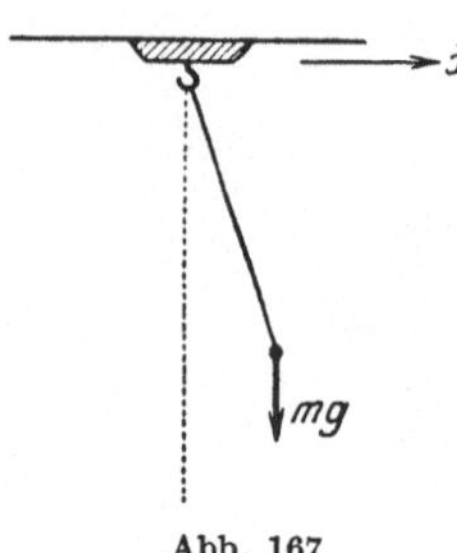

Abb. 167.

wenn wir von der Dämpfung durch den Luftwiderstand absehen. Machen wir wieder die Voraussetzung kleiner Schwingungen und schreiben für $\ddot{x}_1 = -f(t)$, so bekommen wir

$$\ddot{s} + \nu^2 s = f(t), \quad \left(\nu^2 = \frac{g}{l}\right) \tag{41}$$

als Bewegungsgleichung für unser Pendel.

Diese Differentialgleichung unterscheidet sich von der ursprünglichen (15) durch den Ausdruck auf der rechten Seite $f(t)$, der die Gleichung inhomogen macht. Das ist das wesentliche Kennzeichen der erzwungenen Schwingung gegenüber der freien, wo die rechte Seite Null ist.

Nehmen wir nun an, daß die Bewegung des Aufhängepunktes eine periodische Funktion, ebenfalls eine Schwingung mit der Frequenz ν_1 ist. Dann haben wir

$$x_1 = a \sin \nu_1 t, \qquad \ddot{x}_1 = -a \nu_1^2 \sin \nu_1 t$$

und (41) nimmt die Gestalt an

$$\ddot{s} + \nu^2 s = a \nu_1^2 \sin \nu_1 t. \tag{42}$$

Um die Lösung zu finden, setzen wir versuchsweise ein partikuläres Integral in der Form

$$s = c_1 \sin \nu_1 t$$

an. Das befriedigt in der Tat Gl. (42), wenn $c_1 = \frac{a \nu_1^2}{\nu^2 - \nu_1^2}$ ist. Daher lautet das allgemeine Integral von (42)

$$s = A \cos \nu t + B \sin \nu t + \frac{a \nu_1^2}{\nu^2 - \nu_1^2} \sin \nu_1 t. \tag{43}$$

Dabei muß aber ν_1 von ν verschieden, die Frequenz der erzwungenen Schwingung eine andere als die der Eigenschwingung, sein. Wählt man die Anfangsbedingungen so, daß zu Beginn der Bewegung, wo $x_1 = 0$ ist, auch s und $\dot{s}$ Null sind, so erhält man

$$A = 0, \qquad B = -\frac{a \nu_1^3}{\nu(\nu^2 - \nu_1^2)}$$

und daher

$$s = \frac{a \nu_1^2}{\nu(\nu^2 - \nu_1^2)} [-\nu_1 \sin \nu t + \nu \sin \nu_1 t]. \tag{44}$$

Aus dieser Gleichung ersieht man, daß sich die erzwungene Schwingung mit der Frequenz ν_1 der Eigenschwingung mit der Frequenz ν überlagert; die Amplituden beider Schwingungen sind jetzt Funktionen der Frequenzen. Ist ν_1 sehr klein gegen ν, dann fällt das erste Glied in der Klammer weg, dann kopiert das Pendel die Bewegung des Aufhängepunktes mit proportionaler Amplitude. Wie verhält es sich nun, wenn ν_1 wächst und sich ν nähert? Setzen wir $\nu_1 = \nu - \varepsilon$, so wird

$$s = \frac{a(\nu - \varepsilon)^2}{\nu\,\varepsilon\,(2\,\nu - \varepsilon)}\,[-(\nu - \varepsilon)\sin\nu\,t + \nu\,(\sin\nu\,t\cos\varepsilon\,t - \sin\varepsilon\,t\cos\nu\,t)]$$

und wenn man mit ε gegen Null geht

$$s = \frac{a}{2\,\varepsilon}\,[\varepsilon\sin\nu\,t - \nu\,\varepsilon\,t\cos\nu\,t] = \frac{a}{2}\,(\sin\nu\,t - \nu\,t\cos\nu\,t). \quad (45)$$

Es nehmen also dann die Ausschläge nach beiden Seiten proportional mit der Zeit zu. Wir kommen dabei bei einem Pendel über den Bereich der kleinen Schwingungen hinaus, bei einer rein harmonischen Schwingung, wie etwa in dem Beispiel mit der elastischen Feder, könnten die Ausschläge nach entsprechend langer Zeit beliebig groß werden. Das verhindert zwar die immer vorhandene Dämpfung, selbstverständlich muß man aber derartige heftige, mit großer Beanspruchung des ganzen Systems verbundene Bewegungen vermeiden. Man bezeichnet diesen Fall, wo die Frequenzen der erzwungenen und der Eigenschwingung gleich werden, als den der Resonanz.

Ist ν_1 größer als ν, so nimmt der Einfluß der erzwungenen Schwingung wieder ab, bis bei sehr großen Werten von ν_1 gegenüber ν

$$s \doteq \frac{a\,\nu_1}{\nu}\sin\nu\,t$$

wird, das Pendel also im wesentlichen mit der Eigenfrequenz schwingt.

Hätten wir an Stelle des Pendels ein Gewicht betrachtet, das an einer gewichtslosen Feder hängt, wobei deren Befestigungspunkt selbst wieder eine harmonische Schwingung ausführt, so bekommen wir ganz ähnliche Ergebnisse, die man leicht experimentell nachweisen kann. Wenn $\nu_1 \gg \nu$ ist, nähert sich jetzt s dem Werte Null, da in diesem Falle ν_1^2 nur im Nenner, aber nicht im Zähler des Ausdruckes (44) steht. Es tritt auch tatsächlich bei großen Werten von ν_1 nur ein Erzittern des Gewichtes, aber keine merkliche Bewegung desselben ein.

Diese Beziehungen zwischen freier und erzwungener Schwingung sind auch auf anderen Gebieten der Physik, wo wir es mit Schwingungen zu tun haben, in der Akustik und dem Elektromagnetismus, von fundamentaler Bedeutung. Die Resonanzerscheinungen bieten auch für den Ingenieur ein besonderes Interesse, da sie in prinzipiell ähnlicher Weise wie in dem betrachteten Beispiel bei vielen technischen Konstruktionen vorkommen. Alle diese haben wegen der mehr oder minder großen Elastizität ihrer Teile bestimmte Eigenschwingungen und man muß darauf achten, daß sie nicht rhythmischen Störungskräften ausgesetzt sind, die dieselbe Frequenz wie die Eigenschwingungen aufweisen. So können Eisen- und Holzbrücken durch im Takt marschierende Menschenmengen in beträchtliche Schwingungen versetzt werden, wenn der Takt mit der Frequenz der Eigenschwingungen übereinstimmt. Umgekehrt kann man auch die Eigenschwingung selbst schwerer Eisenbahnbrücken experimentell ermitteln, indem man mit eigens dazu erbauten Apparaten künstliche Schwingungen von verschiedener Frequenz auf die Brücke einwirken läßt und jene bestimmt, bei denen ein fühlbares Mitschwingen der Brücke, also Resonanz, eintritt. Besonders gefährlich sind solche Resonanzerscheinungen auch bei rasch umlaufenden Wellen, bei Schiffsschrauben, Turbinen, Propellern u. dgl.

Man kann nach dem Obigen auch das Pendel benützen, um Schwingungen bzw. überhaupt Bewegungen seines Aufhänge- oder Unterstützungspunktes anzuzeigen. Die Apparate, die nach diesem Prinzip die Schwingungen eines mit ihnen fest verbundenen Systems aufzeichnen, heißen Vibrographen oder Oszillographen. Entsprechend den obigen Ergebnissen muß man dabei vor allem darauf sehen, daß die Frequenz der Eigenschwingung solcher Apparate weit größer ist als die Frequenz der Schwingung des zu untersuchenden Systems. Denn nur dann gibt nach Formel (44) der Oszillograph diese Schwingung ungestört wieder.

Sollen mit einem solchen Apparat Erschütterungen des Bodens, etwa Erdbebenwellen, festgestellt werden, dann führt er den Namen Seismometer.

103. Resonanzschwingungen bei der Landung eines Flugzeuges. Als ein weiteres Beispiel mögen die Schwingungen untersucht werden, die bei dem Landen eines Flugzeuges auftreten, wenn wir dasselbe aus zwei miteinander elastisch verbundenen Teilen ansehen, dem Rumpf mit den Flügeln einerseits und den daran angebrachten Motoren anderseits. Das Aufsetzen auf dem Boden wird ebenfalls durch eine elastische Federung, die Bugrad- und Fahrwerkfederung, vermittelt. Diese sei durch die Federkonstante c_1 charakterisiert, die Motorenaufhängung durch die Federkonstante c_2. Da die Motoren — ihre Masse sei m_2, die des übrigen Flugzeuges m_1 — symmetrisch zur Achse des Flugzeuges liegen, können wir den Vorgang dadurch idealisieren, daß wir eine Masse m_1 durch eine gewichtslose Feder mit der Federkonstante c_1, die am Boden gestützt ist, zusammendrücken lassen, wobei die Masse mit einer zweiten wieder durch eine elastische Feder mit einer Federkonstante c_2 verbunden ist. Vgl. Abb. 168.

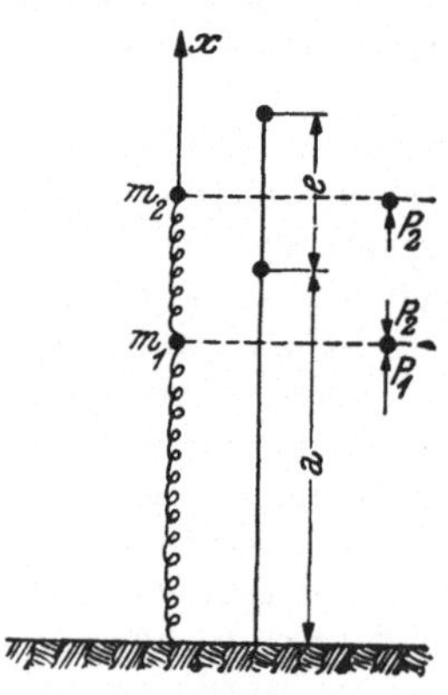

Abb. 168.

Mit den Bezeichnungen der Abbildung haben wir also, wenn x_1 die Koordinate des Schwerpunktes von m_1, x_2 die Koordinate des Schwerpunktes von m_2, a die ungespannte Länge der Bodenfederung, e den ursprünglichen Abstand der beiden Schwerpunkte bei ungespanntem Zustande der die Elastizität der Aufhängung versinnbildlichenden Feder bedeutet

$$P_1 = c_1 (a - x_1)$$

$$P_2 = c_2 (e + x_1 - x_2)$$

und nach der dynamischen Grundgleichung

$$m_1 \frac{d^2 x_1}{dt^2} = m_1 \ddot{x}_1 = c_1 (a - x_1) - c_2 (e + x_1 - x_2) - m_1 g, \quad (46)$$

$$m_2 \frac{d^2 x_2}{dt^2} = m_2 \ddot{x}_2 = c_2 (e + x_1 - x_2) - m_2 g. \quad (47)$$

Für den Beginn der Landung für $x_1 = a$ und $x_2 = a + e$ müssen die rechten Seiten bis auf $m_1 g$ bzw. $m_2 g$ verschwinden.

Durch Addition erhält man

$$m_1 \ddot{x}_1 + m_2 \ddot{x}_2 = c_1 (a - x_1) - (m_1 + m_2) g \tag{48}$$

und wenn man (46) nach x_2 auflöst und zweimal nach t differentiert

$$\ddot{x}_2 = \frac{1}{c_2} [m_1 \ddot{\ddot{x}}_1 + (c_1 + c_2) \ddot{x}_1]. \tag{49}$$

Setzt man dies in (48) ein, so bekommt man

$$m_1 \ddot{x}_1 + \frac{m_1 m_2}{c_2} \ddot{\ddot{x}}_1 + \frac{m_2}{c_2} (c_1 + c_2) \ddot{x}_1 = c_1 (a - x_1) - (m_1 + m_2) g. \tag{50}$$

Führt man zur Abkürzung die Eigenfrequenzen der beiden Federungen ein

$$\frac{c_1}{m_1} = \nu_1^2, \quad \frac{c_2}{m_2} = \nu_2^2 \tag{51}$$

und schreibt für

$$\frac{m_1 + m_2}{m_1} = k,$$

so erhält diese Differentialgleichung vierter Ordnung mit konstanten Koeffizienten für x_1 die Gestalt

$$\ddot{\ddot{x}}_1 + (\nu_1^2 + k \nu_2^2) \ddot{x}_1 + \nu_1^2 \nu_2^2 x_1 = \nu_2^2 (\nu_1^2 a - k g). \tag{52}$$

Ein partikulares Integral ist

$$z = a - \frac{k}{\nu_1^2} g,$$

die charakteristische Gleichung

$$v^4 + (\nu_1^2 + k \nu_2^2) v^2 + \nu_1^2 \nu_2^2 = 0$$

hat die Wurzel

$$v_{1,2}^2 = -\frac{1}{2} \left(\nu_1^2 + k \nu_2^2 - \sqrt{\nu_1^4 + 2 (k-2) \nu_1^2 \nu_2^2 + k^2 \nu_2^4}\right) = -\bar{\nu}_1^2, \tag{53}$$

$$v_{3,4}^2 = -\frac{1}{2} \left(\nu_1^2 + k \nu_2^2 + \sqrt{\nu_1^4 + 2 (k-2) \nu_1^2 \nu_2^2 + k^2 \nu_2^4}\right) = -\bar{\nu}_2^2, \tag{54}$$

also

$$v_1 = i \bar{\nu}_1, \quad v_2 = -i \bar{\nu}_1, \quad v_3 = i \bar{\nu}_2, \quad v_4 = -i \bar{\nu}_2. \tag{55}$$

Da wegen $k > 1$ immer $(\nu_1^2 + k \nu_2^2)^2 > 4 \nu_1^2 \nu_2^2$ ist, so sind $v_{1,2}^2$ und $v_{3,4}^2$ immer reelle, negative Größen.

Das allgemeine Integral von (52) hat daher die Form

$$x_1 = a - \frac{k}{\nu_1^2} g + A \cos \bar{\nu}_1 t + B \sin \bar{\nu}_1 t + C \cos \bar{\nu}_2 t + D \sin \bar{\nu}_2 t \tag{56}$$

und nach Gl. (46) ergibt sich daraus

$$x_2 = \frac{1}{\nu_2^2 (k-1)} [\ddot{x}_1 - \nu_1^2 (a - x_1) + \nu_2^2 (k-1)(e + x_1) + g]$$

oder

$$x_2 = a + e - \frac{g}{\nu_1^2} k - \frac{g}{\nu_2^2} + \frac{1}{\nu_2^2 (k-1)} \{-\bar{\nu}_1^2 (A \cos \bar{\nu}_1 t + B \sin \bar{\nu}_1 t) -$$
$$- \bar{\nu}_2^2 (C \cos \bar{\nu}_2 t + D \sin \bar{\nu}_2 t) + [\nu_1^2 + \nu_2^2 (k-1)] \cdot$$
$$\cdot (+ A \cos \bar{\nu}_1 t + B \sin \bar{\nu}_1 t + C \cos \bar{\nu}_2 t + D \sin \bar{\nu}_2 t)\}. \tag{57}$$

104. Resonanzschwingungen bei der Landung eines Flugzeuges (Fortsetzung). Für $t = 0$ muß $x_1 = a$ und $x_2 = a + e$, ferner $\dot{x}_1 = \dot{x}_2 = -v_0$

sein, wenn v_0 die senkrechte Auftreffgeschwindigkeit bedeutet. Das gibt für A und C die Gleichungen

$$0 = -\frac{k}{\nu_1^2} g + A + C,$$

$$0 = -\frac{g}{\nu_1^2} k - \frac{g}{\nu_2^2} + \frac{1}{\nu_2^2 (k-1)} \{-(\bar{\nu}_1^2 A + \bar{\nu}_2^2 C) + \\ + [\nu_1^2 + \nu_2^2 (k-1)] (A + C)\},$$

also

$$\left.\begin{aligned} A &= \frac{g}{\nu_1^2} \frac{\nu_1^2 - k \bar{\nu}_2^2}{\bar{\nu}_1^2 - \nu_2^2} \\ C &= \frac{g}{\nu_1^2} \frac{\nu_1^2 - k \bar{\nu}_1^2}{\bar{\nu}_2^2 - \nu_1^2} \end{aligned}\right\} \tag{58}$$

und für B und D

$$B \bar{\nu}_1 + D \bar{\nu}_2 = -v_0,$$
$$B \bar{\nu}_1 (\nu_2^2 - \bar{\nu}_1^2) + D \bar{\nu}_2 (\nu_1^2 - \bar{\nu}_2^2) = 0,$$

also

$$\left.\begin{aligned} B &= \frac{v_0}{\bar{\nu}_1} \frac{\bar{\nu}_2^2 - \nu_1^2}{\bar{\nu}_1^2 - \bar{\nu}_2^2} \\ D &= \frac{v_0}{\bar{\nu}_2} \frac{\nu_1^2 - \bar{\nu}_1^2}{\bar{\nu}_1^2 - \bar{\nu}_2^2} \end{aligned}\right\} \tag{59}$$

Eingesetzt in Gl. (56) erhält man

$$x_1 = a - \frac{k g}{\nu_1^2} + \frac{1}{\bar{\nu}_1^2 - \bar{\nu}_2^2} \left\{ \frac{g}{\nu_1^2} [(\nu_1^2 - k \bar{\nu}_2^2) \cos \bar{\nu}_1 t - (\nu_1^2 - k \bar{\nu}_1^2) \cos \bar{\nu}_2 t] + \\ + v_0 \left(\frac{\bar{\nu}_2^2 - \nu_1^2}{\bar{\nu}_1} \sin \bar{\nu}_1 t + \frac{\bar{\nu}_1^2 - \nu_1^2}{\bar{\nu}_2} \sin \bar{\nu}_2 t \right) \right\}. \tag{60}$$

Um die Beanspruchung der Lager des Motors zu finden, sie ist proportional der Beschleunigung $\ddot{x}_2$ desselben, haben wir nur mehr diese Beschleunigung nach Gl. (49) durch Bildung der entsprechenden Differentialquotienten von x_1 zu berechnen. Man erhält

$$\ddot{x}_2 = \frac{1}{\nu_2^2 (k-1) (\bar{\nu}_1^2 - \bar{\nu}_2^2)} \left\{ \bar{\nu}_1 [\bar{\nu}_1^2 - \nu_1^2 - \nu_2^2 (k-1)] \left[g \frac{\bar{\nu}_1}{\nu_1^2} \cdot \\ \cdot (\nu_1^2 - k \bar{\nu}_2^2) \right] \cos \bar{\nu}_1 t + v_0 (\nu_1^2 - \bar{\nu}_2^2) \sin \bar{\nu}_1 t + \bar{\nu}_2 [\bar{\nu}_2^2 - \nu_1^2 - \\ - \nu_2^2 (k-1)] \left[-\frac{g \bar{\nu}_2}{\nu_1^2} (\nu_1^2 - k \bar{\nu}_1^2) \cos \nu_2 t + v_0 (\nu_1^2 - \bar{\nu}_1^2) \sin \bar{\nu}_2 t \right] \right\}. \tag{61}$$

Da die weitere allgemeine Behandlung dieser Gleichung zu unübersichtlich wird, wollen wir numerische Werte für die Federkonstanten c_1 und c_2 und für die Massen einführen, für verschiedene Werte von v_0 die Beschleunigung graphisch als Funktion von t darstellen und die Maximalwerte von x_2 miteinander und auch mit jenen vergleichen, die sich bei starrer Verbindung von Motoren und Rumpf ergeben.

Im letzteren Falle lautet unsere Differentialgleichung, wenn wir mit x_s die Entfernung des Gesamtschwerpunktes vom Boden und mit a wieder deren Anfangswert bezeichnen

$$(m_1 + m_2) \ddot{x}_s = c_1 (a - x_s) - (m_1 + m_2) g$$

oder

$$\frac{c_1}{m_1 + m_2} = \frac{\nu_1^2}{k} = \nu'^2$$

gesetzt,

$$\ddot{x}_s + \nu'^2 x_s = \nu'^2 a - g.$$

Die Lösung dieser Gleichung ist durch

$$x_s = a - \frac{g}{\nu'^2}(1 - \cos \nu' t) - \frac{v_0}{\nu'} \sin \nu' t \tag{62}$$

gegeben, wenn wieder die Anfangsbedingungen so gewählt werden, daß für $t = 0$, $x_s = a$ und $\dot{x}_s = v_0$ ist. Für die Beschleunigung haben wir daher

$$\ddot{x}_s = -g \cos \nu' t + v_0 \nu' \sin \nu' t. \tag{63}$$

Der Maximalwert $\ddot{x}_s$ für $\operatorname{tg} \nu' t = -\frac{v_0 \nu'}{g}$ ist dem Betrage nach gegeben durch

$$\ddot{x}_s = \sqrt{g^2 + v_0^2 \nu_1^2}.$$

Aus Gl. (63) bekommen wir also die Werte für die Beanspruchung der Motorenlager beim Landen im Falle starrer Verbindung von Motor und Rumpf.

Setzt man für das Gewicht des Flugzeuges 12500 kg, für das der Motoren 3650 kg an und nimmt man für die Federkonstante der Bug-

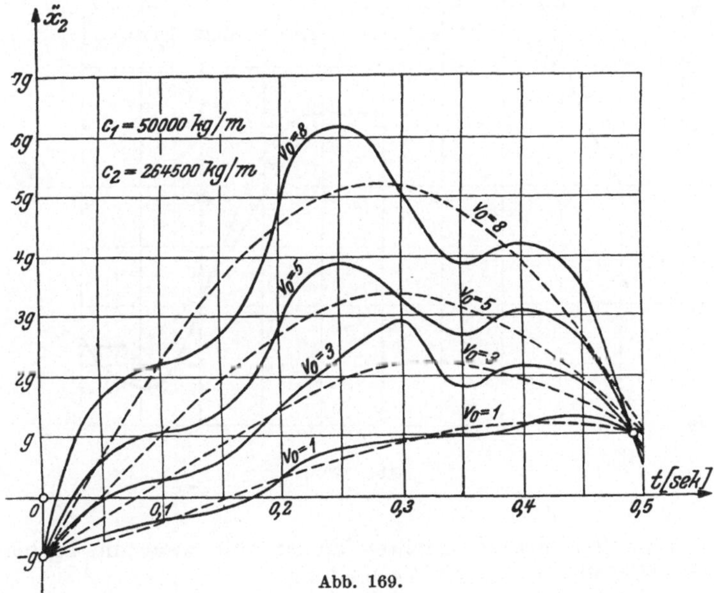

Abb. 169.

und Fahrwerksfederung $c_1 = 50000$ kg/m, für die der Motoraufhängung $c_2 = 263000$ kg/m, alles Werte, wie sie in Wirklichkeit vorkommen, so ist

$$\nu_1^2 = 55{,}43, \quad \nu_2^2 = 706{,}85, \quad k = 1{,}412.$$

Daraus erhält man

$$\bar{\nu}_1^2 = 38{,}6, \quad \bar{\nu}_2^2 = 948{,}4, \quad \bar{\nu}_1 = 6{,}21, \quad \bar{\nu}_2 = 30{,}8$$

und für die Beschleunigung

$$\ddot{x}_2 = \frac{g}{910{,}8}\{-943{,}0 \cos(6{,}21\, t) + 31{,}85 \cos(30{,}8\, t) + \\ + v_0\,[596{,}5 \sin(6{,}21\, t) - 107{,}8 \sin(30{,}8\, t)]\}.$$

Diese Werte sind für $v_0 = 1$, 3, 5, 8 m/sek. für die Zeit von Null bis $^1/_2$ Sekunde ausgerechnet und in Abb. 169 graphisch dargestellt, wobei als Einheit die Erdbeschleunigung g gewählt wurde. Die Beträge für eine starre Verbindung von Motor und Flügel sind zum Vergleich für dieselben Werte von v_0 strichliert eingetragen. Man erkennt, daß der Größtwert der Beschleunigung schon für $v_0 = 5$ m/sek. — einem Wert der Landegeschwindigkeit, der noch keineswegs als abnorm groß bezeichnet werden kann — fast das vierfache der Erdbeschleunigung erreicht. Außerdem zeigt es sich, daß diese Beschleunigung und damit die Beanspruchung der Lager der Motoren bei elastischer Aufhängung

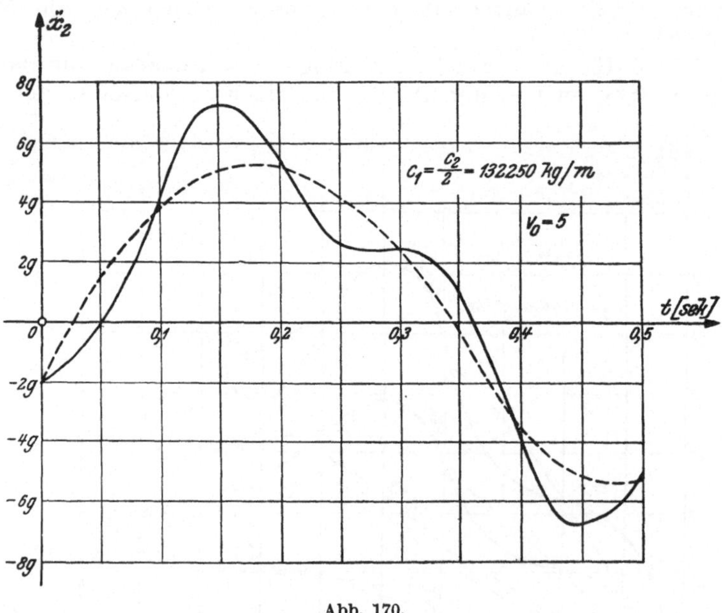

Abb. 170.

bei den gewählten Federkonstanten immer, und zwar um 10 bis 25% größer ausfällt als bei starrer Verbindung.

Wählt man ein anderes Verhältnis von c_1 und c_2, also von den Härten der Federung, setzt man etwa $c_1 = \frac{c_2}{2}$, so werden die Verhältnisse noch bedeutend schlechter. Die entsprechenden Werte sind für $v_0 = 5$ m/sek. in Abb. 170 aufgetragen, die Beschleunigung geht jetzt bis auf das 7,3fache von g hinauf und der Unterschied gegenüber der Beanspruchung im Falle der starren Verbindung von Rumpf und Motor wird beträchtlich größer, er erhöht sich auf 38%. Wenn also die pneumatische Federung des Bugrades auch nur teilweise versagt, so steigt die Beanspruchung der Motorenlager beträchtlich an und sie ist größer bei einer elastischen als bei einer ganz starren Verbindung. Noch ungünstiger wird die Beanspruchung in dem praktisch höchstens bei fast völligem Versagen der Bugradfederung eintretenden Fall, daß c_2 gleich oder gar kleiner als c_1 ausfällt.

105. Das sphärische Pendel. Wir haben bis jetzt nur ein Pendel betrachtet, das in einer Ebene schwingt; in Wirklichkeit kann es sich aber im Raume auf einem Teil oder, wenn wir den Faden als starr annehmen, auf einer ganzen Kugelfläche bewegen (sphärisches Pendel).

Die Lage des Punktes auf der Kugel mit dem Radius l sei durch die beiden Winkel φ und ϑ gegeben, Abb. 171. Der Abstand des Massenpunktes m, des Pendelkörpers, von der Vertikalen ist dann $r = l \sin \vartheta$ die Tiefe unter dem Aufhängepunkte $z = l \cos \vartheta$; r und φ sind in der Horizontalebene die durch m hindurchgelegt wird, Polarkoordinaten, wir werden daher die Beschleunigung in Komponenten nach diesen beiden Richtungen und nach z zerlegen. Wir erhalten, vgl. Nr. 80, wenn wir mit S die Spannkraft des Fadens bezeichnen

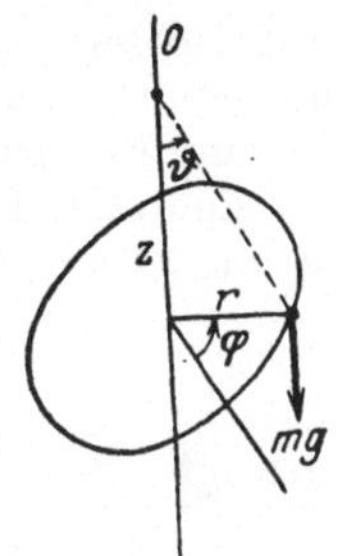

Abb. 171.

$$\left.\begin{aligned} m\, p_r &= m\,(\ddot{r} - r\,\omega^2) = -S \sin \vartheta, \\ m\, p_\varphi &= m\,(2\,\dot{r}\,\omega + r\,\dot{\omega}) = 0, \\ m\,\ddot{z} &= m\,g - S \cos \vartheta. \end{aligned}\right\} \tag{64}$$

Aus der zweiten Gleichung bekommen wir wie bei der Zentralbewegung

$$r^2\,\omega = C. \tag{65}$$

Setzt man den Wert für ω aus dieser Gleichung in (64) ein und eliminiert S, so erhält man

$$\ddot{r} - \frac{C^2}{r^3} = \operatorname{tang} \vartheta\,(\ddot{z} - g). \tag{66}$$

Da nun $\ddot{z} = -l\,(\cos \vartheta\, \dot{\vartheta}^2 + \sin \vartheta\, \ddot{\vartheta})$ und $\ddot{r} = l\,(\cos \vartheta\, \ddot{\vartheta} - \sin \vartheta\, \dot{\vartheta}^2)$ ist, so bekommt man durch Einsetzen dieser Werte in (66) eine Differentialgleichung zweiter Ordnung für ϑ

$$\ddot{\vartheta} - \frac{C^2}{l^4}\,\frac{\cos \vartheta}{\sin^3 \vartheta} + \frac{g}{l} \sin \vartheta = 0. \tag{67}$$

Wenn wir den Energiesatz zu Hilfe nehmen, können wir so wie bei dem ebenen Pendel die Lösung dieser Gleichung auf eine Quadratur zurückführen. Da nur die Schwerkraft Arbeit leistet, ist

$$\frac{1}{2}\,m\,v^2 - \frac{1}{2}\,m\,v_0^2 = m\,g\,l\,(\cos \vartheta - \cos \vartheta_0), \tag{68}$$

wenn man für $\vartheta = \vartheta_0$ die Geschwindigkeit $v = v_0$ nimmt. Nun ist

$$v^2 = \dot{r}^2 + r^2\,\omega^2 + \dot{z}^2 = l^2\,\dot{\vartheta}^2 + \frac{C^2}{l^2 \sin^2 \vartheta}.$$

Eingesetzt in (68) gibt dies

$$\dot{\vartheta}^2 = \frac{2\,g}{l}\,(\cos \vartheta - \cos \vartheta_0) - \frac{C^2}{l^4 \sin^2 \vartheta} + \frac{C^2}{l^4 \sin^2 \vartheta_0}$$

und daher

$$t = \int_{\vartheta_0}^{\vartheta} \frac{\sin \vartheta \, d\vartheta}{\sqrt{\frac{2g}{l}(\cos \vartheta - \cos \vartheta_0) \sin^2 \vartheta - \frac{C^2}{l^4}\left(1 - \frac{\sin^2 \vartheta}{\sin^2 \vartheta_0}\right)}}, \tag{69}$$

wenn man von $\vartheta = \vartheta_0$ auch die Zeit zu zählen beginnt. Dieser Ausdruck führt wieder auf ein elliptisches Integral.

Wir wollen den allgemeinen Fall nicht weiter verfolgen, sondern nur auf zwei spezielle Arten der Bewegung eingehen. Wenn wir Gl. (67) hernehmen, so erkennen wir leicht, daß $\vartheta = \vartheta_0 =$ konst. eine partikuläre Lösung der Differentialgleichung ist, daß sich also das Pendel auf einem horizontalen Kreise bewegen kann (Kegelpendel). Es muß nur die Konstante C so gewählt werden, daß sie der Gleichung

$$-\frac{C^2}{l^3} \frac{\cos \vartheta_0}{\sin^3 \vartheta_0} + g \sin \vartheta_0 = 0$$

genügt. Wir bekommen

$$C = \sqrt{\frac{g\, l^3 \sin^4 \vartheta_0}{\cos \vartheta_0}} \tag{70}$$

und daher aus (65)

$$\omega = \omega_0 = \sqrt{\frac{g}{l \cos \vartheta_0}}. \tag{71}$$

In dieser Beziehung müssen also ϑ und ω stehen, damit sich der Punkt mit konstanter Geschwindigkeit auf einem horizontalen Kreise bewegen kann; $\vartheta = \frac{\pi}{2}$ ist dabei ausgeschlossen, da dann ω unendlich groß werden müßte.

Wir hätten dieses Resultat auch direkt aus der Bedingung ableiten können, daß bei einer derartigen Bewegung die aus der Fadenspannung S und dem Gewicht $m\,g$ resultierende Kraft in die Richtung von r fallen und gleich $m\,r\,\omega^2$ sein muß, also die Gleichungen gelten

$$S \cos \vartheta_0 = m\,g, \qquad S \sin \vartheta_0 = m \cdot r\,\omega_0^2.$$

Die Elimination von S gibt dann wieder Gl. (71).

Die Umlaufzeit des Pendels ist

$$\tau_0 = \frac{2\pi}{\omega_0} = 2\pi \sqrt{\frac{l \cos \vartheta_0}{g}}. \tag{72}$$

Diese Formel hat dieselbe Gestalt wie die für die Schwingungsdauer eines ebenen Pendels abgeleitete, für kleine Werte von ϑ_0 geht sie in dieselbe über, die Winkelgeschwindigkeit ω entspricht der Frequenz ν.

106. Fortsetzung. Kleine Schwingungen um die Kreisbewegung. Nehmen wir nun an, daß diese Kreisbewegung ein wenig gestört sei, etwa dadurch, daß die Winkelgeschwindigkeit ω zunächst nicht genau den Wert hat, der nach Gl. (71) für das Zustandekommen dieser Bewegung notwendig ist. Setzen wir also

$$\vartheta = \vartheta_0 + \bar{\vartheta}, \qquad \omega = \omega_0 + \bar{\omega},$$

wo $\bar{\vartheta}$ und $\bar{\omega}$ im Verhältnis zu ϑ_0 und ω_0 kleine Größen sind, so daß wir alle Glieder höherer als erster Ordnung in $\bar{\vartheta}$ und $\bar{\omega}$ vernachlässigen können.

Dann ist, wenn man die bezüglichen Taylorschen Entwicklungen mit dem ersten Gliede abbricht,

$$\ddot{\vartheta} = \ddot{\bar{\vartheta}}, \quad \sin\vartheta = \sin\vartheta_0 + \cos\vartheta_0\,\bar{\vartheta},$$

$$\cos\vartheta = \cos\vartheta_0 - \sin\vartheta_0\,\bar{\vartheta},$$

$$\frac{\cos\vartheta}{\sin^3\vartheta} = \frac{\cos\vartheta_0}{\sin^3\vartheta_0} - \frac{\sin^2\vartheta_0 + 3\cos^2\vartheta_0}{\sin^4\vartheta_0}\,\bar{\vartheta} = \frac{\cos\vartheta_0}{\sin^3\vartheta_0}\left(1 - \frac{1 + 2\cos^2\vartheta_0}{\sin\vartheta_0\cos\vartheta_0}\,\bar{\vartheta}\right).$$

Setzen wir dies, sowie den Wert von C aus (70) in die Gl. (67) ein, so erhalten wir

$$\ddot{\bar{\vartheta}} + \nu'^2\,\bar{\vartheta} = 0, \tag{73}$$

wobei

$$\nu'^2 = \frac{g}{l}\,\frac{1}{\cos\vartheta_0}\,(1 + 3\cos^2\vartheta_0)$$

gesetzt ist. Das ist nun wieder die Differentialgleichung einer harmonischen Schwingung mit der Frequenz ν'. Das Pendel führt also kleine Schwingungen um die gleichförmige Kreisbewegung mit der Periode

$$\tau' = \frac{2\pi}{\nu'} = \frac{\tau_0}{\sqrt{1 + 3\cos^2\vartheta_0}} \tag{74}$$

aus. Es ist demnach τ' immer kleiner als τ_0. Die Lösung von (73) können wir jetzt in der Form schreiben

$$\bar{\vartheta} = A\cos\nu' t + B\sin\nu' t = a\sin(\nu' t + \varepsilon), \tag{75}$$

wenn wir an Stelle der Konstanten A und B die Werte a und ε einführen, vgl. Nr. 101, Gl. (38).

Die Winkelgeschwindigkeit ist

$$\omega_0 + \bar{\omega} = \frac{C}{l^2\sin^2\vartheta} = \frac{C}{l^2\sin^2\vartheta_0\,(1 + 2\operatorname{ctg}\vartheta_0\,\bar{\vartheta})} = \frac{C}{l^2\sin^2\vartheta_0}\,(1 - 2\operatorname{ctg}\vartheta_0\,\bar{\vartheta})$$

oder

$$\bar{\omega} = -\frac{2\,C\cos\vartheta_0}{l^2\sin^3\vartheta_0}\,\bar{\vartheta} = -2\sqrt{\frac{g\cos\vartheta_0}{l\sin^2\vartheta_0}}\,\bar{\vartheta}. \tag{76}$$

Die Schwingung von ω um den Wert ω_0 geht also genau so wie die des Winkels ϑ um ϑ_0 vor sich, nur das Vorzeichen ist entgegengesetzt, bei einer Zunahme des Winkels ϑ verkleinert sich ω und umgekehrt.

Aus

$$\dot{\varphi} = \omega_0 + \bar{\omega} = \omega_0 - 2\sqrt{\frac{g}{l}\,\frac{\cos\vartheta_0}{\sin^2\vartheta_0}}\,a\sin(\nu' t + \varepsilon)$$

erhält man durch Integration

$$\varphi = \omega_0 t + 2\,\frac{\cos\vartheta_0}{\sin\vartheta_0}\,\frac{1}{\sqrt{1 + 3\cos^2\vartheta_0}}\,a\cos(\nu' t + \varepsilon) + \varphi_0 \tag{77}$$

und man kann mit Hilfe dieser Gleichung die Horizontalprojektion der gestörten Bewegung ermitteln. Bei kleinen Werten von ϑ_0 ist τ' nur wenig größer als $\frac{\tau_0}{2}$. Das Pendel beschreibt bei einem Umlauf eine nach außen konvexe Kurve, die den ursprünglichen Kreis viermal durchsetzt. Bei größeren Werten von ϑ_0 dreht sich die Stelle des maximalen Ausschlages allmählich im Sinne des Umlaufs mit herum. Liegt ϑ_0 mehr an $\frac{\pi}{2}$, dann ist τ' nahezu gleich τ_0, dann schneidet die Kurve den Grundkreis nur an zwei Stellen.

Gl. (67) verliert ihre Anwendbarkeit für $\vartheta = 0$, da dann das zweite Glied unendlich groß wird. Für sehr kleine Werte von ϑ werden wir daher ein anderes Verfahren einschlagen. Wir legen ein rechtwinkliges K.-S. durch den Mittelpunkt der Kugel mit der z-Achse vertikal nach abwärts. Der Richtungskosinus der Fadenspannung ist dann durch $-\frac{x}{l}$, $-\frac{y}{l}$ und $-\frac{z}{l}$ gegeben und die dynamischen Grundgleichungen lauten dann

$$m\ddot{x} = -\frac{x}{l}S, \qquad m\ddot{y} = -\frac{y}{l}S, \qquad m\ddot{z} = mg - \frac{z}{l}S. \tag{78}$$

Ist nun nach Voraussetzung ϑ und somit auch x und y sehr klein, so können wir $z = l$ setzen; $\ddot{z}$ ist also Null und die dritte Gleichung liefert $S = mg$. Das gibt für die beiden ersten Gleichungen

$$\ddot{x} + \frac{g}{l}x = 0, \qquad \ddot{y} + \frac{g}{l}y = 0. \tag{79}$$

Die Integrale haben daher die Gestalt — $\frac{g}{l} = \nu^2$ gesetzt —

$$\begin{aligned} x &= A\cos\nu t + B\sin\nu t, \\ y &= C\cos\nu t + D\sin\nu t. \end{aligned} \tag{80}$$

Ist die Determinante aus den Koeffizienten $AD - BC = 0$, dann ist die zweite Gleichung ein Vielfaches der ersten, dann haben wir als Integral $y = kx$: die Projektion der Bewegung in die Horizontalebene ist eine Gerade, wir haben die bekannte ebene Bewegung des Pendels.

Ist die Determinante aus den Koeffizienten aber von Null verschieden, dann können wir die Gl. (80) nach $\cos\nu t$ und $\sin\nu t$ auflösen. Es ist dann

$$\begin{aligned} \cos\nu t &= ax + by, \\ \sin\nu t &= cx + dy \end{aligned}$$

und daraus bekommen wir

$$(ax + by)^2 + (cx + dy)^2 = 1.$$

Die Horizontalprojektion der Bewegung ist also eine Ellipse. Das schließt sich gut an das frühere Resultat an, wird ϑ_0 größer, so fängt die Ellipse allmählich an, sich zu drehen.

Das in diesem Paragraphen dargelegte Verfahren, kleine Schwingungen eines Systems um eine vorgegebene, bekannte Lage zu finden, ist von allgemeiner Bedeutung und wird vielfach verwendet. Das in dem hier behandelten Fall erhaltene Resultat, vor allem die Tatsache, daß zu jedem ω_0 ein ganz bestimmter Winkel ϑ_0 gehört, kann zur Regulierung der Umlaufszahl sich drehender Wellen verwendet werden; die Fliehkraftregler, wie sie bei verschiedenen Maschinen benützt werden, beruhen auf diesem Prinzip.

VI. Das Potential.

107. Das konservative Kraftsystem. Wie wir schon an einigen Beispielen gesehen haben, ist die Anwendung des Energiesatzes besonders in jenen Fällen vorteilhaft, wo die Arbeit, wie z. B. bei der Schwerkraft, von vornherein unabhängig von der Gestalt des vom Massenpunkt zurückgelegten Weges berechnet werden kann. Das wird nur dann möglich sein, wenn wir ein kontinuierlich ausgebreitetes Kraftfeld vor uns haben; wir nennen ein solches Kraftfeld, in dem die Arbeit unabhängig von der Form der Bahnkurve, also nur durch den Anfangs- und Endpunkt derselben bestimmt ist, ein konservatives. Das Kraftfeld kann mechanischer Natur wie das Gravitationsfeld, aber auch ein elektrisches oder magnetisches sein. Die Kraft, die auf die Masseneinheit in einem Punkte desselben ausgeübt wird, bezeichnen wir als die Feldstärke an dieser Stelle. Im homogenen Schwerefelde ist sie also konstant und dem Betrag nach gleich der Erdbeschleunigung g.

Die Bedingung, daß die Arbeit unabhängig vom Wege ist, kann man auch in der Form aussprechen: Die Arbeit längs einer geschlossenen Kurve ist in einem konservativen Kraftfelde gleich Null.

Denn für das Kurvenintegral gilt die Beziehung

$$\int_{\mathfrak{r}_0}^{\mathfrak{r}_1} \mathfrak{P}\, d\mathfrak{s} = -\int_{\mathfrak{r}_1}^{\mathfrak{r}_0} \mathfrak{P}\, d\mathfrak{s}. \tag{1}$$

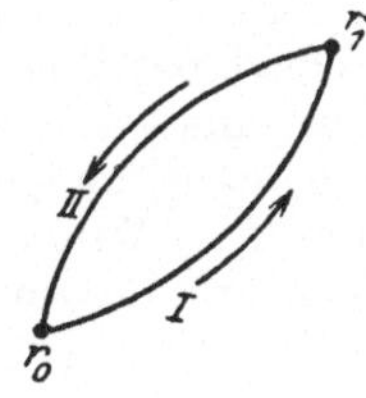

Abb. 172.

Da nun, siehe Abb. 172, nach Voraussetzung

$$\int_{\mathfrak{r}_0}^{\mathfrak{r}_1} \mathfrak{P}\, d\mathfrak{s}_1 = \int_{\mathfrak{r}_0}^{\mathfrak{r}_1} \mathfrak{P}\, d\mathfrak{s}_2$$

ist, so haben wir

$$\int_{\mathfrak{r}_0}^{\mathfrak{r}_1} \mathfrak{P}\, d\mathfrak{s}_1 + \int_{\mathfrak{r}_1}^{\mathfrak{r}_0} \mathfrak{P}\, d\mathfrak{s}_2 = \oint \mathfrak{P}\, d\mathfrak{s} = 0. \tag{2}$$

108. Der Potentialbegriff. Da demnach die Arbeit längs einer Kurve von $\mathfrak{r}_0$ nach $\mathfrak{r}$ nur eine Funktion dieser Anfangs- und Endlage, der unteren und oberen Grenze des Integrals ist, so kann man sie in der Form anschreiben

$$A = \int_{\mathfrak{r}_0}^{\mathfrak{r}} \mathfrak{P}\, d\mathfrak{s} = -V(\mathfrak{r}) + V(\mathfrak{r}_0)$$

oder

$$V - V_0 = -\int_{\mathfrak{r}_0}^{\mathfrak{r}} \mathfrak{P}\, d\mathfrak{s}. \tag{3}$$

Die Funktion des Ortes $V(\mathfrak{r}) = V(x, y, z)$, zu der man auf diese Weise gelangt, die bei einem konservativen Kraftsystem also immer existiert, heißt das Potential des Kraftfeldes; sie ist eine skalare Größe. Wenn man für alle Wege den gleichen Ausgangspunkt $\mathfrak{r}_0$ wählt, ist das Potential in einem Punkte eines konservativen Kraftfeldes demnach bis auf eine, von der Wahl des Ausgangspunktes abhängige, übrigens belanglose Konstante gleich der negativen Arbeit, die von den Feldkräften geleistet werden muß, um einen Massenpunkt, für den man gewöhnlich die Masseneinheit nimmt, von einer bestimmten Anfangslage in den betrachteten Punkt, den Aufpunkt, zu bringen.

Unter dieser Voraussetzung ist daher die Elementararbeit

$$dA = \mathfrak{P}\, d\mathfrak{s} = \mathfrak{P}\, d\mathfrak{r} = -\, dV \tag{4}$$

ein vollständiges Differential; es muß also die Beziehung

$$-\left(\frac{\partial V}{\partial x} dx + \frac{\partial V}{\partial y} dy + \frac{\partial V}{\partial z} dz\right) = P_x\, dx + P_y\, dy + P_z\, dz$$

für beliebige Werte von dx, dy, dz gelten. Es dürfen daher die Kraftkomponenten nicht ganz willkürliche Funktionen der Koordinaten sein, sondern es muß die Beziehung bestehen

$$P_x = -\frac{\partial V}{\partial x}, \qquad P_y = -\frac{\partial V}{\partial y}, \qquad P_z = -\frac{\partial V}{\partial z}; \tag{5}$$

sie lassen sich in diesem Fall als negative Differentialquotienten ein und derselben Funktion V nach den Koordinatenrichtungen ausdrücken.

Die Gl. (5) geben nun die Möglichkeit, auch ohne Benutzung des Arbeitsbegriffes eine Potentialfunktion aufzustellen oder noch allgemeiner aus einer skalaren Ortsfunktion einen Vektor abzuleiten, so wie aus V die Kraftkomponenten und damit auch der Kraftvektor $\mathfrak{P}$ gebildet werden. Man bezeichnet als den grad V, sprich „Gradient V“, einen Vektor, dessen Komponenten in den drei Koordinatenrichtungen, $\frac{\partial V}{\partial x}$, $\frac{\partial V}{\partial y}$, $\frac{\partial V}{\partial z}$ sind. Demnach wäre

$$\mathfrak{P} = -\operatorname{grad} V \tag{6}$$

zu setzen.

Man kann zu diesem Vektor unabhängig von den Komponenten und dem K.-S. gelangen: Die Flächen konstanten Potentials

$$V(x, y, z) = \text{konst.}$$

heißen Niveauflächen, sie bilden für verschiedene Werte der Konstanten eine Flächenschar. Liegt nun das Längenelement $d\mathfrak{r}$ auf einer solchen Niveaufläche, so ist $dV = 0$ und daher nach (4) und (6) auch

$$\operatorname{grad} V\, d\mathfrak{r} = 0. \tag{7}$$

Das Verschwinden dieses inneren Produktes besagt nun, daß der Gradient senkrecht zur Niveaufläche steht. Die orthogonalen Trajektorien der Niveauflächen geben also in jedem Punkte die Richtung des Gradienten an, beim Kraftpotential heißen sie daher auch die Kraftlinien. Wenn $\mathfrak{n}$ die nach außen positiv gerichtete Normale an die Niveaufläche bedeutet, so ist

$$dV = |\text{grad } V| \, dn,$$

wenn man den absoluten Betrag $|d\mathfrak{n}|$ mit dn bezeichnet. Daher haben wir

$$|\text{grad } V| = \frac{\partial V}{\partial n}; \tag{8}$$

wir können also den Gradienten auch als jenen Vektor definieren, dessen absoluter Betrag gleich $\frac{\partial V}{\partial n}$, der Ableitung nach der Normalen, ist und dessen Richtung senkrecht zur Niveaufläche steht.

Die Komponente des Gradienten in einer beliebigen Richtung r ist dem Betrag nach gegeben durch grad $V\,\mathfrak{e}_r$, wenn $\mathfrak{e}_r$ der Einheitsvektor in dieser Richtung ist. In den Komponenten eines rechtwinkligen, durch den betrachteten Punkt gelegten K.-S. haben wir

$$\text{grad } V\,\mathfrak{e}_r = \frac{\partial V}{\partial x} \cos(x\,\mathfrak{r}) + \frac{\partial V}{\partial y} \cos(y\,\mathfrak{r}) + \frac{\partial V}{\partial z} \cos(z\,\mathfrak{r}). \tag{9}$$

Für ein Polarkoordinatensystem r, ϑ, φ mit gleichem Ursprung sind die Transformationsformeln gegeben durch

$$x = r \sin\vartheta \cos\varphi, \qquad y = r \sin\vartheta \sin\varphi, \qquad z = r\cos\vartheta.$$

Wir haben daher die Gleichungen

$$\frac{\partial x}{\partial r} = \frac{x}{r} = \cos(x\,\mathfrak{r}), \qquad \frac{\partial y}{\partial r} = \frac{y}{r} = \cos(y\,\mathfrak{r}), \qquad \frac{\partial z}{\partial r} = \frac{z}{r} = \cos(z\,\mathfrak{r}).$$

Eingesetzt in (9) bekommen wir

$$\text{grad } V\,\mathfrak{e}_r = \frac{\partial V}{\partial x}\frac{\partial x}{\partial r} + \frac{\partial V}{\partial y}\frac{\partial y}{\partial r} + \frac{\partial V}{\partial z}\frac{\partial z}{\partial r} = \frac{\partial V}{\partial r}. \tag{10}$$

Der absolute Betrag des Gradienten in einer beliebigen Richtung r ist daher gleich der Ableitung des Potentials nach dieser Richtung und man könnte diese Eigenschaft auch als Definition des Gradienten verwenden.

Man kann also das Potential eines Kraftfeldes auf zweifache Weise einführen, entweder als negative Arbeit wie oben, oder als eine Funktion, deren negativer Gradient die Kraft ist. Diese beiden Definitionen sind nicht ganz gleichbedeutend, die zweite ist etwas allgemeiner. Sie stimmen überein, wenn die Potentialfunktion eine eindeutige Funktion des Ortes ist, dann ist das daraus abgeleitete Kraftfeld immer ein konservatives. Ist sie aber mehrdeutig — wäre etwa in der Ebene $V = \varphi = \text{arc tan}\,\frac{y}{x}$ — dann braucht das zugehörige Kraftfeld nicht konservativ zu sein, dann muß nicht die Arbeit längs jeder geschlossenen Kurve verschwinden. Das ist besonders bei anderweitigen Anwendungen des Potentialbegriffes, z. B. beim Geschwindigkeitspotential in der Hydromechanik von Wichtigkeit.

Der Vorteil der Einführung des Potentials liegt vor allem darin, daß man mit dessen Hilfe ein Vektorfeld auf ein skalares zurückführen kann. Statt die Gradienten zweier Potentiale in jedem Punkte des Feldes geometrisch zusammenzusetzen, braucht man nur die Potentiale algebraisch zu addieren und den Gradienten dieser Summe zu bilden.

109. Das Gravitationspotential. Wir wollen nun das Potential für verschiedene Kraftfelder wirklich berechnen. Bei dem homogenen Schwerefeld ist die Arbeit pro Masseneinheit gegeben durch

$$A = g\,(z_0 - z).$$

Daher ist

$$V = g\,z, \tag{11}$$

wenn man den Ausgangspunkt in die Ebene $z = 0$ verlegt, also $z_0 = 0$ setzt. Die Niveauflächen sind horizontale Ebenen, die Kraftlinien die vertikalen Geraden.

Haben wir eine Zentralkraft vor uns, wo die Kraft nur eine Funktion des Abstandes vom Zentrum r ist und in die Richtung von r fällt, dann ist immer ein Potential vorhanden, da dann

$$dA = P\,(r)\cos\,(r\,ds)\,ds = P\,(r)\,dr = -\,dV$$

als Funktion einer einzigen Veränderlichen immer ein vollständiges Differential darstellt. Die Kraft $\mathfrak{P}$ ist dabei in der Richtung wachsender r positiv genommen, Abb. 173, ihr absoluter Betrag ergibt sich nach (10) zu

$$P\,(r) = -\frac{dV}{dr}.$$

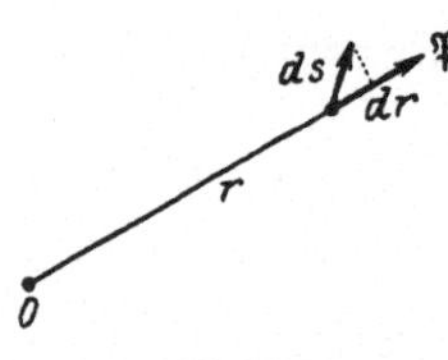

Abb. 173.

Das Potential eines gravitierenden, festen Massenpunktes von der Masse M wird demnach, da $P = \frac{\varkappa M}{r^2}$ und zum Zentrum gerichtet ist,

$$V = -\,A = \int \frac{\varkappa M}{r^2}\,dr = \varkappa M\left(-\frac{1}{r} + \frac{1}{r_0}\right) = -\frac{\varkappa M}{r}, \tag{12}$$

wenn man die Anfangslage der Masseneinheit im Unendlichen annimmt. Die Niveauflächen sind bei allen Zentralkräften Kugeln, die Kraftlinien bilden ein Strahlenbündel mit dem Scheitel im Zentrum.

Haben wir nicht einen einzigen, sondern mehrere feste Massenpunkte vor uns, so erhalten wir das Gesamtpotential durch Summierung der einzelnen Potentiale. Die Niveauflächen sind dann keine Kugeln, die Kraftlinien keine Geraden mehr, man kann sie aber auf Grund der Formeln ohne Schwierigkeit konstruieren.

110. Das Potential einer homogenen Kugel. Um dieses berechnen zu können, wollen wir zunächst das Potential einer unendlich dünnen Kugelschale, die wir uns mit der Masse M' belegt denken, ermitteln. Die Masse pro Flächeneinheit, die Flächendichte, ist dann $\sigma = \frac{M'}{4\,a^2\,\pi}$, wenn wir mit a den Radius der Kugel bezeichnen. Die Punkte der Kugelfläche, die auf einer unendlich schmalen Kugelzone liegen, die durch zwei Ebenen senkrecht zur Verbindungslinie OA (Abb. 174) herausgeschnitten wird, haben alle den gleichen Abstand ϱ von dem Aufpunkte A. Der Beitrag zum Potential, den sie liefern, ist daher

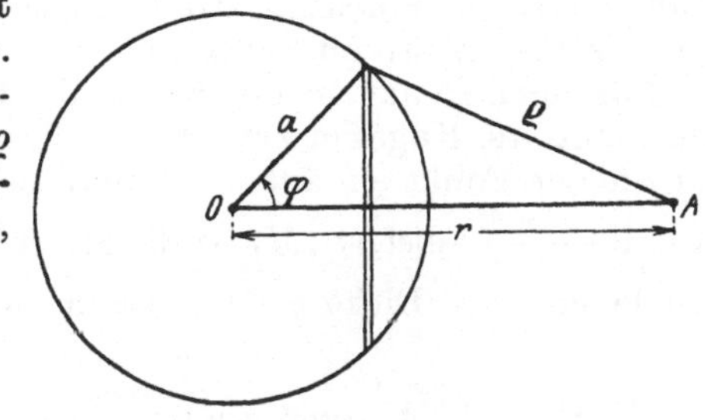

Abb. 174.

$$dV = \frac{-\varkappa\,\sigma\,2\,\pi\,a\sin\varphi\,a\,d\varphi}{\varrho}$$

und demnach

$$V = -\varkappa\,\sigma\,2\,\pi\,a^2\int\limits_0^\pi \frac{\sin\varphi\,d\varphi}{\sqrt{a^2+r^2-2\,a\,r\cos\varphi}} =$$

$$= -\frac{2\,\varkappa\,\sigma\,\pi\,a}{r}\int\limits_0^\pi \frac{a\,r\sin\varphi\,d\varphi}{\sqrt{a^2+r^2-2\,a\,r\cos\varphi}} =$$

$$= -\frac{2\,\pi\,\varkappa\,\sigma\,a}{r}\sqrt{a^2+r^2-2\,a\,r\cos\varphi}\,\Big|_0^\pi. \tag{13}$$

Bei dem Einsetzen der Grenzen müssen wir unterscheiden, ob $r > a$ oder $r < a$ ist, da wir die Wurzel immer positiv wählen müssen. Für den ersten Fall ist

$$V_a = -\frac{2\,\pi\,\varkappa\,\sigma\,a}{r}\,[a+r-(r-a)] = -\frac{4\,\pi\,\varkappa\,\sigma\,a^2}{r} = -\frac{\varkappa\,M'}{r}. \tag{14a}$$

Im Außenraum ist das Potential der Kugelfläche also genau d a s s e l b e wie das eines Massenpunktes von gleicher Masse im Zentrum der Kugel.

Im zweiten Falle $r < a$ erhalten wir

$$V_i = -\frac{2\,\pi\,\varkappa\,\sigma\,a}{r}\,[a+r-(a-r)] = -\varkappa\,4\,\pi\,\sigma\,a = -\frac{\varkappa\,M'}{a}. \tag{14b}$$

Im Innern der Kugelfläche ist daher das Potential k o n s t a n t, hier v e r s c h w i n d e t also die Anziehungskraft. Beim Passieren der Kugelfläche ist das Potential stetig, die Kraft aber macht einen Sprung, sie fällt von $\frac{\varkappa\,M'}{a^2}$ auf Null.

Um das Potential der Vollkugel zu bestimmen, müssen wir die Potentiale der verschiedenen Kugelschalen addieren, aus denen sich die Kugel zusammensetzt. Wenn man den variablen Halbmesser mit x bezeichnet, so ist die Masse einer Kugelschale von der Dicke dx gegeben durch $4\,\pi\,x^2\,\mu\,dx$, wobei μ die konstante absolute Dichte der Kugel bedeutet. Für den Außenraum ist daher $dV = -\frac{\varkappa\,4\,\pi\,\mu\,x^2\,dx}{r}$ und

$$V_a = -\frac{\varkappa\,4\,\pi\,\mu}{r}\int\limits_0^a x^2\,dx = -\frac{\varkappa\,\mu\,4\,\pi\,a^3}{3\,r} = -\frac{\varkappa\,M}{r}, \tag{15a}$$

wenn M die gesamte Masse der Kugel ist. Wir haben also genau dasselbe Resultat wie bei der Kugelschale. Eine homogene Vollkugel hat im Außenraum ein Potential, das dasselbe ist wie das eines Massenpunktes von gleicher Masse im Zentrum.

Für einen Punkt im Inneren ist die Berechnung etwas umständlicher. Man muß die Kugel in zwei Teile teilen, eine Innenkugel vom Radius r, für die der Punkt ein äußerer Punkt ist, die daher für das Potential den Anteil $-\frac{\varkappa M_1}{r}$ liefert (M_1 ist die Masse der Innenkugel) und eine Kugelschale von der Dicke $a - r$. Dann ist nach (14b)

$$V_i = -\frac{\varkappa M_1}{r} - \varkappa 4 \pi \mu \int_r^a \frac{x^2 dx}{x} = -\frac{\varkappa M_1}{r} - \varkappa 4 \pi \mu \frac{a^2 - r^2}{2} =$$

$$= -2 \pi \mu \varkappa \left(a^2 - \frac{r^2}{3}\right). \tag{15b}$$

Im Außenraum ist die Kraft gleich $P_a = -\frac{\partial V_a}{\partial r} = -\frac{\varkappa M}{r^2}$, die Wirkung der Kugel ist also hier dieselbe wie die eines Massenpunktes von gleicher Masse. Im Innern ist zwar das Potential von dem eines Massenpunktes verschieden, die Kraft kann aber wieder so berechnet werden, als ob die Masse der Innenkugel allein im Mittelpunkt konzentriert wäre. Denn

$$P_i = -\frac{\partial V_i}{\partial r} = -\frac{4 \pi \mu \varkappa r}{3} = -\frac{\varkappa M_1}{r^2},$$

wenn wir die Masse der Innenkugel $M_1 = \frac{4 r^3 \pi \mu}{3}$ einsetzen. Beim Passieren der Kugeloberfläche ist jetzt nicht nur das Potential, sondern auch die Kraft stetig.

111. Der Satz von der Erhaltung der Energie. Wenn das Kraftsystem konservativ ist, kann man den Satz von der kinetischen Energie in der Gestalt anschreiben

$$\frac{1}{2} m v^2 - \frac{1}{2} m v_0^2 = -V + V_0$$

oder, wenn man die kinetische Energie mit K bezeichnet,

$$K - K_0 = -V + V_0$$

und daher

$$K + V = C. \tag{16}$$

Die Summe aus kinetischer und potentieller Energie ist während der Bewegung des Massenpunktes konstant, die Gesamtenergie ändert sich nicht. Daher heißt der Satz in dieser Gestalt auch der Satz von der Erhaltung der kinetischen Energie. Davon rührt auch der Name „konservatives" Kraftfeld her, während ein System, bei dem die Arbeit längs einer geschlossenen Kurve nicht verschwindet, im Gegensatz dazu als ein dissipatives bezeichnet wird.

Beispiel 45. Mit welcher Geschwindigkeit kommt ein Körper an der Grenze der Lufthülle der Erde an, wenn er aus sehr großer (unendlicher) Entfernung herabfällt und keine Anfangsgeschwindigkeit besaß?

In der Anfangslage ist K und V gleich Null, daher muß die Konstante C in (16) ebenfalls verschwinden und daher die Beziehung gelten

$$\frac{1}{2} m v^2 - \frac{\varkappa m M}{r} = 0$$

für die Erdoberfläche, $r = R$, erhält man daraus, vgl. Nr. 86,

$$v = \sqrt{\frac{2 \varkappa M}{R}} = \sqrt{2 g R} \doteq \sqrt{20 \cdot 6400000} = 8000 \sqrt{2} = 11{,}3 \text{ km/sek.}$$

Das ist natürlich auch die Geschwindigkeit, mit der ein Körper an der Grenze der Lufthülle der Erde vertikal abgeschossen werden muß, wenn er nicht mehr auf die Erde zurückkehren soll.

Die Geschwindigkeit, die ein horizontal abgefeuertes Geschoß ohne Luftwiderstand haben müßte, um nicht auf die Erde zurückzufallen, sondern sich wie ein Trabant um dieselbe zu bewegen, ergibt sich aus der Gleichung

$$\frac{m v^2}{R} = m g$$

zu

$$v = \sqrt{g R} \doteq 8 \text{ km/sek.}$$

Der Satz von der Erhaltung der Energie, den wir hier als eine Folgerung aus dem dynamischen Grundgesetz bei einem konservativen Kraftfelde erhalten, hat bekanntermaßen in der Physik eine viel umfassendere Bedeutung. Das hat seinen Grund in Erfahrungstatsachen, die über die in den Newtonschen Grundprinzipien enthaltenen hinausgehen. Wir können nämlich behaupten: Es gibt in der Natur kein für sich selbst bestehendes, abgeschlossenes Kraftfeld, das nicht konservativ wäre. Wäre nämlich dies der Fall, so könnte man ein „perpetuum mobile" erster Art konstruieren. Unter einem solchen versteht man eine periodisch funktionierende Maschine, die als einziges Resultat eines physikalischen Prozesses selbst dauernd Arbeit leistet. Daß dies nun bei einem nicht konservativen Kraftfeld möglich wäre, davon kann man sich leicht an einem Beispiel überzeugen.

Nehmen wir ein Kraftfeld an, in dem die Kraft verkehrt proportional der Entfernung von einem Zentrum O ist, aber senkrecht zum Radiusvektor steht (Abb. 175). Ein solches Kraftfeld könnte man auf elektromagnetischem Wege erzeugen, wenn man einen elektrischen Strom durch einen unendlich langen Leiter fließen läßt. Das wäre aber kein abgeschlossenes System, da man durch irgendeinen anderen physikalischen Prozeß ununterbrochen den Strom erzeugen müßte. Ein solches Kraftfeld ist nicht konservativ, denn die Arbeit längs einer geschlossenen Kurve ist proportional dem umfahrenen Winkel. Es ist ja

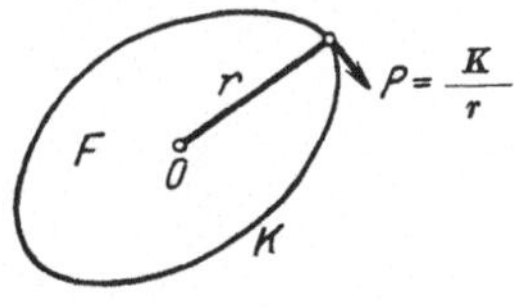

Abb. 175.

$$dA = \frac{k}{r} r \, d\varphi = k \, d\varphi,$$

also $A = k\varphi$. Man könnte daher den Massenpunkt mit einer Anfangsgeschwindigkeit v_0 abgehen lassen und längs eines vollständig glatten

Rohres wieder in den Anfangspunkt zurückführen. Dann müßte die kinetische Energie zunehmen, den Zuwachs könnte der Punkt durch einen Mechanismus, etwa eine Stoßvorrichtung abgeben und mit der ursprünglichen Geschwindigkeit den Umlauf von neuem beginnen. Wir hätten also ein „perpetuum mobile". Da dies erfahrungsgemäß aber nicht möglich ist, so besteht der oben ausgesprochene Satz zu Recht.

Dritter Teil.

Kinematik der starren Körper.

I. Grundbegriffe und ebene Bewegung.

112. Die Schiebung. Bevor wir zu der Behandlung materieller Punktsysteme, vor allem starrer Körper übergehen, wollen wir uns so wie in der Mechanik des Massenpunktes zunächst mit den rein kinematischen Begriffen beschäftigen, die bei der Bewegung starrer Körper eine Rolle spielen.

Die Lage eines starren Körpers gegenüber irgendeinem Bezugssystem ist vollständig bestimmt, wenn wir die Lage dreier seiner Punkte, die nicht in einer Geraden liegen, des sogenannten Grunddreiecks, kennen. Denn da definitionsgemäß die Entfernung zweier Punkte eines starren Körpers immer dieselbe bleibt, ist dadurch die Lage aller anderen Punkte festgelegt. Daher ist auch durch die Bewegung des Grunddreiecks die Bewegung eines starren Körpers eindeutig bestimmt. Alle Bewegungen eines solchen lassen sich nun auf zwei ganz bestimmte einfache Bewegungsarten zurückführen, auf die Schiebung und Drehung.

Unter einer Schiebung oder einer reinen Translation versteht man eine Bewegung eines starren Körpers, bei der zwei sich schneidende Geraden des Körpers immer zueinander parallel bleiben. Bei einer unendlich kleinen, einer Elementarschiebung, beschreiben also alle Punkte Bahnelemente von gleicher Richtung und Länge, bei einer endlichen durchlaufen sie kongruente, gleich liegende Bahnkurven und besitzen in jedem Augenblicke nach Größe und Richtung gleiche Geschwindigkeit und Beschleunigung. Die Bewegung des ganzen Körpers ist also durch die Bewegung eines einzigen Punktes vollständig bestimmt. Da diese, wie wir gesehen haben (Nr. 76), im allgemeinen Falle durch drei bis auf die Bedingung der Eindeutigkeit und zweimaligen Differenzierbarkeit willkürliche Funktionen festgelegt ist, so sagt man, daß die reine Translation eines starren Körpers im allgemeinen Fall drei Freiheitsgrade besitzt, die sich im besonderen auf zwei, wenn der Punkt in einer Ebene verbleibt, und auf einen, wenn er sich geradlinig bewegt, reduzieren können. Unter der Zahl der Freiheitsgrade eines Systems versteht man ganz allgemein die Zahl der willkürlichen Funktionen, die seine Bewegung eindeutig festlegen.

Ein Spezialfall der Schiebung ist der, wo alle Bahnen geradlinig sind, also aus parallelen Geradenstücken von gleicher Länge bestehen; man spricht dann von einer geradlinigen Schiebung oder einer Parallelverschiebung. Eine solche ist durch einen Vektor, durch die Strecke, die einer der Punkte zurücklegt, dargestellt. Eine unendlich kleine, eine Elementarschiebung, kann man daher ebenfalls als einen Vektor ansehen. Greift man zwei beliebige Lagen eines Körpers bei einer reinen Translationsbewegung heraus, so kann man immer eine in die andere durch eine Parallelverschiebung überführen. Der Vektor derselben ist dann gleich der geometrischen Summe der Elementarschiebungen, die der Körper bei seiner Bewegung tatsächlich ausgeführt hat. Es liegt hier dieselbe Beziehung wie zwischen Sehne und Bogen einer Bahnkurve vor.

113. Die Drehung. So nennen wir jede Bewegung eines starren Körpers, bei der zwei Punkte und daher auch die Verbindungslinie derselben relativ zum Bezugssystem in Ruhe bleiben. Diese Verbindungsgerade heißt die Drehachse. Die Lage des Körpers wird uns dann in irgendeinem Zeitmomente gegeben sein, wenn wir wissen, welchen Winkel eine durch die Achse gelegte, mit dem Körper fest verbundene Meridianebene in diesem Augenblick mit einer beliebig gewählten Anfangslage einschließt, wenn man also φ als eindeutige Funktion der Zeit $\varphi = \varphi(t)$ kennt. Die Drehung hat daher einen Freiheitsgrad.

Wegen der Starrheit des Körpers bewegen sich alle Punkte auf Kreisen mit Mittelpunkten in der Achse. Die Geschwindigkeit eines Punktes im Abstand r_i ist

$$v_i = r_i \dot{\varphi} = r_i \omega. \tag{1}$$

Die Tangentialkomponente der Beschleunigung ergibt sich zu

$$p_{ti} = r_i \dot{\omega}; \tag{2}$$

ω und $\dot{\omega}$ sind die Winkelgeschwindigkeit und Winkelbeschleunigung und für alle Punkte des Körpers gleich groß.

Die Normalkomponente der Beschleunigung ist

$$p_{ni} = \frac{v_i^2}{r_i} = r_i \omega^2. \tag{3}$$

Die Größe der Gesamtbeschleunigung

$$p_i = \sqrt{p_{ti}^2 + p_{ni}^2} = r_i \sqrt{\omega^4 + \dot{\omega}^2} \tag{4}$$

ist daher dem Abstand von der Achse direkt proportional. Der Winkel, den sie mit dem Radius bildet, ist wegen

$$\tan\beta = \frac{p_{ti}}{p_{ni}} = \frac{\dot{\omega}}{\omega^2} \tag{5}$$

nur von Winkelgeschwindigkeit und -beschleunigung abhängig, also für alle Punkte der gleiche.

Wir könnten natürlich eine Drehung um eine Achse durch eine gerichtete Größe darstellen, die Achse gibt die Richtung, der Drehwinkel den Betrag; wir hätten da aber keinen Vektor vor uns, da zwei solche endliche Drehungen um sich schneidende Achsen sich nicht nach dem Parallelogrammgesetz zusammensetzen lassen. Letzteres gilt nur für unendlich kleine, für Elementardrehungen, diese sind tatsächlich Vektoren, wie wir später (Nr. 124) noch zeigen werden.

Wir haben bei diesen Überlegungen angenommen, daß die Drehachse nicht nur in dem bewegten Körper festgehalten wird, sondern auch im Bezugssystem in Ruhe ist. Das letztere ist keine wesentliche Bedingung, alle besprochenen Eigenschaften bleiben erhalten, wenn sich die Drehachse im Bezugssystem bewegt. Jedes Wagenrad dreht sich gegenüber dem Wagengestell immer auf dieselbe Weise, gleichgültig ob dieses ruht oder nicht.

Ändert aber die Drehachse ihre Lage in dem sich bewegenden Körper selbst, dann liegen die Verhältnisse anders, dann kann man in jedem Augenblick nur von einer unendlich kleinen Drehung um eine Achse des Körpers sprechen, deren Punkte gerade die Geschwindigkeit Null haben, diese Achse heißt daher die momentane Drehachse. Unendlich kleine Drehungen um eine solche veränderliche Achse vollziehen sich genau so wie um eine im Körper feste Achse, die Bahnelemente der Punkte des Körpers und daher auch die Bahntangenten und Geschwindigkeiten stehen senkrecht zu den durch die Achse gelegten Meridianebenen, die Bahnkurven sind aber jetzt keine Kreise mehr. Der Beschleunigungszustand dagegen ist ein anderer als bei der Drehung um eine unbewegliche Achse, da er durch drei benachbarte Lagen der Körperpunkte, also durch zwei aufeinanderfolgende unendlich kleine Drehungen festgelegt ist.

114. Ebene Bewegung. Sehr oft haben wir es bei Maschinen und Getrieben mit der ebenen Bewegung eines starren Körpers zu tun, das ist eine Bewegung, bei der alle Körperpunkte ebene Bahnkurven in parallelen Ebenen beschreiben. Ein Spezialfall davon ist die eben behandelte Drehung um eine ruhende Achse, wo die Bahnkurven Kreise sind. Der Bewegungszustand des Körpers ist dabei vollständig gegeben, wenn man die Bewegung in einer dieser parallelen Ebenen kennt. Eine solche wollen wir als x-y-Ebene in dem ruhenden, dem „raumfesten“ Bezugssystem wählen und den Schnitt dieser Ebene mit dem starren Körper als eine „starre Scheibe“ bezeichnen. Wir haben dann nur die Bewegung dieser starren Scheibe zu untersuchen.

Diese ist uns gegeben, wenn man die Bewegung zweier beliebiger Punkte der Scheibe kennt, das Grunddreieck reduziert sich in der Ebene auf ein Geradenstück. Wegen der Unveränderlichkeit der Entfernung der Punkte voneinander ist dann schon die Lage aller anderen Punkte festgelegt. Da uns der Abstand der beiden Punkte von vornherein bekannt ist, so brauchen wir nur die Lage eines dieser Punkte A_0 in jedem Augenblick zu kennen — sie ist im raumfesten K.-S. durch die Funktion $\mathfrak{r}_0 = \mathfrak{r}_0(t)$, also in Komponenten durch die beiden Funktionen $x_0(t)$ und $y_0(t)$ bestimmt, die bis auf die schon öfter hervorgehobenen Einschränkungen ganz willkürlich sein können — und außerdem muß noch der Winkel φ, den die Verbindungslinie der Punkte mit der Achse des raumfesten K.-S. einschließt, als Funktion der Zeit gegeben sein, $\varphi = \varphi(t)$. Es sind also drei willkürliche Funktionen, von denen die Bewegung der starren Scheibe abhängt, sie hat also drei Freiheitsgrade.

Wir können nun leicht folgenden, für die ebene Bewegung grundlegenden Satz ableiten: Jede endliche oder unendlich kleine Lagenänderung der starren Scheibe läßt sich als Drehung um einen endlich oder unendlich weit entfernten Punkt P, den sogenannten Drehpol, auffassen. Wenn wir nicht die starre Scheibe, sondern den ganzen Körper betrachten, haben wir natürlich nicht von einem Drehpol, sondern von einer Drehachse zu sprechen, die im Pol senkrecht zur Ebene der Bewegung steht.

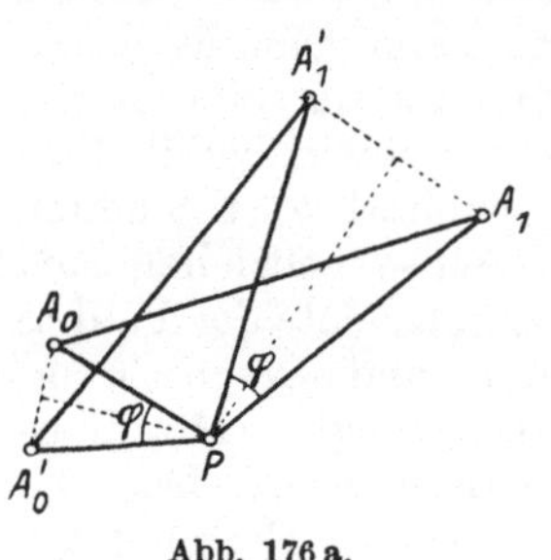

Abb. 176 a.

Es sei A_0A_1 die eine, $A_0'A_1'$ eine beliebige andere Lage der betrachteten Punkte (Abb. 176a); der Schnittpunkt der Symmetralen der Strecken $\overline{A_0A_0'}$ und $\overline{A_1A_1'}$ ist dann der Drehpol P. Denn bei der Drehung der Strecke $\overline{PA_0}$ um den Winkel φ in die Lage $\overline{PA_0'}$ wird wegen der Kongruenz der Dreiecke A_0PA_1 und $A_0'PA_1'$ auch die Strecke $\overline{PA_1}$ um den gleichen Winkel φ in die Lage $\overline{PA_1'}$ gedreht.

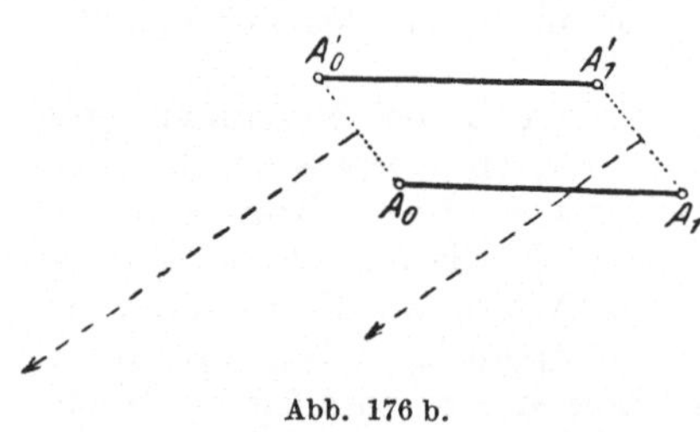

Abb. 176 b.

Nur wenn $\overline{A_0'A_1'}$ zu $\overline{A_0A_1}$ parallel ist, wenn also die Scheibe eine Schiebung ausführt (Abb. 176b), dann rückt der Schnittpunkt der Streckensymmetralen und damit auch der Drehpol ins Unendliche. Wir können daher eine Parallelverschiebung auch als eine Drehung um einen unendlich fernen Punkt, bzw. eine unendlich ferne Achse ansehen.

115. Momentaner Drehpol, Geschwindigkeitszustand der Scheibe. Diese Überlegungen bleiben auch für unendlich kleine Bewegungen, für zwei benachbarte Lagen der Scheibe richtig, wir können daher die Bewegung einer starren Scheibe in jedem Augenblick als eine Drehung um einen Punkt, den momentanen Drehpol, bzw. um die in diesem Punkt der Ebene der Bewegung senkrecht stehende, momentane Drehachse darstellen.

Wir können jetzt die Zusammenhänge zwischen den Geschwindigkeiten der einzelnen Punkte näher untersuchen. Bei einer unendlich kleinen Drehung um den Pol P gehen die Strecken $\overline{A_0A_0'}$ und $\overline{A_1A_1'}$ in die augenblicklichen Bewegungsrichtungen der Punkte A_0 und A_1 über, sind also die Geschwindigkeitsrichtungen dieser Punkte. Sie stehen dann auf den Verbindungslinien PA_0 bzw. PA_1 senkrecht. Die Geschwindigkeit v_i irgendeines beliebigen Punktes A_i ist daher durch

$$v_i = \overline{PA_i}\,\omega = r_i\,\omega \tag{6}$$

gegeben, wenn $\omega = \dot{\varphi}$ die augenblickliche Winkelgeschwindigkeit der Scheibe ist. ω wird wie immer positiv gerechnet, wenn die Drehung entgegengesetzt dem Uhrzeigersinn erfolgt.

Wenn man die Lage des Drehpols und die momentane Winkelgeschwindigkeit kennt, sind demnach die Geschwindigkeitsvektoren aller Punkte, also der gesamte Geschwindigkeitszustand der Scheibe gegeben. Umgekehrt kann man die Lage des momentanen Drehpols ermitteln, wenn man die Richtungen der Geschwindigkeiten zweier Punkte kennt; er muß ja dann auf dem Schnittpunkt der auf ihnen errichteten Senkrechten liegen. Ist die Geschwindigkeit eines Punktes v_1 und die Lage des Drehpols gegeben, so lassen sich die Geschwindigkeiten der übrigen Punkte unter Benutzung der Gl. (6), am besten mit Hilfe der Methode der „gedrehten Geschwindigkeiten" ermitteln.

Zunächst wird der Geschwindigkeitsvektor $\mathfrak{v}_1$ um einen Winkel von $\frac{\pi}{2}$ im gleichen oder im Gegensinn von ω nach $\overline{A}_1$ auf $\mathfrak{r}_1$ gedreht, Abb. 177. Dann schneidet die durch diesen Punkt zu A_1A_2 gelegte Parallele auf $\mathfrak{r}_2$ schon den dem gedrehten Geschwindigkeitsvektor von A_2 entsprechenden Punkt $\overline{A}_2$ aus, da wegen (6)

$$\frac{v_1}{r_1} = \frac{v_2}{r_2} \tag{7}$$

ist. Durch abermalige Drehung um $\frac{\pi}{2}$, aber in entgegengesetztem Sinn erhält man dann $\mathfrak{v}_2$. Wählt man nun den Geschwindigkeitsmaßstab so, daß $\overline{A_1P} = v_1$ ist, dann sind durch die Strecken $\overline{A_1P}$, $\overline{A_2P}$ ... unmittelbar die Geschwindigkeiten der Punkte A_1, A_2 ... gegeben.

Wir können aber noch auf andere Art ein Bild von der Geschwindigkeitsverteilung bekommen. Wir können ähnlich wie bei der Konstruktion des Hodographen — nur handelt es sich dort um die aufeinanderfolgenden Geschwindigkeiten ein und desselben Punktes — von einem festen Zentrum O aus die augenblicklichen Geschwindigkeitsvektoren aller Punkte der bewegten Scheibe auftragen. Wir erhalten dadurch einen Geschwindigkeitsplan, der einen bestimmten Bereich der Ebene überdeckt und uns einen Überblick über den momentanen Geschwindigkeitszustand der Scheibe liefert.

Wenn wir, s. Abb. 177, von O aus $\mathfrak{v}_1$ und $\mathfrak{v}_2$ einzeichnen, so muß die Verbindungslinie der Endpunkte dieser beiden Geschwindigkeitsvektoren senkrecht auf der Richtung $\overline{A_1A_2}$ stehen, da wegen der Starrheit die in diese Richtung fallenden Komponenten beider Geschwindigkeiten gleich sind. Daher ist das von O und den Endpunkten gebildete Dreieck $A_1'OA_2'$ ähnlich zu dem Dreiecke A_1PA_2 und um $\frac{\pi}{2}$ im Sinn der Winkelgeschwindigkeit ω gegen dieses gedreht. Wenn wir nun den Geschwindigkeitsvektor $\mathfrak{v}_3$ für einen weiteren Punkt A_3 einzeichnen, so muß dann auch das Dreieck, das die Endpunkte bilden, $A_1'A_2'A_3'$ — in der Abbildung strichpunktiert — ähnlich dem Dreieck $A_1A_2A_3$ und ebenfalls um einen rechten Winkel gedreht sein. Wir können also behaupten: Der Geschwindigkeitsplan für die Punkte einer starren Scheibe ist der Figur dieser Punkte ähnlich und gegenüber derselben um 90° im Sinne der Winkelgeschwindigkeit verdreht.

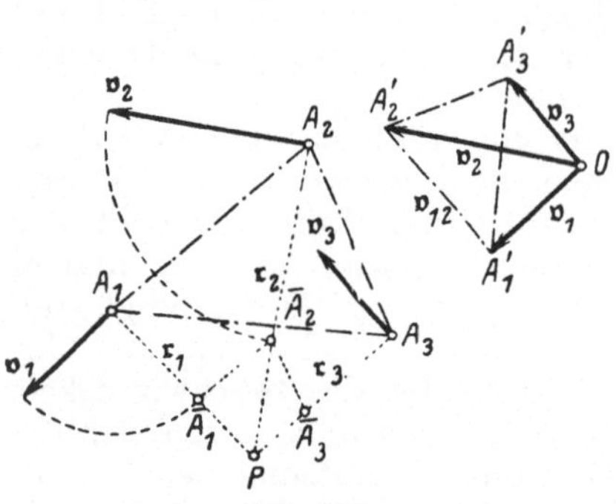
Abb. 177.

Im Falle der Schiebung reduziert sich der Geschwindigkeitsplan auf einen einzigen Punkt, da die Geschwindigkeiten aller Punkte gleich groß und parallel sind.

Die Seite $A_1'A_2'$ in dem Dreieck $OA_1'A_2'$, von dem Endpunkt von $\mathfrak{v}_1$ nach dem von $\mathfrak{v}_2$ positiv gerechnet, können wir auch als die Relativgeschwindigkeit des Punktes A_2 gegenüber dem Punkte A_1 auffassen. Bezeichnen wir sie mit $\mathfrak{v}_{12}$, so gilt

$$\mathfrak{v}_{12} = \mathfrak{v}_2 - \mathfrak{v}_1. \tag{8}$$

Denn wenn wir der Scheibe eine für alle Punkte gleiche Geschwindigkeit $-\mathfrak{v}_1$ überlagern, so ist A_1 in Ruhe und $\mathfrak{v}_{12}$ stellt dann die Geschwindigkeit von A_2 gegen A_1 dar. Ist die Winkelgeschwindigkeit der Scheibe ω, dann ist diese Relativgeschwindigkeit dem Betrag nach

$$|\mathfrak{v}_{12}| = \overline{A_1A_2}\,\omega \tag{9}$$

und die Richtung steht senkrecht zu $\overline{A_1A_2}$ im Sinne von ω.

116. Beschleunigungszustand der Scheibe. Ganz ähnlich wie einen Geschwindigkeitsplan können wir auch einen „Beschleunigungsplan" der bewegten Scheibe entwerfen und auf diese Weise den Beschleunigungszustand derselben übersichtlich darstellen.

Ist der Drehpol in Ruhe, haben wir eine Drehung um eine feste Achse vor uns, so sind die Beschleunigungen der Punkte ebenso wie deren Geschwindigkeiten direkt proportional dem Abstand vom Pol und schließen den konstanten Winkel β mit den Radien ein, vgl. Formel (4) und (5). Der Beschleunigungsplan wird daher dem Geschwindigkeitsplan ähnlich und um den Winkel $\frac{\pi}{2} - \beta$ ihm gegenüber gedreht sein. Wir können deshalb sagen: Die Endpunkte der von einem festen Punkt C aus gezogenen Beschleunigungsvektoren der Punkte einer starren Scheibe liegen ähnlich zu der Figur dieser Punkte selbst und sind nur um den Winkel $\frac{\pi}{2} - \beta$ gegen diesen im Sinne der Winkelgeschwindigkeit gedreht (Abb. 178a u. b).

Genau dieselbe Verteilung der Beschleunigungen erhalten wir, wenn der Drehpol nicht fest ist, sondern seine Lage mit einer der Größe und Richtung nach konstanten Geschwindigkeit ändert. Das macht ja für die Beschleunigung nichts aus. Bewegt er sich aber irgendwie mit einer beliebigen Beschleunigung $\mathfrak{p}_P$, so bekommt man die wirkliche Beschleunigung der Scheibenpunkte durch die geometrische Addition der Beschleunigung $\mathfrak{p}_P$ mit der Relativbeschleunigung der Punkte gegenüber dem Pol P, die wir $\bar{\mathfrak{p}}_i$ nennen wollen und die man genau so wie früher bei einem festen Pol erhält

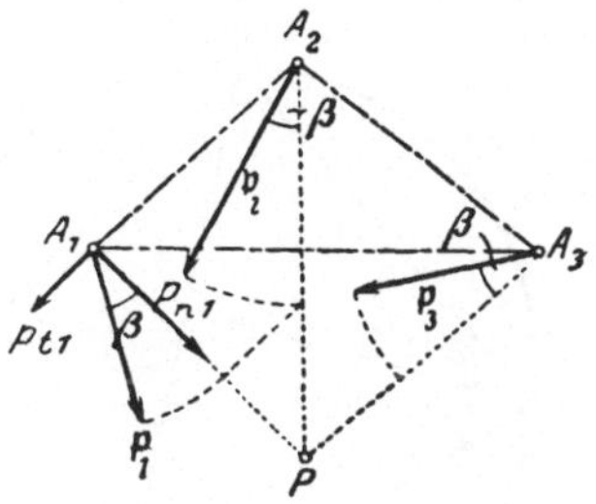

$$\mathfrak{p}_i = \mathfrak{p}_P + \bar{\mathfrak{p}}_i, \tag{10}$$

dabei ist

$$\bar{\mathfrak{p}}_i = \mathfrak{t}\, p_{ti} + \mathfrak{n}\, p_{ni} = \mathfrak{t}\, \overline{PA_1}\, \dot{\omega} + \mathfrak{n}\, \overline{PA_1}\, \omega^2.$$

Im Beschleunigungsplan wird dieses Hinzutreten der Beschleunigung $\mathfrak{p}_P$ dadurch zum Ausdruck gebracht, daß die Strecke $\overline{C'C} = \mathfrak{p}_P$ aufgetragen wird; dann geben die Strecken $C'A_i''$ die wirklichen Beschleunigungen $\mathfrak{p}_i$ (Abb. 178b).

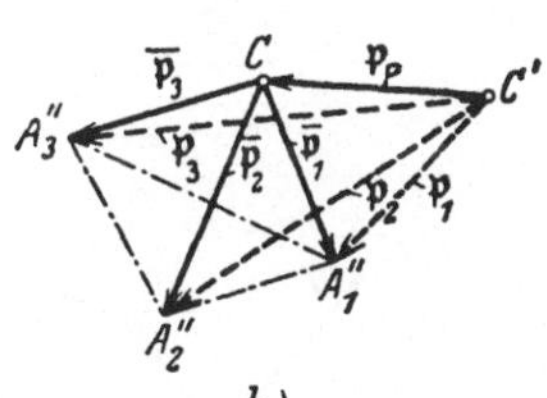

Da die Relativbeschleunigung $\bar{\mathfrak{p}}_i$ der Größe und Richtung nach alle ∞^2 Vektoren, die in der Ebene überhaupt möglich sind, je einmal bildet, so ist sicherlich ein Punkt vorhanden, dessen Relativbeschleunigung entgegengesetzt gleich der Beschleunigung des Drehpols $\mathfrak{p}_P$ ist. Dieser Punkt hat also die Beschleunigung Null, und man nennt ihn daher den Beschleunigungspol, wir wollen ihn mit G bezeichnen. Seine Lage kann man ohne weiteres graphisch ermitteln, vgl. Abb. 178c — er liegt auf einer gegen $\mathfrak{p}_P$ unter dem Winkel β geneigten Geraden und A_1G ist parallel zu der Verbindungslinie der von P auf PA_1 und PG aufgetragenen Strecken $|\bar{\mathfrak{p}}_1|$ und $|\mathfrak{p}_P|$ — wir wollen sie später auch noch analytisch bestimmen.

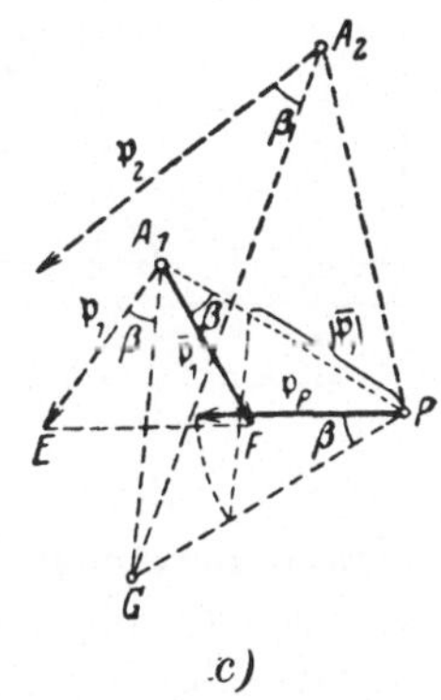

Abb. 178.

Der Punkt G spielt in bezug auf die Gesamtbeschleunigung $\mathfrak{p}_i$ dieselbe Rolle wie der Drehpol P in bezug auf die Relativbeschleunigung $\bar{\mathfrak{p}}_i$. Die Richtung der Beschleunigung $\mathfrak{p}_i$ schließt mit der von G nach A_i gezogenen Geraden ebenfalls den Winkel β ein; denn die Dreiecke GA_1P und EA_1F, Abb. 178c, sind ähnlich und daher die Winkel in diesen Dreiecken bei A_1 einander gleich. Da $\bar{\mathfrak{p}}_1$ mit $\overline{PA_1}$ den Winkel β bildet, muß deswegen auch der Winkel zwischen $\overline{GA_1}$ und $\mathfrak{p}_1$ gleich β sein.

Aus diesem Ergebnis folgt weiter, daß die Punkte A_1, A_2, G und der Schnittpunkt der Richtung der beiden Beschleunigungen $\mathfrak{p}_1$ und $\mathfrak{p}_2$ auf einem Kreise liegen müssen. Diese Tatsache und die Bedingung, daß die Beschleunigungen direkt proportional dem Abstand von G sind, kann man benutzen, um bei gegebenem $\mathfrak{p}_1$ und $\mathfrak{p}_2$ den Beschleunigungspol zu konstruieren. In Abb. 179 ist dies ausgeführt: Über den Punkten A_1, A_2 und dem Schnittpunkt der Beschleunigungsrichtungen O wird ein Kreis errichtet und dann die Proportionalitätsbedingung verwendet, um den Winkel β und damit G zu finden.

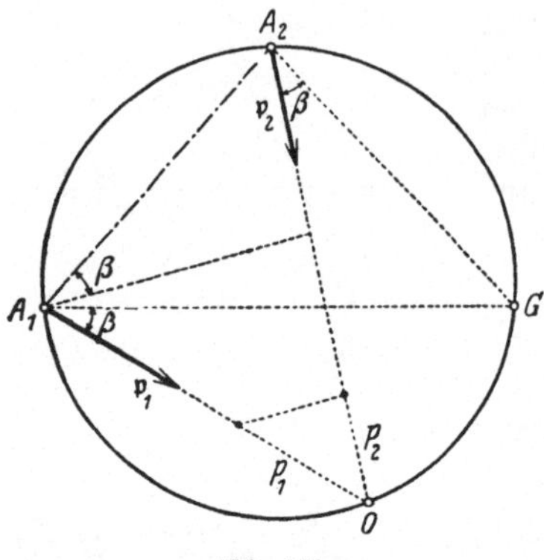

Abb. 179.

117. Analytische Bestimmung von Geschwindigkeit und Beschleunigung. Zu diesem Zwecke legen wir in die bewegte Scheibe ein mit ihr fest verbundenes K.-S. mit den Achsen ξ und η, dessen Ursprung in einen beliebigen Punkt A_0 fallen möge und dessen ξ-Achse mit der raumfesten x-Achse den variablen Winkel φ einschließt, vgl. Nr. 114. Dann ist uns die Bewegung, wie schon erwähnt, durch drei Funktionen $x_0(t)$, $y_0(t)$ und $\varphi(t)$ eindeutig bestimmt. Wenn x_i, y_i die Koordinaten eines Punktes im raumfesten, ξ_i und η_i die in dem „körperfesten" K.-S. bedeuten, so besteht zwischen diesen, wie man direkt aus Abb. 180 entnehmen kann, die Beziehung

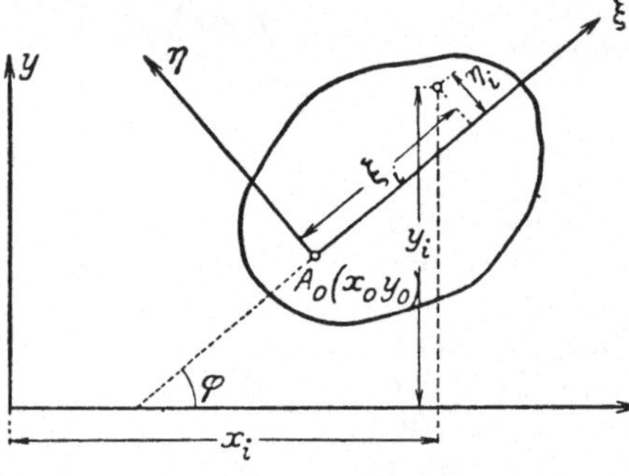

Abb. 180.

$$\left.\begin{aligned} x_i &= x_0 + \xi_i \cos\varphi - \eta_i \sin\varphi, \\ y_i &= y_0 + \xi_i \sin\varphi + \eta_i \cos\varphi. \end{aligned}\right\} \qquad (11)$$

Differenziert man diese Ausdrücke nach der Zeit t, so erhält man

$$\left.\begin{aligned} \dot{x}_i &= \dot{x}_0 - (\zeta_i \sin\varphi + \eta_i \cos\varphi)\dot{\varphi} \text{ oder } v_{xi} = v_{x0} - (\xi_i \sin\varphi + \eta_i \cos\varphi)\omega, \\ \dot{y}_i &= \dot{y}_0 + (\xi_i \cos\varphi - \eta_i \sin\varphi)\dot{\varphi} \text{ oder } v_{yi} = v_{y0} + (\xi_i \cos\varphi - \eta_i \sin\varphi)\omega. \end{aligned}\right\} \qquad (12)$$

In diesen Gleichungen sind die Geschwindigkeitskomponenten eines beliebigen Punktes A_i durch die Ableitungen der drei willkürlichen Funktionen x_0, y_0, φ und durch die körperfesten, mit der Form der Scheibe von vornherein gegebenen, konstanten Koordinaten ξ_i und η_i ausgedrückt. Man kann aber mit Benutzung der Formeln (11) an Stelle der körperfesten auch die raumfesten Koordinaten x_i, y_i einführen, man erhält

$$v_{xi} = v_{x0} - (y_i - y_0)\,\omega, \qquad v_{yi} = v_{y0} + (x_i - x_0)\,\omega. \qquad (13)$$

Wir können auch die Komponenten der Geschwindigkeit $\mathfrak{v}_i$ nach den Achsenrichtungen ξ und η bilden, d. h. genauer gesagt nach den Richtungen, die in dem betreffenden Augenblick mit den Achsen ξ, η zusammenfallen. Es ist

$$\left.\begin{aligned} v_{\xi i} &= v_{xi}\cos\varphi + v_{yi}\sin\varphi = v_{x0}\cos\varphi + v_{y0}\sin\varphi - \eta_i\omega = v_{\xi 0} - \eta_i\omega, \\ v_{\eta i} &= -v_{xi}\sin\varphi + v_{yi}\cos\varphi = -v_{x0}\sin\varphi + v_{y0}\cos\varphi + \xi_i\omega = v_{\eta 0} + \xi_i\omega. \end{aligned}\right\} \quad (13a)$$

Wenn man die Gl. (12) bzw. (13) bei vorgegebenem v_{xi} und v_{yi} nach den ξ_i, η_i bzw. x_i, y_i auflöst, so bekommt man die Koordinaten jenes Punktes, der in dem betrachteten Moment diese vorgegebene Geschwindigkeit aufweist. Setzen wir v_{xi} und v_{yi} gleich Null, so bekommen wir die Koordinaten des momentanen Drehpols $\xi_p\,\eta_p$ im körperfesten, bzw. $x_p\,y_p$ im raumfesten K.-S. Das gibt

$$\left.\begin{aligned} \xi_p &= \frac{1}{\omega}(v_{x0}\sin\varphi - v_{y0}\cos\varphi) = -\frac{v_{\eta 0}}{\omega}, \\ \eta_p &= \frac{1}{\omega}(v_{x0}\cos\varphi + v_{y0}\sin\varphi) = \frac{v_{\xi 0}}{\omega} \end{aligned}\right\} \quad (14)$$

und

$$x_p = x_0 - \frac{v_{y0}}{\omega}, \quad y_p = y_0 + \frac{v_{x0}}{\omega}. \quad (15)$$

Die Ausdrücke für ξ_p und η_p erhalten wir, wenn wir in (12) die linken Seiten gleich Null setzen, die für x_p und y_p, wenn wir dasselbe in (13) tun.

Ist nicht zufällig $\omega = 0$, dann existiert sicher je ein solches Paar ξ_p, η_p und x_p, y_p, und zwar wegen der Eindeutigkeit der Funktionen nur ein einziges. Ist aber $\omega = 0$, also nach (12) $v_{xi} = v_{x0}$ und $v_{yi} = v_{y0}$, dann haben wir eine reine Translation vor uns; dann wird ξ_p, η_p und x_p; y_p unendlich groß, dann rückt der momentane Drehpol ins Unendliche, und zwar in den Schnittpunkt jener parallelen Geraden, deren Richtungskonstante uns durch den Ausdruck

$$\frac{\eta_p}{\xi_p} = \frac{v_{x0}\cos\varphi + v_{y0}\sin\varphi}{v_{x0}\sin\varphi - v_{y0}\cos\varphi} = -\frac{v_{\xi 0}}{v_{\eta 0}} \quad \text{bzw.} \quad \frac{y_p}{x_p} = -\frac{v_{x0}}{v_{y0}}$$

gegeben ist. Aus beiden Formeln ersieht man, daß der momentane Drehpol im Unendlichen senkrecht zur Geschwindigkeitsrichtung liegt. Das sind genau dieselben Resultate, die wir in Nr. 114 auf graphischem Wege erhalten haben.

Führt man die Koordinaten des Drehpols in den Formeln (13) ein, so erhält man in Übereinstimmung mit (6)

$$v_{xi} = (y_p - y_i)\,\omega, \qquad v_{yi} = -(x_p - x_i)\,\omega; \quad (16)$$

ebenso bekommt man aus (13a)

$$v_{\xi i} = (\eta_p - \eta_i)\,\omega, \qquad v_{\eta i} = -(\xi_p - \xi_i)\,\omega. \quad (16a)$$

Differentieren wir die Gl. (12) nochmals nach t, so bekommen wir die Beschleunigungskomponenten

$$\left.\begin{aligned} p_{xi} &= \ddot{x}_i = \ddot{x}_0 - \xi_i\cos\varphi\,\omega^2 - \xi_i\sin\varphi\,\dot{\omega} + \eta_i\sin\varphi\,\omega^2 - \eta_i\cos\varphi\,\dot{\omega}, \\ p_{yi} &= \ddot{y}_i = \ddot{y}_0 - \xi_i\sin\varphi\,\omega^2 + \xi_i\cos\varphi\,\dot{\omega} - \eta_i\cos\varphi\,\omega^2 - \eta_i\sin\varphi\,\dot{\omega} \end{aligned}\right\} \quad (17)$$

oder wenn man wieder die raumfesten Koordinaten einführt

$$\left.\begin{aligned} p_{xi} &= p_{x0} - (x_i - x_0)\,\omega^2 - (y_i - y_0)\,\dot{\omega}, \\ p_{yi} &= p_{y0} - (y_i - y_0)\,\omega^2 + (x_i - x_0)\,\dot{\omega}. \end{aligned}\right\} \quad (18)$$

Die Komponenten in der Richtung der ξ- und η-Achse ergeben sich genau wie bei der Geschwindigkeit

$$\left.\begin{aligned} p_{\xi i} &= p_{\xi 0} - \xi_i \omega^2 - \eta_i \dot{\omega}, \\ p_{\eta i} &= p_{\eta 0} - \eta_i \omega^2 + \xi_i \dot{\omega}. \end{aligned}\right\} \tag{19}$$

In Vektordarstellung geschrieben lauten diese Gleichungen [s. Formel (2) und (3)]

$$\mathfrak{p}_i = \mathfrak{p}_0 + \mathfrak{t}\, p_{ti}^{(0)} + \mathfrak{n}\, p_{ni}^{(0)} = \mathfrak{p}_0 + \mathfrak{p}_{ri}^{(0)},$$

die Beschleunigung des Punktes A_i der Scheibe ist gleich der geometrischen Summe aus der Beschleunigung des Ursprungspunktes O und der Relativbeschleunigung in bezug auf diesen Punkt, wie wir dies analog schon in der Gl. (10) für den Drehpol angeschrieben haben.

Die Koordinaten des Beschleunigungspols G bekommen wir, indem wir die Gl. (18) bzw. (19) gleich Null setzen und nach x_g, y_g bzw. ξ_g, η_g auflösen. Das gibt

$$\left.\begin{aligned} x_g &= x_0 + \frac{p_{x0}\,\omega^2 - p_{y0}\,\dot{\omega}}{\dot{\omega}^2 + \omega^4} \\ y_g &= y_0 + \frac{p_{x0}\,\omega + p_{y0}\,\omega^2}{\dot{\omega}^2 + \omega^4} \end{aligned}\right\} \tag{20}$$

für die raumfesten und

$$\left.\begin{aligned} \xi_g &= \frac{p_{\xi 0}\,\omega^2 - p_{\eta 0}\,\dot{\omega}}{\dot{\omega}^2 + \omega^4} \\ \eta_0 &= \frac{p_{\xi 0}\,\dot{\omega} + p_{\eta 0}\,\omega^2}{\dot{\omega}^2 + \omega^4} \end{aligned}\right\} \tag{21}$$

für die körperfesten Koordinaten.

118. Polkurven. Wenn sich die starre Scheibe bewegt, wird der momentane Drehpol seine Lage ändern. Der geometrische Ort dieser Drehpole in den aufeinanderfolgenden Zeitmomenten wird sowohl im raumfesten, als auch im körperfesten K.-S. je eine Kurve bilden. Wir wollen die erstere als die raumfeste Polkurve oder Spurkurve, die letztere als körperfeste Polkurve oder Rollkurve bezeichnen. Die Gl. (14) und (15) geben direkt diese Kurven in Parameterdarstellung, wenn man die rechten Seiten als Funktionen von t ansieht. An Stelle der Zeit t empfiehlt es sich, den Winkel φ als Parameter einzuführen. Drückt man x_0 und y_0 durch φ aus, so fällt ja in den Ausdrücken für die Geschwindigkeitskomponenten das ω weg.

Wie verhalten sich nun die beiden Polkurven bei der Bewegung der Scheibe? Sie haben zunächst in jedem Augenblicke einen Punkt gemeinsam, eben den momentanen Drehpol. Da die Bewegung der Scheibe eine stetige ist, so ist auch die Lagenänderung des Drehpols eine stetige und daher muß auch der zu dem ersten unendlich nahe Punkt, der die nächste Lage des momentanen Drehpols festlegt, beiden Kurven gemeinsam sein, das heißt, beide Kurven haben in dem gemeinsamen Punkte auch dieselbe Tangente. Dieser Berührungspunkt hat als momentaner Drehpol in diesem Augenblicke die Geschwindigkeit Null, daher rollt die körperfeste Polkurve auf der raumfesten ab, ohne zu gleiten. Davon stammen auch die Namen Rollkurve und Spurkurve.

Durch die Kenntnis beider Kurven für irgendeine ebene Bewegung ist diese natürlich noch nicht vollständig gegeben, die eine Kurve kann ja noch mit beliebiger Geschwindigkeit auf der anderen abrollen. Wegen der Relativität der Bewegung ist die Beziehung zwischen den Polkurven umkehrbar, sie können ihre Rolle tauschen. Man kann sich die Scheibe mit dem ξ-, η-K.-S. in Ruhe und die Ebene mit dem x-, y-K.-S. relativ dazu in Bewegung denken, dann rollt die raumfeste Polkurve auf der körperfesten ab. Diese Reziprozität kann man in einfacher Weise zur Konstruktion der körperfesten Polkurve benutzen, indem man die momentanen Drehpole relativ zu der ruhend gedachten Scheibe aufträgt. In Abb. 181 ist die Konstruktion der beiden Polkurven für die ebene Bewegung des mittleren Stabes AB einer „Kurbelschwinge" durchgeführt. Eine solche besteht aus drei miteinander gelenkig verbundenen Stäben, deren äußere Endpunkte festgehalten werden. Die Länge der beiden Polkurven muß natürlich immer die gleiche sein.

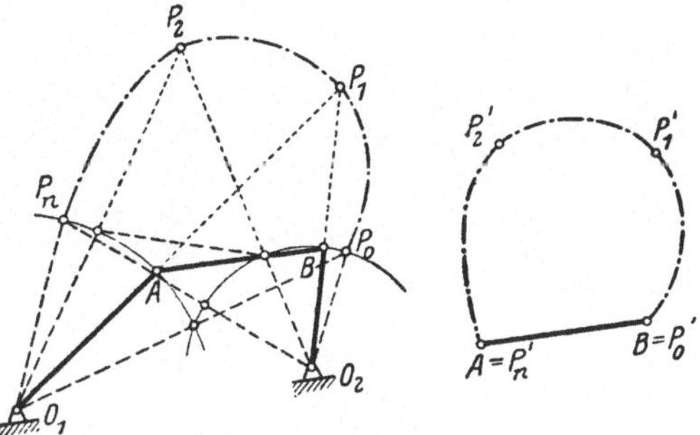

Abb. 181.

Rollt eine kreisrunde Scheibe auf einer Geraden g ohne zu gleiten, Abb. 182, so ist immer der Berührungspunkt der momentane Drehpol. Daher ist die raumfeste Polkurve die Gerade g bzw. ein Stück derselben, die körperfeste der Umfang des Kreises K. Der Mittelpunkt O der Scheibe kann sich dabei natürlich noch auf ganz verschiedene Arten bewegen, er kann etwa eine gleichmäßige Bewegung mit konstanter Geschwindigkeit ausführen oder hin- und herpendeln.

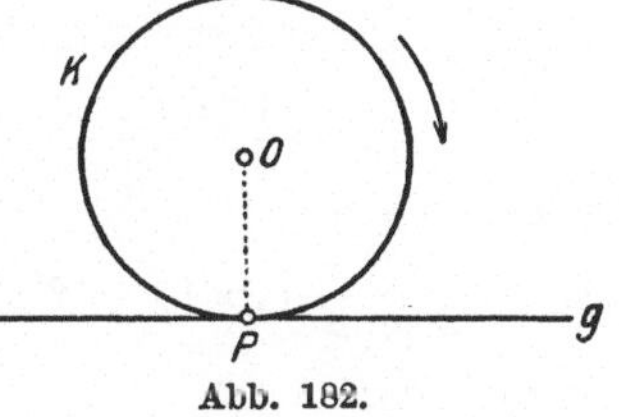

Abb. 182.

Als weiteres Beispiel wollen wir den Kreuzschieber behandeln. Ist eine starre Scheibe, etwa ein Stab von der Länge l, gezwungen, mit zwei Punkten in zwei geradlinigen miteinander den Winkel α einschließenden Führungen zu gleiten, Abb. 183, so sind beide Polkurven Kreise. Die Senkrechten zu den Geschwindigkeitsvektoren der Punkte A und B schließen nämlich im momentanen Drehpol immer denselben Winkel $180—\alpha$ ein. Daher liegt P relativ zu dem Stabe immer auf einem Kreise, der durch A und B und wegen der rechten Winkel bei A und B auch durch den Schnittpunkt der beiden Führungen O geht. Sein Mittelpunkt C halbiert die Strecke OP, die daher für jede Lage des Drehpols

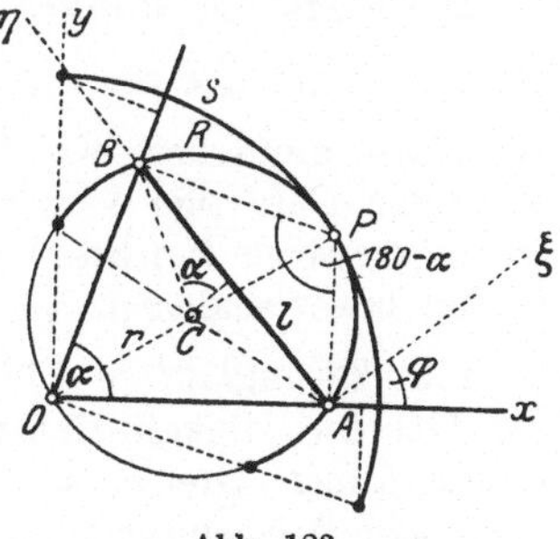

Abb. 183.

die gleiche Länge hat. Die körperfeste Polkurve R ist also ein Bogen dieses Kreises mit dem Radius (vgl. die Abb. 183).

$$r = \frac{l}{2 \sin \alpha}$$

und die raumfeste Polkurve S ein Kreisbogen mit dem doppelten Halbmesser $\frac{l}{\sin \alpha}$.

Wir wollen diese Resultate auch auf analytischem Wege mit Hilfe der Formeln (14) und (15) ableiten. Es ist, wenn wir den Punkt A herausgreifen,

$$x_0 = l \frac{\cos(\alpha - \varphi)}{\sin \alpha}, \qquad y_0 = 0$$

und daher

$$v_{x0} = \frac{l \sin(\alpha - \varphi)}{\sin \alpha} \omega, \qquad v_{y0} = 0.$$

Formel (15) gibt also

$$x_p = l \frac{\cos(\alpha - \varphi)}{\sin \alpha}, \qquad y_p = \frac{l \sin(\alpha - \varphi)}{\sin \alpha}.$$

Die raumfeste Polkurve wird demnach dargestellt durch

$$x_p^2 + y_p^2 = \frac{l^2}{\sin^2 \alpha};$$

für die körperfeste erhalten wir nach (14)

$$\xi_p = \frac{l \sin(\alpha - \varphi)}{\sin \alpha} \sin \varphi, \qquad \eta_p = \frac{l}{\sin \alpha} \sin(\alpha - \varphi) \cos \varphi$$

oder

$$\xi_p = \frac{l}{2 \sin \alpha} [\cos(\alpha - 2\varphi) - \cos \alpha], \qquad \eta_p = \frac{l}{2 \sin \alpha} [\sin(\alpha - 2\varphi) + \sin \alpha]$$

und daher

$$\left(\xi_p + \frac{l}{2} \operatorname{ctg} \alpha\right)^2 + \left(\eta_p - \frac{l}{2}\right)^2 = \frac{l^2}{4 \sin^2 \alpha}$$

im Einklang mit dem früheren.

Die einzelnen Punkte des Stabes beschreiben dabei Hypozykloiden (Hypozykloidenbewegung von Cardano). Für $\alpha = \frac{\pi}{2}$ werden die Resultate einfacher, wir haben dann den rechtwinkligen Kreuzschieber vor uns. Derartige Vorrichtungen, die es gestatten, die geradlinige Bewegung zweier Punkte mit dem Abrollen zweier Kreise zu verbinden, finden unter anderem auch bei Druckerpressen Verwendung.

119. Zwangläufige Führungen. In den betrachteten Beispielen war die Geschwindigkeitsrichtung zweier Punkte und damit die Lage des momentanen Drehpols in jedem Augenblick vollkommen bestimmt; derartige Bewegungen von Scheiben bezeichnet man als „zwangsläufige“. Je nach der Art der Bewegung, die der Scheibe vorgeschrieben wird, unterscheidet man verschiedene Fälle, von denen als die wichtigsten die Zweipunkt-Führung und die Punkt-Kurven-Führung hervorgehoben seien.

Bei der Zweipunkt-Führung sind die Bahnkurven zweier Punkte K_1 und K_2 vorgegeben, Abb. 184a. Sind die beiden Kurven Kreise, so haben wir ein Kurbelviereck wie in Abb. 181 vor uns, sind es gerade Linien, so erhalten wir das eben behandelte Beispiel, den Kreuzschieber. Ein wichtiger Fall ist auch die Schubkurbel, auf die wir noch näher eingehen werden. Eine derartige Verbindung von Scheiben, von denen jede eine zwangsläufige Bewegung macht und die zusammen einen Mechanismus von einem Freiheitsgrade darstellen, nennt man eine zwangsläufige kinematische Kette. Eine solche Kette haben wir auch vor uns, wenn bei einem kinematisch bestimmten Fachwerk ein Stab entfernt wird.

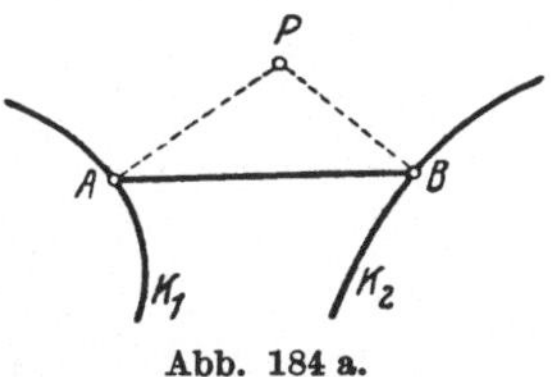

Abb. 184 a.

Bei der Punkt-Kurven-Führung beschreibt ein Punkt der Scheibe eine feste Kurve K_1, während sich eine andere Kurve der Scheibe γ auf einer zweiten festen Kurve K_2 mit Gleitung abwälzt, Abb. 184b. Der momentane Drehpol P ist ebenfalls für die augenblickliche Lage eingezeichnet. Sonderfälle davon sind die Kurbelschleife, wo K_1 ein Kreis, γ eine Gerade ist und K_2 sich auf einen Punkt reduziert, durch den die Gerade γ schleift (Drehhülse) und die Steuernocke, wo K_1 der Umfang der „unrunden" Scheibe, einer den besonderen Bedürfnissen angepaßten Kurve, γ wieder eine Gerade und K_2 ebenfalls ein Punkt ist.

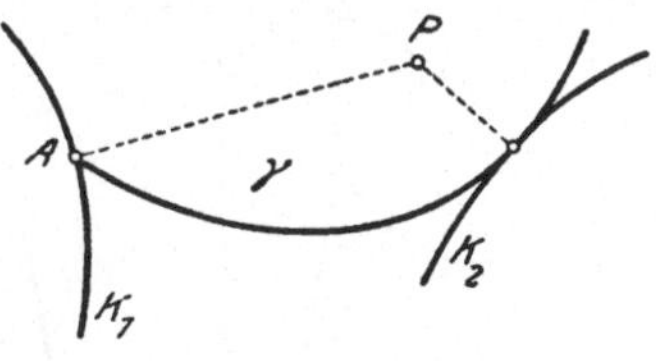

Abb. 184 b.

120. Kinematik des Schubkurbelgetriebes. Ein einfaches Schubkurbelgetriebe, wie es bei einzylindrigen Dampfmaschinen in Verwendung kommt, besteht aus der Kurbel OA, vgl. Abb. 185a, die sich um den festen Punkt O dreht, der Schub- oder Pleuelstange AK, die eine ebene Bewegung ausführt, und der Kolbenstange KB, die sich auf einer Geraden hin- und herbewegt, die im allgemeinen durch den Punkt O geht. Wir haben also eine Zweipunkt-Führung vor uns, wo K_1 ein Kreis und K_2 eine Gerade ist. Wir können zunächst leicht die Polkurven nach der bekannten Methode konstruieren, die raumfeste ist in Abb. 185a, die körperfeste in Abb. 185b eingezeichnet. Mit Hilfe der „gedrehten Geschwindigkeiten" kann man auch ohne weiteres die Geschwindigkeit des Kreuzkopfes K finden, wenn die des „Kurbelzapfens" A bekannt ist, wie es in der Zeichnung auch durchgeführt wurde.

Wir wollen nun, da wir es später benötigen werden, die Geschwindigkeiten des Schwerpunktes der Schubstange, der sich im Abstande a von A befinden möge, und des Kreuzkopfes K auch auf analytischem Wege als Funktionen einer einzigen Veränderlichen, des Kurbelwinkels φ und deren Ableitungen ausdrücken. Da das System nur einen einzigen Freiheitsgrad besitzt, wird dies ja möglich sein.

Der Hilfswinkel ϑ steht mit φ in der Beziehung

$$r \sin \varphi = l \sin \vartheta$$

oder

$$\sin \vartheta = \lambda \sin \varphi,$$

wenn wir $\frac{r}{l} = \lambda$ setzen. Daraus ergibt sich

$$\dot{\vartheta} = \frac{d\vartheta}{d\varphi}\,\dot{\varphi} = \lambda\,\frac{\cos \varphi}{\cos \vartheta}\,\omega, \tag{22}$$

dabei ist ϑ aber immer im entgegengesetzten Sinn als wie φ positiv zu rechnen.

Die Koordinaten des Schwerpunktes der Schubstange S sind

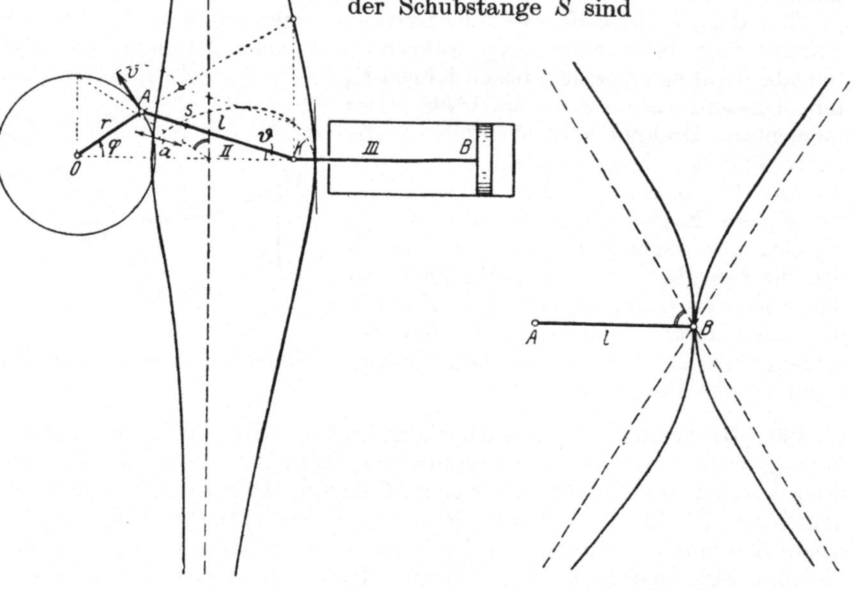

Abb. 185 a. Abb. 185 b.

$$\left.\begin{aligned} x_2 &= r \cos \varphi + a \cos \vartheta, \\ y_2 &= r \sin \varphi - a \sin \vartheta, \end{aligned}\right\} \tag{23}$$

wenn wir den Ursprung des K.-S. in den Punkt O legen. Daraus bekommen wir

$$\left.\begin{aligned} \dot{x}_2 &= (-r \sin \varphi - a\,\lambda \operatorname{tg} \vartheta \cos \varphi)\,\omega = \xi(\varphi)\,\omega, \\ \dot{y}_2 &= (r - a\,\lambda) \cos \varphi\,\omega = \eta(\varphi)\,\omega, \end{aligned}\right\} \tag{24}$$

wenn man sich in den Koeffizienten von ω das ϑ durch die unabhängige Variable φ ausgedrückt denkt.

Die Koordinate des Kreuzkopfes ist

$$x_3 = r \cos \varphi + l \cos \vartheta.$$

Daher erhalten wir für seine Geschwindigkeit, die zugleich die Geschwindigkeit der Kolbenstange ist,

$$\dot{x}_3 = \zeta(\varphi)\,\omega, \tag{25}$$

wo

$$\zeta(\varphi) = -r\sin\varphi - l\sin\vartheta\,\lambda\frac{\cos\varphi}{\cos\vartheta} = -r\frac{\sin(\varphi+\vartheta)}{\cos\vartheta} \tag{26}$$

bedeutet.

Um nun die Funktionen $\xi(\varphi)$ und $\zeta(\varphi)$ auch explizit näherungsweise auszurechnen, machen wir von der Tatsache Gebrauch, daß $\lambda = \frac{r}{l}$ ein kleiner Bruch, etwa $\frac{1}{5}$ ist. Wir können also

$$\cos\vartheta = \sqrt{1-\lambda^2\sin^2\varphi} = 1 - \frac{\lambda^2}{2}\sin^2\varphi$$

setzen, wenn wir höhere Glieder $\lambda^2\sin^2\varphi$ vernachlässigen. Das gibt für $\xi(\varphi)$ den Ausdruck

$$\xi(\varphi) = -r\sin\varphi\left(1+\frac{a}{l}\lambda\cos\varphi\right) \tag{27}$$

und für $\zeta(\varphi)$

$$\zeta(\varphi) = -r\sin\varphi\,(1+\lambda\cos\varphi). \tag{28}$$

Nehmen wir die Winkelgeschwindigkeit ω der Kurbel in erster Annäherung als konstant an, so ist die mittlere Kolbengeschwindigkeit bei einem Hin- und Hergang

$$(\dot{x}_3)_m = v_m = \frac{\omega}{\pi}\int_0^\pi \zeta(\varphi)\,d\varphi = \frac{2}{\pi}\,r\,\omega = 0{,}637\,r\,\omega.$$

121. Mehrere bewegte Scheiben. Relative Drehpole. Bei Getrieben und kinematischen Ketten haben wir es mit der gleichzeitigen Bewegung mehrerer Körper, mehrerer starrer Scheiben zu tun. Wir wollen nun die Beziehungen untersuchen, die zwischen den Bewegungszuständen dieser Scheiben bestehen.

P_1 und P_2 seien in einem gegebenen Augenblick die momentanen Drehpole zweier solcher Scheiben, die entsprechenden Winkelgeschwindigkeiten seien ω_1 und ω_2, Abb. 186. Gibt es nun einen Punkt, der in diesem Moment in bezug auf beide Scheiben den gleichen Geschwindigkeitsvektor besitzt? Man erkennt sofort, daß immer ein solcher vorhanden sein muß, er kann nur unter Umständen ins Unendliche rücken. Er wird der relative Drehpol P_{12} beider Scheiben genannt. Er muß auf der Verbindungslinie der beiden „absoluten" Drehpole P_1 und P_2 liegen — denn nur Punkte auf dieser Geraden haben die gleiche Geschwindigkeitsrichtung, nämlich die Richtung senkrecht dazu. Damit auch die absoluten Beträge der Geschwindigkeiten gleich sind, muß $\overline{P_1 P_{12}}\,\omega_1 = \overline{P_2 P_{12}}\,\omega_2$ sein und da auch der Richtungssinn übereinstimmen muß, so liegt P_{12} zwischen den absoluten Drehpolen, wenn die

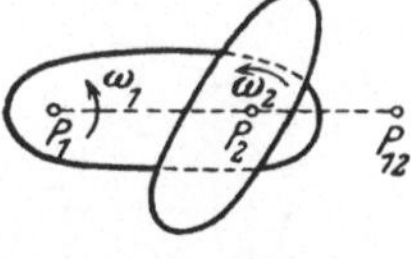

Abb. 186.

Winkelgeschwindigkeiten entgegengesetztes Vorzeichen haben und außerhalb derselben, wenn sie gleich bezeichnet sind. Wir können also sagen: Der relative Drehpol zweier starrer Scheiben liegt auf der Verbindungslinie der beiden absoluten Drehpole, er teilt den Abstand dieser beiden im verkehrten Verhältnis der Winkelgeschwindigkeiten, und zwar von außen, wenn sie gleiches, von innen, wenn sie verschiedenes Vorzeichen besitzen. In dem relativen Drehpol könnte man in dem betreffenden Augenblick die beiden starren Scheiben fest verbunden denken, etwa durch einen eingeschlagenen Stift, ohne an der Bewegung etwas zu ändern.

Wenn man mehrere, etwa n solcher bewegter Scheiben hat, so sind n absolute und $\binom{n}{2}$ relative Drehpole vorhanden. Wir können nun einen wichtigen Satz aussprechen, der von praktischer Bedeutung ist: Die relativen Drehpole dreier Scheiben liegen immer auf einer Geraden, z. B. für die Scheiben h, i, k die relativen Drehpole P_{hi}, P_{hk} und P_{ik}.

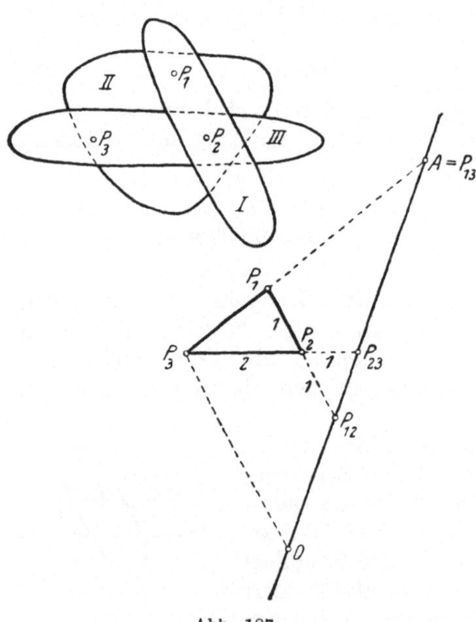

Abb. 187.

Der Beweis läßt sich leicht durchführen: Gegeben sind P_1, P_2, P_3 und die entsprechenden Winkelgeschwindigkeiten ω_1, ω_2, ω_3, Abb. 187. Wir haben zu zeigen, daß P_{12}, P_{13} und P_{23} auf einer Geraden liegen. Man konstruiert zunächst die beiden relativen Drehpole P_{12} und P_{23}; in der Zeichnung sind der Einfachheit halber alle drei Winkelgeschwindigkeiten mit gleichem Vorzeichen und der Größe nach wie $1 : 2 : \frac{2}{3}$ angesetzt. Es ist nun zu beweisen, daß der Schnittpunkt der Geraden $\overline{P_1 P_3}$ und $\overline{P_{12} P_{23}}$ — wir wollen ihn A nennen — der dritte relative Drehpol P_{13} ist, daß seine Abstände von P_1 und P_3 der Bedingung genüge leisten

$$\overline{P_1 A}\, \omega_1 = \overline{P_3 A}\, \omega_3.$$

Zu diesem Zwecke ziehen wir durch P_3 eine Parallele zu $P_1 P_2$, erhalten den Schnittpunkt O, aus der Ähnlichkeit der Dreiecke $P_2 P_{12} P_{23}$ und $P_3 O P_{23}$ folgt $\frac{\overline{P_3 O}}{\overline{P_2 P_{12}}} = \frac{\overline{P_3 P_{23}}}{\overline{P_2 P_{23}}}$ und analog erhält man $\frac{\overline{P_3 O}}{\overline{P_1 P_{12}}} = \frac{\overline{P_3 A}}{\overline{P_1 A}}$. Eliminiert man daraus $P_3 O$, so bekommt man

$$\frac{\overline{P_3 A}}{\overline{P_1 A}} = \frac{\overline{P_2 P_{12}}}{\overline{P_1 P_{12}}} \cdot \frac{\overline{P_3 P_{23}}}{\overline{P_2 P_{23}}} = \frac{\omega_1}{\omega_2} \cdot \frac{\omega_2}{\omega_3} = \frac{\omega_1}{\omega_3}$$

was zu beweisen war.

Diese Sätze über die Lage der relativen und absoluten Drehpole kann man mit Vorteil in der Theorie der ebenen Fachwerke verwenden. Wenn man bei einem kinematisch bestimmten Fachwerk einen Stab entfernt, so zerfällt dasselbe in gelenkig miteinander verbundene Scheiben, die eine kinematische Kette bilden. Die Gelenke, in denen die Stäbe bzw. die Scheiben zusammenhängen, sind relative Drehpole und mit Hilfe unserer obigen Sätze kann man die unbekannten absoluten Drehpole der Scheiben und damit auch die Verschiebungen der Endpunkte des herausgenommenen Stabes finden. Das ist bei der Anwendung des Prinzips der virtuellen Verschiebungen zur Ermittlung der Stabspannungen, das wir noch besprechen werden, von großer Bedeutung. In folgendem Beispiel ist dies des Näheren durchgeführt.

Beispiel 46. In dem französischen Dachbinder wird einer der Diagonalstäbe, wie in Abb. 188 eingezeichnet, entfernt. Es sind die absoluten Drehpole der fünf beweglichen Scheiben, in die das Fachwerk dann zerfällt, zu bestimmen.

Wir kennen von vornherein den absoluten Drehpol P_1 und den dem Rollenlager zugehörigen senkrecht zu dessen Bewegungsrichtung im Unendlichen gelegenen P_5, ferner die relativen Drehpole P_{12}, P_{13}, P_{24}, P_{34}, P_{45}. Der Satz von den drei relativen Drehpolen erlaubt uns auch P_{14} als Schnittpunkt der Geraden $\overline{P_{13}P_{34}}$ und $\overline{P_{12}P_{24}}$ zu konstruieren, es müssen ja P_{13}, P_{34}, P_{14} und P_{12}, P_{24}, P_{14} je auf einer Geraden liegen. Dann erhält man P_4 als Schnittpunkt von $\overline{P_1 P_{14}}$ und $\overline{P_{45} P_5}$. Ähnlich ergibt sich P_3 als Schnittpunkt von $\overline{P_{34} P_4}$ und $\overline{P_1 P_{13}}$ und P_2 als der von $\overline{P_1 P_{12}}$ und $\overline{P_{24} P_4}$.

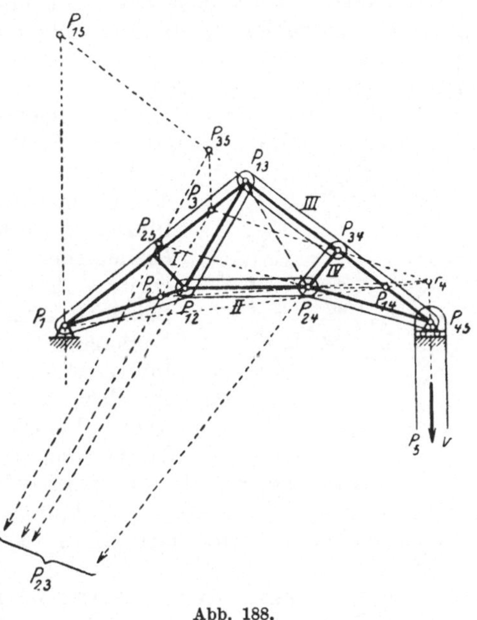

Abb. 188.

II. Bewegung im Raume.

122. Drehung um einen festen Punkt. Vor der allgemeinen räumlichen Bewegung eines starren Körpers wollen wir zunächst noch den theoretisch und praktisch wichtigen Sonderfall behandeln, daß bei der Bewegung ein Punkt des Körpers in Ruhe bleibt. Diese Bewegungsart besitzt viele Ähnlichkeiten mit der ebenen Bewegung; so wie sich dort die parallelen Ebenen in sich selbst verschieben, tun dies hier die um den festen Punkt gelegten Kugelflächen. Daher heißt diese Bewegung auch eine sphärische. Sie hat auch ebenso drei Freiheitsgrade wie die ebene Bewegung. Denn die Lage des Körpers ist eindeutig bestimmt, wenn man in jedem Moment die Richtung kennt, die eine beliebige durch O gehende körperfeste Gerade mit einem raumfesten durch O gelegten K.-S. einschließt, und außerdem noch den Winkel vorgegeben hat, um den sich eine durch die Gerade gelegte körperfeste Ebene gegenüber ihrer Anfangslage gedreht hat. Da die Richtung durch zwei Veränderliche, etwa durch die Koordinaten auf der Kugel φ und ϑ, festgelegt ist, haben wir im ganzen drei willkürliche Variable. Man kann die Lage des Körpers auch durch die Angabe der raumfesten Koordinaten zweier Punkte festlegen, was ebenfalls nur drei unabhängige Werte liefert, da die beiden Punkte einen unveränderlichen Abstand voneinander und von O haben.

Die Ähnlichkeit geht aber noch weiter. Wie die ebene Bewegung in jedem Augenblick als Drehung um einen momentanen Pol, bzw. um eine in diesem zur Ebene der Bewegung senkrecht stehende Achse dargestellt werden kann, so läßt sich auch die sphärische Bewegung in jedem Augenblick als Drehung um eine durch den festen Punkt gehende Achse auffassen.

Nehmen wir nämlich zwei beliebige Lagen des Körpers oder, was auf dasselbe hinauskommt, des Punktepaares an, AB und $A'B'$ in Abb. 189, so können wir diese ineinander durch eine Drehung um die Achse OP überführen, die sich als Schnittlinie der Symmetrieebenen der Hauptkreisbögen AA' und BB' ergibt. Der Drehwinkel sei φ; fallen die beiden Symmetrieebenen zusammen, so ist die Drehachse die Schnittlinie der Ebenen OAB und $OA'B'$. Was für endliche Lagenänderung der Punkte AB gilt, ist auch für unendlich kleine Verschiebungen derselben richtig. Die Halbierungsebenen von AA' und BB' sind dann nichts anderes als die Normalebenen zu den Geschwindigkeitsrichtungen von A und B, ihre Schnittlinie die momentane Drehachse der betreffenden Elementardrehung. Damit ist der oben ausgesprochene Satz bewiesen.

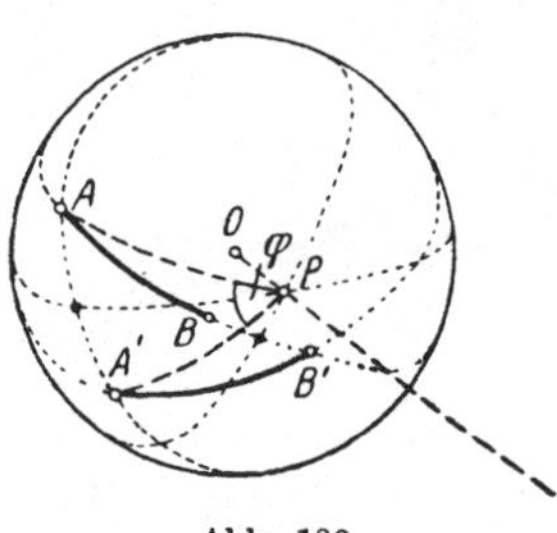

Abb. 189.

Die momentane Drehachse wird im allgemeinen ihre Lage im Körper und im Raume stetig ändern, ebenso wie bei der ebenen Bewegung der Drehpol dies tut. Sie wird sowohl im Raum als auch im mitbewegten Körper je eine Kegelfläche beschreiben. Da sich die Überlegungen, die wir für die Polkurven angestellt haben, ohne weiteres auf den jetzigen Fall übertragen lassen, erhalten wir den Satz: Bei der Drehung eines starren Körpers um einen Punkt rollt ein körperfester Achsenkegel auf einem raumfesten ab, ohne zu gleiten; beide Kegel berühren sich immer in der augenblicklichen Drehachse.

Sind beide Kegel Kreiskegel, so nennt man die entsprechende Bewegung eine Präzessionsbewegung. Eine solche ist auch bei der

Erde vorhanden, die Erdachse behält ihre Lage nicht unveränderlich bei, sondern ist in jedem Augenblick die gemeinsame Erzeugende zweier Kegel, von denen der raumfeste, dessen Achse senkrecht zur Ekliptik steht, einen halben Öffnungswinkel von $23^1/_2{}^\circ$ besitzt, der körperfeste aber so klein ist, daß er in den Erdpolen einen Kreis von nur einigen Dezimetern ausschneidet. Deshalb dauert seine Umlaufszeit auf dem großen Kegel sehr lange, nämlich 26000 Jahre. Diese Bewegung hat zur Folge, daß sich die Lage des Himmelspols im Laufe der Zeit ändert. Er beschreibt innerhalb dieses „platonischen Jahres“ einen Kreis, der einen Winkel von $23^1/_2{}^\circ$ mit der Senkrechten zur Erdbahn einschließt.

123. Freie Bewegung des starren Körpers. Wir wollen nun den allgemeinsten Fall der Bewegung eines starren Körpers betrachten, wo keiner seiner Punkte irgendwelcher zwangsläufigen Bindung unterworfen ist. Diese Bewegung besitzt sechs Freiheitsgrade; denn die Lage des Körpers ist durch die Angabe der Eckpunkte des Grunddreiecks bestimmt und da die Entfernungen zwischen ihnen unveränderlich sind, hat man $3 \cdot 3 - 3 = 6$ Variable, die die Bewegung festlegen. Man kann auch so schließen: Drei Freiheitsgrade hat die Bewegung irgendeines herausgegriffenen Punktes des Körpers, weitere drei bestimmen nach dem Vorigen die Lage des Körpers relativ zu diesem Punkt, es sind also zusammen sechs Freiheitsgrade vorhanden.

Es läßt sich nun zeigen, daß ein starrer Körper aus einer in eine beliebig vorgegebene andere Lage durch eine geradlinige Schiebung und darauffolgende Drehung übergeführt werden kann, und zwar so, daß die Schiebungsrichtung parallel zur Drehachse ist.

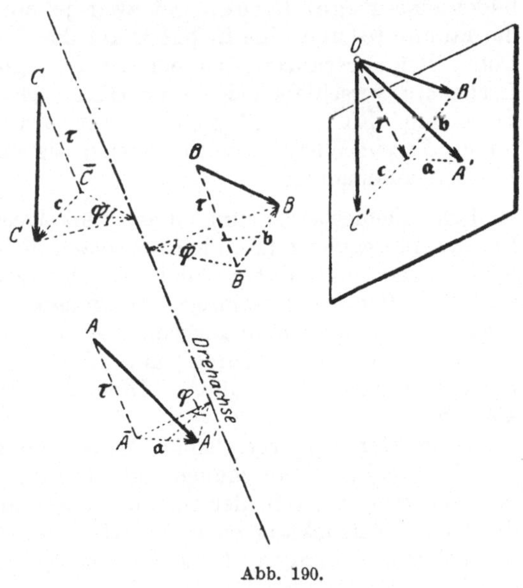

Abb. 190.

Betrachten wir zwei Lagen des Grunddreiecks ABC und $A'B'C'$, vgl. Abb. 190, so erkennt man leicht, daß ABC durch eine Parallelverschiebung in eine solche Stellung gebracht werden kann, daß A und A' zusammenfallen und daß dann durch Drehung um die durch diesen Punkt gehende Schnittlinie der durch A gehenden Symmetrieebene der Strecken $\overline{BB'}$ und $\overline{CC'}$ diese zur Deckung gebracht werden können. Da man statt zweier Eckpunkte A und A' auch zwei beliebige andere entsprechende Punkte beider Dreiecke durch eine geradlinige Schiebung ineinander überführen kann, so läßt sich auch die weitere Bedingung erfüllen, daß die Richtung der Parallelverschiebung und die Drehachse übereinstimmen.

Man kann etwa auf folgende Weise vorgehen: Von einem beliebigen Punkte O werden die Vektoren $\overline{AA'}$, $\overline{BB'}$ und $\overline{CC'}$ aufgetragen (Abb. 190), durch die Endpunkte wird eine Ebene gelegt und auf diese von O aus das Lot τ gefällt. Wenn man nun das Grunddreieck ABC in der Richtung der Normalen um τ verschiebt, so daß die Eckpunkte in die Lage $\bar{A}\bar{B}\bar{C}$ gelangen, so sind die Strecken $\overline{\bar{A}A'} = \mathfrak{a}$, $\overline{\bar{B}B'} = \mathfrak{b}$, $\overline{\bar{C}C'} = \mathfrak{c}$ alle senkrecht zur Richtung von τ und die Symmetrieebenen derselben gehen wegen der Kongruenz der Dreiecke $\bar{A}\bar{B}\bar{C}$ und $A'B'C'$ durch eine zur Richtung von τ parallele Achse. Bei einer Drehung um den für alle gleichen Winkel φ kommt $\bar{A}$ mit A', $\bar{B}$ mit B' und $\bar{C}$ mit C' in Deckung und damit ist die oben ausgesprochene Behauptung bewiesen.

Das gilt natürlich auch für zwei unendlich nahe Lagen des Körpers und wir können daher die freie Bewegung eines solchen in jedem Augenblick als Elementardrehung um eine Achse und Elementarschiebung längs derselben als eine Elementarschraubung ansehen. Eine solche Bewegung nennt man eine Schraubung, da sie die gleiche ist wie die, welche eine Schraubenmutter auf der Schraubenspindel vollführt. Eine Schraubung ist also durch ihre Achse, durch die Schiebungsgröße τ parallel zu dieser und durch den Drehwinkel φ bestimmt.

Die Lage der Drehachse wird sich im allgemeinen von Augenblick zu Augenblick ändern. Der geometrische Ort aller dieser Drehachsen bildet eine Regelfläche, und zwar je eine in bezug auf den Raum, die raumfeste, und eine in bezug auf den bewegten Körper, die körperfeste. Beide berühren sich bei der Bewegung in der augenblicklichen Drehachse, verschieben sich aber dabei auch längs derselben. Eine solche Bewegung, Rollen und gleichzeitiges Verschieben längs der gemeinsamen Erzeugenden, bezeichnet man als ein Abschroten der beiden Flächen aufeinander.

124. Elementardrehung und Winkelgeschwindigkeit als Vektoren. Bei der Bewegung eines Punktes setzen sich die unendlich kleinen Verschiebungen und daher auch Geschwindigkeit und Beschleunigung nach der Parallelogrammregel zusammen. Wir wollen uns nun überlegen, wie wir bei einem ausgedehnten Körper dementsprechende Regeln für die Zusammensetzung und Zerlegung der hier auftretenden Bewegungsarten Schiebung, Drehung und Schraubung aufstellen können.

Betrachten wir irgendeinen Punkt eines starren Körpers, der eine Anzahl beliebiger Bewegungen gleichzeitig ausführen soll, so folgt aus der Vektoreigenschaft der unendlich kleinen Verschiebung sofort, daß die Gesamtverrückung eines Punktes gleich der geometrischen Summe der Teilverschiebungen ist, die der Punkt durch die einzelnen Bewegungen erhält.

Da bei einer Schiebung alle Punkte eines starren Körpers sich auf gleiche Weise bewegen, so ist die Elementarschiebung der unendlich kleinen Verschiebung eines Punktes gleichzusetzen, ist also ein Vektor, was wir ja schon früher (Nr. 107) hervorgehoben haben. Die Geschwindigkeit, die ein Punkt des Körpers bei der Zusammensetzung solcher Schiebungen erhält, ist ebenfalls gleich der geometrischen Summe der Teilgeschwindigkeiten, die der Punkt wegen jeder einzelnen Elementarschiebung annehmen würde. Da es gleichgültig ist, in welchem Punkte des Körpers man den Schiebungsvektor ansetzt, so ist er analog wie das polare Moment als ein freier Vektor zu bezeichnen.

Aus der oben ausgesprochenen Behauptung folgt weiter, daß eine unendlich kleine Drehung ebenfalls als ein Vektor anzusehen ist. Wir wollen ihn $\delta\mathfrak{d}$ nennen; er hat die Richtung der Drehachse, einen absoluten Betrag $|\delta\mathfrak{d}| = d\varphi$ und sein Richtungssinn ist durch den Drehsinn in der bekannten Weise wie bei einem Kräftepaar festgelegt.

Der Differentialquotient

$$\mathfrak{w} = \frac{d\mathfrak{d}}{dt} \tag{1}$$

ist dann ebenfalls ein Vektor, der die Richtung der Drehachse hat, dessen absoluter Betrag $|\omega| = \left|\frac{d\varphi}{dt}\right|$ gleich der Winkelgeschwindigkeit ist und dessen Richtungssinn wie bei der Drehung bestimmt wird. Wir haben die Winkelgeschwindigkeit eines starren Körpers demnach als einen Vektor $\mathfrak{w}$ anzusehen. Wir wollen überdies auch direkt zeigen, daß Winkelgeschwindigkeiten um sich schneidende Achsen in der Tat nach dem Parallelogrammgesetz zu einer resultierenden sich vereinen lassen.

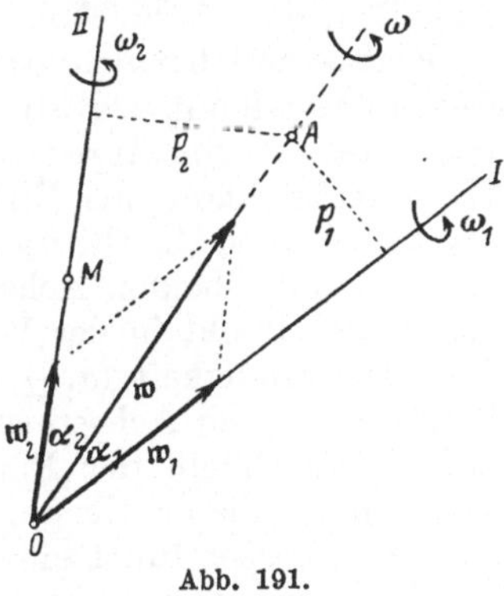

Abb. 191.

Haben wir einen Körper vor uns, der in demselben Augenblick Drehungen um zwei derartige Achsen mit den Winkelgeschwindigkeiten vom Betrag ω_1 und ω_2 in dem eingezeichneten Drehsinn ausführen soll, Abb. 191, und stellen wir uns zunächst die Frage, welche Punkte des Körpers dabei in Ruhe bleiben, so sehen wir, daß dies nur Punkte sein können, die auf der durch die beiden Achsen gehenden Ebene liegen; denn nur solche haben die gleiche Geschwindigkeitsrichtung. Außerdem müssen für einen derartigen Punkt infolge der Drehung um die Achsen noch die Geschwindigkeiten, die er besitzt, entgegengesetzt gleich sein; das gibt die Bedingung $p_1\,\omega_1 = p_2\,\omega_2$, oder wenn man p_1 und p_2 durch die Strecke $\overline{OA}$ und die Winkel α_1 und α_2 ausdrückt,

$$\sin\alpha_1\,\omega_1 = \sin\alpha_2\,\omega_2, \tag{2}$$

d. h. es muß OA auf der Diagonale eines Parallelogramms liegen, dessen Seiten $\omega_1 = |\mathfrak{w}_1|$ und $\omega_2 = |\mathfrak{w}_2|$ sind. Die Drehachse hat also die geforderte Lage, der Richtungssinn stimmt auch und wir haben nur noch zu zeigen, daß die Winkelgeschwindigkeit um diese Achse durch die Länge der Diagonale dem Betrag nach gegeben ist. Ein Punkt M der Achse II hat eine Geschwindigkeit, die einerseits durch $\overline{OM} \sin \alpha_2 \omega$, anderseits durch $\overline{OM} \sin (\alpha_1 + \alpha_2) \omega_1$ dargestellt ist. Wir erhalten daher

$$\sin \alpha_2 \omega = \sin (\alpha_1 + \alpha_2) \omega_1 \tag{3}$$

und analog für einen Punkt der Achse I

$$\sin \alpha_1 \omega = \sin (\alpha_1 + \alpha_2) \omega_2. \tag{4}$$

Diese Gleichungen sagen aber nach dem Sinussatz der Trigonometrie aus, daß $\omega = |\mathfrak{w}|$ die dritte Seite in einem Dreiecke mit den Winkeln α_1, α_2 und den Seiten ω_1 und ω_2 darstellt, was zu beweisen war.

125. Zusammensetzung von Elementarbewegungen. Elementardrehung und Winkelgeschwindigkeit sind demnach Vektoren, und zwar so wie die Kräfte an Gerade gebundene Vektoren, da ja die Achse nicht parallel verschoben werden kann. Es gelten daher auch analog alle Regeln, die wir für die Zusammensetzung von Kräften am starren Körper kennengelernt haben. Winkelgeschwindigkeiten um dieselbe Achse ergeben eine Resultierende, die gleich der algebraischen Summe derselben ist und wie bei parallelen Kräften geben zwei Drehungen um parallele Achsen wieder eine solche um eine dazu parallele Achse, die in die Ebene der beiden vorgegebenen Achsen fällt und die den Abstand derselben bei gleichsinniger Drehung von innen, bei ungleichsinniger von außen im verkehrten Verhältnis der Winkelgeschwindigkeiten teilt. Die resultierende Winkelgeschwindigkeit ist gleich der algebraischen Summe der Winkelgeschwindigkeiten, das Vorzeichen entscheidet über den Drehsinn.

Ebenso wie bei den Kräften das Kräftepaar hat jetzt der Fall eine Ausnahmestellung, wo wir zwei Drehungen um parallele Achsen aber mit entgegengesetzt gleicher Winkelgeschwindigkeit haben. Wir erhalten dann als Ergebnis der Zusammensetzung keine Drehung, sondern eine Schiebung mit der Geschwindigkeit $e\omega$ senkrecht zu der Ebene der beiden Achsen, wobei e den Abstand derselben bedeutet; denn jeder Punkt in der Verbindungsebene der beiden Achsen hat dann die Geschwindigkeit $(a_1 \pm a_2)\omega = e\omega$, wo a_1 und a_2 die Abstände des Punktes von den Achsen sind und das positive oder negative Vorzeichen steht, je nachdem der Punkt inner- oder außerhalb der Achsen liegt. Alle Punkte dieser Ebene bewegen sich also mit gleicher Geschwindigkeit, der Körper führt eine Schiebung aus.

Man kann selbstverständlich auch umgekehrt eine Drehung nach diesen Regeln in Komponenten zerlegen oder durch Drehungen um parallele Achsen ersetzen, die nur mit der gegebenen in derselben Ebene liegen müssen. Ebenso kann man jede Schiebung durch zwei Drehungen, ein Drehungspaar, ersetzen, die zur Ebene der Schiebung senkrecht stehen, entgegengesetzt gleiche Winkelgeschwindigkeiten besitzen und die Bedingung $v = e\omega$ erfüllen. Im übrigen sind sie aber vollständig willkürlich.

Eine Schiebung und gleichzeitige Drehung um eine zur ersteren parallele Achse ergibt, wie wir schon gesehen haben, eine Schraubung. Dasselbe Resultat erhalten wir aber auch, wenn wir eine Drehung mit einer beliebig gerichteten Schiebung zusammensetzen. Denn die Schiebung können wir in eine Komponente in der Richtung der Drehachse und eine senkrecht dazu zerlegen. Eine Schiebung senkrecht zur Drehachse gibt aber mit der Drehung zusammengesetzt wieder eine Drehung um eine zur ursprünglichen parallel verschobenen Achse. Denn bei einer derartigen Bewegung sind die Verschiebungen aller Punkte parallel zu einer zur Achse senkrechten Ebene, wir haben deshalb den Fall der ebenen Bewegung vor uns und wir wissen, daß wir diese als Drehung um eine Momentanachse auffassen können. Diese Drehachse ist dabei gegen die ursprüngliche Lage senkrecht zu der Richtung der Schiebung parallel zu sich selbst um den Betrag $\frac{v}{\omega}$ verschoben. Die zur Drehachse senkrechte Komponente der Schiebung ändert also nichts an der Richtung der Achse, die andere Komponente gibt mit der Drehung zusammen die Schraubung. Damit ist der obige Satz bewiesen; wir hätten ihn auch aus dem Umstand folgern können, daß die freie Bewegung des starren Körpers sich in jedem Augenblick als Schraubung darstellen läßt, daß also diese die allgemeinste Elementarbewegung ist.

Aus diesem Grunde müssen auch Drehungen um zwei windschiefe Achsen sich zu einer Schraubung zusammensetzen. Wir können uns dies auf folgende Weise überlegen: Überlagern wir eine Schiebung senkrecht zu der Ebene, die man durch eine Drehachse und den kleinsten Abstand der beiden legen kann, so können wir nach dem eben Erläuterten die Geschwindigkeit derselben so wählen, daß bei der Zusammensetzung der Schiebung mit der einen Drehung deren Drehachse so verschoben wird, daß sie die Richtung der zweiten schneidet. Wir können dann nach dem Parallelogrammgesetz beide Drehungen zu einer einzigen vereinen und wenn wir die Schiebung wieder dadurch rückgängig machen, daß wir eine gleich große, entgegengesetzt gerichtete hinzunehmen, so können wir diese mit der resultierenden Drehung zusammensetzen und erhalten so eine Schraubung, deren Achse parallel zu der Diagonale des Parallelogramms der Winkelgeschwindigkeiten ist und den kürzesten Abstand der beiden ursprünglichen Drehachsen rechtwinklig in einem Punkte schneidet, dessen Entfernung von den Achsen wir nach den eben gemachten Überlegungen ohne Schwierigkeit bestimmen könnten. Zwei Schraubungen um verschiedene Achsen geben dementsprechend auch wieder eine einzige Schraubung.

Über die relative Bewegung zweier Körper, die Drehungen um sich schneidende Achsen ausführen, lassen sich ganz ähnliche Überlegungen anstellen, wie wir sie in Nr. 114 für den Fall der ebenen Bewegung durchgeführt haben. Hier muß man die zwangsläufige Übertragung durch Verzahnungen bewirken, die längs der Erzeugenden von Kreiskegeln angeordnet sind (Kegelräder), wenn die Lage der Achsen zueinander und das Übersetzungsverhältnis das gleiche bleiben soll.

Dieselbe Aufgabe führt bei der Drehung um zwei sich kreuzende

Achsen mit konstantem Übersetzungsverhältnis oder, was auf dasselbe herauskommt, bei der Schraubung mit konstanter Schiebung und Drehgeschwindigkeit auf einschalige Rotationshyperboloide als Achsenflächen, die bei der Bewegung aufeinander abschroten. Die Zähne bestehen dann aus Stücken von Schraubenflächen.

126. Zusammenhang zwischen Translations- und Drehgeschwindigkeit. Wir wollen nun ebenso, wie wir das bei der ebenen Bewegung in Nr. 117 getan haben, aber allgemein in Vektorform die Beziehung aufstellen, die bei einer Drehung eines Körpers um einen Punkt zwischen der unendlich kleinen Verschiebung $\delta\mathfrak{r}_i$ eines Punktes und der Elementardrehung $\delta\mathfrak{d}$ besteht — $\mathfrak{r}_i$ bedeutet dabei den von dem festen Punkte O nach A_i gezogenen Radiusvektor. Ist p_i der Abstand des Punktes A_i von der Drehachse, dann ist der absolute Betrag von δr_i, s. Abb. 192

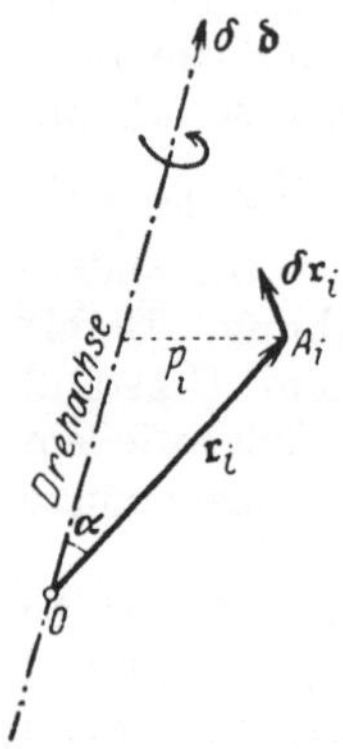

$$|\delta\mathfrak{r}_i| = p_i\, d\varphi = |\mathfrak{r}_i| \sin\alpha\, |\delta\mathfrak{d}| \tag{5}$$

und $\delta\mathfrak{r}_i$ steht senkrecht auf der Ebene der Vektoren $\mathfrak{r}_i$ und $\delta\mathfrak{d}$, ist also das äußere Produkt von $\delta\mathfrak{d}$ und $\mathfrak{r}_i$. Auch der Pfeil stimmt, wie man sich leicht an der Abbildung überzeugen kann. Wir haben also den wichtigen Satz gefunden

$$\delta\mathfrak{r}_i = \delta\mathfrak{d} \times \mathfrak{r}_i. \tag{6}$$

Abb. 192.

Dividieren wir diese Gleichung durch dt und gehen wir zur Grenze über, so erhalten wir den Zusammenhang zwischen Translationsgeschwindigkeit $\mathfrak{v}_i$ eines Punktes und der Drehgeschwindigkeit $\mathfrak{w}$ des Körpers. Es ist

$$\mathfrak{v}_i = \frac{d\mathfrak{r}_i}{dt} = \frac{d\mathfrak{d}}{dt} \times \mathfrak{r}_i = \mathfrak{w} \times \mathfrak{r}_i. \tag{7}$$

Dies gilt bei der Drehung des Körpers um einen festen Punkt. Gehen wir nun zum allgemeinen Fall der freien Bewegung über, so haben wir für O nur irgendeinen Punkt des Körpers zu nehmen und bekommen, wenn $\mathfrak{r}_0$ der Abstand dieses Punktes vom Ursprung des raumfesten Koordinatensystems ist, für die Verschiebung eines beliebigen Punktes A_i

$$\delta\mathfrak{r}_i = \delta\mathfrak{r}_0 + \delta\mathfrak{d} \times (\mathfrak{r}_i - \mathfrak{r}_0) \tag{8}$$

und wenn wir wieder zu den Geschwindigkeiten übergehen

$$\mathfrak{v}_i = \mathfrak{v}_0 + \mathfrak{w} \times (\mathfrak{r}_i - \mathfrak{r}_0). \tag{9}$$

Die Translationsgeschwindigkeit irgendeines Körperpunktes A_i ist gleich der geometrischen Summe aus der Geschwindigkeit eines beliebig herausgegriffenen Punktes O und dem äußeren Produkt aus der augenblicklichen Drehgeschwindigkeit des Körpers um die Momentanachse und dem Fahrstrahl, der den Punkt O mit A_i verbindet.

Dieser wichtige Satz stammt von Euler; die bei der ebenen Bewegung abgeleiteten Formeln für die Geschwindigkeitskomponenten, Nr. 117 (12), sind Spezialfälle von (9).

127. Abbildung räumlicher Vektoren auf die Ebene. Wenn man zur Ermittlung des Geschwindigkeits- und Beschleunigungszustandes eines oder mehrerer starrer Körper wie in der Ebene graphische Methoden zur Hilfe nehmen will, etwa nach den Regeln der darstellenden Geometrie durch Projektion in zwei Ebenen, so zeigt es sich bald, daß dieser Vorgang zu umständlich wird. Man trachtete daher, Abbildungsverfahren zu ersinnen, die es erlauben, mit einer einzigen Bildebene auszukommen, die also den Raumvektoren ebene Gebilde gleicher Mannigfaltigkeit zuordnen.

Wir wollen hier die von B. Mayor herrührende, von R. v. Mises[1] ergänzte und auf besonders anschauliche Form gebrachte Abbildung der räumlichen Vektoren auf Kräfte in der Ebene kurz behandeln. Der Grundgedanke ist dabei der, einen freien Raumvektor $\mathfrak{A}$ mit den Komponenten A_x, A_y, A_z durch einen in seiner Richtung verschiebbaren Vektor, einen Stab $\overline{A}$, in der Ebene so darzustellen, daß die beiden Komponenten A_x, A_y die gleichen bleiben, A_z aber in einem bestimmten Maßstab durch das Drehmoment des Bildstabes oder Bildes — so nennen wir $\overline{A}$ — um den Ursprung gegeben ist, wobei der Drehsinn des Momentes entsprechend dem Vorzeichen von A_z gewählt wird. Es ist also

$$A_x = \overline{A}_x, \quad A_y = \overline{A}_y, \quad k A_z = a \overline{A}, \tag{10}$$

wobei $\overline{A}$ die Projektion von $\mathfrak{A}$ in die Bildebene bedeutet, also gleich $\sqrt{A_x^2 + A_y^2}$ ist, a den Abstand derselben vom Ursprung angibt und die Konstante k, ihrer Dimension nach eine Länge, den Maßstab der Abbildung regelt.

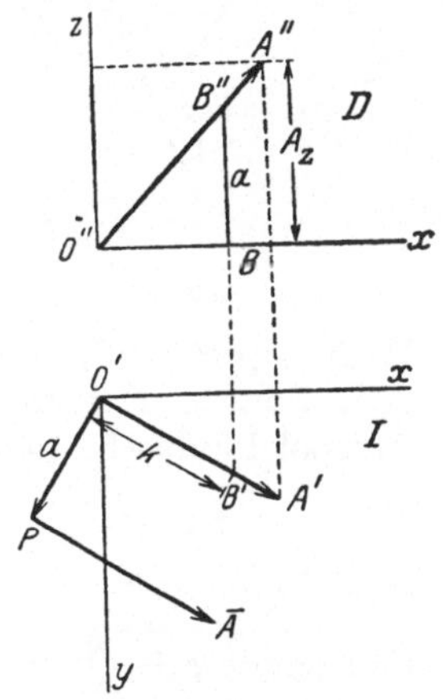

Abb. 193.

In Abb. 193 ist das diesen Formeln entsprechende Verfahren zeichnerisch dargestellt. Auf $A' = \overline{A}$ braucht man nur die Länge k aufzutragen und sie auf A'' hinaufzuloten; dann gibt $\overline{BB''}$ schon den zu ermittelnden Abstand a an, denn

$$\frac{\overline{BB''}}{A_z} = \frac{k}{\overline{A}}.$$

Man hat dann nur $\overline{A}$ in der Entfernung a vom Ursprung so anzusetzen, daß der Drehsinn dem Vorzeichen von A_z entspricht.

Aus dieser Definition der Abbildung folgt ohne weiteres, daß die geometrische Summe von Raumvektoren der Summe der Bildstäbe entspricht. Das resultierende $\overline{A}$ erhalten wir durch geometrische Zusammensetzung der $\overline{A}_i$, den Abstand durch ebensolche Addition der a_i. Ferner sind Vektoren, die einer Geraden parallel sind, durch Stäbe mit parallelen Wirkungslinien, parallelen „Trägern", dargestellt. Bei

[1] Graphische Statik räumlicher Systeme. Z. Math. u. Physik. 1916.

Vektoren, die einer Ebene parallel sind, wählt man diese Ebene als Bildebene; die Träger gehen dann alle durch den Ursprung hindurch, da die z-Komponenten ja alle gleich Null sind.

Wir wollen noch einen Satz über zueinander senkrechte Vektoren ableiten, der für die Konstruktion praktische Bedeutung besitzt. Bilden wir zwei solche Vektoren $\mathfrak{A}$ und $\mathfrak{B}$ ab, so ist der Winkel, den die Bildstäbe miteinander einschließen, gegeben durch

$$\cos\delta = \frac{A_x B_x + A_y B_y}{\overline{A}\,\overline{B}}.$$

Wegen der Orthogonalität $A_x B_x + A_y B_y + A_z B_z = 0$ kann man dafür schreiben

$$\cos\delta = -\frac{A_z B_z}{\overline{A}\,\overline{B}} = -\frac{a\,\overline{A}\,b\,\overline{B}}{k^2\,\overline{A}\,\overline{B}} = -\frac{a\,b}{k^2}$$

oder

$$b = \frac{k^2 \cos\delta}{a}, \qquad (11)$$

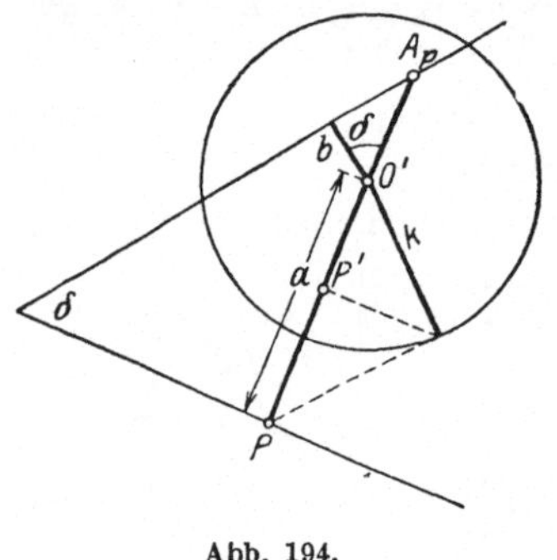

Abb. 194.

wenn man mit δ den spitzen Winkel zwischen den beiden Richtungen bezeichnet. Konstruiert man demnach zu dem Punkte P, dem Fußpunkte des von O' auf die Richtung des einen Bildstabes gefällten Lotes, den „Antipol" A_p, Abb. 194, also den Punkt der spiegelbildlich zu O' in bezug auf den Punkt P' gelegen ist, welch letzterer wieder bei einer Transformation mittelst reziproker Radien ($r\,r' = k^2$) bezüglich des Abbildungskreises mit dem Radius k dem Punkte P entspricht, so geht der zweite Bildstab durch diesen Antipol hindurch. Es ist ja dann

$$\overline{O'P'} = \overline{O'A_p} = \frac{k^2}{a}$$

und somit $b = \frac{k^2}{a}\cos\delta$. Stehen also zwei Vektoren zueinander senkrecht, dann geht der Bildstab des einen durch den Antipol des Bildes des anderen.

Haben wir keinen freien Vektor, sondern einen Stab im Raum, etwa eine Kraft $\mathfrak{P}$, so müssen wir außer dem Bildstab noch den Spurpunkt der Wirkungslinie G_p in der Bildebene kennen, um auch die Lage von $\mathfrak{P}$ festzulegen. Es läßt sich dann — und das wollen wir noch zeigen — das Bild des polaren Momentes $\mathfrak{M}$ dieser Kraft um den Ursprung, oder allgemeiner gesagt, das des äußeren Produktes von $\mathfrak{r}$ und des vorgegebenen Vektors einfach ermitteln.

Weil $\mathfrak{M}$ senkrecht zu $\mathfrak{P}$ ist, muß einerseits der Bildstab desselben $\overline{M}$ senkrecht auf der Verbindungslinie G_pO' stehen, vgl. Abb. 195, und anderseits durch den Antipol des Bildstabes von $\mathfrak{P}$ gehen. Das gibt die in der Abbildung durchgeführte Konstruktion der Richtung von $\overline{M}$.

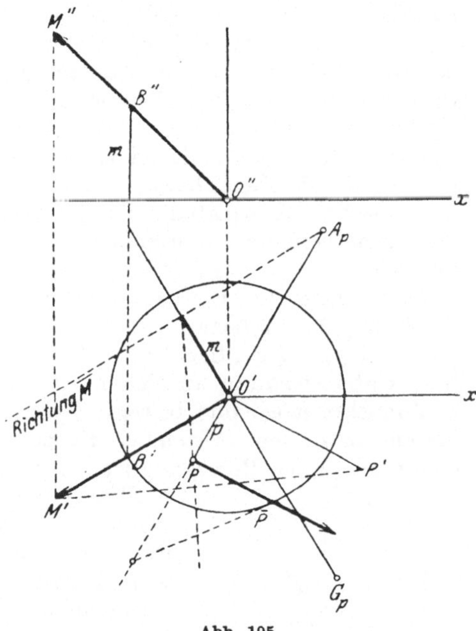

Abb. 195.

Da ferner $M_z = p\,\overline{P}$ ist, so erhält man, wenn

$$\overline{M}_x = \frac{M_x}{k}, \quad \overline{M}_y = \frac{M_y}{k},$$

$$\overline{M}_z = m\,\overline{M} = M_z \qquad (12)$$

gesetzt wird,

$$m\,\overline{M} = p\,\overline{P}. \qquad (13)$$

Man bekommt daher die Länge von $\overline{M}$ am besten, wenn man, s. die Abb. 195, von dem Endpunkt P' eine Senkrechte zu der Verbindungslinie der Endpunkte von m und p zieht und sie mit der durch O' gelegten Parallele zu der Richtung von $\overline{M}$ zum Schnitt bringt. Wegen der Ähnlichkeit des Dreiecks $O'P'M'$ und des aus den Seiten m und p mit der Ecke in O' gebildeten folgt die Beziehung (13) und die Strecke $O'M'$ gibt dann die Länge des Bildes $\overline{M}$. Es ist also $\overline{O'M'} = \overline{M} = \frac{1}{k}\sqrt{M_x^2 + M_y^2}$.

Mit Hilfe der in Abb. 195 durchgeführten Konstruktion kann man dann auch den mit $\frac{1}{k}$ multiplizierten Aufriß des Vektors $\mathfrak{M}$ erhalten. Projiziert man nämlich den Schnittpunkt B' von $O'M'$ mit den Abbildungskreis auf die x-Achse und trägt m von dort auf, so gibt die Verbindungslinie von O'' mit dem Endpunkt B'' von m die Richtung der Vertikalprojektion von $\mathfrak{M}$ an und durch Hinaufloten des Punktes M' erhält man dann diese selbst.

Mit Hilfe derartiger Abbildungsverfahren kann man tatsächlich die räumliche Kinematik des starren Körpers in befriedigender Weise behandeln. Wegen des Näheren sei auf die einschlägige Literatur, vor allem auf das Buch von K. Federhofer[1] über diesen Gegenstand verwiesen.

[1] Federhofer, K.: Graphische Kinematik und Kinetostatik des starren räumlichen Systems. Wien: Springer-Verlag. 1928.

III. Relativbewegung von Punkten.

128. Relativbewegung gegenüber reiner Translation. Bei manchen Aufgaben der Dynamik tritt die Frage auf: Wie erscheint die in einem als ruhend gedachten Grundsystem A vorgegebene Bewegung eines Massenpunktes von einem anderen System F aus betrachtet, das sich wie ein starrer Körper selbst wieder gegen das erste bewegt oder umgekehrt, wie findet man die Bewegung in bezug auf das als ruhend gedachte System, wenn die relativ zu dem bewegten bekannt ist? Wenn man z. B. die Eigenbewegung eines Fahrzeuges aus Ablesungen an mechanischen Apparaten, Pendelvorrichtungen u. dgl., die sich auf demselben befinden, bestimmen will, hat man eine derartige Aufgabe vor sich.

Wir wollen die Bewegung im ruhend gedachten Grundsystem als die wahre, die in bezug auf das bewegte, die relative nennen, obwohl wir ja wegen der allgemeinen Relativität der Bewegung wissen, daß diese Unterscheidung an sich nicht gerechtfertigt ist.

Zunächst möge das bewegte System F, das wir auch das führende System bzw. den führenden Körper nennen, eine reine Translation ausführen. Seine Bewegung ist dann durch die Bewegung eines einzigen Punktes, des Ursprungs, vollständig bestimmt, also durch $\mathfrak{r}_f = \mathfrak{r}_f(t)$, s. Abb. 196, wenn $\mathfrak{r}_f$ den Radiusvektor vom Nullpunkt von A zum Nullpunkt von F darstellt. Bezeichnen wir mit $\mathfrak{r}$ den Radiusvektor eines bewegten Punktes M im ruhenden, mit $\mathfrak{r}_r$ den im führenden System, so besteht die Beziehung

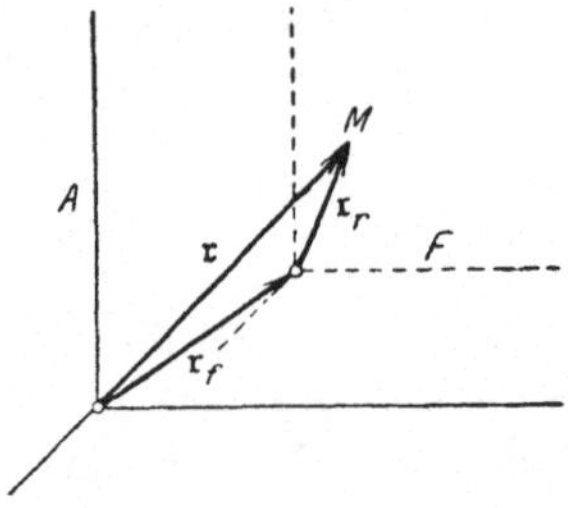

$$\mathfrak{r} = \mathfrak{r}_f + \mathfrak{r}_r \tag{1}$$

und daher auch

Abb. 196.

$$\dot{\mathfrak{r}} = \mathfrak{v} = \mathfrak{v}_f + \mathfrak{v}_r$$

oder

$$\mathfrak{v}_r = \mathfrak{v} - \mathfrak{v}_f, \tag{2}$$

die *Relativgeschwindigkeit* ist also in diesem Fall gleich der geometrischen *Differenz* aus *wahrer* und *Führungsgeschwindigkeit*.

Analog erhält man durch nochmalige Differentiation

$$\mathfrak{p}_r = \mathfrak{p} - \mathfrak{p}_f. \tag{3}$$

Diese Gleichungen geben auch Aufschluß über die Bewegung von Punkten gegeneinander, da man ja mit der Bewegung eines einzelnen Punktes immer eine reine Translation des mit ihm starr verbundenen Systems verknüpfen kann; wir haben nur den Ursprung von F mit dem einen Punkt zusammenfallen zu lassen. Ist einer der betrachteten Punkte in Ruhe, dann legen wir das System A in ihn hinein. Will man etwa die Bewegung der Sonne relativ zur Erde bestimmen, so legt man in die Sonne den Ursprung von A, in die Erde den von F, dann ist $\mathfrak{r} = 0$ und man erhält $\mathfrak{r}_r = -\mathfrak{r}_f$; die Sonne beschreibt also gegenüber der Erde eine Ellipse, die kongruent der Erdbahn um die Sonne ist, von der ein Brennpunkt in der Erde liegt und die im entgegengesetzten Sinn wie die Erdbahn durchlaufen wird.

Soll ein ruhendes Ziel von einem fahrenden Schiff aus getroffen werden, das die Geschwindigkeit c senkrecht zur Zielrichtung hat, so muß das Geschütz entgegen der Fahrtrichtung um einen Winkel zurückgedreht werden, dessen Größe durch $\sin\delta = \frac{c}{v_0}$ bestimmt ist, wenn v_0 die Geschwindigkeit des Geschosses bedeutet. Denn die wahre Geschwindigkeit v senkrecht zur Fahrtrichtung muß sich als Resultierende aus der Führungsgeschwindigkeit $v_f = c$ und der Relativgeschwindigkeit $v_r = v_0$ ergeben, s. Abb. 197.

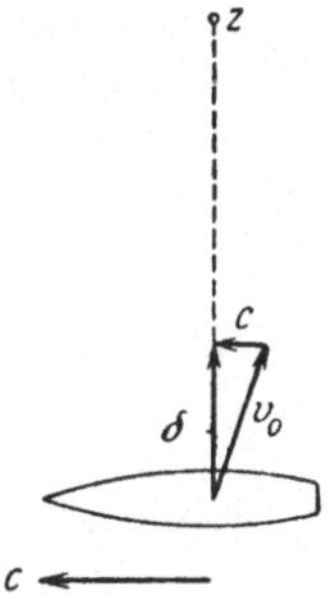

Abb. 197.

Beispiel 47. Von zwei Stellen aus werden zwei Massenpunkte im luftleeren Raum mit der Größe und Richtung nach verschiedenen Geschwindigkeiten weggeworfen. Es soll die Relativbewegung der Punkte gegeneinander ermittelt werden.

Legen wir den Ursprung von F in einen der Punkte, so ist $\mathfrak{p}_f = g$; die wahre Beschleunigung des anderen ist ebenfalls g. Daher ist $\mathfrak{p}_r = 0$, ein Punkt beschreibt relativ zu dem anderen eine gerade Linie.

Beispiel 48. Befindet sich ein mathematisches Pendel in einem Fahrstuhl, der mit der Beschleunigung p_f nach abwärts fährt, so ist die Beschleunigung des Pendelkörpers relativ zu dem Fahrstuhl $p_r = g - p_f$.

Daher ist
$$\tau = 2\pi\sqrt{\frac{l}{g - p_f}}.$$
Das Pendel schwingt also langsamer.

129. Der führende Körper dreht sich um eine Achse. Von besonderer Wichtigkeit ist die Relativbewegung eines Punktes gegenüber einem starren Körper, der um eine Achse rotiert, schon deswegen, weil alle Bewegungen von Massenpunkten auf der Erde derartige Bewegungen sind. Dem Problem entsprechend wollen wir Zylinderkoordinaten einführen, also die Lage eines Punktes durch die ebenen Polarkoordinaten r und φ seiner Projektion in die x-y-Ebene und durch den Abstand z von dieser festlegen. Die Achse des sich drehenden Körpers falle mit der z-Achse des ruhenden Systems zusammen, die Drehung sei durch den Winkel $\vartheta = \vartheta(t)$ gegeben, den die Anfangsrichtung des führenden Systems mit der des ruhenden einschließt. Bezeichnen wir die Koordinaten des Punktes M im ruhenden System mit r, φ und z und im führenden mit ϱ, ψ und ζ, s. Abb. 198, so haben wir

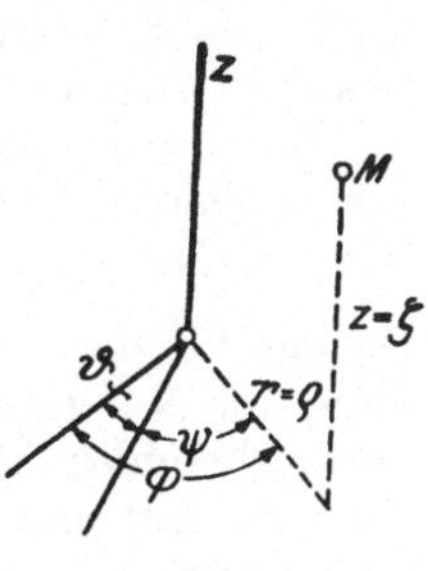

Abb. 198.

$$\varrho = r, \qquad \psi = \varphi - \vartheta, \qquad \zeta = z. \tag{4}$$

Wählen wir drei Einheitsvektoren $\mathfrak{i}_1$, $\mathfrak{j}_1$, $\mathfrak{k}_1$ entsprechend den Richtungen unseres K.-S., so ist die Relativgeschwindigkeit

$$\mathfrak{v}_r = \mathfrak{i}_1 v_\varrho + \mathfrak{j}_1 v_\psi + \mathfrak{k}_1 v_\zeta = \mathfrak{i}_1 \dot r + \mathfrak{j}_1 r(\dot\varphi - \dot\vartheta) + \mathfrak{k}_1 \dot z. \tag{5}$$

Wenn man die wahre Geschwindigkeit

$$\mathfrak{v} = \mathfrak{i}_1 \dot{r} + \mathfrak{j}_1 r \dot{\varphi} + \mathfrak{k}_1 \dot{z} \tag{6}$$

in (5) einsetzt, erhält man

$$\mathfrak{v}_r = \mathfrak{v} - \mathfrak{j}_1 r \dot{\vartheta} = \mathfrak{v} - \mathfrak{v}_f. \tag{7}$$

Die Relativgeschwindigkeit stellt sich also ebenso wie früher als die Differenz aus wahrer und Führungsgeschwindigkeit dar, $\mathfrak{j}_1 r \dot{\vartheta}$ ist ja die Geschwindigkeit jenes Punktes des führenden Körpers, der mit dem beweglichen M augenblicklich zusammenfällt.

Analog findet man die Relativbeschleunigung $\mathfrak{p}_r$. Es ist nach den Formeln, die die Beschleunigung in Zylinderkoordinaten ausdrücken, vgl. Nr. 80,

$$\begin{aligned} \mathfrak{p}_r &= \mathfrak{i}_1 (\ddot{\varrho} - \varrho \dot{\psi}^2) + \mathfrak{j}_1 (2 \dot{\varrho} \dot{\psi} + \varrho \ddot{\psi}) + \mathfrak{k}_1 \ddot{\zeta} = \\ &= \mathfrak{i}_1 (\ddot{r} - r \dot{\varphi}^2 + 2 r \dot{\varphi} \dot{\vartheta} - r \dot{\vartheta}^2) + \mathfrak{j}_1 (2 \dot{r} \dot{\varphi} + r \ddot{\varphi} - 2 \dot{r} \dot{\vartheta} - r \ddot{\vartheta}) + \mathfrak{k}_1 \ddot{z} = \\ &= \mathfrak{i}_1 (\ddot{r} - r \dot{\varphi}^2) + \mathfrak{j}_1 (2 \dot{r} \dot{\varphi} + r \ddot{\varphi}) + \mathfrak{k}_1 \ddot{z} - \mathfrak{i}_1 r \dot{\vartheta}^2 - \mathfrak{j}_1 (2 \dot{r} \dot{\vartheta} + r \ddot{\vartheta}) + \\ &\quad + \mathfrak{i}_1 2 r \dot{\varphi} \dot{\vartheta} \end{aligned}$$

und daher

$$\begin{aligned} \mathfrak{p}_r &= \mathfrak{p} - \mathfrak{p}_f - 2 \mathfrak{i}_1 r \dot{\vartheta}^2 + 2 \mathfrak{i}_1 r \dot{\varphi} \dot{\vartheta} - \mathfrak{j}_1 2 \dot{r} \dot{\vartheta} = \\ &= \mathfrak{p} - \mathfrak{p}_f + \mathfrak{i}_1 2 r \dot{\psi} \dot{\vartheta} - \mathfrak{j}_1 2 \dot{r} \dot{\vartheta}; \end{aligned} \tag{8}$$

denn $-\mathfrak{i}_1 r \dot{\vartheta}^2 + \mathfrak{j}_1 r \ddot{\vartheta}$ ist nichts anderes als die Beschleunigung des Punktes des sich drehenden Systems, in dem sich M gerade befindet, also die Führungsbeschleunigung. Die Beschleunigung

$$\mathfrak{p}_c = \mathfrak{i}_1 2 r \dot{\psi} \dot{\vartheta} - \mathfrak{j}_1 2 \dot{r} \dot{\vartheta} = 2 \dot{\vartheta} (\mathfrak{i}_1 v_\psi - \mathfrak{j}_1 v_\varrho) \tag{9}$$

heißt die *zusammengesetzte* oder *Coriolisbeschleunigung* nach dem französischen Physiker *Coriolis*, der anfangs des **19. Jahrhunderts** auf ihre Bedeutung hinwies. Sie ist dem Betrag nach gegeben durch

$$|\mathfrak{p}_c| = 2 \dot{\vartheta} \sqrt{v_\psi{}^2 + v_\varrho{}^2}, \tag{10}$$

also gleich dem *doppelten Produkt aus der Winkelgeschwindigkeit des führenden Körpers* und der *Komponente der Relativgeschwindigkeit senkrecht zur Drehachse.*

Wenn man den Winkel zwischen der Relativgeschwindigkeit und der Drehachse mit δ bezeichnet, ist daher

$$|\mathfrak{p}_c| = 2 \dot{\vartheta} |\mathfrak{v}_r| \sin \delta. \tag{10a}$$

Da der Vektor $\mathfrak{i}_1 v_\psi - \mathfrak{j}_1 v_\varrho$ in einem der Drehung *entgegengesetzten* Sinn um 90° gegen $\mathfrak{i}_1 v_\varrho + \mathfrak{j}_1 v_\psi$ gedreht ist, sieht man ferner, daß die Coriolisbeschleunigung in einer Ebene normal zur Drehachse des führenden Körpers liegt und zu der in diese Ebene fallenden Komponente $|\mathfrak{v}_r| \sin \delta$ und damit auch zu der Relativgeschwindigkeit $\mathfrak{v}_r$ selbst *senkrecht* steht. Aus diesen Eigenschaften folgt aber unmittelbar, daß die Coriolisbeschleunigung das doppelt genommene *äußere Produkt* von *Relativgeschwindigkeit und Drehgeschwindigkeit* des führenden Körpers ist

$$\mathfrak{p}_c = 2 \mathfrak{v}_r \times \mathfrak{w}. \tag{10b}$$

Das Hinzutreten der Coriolisbeschleunigung ist eine Folge der Richtungsänderung, die die Relativgeschwindigkeit infolge der Drehung erfährt.

Die Relativbeschleunigung eines Punktes gegen ein um eine feste Achse sich drehendes System ist also gegeben durch

$$\mathfrak{p}_r = \mathfrak{p} - \mathfrak{p}_f + \mathfrak{p}_c. \tag{11}$$

Sie setzt sich aus drei Teilen zusammen, aus der wahren Beschleunigung, aus der negativen Führungsbeschleunigung und der Coriolisbeschleunigung. Ist der Punkt M in relativer Ruhe zum führenden Körper, dann ist $\mathfrak{v}_r$ und damit auch $\mathfrak{p}_c$ gleich Null, dann ist die Relativbeschleunigung gleich der Differenz aus wahrer und Führungsbeschleunigung.

Wir wollen an dieser Stelle eine für das Spätere wichtige Bemerkung einschalten. Da der Differentialquotient eines Vektors $\mathfrak{a}$ nach der Zeit durch die Geschwindigkeit des Endpunktes desselben dargestellt werden kann, so gibt die Formel (2) $\mathfrak{v} = \mathfrak{v}_r + \mathfrak{v}_f$ bei einer Drehung des führenden Systems mit der Winkelgeschwindigkeit $\mathfrak{w}$, wo also $\mathfrak{v}_f = \mathfrak{w} \times \mathfrak{a}$ ist [vgl. Formel (7), Nr. 123], die Beziehung

$$\frac{d\mathfrak{a}}{dt} = \left(\frac{\partial \mathfrak{a}}{\partial t}\right)_r + \mathfrak{w} \times \mathfrak{a}. \tag{12}$$

Das Symbol $\left(\frac{\partial \mathfrak{a}}{\partial t}\right)_r$ besagt dabei, daß man den Vektor $\mathfrak{a}$ bzw. seine Komponenten in bezug auf das sich drehende System nach der Zeit zu differentieren hat. Nach (12) ist also die absolute zeitliche Änderung eines Vektors gleich der relativen Änderung in bezug auf ein sich drehendes K.-S. vermehrt um das äußere Produkt aus Drehgeschwindigkeit und Vektor.

Beispiel 49. Der freie Fall. Da bei der Bestimmung der Richtung der Schwere in einem Punkte der Erdoberfläche der Einfluß der Erddrehung schon eingerechnet ist, so haben wir die Führungsbeschleunigung $\mathfrak{p}_f$, die sich wegen der Konstanz der Winkelgeschwindigkeit auf das Glied $r\,\vartheta^2$, also auf die Zentrifugalbeschleunigung reduziert, schon berücksichtigt und brauchen uns nur mehr mit der Änderung der Bahn zu beschäftigen, die die Coriolisbeschleunigung bewirkt. Wenn $v_r = g\,t$ die Fallgeschwindigkeit und ω_0 die Drehgeschwindigkeit der Erde ist, so haben wir

$$|\mathfrak{p}_c| = 2\,\omega_0\,v_r \sin\delta = 2\,\omega_0\,g\,t\cos\varphi$$

zu setzen und $\mathfrak{p}$ ist tangential an den Breitenkreis nach Osten gerichtet, da sich die Erde von Westen nach Osten dreht (vgl. Abb. 199). Daher ergibt sich aus

$$\frac{d^2 x}{dt^2} = 2\,\omega_0\,g\,t\cos\varphi \tag{13}$$

eine Abweichung nach Osten im Betrage von

$$x = \omega_0\,g\cos\varphi\,\frac{t^3}{3}. \tag{14}$$

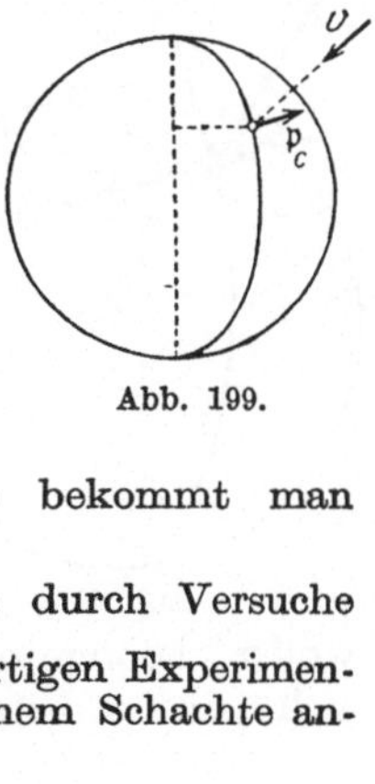

Abb. 199.

Führt man darin die Fallhöhe $h = \frac{g}{2}\,t^2$ ein, so bekommt man $x = \frac{2}{3}\,\omega_0\cos\varphi\,h\sqrt{\frac{2\,h}{g}}$. Dieses Resultat wurde zuerst durch Versuche Benzenbergers in Hamburg bestätigt, bei weiteren derartigen Experimenten, die der Physiker Reich in Freiburg in Sachsen in einem Schachte anstellte, ergab sich bei einer Falltiefe von $h = 158{,}3$ m im Mittel eine östliche Abweichung von 0,0283 m, während bei der Rechnung eine solche von 0,0276 m herauskommt. Der Unterschied rührt von dem Luftwiderstand her, der die Bewegung verlangsamt und daher die Abweichung vergrößert.

Der Einfluß der Coriolisbeschleunigung macht sich auch bei anderen Bewegungen auf der Erde bemerkbar, und zwar nach Formel (10a) um so mehr, je größer v_r und der Winkel δ ist. Bei einem Geschoß, das in der Richtung des Meridians auf der nördlichen Halbkugel abgefeuert wird, tritt nach den obigen Überlegungen bei nördlicher Schußrichtung eine Abweichung nach Osten, bei südlicher eine nach Westen, also in beiden Fällen vom Schützen aus nach rechts auf; auf der südlichen Halbkugel hätte man dementsprechend eine Linksabweichung. Für den luftleeren Raum ergeben die Rechnungen in extremen Fällen Abweichungen von mehreren Hundert Metern nach der Seite; durch den Einfluß des Luftwiderstandes werden aber diese Abweichungen stark verkleinert.

Auf der C.-B. beruht es auch, daß das Abströmen der kalten Luft vom Pol zum Äquator, das bei ruhender Erde in der Meridianrichtung vor sich ginge, eine Komponente nach Westen erhält (Nord-Ost-Passate auf der nördlichen, Süd-Ost-Passate auf der südlichen Halbkugel).

Vom technischen Standpunkte ist der Einfluß der C.-B. auf die Bewegung von Punkten auf Flächen von Bedeutung, die mit dem führenden Körper starr verbunden sind und sich mit ihm drehen wie z. B. beim Strömen des Wassers auf Turbinenschaufeln.

130. Das Foucaultsche Pendel. Die Corioliskraft wirkt natürlich auch auf ein schwingendes mathematisches Pendel ein und hat zur Folge, daß sich dessen Ebene mit der Zeit gegenüber der Umgebung verdreht. Wir erhalten auf diese Weise die Möglichkeit, objektiv auf Grund mechanischer Prinzipien die Erddrehung zu beweisen. Der erste, der dies tat, war Foucault, dessen bekannter Pendelversuch nun besprochen werden soll.

Da das Pendel dabei aus seiner Ebene heraustritt — alles auf die die Erddrehung mitmachende Umgebung des Pendels bezogen —, so haben wir im Grunde genommen ein Kugelpendel vor uns, vgl. Nr. 105, und wir wollen das Problem auch nach dem bei diesem verwendeten Verfahren behandeln; es kommt nur zur Schwerkraft noch die Corioliskraft dazu. Wir denken uns also an dem Ort des Pendels, der die geographische Breite α haben soll, ein mit der Erde fest verbundenes Koordinatensystem angebracht, dessen x-Achse nach Osten, dessen y-Achse nach Norden und dessen z-Achse vertikal nach aufwärts weist (Abb. 200). Da wir nur kleine Schwingungen berücksichtigen wollen, können wir die Bewegung des Pendels als in der $x\,y$-Ebene vor sich gehend betrachten, also z und $\dot{z}$ vernachlässigen und auch von

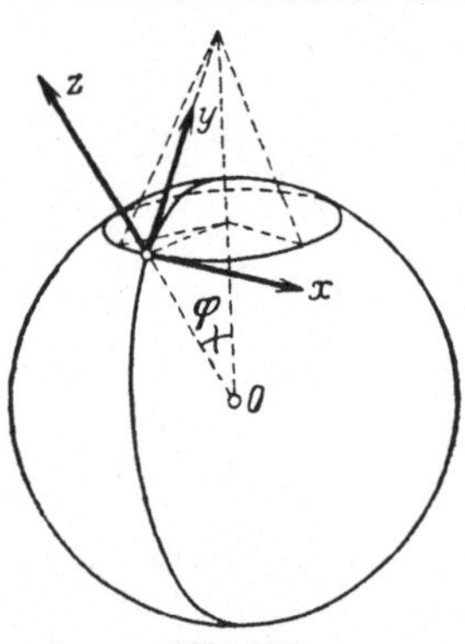

Abb. 200.

der Änderung der Fadenspannung infolge der Corioliskraft absehen, so daß

$$S = m\,g$$

bleibt.

Führen wir nun in der Horizontalebene $x\,y$ ein Polarkoordinatensystem r, φ ein, wobei wir φ von Osten über Norden nach Westen positiv zählen, so haben wir, weil die Coriolisbeschleunigung dem Betrag nach gleich dem Produkte aus $2\,\omega \sin\alpha$ und der Geschwindigkeit ist und senkrecht auf der letzteren steht, die in die Richtung wachsender r fallende Komponente derselben gleich

$$-2\,\omega \sin\alpha\, v_\varphi = -2\,\omega \sin\alpha\, r\,\dot{\varphi}$$

und die in die Richtung zunehmender φ fallende gleich

$$2\,\omega \sin\alpha\, v_r = 2\,\omega \sin\alpha\, \dot{r}$$

zu setzen; ω bedeutet dabei die Drehgeschwindigkeit der Erde. Da ferner die Fadenspannung in der Richtung von r durch

$$S\,\frac{r}{l} = m\,\frac{g}{l}\,r$$

gegeben ist (l = Länge des Pendels), erhalten wir die Bewegungsgleichungen

$$\left.\begin{aligned} p_r &= \ddot{r} - r\,\dot{\varphi}^2 = -\frac{g}{l}\,r - 2\,\omega \sin\alpha\, r\,\dot{\varphi}, \\ p_\varphi &= r\,\ddot{\varphi} + 2\,\dot{r}\,\dot{\varphi} = 2\,\omega \sin\alpha\, \dot{r}. \end{aligned}\right\} \qquad (15)$$

Da sich die untere Gleichung in der Form schreiben läßt

$$\frac{d}{dt}\,(r^2\,\dot{\varphi}) = 2\,\omega \sin\alpha\, \dot{r}\,r = \omega \sin\alpha\,\frac{d}{dt}\,(r^2),$$

so erhalten wir sofort als ein Integral

$$r^2\,(\dot{\varphi} - \omega \sin\alpha) = \text{konst.} = h. \qquad (16)$$

Es ist dies nichts anderes als der Flächensatz. Ähnlich bekommen wir das dem Energiesatz entsprechende Integral, wenn wir die obere der Gl. (15) mit r, die untere mit $r\,\varphi$ multiplizieren und addieren

$$\dot{r}\,\ddot{r} + r\,\dot{r}\,\dot{\varphi}^2 + r^2\,\dot{\varphi}\,\ddot{\varphi} = -\frac{g}{l}\,r\,\dot{r}$$

und daraus

$$\dot{r}^2 + r^2\,\dot{\varphi}^2 + \frac{g}{l}\,r^2 = 2\,k. \qquad (17)$$

Wenn wir voraussetzen, daß das Pendel bei seiner Bewegung durch die vertikale Lage $r = 0$ hindurchgeht und auf diesen Fall wollen wir uns beschränken, so folgt aus (16), daß $h = 0$ und daher

$$\dot{\varphi} = \omega \sin\alpha \qquad (18)$$

sein muß. Die Pendelebene dreht sich also gegenüber der Erde mit einer Geschwindigkeit, die proportional der Winkelgeschwindigkeit der Erde und dem Sinus der geographischen Breite ist. Bei einer vollen Umdrehung der Erde, nach einem Weg, ist dieser Winkel also gemäß der Formel

$$\varphi = \omega \sin\alpha\, t$$

gleich $2\pi \sin \alpha$. Am Äquator ist er Null, am Pol hat sich das Pendel in dieser Zeit einmal herumgedreht. Das große von **Foucault** im Jahre 1851 verwendete Pendel zeigte diesen Sachverhalt mit befriedigender Genauigkeit.

Um die Kurve zu erhalten, die der Pendelkörper im einzelnen beschreibt, müßte man unter Berücksichtigung von (15) und (16) weiter r als Funktion von φ bzw. t bestimmen, worauf wir nicht weiter eingehen wollen. Die in späterer Zeit gemachten Beobachtungen — der Pendelversuch wurde noch oft wiederholt, am besten mit Berücksichtigung aller Fehlerquellen geschah dies wohl von **Camerlingh Onnes** in Groningen — zeigen eine gute Übereinstimmung mit der so berechneten Kurve; sie geben die Möglichkeit, die Erddrehung mit einem Fehler von 7 bis 8 Minuten pro Tag zu berechnen.

Man kann auch auf eine elementarere Weise, ohne die Coriolisbeschleunigung zu Hilfe zu nehmen, Formel (17) ableiten, indem man die Drehung der Erde gegenüber der Pendelebene betrachtet. Befindet sich das Pendel am Pol, so bleibt seine Ebene im Raum unverändert, die Erde dreht sich im Laufe von 24 Stunden unter ihr herum, im Einklang mit dem eben gefundenen Resultat. Um die Drehung in einem anderen Punkte der Erdoberfläche zu finden, denken wir uns die Erddrehung ersetzt durch eine solche um eine durch den Punkt gelegte zur Erdachse parallele Gerade (vgl. Abb. 200) und durch die entsprechende Parallelverschiebung (vgl. Nr. 125). Letztere hat auf die Lage der Pendelebene keinen Einfluß, die Drehung zerlegen wir in eine Komponente um eine horizontale Achse mit der Geschwindigkeit $\omega \cos \alpha$ und eine um die vertikale

$$\omega \sin \alpha;$$

die erstere richtet die Pendelebene auf, so daß sie immer vertikal steht, die andere gibt die Verdrehung in der Horizontalebene in Übereinstimmung mit (17). Das Geradenstück, das der Pendelkörper beschreibt, bleibt immer zu sich selbst parallel, soweit das mit der Bedingung vereinbar ist, daß es immer in einer Horizontalebene, einer Tangentialebene der Erdkugel, liegen muß. Man spricht dann von einer Parallelverschiebung auf einer gekrümmten Fläche und kann die Tatsache, daß das Geradenstück bei einer derartigen Verschiebung auf einem Parallelkreis einer Kugel mit der ursprünglichen Richtung einen Winkel einschließt, wenn man eine volle Umdrehung gemacht hat, dazu benützen, die Krümmung der Fläche zu bestimmen.

Den Winkel, den die Pendelspur nach einem vorgegebenen Umdrehungswinkel der Erde mit der ursprünglichen Richtung einschließt, kann man sich am besten graphisch so bestimmen, daß man den Kegel der in die Meridianrichtung fallenden Tangenten (vgl. die Abb. 200) auf eine Ebene abwickelt, dann gibt der Winkel zwischen der ersten und letzten Erzeugenden den gesuchten Wert.

131. Erzwungene Relativbewegung. Wenn ein Punkt genötigt ist, sich auf einer bestimmten Kurve des gedrehten Systems zu bewegen, so treten infolge der Führungs- und Coriolisbeschleunigung zu den

Zwangskräften, die bei ruhendem System vorhanden wären, noch weitere hinzu, die die Wirkung dieser Beschleunigungen kompensieren. Man kann sie im führenden System objektiv feststellen und messen. Als Beispiel wollen wir zunächst den Fall behandeln, daß sich ein Punkt in einem vollkommen glatten Rohr bewegt, das sich mit konstanter Geschwindigkeit um eine vertikale Achse dreht.

Beispiel 50. Es empfiehlt sich dabei, das mit dem sich drehenden Körper, dem Rohr, in fester Verbindung stehende K.-S. so zu legen, daß die eine Achse ξ in die Richtung des Rohres fällt, die zweite η senkrecht dazu horizontal gerichtet ist (Abb. 201). Dann sind in diesem K.-S. die Komponenten der Relativbeschleunigung $\mathfrak{p}_r$ gegeben durch $(\ddot{\xi}, 0, 0)$, die der Führungsbeschleunigung $\mathfrak{p}_f$ durch $(-\xi \sin^2 \alpha\, \omega^2, 0, -\xi \sin\alpha \cos\alpha\, \omega^2)$, die der C.-B. $\mathfrak{p}_c$ durch

$$(0, -2\,\omega\, \dot{\xi} \sin\alpha, 0)$$

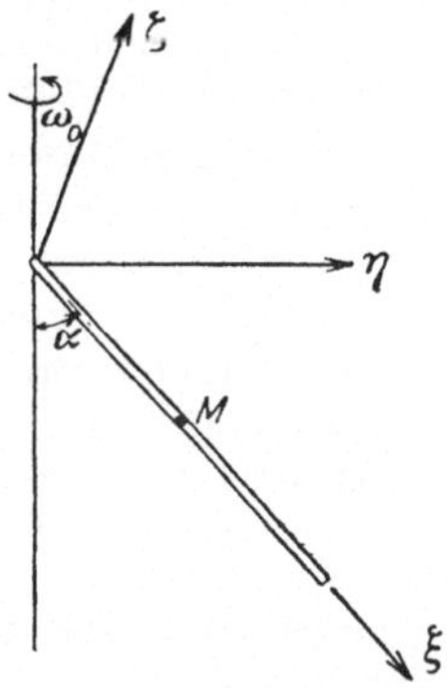

und die der eingeprägten Beschleunigung $\mathfrak{p}_e$ durch $(g \cos\alpha, 0, -g \sin\alpha)$. Die Zwangskraft wollen wir durch die entsprechende Beschleunigung $\mathfrak{p}_z$ ersetzen; sie hat bei glatter Berührung die Komponenten $0, p_{z\eta}, p_{z\zeta}$.

Dann gibt die Gl. (11), da $\mathfrak{p} = \mathfrak{p}_e + \mathfrak{p}_z$ ist,

$$\mathfrak{p}_r = \mathfrak{p}_e + \mathfrak{p}_z - \mathfrak{p}_f + \mathfrak{p}_c,$$

in Komponenten geschrieben

$$\left.\begin{aligned} \ddot{\xi} &= g \cos\alpha + \xi\, \omega^2 \sin^2\alpha, \\ 0 &= -2\,\omega\, \dot{\xi} \sin\alpha + p_{z\eta}, \\ 0 &= \xi \sin\alpha \cos\alpha\, \omega^2 - g \sin\alpha + p_{z\zeta}. \end{aligned}\right\} \quad (19)$$

Abb. 201.

Für die erste Differentialgleichung erhalten wir nach den bekannten Regeln die Lösung

$$\xi = \frac{-g \cos\alpha}{\omega^2 \sin^2\alpha} + A\, e^{\omega \sin\alpha\, t} + B\, e^{-\omega \sin\alpha\, t} =$$
$$= \frac{-g \cos\alpha}{\omega^2 \sin^2\alpha} + A_1 \mathfrak{Cof}\,(\omega \sin\alpha\, t) + B_1 \mathfrak{Sin}\,(\omega \sin\alpha\, t).$$

Die Integrationskonstanten sind den Anfangsbedingungen entsprechend zu ermitteln; nehmen wir an, daß zu Anfang der Bewegung der Massenpunkt sich in der Drehachse in Ruhe befindet, so verschwinden ξ und $\dot{\xi}$ für $t = 0$ und wir erhalten

$$A_1 = + \frac{g \cos\alpha}{\omega^2 \sin^2\alpha}, \qquad B_1 = 0$$

und daher

$$\xi = \frac{g \cos\alpha}{\omega^2 \sin^2\alpha} [\mathfrak{Cof}\,(\omega \sin\alpha\, t) - 1]. \tag{20}$$

Um die relative Gleichgewichtslage zu finden, wo der Punkt in bezug auf das Rohr in Ruhe bleibt, haben wir $\ddot{\xi} = 0$ zu setzen und bekommen

$$\bar{\xi} = -\frac{g \cos\alpha}{\omega^2 \sin^2\alpha}. \tag{21}$$

Das negative Vorzeichen besagt, daß diese Stelle im oberen Teil des Rohres liegt.

Ist das Rohr waagrecht, $\alpha = \frac{\pi}{2}$, dann wird

$$\xi = A_1 \mathfrak{Cof}\, \omega t + B_1 \mathfrak{Sin}\, \omega t$$

und wenn man die Anfangslage des Massenpunktes in der Entfernung a von der Achse annimmt, $\xi = a\, \mathfrak{Cof}\, \omega t$.

In diesem Falle können wir auch die Reibung berücksichtigen. Führt man die dieser nach der Gleichung $R = -m\,p_R$ entsprechende Reibungsbeschleunigung p_R ein, so erhalten wir nach dem Coulombschen Reibungsgesetz bei der Reibungszahl f

$$p_R = f\,\frac{N}{m} = f\sqrt{p_{z\eta}^2 + p_{z\zeta}^2} = f\sqrt{g^2 + 4\,\omega^2\,\dot{\xi}^2}$$

und die erste der Gl. (19) hat dann die Gestalt

$$\ddot{\xi} = \xi\,\omega^2 - f\sqrt{g^2 + 4\,\omega^2\,\dot{\xi}^2}. \tag{22}$$

Diese Gleichung kann nicht in geschlossener Form integriert werden; nur wenn man auch den Einfluß der Schwerkraft vernachlässigt, $g = 0$ setzt, geht (22) in eine lineare Differentialgleichung mit konstanten Koeffizienten über, deren Lösung dem Leser überlassen sei.

Diese Reaktionskräfte machen sich auch bei zwangsläufiger Bewegung auf der Erdoberfläche bemerkbar. Einen Eisenbahnzug, der von Norden nach Süden fährt, können wir als einen Massenpunkt ansehen, der eine zwangsläufige Bewegung ausführt. Er erfährt infolge der C.-B. einen von den Schienen auf ihn übertragenen Druck nach Osten, da bei einer freien Bewegung der Zug eine Abweichung nach rechts, nach Westen, zeigen würde. Die Größe dieses Druckes ist durch

$$D = m\,\mathfrak{p}_c = 2\,m\,\omega_0\,v_r \sin\varphi$$

gegeben, also für $G = 300\,t$, $\varphi = 45^\circ$ und $v = 25$ m/sek $= 90$ km/Std. durch

$$D = \frac{2 \cdot 300 \cdot 10^3 \cdot 25\sqrt{2} \cdot 7 \cdot 29}{10 \cdot 2 \cdot 10^5} = 77{,}5 \text{ kg}.$$

Bei Geleisen, die vorwiegend in einer Richtung durchfahren werden, wird daher auf der nördlichen Halbkugel die im Bewegungssinn rechte Schiene stärker als die linke abgenützt werden.

132. Ebbe und Flut. Beschreibt der sich drehende Körper auch noch eine translatorische, beschleunigte Bewegung, so tritt in der Führungsbeschleunigung noch ein Glied auf, das der negativen Translationsbeschleunigung des Körpers gleich ist $-\,p_{tr}$. Dem entspricht bei der Bewegung eines Massenpunktes relativ zum Körper die Scheinkraft, $-\,m\,\mathfrak{p}_{tr}$.

Wenn wir wieder die Bewegung relativ zur Erde betrachten, so ist die Translationsbeschleunigung derselben durch die Anziehungskräfte der Sonne, des Mondes und der Planeten bestimmt. Die letztere kommt für Bewegungen auf der Erde nicht in Betracht, wir haben uns nur mit Sonne und Mond zu beschäftigen. Die Anziehungskraft derselben ist auf sie zu gerichtet und gleich $\frac{\varkappa M}{r^2}$ für die Masseneinheit; wobei M die Masse des Gestirns, r die augenblickliche Entfernung und $\varkappa$ die Gravitationskonstante ist. Bei der Sonne ergibt sich wegen der Größe von M eine Beschleunigung von ungefähr 0,006 m/sek^2 = 6 mm/sek^2, bei dem Mond kommt ein Betrag heraus, der nur 0,0058 des Anteils der Sonne ist. Er hat aber bei Ebbe und Flut dennoch einen größeren Einfluß, weil es ja nicht auf die absoluten Beträge dieser Werte, sondern auf deren Unterschied an verschiedenen Stellen der Erde ankommt.

Der Mond zieht die auf der ihm augenblicklich zugewendeten Seite der Erdkugel gelegenen Wassermassen mit einer Kraft an, die um den $\frac{a}{r}$-fachen Betrag (a Radius der Erde, r Entfernung des Mondes) größer ist als die im Mittelpunkt der Erde auf ein Massenteilchen wirkende und nochmals um denselben Betrag größer ist als die auf der ihm abgekehrten Seite der Erde. Relativ zum Erdmittelpunkt werden also die letzteren Wasserteile scheinbar abgestoßen und daher kommt es, daß man immer zwei Wellenberge und zwei Wellentäler hat. Infolge der Erddrehung wandern diese beiden Wellenberge um die Erde herum, so daß an einer Stelle der Meeresküste zweimal täglich Ebbe und Flut abwechseln.

Analoges gilt von der Anziehung der Sonne. Die beiden Einflüsse werden sich addieren und daher das Bild von Ebbe und Flut bedeutend verwickelter gestalten, als es bei der Einwirkung des Mondes allein der Fall wäre. Besonders groß wird die Flut ausfallen, wenn sich die Wirkungen beider Gestirne addieren (Springflut); das tritt ein, wenn Mond und Sonne ungefähr auf einer Geraden durch die Erde liegen, also bei Neu- und Vollmond. Klein wird die Flut sein (Nippflut), wenn der Mond senkrecht zur Verbindungslinie Erde Sonne steht, also im ersten und letzten Viertel. Wegen der bedeutend kleineren Entfernung des Mondes, sie ist ungefähr $\frac{1}{387}$ der der Sonne, überwiegt trotz des bedeutend kleineren absoluten Betrages der entsprechenden Beschleunigung der Einfluß des Mondes, $\frac{a}{r_m}$ ist größer als $\frac{a}{r_s}$, die Mondflut ist bedeutend stärker als die Sonnenflut. Abgesehen von der Wirkung von Sonne und Mond wird der Aufstau des Wassers durch den Verlauf der Küstenlinien der Kontinente stark verändert, auch die mittlere Tiefe der Meere spielt dabei eine Rolle, so daß die Fluterscheinungen an verschiedenen Orten ganz verschieden sein können.

Vierter Teil.

Dynamik des starren Körpers und starrer Systeme.

Die dynamischen Grundprinzipien haben wir unter Benutzung des Begriffes des Massenpunktes aufgestellt und wir stehen nun vor der Frage, wie wir die auf Grund dieser Prinzipien abgeleiteten Sätze auf den starren Körper anwenden wollen. Vom physikalischen, besonders vom atomistischen Standpunkt wäre es das naheliegendste, jeden Körper als ein System von Massenpunkten anzusehen, zwischen denen Kräfte übertragen werden, über deren Wirkungsweise man spezielle Voraussetzungen machen muß. Es zeigt sich aber, daß man mit dieser Annahme in der Mechanik kontinuierlicher Medien, beim elastischen Körper nicht durchkommt, sondern auf Unstimmigkeiten mit der Erfahrung stößt. Wir wollen daher wohl vom materiellen Punktsystem ausgehen, aber beim Übergang zum starren Körper die weiteren Voraussetzungen anführen, die es erlauben, die dort gewonnenen Resultate auf diesen zu übertragen. Man könnte andererseits auch so vorgehen, daß man von vornherein die Materie als durch ausgedehnte Körper gegeben ansieht, die sich gegenseitig berühren und bei der Bewegung aufeinander gleiten oder rollen, und dann auf Grund allgemein angenommener Prinzipien die Gleichungen für ihre Bewegung ableiten. Das ist möglich und wir werden später noch darauf zu sprechen kommen.

I. Das materielle Punktsystem.

133. Allgemeine Voraussetzungen. Wenn wir ein System von n diskreten Massenpunkten vor uns haben mit den Massen $m_1, m_2 \ldots m_n$, so können wir die Kräfte, die auf jeden einzelnen wirken, in zwei Gruppen verteilen. Jene, die von den anderen Punkten des Systems ausgeübt werden, nennen wir innere Kräfte, die anderen, die ihre Ursache außerhalb des gegebenen Systems haben, äußere. Die Resultierende der auf den $i$ten Massenpunkt wirkenden äußeren Kräfte sei $\mathfrak{P}_i$, die der inneren $\mathfrak{P}_i'$. Wir setzen weiter voraus, daß die inneren Kräfte Zentralkräfte sind, die dem Wechselwirkungsgesetz gehorchen, daß also die von zwei Punkte aufeinander ausgeübten Kräfte in deren Verbindungslinie fallen und entgegengesetzt gleich sind. Dann ist sowohl die Summe der inneren Kräfte

$$\sum_{i=1}^{i=n} \mathfrak{P}_i' = 0, \qquad (1)$$

als auch deren Momentensumme um einen beliebigen Punkt

$$\sum_{i=1}^{i=n} \mathfrak{M}^{\mathfrak{P}'i} = \sum_{i=1}^{i=n} (\mathfrak{r}_i \times \mathfrak{P}_i') = 0. \tag{2}$$

Für jeden Massenpunkt soll das Newtonsche Grundgesetz gelten, wir haben also

$$m_i \frac{d^2 \mathfrak{r}_i}{dt^2} = \mathfrak{P}_i + \mathfrak{P}_i'. \tag{3}$$

134. Schwerpunkts- und Flächensatz. Bilden wir nun die Summe über alle Massenpunkte, so fällt wegen (1) auf der rechten Seite die Summe über die inneren Kräfte fort und wir erhalten

$$\sum_{i=1}^{i=n} m_i \frac{d^2 \mathfrak{r}_i}{dt^2} = \sum \mathfrak{P}_i, \tag{4}$$

wo sich die Summe rechts nur über die Punkte, an denen äußere Kräfte angreifen, also über alle äußeren Kräfte zu erstrecken hat. Die Summe der Massenbeschleunigungen ist also gleich der Summe der äußeren Kräfte allein.

Wenn wir weiter den Flächensatz für einen Punkt m_i anschreiben

$$\mathfrak{r}_i \times m_i \frac{d^2 \mathfrak{r}_i}{dt^2} = \mathfrak{r}_i \times \mathfrak{P}_i + \mathfrak{r}_i \times \mathfrak{P}_i'$$

und wieder die Summe bilden, so fällt wegen (2) die Summe der polaren Momente der inneren Kräfte ebenfalls weg und es gilt

$$\sum_{i=1}^{i=n} \left(\mathfrak{r}_i \times m_i \frac{d^2 \mathfrak{r}_i}{dt^2} \right) = \sum (\mathfrak{r}_i \times \mathfrak{P}_i). \tag{5}$$

Die Summe der Momente der Massenbeschleunigungen um irgendeinen Punkt ist gleich der Summe der Drehmomente der äußeren Kräfte.

Auf diese Weise erhalten wir auf Grund unserer Voraussetzungen über die inneren Kräfte zwei allgemeine Gesetze für die Bewegungen der Punkte eines solchen Punkthaufens, die je drei algebraischen Gleichungen entsprechen.

Wir wollen diesen nun eine etwas andere Gestalt geben. Wir können zunächst in (4) das Summenzeichen links wegbringen, wenn wir den Begriff des Massenmittelpunktes, den wir schon benutzt haben, in die Gleichung einführen. Dieser ist ja definiert durch $M\,\mathfrak{r}_s = \sum_{i=1}^{i=n} m_i\,\mathfrak{r}_i$, wobei $M = \sum_{i=1}^{i=n} m_i$ die Gesamtmasse des Systems bedeutet. Wegen der Konstanz der m_i können wir die linke Seite von (4) in der Form schreiben

$$\frac{d^2}{dt^2} \left(\sum_{i=1}^{i=n} m_i\,\mathfrak{r}_i \right) = \frac{d^2}{dt^2} (M\,\mathfrak{r}_s) = M \frac{d^2 \mathfrak{r}_s}{dt^2}$$

und unser Satz (4) schreibt sich jetzt

$$M \frac{d^2 \mathfrak{r}_s}{dt^2} = \sum \mathfrak{P}_i. \tag{4a}$$

Das ist genau die Gleichung für einen Massenpunkt von der Masse M, an dem die äußeren Kräfte $\mathfrak{P}_i$ angreifen. Wir können den Satz (4) also in der Form aussprechen: Der Massenmittelpunkt oder Schwerpunkt eines Systems materieller Punkte bewegt sich so, als ob die ganze Masse des Systems in ihm konzentriert wäre und die äußeren Kräfte parallel zu sich verschoben an ihm angreifen würden. Diese Aussage wird der allgemeine Schwerpunktssatz genannt.

Daraus geht hervor, daß die Einführung des Begriffs des Massenpunktes als Punkt, in dem wir uns Masse konzentriert denken, berechtigt war. Wenn man aus der Ableitung des Schwerpunktsatzes sieht, ist für seine Gültigkeit nur die Annahme nötig, daß die Kräfte dem Wechselwirkungsgesetz genügen, daß er auch bestehen würde, wenn die Kräfte nicht Zentralkräfte, sondern etwa Kräfte „zweiter Art“ wären, das heißt wohl paarweise gleich groß und entgegengesetzt gerichtet, aber senkrecht zur Verbindungslinie ständen.

Auch die Gl. (5) können wir in etwas einfacherer Gestalt aufschreiben. Nach den bei der Ableitung des Flächensatzes für einen Massenpunkt gemachten Umformungen, Nr. 95, können wir auf der linken Seite von (5) eine Differentiation nach t herausheben und erhalten

$$\frac{d}{dt}\sum_{i=1}^{i=n}\left(\mathfrak{r}_i \times m_i \frac{d\,\mathfrak{r}_i}{dt}\right) = \sum (\mathfrak{r}_i \times \mathfrak{P}_i). \tag{5a}$$

In der Klammer links steht jetzt die Summe der Schwungmomente der einzelnen Punkte. Diese stellt einen Vektor $\mathfrak{D}$ dar, den wir den Flächenvektor oder den Drall nennen wollen. In der Literatur wird er auch als Drehimpuls oder Impulsvektor schlechthin bezeichnet, nach seinem Aufbau wäre aber eher der Name Impulsmoment gerechtfertigt. Wegen des Zusammenhanges von Schwungmoment und Flächengeschwindigkeit ist der Drall auch gleich der doppelten Summe der Flächengeschwindigkeiten der einzelnen Punkte

$$\mathfrak{D} = 2\sum_{i=1}^{i=n} m_i \frac{d\mathfrak{F}_i}{dt}; \tag{6}$$

daher auch der Name Flächenvektor. So wie (4a) der allgemeine Schwerpunktsatz, wird (5a) der allgemeine Flächensatz genannt.

Von besonderem Interesse ist der Fall, wo keine äußeren Kräfte auf das Punktsystem wirken. Dann sagt (4a) aus, daß der Massenmittelpunkt des Systems sich in Ruhe befindet oder mit konstanter Geschwindigkeit auf einer Geraden bewegt, und (5a) daß der Drall sich nicht ändert, sondern nach Größe und Richtung konstant bleibt. Bei jedem derartigen Punktsystem ist also dadurch eine unveränderliche Richtung festgelegt, die wir durch den Schwerpunkt ziehen sollen. Dies ist von Wichtigkeit, weil ja unser Sonnensystem in erster Annäherung ein solches Punktsystem darstellt, auf das keine äußeren Kräfte einwirken. Es besitzt deshalb auch eine solche „invariable Achse“.

135. Der Energiesatz für den Punkthaufen. Die beiden in der vorhergehenden Nummer besprochenen Sätze sind Verallgemeinerungen der für den Massenpunkt abgeleiteten analogen Prinzipe, wir wollen jetzt auch den Energiesatz für das Punktsystem anschreiben. Für einen herausgegriffenen Massenpunkt m_i lautet er

$$\frac{1}{2} m_i v_i^2 - \frac{1}{2} m_i v_{0i}^2 = \int_{r_0}^{r} \mathfrak{P}_i\, d\mathfrak{r}_i + \int_{r_0}^{r} \mathfrak{P}_i'\, d\mathfrak{r}_i = A_i + A_i'.$$

Addiert man alle diese Gleichungen und bezeichnet man die Gesamtenergie mit

$$K = \sum_{i=1}^{i=n} \frac{1}{2} m_i v_i^2,$$

so erhalten wir

$$K - K_0 = \sum_{i=1}^{i=n} A_i + \sum_{i=1}^{i=n} A_i'; \tag{7}$$

die Differenz der kinetischen Energie in zwei Lagen des Systems ist gleich der Summe der Arbeiten der äußeren und inneren Kräfte.

Besitzen die äußeren und auch die inneren Kräfte ein Potential V und V', so kann man die Arbeiten der betreffenden Potentialdifferenzen gleichsetzen und kann wieder den Satz von der Erhaltung der Energie in der Form aussprechen

$$L + V + V' = \text{konst.} \tag{8}$$

Das ist besonders wichtig, wenn wir wieder ein geschlossenes System vor uns haben, auf das keine äußeren Kräfte wirken. Dann muß $L + V'$, die Summe der kinetischen und potentiellen Energie der inneren Kräfte, immer konstant bleiben.

Dem Ausdruck für die kinetische Energie können wir noch eine andere Form geben. Führen wir ein K.-S. ein, dessen Ursprung mit dem Massenmittelpunkt dauernd zusammenfällt, das sich also mit diesem mitbewegt — die Größen in diesem seien durch einen Strich gekennzeichnet —, so haben wir

$$\mathfrak{r}_i = \mathfrak{r}_s + \mathfrak{r}_i', \qquad \mathfrak{v}_i = \mathfrak{v}_s + \mathfrak{v}_i',$$
$$v_i^2 = \mathfrak{v}_i^2 = \mathfrak{v}_s^2 + 2\,\mathfrak{v}_i'\,\mathfrak{v}_s + \mathfrak{v}_i'^2$$

und daher

$$\sum_{i=1}^{i=n} \frac{1}{2} m_i v_i^2 = \frac{1}{2} v_s^2 \sum_{i=1}^{i=n} m_i + \mathfrak{v}_s \sum_{i=1}^{i=n} m_i \mathfrak{v}_i' + \frac{1}{2} \sum_{i=1}^{i=n} m_i v_i'^2.$$

Wegen der Wahl des Massenmittelpunktes als Ursprung ist nun $\sum m_i \mathfrak{v}_i' = 0$ (vgl. Nr. 36) und wir bekommen

$$K = \frac{1}{2} M v_s^2 + \frac{1}{2} \sum_{i=1}^{i=n} m_i v_i'^2. \tag{9}$$

Die kinetische Energie setzt sich also aus zwei Teilen zusammen, aus der Energie der translatorischen Bewegung des Massenmittelpunktes und aus der Energie der Relativbewegung der Punkte gegen denselben; letztere wird auch die rotatorische Energie des Systems genannt.

Auch über die Arbeit der inneren Kräfte können wir auf Grund der über diese gemachten Voraussetzungen etwas Näheres aussagen. Bezeichnen wir die inneren Kräfte, die zwischen den Punkten m_i und m_k wirken, mit $\mathfrak{P}_{ik}$ und $-\mathfrak{P}_{ik}$, sie sind ja entgegengesetzt gleich, so ist die Arbeit bei einer Verschiebung beider Punkte gegeben durch

$$\mathfrak{P}_{ik} d\mathfrak{r}_i - \mathfrak{P}_{ik} d\mathfrak{r}_k = \mathfrak{P}_{ik}(d\mathfrak{r}_i - d\mathfrak{r}_k) = |\mathfrak{P}_{ik}|\, dl_{ik},$$

worin dl_{ik} die Veränderung der Entfernung l_{ik} der beiden Punkte bedeutet. Bei anziehenden Kräften ist also dieses Produkt negativ, bei abstoßenden positiv. Die Arbeit aller Kräfte bei einer kleinen Verschiebung der Punkte gegeneinander ist also

$$dA' = \sum_{i,k} |\mathfrak{P}_{ik}|\, dl_{ik}, \tag{10}$$

wobei die Summe über alle Punktepaare zu nehmen ist. Um die gesamte Arbeit der inneren Kräfte bei einer endlichen Verschiebung zu erhalten, haben wir nur das Integral über (10) zu bilden.

136. Das n-Körperproblem. Die allgemeinste Aufgabe, die wir uns bei einem solchen Punktsystem stellen können, wäre die, bei vorgegebenen Wirkungsgesetzen für die inneren und äußeren Kräfte und bei bekannter Anfangslage der Massenpunkte — die Massen selbst sollen natürlich auch gegeben sein — die Verteilung derselben in einem beliebigen späteren Zeitpunkt zu finden. In der Astronomie, die ja das beste Betätigungsfeld für die Punktmechanik bildet und aus deren Bedürfnissen heraus sich diese entwickelt hat, kommt dies darauf hinaus, die Bewegung einer Zahl von Himmelskörpern zu bestimmen, die sich gegenseitig nach dem Newtonschen Gravitationsgesetz anziehen; von der Einwirkung äußerer Kräfte kann man ja absehen. Bei drei Körpern gibt dies das bekannte Dreikörperproblem. Es zeigt sich nun, daß die entsprechende mathematische Aufgabe, das System der Differentialgleichungen (3) unter diesen Bedingungen zu integrieren, nur für den Fall von zwei Massenpunkten auf elementare Weise zu lösen ist. Dann genügen nämlich die allgemeinen Sätze, die wir im vorigen Paragraphen abgeleitet haben, um die Bewegung vollständig zu bestimmen. Bei drei und prinzipiell auf gleiche Weise auch bei beliebig vielen Massenpunkten, n Körpern, geht dies aber nicht mehr und man kann nur mit komplizierten Methoden und unter speziellen Annahmen für die gegenseitigen Massenverhältnisse die Bewegung verfolgen.

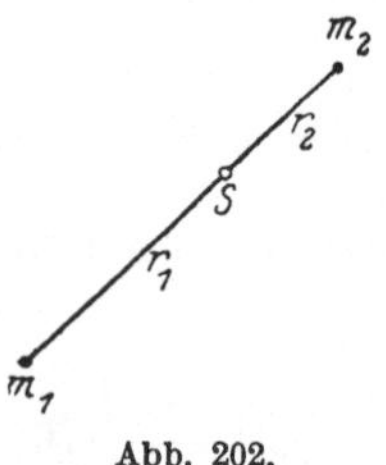

Abb. 202.

Wie wir bei zwei Körpern zu verfahren haben, sei noch kurz angegeben. Der gemeinsame Schwerpunkt muß in Ruhe bleiben; daher ist, wenn man ihn als Ursprung eines Polar-K.-S. wählt, Abb. 202

$$m_1 r_1 = m_2 r_2. \tag{11}$$

Ferner ist nach dem Flächensatz die Komponente der Beschleunigung senkrecht zur Verbindungslinie gleich Null und die dynamische Grundgleichung liefert für den ersten Massenpunkt, wenn p_1 die gesamte in die Richtung der Verbindungslinie fallende Beschleunigung desselben bedeutet,

$$m_1 p_1 = -\frac{\varkappa m_1 m_2}{(r_1 + r_2)^2} = -\varkappa \frac{m_1 m_2}{r_1^2 \left(1 + \frac{m_1}{m_2}\right)^2}, \tag{12}$$

wenn man für r_2 den Wert aus (11) einsetzt.

Das ist aber genau dieselbe Formel wie die, welche wir für die Bewegung um einen festen Massenpunkt erhalten haben, Nr. 84, nur der konstante Faktor rechts hat einen etwas anderen Wert als damals, statt Eins steht im Nenner $\left(1 + \frac{m_1}{m_2}\right)^2$ und für den festen Massenpunkt ist der gemeinsame Schwerpunkt zu setzen. Daraus folgt, daß sich sowohl der Körper m_1 als auch der Körper m_2 je in einem Kegelschnitt um den gemeinsamen Schwerpunkt bewegen, so zwar, daß ihre Verbindungslinie immer durch diesen festen Punkt hindurchgeht. Bei Planet und Sonne sind die Kegelschnitte Ellipsen. Da wegen der überwiegenden Masse der Sonne der gemeinsame Schwerpunkt Sonne-Erde noch innerhalb der Sonne selbst liegt, ist die Ellipse, die der Mittelpunkt der Sonne beschreibt, sehr klein gegenüber der Ellipse der Erdbahn und man kann, wie wir es ja getan, in erster Annäherung die Sonne als einen festen Massenpunkt betrachten.

Es läßt sich auch leicht zeigen, worauf wir nicht weiter eingehen wollen, daß auch der eine Massenpunkt relativ zu dem anderen einen Kegelschnitt beschreibt.

Die potentielle Energie eines solchen abgeschlossenen Systems gravitierender Massen läßt sich ebenfalls ohne weiteres angeben. Da sie der negativen Arbeit gleichzusetzen ist, die von den Kräften beim Übergang von einer zu einer anderen Verteilung der Massenpunkte geleistet wird, diese aber nach (10) für eine kleine Verschiebung durch

$$dA = -\varkappa \sum_{i,k} \frac{m_i m_k}{l_{ik}^2} \, dl_{ik}$$

gegeben ist, l_{ik} ist der Abstand der Punkte m_i und m_k, so bekommen wir

$$V = \varkappa \sum_{i,k} \int_{(l_{ik})_0}^{l_{ik}} \frac{m_i m_k}{l_{ik}^2} \, dl_{ik} = -\varkappa \sum_{i,k} m_i m_k \left(\frac{1}{l_{ik}} - \frac{1}{(l_{ik})_0}\right).$$

Nehmen wir an, daß in der Anfangslage alle l_{ik} unendlich groß sind, daß sich alle Punkte in unendlich weiter Zerstreuung befinden, dann fällt das zweite Glied weg und es bleibt für das Gesamtpotential

$$V = -\varkappa \sum_{i,k} \frac{m_i m_k}{l_{ik}}, \tag{13}$$

wobei die Summe über alle Punktepaare zu erstrecken ist.

II. Übergang zum starren Körper. Das D'Alembertsche Prinzip.

137. Allgemeines. Die Annahmen, die wir beim Übergang zum kontinuierlich ausgedehnten starren Körper einführen müssen, wollen wir so treffen, daß dabei der Schwerpunkts- und der Flächensatz wie beim Punkthaufen aufrecht erhalten bleiben. Denn die Erfahrung lehrt, daß diese Gesetze bei der Bewegung fester Körper mit großer Genauigkeit erfüllt sind. Wie wir dabei verfahren müssen, wenn wir von der Punktmechanik ausgehen, sei hier nur in großen Zügen angedeutet, eine eingehende Darstellung davon findet sich im Lehrbuch von Hamel.

An Stelle des Massenpunktes müssen wir das Massenelement Δm vom Volumen ΔV einführen; es ist dann $\Delta m = \mu \Delta V$, wobei μ die absolute Dichte an der betreffenden Stelle bedeutet. Die inneren Kräfte sind dann die zwischen den Volumselementen auftretenden Oberflächenkräfte, die äußeren die Massenkräfte und die an der Außenoberfläche angreifenden Kräfte. Die dynamische Grundgleichung hat dann die Gestalt

$$\mu \Delta V \mathfrak{p} = \Delta \mathfrak{P}_m + \Delta \mathfrak{P}_0. \tag{1}$$

$\Delta \mathfrak{P}_m$ stellt die Resultierende der an dem Volumselement angreifenden Massenkräfte, $\Delta \mathfrak{P}_0$ die der Oberflächenkräfte dar. Letzterer Ausdruck ist also gegeben durch die geometrische Summe $\int \mathfrak{S}\, dF$ genommen über die Oberfläche des Volumselementes, wenn wir mit $\mathfrak{S}$ die Spannung an derselben bezeichnen. Dividieren wir durch ΔV, so erhalten wir

$$\mu \mathfrak{p} = \frac{\Delta \mathfrak{P}_m}{\Delta V} + \frac{\Delta \mathfrak{P}_0}{\Delta V}. \tag{1a}$$

Mit diesem Ausdruck muß man zur Grenze $\Delta V \to 0$ gehen, was wir nicht des näheren durchführen wollen.

Das Wechselwirkungsgesetz nimmt dabei die einfache Gestalt an: Die Spannungen, die auf die Oberfläche des Volumselementes einwirken, sind entgegengesetzt gleich denjenigen, die das Volumselement auf die angrenzenden Raumteile ausübt. Es bildet aber jetzt keine selbständige neue Aussage, sondern ergibt sich als Resultat beim Grenzübergange, wenn man sich vor Augen hält, daß $\lim\limits_{\Delta V \to 0} \frac{1}{\Delta V} \int \mathfrak{S}\, dF$, das Integral über die Begrenzung des Volumselementes genommen, nicht unendlich werden darf.

Bildet man wie früher die Summe über alle Massenpunkte, jetzt das Integral über den ganzen Körper links und rechts in (1a), so bekommt man mit Hilfe des Wechselwirkungsgesetzes in der eben angegebenen Form wieder den allgemeinen Schwerpunktssatz. Um auf analoge Weise wie früher aber auch den Flächensatz zu erhalten, muß man, was hier nicht weiter bewiesen werden soll, die Annahme machen, daß die Schubspannungen an zwei zueinander normalen Flächenelementen gleich sein müssen ($\tau_{xy} = \tau_{yx}$), daß der Spannungstensor (vgl. Nr. 142) also symmetrisch sein muß. Diese Bedingung tritt demnach an die Stelle der beim Punktsystem geforderten, daß die inneren Kräfte Zentralkräfte sein müssen.

138. Das Prinzip von D'Alembert. Ohne vom System materieller Punkte auszugehen, könnte man die Bedingung an die Spitze stellen, daß der Schwerpunkts- und Flächensatz für das betrachtete System gelten soll oder, was auf dasselbe herauskommt, daß die inneren Kräfte ein „Gleichgewichtssystem" bilden, d. h. daß sie sich aufheben würden, wenn sie an einem starren Körper angriffen, daß also die Summe der inneren Kräfte und die der Drehmomente verschwinden. Im vorigen Kapitel haben wir dies als Folgerung aus den Annahmen über die Wirkungsweise der inneren Kräfte abgeleitet. Diese Aussage ist nun der Inhalt des Prinzips von D'Alembert, das nach dem französischen Physiker und Gelehrten D'Alembert so genannt wird, der es im Jahre 1743 zuerst, allerdings in etwas anderer Gestalt, für den starren Körper ausgesprochen hat.

Man kann dieses Prinzip leicht in eine andere bekannte Form bringen. Führt man die negativen Massenbeschleunigungen $-dm\,\mathfrak{p}$ als fiktive, als Scheinkräfte ein, so wie wir es schon früher bei der Zentrifugalkraft getan haben, so kann man behaupten: Bei der Bewegung halten sich die negativen Massenbeschleunigungen und die äußeren Kräfte das Gleichgewicht.

Bei dem starren Körper und bei Systemen, die aus solchen zusammengesetzt sind, sind nun die inneren Kräfte ihrem Wesen nach Reaktionskräfte, von den äußeren Oberflächenkräften haben diejenigen keinen Einfluß auf die Bewegung, welche normal zur augenblicklichen Bewegungsrichtung des Angriffspunktes stehen, also die Normalkomponenten etwaiger Widerstände, ebenso die, deren Angriffspunkte sich in Ruhe befinden. Es bleiben also hier als äußere Kräfte, die in das Prinzip eingehen, nur die eingeprägten Kräfte übrig und wir können dasselbe in der praktisch sehr verwendbaren Form aussprechen: Bei der Bewegung eines solchen starren Systems halten sich die negativen Massenbeschleunigungen und die eingeprägten Kräfte das Gleichgewicht.

Man kann demnach auf diese Weise formal ein dynamisches Problem auf ein solches der Statik zurückführen. Da wir die Gleichgewichtsbedingungen für den starren Körper schon kennen, werden wir das D'Alembertsche Prinzip mit Vorteil für solche benutzen, seine weittragende Bedeutung in der Mechanik erhält es aber erst, wenn wir ein allgemeines Gleichgewichtsprinzip für beliebige Systeme besitzen. Ein solches ist uns im Prinzip der virtuellen Verschiebungen gegeben, das wir später noch behandeln werden.

139. Allgemeine Form der Bewegungsgleichungen des starren Körpers. Da der frei bewegliche starre Körper sechs Freiheitsgrade besitzt, so genügen die sechs Gleichungen des Schwerpunkts- und Flächensatzes, um seine Bewegung vollständig zu bestimmen. Wir haben also

$$M\,\frac{d^2\mathfrak{r}_s}{dt^2} = \sum_{i=1}^{i=k} \mathfrak{P}_i, \qquad (2)$$

$$\frac{d}{dt}\int\limits_K dm\left(\mathfrak{r}_i \times \frac{d\mathfrak{r}_i}{dt}\right) = \sum_{i=1}^{i=k} (\mathfrak{r}_i \times \mathfrak{P}_i). \tag{3}$$

Das Integral ist über den ganzen Körper, die Summe über alle äußeren Kräfte zu nehmen.

Da die Entfernung zweier Punkte eines starren Körpers immer dieselbe bleibt, so ist nach Gl. (10) des vorigen Kapitels die Arbeit der inneren Kräfte bei einem starren Körper dauernd Null, die Änderung der kinetischen Energie ist also gleich der Arbeit der äußeren, und zwar nur der eingeprägten Kräfte allein, da die äußeren Zwangskräfte keine Arbeit leisten, sie stehen ja entweder senkrecht zur Bewegungsrichtung oder ihre Angriffspunkte bleiben dauernd in Ruhe.

Die Arbeit der Schwerkraft am starren Körper können wir leicht ausrechnen. An einem Massenelement ist sie gleich $g\,dm\,(y_0 - y)$, daher am ganzen Körper

$$A_{gh} = g\int\limits_K (y_0 - y)\,dm = M\,g\,(y_{0s} - y_s) = M\,g\,h_s, \tag{4}$$

also gleich dem Produkt aus dem Gewicht und der Höhendifferenz des Schwerpunktes.

Wenn die äußeren Kräfte ein Potential besitzen, nimmt der Energiesatz wieder die Gestalt

$$K + V = \text{konst.}$$

an, die Gesamtenergie bleibt erhalten.

Unsere Aufgabe ist es nun, die Gl. (2) und (3) für die verschiedenen Arten der Bewegung des starren Körpers umzuformen, die wir in der Kinematik kennengelernt haben. Den Schwerpunktssatz können wir immer in der Form (2) direkt übernehmen, dort sind ja die Integrale schon durch Einführung der Schwerpunktskoordinaten eliminiert. Etwas anders verhält es sich mit dem Flächensatz; dort müssen wir die Integrale erst ausrechnen. Wenn wir die Werte für die Geschwindigkeit, wie wir sie in Nr. 126 Formel (9) abgeleitet haben, darin einsetzen, erhalten wir Ausdrücke, in denen die sogenannten Massenmomente, Trägheits- und Deviationsmomente vorkommen. Diese wollen wir wegen ihrer großen Wichtigkeit, nicht nur in der Mechanik starrer Körper, sondern auch in der Festigkeitslehre, in einem eigenen Kapitel behandeln.

III. Die Massenmomente.

140. Definition von Trägheits- und Deviationsmoment. Unter dem Trägheitsmoment eines Systems von Massenpunkten in bezug auf eine Achse A versteht man den Ausdruck

$$\mathfrak{J}_a = \sum_{i=1}^{i=n} m_i\, r_i^2, \tag{1}$$

wo die r_i die Abstände der einzelnen Massenpunkte von dieser Achse bedeuten. Ändern sich die Abstände der Punkte voneinander, dann ist auch dieses Trägheitsmoment veränderlich. Beim starren Körper haben wir an Stelle der Massenpunkte die Massenelemente dm, an Stelle der Summe das Integral zu setzen. Wegen der Unveränderlichkeit der Entfernungen der Punkte des Körpers ist jetzt das Trägheitsmoment in bezug auf eine relativ zum Körper feste Achse eine konstante, von der Bewegung unabhängige Größe. Nehmen wir die Achse als ζ-Achse eines körperfesten K.-S. an, so ist

$$J_a = J_\zeta = \int_K r^2\,dm = \int_K (\xi^2 + \eta^2)\,dm. \tag{2}$$

Das Integral ist über den ganzen Körper zu nehmen, also ein dreifaches Integral. Setzen wir $dm = \mu\,dV = \mu\,d\xi\,d\eta\,d\zeta$, so ist daher

$$J_\zeta = \int d\xi \int d\eta \int \mu\,(\xi^2 + \eta^2)\,d\zeta. \tag{2a}$$

Wir wollen der Einfachheit halber die kürzere Schreibweise (2) beibehalten.

Die Dimension dieses Trägheitsmomentes ist $[m\,l^2]$, also im technischen M.-S. $[P\,l\,t^2]$. In der technischen Praxis ist es üblich, statt J die Größe $g\,J$ anzugeben, die die einfache Dimension $[P\,l^2]$ hat, also aus dem Produkt einer Kraft und dem Quadrat einer Länge besteht.

Ist der Körper homogen, so ist μ konstant und wir haben

$$J_a = \mu \int_K r^2\,dV = \mu\,J_a'. \tag{3}$$

J_a' bezeichnet man als das geometrische Trägheitsmoment des Körpers, seine Dimension ist $[l^5]$. Von besonderer Bedeutung sind die geometrischen Flächenträgheitsmomente, die durch die Formel definiert sind

$$J_a' = \int_F r^2\,dF; \tag{4}$$

denken wir uns die Masse M gleichmäßig auf die Fläche verteilt, so ist $M = \mu_1 F$, wobei μ_1 die „Flächendichte" bedeutet, und das physikalische Trägheitsmoment dieser mit Masse belegten ebenen Fläche ist dann wie früher $J_a = \mu_1 J_a'$. Diese so eingeführten geometrischen Flächenträgheitsmomente haben die Dimension $[l^4]$, man gibt sie gewöhnlich in cm^4 an. Sie kommen, ganz abgesehen von ihrer dynamischen Bedeutung, als reine Zahlengrößen in der technischen Elastizitätstheorie bei der Lehre von der Biegung des Stabes vor.

Oft benutzt man mit Vorteil den Begriff des Trägheitsradius i_a, der durch die Beziehung

$$J_a = M\,i_a^2 \tag{5}$$

festgelegt ist. Er würde also dem Halbmesser eines Kreishohlzylinders entsprechen, der das gleiche Trägheitsmoment um seine Achse wie der vorgegebene Körper besitzt und auf dessen Mantel man sich die ganze Masse des Körpers verteilt denkt.

Rein formal könnte man ein **polares Trägheitsmoment eines Körpers** in bezug auf einen Punkt durch die Formel

$$J_p = \sum m_i r_i^2 = \int_K r^2\, dm \tag{6}$$

definieren, wo r jetzt den Abstand von einem Punkte und nicht von einer Achse bezeichnet. Das hat bei den geometrischen Flächenträgheitsmomenten eine gewisse Bedeutung. Dort entspricht ein polares Trägheitsmoment dem axialen, um eine in dem betreffenden Punkt zur Ebene senkrechte Achse. Da in diesem Falle $r^2 = \xi^2 + \eta^2$ ist, so erhält man für die Trägheitsmomente ebener Flächen die Beziehung

$$J_p' = \int (\xi^2 + \eta^2)\, dF = \int \xi^2\, dF + \int \eta^2\, dF = J_\eta' + J_\xi'. \tag{7}$$

Das **polare** Trägheitsmoment ist gleich der **Summe der axialen**, um zwei zueinander **senkrecht** stehende Achsen.

Außer diesen Trägheitsmomenten kommen noch Ausdrücke vor, die nicht das Quadrat, sondern das Produkt zweier Koordinaten enthalten, sogenannte **Deviations- oder Zentrifugalmomente**. Sie sind in bezug auf ein rechtwinkliges K.-S. durch die Formeln definiert

$$\left.\begin{aligned} J_{\xi\eta} &= \int \xi\,\eta\, dm = \int d\zeta \int d\eta \int \mu\,\xi\,\eta\, d\xi, \\ J_{\eta\zeta} &= \int \eta\,\zeta\, dm = \int d\xi \int d\zeta \int \mu\,\eta\,\zeta\, d\eta, \\ J_{\zeta\xi} &= \int \zeta\,\xi\, dm = \int d\eta \int d\xi \int \mu\,\zeta\,\xi\, d\zeta. \end{aligned}\right\} \tag{8}$$

Die Integrale sind über den Körper zu nehmen, die unter dem Integralzeichen stehenden Größen sind immer die Produkte der Abstände von zwei zueinander senkrecht stehenden Ebenen. Während die Trägheitsmomente ihrer Bildung nach immer wesentlich positive Größen sind, ist das bei den Deviationsmomenten nicht der Fall, sie können Null werden und ihr Vorzeichen wechseln. Aus den Formeln (8) folgt weiters, daß

$$J_{\xi\eta} = J_{\eta\xi}; \quad J_{\eta\zeta} = J_{\zeta\eta}; \quad J_{\zeta\xi} = J_{\xi\zeta} \tag{9}$$

ist.

141. Trägheitsmomente um parallele Achsen. Wir wollen uns nun ganz allgemein die Frage stellen: Welche Beziehungen herrschen zwischen den Trägheitsmomenten ein und desselben starren Körpers um **verschiedene** Achsen. Da können wir zunächst leicht einen Satz ableiten, der uns den Zusammenhang zwischen den Trägheitsmomenten um parallele Achsen liefert.

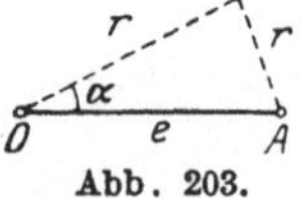

Abb. 203.

Nehmen wir zwei solche in der Entfernung e voneinander an, sie mögen in den Punkten O und A senkrecht unsere Zeichenebene Abb. 203 treffen. Dann ist

$$r'^2 = r^2 + e^2 - 2\, e\, r \cos\alpha.$$

$\overline{OA}$ möge mit der ξ-Achse unseres K.-S. zusammenfallen, O sei der Ursprung; dann ist $r \cos\alpha = \xi$ und

$$\int r'^2\, dm = \int r^2\, dm + e^2 \int dm - 2\, e \int \xi\, dm$$

oder

$$J_a = J_0 + M e^2 - 2 e \int \xi \, dm.$$

Ist O der **Schwerpunkt** des Körpers, dann fällt das letzte Integral fort und wir haben

$$J_a = J_s + M e^2. \tag{10}$$

Das Trägheitsmoment um irgendeine Achse ist gleich der Summe aus dem Trägheitsmoment um die parallele Schwerachse und dem Produkt aus der Masse des Körpers und dem Quadrat des Abstandes der beiden Achsen. Dieser Satz wird nach dem Geometer Steiner der Steinersche Satz genannt, obwohl er schon viel früher bekannt war.

Auch für die Deviationsmomente läßt sich eine analoge Aussage machen. Haben wir zwei parallele Achsensysteme, die Komponenten der Entfernung der beiden Schnittpunkte bzw. die Abstände der parallelen Ebenen seien a, b, c, so ist

$$\xi_1 = \xi + a; \qquad \eta_1 = \eta + b; \qquad \zeta_1 = \zeta + c$$

und daher

$$\int \xi_1 \eta_1 \, dm = \int \xi \eta \, dm + a b \int dm + a \int \eta \, dm + b \int \xi \, dm.$$

Nehmen wir als Ursprung des einen Achsensystems wieder den Schwerpunkt, so fallen die beiden letzten Integrale rechts weg und wir erhalten

$$J_{\xi_1 \eta_1} = J_{\xi \eta} + M a b \tag{11}$$

mit entsprechenden Ausdrücken für die beiden anderen Deviationsmomente.

Die Formeln (10) und (11) erlauben uns Trägheits- und Deviationsmomente für Achsen durch einen beliebigen Punkt durch die um die parallelen Schwerpunktsachsen auszudrücken. Wir haben also weiterhin nur noch den Zusammenhang der Massenmomente für Achsen und Ebenen, die durch einen Punkt gehen, aufzusuchen.

142. Trägheitsmomente um Achsen durch einen Punkt. Denken wir uns zwei rechtwinklige K.-S. mit dem gleichen Ursprung und den Koordinaten x, y, z bzw. ξ, η, ζ, die gegeneinander gedreht sind. Die Winkel zwischen den Achsen seien durch nebenstehendes Schema gegeben.

	x	y	z
ξ	α_1	β_1	γ_1
η	α_2	β_2	γ_2
ζ	α_3	β_3	γ_3

Es schließt also z. B. die ξ-Achse mit der x-, y-, z-Achse die Winkel α_1, β_1, γ_1, die x-Achse mit der ξ-, η-, ζ-Achse die Winkel α_1, α_2, α_3 ein.

Da diese Winkel Richtungswinkel von Geraden sind, so gilt für jede Reihe und Spalte die Beziehung, daß die Summe der Quadrate der Kosinus der Winkel gleich Eins ist; es bestehen daher auch Gleichungen von der Form

$$\cos^2 \alpha_1 + \cos^2 \alpha_2 = \cos^2 \beta_3 + \cos^2 \gamma_3$$

usw. Da die Achsen zueinander senkrecht stehen, ist ferner die Summe der Produkte der Kosinus zweier Spalten oder Reihen gleich Null, z. B.

$$\cos \alpha_1 \cos \beta_1 + \cos \alpha_2 \cos \beta_2 + \cos \alpha_3 \cos \beta_3 = 0.$$

Die ξ-Koordinate eines Punktes ist dann als das innere Produkt des Radiusvektors $\mathfrak{r}$ und des Einheitsvektors $\mathfrak{e}_1$ in der ξ-Richtung gegeben durch

$$\xi = \mathfrak{r}\,\mathfrak{e}_1 = x\cos\alpha_1 + y\cos\beta_1 + z\cos\gamma_1$$

und analoge Ausdrücke erhält man für die beiden anderen Komponenten η und ζ. Wenn wir jetzt die Trägheitsmomente eines Körpers um die ξ-Achse durch die Massenmomente um die Achsen des x, y, z-Systems ausdrücken wollen, bilden wir zunächst

$$\eta^2 + \zeta^2 = x^2(\cos^2\alpha_2 + \cos^2\alpha_3) + y^2(\cos^2\beta_2 + \cos^2\beta_3) + \\ + z^2(\cos^2\gamma_2 + \cos^2\gamma_3) + \\ + 2\,x\,y(\cos\alpha_2\cos\beta_2 + \cos\alpha_3\cos\beta_3) + 2\,x\,z(\cos\alpha_2\cos\gamma_2 + \cos\alpha_3\cos\gamma_3) + \\ + 2\,y\,z(\cos\beta_2\cos\gamma_2 + \cos\beta_3\cos\gamma_3).$$

Wegen der Orthogonalitätsbedingungen können wir dies in der Form schreiben

$$\eta^2 + \zeta^2 = x^2(\cos^2\beta_1 + \cos^2\gamma_1) + y^2(\cos^2\alpha_1 + \cos^2\gamma_1) + \\ + z^2(\cos^2\alpha_1 + \cos^2\beta_1) - \\ - 2\,x\,y\cos\alpha_1\cos\beta_1 - 2\,x\,z\cos\alpha_1\cos\gamma_1 - 2\,y\,z\cos\beta_1\cos\gamma_1,$$

wo nur mehr die Richtungskosinus der ξ-Achse vorkommen. Integrieren wir jetzt über den ganzen Körper, so erhalten wir

$$J_\xi = \int(\eta^2 + \zeta^2)\,dm = \cos^2\alpha_1\int(y^2 + z^2)\,dm + \cos^2\beta_1\int(x^2 + z^2)\,dm + \\ + \cos^2\gamma_1\int(x^2 + y^2)\,dm - \\ - 2\cos\alpha_1\cos\beta_1\int x\,y\,dm - 2\cos\alpha_1\cos\gamma_1\int x\,z\,dm - 2\cos\beta_1\cos\gamma_1\int y\,z\,dm$$

oder

$$J_\xi = J_x\cos^2\alpha_1 + J_y\cos^2\beta_1 + J_z\cos^2\gamma_1 - 2\,J_{xy}\cos\alpha_1\cos\beta_1 - \\ - 2\,J_{xz}\cos\alpha_1\cos\gamma_1 - 2\,J_{yz}\cos\beta_1\cos\gamma_1 \qquad (12)$$

und zwei analoge Gleichungen, wo nur an Stelle des Zeigers 1 bei den Winkeln die Zeiger 2 und 3 stehen.

Ebenso findet man, wenn man das Produkt $\xi\,\eta$ bildet, ähnliche Umformungen wie eben vornimmt und integriert

$$J_{\xi\eta} = -J_x\cos\alpha_1\cos\alpha_2 - J_y\cos\beta_1\cos\beta_2 - J_z\cos\gamma_1\cos\gamma_2 + \\ + J_{xy}(\cos\alpha_1\cos\beta_2 + \cos\beta_1\cos\alpha_2) + J_{xz}(\cos\alpha_1\cos\gamma_2 + \cos\gamma_1\cos\alpha_2) + \\ + J_{yz}(\cos\beta_1\cos\gamma_2 + \cos\gamma_1\cos\beta_2) \qquad (13)$$

und zwei analoge Ausdrücke für $J_{\eta\zeta}$ und $J_{\zeta\xi}$.

Wenn wir daher die sechs Größen J_x, J_y, J_z, J_{xy}, J_{yz}, J_{zx}, die drei Trägheits- und die drei Deviationsmomente für ein rechtwinkliges Achsenkreuz kennen, dann sind wir in der Lage, für jedes andere durch diesen Punkt gehende Achsensystem die Trägheits- und Deviationsmomente anzuschreiben. Man bezeichnet einen Größenkomplex, der auf diese Art im Raume durch sechs Bestimmungsstücke festgelegt ist, als einen symmetrischen Tensor. Solche kommen in der Physik sehr häufig vor, die Spannungen, die auf die durch einen Punkt gelegten Flächenelemente wirken, bilden den Spannungs-, die Dehnungen aller Linienelemente, die durch einen Punkt gehen, den Verzerrungstensor. Allgemein ist ein Tensor dadurch charakterisiert, daß er einem Vektor in einem Punkte einen zweiten Vektor durch linear homogene Beziehungen zwischen den Komponenten derselben zuordnet, beim Spannungstensor z. B. der Normalenrichtung eines Flächenelements die resultierende Spannung, die an demselben angreift. Die Koeffizienten in dem entsprechenden Gleichungsschema, im Raume 9, in der Ebene 4, bilden die Komponenten des Tensors. Sind die Koeffizienten auf beiden Seiten der Diagonale der Koeffizientendeterminante einander gleich, so reduziert sich die Anzahl derselben auf 6 bzw. 3 und wir sprechen von einem symmetrischen Tensor. Einen solchen stellt, wie gesagt, der Inbegriff der Massenmomente um Achsen durch einen Punkt dar.

143. Das Trägheitsellipsoid, Trägheitshauptachsen. Den Verlauf der Trägheitsmomente um diese Achsen können wir uns auch leicht räumlich veranschaulichen. Wenn wir auf jeder Achse vom Mittelpunkt aus eine Strecke r auftragen, die dem Trägheitsradius um diese Achse verkehrt proportional ist, so bilden die Endpunkte dieser Strecken eine Fläche zweiter Ordnung, und zwar ein Ellipsoid, das sogenannte Trägheitsellipsoid. Denn dann ist für eine beliebige als ξ-Achse angenommene Richtung

$$r = \frac{k^2}{i_\xi} = \frac{k^2 \sqrt{M}}{\sqrt{J_\xi}}, \tag{14}$$

wo k eine beliebige Konstante bedeutet, und die Koordinaten des Endpunktes sind durch die Ausdrücke gegeben

$$x = \pm k^2 \sqrt{\frac{M}{J_\xi}} \cos\alpha_1, \quad y = k^2 \sqrt{\frac{M}{J_\xi}} \cos\beta_1, \quad z = \pm k^2 \sqrt{\frac{M}{J_\xi}} \cos\gamma_1. \tag{15}$$

Dividieren wir nun (12) durch J_ξ und setzen für die Quadrate der Richtungskosinus die Werte aus (15) ein, so erhält man

$$k^4 M = J_x x^2 + J_y y^2 + J_z z^2 - 2 J_{xy} x y - 2 J_{xz} x z - 2 J_{yz} y z. \tag{16}$$

Das ist eine Mittelpunktsfläche zweiter Ordnung, und zwar ein Ellipsoid, da die Trägheitsmomente wesentlich positive Größen sind. Weil eine solche Fläche drei zueinander senkrecht stehende Halbachsen hat, von denen eine den größten und eine den kleinsten Halbmesser des Ellipsoids bildet, so müssen wegen (14) die Trägheitsmomente um diese beiden Achsen den kleinsten und größten Wert unter allen möglichen besitzen. Man bezeichnet diese Achsen, also die des größten, die des kleinsten Trägheitsmomentes und die auf der Ebene dieser beiden senkrecht stehende dritte Achse als die Hauptträgheitsachsen und die zu ihnen gehörigen Trägheitsmomente als die Hauptträgheitsmomente. In jedem Punkt eines auch ganz beliebig gestalteten Körpers gibt es also immer mindestens drei solcher Hauptträgheitsachsen.

Wir haben schon hervorgehoben, daß die Deviationsmomente im Gegensatz zu den Trägheitsmomenten auch verschwinden und negativ werden können. Besitzt z. B. der Körper eine Symmetrieebene, so folgt aus (8) unmittelbar, daß die Deviationsmomente $J_{\xi\zeta}$ und $J_{\eta\zeta}$ verschwinden, wenn man die ζ-Achse senkrecht zu dieser Ebene und die beiden anderen in diese Ebene legt. Aus (16) ergibt sich nun sofort, daß die Hauptträgheitsachsen gerade solche Achsen sind, für welche die Deviationsmomente verschwinden. Denn wenn man die Hauptachsen des Ellipsoids als Koordinatenachsen wählt, die Gleichung der Fläche auf diese transformiert, so bleiben nur die rein quadratischen Glieder übrig — was man auch aus den Symmetrieeigenschaften der Fläche ohne weiteres entnehmen kann —, die Koeffizienten der Glieder $x\,y$, $x\,z$, $y\,z$, eben die Deviationsmomente, verschwinden.

Die Lage der Hauptträgheitsachsen können wir in vielen Fällen, wie schon erwähnt, von vornherein aus Symmetriegründen angeben. Besitzt der Körper eine Symmetrieebene, so ist jede senkrecht dazu stehende Achse eine Hauptträgheitsachse, hat er zwei, so ist für jeden Punkt der Schnittlinie das Hauptachsensystem festgelegt. Besonders wichtig ist wegen des Steinerschen Satzes das Trägheitsellipsoid für den Schwerpunkt, es hat deswegen auch einen eigenen Namen und heißt Zentralellipsoid.

Sind die Trägheitsmomente um zwei Achsen, die nicht symmetrisch zu den Hauptebenen des Ellipsoids liegen, einander gleich, dann wird das Trägheitsellipsoid eine Kugel; dann sind also alle Trägheitsmomente einander gleich, alle Achsen Hauptachsen. So wird das Zentralellipsoid für einen Würfel, für einen Tetraeder usw. eine Kugel. Im allgemeinen hat das Zentralellipsoid wegen Gl. (14) Ähnlichkeit mit der Form des Körpers, seine größte Achse fällt in die größte Längserstreckung desselben.

Gehen wir von einem K.-S. $\bar{x}$, $\bar{y}$, $\bar{z}$ aus, das mit den Hauptachsen zusammenfällt, so nehmen die Formeln (12) und (13) eine weit einfachere Gestalt an, es ist dann

$$J_\xi = J_{\bar{x}} \cos^2 \alpha_1 + J_{\bar{y}} \cos^2 \beta_1 + J_{\bar{z}} \cos^2 \gamma_1 \tag{17}$$

— $J_{\bar{x}}$, $J_{\bar{y}}$, $J_{\bar{z}}$ sind natürlich die Hauptträgheitsmomente — und für das Deviationsmoment erhalten wir

$$J_{\xi\eta} = -J_{\bar{x}} \cos \alpha_1 \cos \alpha_2 - J_{\bar{y}} \cos \beta_1 \cos \beta_2 - J_{\bar{z}} \cos \gamma_1 \cos \gamma_2 \tag{18}$$

mit entsprechenden Ausdrücken für J_η, J_ζ und $J_{\eta\zeta}$ und $J_{\zeta\xi}$.

144. Trägheitsmomente ebener Flächen. Wegen der großen Wichtigkeit, die derartige Trägheitsmomente für die technische Elastizitätslehre besitzen, wollen wir für solche die Ergebnisse gesondert darstellen. Haben wir zwei Achsenkreuze x, y und ξ, η mit gleichem Ursprung, Abb. 204, so ist in unseren Formeln $z = 0$,

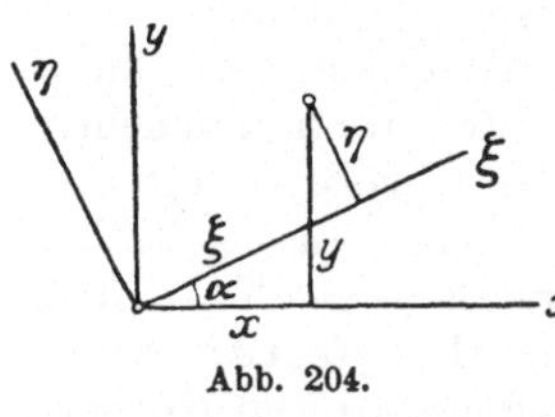

Abb. 204.

$$\beta_1 = \frac{\pi}{2} - \alpha_1, \quad \alpha_2 = \frac{\pi}{2} + \alpha_1, \quad \beta_2 = \pi + \alpha_1$$

zu setzen. Wenn wir den jetzt überflüssigen Zeiger 1 weglassen, erhalten wir aus den Gl. (12) und (13)

$$\left.\begin{aligned} J_\xi &= J_x \cos^2 \alpha + J_y \sin^2 \alpha - 2\,J_{xy} \sin \alpha \cos \alpha, \\ J_\eta &= J_x \sin^2 \alpha + J_y \cos^2 \alpha + 2\,J_{xy} \sin \alpha \cos \alpha, \\ J_{\xi\eta} &= (J_x - J_y) \sin \alpha \cos \alpha + J_{xy} (\cos^2 \alpha - \sin^2 \alpha). \end{aligned}\right\} \tag{19}$$

Führt man die doppelten Winkel ein, so gehen diese Formeln über in

$$\left.\begin{aligned} J_\xi &= \frac{1}{2}(J_x + J_y) + \frac{1}{2}\cos 2\,\alpha\,(J_x - J_y) - \sin 2\,\alpha\, J_{xy}, \\ J_\eta &= \frac{1}{2}(J_x + J_y) - \frac{1}{2}\cos 2\,\alpha\,(J_x - J_y) + \sin 2\,\alpha\, J_{xy}, \\ J_{\xi\eta} &= \frac{1}{2}\sin 2\,\alpha\,(J_x - J_y) + \cos 2\,\alpha\, J_{xy}. \end{aligned}\right\} \tag{20}$$

Aus diesen Gleichungen erkennt man zunächst, was wir hervorheben wollen, daß die Summe der Trägheitsmomente immer dieselbe

$$J_x + J_y = J_\xi + J_\eta \tag{21}$$

ist.

Ferner können wir die Lage der Hauptträgheitsachsen jetzt direkt bestimmen, indem wir den Winkel $\bar{\alpha}$ ausrechnen, für den die Deviationsmomente verschwinden. Wenn wir die letzte der Gl. (20) gleich Null setzen, erhalten wir

$$\operatorname{tg} 2\,\bar{\alpha} = \frac{2\,J_{xy}}{J_y - J_x}, \text{ also } 2\,\bar{\alpha} = \operatorname{arc\,tg}\frac{2\,J_{xy}}{J_y - J_x} = 2\,\bar{\alpha}_0 \pm \frac{n\,\pi}{2}. \tag{22}$$

Wir bekommen also immer einen Winkel im ersten Quadranten als Lösung, also im Einklang mit dem früheren mindestens zwei Hauptträgheitsachsen, die zueinander senkrecht stehen. Nur wenn $D_{xy} = 0$ und $J_x = J_y$ ist, dann wird der Wert unbestimmt, dann sind alle Achsen Hauptträgheitsachsen und alle Trägheitsmomente einander gleich.

Durch Differentiation von J_ξ nach α erkennt man auch sofort, daß die Hauptträgheitsmomente Extremalwerte sind; man erhält nämlich als Bedingung dafür denselben Winkel $\bar{\alpha}$, für den das Deviationsmoment verschwindet.

Wählt man die Hauptachsen als Koordinatenachsen x, y, dann fallen in (19) und (20) die Glieder mit J_{xy} fort. Durch Differentiation von $J_{\xi\eta} = \frac{1}{2}\sin 2\,\alpha\,(J_{\bar{x}} - J_{\bar{y}})$ nach α zeigt es sich, daß die Deviationsmomente um jene Achsen den größten Wert besitzen, die mit den Hauptachsen einen Winkel von 45° einschließen.

145. Die Trägheitsellipse. Aus dem Trägheitsellipsoid wird für den Fall der Ebene eine Ellipse. Setzen wir wieder $r = \frac{k^2}{i_\alpha}$ und nehmen wir jetzt von vornherein die Hauptträgheitsachsen als Koordinatenachsen — i_x und i_y seien die entsprechenden Hauptträgheitsradien —, dann haben wir

$$i_\alpha^2 = i_x^2 \cos^2\alpha + i_y^2 \sin^2\alpha \tag{23}$$

und daher

$$r^2 = x^2 + y^2 = \frac{k^4}{i_x^2 \cos^2\alpha + i_y^2 \sin^2\alpha}.$$

Wenn man für $\cos^2\alpha$ und $\sin^2\alpha$ die Werte $\frac{x^2}{x^2+y^2}$ und $\frac{y^2}{x^2+y^2}$ einsetzt, bekommt man

$$i_x^2\, x^2 + i_y^2\, y^2 = k^4.$$

Wählt man noch für die Konstante k^4 den Wert $i_x^2\, i_y^2$, so hat man die Gleichung der Trägheitsellipse in der einfachen Form

$$\frac{x^2}{i_y^2} + \frac{y^2}{i_x^2} = 1. \tag{24}$$

Die große Halbachse, Abb. 205, stellt demnach den Trägheitsradius um die y-, die kleine den um die x-Achse dar; anderseits ist definitionsgemäß $\overline{OA}$ verkehrt proportional dem Trägheitsradius um die x-, $\overline{OB}$ dem um die y-Achse. Das führt auf eine zweite Darstellung der Trägheitsradien bzw. Trägheitsmomente durch unsere Ellipse. Der Abstand p der Tangente von dem parallelen Durchmesser ist bekanntlich gegeben durch

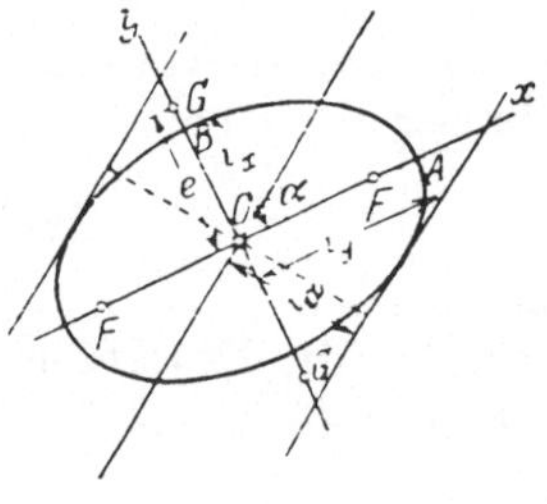

$$p^2 = a^2 \sin^2 \alpha + b^2 \cos^2 \alpha,$$

wenn a und b die Halbachsen sind. Setzen wir darin $a = i_y$ und $b = i_x$, so bekommen wir nach Gl. (23)

$$p^2 = i_y^2 \sin^2 \alpha + i_x^2 \cos^2 \alpha = i_\alpha^2, \tag{25}$$

Abb. 205.

also $p = i_\alpha$. Man findet so die besonders anschauliche Beziehung, daß der **Abstand einer Tangente vom Ursprung gleich dem Trägheitsradius um den zu ihr parallelen Durchmesser ist.**

Ebenso wie das Trägheitsellipsoid eine Kugel, wird die Trägheitsellipse ein Kreis, wenn die beiden Hauptträgheitsmomente einander gleich sind. Dann haben wir den schon oben erwähnten Fall vor uns, daß die Trägheitsmomente um alle Achsen denselben Wert besitzen. Das tritt bei der Zentralellipse des Quadrates, eines gleichseitigen Dreiecks usw. ein, aus derselben wird für diese Flächen ein Kreis.

Es läßt sich weiter leicht zeigen, daß jede ganz beliebig gestaltete Fläche mindestens zwei Punkte besitzt, für welche die Trägheitsellipse in einen Kreis übergeht. Entfernt man sich auf der y-Achse der Zentralellipse um die Strecke e vom Schwerpunkt, so bleibt das Hauptträgheitsmoment um die y-Achse dasselbe $J_y = F\, i_y^2$, das Trägheitsmoment um die x-Achse $J_x = F\, i_x^2$ aber nimmt um den Betrag $e^2 F$ zu. Für $F\, i_x^2 + F\, e^2 = F\, i_y^2$ haben beide denselben Wert, die Trägheitsellipse wird ein Kreis. Für den Abstand e ergibt sich aus der angeschriebenen Beziehung

$$e^2 = i_y^2 - i_x^2, \tag{26}$$

d. h. e ist die Brennweite der Zentralellipse. Für zwei Punkte also, die im Abstand $\pm e$ zu der großen Halbachse liegen, demnach mit den Brennpunkten zusammen die Ecken eines Quadrats bilden, wird die Trägheitsellipse jeder Fläche ein Kreis. Diese Punkte nennt man auch die **Fixpunkte** der Zentralellipse.

146. Die Mohr-Landsche Konstruktion. Die durch die Formeln (20) dargestellten Beziehungen, die ganz allgemein für einen symmetrischen Tensor in der Ebene gelten, kann man sehr übersichtlich auf graphische Weise veranschaulichen. Es sei die Lage der Hauptträgheitsachsen und die Größe der Hauptträgheitsmomente gegeben. Zu suchen sind die Trägheitsmomente und das Deviationsmoment für ein Koordinatenkreuz, das den Winkel α mit den Hauptachsen einschließt.

Man stellt in irgendeinem Maßstab die Trägheitsmomente durch Längen dar — die $\bar{x}$-Achse möge dabei die Achse des größeren Hauptträgheitsmomentes $J_{\bar{x}} > J_{\bar{y}}$ sein —, trägt von O (Abb. 206) die Strecke $\overline{OB} = J_{\bar{x}} + J_{\bar{y}} = J_\xi + J_\eta$ auf und errichtet über dieser Strecke einen Kreis mit dem Mittelpunkt C. Diesen Kreis nennt man auch den Mohrschen Trägheitskreis; er ist nicht mit dem Kreis zu verwechseln, in den unter Umständen die Trägheitsellipse übergehen kann. Er schneidet auf den Achsen die Punkte A' und B' aus, die mit C in einer Geraden liegen. Dann trägt man auf $\overline{A'B'}$ von A' aus den Wert für $J_{\bar{x}}$ auf und gelangt so zu dem Punkt M', fällt von diesem aus die Normale auf $\overline{OB}$, die in M diese Gerade trifft.

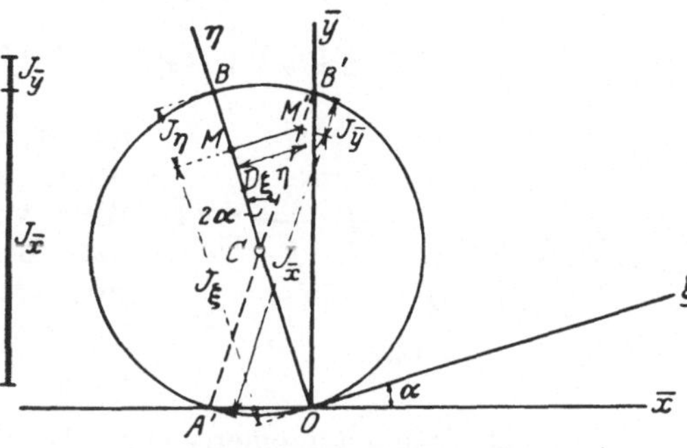

Abb. 206. Statt $D_{\xi\eta}$ ist $J_{\xi\eta}$ zu lesen.

Da der Winkel BCB' gleich 2α und $\overline{CM'} = \frac{1}{2}(J_{\bar{x}} + J_{\bar{y}}) - J_{\bar{y}} = \frac{1}{2}(J_{\bar{x}} - J_{\bar{y}})$ ist, so haben wir

$$\overline{OM} = \frac{1}{2}(J_{\bar{x}} + J_{\bar{y}}) + \frac{1}{2}(J_{\bar{x}} - J_{\bar{y}}) \cos 2\alpha = J_\xi,$$

$$\overline{MB} = \frac{1}{2}(J_{\bar{x}} + J_{\bar{y}}) - \frac{1}{2}(J_{\bar{x}} - J_{\bar{y}}) \cos 2\alpha = J_\eta,$$

$$\overline{MM'} = \frac{1}{2}(J_{\bar{x}} - J_{\bar{y}}) \sin 2\alpha = J_{\xi\eta}.$$

Damit ist die gestellte Aufgabe gelöst.

Durch Umkehrung der Konstruktion können wir die Lage der Hauptträgheitsachsen finden, wenn uns die Trägheitsmomente und die Deviationsmomente um ein Achsenkreuz bekannt sind. Wir müssen dabei nur beachten, daß ein positives Deviationsmoment immer auf der im positiven Quadranten des ξ, η-Systems gelegenen Seite von $\overline{OB}$, ein negatives auf der entgegengesetzten aufzutragen ist.

147. Berechnung von Trägheitsmomenten homogener Körper. Die Bestimmung eines solchen Trägheitsmomentes läuft im Grunde genommen auf die Auswertung eines dreifachen bestimmten Integrals heraus; diese kann aber in den meisten Fällen umgangen werden, und wir wollen für eine Anzahl oft vorkommender Körper die Rechnung durchführen.

Wir können dabei häufig mit Vorteil von dem Umstand Gebrauch machen, daß das Trägheitsmoment des gesamten Körpers um eine Achse gleich der Summe der Trägheitsmomente der Teilkörper ist, in die man ihn zerlegen kann. Dies folgt unmittelbar aus der Definition des Trägheitsmomentes als bestimmtes Integral und ist eine dem Teilschwerpunktsatz analoge Aussage.

Um das Trägheitsmoment eines Vollzylinders vom Radius r und der Höhe h um seine Achse zu finden (Abb. 207), zerlegen wir ihn in Hohlzylinder von der Dicke $d\varrho$ und dem Radius ϱ, dann ist das Trägheitsmoment eines solchen, wenn μ wieder die konstante Dichte bedeutet,

$$dJ_\xi = \mu\, 2\pi\, \varrho\, d\varrho\, h\, \varrho^2,$$

$$J_\xi = 2\pi\mu h \int_0^r \varrho^3\, d\varrho = \frac{\pi\mu h r^4}{2} = \frac{1}{2} M r^2, \tag{27}$$

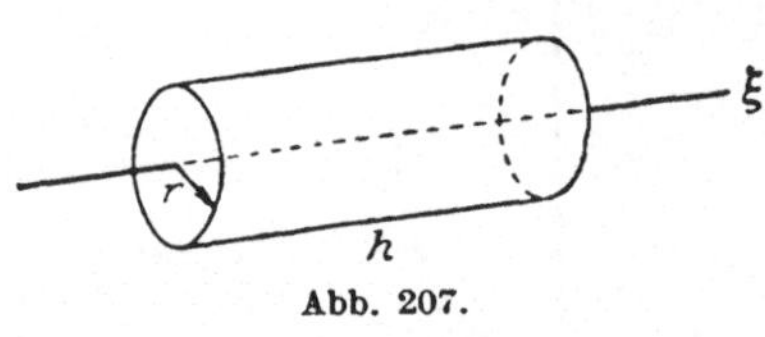

Abb. 207.

wo M die Gesamtmasse $\mu r^2 \pi h$ darstellt. Das gilt für jeden beliebigen Wert von h, daher auch für eine unendlich dünne Scheibe und ebenso für eine Kreisfläche. Das polare Trägheitsmoment der letzteren um den Mittelpunkt ist daher $\frac{1}{2} F r^2$.

Um das Trägheitsmoment eines **Drehkörpers** um seine Achse ξ zu ermitteln, zerlegen wir ihn durch Schnitte senkrecht zur Achse in dünne Kreisscheiben von der Dicke $d\xi$ und dem Radius ϱ; $\varrho = f(\xi)$ sei die Gleichung der Meridiankurve. Dann erhalten wir nach (27)

$$dJ_\xi = \frac{1}{2} dM\, \varrho^2 = \frac{1}{2} \mu\, \varrho^4 \pi\, d\xi$$

und für das gesamte Trägheitsmoment

$$J_\xi = \int_0^h \frac{1}{2} \mu \pi \varrho^4\, d\xi. \tag{28}$$

Für das Trägheitsmoment einer **Kugel** vom Radius r um einen Durchmesser ergibt sich daher, weil $\varrho = \sqrt{r^2 - \xi^2}$ ist,

$$J_d = J_\xi = \frac{1}{2} \mu \pi \int_{-r}^{+r} (r^2 - \xi^2)\, d\xi = \frac{8}{15} \mu \pi r^5 = \frac{2}{5} M r^2, \tag{29}$$

wenn wir wieder die Gesamtmasse einführen.

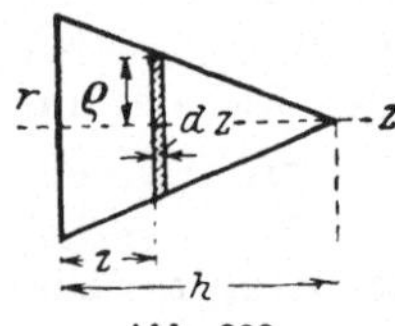

Abb. 208.

Ebenso erhalten wir für das Trägheitsmoment eines **geraden Kreiskegels** vom Radius r und der Höhe h um seine Achse (Abb. 208), da $\frac{\varrho}{r} = \frac{h - z}{h}$ ist,

$$J_\varrho = \frac{1}{2} \pi \mu \frac{r^4}{h^4} \int_0^h (h - z)^4\, dz = \frac{1}{10} \pi \mu r^4 h = \frac{3}{10} M r^2. \tag{30}$$

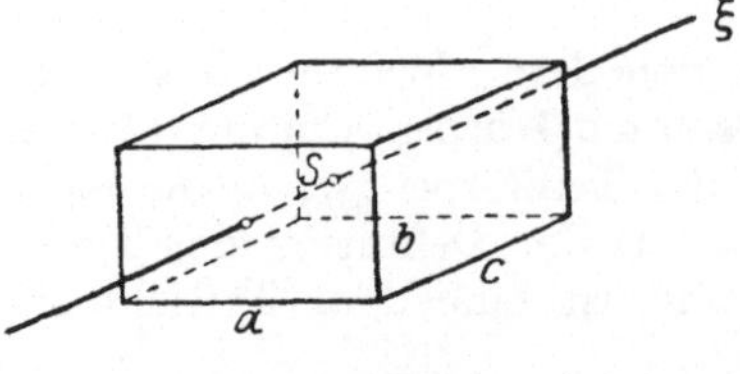

Abb. 209.

Das Trägheitsmoment eines **Quaders** in bezug auf eine durch seinen Schwerpunkt gehende, zu einer Kante c parallele Achse (Abb. 209) berechnet sich auf folgende Weise. Es ist

$$J_{sc} = \int (\zeta^2 + \eta^2)\, dm = \int \zeta^2\, dM + \int \eta^2\, dM.$$

Nun können wir im ersten Integral rechts $dM = \mu\, b\, c\, d\zeta$ und im zweiten $dM = \mu\, a\, c\, d\eta$ setzen und erhalten

$$J_{sc} = \mu\, b\, c \int_{-\frac{a}{2}}^{+\frac{a}{2}} \zeta^2\, d\zeta + \mu\, a\, c \int_{-\frac{b}{2}}^{+\frac{b}{2}} \eta^2\, d\eta = \mu\, c \left(\frac{b\, a^3}{12} + \frac{a\, b^3}{12}\right)$$

oder

$$J_{sc} = \frac{\mu\, a\, b\, c}{12}\,(a^2 + b^2) = \frac{1}{12}\, M\,(a^2 + b^2). \qquad (31)$$

Da dies für beliebige Werte von c gilt, so bekommen wir auch für das Trägheitsmoment einer rechteckigen Platte denselben Wert. Entsprechende Ausdrücke erhalten wir für die zu den anderen Seiten parallelen Durchmesser. Bei einem Würfel mit der Kantenlänge a bekommen wir daraus

$$J_s = \frac{1}{6}\, M\, a^2. \qquad (32)$$

Das Trägheitsmoment eines dünnen homogenen Stabes von konstantem Querschnitt und der Länge l um eine im Schwerpunkt zu ihm senkrecht stehende Achse ergibt sich wegen $d\,M = \frac{M}{l}\, d\xi$ zu

$$J_s = \int_{-\frac{l}{2}}^{+\frac{l}{2}} \frac{M}{l}\, \xi^2\, d\xi = \frac{1}{12}\, M\, l^2. \qquad (33)$$

Steht die Achse nicht im Mittelpunkt, sondern am Ende senkrecht zum Stabe, dann ist wegen des Steinerschen Satzes

$$J_a = J_s + M\,\frac{l^2}{4} = \frac{1}{3}\, M\, l^2. \qquad (33a)$$

148. Ermittlung der Trägheitsmomente ebener Flächen. Um das Trägheitsmoment eines Dreiecks (Abb. 210) um eine Seite a zu erhalten, setzen wir, wenn h die zugehörige Höhe bedeutet, also $\frac{x}{a} = \frac{h - \eta}{h}$ ist,

$$dF = x\, d\eta = \frac{a}{h}\,(h - \eta)\, d\eta.$$

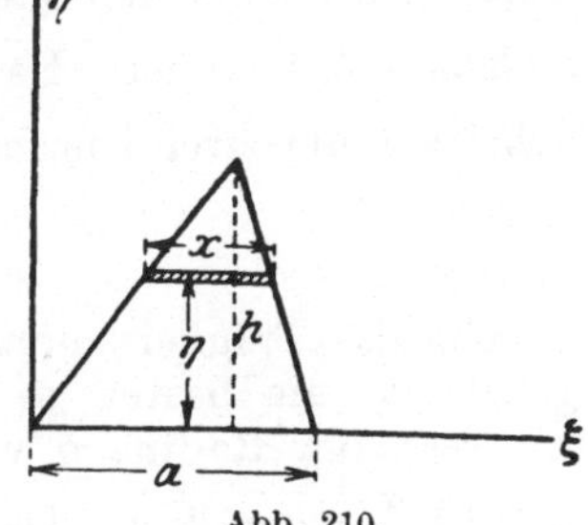

Abb. 210.

Daher ist

$$J_\xi = \int \eta^2\, dF = \frac{a}{h}\int_0^h (h - \eta)\, \eta^2\, d\eta = \frac{a\, h^3}{12} = \frac{F\, h^2}{6}. \qquad (34)$$

Das Trägheitsmoment um die parallele Schwerachse ist dann

$$J_s = J_\xi - F\,\frac{h^2}{9} = \frac{a\, h^3}{36} = \frac{F\, h^2}{18}. \qquad (35)$$

Das Trägheitsmoment eines **Rechteckes** um eine zur Seite a parallel durch den Schwerpunkt gehende Achse (Abb. 211) ist

$$J_s = J_\xi = \int\limits_{-\frac{b}{2}}^{+\frac{b}{2}} \eta^2\, a\, d\eta = \frac{b^3 a}{12} = \frac{1}{12} F b^2 \qquad (36)$$

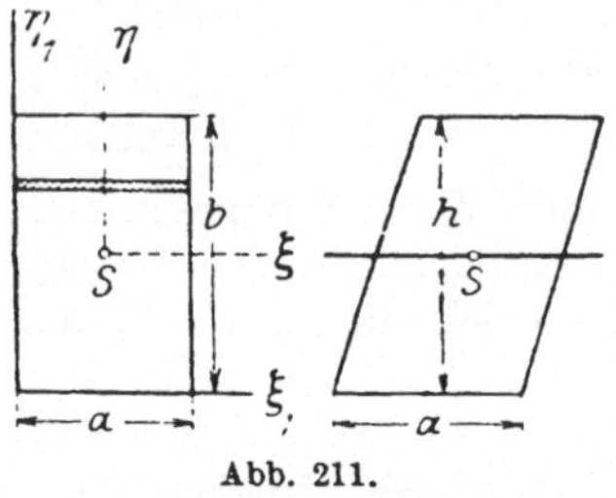

Abb. 211.

und ebenso bekommt man den Wert $\frac{1}{12} F h^2$ für das Trägheitsmoment eines **Parallelogrammes** um die analoge Achse.

Ist das **Deviationsmoment eines Rechteckes** für ein mit den Seiten zusammenfallendes Achsensystem ξ_1, η_1 zu bestimmen (Abb. 210), so können wir das Doppelintegral auswerten

$$J_{\xi_1 \eta_1} = \int\limits_0^b \eta_1\, d\eta_1 \int\limits_0^a \xi_1\, d\xi_1 = \frac{a^2 b^2}{4} \qquad (37)$$

oder das Analogon zum Steinerschen Satz, Formel (11) benutzen, die uns dasselbe Ergebnis liefert, da die Abstände vom Schwerpunkt $\frac{a}{2}$ und $\frac{b}{2}$ sind und das dort zu ξ_1, η_1 parallele Achsensystem ein **Hauptachsenkreuz** ist.

Bei der Bestimmung des Trägheitsmomentes eines **Kreises** um einen seiner Durchmesser geht man von der durch Formel (6) gegebenen Beziehung aus, die besagt, daß das polare Trägheitsmoment gleich der Summe der achsialen Trägheitsmomente um zwei zueinander senkrecht stehende Achsen ist. Da das polare $\frac{1}{2} F r^2$ beträgt und die beiden achsialen um zwei Durchmesser einander gleich sind, hat man

$$J_d = \frac{1}{4} F r^2. \qquad (38)$$

Um das Trägheitsmoment einer **Ellipse** um ihre Achsen zu finden, gehen wir am besten so vor, daß wir eine affine Transformation des Kreises vom Radius b vornehmen, indem wir die Abszissen im Verhältnis $\frac{a}{b}$ vergrößern. Dann geht der Flächenstreifen von der Länge $2\,\xi$ in einen solchen von der Länge $2\frac{a}{b}\,\xi$ über und wir haben

$$J_\xi = \int\limits_{-b}^{+b} 2\frac{a}{b} \eta^2\, \xi\, d\eta = \frac{a}{b} J'_\xi,$$

wobei J_ξ' das Trägheitsmoment des Kreises, also $\frac{\pi b^4}{4}$ bedeutet. Das gibt eingesetzt

$$J_\xi = \frac{\alpha\, b^3 \pi}{4} = \frac{1}{4} F\, b^2 \tag{39}$$

und analog

$$J_\eta = \frac{a^3\, b\, \pi}{4} = \frac{1}{4} F\, a^2. \tag{39a}$$

Das polare Trägheitsmoment um den Mittelpunkt, bzw. das um eine Achse, die im Mittelpunkt senkrecht zur Ellipse steht, ist dann

$$J_\zeta = \frac{1}{4} F\, (a^2 + b^2). \tag{40}$$

Jetzt können wir auch auf einfache Art das Trägheitsmoment eines dreiachsigen Ellipsoids mit den Halbachsen a, b, c und der Gleichung

$$\frac{\xi^2}{a^2} + \frac{\eta^2}{b^2} + \frac{\zeta^2}{c^2} = 1$$

ermitteln. Zerlegen wir es durch Schnitte parallel der ξ, η-Ebene in dünne elliptische Scheiben, so ist das Volumen einer solchen in dem Abstand ζ gegeben durch

$$d V = a\, b\, \pi \left(1 - \frac{\zeta^2}{c^2}\right) d\zeta$$

und ihr Trägheitsmoment

$$dJ_\zeta = \frac{\mu\, \alpha\, b\, \pi}{4} (a^2 + b^2) \left(1 - \frac{\zeta^2}{c^2}\right)^2 d\zeta$$

und daher

$$J_\zeta = \frac{\mu\, a\, b\, \pi\, (a^2 + b^2)}{4\, c^4} \int_{-c}^{+c} (c^2 - \zeta^2)^2\, d\zeta = \frac{4}{15}\, \mu\, a\, b\, c\, \pi\, (a^2 + b)^2 =$$

$$= \frac{1}{5} M\, (a^2 + b^2) \tag{41}$$

mit zwei entsprechenden Ausdrücken für die beiden anderen Achsen.

Beispiel 51. Es ist die Zentralellipse eines Winkeleisens 50 · 100 · 10 ohne Berücksichtigung der Abrundungen zu bestimmen. Abb. 212. Die

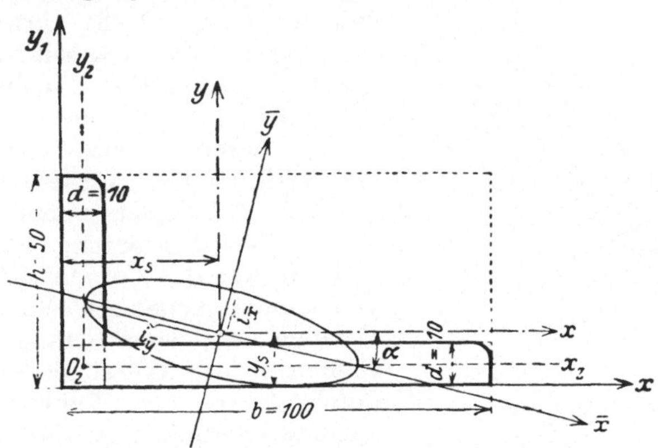

Abb. 212.

Koordinaten des Schwerpunktes erhalten wir, wenn man die Fläche als Differenz zweier Rechtecke ansieht und in Zentimeter rechnet, zu

$$y_s = \frac{5 \cdot 10 \cdot 2{,}5 - 9 \cdot 4 \cdot 3}{14} = 1{,}21 \text{ cm},$$

$$x_s = \frac{5 \cdot 10 \cdot 5 - 9 \cdot 4 \cdot 5{,}5}{14} = 3{,}71 \text{ cm}.$$

Ferner ist

$$J_{x1} = \frac{1}{3}[5 \cdot 1 \cdot 25 + 9 \cdot 1 \cdot 1] = 44{,}67 \text{ cm}^4,$$

$$J_{y1} = \frac{1}{3}[4 \cdot 1 \cdot 1 + 10 \cdot 1 \cdot 100] = 334{,}67 \text{ cm}^4.$$

Für die parallelen Achsen durch den Schwerpunkt x, y bekommt man daraus

$$J_x = 44{,}67 - 14 \cdot 1{,}46 = -24{,}03 \text{ cm}^4,$$
$$J_y = 334{,}67 - 14 \cdot 13{,}77 = 141{,}55 \text{ cm}^4.$$

Das Deviationsmoment erhalten wir sofort, wenn wir uns überlegen, daß das mit den Halbierungslinien der Schenkel zusammenfallende System x_2, y_2 ein Hauptachsensystem im Punkte O_2 für die ganze Figur sein muß, da es ja ein solches für jedes der beiden Rechtecke und für das Quadrat ist, aus denen man die ganze Figur zusammensetzen kann, s. d. Abb. Wir haben daher

$$J_{xy} = -14 \cdot 0{,}714 \cdot 3{,}214 = -32{,}12.$$

Nach Formel (22) ist dann

$$\operatorname{tg} 2\bar{\alpha} = -0{,}5467 \text{ und } \bar{\alpha} = -14^\circ 20'.$$

Weiters erhalten wir mit Hilfe von Formel (20)

$$J_{\bar{x}} = 15{,}83 \text{ cm}^4, \qquad J_{\bar{y}} = 149{,}76 \text{ cm}^4.$$

Die dazugehörigen Werte der Trägheitsradien $(i_{\bar{x}}) = 1{,}06$ cm, $(i_{\bar{y}}) = 3{,}27$ cm und die diesen Halbachsen entsprechende Zentralellipse sind in der Zeichnung eingetragen.

149. Graphische Methoden. Wenn die ebene Fläche unregelmäßig begrenzt oder überhaupt nur zeichnerisch vorgegeben ist, so können wir auch auf graphischem Wege das Trägheitsmoment um eine Achse ermitteln.

α) Verfahren von Nehls. Dieses erlaubt uns, die Bestimmung des Trägheitsmomentes auf die einfachere Aufgabe der Ermittlung des Inhaltes einer Fläche zurückzuführen. Wir hätten das Trägheitsmoment der gezeichneten Fläche F (Abb. 213) um die Achse AA zu finden.

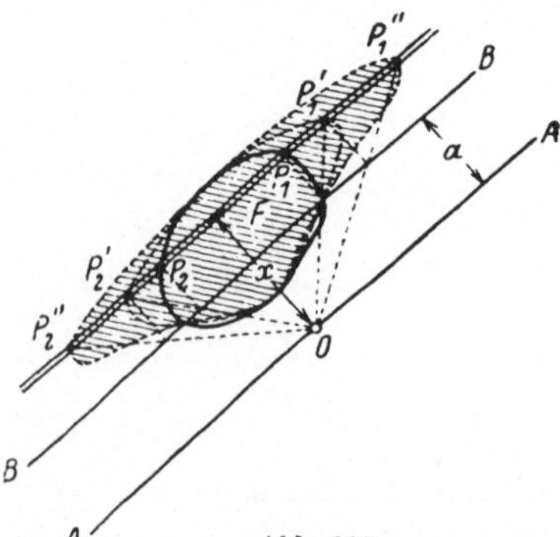

Abb. 213.

Zu diesem Zwecke ziehen wir in der willkürlichen Entfernung a eine Parallele BB. Dann nimmt man einen Punkt der Begrenzung P_1, errichtet von ihm aus das Lot auf BB und zieht von einem beliebigen Punkte O der Geraden AA eine Gerade durch den Fußpunkt des Lotes, die die Parallele durch P_1 in dem Punkte P_1' trifft. Dann wiederholt man die Konstruktion und erhält so den Punkt P_1''. Wenn man dies für alle Randpunkte tut, bekommt man zunächst eine Fläche F' und dann eine F''. Das gesuchte Trägheitsmoment ist dann

$$J_a = F'' a^2.$$

Bezeichnet man nämlich die Flächenstreifen $P_1 P_2$, $P_1' P_2'$, $P_1'' P_2''$ mit dF, dF' und dF'', so gelten die Beziehungen

$$dF = \frac{a}{x} dF', \qquad dF' = \frac{a}{x} dF'',$$

also $dF = \frac{a^2}{x^2} dF''$. Daher ist

$$J_a = \int x^2\, dF = \int a^2\, dF'' = a^2 F''. \tag{42}$$

Man hat also nur den Flächeninhalt von F'' etwa mit Hilfe eines Planimeters zu bestimmen, um das Trägheitsmoment angeben zu können.

β) Verfahren von **Mohr**. Dieses Verfahren benutzt die bekannte Seileckkonstruktion. Wie bei der Bestimmung des Schwerpunktes einer Fläche, zerlegt man die gegebene Figur in Teilflächen, Abb. 214, bringt in den Schwerpunkten derselben Kräfte an, die proportional den Teilflächen sind und konstruiert in bekannter Weise die Seilkurve, die der kontinuierlichen Belastung entspricht. Der Schnittpunkt der Anfangs- und Endtangente gibt einen Punkt der Richtungslinie der Resultierenden, die durch den Schwerpunkt der Fläche geht. Das Trägheitsmoment um diese Schwerachse soll ermittelt werden.

Wegen der Ähnlichkeit der Dreiecke dF' und dF_1 haben wir die Beziehung $dF' : dF_1 = x^2 : H^2$, H ist dabei wie immer die Momentenbasis im Krafteck. Da dF aber nach der Konstruktion auch das Längenelement im Krafteck darstellt, ist anderseits auch

$$dF_1 = \frac{dF\, H}{2}$$

und daher

$$dF' = \frac{x^2}{H^2} dF \frac{H}{2} = \frac{x^2}{2H} dF.$$

Demnach haben wir

$$dJ_s = x^2 dF = 2H\, dF'.$$

Die Summe aller Flächenelemente dF' ist aber gleich der von dem Seilzug und den beiden Endtangenten begrenzten Fläche F', während die Summe aller Flächenelemente dF die vorgegebene Fläche ist. Daher haben wir

$$J_s = \int x^2 dF = 2HF'. \tag{43}$$

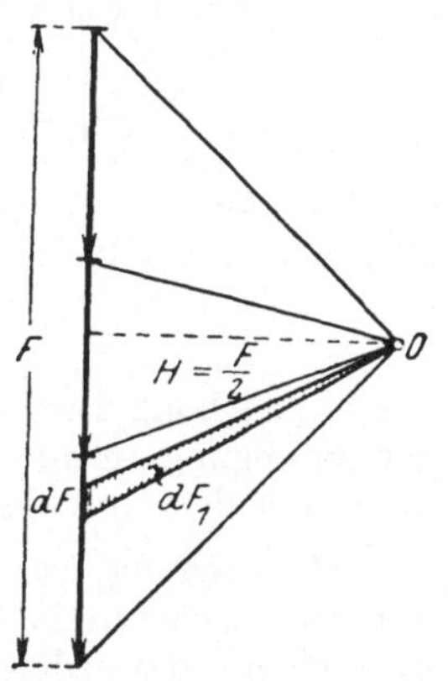

Abb. 214.

Wählen wir nun H so, daß es gleich $\frac{1}{2} F$ ist, so bekommt man

$$J_s = FF'. \tag{43a}$$

Das Trägheitsmoment ergibt sich jetzt also als das Produkt zweier Flächeninhalte. Die Fläche F' ist natürlich dabei in demselben Maßstab zu messen wie die Fläche F.

Es gibt auch Methoden, die das sich ergebende Trägheitsmoment als eine Länge darstellen, so z. B. die von Culman; wir wollen aber darauf nicht näher eingehen.

IV. Translation und Drehung um eine feste Achse.

150. Reine Translation. Wir wollen nun dort fortsetzen, wo wir am Schluß des vorigen Kapitels stehen geblieben sind und die allgemeinen Bewegungsgleichungen für den starren Körper — Schwerpunkts- und Flächensatz — auf die verschiedenen Bewegungsarten eines solchen umformen, die wir in der Kinematik kennengelernt haben.

Im Falle der Schiebung, der reinen Translation, wo alle Punkte sich auf gleiche Weise bewegen, ist durch die Bewegung des Schwerpunktes die ganze Bewegung vollständig bestimmt, dort genügt also schon der Schwerpunktssatz allein

$$M \frac{d^2 \mathfrak{r}_s}{dt^2} = \sum \mathfrak{P}_i, \tag{1}$$

um die ganze Bewegung festzulegen. Alle Aufgaben, die wir über die Bewegung eines Massenpunktes durchgerechnet haben, sind im Grunde genommen Beispiele für die Anwendung dieser Gleichung.

Wie müssen nun die äußeren Kräfte beschaffen sein, damit eine solche Bewegung stattfindet? Da wir wegen der gleichen Bewegung aller Punkte für $\frac{d^2 \mathfrak{r}_i}{dt^2}$ auch $\frac{d^2 \mathfrak{r}_s}{dt^2}$ schreiben können, so bekommt die linke Seite des Flächensatzes die Gestalt

$$\sum_{i=1}^{i=n} \left(m_i \mathfrak{r}_i \times \frac{d^2 \mathfrak{r}_i}{dt^2} \right) = \left(\sum_{i=1}^{i=n} m_i \mathfrak{r}_i \right) \times \frac{d^2 \mathfrak{r}_s}{dt^2} = M \mathfrak{r}_s \times \frac{d^2 \mathfrak{r}_s}{dt^2} = \mathfrak{r}_s \times \sum \mathfrak{P}_i.$$

wo diese letztere Summe über alle äußeren Kräfte zu nehmen ist. Das gibt in den Flächensatz eingesetzt

$$\mathfrak{r}_s \times \sum \mathfrak{P}_i = \sum (\mathfrak{r}_i \times \mathfrak{P}_i). \tag{2}$$

Diese Gleichung besagt aber, daß die angreifenden Kräfte während der Bewegung immer einer Einzelkraft gleichwertig sein müssen, die durch den Schwerpunkt geht.

151. Drehung um eine feste Achse. Kinetische Drücke. Wenn wir nun zur nächsten Bewegungsform, der Drehung um eine feste Achse, übergehen, so werden wir diese Achse als z-Achse unseres raumfesten K.-S. wählen. Von den drei Gleichungen des in den Komponenten angeschriebenen Schwerpunktssatzes bleiben dann nur zwei übrig

$$M \ddot{x}_s = \sum P_{xi}, \qquad M \ddot{y}_s = \sum P_{yi}. \tag{3}$$

Die dritte Gleichung gibt $0 = \sum P_{zi}$, die Komponentensumme in der Richtung der Drehachse muß also verschwinden.

Wenn wir in den Flächensatz die Flächengeschwindigkeit einführen, so nimmt die dritte Gleichung desselben die Gestalt an

$$\frac{d}{dt}\left\{\int\limits_K dm\left(\mathfrak{r}_i \times \frac{d\,\mathfrak{r}_i}{dt}\right)\right\}_z = \frac{d}{dt}\int\limits_K 2\,dm\,\frac{dF_z}{dt} = \sum \mathrm{M}_{zi}.$$

Da $\frac{dF_z}{dt} = \frac{1}{2} r^2 \omega$ ist, wo r den Abstand von der Drehachse und ω die Drehgeschwindigkeit bedeutet, so bekommt man

$$\frac{d}{dt}\int\limits_K r^2\,dm\,\omega = \frac{d\omega}{dt}\int\limits_K r^2\,dm = J_z\,\frac{d^2\varphi}{dt^2}$$

und daher

$$J_z\,\frac{d^2\varphi}{dt^2} = \sum \mathrm{M}_{zi}. \tag{4}$$

Es ist also das Produkt aus Trägheitsmoment und Winkelbeschleunigung gleich der Summe der Momente der eingeprägten Kräfte, alles um die Drehachse genommen. Diese wichtige Gleichung, die keinerlei an der Achse selbst angreifende Zwangskräfte mehr enthält, ist vollständig analog gebaut wie die dynamische Grundgleichung für den Massenpunkt. Man hat nur an Stelle der Masse das Trägheitsmoment, an Stelle der Translationsbeschleunigung die Winkelbeschleunigung, an Stelle der Kraft das Drehmoment derselben zu setzen.

Die beiden änderen Gleichungen des Flächensatzes ergeben, da die $\dot z$ alle verschwinden und wir das Differentiationszeichen wegen der Konstanz des z vor das Integral ziehen können

$$\left.\begin{aligned} -\frac{d}{dt}\int z\,\dot y\,dm &= -\frac{d^2}{dt^2}\int z\,y\,dm = \sum \mathrm{M}_{xi}, \\ +\frac{d}{dt}\int z\,\dot x\,dm &= +\frac{d^2}{dt^2}\int z\,x\,dm = \sum \mathrm{M}_{yi}. \end{aligned}\right\} \tag{5}$$

Die Integralausdrücke links stellen in jedem Augenblick die Deviationsmomente des Körpers für das raumfeste K.-S. dar, sie sind also mit der Zeit veränderlich.

Wir wollen nun die eingeprägten und die Zwangskräfte auf den rechten Seiten der Gleichungen gesondert anschreiben und sie durch die Zeiger (1) und (2) unterscheiden. Statt der Gleichung $\sum P_{zi} = 0$ erhalten wir dann

$$\sum P_{zi}^{(1)} + \sum P_{zi}^{(2)} = 0.$$

Wenn also Komponenten der eingeprägten Kräfte in der Richtung der Drehachse vorhanden sind, so müssen sie durch Zwangskräfte, Stützendrücke, die an den Achsen wirken, aufgehoben werden.

Gl. (4) bleibt ungeändert, da ja dort nur Momente eingeprägter Kräfte auftreten. In (5) haben wir rechts $\sum \mathrm{M}_{xi}^{(1)} + \sum \mathrm{M}_{xi}^{(2)}$ zu schreiben. Wenn daher die Achse nicht so im Körper liegt, daß die

Deviationsmomente J_{zy} und J_{zx} dauernd gleich Null sind, wenn also die Drehachse keine Hauptträgheitsachse des Körpers ist, so müssen selbst für den Fall, daß in den Gl. (5) die Glieder mit dem Zeiger (1) Null, also keine Drehmomente eingeprägter Kräfte um Achsen senkrecht zur Drehachse vorhanden sind, doch Reaktionskräfte an der Achse auftreten, d. h. es entstehen durch die Bewegung Achsendrücke. Diese durch die Bewegung hervorgerufenen Zwangskräfte nennt man kinetische Drücke. Diese werden keine Momente um Achsen senkrecht zur Drehachse ergeben, wenn die Drehung um eine Hauptträgheitsachse vor sich geht, weil dann die Deviationsmomente dauernd Null sind. Die Hauptträgheitsachsen erhalten dadurch also auch eine dynamische Bedeutung. Es können aber auch bei einer Drehung um eine Hauptträgheitsachse nach Gl. (3) immer noch Achsendrücke senkrecht zur Drehachse auftreten. Fällt die Achse aber mit einer Hauptträgheitsachse durch den Schwerpunkt des Körpers zusammen, dann können durch die Rotation überhaupt keine kinetischen Drücke entstehen, dann spricht man von einer freien Achse.

Da die kinetischen Drücke und besonders die Drehmomente derselben Achse und Lager stark beanspruchen, so vermeidet man bei Maschinenbestandteilen möglichst solche Drehungen, die nicht um Hauptträgheitsachsen stattfinden. Es ist aber praktisch nicht möglich, Drehachsen eines Körpers, einer Welle oder eines Motors, wirklich so herzustellen, daß sie absolut genau freie Achsen sind. Es sind immer kleine Unregelmäßigkeiten in den Symmetrieverhältnissen vorhanden und daher werden auch bei der Drehung immer kleine rhythmisch wechselnde Momente auf die Achsen übertragen. Das macht nicht viel aus, solange die Tourenzahl nicht mit der Frequenz einer elastischen Eigenschwingung der Welle übereinstimmt. Dann aber, bei der kritischen Drehzahl der Welle, treten sehr unangenehme Resonanzerscheinungen auf, die man unter allen Umständen vermeiden muß.

Man kann anderseits die Tatsache, daß immer kleine rhythmische Erschütterungen des Motors entsprechend der Tourenzahl vorhanden sind, dazu benutzen, um ohne Transmissionen oder Übersetzungen die Umlaufszahl eines Motors zu ermitteln. Bringt man an einem solchen eine Reihe von dünnen Stahlfedern (Zungen, Lamellen) mit bekannter Eigenfrequenz an, so werden immer jene in deutlich merkbare Schwingungen versetzt werden, deren Eigenfrequenz mit der augenblicklichen Drehzahl des Motors übereinstimmt. Nach diesem Prinzip ist der Frahmsche Frequenzmesser konstruiert.

152. Fortsetzung. Bei der Drehung um Hauptträgheitsachsen verwendet man am besten die Gl. (3) und (4) zur Berechnung der zu ermittelnden Unbekannten. Dabei kann man, da die Bahnkurve des Schwerpunktes ein Kreis ist, analog wie in der Dynamik des Punktes an Stelle von (3) die entsprechenden Formeln

$$M \frac{d^2 s_s}{dt^2} = M e \frac{d\omega}{dt} = \sum T_i, \qquad M \frac{v_s^2}{\varrho} = M e \omega^2 = \sum N_i \quad (3\text{a})$$

ansetzen; $s_s = e \varphi$ ist dabei der Weg des Schwerpunktes auf seiner

Kreisbahn, ϱ der Radius derselben. T_i und N_i sind die Komponenten der äußeren Kräfte in der Richtung der Tangente und der Normalen.

Geht die Drehung nicht um eine Hauptträgheitsachse vor sich, dann ist es wegen der veränderlichen Deviationsmomente J_{zy} und J_{zx} nicht vorteilhaft, die Gl. (5) zu benutzen, dann kommt man am besten mit dem Prinzip von D'Alembert zum Ziel. Wir brauchen ja nur zu den äußeren Kräften die Zentrifugalkräfte und deren Momente hinzuzufügen und die Gleichgewichtsbedingungen für den starren Körper anzusetzen. Wir wollen auf diese Weise etwa folgendes Beispiel berechnen.

Beispiel 52. Eine dreieckige Scheibe von der Masse M ist wie nebengezeichnet (Abb. 215) an der oberen Ecke bei A durch ein Gelenk, an der unteren B durch ein kurzes, horizontales Seilstück an einer vertikalen Achse befestigt. Wie groß ist die Spannkraft in diesem Seile, wenn sich die Achse mit der Winkelgeschwindigkeit ω dreht?

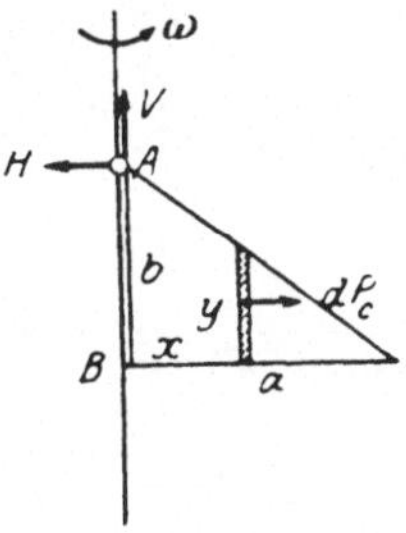

Da die Masse der Scheibe pro Flächeneinheit gleich $\frac{2M}{ba}$ ist, so wird die Zentrifugalkraft, die von einem vertikalen Streifen von der Dicke dx und der Höhe y herrührt, dargestellt durch

$$dP_c = \frac{2M}{ab} y\,dx\,x \cdot \omega^2.$$

Abb. 215

Wegen $y = \frac{b(a-x)}{a}$ erhalten wir daraus

$$P_c = \frac{2M}{a^2}\omega^2 \int_0^a (a-x)\,x\,dx = \frac{M a \omega^2}{3}.$$

Da weiter die resultierende Zentrifugalkraft an einem solchen Streifen in der Mitte angreift, ist das Moment von dP um A gegeben durch

$$dM_c = \frac{2M}{ab} y\,x\,\omega^2\,dx \left(b - \frac{y}{2}\right).$$

Daher ist

$$M_c = \frac{2M}{ab}\omega^2 \frac{b^2}{2a^2}\int_0^a (a^2 - x^2)\,x\,dx = \frac{Mab}{4}\omega^2.$$

Nennen wir die Komponenten des bei A übertragenen Widerstandes H und V und schreiben wir die Gleichgewichtsbedingungen mit A als Momentenpol an, so erhalten wir

$$V - Mg = 0, \qquad S + H - P_c = 0, \qquad Sb + Mg\frac{a}{3} - M_c = 0$$

und daraus

$$S = \frac{Ma}{b}\left(\frac{b\omega^2}{4} - \frac{g}{3}\right), \qquad V = Mg, \qquad H = \frac{Ma}{3b}\left(\frac{b\omega^2}{4} + g\right)$$

Die Spannkraft ist Null, wenn $\omega^2 = \frac{4g}{3b}$ ist, die Komponente H des Gelenkdruckes hat dann den Wert $\frac{4a}{9b} M g$.

Das folgende Beispiel dagegen, wo die Drehachse eine Hauptträgheitsachse durch den Schwerpunkt ist, können wir direkt, ohne Zurückgehen auf das D'Alembertsche Prinzip mit Hilfe der Formel (4) lösen.

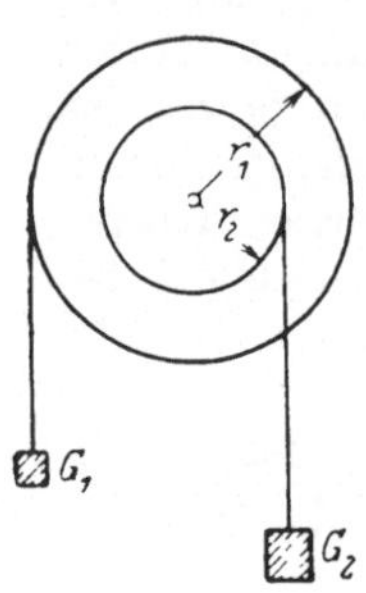

Abb. 216.

Beispiel 53. Zwei dünne Scheiben mit den Massen M_1 und M_2 und den Radien r_1 und r_2, die konzentrisch aufeinander befestigt sind und sich um die gemeinsame Achse drehen können, tragen wie nebengezeichnet (Abb. 216) an gewichtslosen Fäden, die an dem Umfang der Scheiben abrollen, die Gewichte G_1 und G_2. Wie wird sich die Bewegung vollziehen, wenn außerdem die Zapfenreibung (Radius λ) gegeben ist?

Die beiden Gewichte führen eine geradlinige translatorische Bewegung aus, wir erhalten daher, wenn wir uns die Fäden durchschnitten denken und die an der Schnittfläche nach aufwärts wirkenden Spannkräfte mit S_1 und S_2 bezeichnen, nach (1)

$$\frac{G_1}{g}\ddot{x}_{s1} = G_1 - S_1, \qquad \frac{G_2}{g}\ddot{x}_{s2} = G_2 - S_2.$$

Für die Scheibe gibt (4), da S_1 und S_2 nach dem Wechselwirkungsgesetz jetzt nach abwärts gerichtet sind,

$$\left(\frac{1}{2}M_1 r_1^2 + \frac{1}{2}M_2 r_2^2\right)\dot{\omega} = S_1 r_1 - S_2 r_2 - \lambda\,[S_1 + S_2 + (M_1 + M_2)\,g].$$

Wegen der kinematischen Bedingung — die Fäden müssen am Umfang der Scheiben mit derselben Geschwindigkeit abrollen, mit der sich die Gewichte bewegen — bekommen wir

$$r_1\,\omega = \dot{x}_{s1}, \qquad r_2\,\omega = -\dot{x}_{s2}.$$

Wir haben jetzt fünf Gleichungen zur Berechnung der Unbekannten S_1, S_2, $\ddot{x}_{s1}$, $\ddot{x}_{s2}$ und $\dot{\omega}$.

Fur den Fall zweier gleicher Scheiben $r_1 = r_2 = r$, $M_1 + M_2 = M$ bekommen wir die sogenannte Atwoodsche Fallmaschine; vernachlässigen wir auch die Zapfenreibung, setzen $\lambda = 0$, so erhalten wir

$$\dot{\omega} = \frac{g}{r}\,\frac{G_1 - G_2}{\frac{M g}{2} + G_1 + G_2}, \qquad \ddot{x}_{s1} = -\ddot{x}_{s2} = g\,\frac{G_1 - G_2}{\frac{M g}{2} + G_1 + G_2},$$

$$S_1 = G_1\,\frac{M g + 4\,G_2}{M g + 2\,G_1 + 2\,G_2}, \qquad S_2 = G_2\,\frac{M g + 4\,G_1}{M g + 2\,G_1 + 2\,G_2}.$$

Wenn man die Atwoodsche Fallmaschine, wie es schon der Name besagt, in der bekannten Weise zur Demonstration der Gesetze des freien Falls verwendet, muß, wie aus den Formeln hervorgeht, außer den schon gemachten Voraussetzungen auch noch die Masse der Rolle vernachlässigt werden.

153. Energie und Arbeit. Die kinetische Energie bei der Drehung eines starren Körpers um eine feste Achse ist durch

$$K = \frac{1}{2}\int v^2\,dm = \frac{1}{2}\,\omega^2\int r^2\,dm = \frac{1}{2}\,J_z\,\omega^2 \tag{6}$$

dargestellt.

Auch die Arbeit der äußeren, eingeprägten Kräfte kann man auf sehr einfache Weise ausdrücken. Es ist die Elementararbeit einer solchen Kraft $\mathfrak{P}_i$

$$dA_i = \mathfrak{P}_i\,d\mathfrak{s} = |\mathfrak{P}_i|\;r\,d\varphi\,\cos\alpha,$$

wenn α den Winkel zwischen der Richtung der Kraft und der Tangente an die Kreisbahn des Angriffspunktes bedeutet. Nun ist aber $|\mathfrak{p}|\, r \cos\alpha$ nichts anderes als das Moment der Kraft um die Drehachse, $\mathrm{M}_{z\,i}$. Wir bekommen daher $dA_i = \mathrm{M}_{z\,i}\, d\varphi$; die Arbeit einer Kraft ist demnach das Winkelintegral des Drehmomentes und für die Arbeit aller Kräfte bei einer Drehung um den Winkel φ erhalten wir

$$A = \sum \int_0^{\varphi} \mathrm{M}_{z\,i}\, d\varphi. \tag{7}$$

Der Energiesatz kann jetzt also in der Form angeschrieben werden

$$\frac{1}{2} J_z (\omega^2 - \omega_0^2) = \sum \int_0^{\varphi} \mathrm{M}_{z\,i}\, d\varphi. \tag{8}$$

Beispiel 54. Ein homogener dünner Stab von der Masse M und der Länge l, der sich um eine an seinem Ende angebrachte horizontale Achse drehen kann, fällt aus der waagrechten Lage herab (Abb. 217). Mit welcher Geschwindigkeit passiert das Stabende die Vertikale?

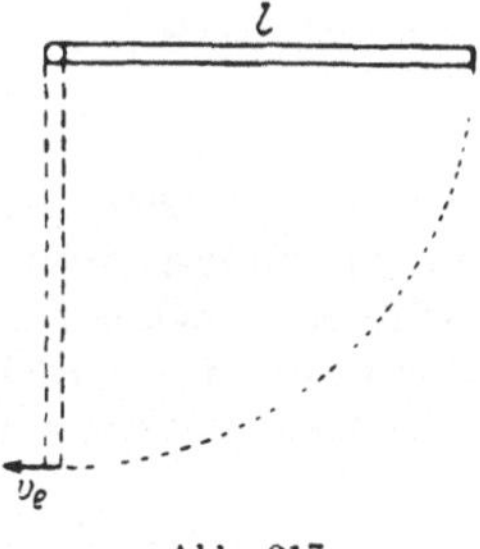

Abb. 217.

Hier leistet nur die Schwerkraft als einzige eingeprägte Kraft Arbeit, und zwar vom Betrage $\frac{M g l}{2}$, da sich der Schwerpunkt um die halbe Stablänge senkt. Wir könnten diese Arbeit natürlich auch nach Formel (7) berechnen. Da bei Beginn der Bewegung Ruhe herrschen soll, so ist ω_0 gleich Null zu setzen und wir haben

$$\frac{1}{2} J_a\, \omega^2 = M g \frac{l}{2}.$$

Mit $J_a = \frac{1}{3} M l^2$ erhalten wir $\omega^2 = \frac{3 g}{l}$ und daher

$$v_e = l\, \omega = \sqrt{3 g l}.$$

154. Das physische Pendel. Einen Körper, der um eine horizontale Achse schwingen kann, nennt man ein physisches Pendel. Ist dessen Masse M, das Trägheitsmoment um die horizontale Drehachse J_a, der Abstand des Schwerpunktes vom Aufhängepunkt e, vgl. Abb. 218, so haben wir nach Gl. (4)

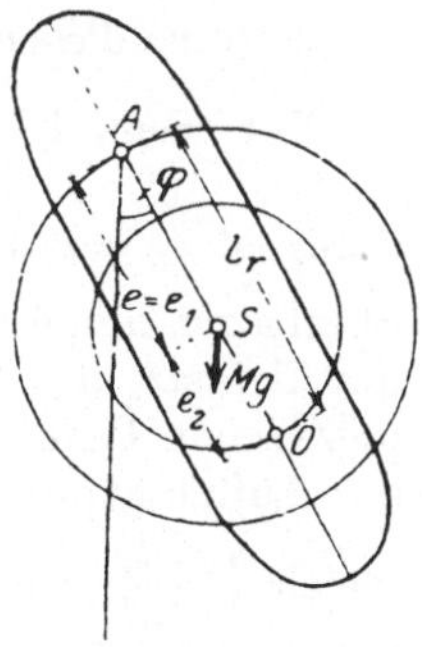

$$J_a \frac{d\omega}{dt} = - M g e \sin\varphi \tag{9}$$

oder

$$\frac{d^2\varphi}{dt^2} = - \frac{M g e}{J_a} \sin\varphi.$$

Abb. 218.

Die analoge Gleichung für das mathematische Pendel hat genau dieselbe Gestalt, nur andere Konstante, sie lautet (Nr. 99)

$$\frac{d^2\varphi}{dt^2} = - \frac{g}{l} \sin\varphi.$$

Die beiden Gleichungen stimmen überein, wenn die Länge des mathematischen Pendels

$$l_r = \frac{J_a}{M e} \tag{10}$$

ist; unser physisches Pendel schwingt genau so wie ein mathematisches von dieser Länge, der „reduzierten" Pendellänge.

Für kleine Schwingungen ist dann die Frequenz

$$\nu = \sqrt{\frac{M g e}{J_a}} \tag{11}$$

und die Schwingungsdauer

$$\tau = 2\pi \sqrt{\frac{J_a}{M g e}}. \tag{12}$$

Wenn wir nach dem Steinerschen Satz $J_a = J_s + M e^2$ setzen, erhält (10) die Form

$$l_r = \frac{J_s}{M e} + e. \tag{13}$$

Aus dieser Gleichung geht hervor, daß alle Aufhängepunkte die auf, einem Kreise vom Radius e um den Schwerpunkt liegen, dieselbe Schwingungsdauer ergeben. Wir können uns nun die Frage stellen, ob nicht auch für verschiedene Werte von e dasselbe l_r herauskommt. Wenn wir die Gl. (13) nach e auflösen, erhalten wir in der Tat zwei Wurzeln

$$e_1 = \frac{l_r}{2} + \sqrt{\frac{l_r^2}{4} - \frac{J_s}{M}}, \qquad e_2 = \frac{l_r}{2} - \sqrt{\frac{l_r^2}{4} - \frac{J_s}{M}}.$$

Es gibt also zu jedem Wert e_1 noch einen zweiten e_2, für den das physische Pendel genau auf gleiche Weise schwingt. Alle entsprechenden Aufhängepunkte liegen auf zwei Kreisen mit den Radien e_1 und e_2 um den Schwerpunkt, siehe Abb. 218. Dabei ist

$$e_1 + e_2 = l_r. \tag{14}$$

Die Summe dieser beiden Abstände ist gleich der reduzierten Pendellänge.

Nur wenn $l_r = 2\sqrt{\frac{J_s}{M}}$ ist, dann fallen beide Kreise zusammen, dann ist $e_1 = e_2 = \frac{l_r}{2} = \sqrt{\frac{J_s}{M}}$. Das ist auch der kleinste Wert, den l_r überhaupt annehmen kann. Die zugehörige Schwingungsdauer ist dann die kleinste, die Frequenz die größte, die man bei einem vorgegebenen physischen Pendel überhaupt erzielen kann. Wenn man also den Abstand des Aufhängepunktes vom Schwerpunkt entsprechend der obigen Formel gleich $\sqrt{\frac{J_s}{M}}$ wählt, so wird sowohl bei einer Vergrößerung als auch bei einer Verkleinerung desselben die Schwingungsdauer immer zunehmen und daher bei einer derartigen Wahl der Drehachse gegenüber Längenänderungen von e durch Temperatureinflüsse u. dgl. am wenigsten empfindlich sein. Diesen Umstand benützt man neuestens bei der Konstruktion hochempfindlicher astronomischer Uhren.

Die Tatsache, daß $e_1 + e_2 = l_r$ ist, kann man verwenden, um l_r experimentell zu bestimmen. Findet man zwei Aufhängepunkte A und O

(Abb. 218), die auf verschiedenen Seiten des Schwerpunkts in ungleichen Abständen von demselben liegen und die gleiche Schwingungsdauer ergeben, so ist deren gegenseitige Entfernung gleich der reduzierten Pendellänge bei einer Schwingung um diese Punkte. Davon macht man bei dem sogenannten Reversionspendel von Kater Gebrauch; die genaue Ermittlung der Pendellänge ist ja für die experimentelle Bestimmung der Erdbeschleunigung von größter Wichtigkeit.

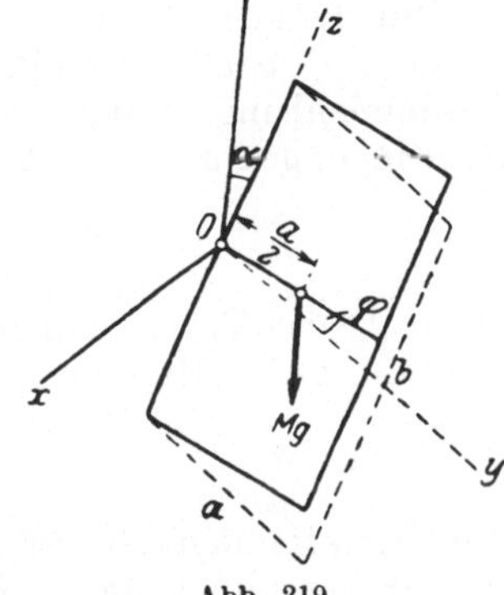

Abb. 219.

Beispiel 55. Eine Tür, deren Pfosten nach innen um den Winkel α geneigt ist, wird ein wenig aus der Gleichgewichtslage entfernt. Wie bewegt sich die Türe, wenn die Reibung in den Angeln vernachlässigt wird.

φ sei der Winkel, den die Ebene der Türe (Abb. 219) mit der Vertikalebene durch die Drehachse einschließt, das K.-S. sei so gelegt, wie in der Zeichnung angegeben — $O z$ fällt in die Drehachse, $O y$ liege in der Vertikalebene durch diese, $O x$ stehe senkrecht darauf. Das Gewicht $M g$ hat in der gezeichneten Stellung die Komponenten

$$O, \; M g \sin\alpha, \quad -M g \cos\alpha.$$

Nur die zweite derselben liefert ein Moment um die Drehachse im Betrage von $+ Mg \sin\alpha \sin\varphi \frac{a}{2}$. Gl. (4) gibt daher wegen $J_z = \frac{1}{3} M a^2$

$$\frac{d\omega}{dt} = + \frac{3 M g \sin\alpha \sin\varphi\, a}{2 M a^2} = + \frac{3 g}{2 a} \sin\alpha \sin\varphi.$$

Die reduzierte Pendellänge ist daher $l_r = \frac{2 a}{3 \sin\alpha}$ und die Türe führt kleine Schwingungen mit der Periode

$$\tau = 2\pi \sqrt{\frac{2 a}{3 g \sin\alpha}}$$

aus. Für $\alpha = 0$ verliert diese Formel ihre Bedeutung, der Pfosten ist dann vertikal und es ist nur eine gleichförmige Drehung um ihn möglich.

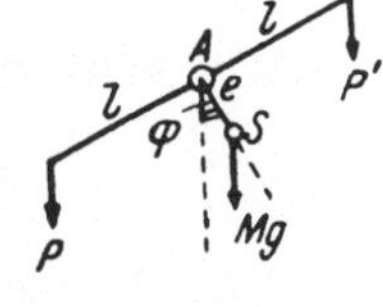

Abb. 220.

155. Anwendungen. Die Hebelwaage. Eine solche können wir in erster Annäherung als ein physisches Pendel betrachten. Ihre Gesamtmasse sei M, P das Gewicht der Waagschalen und Last links, P' das von Waagschale und Last rechts (Abb. 220). Herrscht Gleichgewicht bei der Verdrehung um den Winkel φ, so ist

$$P l \cos\varphi - M g e \sin\varphi - P' l \cos\varphi = 0. \tag{15}$$

Wenn jetzt P um dP zunimmt, so ändert sich der Winkel φ um $d\varphi$ und der Grenzwert $\frac{d\varphi}{dP}$ wird die Empfindlichkeit der Waage genannt. Aus (15) erhalten wir

$$dP\, l \cos\varphi - P l \sin\varphi\, d\varphi - M g e \cos\varphi\, d\varphi + P' l \sin\varphi\, d\varphi = 0$$

und daher

$$\frac{d\varphi}{dP} = \frac{l \cos \varphi}{(P - P')\, l \sin \varphi + M\, g\, e \cos \varphi} = \frac{l \cos^2 \varphi}{M\, g\, e}, \tag{16}$$

wenn man die Bedingung (15) berücksichtigt. Die Empfindlichkeit der Waage ist also der Länge der Hebelarme direkt, dem Gewicht und dem Abstand des Schwerpunktes vom Drehpunkt verkehrt proportional.

Wir können diese Empfindlichkeit aber auch mit einer leicht zu messenden Größe, nämlich mit der Schwingungsdauer der Waage in Zusammenhang bringen. Führt diese als physisches Pendel kleine Schwingungen aus, so ist nach (12)

$$M\, g\, e = \frac{4\,\pi^2 J_a}{\tau^2},$$

wenn J_a das Trägheitsmoment der Waage darstellt. Setzt man dies in (16) ein, so erhält man

$$\frac{d\varphi}{dP} = \frac{l \cos^2 \varphi}{4\,\pi^2 J_a}\, \tau^2. \tag{17}$$

Die Empfindlichkeit ist also dem Quadrat der Schwingungsdauer der unbelasteten Waage direkt proportional.

156. Berechnung der Achsendrücke. Wenn es wie in den vorhergehenden Beispielen nicht auf die Bestimmung der Lagerreaktionen ankommt, finden wir mit Gl. (4) unser Auslangen. Wollen wir aber auch diese berechnen, um die Beanspruchung der Lager durch ein physisches Pendel zu ermitteln, etwa die des Glockenstuhls durch eine schwingende Glocke, so müssen wir den Schwerpunktsatz anwenden. Dieser genügt zur Bestimmung derselben; denn da wir im allgemeinen als Drehachse eine Hauptträgheitsachse haben — der schwingende Körper besitzt gewöhnlich eine Symmetrieebene senkrecht zur Achse —, so sind die Achsendrücke nur Einzelkräften gleichwertig. Wenn wir den Schwerpunktsatz in der Form (3a) einsetzen und die Bezeichnungen nach Abb. 221a verwenden, erhalten wir

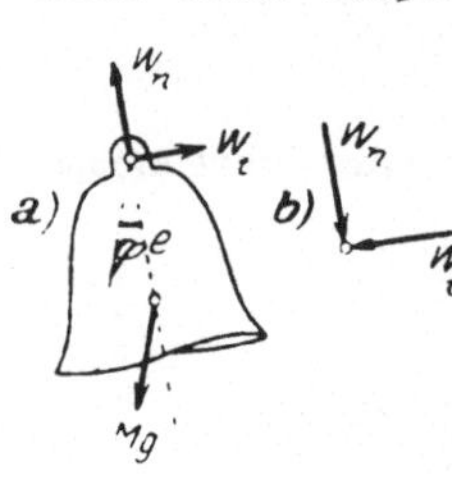

Abb. 221.

$$M\, e\, \dot{\omega} = - M\, g \sin \varphi + W_t,$$
$$M\, e\, \omega^2 = - M\, g \cos \varphi + W_n$$

und aus Formel (4) und (10)

$$\dot{\omega} = - \frac{g}{l_r} \sin \varphi. \tag{18}$$

Aus dem Energiesatz bekommt man

$$\frac{1}{2} J_a\, \omega^2 = M\, g\, e\, (\cos \varphi - \cos \alpha)$$

oder

$$\frac{1}{2}\, \omega^2 = \frac{g}{l_r}\, (\cos \varphi - \cos \alpha), \tag{19}$$

α ist der anfängliche Ausschlagswinkel. Setzt man diese Werte für ω und ω^2 in die beiden ersten Gleichungen ein, so erhält man für die Komponenten des von dem Lager übertragenen Widerstandes

$$W_t = M\, g \sin\varphi \left(1 - \frac{e}{l_r}\right). \tag{20}$$

$$W_n = M\, g \left[\cos\varphi + \frac{2\,e}{l_r}\,(\cos\varphi - \cos\alpha)\right]. \tag{21}$$

Für $\varphi = 0$, beim Durchgang durch die Gleichgewichtslage verschwindet also W_t und W_n hat seinen größten Wert

$$W_n = M\, g \left[1 + \frac{2\,e}{l_r}\,(1 - \cos\alpha)\right].$$

Die Beanspruchung des Lagers hat die entgegengesetzte Richtung, Abb. 221 b.

V. Ebene Bewegung.

157. Die Bewegungsgleichungen. Aus dem Schwerpunktsatz erhalten wir für die Bewegung eines starren Körpers zunächst die Gleichungen

$$M\,\frac{d^2 x_s}{dt^2} = \sum P_{xi}, \qquad M\,\frac{d^2 y_s}{dt^2} = \sum P_{yi}, \tag{1}$$

wenn die Ebene der Bewegung mit der $x\,y$-Ebene zusammenfällt; die Summe ist über alle äußeren Kräfte zu nehmen. Die dritte Gleichung gibt wieder $\sum Z_i = 0$. Wenn die ebene Bewegung eine freie ohne Zwangskräfte sein soll, dürfen daher keine Komponenten der eingeprägten Kräfte in dieser Richtung vorhanden sein.

Wenn wir in den in dem Flächensatz vorkommenden Integral $\int\limits_K dm\,(x\,\dot y - y\,\dot x)$ die Formeln (11), Nr. 117, des zweiten Kapitels der Kinematik einsetzen, die wir für die ebene Bewegung eines starren Körpers aufgestellt haben, erhalten wir

$$\begin{aligned}\int\limits_K dm\,\{&(x_0 + \xi\cos\varphi - \eta\sin\varphi)\,[\dot y_0 + (\xi\cos\varphi - \eta\sin\varphi)\,\omega] - \\ &- (y_0 + \xi\sin\varphi + \eta\cos\varphi)\,[\dot x_0 - (\xi\sin\varphi + \eta\cos\varphi)\,\omega]\}.\end{aligned}$$

Diese Ausdrücke lassen sich bedeutend vereinfachen, wenn wir für den Punkt O, den Ursprung des körperfesten K.-S., den Schwerpunkt wählen, also $x_0 = x_s$ und $y_0 = y_s$ setzen. Dann fallen die Integrale $\int \xi\, dm$ und $\int \eta\, dm$ weg und wir bekommen für unser Integral den Wert

$$M\,(x_s\,\dot y_s - y_s\,\dot x_s) + \int\limits_K (\xi^2 + \eta^2)\, dm\,\omega.$$

$\int\limits_K (\xi^2 + \eta^2)\, dm$ ist das Trägheitsmoment J_s um eine durch den Schwerpunkt gehende, zur Ebene der Bewegung senkrecht stehende Achse und die dritte Gleichung des Flächensatzes hat daher die Gestalt

$$\frac{d}{dt}\left\{M\,(x_s\,\dot{y}_s - y_s\,\dot{x}_s) + J_s\,\omega\right\} = \sum \mathrm{M}_{zi}$$

oder

$$J_s\,\frac{d\omega}{dt} = \sum \mathrm{M}_{zi} - M\,(x_s\,\ddot{y}_s - y_s\,\ddot{x}_s). \tag{2}$$

Berücksichtigen wir die Gl. (1), so können wir die rechte Seite in der Form anschreiben

$$\sum\,[(x_i - x_s)\,P_{yi} - (y_i - y_s)\,P_{xi}] = \sum \mathrm{M}_{si},$$

wenn wir mit M_{si} das Moment der äußeren Kraft P_i um den Schwerpunkt bezeichnen. Gl. (2) nimmt dann die endgültige Gestalt an

$$J_s\,\frac{d\omega}{dt} = \sum \mathrm{M}_{si}. \tag{3}$$

Sie ist also ganz ähnlich der entsprechenden Formel für die Drehung um eine feste Achse gebaut, nur sind Trägheits- und Drehmoment um die feste Achse durch die analogen Werte für die Schwerpunktachse zu ersetzen.

Die beiden anderen Gleichungen des Flächensatzes haben genau dieselbe Gestalt wie die bei der Drehung um eine feste Achse [Formel (5) des vorigen Kapitels], da z von t unabhängig ist, nämlich

$$-\frac{d^2}{dt^2}\int\limits_K z\,y\,dm = \sum \mathrm{M}_{xi}, \qquad \frac{d^2}{dt^2}\int\limits_K z\,x\,dm = \sum \mathrm{M}_{yi}. \tag{4}$$

Wenn man also einen Körper von beliebiger Gestalt zwingt, sich in einer vorgegebenen Ebene zu bewegen, so treten im allgemeinen „kinetische Drücke" auf, Zwangskräfte, die von der Führung auf den Körper ausgeübt werden. Nur wenn die in (4) stehenden Integrale, die Deviationsmomente, dauernd Null sind, wenn die z-Achse eine Hauptträgheitsachse des Körpers, also etwa die durch den Schwerpunkt gehende Ebene $z = 0$ eine Symmetrieebene desselben ist, dann treten keine derartigen Kräfte auf, die Momente um in der Ebene der Bewegung liegende Achsen besitzen. Wenn außerdem auch die eingeprägten Kräfte keine Komponenten senkrecht zur Ebene der Bewegung besitzen, also gleichwertig einem Kraftsystem sind, das vollständig in der x, y-Ebene liegt, dann sind überhaupt keine Zwangskräfte vorhanden, dann kann der Körper eine freie ebene Bewegung ausführen.

Nach der allgemeinen Formel (9) in Nr. 135 ist die kinetische Energie des Körpers

$$K = \frac{1}{2}\,M\,v_s^2 + \frac{1}{2}\int v'^2\,dm,$$

wo v' die Geschwindigkeit eines Elementes relativ zum Schwerpunkt bedeutet. Setzen wir für die Geschwindigkeitskomponenten wieder die in der Kinematik erhaltenen Formeln ein, so wird

$$v'^2 = (v_{xs} - v_x)^2 + (v_{ys} - v_y)^2 = \omega^2\,[(\xi\sin\varphi + \eta\cos\varphi)^2 + \\ + (\xi\cos\varphi - \eta\sin\varphi)^2] = (\xi^2 + \eta^2)\,\omega^2$$

und daher

$$\frac{1}{2}\int v'^2\,dm = \frac{1}{2}\,J_s\,\omega^2$$

und

$$K = \frac{1}{2}\,M\,v_s^2 + \frac{1}{2} J_s\,\omega^2. \tag{5}$$

Wirken auf einen starren Körper keine äußeren Kräfte, so verschwindet die rechte Seite von (1) und (3) und wir können aus den Gleichungen dann folgern, daß der Schwerpunkt entweder in Ruhe ist oder sich mit konstanter Geschwindigkeit auf einer geraden Linie bewegt, daß außerdem aber noch der Körper sich mit konstanter Winkelgeschwindigkeit um eine Hauptträgheitsachse durch den Schwerpunkt drehen kann.

Wirkt ein Kräftepaar mit dem Momente M allein auf einen ruhenden Körper ein, so ist

$$\dot{\omega} = \frac{\mathrm{M}}{J_s}.$$

Der Schwerpunkt bleibt in Ruhe und der Körper dreht sich mit obiger Winkelbeschleunigung um die durch den Schwerpunkt gehende, zur Ebene des Kräftepaars senkrechte Achse.

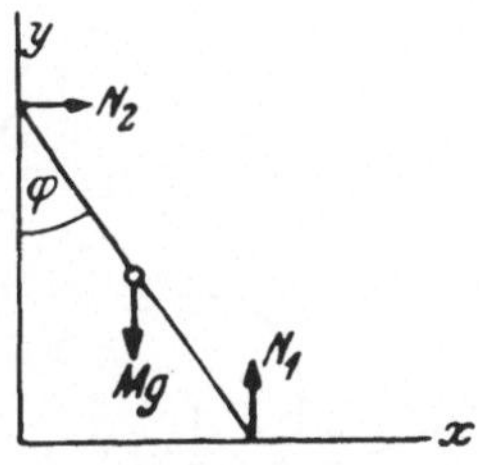

Abb. 222.

Beispiel 56. Ein homogener Stab von der Länge a gleitet zwischen Boden und Wand, die beide vollständig glatt sein sollen, herab, Abb. 222. Wie geht seine Bewegung vor sich?

Die Bewegungsgleichungen für die ebene Bewegung geben

$$\left.\begin{aligned} M\,\ddot{x}_s &= N_2, \qquad M\,\ddot{y}_s = N_1 - M\,g, \\ \frac{1}{12}\,M\,a^2\,\dot{\omega} &= -\,N_1\,\frac{a}{2}\sin\varphi + N_2\,\frac{a}{2}\cos\varphi. \end{aligned}\right\} \tag{6}$$

Als kinematische Bedingungen kommen noch hinzu

$$x_s = \frac{a}{2}\sin\varphi, \qquad y_s = \frac{a}{2}\cos\varphi. \tag{7}$$

Der Energiesatz liefert, da $v_s^2 = \frac{a^2}{4}\,\omega^2$ ist und nur die Schwerkraft Arbeit leistet,

$$\frac{1}{12}\,M\,a^2\,\omega^2 + \frac{1}{8}\,M\,a^2\,\omega^2 = M\,g\,\frac{a}{2}\,(\cos\varphi_0 - \cos\varphi), \tag{8}$$

φ_0 ist dabei die Neigung des Stabes in der Anfangslage. Aus (8) erhalten wir sofort ω als Funktion von φ

$$\omega = \dot{\varphi} = -\sqrt{\frac{3\,g}{a}\,(\cos\varphi_0 - \cos\varphi)} \tag{9}$$

und daher

$$t = -\int\limits_{\varphi_0}^{\varphi} \frac{d\varphi}{\sqrt{\frac{3\,g}{a}\,(\cos\varphi_0 - \cos\varphi)}}. \tag{10}$$

Setzt man $\cos\frac{\varphi}{2} = \cos\frac{\varphi_0}{2}\sin\psi$, so erhält man ganz analog wie beim Pendel (vgl. Nr. 99) mit $\cos\frac{\varphi_0}{2} = k$

$$t = \sqrt{\frac{2a}{3g}} \int_{\frac{\pi}{2}}^{\varphi} \frac{d\psi}{\sqrt{1 - k^2 \sin^2\psi}} = \sqrt{\frac{2a}{3g}} \left[\int_0^{\frac{\pi}{2}} \frac{d\psi}{\sqrt{1 - k^2 \sin^2\psi}} - \right.$$

$$\left. - \int_0^{\psi} \frac{d\psi}{\sqrt{1 - k^2 \sin^2\psi}} \right] = \sqrt{\frac{2a}{3g}} \left[F\left(k \cdot \frac{\pi}{2}\right) - F(k \cdot \psi) \right],$$

wo wieder F das elliptische Normalintegral erster Gattung bedeutet; $F\left(k, \frac{\pi}{2}\right)$ ist das „vollständige" derartige Integral, auch $K(k)$ genannt.[1] Aus (9) erhält man durch Differentiation nach t

$$\dot{\omega} = -\frac{3g}{2a} \sin\varphi$$

und wenn man dies in die Gl. (6) einsetzt, bekommt man die Stützenwiderstände N_1 und N_2 in der Form

$$\left. \begin{aligned} N_1 &= \frac{Mg}{4} [1 - 3\cos\varphi (2\cos\varphi_0 - 3\cos\varphi)]. \\ N_2 &= \frac{3Mg}{2} \sin\varphi \left(\frac{3}{2} \cos\varphi - \cos\varphi_0 \right). \end{aligned} \right\} \quad (11)$$

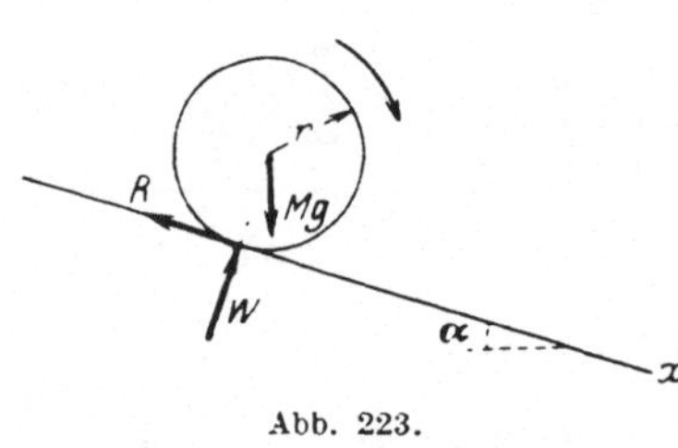

Abb. 223.

158. Bewegung eines Drehkörpers auf einer schiefen Ebene. Die Masse des Körpers sei M, der Radius des auf der schiefen Ebene rollenden Kreises sei r, der Neigungswinkel der Ebene α (Abb. 223). Die Rauhigkeit der Berührung sei durch die Reibungszahl f gekennzeichnet, von der rollenden Reibung wollen wir absehen. Wie wird die Bewegung vor sich gehen, wenn die Anfangsgeschwindigkeit des Körpers Null ist?

Die Gl. (1) und (3) geben

$$\left. \begin{aligned} M\ddot{x}_s &= Mg\sin\alpha - R, \\ 0 &= -Mg\cos\alpha + W, \\ J_s\dot{\omega} &= Rr. \end{aligned} \right\} \quad (12)$$

Dabei ist der Drehsinn im Uhrzeigersinn positiv angenommen worden, um überflüssige negative Vorzeichen zu vermeiden. Um die weitere Gleichung, die uns noch fehlt, aufzustellen — es sind ja vier Unbekannte vorhanden —, müssen wir die zwei Möglichkeiten gesondert behandeln, nämlich a) die Bewegung ist eine rein rollende oder b) sie ist es nicht.

a) Bei reinem Rollen ist der Berührungspunkt der momentane Drehpol und wir können die kinematische Bedingung hinschreiben $dx_s = r\,d\varphi$ und daher

$$\ddot{x}_s = r\dot{\omega}. \quad (13)$$

Das gibt die vierte notwendige Gleichung. Da wir jetzt aber an der Berührungsstelle relative Ruhe haben, so muß außerdem noch, wenn wir die Gültigkeit des Coulombschen Reibungsgesetzes aufrechterhalten,

[1] Jahnke-Emde, 2. Aufl., S. 127.

$$R \leqq f N \tag{14}$$

sein.

Setzen wir $J_s = \vartheta M r^2$, wo $\vartheta \leqq 1$ ist, so gibt die Auflösung der Gl. (12) und (13)

$$\left.\begin{array}{c} \ddot{x}_s = \dfrac{g \sin \alpha}{1+\vartheta}, \quad \dot{\omega} = + \dfrac{g \sin \alpha}{(1+\vartheta) r}, \quad N = M g \cos \alpha, \\ R = \dfrac{\vartheta M g \sin \alpha}{1+\vartheta}. \end{array}\right\} \tag{15}$$

Setzen wir die beiden letzten Ausdrücke in die Ungleichung (19) für die Reibung ein, so erhalten wir als Bedingung für das Zustandekommen des reinen Rollens

$$\operatorname{tg} \alpha \leqq \frac{1+\vartheta}{\vartheta} f. \tag{16}$$

Es muß also vor allem die Berührung rauh, f von Null verschieden sein — auf einer vollkommen glatten Ebene ist kein Rollen möglich —, es hat aber neben dem Neigungswinkel auch die Form des Körpers einen gewissen Einfluß, da ja ϑ in der Bedingung (16) vorkommt.

Die Bewegung des Schwerpunktes sowohl als die Drehung sind gleichförmig beschleunigt, die Größe der konstanten Translationsbeschleunigung hängt von dem Trägheitsmoment, also von der Form des Körpers und von dem Neigungswinkel, aber nicht von der Reibungszahl f ab. Wenn wir etwa Hohlwalze, Vollwalze und Kugel von gleichem Gewicht und Radius dieselbe schiefe Ebene hinunterrollen lassen, so kommt, da dann ϑ gleich 1, $\frac{1}{2}$ und $\frac{2}{5}$, $\frac{1}{1+\vartheta}$ also $\frac{1}{2}$, $\frac{2}{3}$, $\frac{5}{7}$ ist, die Kugel am schnellsten unten an, dann die Vollwalze und zuletzt der Hohlzylinder.

b) Ist keine reine Rollbewegung vorhanden, sondern tritt auch Gleiten ein, dann kann die Geschwindigkeit des Schwerpunkts nur größer aber nicht kleiner als die Umfangsgeschwindigkeit eines Randpunktes $r\,\omega$ sein, wir haben also jetzt an Stelle von (14) die Ungleichung

$$\dot{x}_s > r \dot{\omega} \tag{17}$$

zu setzen, dafür kommt aber wegen der Gleitreibung die Gleichung

$$R = f N \tag{18}$$

hinzu, wir haben also wieder vier Gleichungen. Die Auflösung derselben gibt

$$\ddot{x}_s = g(\sin \alpha - f \cos \alpha), \quad \dot{\omega} = \frac{f g \cos \alpha}{\vartheta r}, \quad R = f M g \cos \alpha \tag{19}$$

und Ungleichung (17) liefert

$$\operatorname{tg} \alpha > \frac{1+\vartheta}{\vartheta} f. \tag{20}$$

Die Bedingungen (16) und (20) geben eine vollständige Disjunktion, ist $\operatorname{tg} \alpha$ kleiner oder gleich $\frac{1+\vartheta}{\vartheta} f$, dann ist die Bewegung ein reines Rollen, ist $\operatorname{tg} \alpha$ größer als dieser Wert, dann ist keine reine Rollbewegung vorhanden. In dem letzteren Fall ist die Translationsbeschleunigung im Gegensatz zu a) von f abhängig, die Form des Körpers hat dagegen jetzt keinen Einfluß auf sie.

Ist nur nach der Geschwindigkeit gefragt, die der Drehkörper bei reinem Rollen nach Zurücklegung einer gewissen Wegstrecke s erlangt, so können wir dies am besten mit dem Energiesatz allein berechnen. Die Haftreibung leistet keine Arbeit, da der Angriffspunkt sich immer in momentaner Ruhe befindet; es bleibt nur die Arbeit der Schwerkraft übrig und wir haben

$$\frac{1}{2} M v^2 + \frac{1}{2} J_s \omega^2 = M g s \sin \alpha.$$

Da $\omega = \frac{v_s}{r}$ ist, erhalten wir

$$v_s = \sqrt{\frac{1}{1+\vartheta}} \sqrt{2 g s \sin \alpha}. \tag{21}$$

Die Geschwindigkeit ist also kleiner, als wenn der Körper bei vollständig glatter Berührung einfach herabgleiten würde, da wäre sie $\sqrt{2 g s \sin \alpha}$.

159. Anfahren einer Lokomotive. Um zu möglichst einfachen Verhältnissen zu gelangen, wollen wir voraussetzen, daß wir eine elektrische Lokomotive mit zwei Triebrädern vor uns haben (Abb. 224a). Eine solche können wir als ein System von starren Körpern ansehen; wir wollen dieses so behandeln, daß wir die einzelnen Teilkörper für sich betrachten, an den Verbindungsstellen die durch den Zusammenhang übertragenen Kräfte für jeden Teil als äußere Kräfte anbringen und für jeden Körper die entsprechenden Bewegungsgleichungen anschreiben.

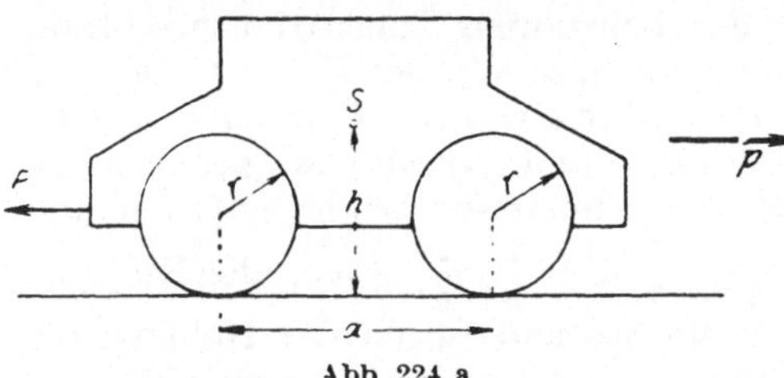

Abb. 224 a.

Die Bewegung soll mit der vorgegebenen konstanten Beschleunigung p von links nach rechts erfolgen, in die am Zughaken in der Höhe der Achse angreifende Kraft P rechnen wir den Fahrtwiderstand der Lokomotive ein. Die Masse des Lokomotivgestells sei M, die der Triebräder samt Achsen je m, das Trägheitsmoment der letzteren sei $\vartheta m r^2$, wenn r den Radius des Triebrades darstellt. In Abb. 224b und c sind die Triebräder und das Lokomotivgestell samt den an ihnen angreifenden Kräften, die teilweise eingeprägte Kräfte wie das treibende Drehmoment M des elektrischen Feldes, teils Reaktionskräfte sind, eingezeichnet.

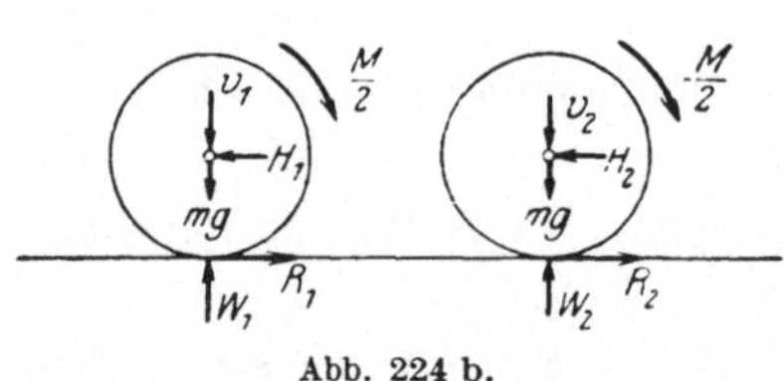

Abb. 224 b.

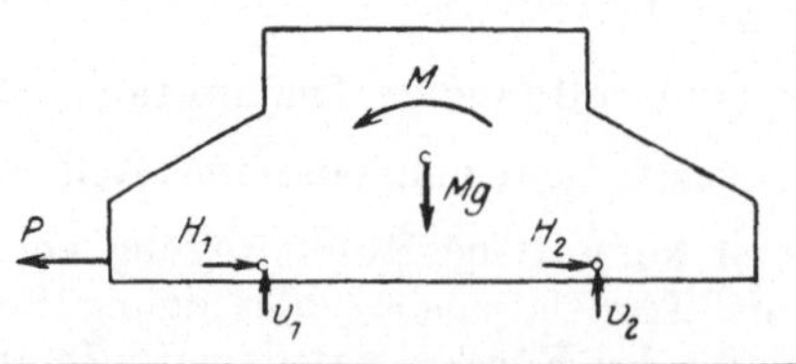

Abb. 224 c.

Jedes Triebrad beschreibt eine ebene Bewegung, das Lokomotivgestell eine Parallelverschiebung. Die Bewegungsgleichungen für beide Triebräder haben daher mit den in der Abbildung gewählten Bezeichnungen die Gestalt

$$\left.\begin{array}{ll} m\,p = R_1 - H_1, & m\,p = R_2 - H_2, \\ 0 = W_1 - V_1 - m\,g, & 0 = W_2 - V_2 - m\,g, \\ -\vartheta\, m\, r^2 \dot{\omega}_1 = -\dfrac{M}{2} + r\,R_1, & -\vartheta\, m\, r^2 \dot{\omega}_2 = -\dfrac{M}{2} + r\,R_2 \end{array}\right\} \qquad (22)$$

und für das Lokomotivgestell erhalten wir

$$\left.\begin{array}{r} M\,p = H_1 + H_2 - P, \\ 0 = V_1 + V_2 - M\,g, \\ 0 = (H_1 + H_2 - P)(h - r) + \dfrac{V_2 - V_1}{2}\,a + M. \end{array}\right\} \qquad (23)$$

Wenn beim Anfahren reines Rollen zustande kommen soll, so müssen

$$\dot{\omega}_1 = \dot{\omega}_2 = \frac{p}{r} \qquad (24)$$

sein, außerdem muß aber das Reibungsgesetz für Haftreibung gelten

$$R_1 + R_2 \leqq f\,(W_1 + W_2). \qquad (25)$$

Aus der ersten Bedingung folgt, daß

$$R_1 = R_2 = R \text{ und ebenso } H_1 = H_2 = H$$

sein muß. Wir haben dann

$$\left.\begin{array}{l} m\,p = R - H, \quad M\,p = 2\,H - P, \quad \vartheta m\, r^2 \omega = -\dfrac{M}{2} + r\,R, \\ W_1 - V_1 - m\,g = 0, \quad W_2 - V_2 - m\,g = 0 - \\ - V_1 - V_2 + M\,g = 0, \\ M + (2\,H - P)(h - r) + \dfrac{V_2 - V_1}{2}\,a = 0. \end{array}\right\} \qquad (26)$$

Aus den beiden ersten Gleichungen folgt

$$(M + 2\,m)\,p = 2\,R - P. \qquad (27)$$

Die Reibung, und zwar die Haftreibung ist also absolut notwendig, um die Lokomotive in Bewegung zu setzen, da sonst keine positive Beschleunigung auftreten könnte. Auf diese bewegungsfördernde Eigenschaft der Haftreibung wurde auch schon früher hingewiesen.

Aus (27) und der dritten Gleichung von (26) ergibt sich die Beziehung zwischen dem treibenden Drehmoment und der Beschleunigung zu

$$\frac{M}{r} = P + [M + 2\,m\,(1 + \vartheta)]\,p. \qquad (28)$$

Aus den weiteren Gleichungen können wir W_1 und W_2 berechnen; wir bekommen, wenn wir das gesamte Gewicht der Lokomotive

$$M\,g + 2\,m\,g = G$$

setzen,

$$\left.\begin{array}{l} W_1 = \dfrac{G}{2} + \dfrac{P\,r}{a} + p\left[M\,\dfrac{h - r + a}{a} + 2\,m\,\dfrac{r}{a}\,(1 + \vartheta)\right], \\ W_2 = \dfrac{G}{2} - \dfrac{P\,r}{a} - p\left[M\,\dfrac{h - r + a}{a} + 2\,m\,\dfrac{r}{a}\,(1 + \vartheta)\right]. \end{array}\right\} \qquad (29)$$

Beim Anfahren verstärkt sich also der Druck, den das hintere Triebräderpaar auf das Geleise ausübt, während der des vorderen Räderpaars um denselben Betrag sinkt.

Die Bedingung (25) gibt

$$P \leqq G\left(f - \frac{p}{g}\right). \tag{30}$$

Es ist also zum Anfahren nicht nur eine Reibung notwendig, sondern es muß auch die Reibungszahl größer als das Verhältnis der Beschleunigungen $\frac{p}{g}$ sein. Außerdem muß das Gewicht der Lokomotive in einem richtigen Verhältnis zur Zugkraft P stehen. Ist das nicht der Fall, so kann man auch durch beliebige Vergrößerung des treibenden Moments nicht erreichen, daß sich die Lokomotive in Bewegung setzt, es würde im Gegenteil dadurch nur nach Gl. (28) das p größer und der Klammerausdruck in (30) daher noch kleiner werden. Das Drehmoment ruft dann nur ein Gleiten der Räder auf den Schienen ohne Fortbewegung des Zuges hervor.

Ganz ähnliche Überlegungen mit analogen Ergebnissen könnte man für das Anfahren eines Autos anstellen. Wirkt der Motor bei einem solchen nur auf die Achse eines Räderpaars, so kann man das andere durch eine glatte Berührung ersetzen.

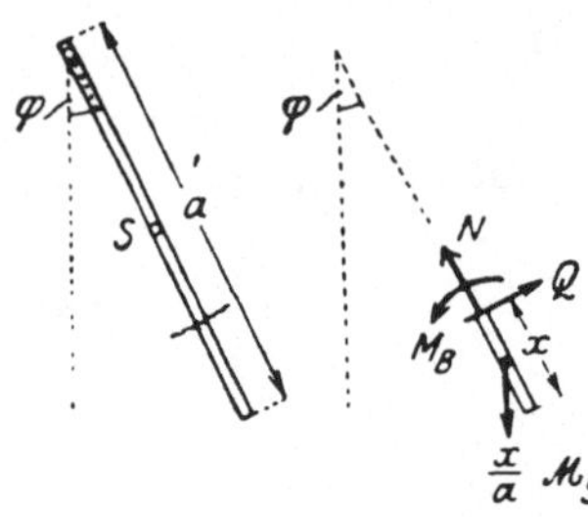

Abb. 225.

160. Beanspruchung eines schwingenden Stabes. Wir können nun daran gehen, auch Aufgaben der Kinetostatik zu lösen, das heißt Widerstands- und innere Kräfte bei sich bewegenden Körpern zu berechnen. Wir wollen den einfachen Fall eines Stabes hernehmen, der als physisches Pendel um eine durch seinen Endpunkt gehende Achse schwingt (Abb. 225).

Die Masse des Stabes sei M, die Länge a; dann ist

$$l_r = \frac{\frac{1}{3} M a^2}{M \frac{a}{2}} = \frac{2}{3} a. \tag{31}$$

Wir gehen ganz analog wie bei dem Träger auf zwei Stützen vor; wir legen in der Entfernung x vom unteren Ende einen Schnitt und bringen an der Schnittfläche das früher durch den Zusammenhang übertragene Kraftsystem an. Wie in der Statik ist dies eine Einzelkraft mit der Normalkomponente N und der Tangentialkomponente Q und ein Kräftepaar mit dem Momente M_B, eine Normal-, eine Querkraft und ein Biegungsmoment. Das abgeschnittene Stück führt eine ebene Bewegung aus. Wenn wir die Gleichungen für eine solche ansetzen, können wir die obigen drei Größen als Funktionen der augenblicklichen Lage, in unserem Falle des Winkels φ, und des Abstandes x erhalten.

Wir haben, da der Schwerpunkt des abgeschnittenen Teiles sich auf einem Kreise mit dem Radius $a - \frac{x}{2}$ bewegt,

$$\left.\begin{aligned} M\frac{x}{a}\left(a-\frac{x}{2}\right)\dot{\omega} &= Q-\frac{M\,x}{a}\,g\sin\varphi, \\ M\frac{x}{a}\left(a-\frac{x}{2}\right)\dot{\omega} &= N-\frac{M\,x}{a}\,g\cos\varphi, \\ \frac{1}{12}\,M\,\frac{x^3}{a}\,\dot{\omega} &= M_B-Q\,\frac{x}{2}. \end{aligned}\right\} \tag{32}$$

Da für die Schwingung des ganzen Stabes

$$\dot{\omega} = -\frac{3\,g}{2\,a}\sin\varphi \tag{33}$$

und aus dem Energiesatz

$$\omega^2 = \frac{3\,g}{a}(\cos\varphi-\cos\alpha) \tag{34}$$

ist [vgl. Formel (18) und (19) in Nr. 156], erhalten wir aus diesen Gleichungen

$$\left.\begin{aligned} N &= \frac{M\,g\,x}{2\,a^2}\left\{2\,a\,(4\cos\varphi-3\cos\alpha)-3\,x\,(\cos\varphi-\cos\alpha)\right\}, \\ Q &= \frac{M\,g\,x}{4\,a^2}\sin\varphi\,(3\,x-2\,a), \\ M_B &= \frac{M\,g\,x^2}{4\,a^2}\sin\varphi\,(x-a). \end{aligned}\right\} \tag{35}$$

N ist also eine quadratische Funktion des Abstandes x, es verschwindet für $x=0$, für das Ende des Stabes, und erreicht seinen größten Wert im Aufhängepunkt. Im Stab selbst hat N kein Maximum oder Minimum, da die Gleichung

$$\frac{dN}{dx} = 2\,a\,(4\cos\varphi-3\cos\alpha)-6\,x\,(\cos\varphi-\cos\alpha) = 0$$

als Lösung $\bar{x}$ für alle möglichen Winkel φ einen Wert größer als a ergibt, nämlich $\bar{x} = a\left[1+\frac{\cos\varphi}{3\,(\cos\varphi-\cos a}\right]$. Das Maximum im Aufhängepunkt ist

$$N_{\max} = \frac{M\,g}{2}(5\cos\varphi-3\cos\alpha). \tag{36}$$

Ebenso wie beim ruhenden Balken ist

$$\frac{dM_B}{dx} = Q. \tag{37}$$

Die Querkraft verschwindet für $x=\frac{2}{3}\,a$, dort befindet sich das Maximum des Biegungsmomentes

$$M_{B\max} = -\frac{M\,g\,a}{27}\sin\varphi. \tag{38}$$

161. Experimentelle Ermittlung von Trägheits- und Deviationsmomenten. Läßt man einen Körper Schwingungen um eine horizontale Achse ausführen, so kann man aus der Schwingungsdauer τ seine reduzierte Pendellänge

$$l_r = \frac{\tau^2\,g}{4\,\pi^2}$$

und damit die Größe des Trägheitsmomentes um die Schwingungsachse

$$J_a = M\, e\, l_r = M\, g\, e \left(\frac{2\pi}{\tau}\right)^2 \tag{39}$$

bestimmen, wenn e, also die Lage des Schwerpunktes, bekannt ist.

Ist das letztere nicht der Fall, so kommt man dennoch mit Hilfe eines Zusatzgewichtes mit gegebenem M', e' und J_a' zum Ziele, das mit der Drehachse fest verbunden, etwa aufgekeilt wird. Macht man den Versuch einmal mit dem Zusatzgewicht, das andere Mal ohne dasselbe, so erhält man außer der Formel (39) noch eine zweite

$$J_a + J_a' = g\,(e\,M + e'\,M')\left(\frac{2\pi}{\tau'}\right)^2$$

und hat dann zwei lineare Gleichungen, aus denen man J_a und e berechnen kann, wenn die Determinante nicht verschwindet. Das letztere tritt aber nur dann ein, wenn

$$\tau' = \tau$$

und infolgedessen

$$\frac{J_a}{M\,e} = \frac{J'_a}{M'\,e'}$$

ist, wenn also der Zusatzkörper für sich allein genau so schwingt wie das ursprüngliche Pendel. Das läßt sich aber durch passende Wahl des Zusatzkörpers leicht vermeiden.

Man kann J_a und e auch dadurch ermitteln, daß man den Körper um zwei verschiedene parallele Achsen schwingen läßt.

Kleine Exzentrizitäten e eines Körpers können wir auch mit Hilfe einer Waage messen. Man läßt zu diesem Zwecke den Körper um eine Achse rotieren, die parallel zur Achse der Waage auf einer Waagschale horizontal gelagert ist. Im Gleichgewicht sei die Waage ausbalanciert. Wenn der Körper dann rotiert, wird er eine Reaktionskraft $M\,e\,\omega^2$ auf die Waagschale ausüben, deren Richtung sich mitdreht und daher die Waage in Schwingungen versetzt. Um diese Wirkung möglichst zu steigern, wird man Resonanz zu erzielen suchen, also die Umdrehungsgeschwindigkeit ω so wählen, daß sie mit der Eigenschwingung der Waage übereinstimmt. Man wird dabei natürlich Waagen mit kurzer Schwingung benutzen.

Auf ähnliche Weise lassen sich auch Deviationsmomente ermitteln, nur muß man dann den rotierenden Körper nicht auf eine einzelne Waagschale setzen, sondern man lagert ihn mit der Achse, für die das Deviationsmoment bestimmt werden soll, parallel zum Waagebalken. Das Deviationsmoment erzeugt dann ein Kräftepaar in der Ebene der Waage, das sie in Schwingungen versetzt, aus denen man dann das Deviationsmoment berechnen kann. Die eingehende Theorie dieser Anordnung bietet mathematisch einige Schwierigkeit, man bekommt für den Winkel, den die Waage bei ihrer Bewegung beschreibt, auch für kleine Schwingungen eine lineare Differentialgleichung zweiter Ordnung mit variablen Koeffizienten. Mit entsprechenden Vernachlässigungen kann man diese dann allerdings auf die typische Gleichung für erzwungene Schwingungen zurückführen[1].

VI. Räumliche Bewegung.

162. Die Eulerschen Bewegungsgleichungen. Die Bewegung des Schwerpunktes ist durch den allgemeinen Schwerpunktssatz festgelegt. Die Bewegung relativ zu diesem können wir durch den Flächensatz darstellen. Der letztere gibt uns daher schon die Gleichungen der Bewegung eines starren Körpers um einen festen Punkt O. Der Weg nun, den wir in den früheren Fällen eingeschlagen haben — den Flächensatz für raumfeste Koordinaten anzuschreiben und in diesen Gleichungen die körperfesten einzusetzen —, erweist sich jetzt wegen der Unübersichtlichkeit der darin auftretenden veränderlichen Integrale nicht als gut gangbar und wir wollen daher etwas anders vorgehen. Legen wir durch den festen Punkt ein körperfestes Koordinatensystem mit den Achsen ξ, η, ζ, so haben wir für dieses nach der allgemeinen Beziehung $\mathfrak{v} = \mathfrak{w} \times \mathfrak{r}$, siehe Formel (7), Nr. 126, die Gleichungen

$$v_\xi = \omega_\eta\,\zeta - \omega_\zeta\,\eta, \quad v_\eta = \omega_\zeta\,\xi - \omega_\xi\,\zeta, \quad v_\zeta = \omega_\xi\,\eta - \omega_\eta\,\xi, \tag{1}$$

wo v_ξ, v_η, v_ζ die Komponenten der Translations-, ω_ξ, ω_η, ω_ζ die der Drehgeschwindigkeit in diesem körperfesten Achsensystem sind. Die Komponenten des Dralls, den wir mit $\mathfrak{D}$ bezeichnen wollen, haben dementsprechend die Form

$$D_\xi = \int_K dm\,(\eta\,v_\zeta - \zeta\,v_\eta) = \int dm\,[\eta^2\,\omega_\xi - \eta\,\xi\,\omega_\eta - \zeta\,\xi\,\omega_\zeta + \zeta^2\,\omega_\xi],$$

also

$$\left.\begin{aligned} D_\xi &= J_\xi\,\omega_\xi - J_{\xi\eta}\,\omega - J_{\xi\zeta}\,\omega_\zeta,\\ D_\eta &= -J_{\eta\xi}\,\omega_\xi + J_\eta\,\omega_\eta - J_{\eta\zeta}\,\omega_\zeta,\\ D_\zeta &= -J_{\zeta\xi}\,\omega_\xi - J_{\zeta\eta}\,\omega_\eta + J_\zeta\,\omega_\zeta. \end{aligned}\right\} \tag{1a}$$

Die $J_\xi \ldots J_{\xi\zeta} \ldots$ sind dabei die Trägheits- bzw. Deviationsmomente um das körperfeste Achsenkreuz ξ, η, ζ, also konstante Größen; die Komponenten des Dralles D_ξ, D_η, D_ζ dürfen dabei nicht mit den Deviationsmomenten, die immer zwei Zeiger tragen, verwechselt werden.

Die Gl. (1) bringen den Tensorcharakter der Massenmomente klar zum Ausdruck; sie ordnen dem Vektor der Drehgeschwindigkeit den Drallvektor zu.

Wenn wir die körperfesten Achsen so wählen, daß sie mit den Hauptträgheitsachsen des Körpers in dem festen Punkt zusammenfallen, so werden die Formeln (1) sehr einfach; da die Deviationsmomente dann verschwinden, erhalten wir für die Komponenten des Dralls

$$D_\xi = \bar{J}_\xi\,\omega_\xi, \quad D_\eta = \bar{J}_\eta\,\omega_\eta, \quad D_\zeta = \bar{J}_\zeta\,\omega_\zeta. \tag{2}$$

Man darf aber jetzt den Flächensatz nicht so anwenden, daß man etwa die Differentialquotienten dieser Ausdrücke nach der Zeit den entsprechenden Komponenten des Drehmomentes der äußeren Kräfte

[1] Vgl. Hamel: Elementare Mechanik. Nr. 331.

M_η, M_ξ, M_ζ gleichsetzt; der Flächensatz gilt ja für die absolute Änderung des Dralls in bezug auf ein raumfestes Koordinatensystem. Wir können aber trotzdem die einfachen Formeln (2) beibehalten, wenn wir uns an die Formel erinnern, die wir für die Beziehung zwischen der absoluten und der relativen Änderung eines Vektors in bezug auf ein sich drehendes Achsensystem abgeleitet haben (siehe Nr. 129).

$$\frac{d\mathfrak{a}}{dt} = \left(\frac{\partial \mathfrak{a}}{dt}\right)_r + \mathfrak{w} \times \mathfrak{a}.$$

Wenn wir in jedem Augenblick die körperfeste Achse mit dem raumfesten Achsenkreuz zusammenfallen lassen, so gilt also für dieses

$$\frac{d\mathfrak{D}}{dt} = \left(\frac{\partial \mathfrak{D}}{\partial t}\right)_r + \mathfrak{w} \times \mathfrak{D} = \sum \mathfrak{M}_i \tag{3}$$

oder die Werte (2) eingesetzt in Komponenten,

$$\left.\begin{aligned} \bar{J}_\xi \dot{\omega}_\xi - (\bar{J}_\eta - \bar{J}_\zeta)\, \omega_\eta\, \omega_\zeta &= \mathrm{M}_\xi, \\ \bar{J}_\eta \dot{\omega}_\zeta - (\bar{J}_\zeta - \bar{J}_\eta)\, \omega_\zeta\, \omega_\xi &= \mathrm{M}_\eta, \\ \bar{J}_\zeta \omega_\eta - (\bar{J}_\xi - \bar{J}_\xi)\, \omega_\xi\, \omega_\eta &= \mathrm{M}_\zeta. \end{aligned}\right\} \tag{3a}$$

Das sind die berühmten Eulerschen Gleichungen für die Bewegung eines starren Körpers relativ zu einem festen Punkt.

163. Die kinetische Energie. Da in jedem Augenblick eine Drehung des Körpers um eine durch den festen Punkt gehende Achse stattfindet, so ist die kinetische Energie gegeben durch

$$K = \frac{1}{2} J\, \omega^2, \tag{4}$$

worin J das Trägheitsmoment und ω die Drehgeschwindigkeit um diese momentane Achse bedeuten. Sind die Richtungswinkel der Achse relativ zu einem im Körper festen ξ, η, ζ-System α, β, γ und drückt man das Trägheitsmoment nach Formel (12) von Nr. 142 durch die Massenmomente für diese Achsen aus, so wird

$$K = \frac{1}{2}\, \omega^2\, [J_\zeta \cos^2 \alpha + J_\eta \cos^2 \beta + J_\zeta \cos^2 \gamma - 2\, D_{\xi\eta} \cos\alpha \cos\beta - \\ - 2\, D_{\eta\zeta} \cos\beta \cos\gamma - 2\, D_{\zeta\xi} \cos\alpha \cos\gamma].$$

Da nun $\omega \cos\alpha = \omega_\xi \ldots$ usw. ist, bekommen wir

$$K = \frac{1}{2}\, [J_\xi\, \omega_\xi^2 + J_\eta\, \omega_\eta^2 + J_\zeta\, \omega_\zeta^2 - 2\, D_{\xi\eta}\, \omega_\xi\, \omega_\eta - 2\, D_{\eta\zeta}\, \omega_\eta\, \omega_\zeta - \\ - 2\, D_{\xi\zeta}\, \omega_\xi\, \omega_\zeta]. \tag{5}$$

Nimmt man als Achsen speziell die Hauptachsen des Körpers in dem betreffenden Punkte mit den Hauptträgheitsmomenten $\bar{J}_\xi$, $\bar{J}_\eta$, $\bar{J}_\zeta$, so wird

$$K = \frac{1}{2}\, (\bar{J}_\xi\, \omega_\xi^2 + \bar{J}_\eta\, \omega_\eta^2 + \bar{J}_\zeta\, \omega_\zeta^2). \tag{6}$$

Vergleichen wir den Ausdruck (5) mit den Formeln (1), so erkennen wir, daß

$$D_\xi = J_\xi\, \omega_\xi - D_{\xi\eta}\, \omega_\eta - D_{\xi\zeta}\, \omega_\zeta = \frac{\partial K}{\partial \omega_\xi}$$

und analog

$$D_\eta = \frac{\partial K}{\partial \omega_\eta}, \qquad D_\zeta = \frac{\partial K}{\partial \omega_\zeta} \tag{7}$$

ist. Sieht man die Geschwindigkeitskomponenten ω_ξ, ω_η, ω_ζ als Koordinaten in einem Koordinatensystem an, so ist dies genau dieselbe Beziehung wie zwischen Gradienten und Potentialfunktion. Trägt man daher auf einem Strahl durch den festen Punkt O einen Vektor mit der Richtung der Winkelgeschwindigkeit $\mathfrak{w}$ und einem dieser proportionalen Betrage

$$r = \frac{|\mathfrak{w}|}{\sqrt{2K}} \tag{8}$$

mit den Komponenten

$$\xi_1 = \frac{\omega \cos \alpha}{\sqrt{2K}} = \frac{\omega_\xi}{\sqrt{2K}}, \quad \eta_1 = \frac{\omega_\eta}{\sqrt{2K}}, \quad \zeta_1 = \frac{\omega_\zeta}{\sqrt{2K}},$$

so bilden die Endpunkte dieser Vektoren nach (5) eine Fläche zweiter Ordnung, die nach dem eben Gesagten als Niveaufläche die Eigenschaft haben wird, daß der Drall für eine bestimmte Lage der Drehachse senkrecht zur Tangentialebene steht, die im Durchstoßpunkt der Drehachse an diese Fläche gelegt wird. Die Fläche selbst ist aber nichts anderes als das Trägheitsellipsoid; denn setzen wir

$$\omega_\xi = \xi_1 \sqrt{2K}, \quad \omega_\eta = \eta_1 \sqrt{2K}, \quad \omega_\zeta = \zeta_1 \sqrt{2K}$$

in (5) ein, so erhalten wir

$$J_\xi \xi_1^2 + J_\eta \eta_1^2 + J_\zeta \zeta_1^2 - 2 D_{\xi\eta} \xi_1 \eta_1 - 2 D_{\eta\xi} \eta_1 \zeta_1 - 2 D_{\xi\zeta} \xi_1 \zeta_1 = \text{konst.}, \tag{9}$$

also die gleiche Fläche, die wir in Nr. 143 abgeleitet haben.

Diese Beziehung gilt allgemein für jeden symmetrischen Tensor; die in dem Durchstoßpunkt des einen Vektors mit dem entsprechenden Ellipsoid zur Tangentialebene gezogene Normale gibt immer die Richtung des zweiten Vektors an, der durch den Tensor dem ersten zugeordnet ist.

Wir können aber auch ohne Schwierigkeit die Größe des Dralls in Zusammenhang damit bestimmen.

Aus den Formeln (1) und (5) ergibt sich, daß das innere Produkt

$$\mathfrak{D}\,\mathfrak{w} = |\mathfrak{D}|\,|\mathfrak{w}| \cos(\mathfrak{w}\,\mathfrak{D}) = D_\xi \omega_\xi + D_\eta \omega_\eta + D_\zeta \omega_\zeta = 2K \tag{10}$$

ist. Anderseits bekommen wir für das Lot, das vom Mittelpunkte des Ellipsoids (9) auf die Tangentialebene im Endpunkt des Vektors $\frac{\mathfrak{w}}{\sqrt{2K}}$ gefällt wird (Abb. 226) — seine Richtung ist ja die des Dralls —,

$$p = \frac{|\mathfrak{w}|}{\sqrt{2K}} \cos(\mathfrak{w}\,\mathfrak{D}) = \frac{\sqrt{2K}}{\mathfrak{D}} \tag{11}$$

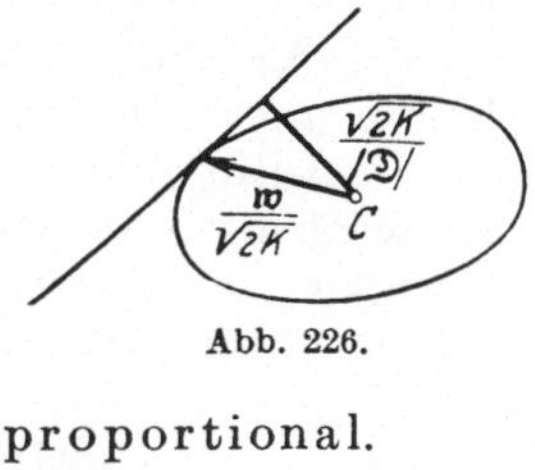

und daher

$$|\mathfrak{D}| = \frac{\sqrt{2K}}{p}. \tag{12}$$

Abb. 226.

Der Drall ist also seiner Größe nach dem Abstand der Tangentialebene vom Mittelpunkt verkehrt proportional.

164. Kräftefreie Bewegung. Wir wollen jetzt spezielle Anwendungen der Eulerschen Gleichungen (3a) betrachten und zunächst die kräftefreie Bewegung eines starren Körpers um einen Punkt untersuchen, wo also in den Gleichungen die Momente der äußeren Kräfte um die Drehachsen gleich Null sind. Dies tritt ein, wenn der Körper im Schwerpunkt unterstützt ist und außer seinem Eigengewicht keine anderen eingeprägten Kräfte an ihm angreifen. Wir haben dann

$$\left.\begin{aligned} \bar{J}_\xi \dot{\omega}_\xi &= (\bar{J}_\eta - \bar{J}_\zeta)\,\omega_\eta\,\omega_\zeta, \\ \bar{J}_\eta \dot{\omega}_\eta &= (\bar{J}_\zeta - \bar{J}_\xi)\,\omega_\zeta\,\omega_\xi, \\ \bar{J}_\zeta \dot{\omega}_\zeta &= (\bar{J}_\xi - \bar{J}_\eta)\,\omega_\xi\,\omega_\eta. \end{aligned}\right\} \tag{13}$$

Diese Gleichungen werden bei beliebigen Trägheitsmomenten befriedigt, wenn man eine Komponente der Winkelgeschwindigkeit konstant und die beiden anderen gleich Null setzt. Ein kräftefreier Körper kann sich also mit konstanter Winkelgeschwindigkeit um eine seiner durch den Schwerpunkt gehenden Hauptträgheitsachsen drehen, ein Resultat, das wir schon früher auf andere Weise (vgl. Nr. 157) erhalten haben. Sind drei Hauptträgheitsmomente gleich $\bar{J}_\xi = \bar{J}_\eta = \bar{J}_\zeta$ — das Trägheitsellipsoid wird dann eine Kugel und einen solchen Körper nennen wir einen Kugelkreisel —, dann ist eine dauernde Drehung um jede Achse möglich.

Multiplizieren wir die Gl. (13) mit ω_ξ, ω_η, ω_ζ und addieren wir sie, so bekommen wir

$$\bar{J}\;\dot{\omega}_\xi\,\omega_\xi + \bar{J}_\eta\,\dot{\omega}_\eta\,\omega_\eta + \bar{J}_\zeta\,\dot{\omega}_\zeta\,\omega_\zeta = 0.$$

Integriert gibt dies die Energiegleichung

$$K = \frac{1}{2}\,(\bar{J}_\xi\,\omega_\xi^2 + \bar{J}_\eta\omega_\eta^2 + \bar{J}_\zeta\omega_\zeta^2) = \text{konst} = \frac{1}{2}\,k^2. \tag{14}$$

Wir hätten dieses Resultat auch sofort aus dem allgemeinen Energiesatz folgen können, da ja keine Arbeit von äußeren Kräften geleistet wird.

Weiters erhalten wir durch Multiplikation der Gleichungen mit $\bar{J}_\xi\,\omega_\xi$, $\bar{J}_\eta\,\omega_\eta$, $\bar{J}_\zeta\,\omega_\zeta$ und Addition

$$\bar{J}_\xi^2\,\omega_\xi\,\dot{\omega}_\xi + \bar{J}_\eta^2\,\omega_\eta\,\dot{\omega}_\eta + \bar{J}_\zeta^2\,\omega_\zeta\,\dot{\omega}_\zeta = 0$$

eine Gleichung, die sich ebenfalls sofort integrieren läßt und die Beziehung liefert

$$\bar{J}_\xi^2\,\omega_\xi^2 + \bar{J}_\eta^2\,\omega_\eta^2 + \bar{J}_\zeta^2\,\omega_\zeta^2 = \text{konst} = k_1^2. \tag{15}$$

Diese Gleichung sagt aus, daß der Betrag des Dralls konstant bleibt, die Größen links sind ja die Quadrate der Komponenten desselben. Auch dieses Ergebnis hätten wir wegen der Abwesenheit äußerer Kräfte direkt aus dem allgemeinen Flächensatz entnehmen können.

Vergleicht man dies mit dem in der vorigen Nummer über den Zusammenhang von Drall, Winkelgeschwindigkeit und Trägheitsellipsoid Gesagten, so erkennt man aus Formel (11) sofort, daß auch die Projektion der Winkelgeschwindigkeit auf die Richtung des Dralls $|\mathfrak{w}|\cos(\mathfrak{w}\,\mathfrak{D}) = \frac{2K}{|\mathfrak{D}|}$ konstant sein muß; die Winkelgeschwindigkeit selbst kann sich dagegen noch ändern.

Da nach dem allgemeinen Flächensatz der Drall auch eine konstante

Richtung im Raume hat, so wird die Tangentialebene an das Trägheitsellipsoid senkrecht dazu eine unveränderliche Lage im Raume beibehalten. Daher wird die Bewegung des Körpers so vor sich gehen, daß das Trägheitsellipsoid für den festen Punkt auf dieser invariablen Ebene ohne zu gleiten abrollt. Der von dem Mittelpunkt nach dem Berührungspunkt gezogene Vektor stellt dabei in dem durch Gl. (8) festgelegtem Maßstab die augenblickliche Winkelgeschwindigkeit dar.

Dabei rollt außerdem, wie wir es ja in der Kinematik ganz allgemein für die Drehung eines starren Körpers um einen Punkt abgeleitet haben, der körperfeste Polkegel auf dem raumfesten, ohne zu gleiten ab.

Wir wollen nun den Spezialfall ins Auge fassen, daß das Trägheitsellipsoid ein Rotationsellipsoid ist, daß zwei Hauptträgheitsmomente den gleichen Wert haben $\overline{J}_\xi = \overline{J}_\eta = \overline{J}$, das dritte $\overline{J}_\zeta$ aber von ihnen verschieden ist. Wir haben dann die Bewegungsgleichungen für einen kräftefreien Kreisel zu behandeln. Unter einem solchen versteht man einen Drehkörper, der eine Bewegung um einen festgehaltenen Punkt seiner Rotationsachse, die man auch Figurenachse nennt, ausführt. Aus der dritten der Gl. (13) ergibt sich dann sofort

$$\omega_\zeta = \text{konst} = \omega_0.$$

Setzt man dies in die Energiegleichung (14) ein, so sieht man, daß auch

$$\omega_\xi^2 + \omega_\eta^2 = \frac{k^2 - \overline{J}_\xi\ \omega_0^2}{\overline{J}} \tag{16}$$

eine konstante Größe ist, daß daher der Gesamtbetrag der Winkelgeschwindigkeit unveränderlich bleibt und nicht wie im allgemeinen Fall nur die Komponente in der Richtung des Dralls. Daraus folgt nach Formel (10) weiter, daß auch $\cos(\mathfrak{w}\,\mathfrak{D}) = \dfrac{2K}{\mathfrak{D}\ \mathfrak{w}}$ und damit der Winkel zwischen $\mathfrak{w}$ und $\mathfrak{D}$ konstant bleibt, daß also der raumfeste Polkegel in einen Kreiskegel übergeht. Auch der körperfeste Polkegel wird zu einem Kreiskegel, da $|\mathfrak{w}|$ und $\mathfrak{w}_\zeta = \mathfrak{w}\cos\alpha$, und damit auch der Winkel α, siehe Abb. 227, konstant sind. Die kräftefreie Bewegung eines Kreisels ist also eine Präzessionsbewegung.

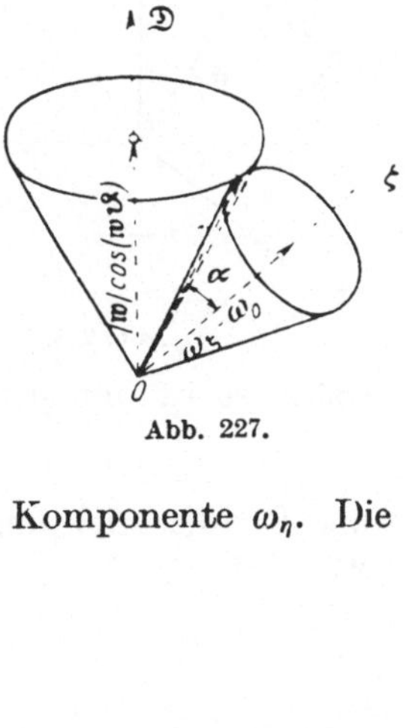

Setzt man den Wert von $\omega_\zeta = \omega_0$ in die beiden ersten der Gl. (13) ein und eliminiert eine der Komponenten, etwa ω_η, so erhält man für ω_ξ eine Differentialgleichung von der Form

$$\ddot{\omega}_\xi + \nu^2 \omega_\xi = 0, \tag{17}$$

wo

$$\nu^2 = \frac{(\overline{J}_\zeta - \overline{J})^2\, \omega_0}{\overline{J}^2}$$

Abb. 227.

ist und eine ganz gleich gebaute für die andere Komponente ω_η. Die Lösungen sind also von der Form

$$A \sin(\nu t + \varepsilon) \text{ oder } A \cos(\nu t + \varepsilon).$$

Die Projektion von $\mathfrak{w}$ auf die ξ- und η-Achse führt einfache harmonische Schwingungen aus, während $\mathfrak{w}$ sich gleichmäßig um die ζ-Achse herumdreht. Die Umlaufszeit dieser Bewegung ist

$$\tau = \frac{2\pi}{\nu} = \frac{2\pi}{\omega_0} \frac{\bar{J}}{J_\zeta - \bar{J}}. \tag{18}$$

Für die Erde, die man in erster Annäherung als einen solchen schweren, kräftefreien Kreisel ansehen kann, ergibt dies, da ω_0 gleich 2π pro Tag ist, eine Umlaufszeit von $\frac{\bar{J}}{J_\zeta - \bar{J}}$ Tagen, das sind, soweit man die Trägheitsmomente der Erde abschätzen kann, ungefähr 300 Tage (Periode von Euler). Eine solche Periode kann man aber in den Beobachtungen über Polschwankungen nicht konstatieren, wohl aber eine solche von 427 Tagen, die sogenannte Chandlersche Periode. Durch Berücksichtigung der Elastizität der Erde konnte man diese jedoch auf eine modifizierte Eulersche Periode zurückführen.

165. Äußere Kräfte, Moment der Kreiselwirkung. Ist die Drehung nicht kräftefrei, sondern greifen äußere Kräfte an, die Momente in bezug auf die Hauptträgheitsachsen des Körpers besitzen, so müssen wir auf die allgemeine Formel (3a) bzw. auf den allgemeinen Flächensatz zurückgehen. Bei den technischen Anwendungen haben wir dabei in vielen Fällen Drehkörper zu betrachten, die sich mit großer Winkelgeschwindigkeit um die Figurenachse drehen, die ihrerseits wieder in einem Punkte unterstützt ist oder in irgendeiner Weise geführt wird. Wie reagiert nun ein solcher Kreisel auf äußere Kräfte, die die Lage der Achse zu verändern suchen?

Solche Fragen treten bei der Bewegung des Motors mit Luftschraube in einem Flugzeug, bei der Drehung des Motors in einer elektrischen Lokomotive, bei der Bewegung der Räder von Fahrzeugen und natürlich auch bei dem gewöhnlichen, nicht im Schwerpunkt unterstützten Kreisel auf. Betrachten wir zunächst einen speziellen Fall. Ein solcher Kreisel rotiere mit der Winkelgeschwindigkeit ω_ζ um seine Figurenachse, die also mit der Drehachse zusammenfällt. Sie liegt in der x-z-Ebene und schließt mit der z-Richtung den Winkel ϑ ein (Abb. 228). Da ω_ξ und ω_η Null sein sollen, so ist der gesamte Drall gegeben durch

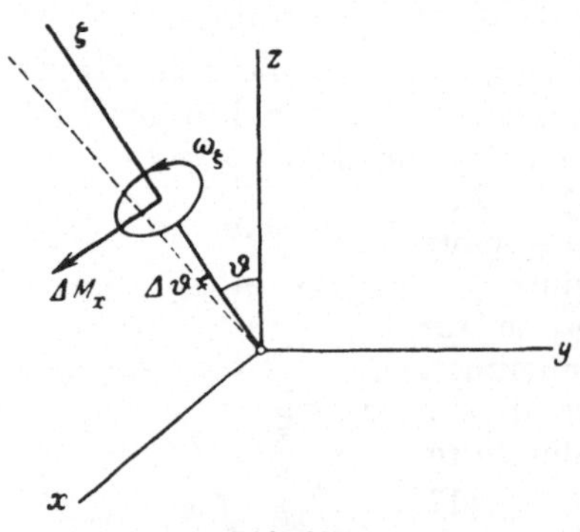

Abb. 228.

$$D = D_\zeta = J_\zeta \, \omega_\zeta$$

und hat die Richtung der Figurenachse. Für die x-z-Ebene bekommen wir also

$$D_x = D \sin \vartheta, \quad D_y = 0, \quad D_z = D \cos \vartheta.$$

Was für ein Drehmoment ΔM ist nun nötig, um den Kreisel in der x-z-Ebene um den Winkel $\Delta\vartheta$ zu drehen? Da

$$\Delta D_x = D \cos \vartheta \, \Delta\vartheta, \quad \Delta D_y = 0, \quad \Delta D_z = -D \sin \vartheta \, \Delta\vartheta$$

ist, so bekommen wir aus dem allgemeinen Flächensatz

$$D \cos \vartheta \, \Delta\vartheta = \int \Delta M_x \, dt, \quad 0 = \int \Delta M_y \, dt,$$
$$-D \sin \vartheta \, \Delta\vartheta = \int \Delta M_z \, dt.$$

Die Integrale sind über das Zeitintervall Δt, innerhalb dessen die Drehung um den Winkel $\Delta\vartheta$ vor sich geht, zu erstrecken. Ist zunächst der Winkel $\vartheta = 0$, so ist nur $\int \Delta M_x \, dt$ von Null verschieden, und zwar wird

$$\Delta M_x = D\dot{\vartheta} = J_\zeta \, \omega_\zeta \, \dot{\vartheta}. \tag{19}$$

Wir erkennen daraus, daß ein positives Drehmoment ΔM_x um die x- und nicht, wie man hätte meinen können, um die y-Achse nötig ist, um der Kreiselachse eine Drehung um die y-Achse zu erteilen. Daher wird auch der Kreisel dem Drehmoment äußerer Kräfte um die x-Achse durch eine Drehung seiner Figurenachse um die y-Richtung zu begegnen suchen, er wird also seine Achse parallel und gleichsinnig der Achse des auf ihn wirkenden Kräftepaares einzustellen trachten.

Wir haben dieses Resultat zunächst nur unter den getroffenen, ganz speziellen Voraussetzungen abgeleitet. Im allgemeinen wird die Richtung des Dralls nicht mit der Figuren- und mit der Drehachse zusammenfallen. Ist aber die Drehgeschwindigkeit ω_ζ um die Figurenachse groß und erreicht das Drehmoment der äußeren Kräfte keine allzu hohen Werte, so wird sich $\mathfrak{D}$ nur langsam ändern, man kann die Bewegung in einem kurzen Zeitintervall als eine kräftefreie betrachten und es werden Dreh- und Figurenachse den Drallvektor immer rasch im Kreis umlaufen (vgl. Abb. 227). Die Achse des Dralls wird also als die mittlere Lage für Dreh- und Figurenachse anzusehen sein und wir können allgemein behaupten: Ein Kreisel wird äußeren Kräften immer senkrecht zu der Richtung des von ihnen ausgeübten Drehmomentes auszuweichen suchen, er wird seine Drehachse und damit auch seine Figurenachse im Mittel immer parallel und gleichsinnig zur Achse des Drehmomentes des dauernd einwirkenden Kräftepaars einzustellen trachten. Dieser Satz von dem gleichsinnigen Parallelismus der Achsen stammt von Poinsot.

Man kann sich von der Gültigkeit dieses Satzes durch einen einfachen Versuch mit einem sogenannten Handkreisel überzeugen, das ist ein Kreisel, dessen Verlängerung eine Handhabe besitzt. Hält man einen solchen Kreisel vertikal, setzt ihn von oben betrachtet in positivem Sinn also nach links in rasche Drehung und übt dann mit der Hand ein Moment aus, dessen Achse horizontal liegt, so schlägt der Kreisel deutlich bemerkbar in der Richtung dieser Achse senkrecht zur Ebene des Kräftepaares aus.

Augenfällig tritt diese Eigenschaft eines Kreisels auch in Erscheinung, wenn man einen rasch rotierenden gewöhnlichen Kreisel an einem Punkt seiner Achse horizontal aufhängt. Er neigt sich dann nicht nach abwärts, sondern dreht sich mit horizontaler Achse um den Aufhängepunkt herum.

Ist der Kreisel gezwungen, sich auf einer Führung zu bewegen, so wird er daher einer Änderung seines Dralls mit dem entgegengesetzten Moment widerstreben, das also die Führung aufzunehmen hat. Dieses Drehmoment heißt das Moment der Kreiselwirkung; Klein und Sommerfeld haben dafür in ihrem die Bewegung des Kreisels und seine Anwendung umfassenden und allseitig darstellendem Werke „Theorie des Kreisels" den Namen „Deviationswiderstand" eingeführt, eine Bezeichnung, die aber zu Verwechslungen Anlaß geben könnte.

Wenn sich ein rotierender Körper auf einer gekrümmten Bahn bewegen muß, die senkrecht zu seiner Drehachse verläuft — dies ist zum Beispiel bei dem Motor einer elektrischen Lokomotive beim Durchfahren einer Kurve der Fall —, so wird dabei infolge der Kreiselwirkung eine Kraft entsprechend dem obigen Wert (19) auf die Führung übertragen, der Räderdruck wird auf die äußere Schiene dadurch vermehrt, auf die innere vermindert.

Ein weiteres Beispiel wäre die Schiffsschraube bei einem stampfenden Schiff, das um eine horizontale Querachse Schwingungen ausführt. Die Winkelgeschwindigkeit der Schraube sei ω_ζ, die des Stampfens $\dot{\vartheta}$; die letztere wollen wir angenähert etwa gleich

$$\dot{\vartheta} = \nu a \cos \nu t$$

setzen, wo ν die Frequenz, also $\frac{2\pi}{\nu}$ die Schwingungsdauer und a die Amplitude des Stampfens ist. Dann wirkt auf das Schiff einerseits das Drehmoment

$$J \ddot{\vartheta} = -\nu^2 a \sin \nu t$$

um die Drehachse des Stampfens, auch bei ruhender Schraube (J Trägheitsmoment des Schiffes um die horizontale Querachse). Bei rotierender Schraube hat das Lager aber auch das Moment der Kreiselwirkung

$$J_\zeta \omega_\zeta \nu a \cos \nu t$$

auszuhalten. (J_ζ Trägheitsmoment der Schraube.)

Ähnliches gilt für ein Flugzeug, das bei rotierendem Propeller eine horizontale Kurve beschreibt.

Mit Hilfe des Momentes der Kreiselwirkung können wir auch qualitativ die Bewegung eines schweren Kreisels verfolgen, der in einem Punkte seiner Achse unterhalb des Schwerpunkts gestützt ist und rasch um seine Figurenachse rotiert. Ist der Kreisel (Abb. 229) etwas geneigt, so ruft die Schwerkraft ein Drehmoment M mit horizontaler Achse hervor. Dieses bringt ihn aber nicht zum Umkippen, wie es bei fehlender Rotation der Fall sein würde, sondern der Drallvektor und mit ihm Dreh- und Figurenachse suchen sich in die Richtung von M einzustellen und bewegen sich horizontal weiter. Im großen und ganzen kommt so eine Präzessionsbewegung des Kreisels heraus. Bei näherer Berechnung ergibt es sich, daß in Wirklichkeit die Kreiselspitze eine zykloidenähnliche Kurve, siehe die Abb. 229, beschreibt (Nutation), daß aber bei hinreichend großer Drehgeschwindigkeit die Abweichungen so gering sind, daß für das Auge die Figurenachse einen Kegelmantel zu beschreiben scheint.

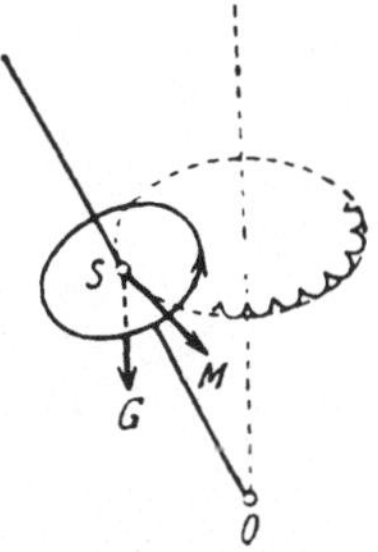

Abb. 229.

166. Der Kreisel in der Technik. Die geschilderten Eigenschaften des Kreisels haben in der Technik mannigfache, interessante Anwendungen gefunden. Ist der Drall eines Kreisels um seine Figurenachse sehr groß, so wird die Lage der Drehachse durch störende Momente äußerer Kräfte nur wenig verändert. Infolgedessen ist es möglich, den Kreisel dazu zu verwenden, die Lage eines Körpers bei seiner Bewegung zu stabilisieren. In verschiedenen Fällen, wie bei dem Schiffskreisel, der Einschienenbahn, beim Gradlaufapparat eines Torpedos ist es gelungen, die Lösung dieses Problems konstruktiv vollständig durchzuführen.

Der Schiffskreisel, dessen Erfindung von O. Schlick stammt, hat den Zweck, die unangenehme Schwankung eines Schiffes um die Längsachse, das sogenannte Rollen abzuschwächen. Der Kreisel kann sich in der Normallage um eine vertikale Achse drehen und hängt in einem Rahmen, der wieder um eine horizontale Querachse schwingen kann. Da das Schiff um eine horizontale Längsachse schwingt, hat der Kreisel also die Möglichkeit, sich um alle Richtungen im Raum zu drehen. Rollt nun das Schiff nach rechts, so übt es auf den Rahmen und daher auch auf den Kreisel ein Kräftepaar aus, dessen Achse horizontal nach vorn gerichtet ist. Infolgedessen schlägt die Drehachse des Kreisels nach vorn aus; dadurch wird Energie auf den Kreisel übertragen und die Drehung des Schiffes gehemmt, wenn die Masse des Kreisels entsprechend groß ist. Bei der Umkehrung der Bewegung des Schiffes darf nun nicht die ganze Energie wieder auf das Schiff übergehen, dann wäre nichts gewonnen. Sie muß daher in der Zwischenzeit vernichtet werden, was durch eine starke Dämpfung der Pendelung des Rahmens um die horizontale Achse geschieht. Außerdem muß der Kreisel wieder von selbst in die Normalstellung zurückkehren, wenn er in der geschilderten Weise funktioniert hat; dieses geschieht mit Hilfe der Schwerkraft, sein Schwerpunkt muß unterhalb der Drehachse des Rahmens liegen.

Wesentlich ist es also für die Wirkung eines Kreisels als Stabilisator, wie man aus dem obigen Vorgang erkennt, daß seine Achse nicht relativ zu dem Körper festgehalten wird, sondern daß sie alle möglichen Richtungen im Raum annehmen kann, daß der Kreisel kardanisch aufgehängt ist (vgl. Abb. 230).

Mit Schiffen, in denen derartige Kreisel eingebaut sind, hat man gute Erfolge erzielt, es wurde das Schwanken tatsächlich in hohem Grade herabgemindert. Doch hat der Schiffskreisel keine allgemeinere Anwendung gefunden, da er doch bei größeren Schiffen ziemlich schwer sein muß und man mit billiger herzustellenden Vorrichtungen (Schlingertanks) ähnliche Ergebnisse erreichen kann.

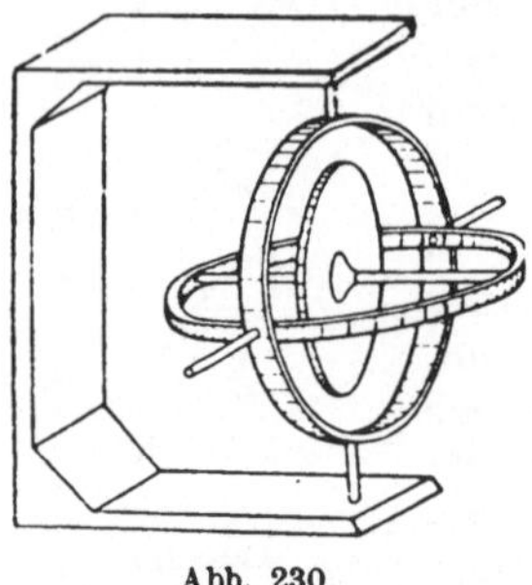

Abb. 230.

Prinzipiell ist die Wirkung eines Kreisels bei der Einschienenbahn von Brennan dieselbe wie bei dem Schiffskreisel, nur ist hier der Bewegungszustand, der stabilisiert werden soll, an sich labil, während beim Schiff nur die schon vorhandene Stabilität verstärkt werden soll. Auf die nähere Theorie kann hier nicht eingegangen werden, es zeigt sich, daß jetzt auch der Kreisel an sich instabil sein muß, d. h. daß in diesem Falle sein Schwerpunkt oberhalb der Drehachse des Rahmens liegen muß. Es gilt da ein ganz allgemeiner, von W. Thomson aufgestellter Satz: Man kann durch Kreisel immer nur eine gerade Zahl von Freiheitsgraden stabilisieren, nie eine ungerade. Zum Beispiel kann ein Kreisel, der auf einer Spitze steht, durch Rotation stabil gemacht werden — er hat zwei Möglichkeiten der Fortbewegung —, nicht aber wenn er auf einer Schneide balanciert. Ebenso ist ein Fahrrad bei der Bewegung nur dann stabil, wenn das Vorderrad lose ist, sich also um eine vertikale Achse drehen kann; bei festgeklemmtem Vorderrad ist daher das Fahren nicht möglich.

167. Der Kreiselkompaß. Die vielleicht wichtigste technische Anwendung des Kreisels ist die als Richtungsweiser, als Kompaß. Man kann nämlich das Moment der Kreiselwirkung benützen, um einen Kreisel zu konstruieren, der immer nach Norden zeigt. Wenn ein Kreisel so gelagert ist, daß sich seine Drehachse nur in einer stets horizontalen Ebene bewegen kann, so wird er sich wegen des Bestrebens, seine Achse mit der Erdachse parallel zu stellen, bei reibungsfreier Lagerung immer in die Nord-Süd-Richtung hineinzudrehen suchen. Um einen ungefähren Überblick über die Art der Bewegung und die Größe des dabei auftretenden Moments zu erhalten, können wir uns folgendes überlegen:

Schließt die Richtung der durch die Kreiselachse gelegten Vertikalebene mit dem Meridian einen Winkel φ ein, so ist die in der Horizontalebene liegende, senkrecht zur Kreiselachse stehende Komponente der Drehgeschwindigkeit der Erde in der geographischen Breite α gegeben durch

$$\omega_0 \cos \alpha \sin \varphi,$$

wenn ω_0 die Winkelgeschwindigkeit der Erde ist. Das Moment der Kreiselwirkung hat dann nach (19) den Wert

$$\mathrm{M} = J\,\omega\,\omega_0 \cos \alpha \sin \varphi,$$

wenn mit ω die Drehgeschwindigkeit des Kreisels bezeichnet wird. Da φ vom Meridian aus gezählt wird, M aber zum Meridian dreht, bekommen wir die Bewegungsgleichung

$$J_1\,\ddot{\varphi} = -J\,\omega\,\omega_0 \cos \alpha \sin \varphi, \tag{20}$$

wobei J_1 das Trägheitsmoment der gesamten Vorrichtung um die vertikale, durch den Drehpunkt gehende Achse darstellt. Bei kleinen Winkeln φ geht diese Gleichung in die bekannte Schwingungsgleichung über, die Kreisel vollführt also kleine Schwingungen um die Nord-Süd-Richtung.

Da $\omega_0 = \frac{2\pi}{86400}$ sehr klein ist, muß ω sehr groß gemacht werden, um einen brauchbaren Kreiselkompaß zu erhalten. Die ersten Versuche, nach diesem Prinzip einen Kompaß zu bauen, gehen auf Foucault zurück (Foucaultsches Gyroskop), es gelang aber erst Anschütz[1] um die Wende des Jahrhunderts einen solchen zu konstruieren, der den praktischen Anforderungen entsprach. Derselbe ist seitdem noch vervollkommnet worden und stellt ein Meisterwerk moderner Präzisionsmechanik dar. Der als Drehstrommotor ausgebildete Kreisel hängt an einem Schwimmer, der die Kompaßrose trägt und der sich in einem kardanisch aufgehängten Quecksilbergefäß waagrecht so zu drehen vermag, daß die Kreiselachse immer parallel zum Horizonte bleibt. Die Drehzahl wird durch den Motor konstant gehalten und erreicht einen Wert von ungefähr 20000 Touren pro Minute. Durch die Lagerung auf Quecksilber ist die Reibung auf ein Minimum heruntergesetzt. Um den Einfluß der Schiffsschwingungen und anderer Fahrtstörungen auszuschalten, die beschleunigende Kräfte auf den Kompaß ausüben, wurden als Dämpfungsvorrichtungen noch Hilfskreisel hinzugefügt und der Kompaß von Schuler, einem Mitarbeiter von Anschütz, zu einem Dreikreiselkompaß ausgebildet.

VII. Weitere Anwendungen des Schwerpunkts- und Flächensatzes.

168. Systeme starrer Körper. Die synthetische Methode. Schon in den vorigen Kapiteln haben wir einige Beispiele durchgerechnet, wo wir die Bewegung mehrerer starrer Körper untersuchten, die irgendwie miteinander in Verbindung standen. Wir sind da so vorgegangen, daß wir ein solches System durch Schnitte in Teilkörper zerlegten und die Bewegung eines jeden für sich mit dem Schwerpunkts- und Flächensatz behandelten, wobei die an den Schnittstellen übertragenen Reaktionskräfte als äußere Kräfte für die Bewegung des entsprechenden Teilkörpers anzusehen waren. Dieses Verfahren, die sogenannte synthetische Methode, ist natürlich ganz allgemein auf ein System anwendbar, das aus einer endlichen Anzahl starrer Körper besteht. Eliminiert man dann die so erhaltenen $6n$-Gleichungen — n sei die Zahl der starren Körper —, so erhalten wir, wie später noch allgemein gezeigt werden soll, genau so viele reine, d. h. von den Reaktionskräften freie Bewegungsgleichungen, als das System Freiheitsgrade besitzt. Diese synthetische Methode ist zwar recht anschaulich, enthält aber

[1] Anschütz-Kaempfe: Der Kreisel als Richtungsweiser auf der Erde mit besonderer Berücksichtigung seiner Verwendbarkeit auf Schiffen. Jahrb. d. Schiffbautechn. Ges. 1900, Bd. 10.

den Nachteil, daß man unbekannte Reaktionskräfte bei der Aufstellung der Gleichungen einführt, die man dann wieder eliminiert. Es liegt daher nahe, ein Verfahren zu suchen, das direkt zu den reinen Bewegungsgleichungen ohne Umweg über die Reaktionskräfte führt; wir werden ein solches noch kennenlernen.

Durch Auflösung der so erhaltenen reinen Bewegungsgleichungen, die nur noch eingeprägte Kräfte enthalten, kann man, wenn diese letzteren gegeben sind, die Bewegung des Systems vollständig bestimmen. Dagegen ist es nicht immer möglich, auf diese Weise die Reaktionskräfte zu ermitteln. Man sagt dann in Analogie mit der Statik, das System sei kinetostatisch unbestimmt. Wenn in einem solchen Falle die vorkommenden eingeprägten Kräfte ihrerseits wieder von den Reaktionskräften abhängen, wie dies bei den Reibungskräften der Fall ist, dann läßt sich auch die Bewegung des Systems nicht ermitteln, da die in den reinen Bewegungsgleichungen auftretenden eingeprägten Kräfte nicht berechnet werden können. Ein solches System können wir mit den Methoden der Kinetik der starren Körper, der Stereokinetik nicht behandeln.

In solchen Fällen und ebenso, wenn man in einem kinetostatisch unbestimmten System die Reaktionskräfte oder auch die inneren Kräfte bestimmen will, die für die Beanspruchung des Materials entscheidend sind, müssen wir die Voraussetzung, daß die Teilkörper starr sind, fallen lassen und sie als elastisch ansehen. Es ist dies derselbe Vorgang, wie der, den wir in der Statik einschlagen, doch ist er natürlich in der Kinetik mit weit größeren Schwierigkeiten verknüpft.

In den nächsten Paragraphen wollen wir eine Reihe von Beispielen verschiedenartiger Natur bringen, bei denen es sich um allgemeine Systeme von Körpern handelt, die wir zum Teil als Massenpunkte auffassen können. Alle diese Beispiele haben das Gemeinsame, daß sie ähnlich wie bei der eben besprochenen Methode durch Anwendung des Schwerpunkts- und Flächensatzes gelöst werden können.

169. Der Rückstoß. Wirken auf ein System von Körpern bzw. Massenpunkten keine äußeren Kräfte, so folgt aus dem allgemeinen Schwerpunktssatz, daß der Massenmittelpunkt je nach den Anfangsbedingungen in Ruhe bleibt oder sich mit konstanter Geschwindigkeit gradlinig bewegt. Auf dieser Tatsache beruht das Auftreten des Rückstoßes, den man bei dem Abfeuern von Schußwaffen und Geschützen und auch sonst, etwa beim Abspringen von einem Kahn, beobachten kann. Auf das System der zwei Massen, Geschütz und Geschoß, wirken bei horizontalem Schuß in der Richtung desselben keine äußeren Kräfte, die treibende Kraft der Pulverladung haben wir ja für dieses System als eine innere anzusehen. Daher muß der gemeinsame Schwerpunkt beider in Ruhe bleiben und wir haben

$$M \dot{x}_s = M_1 \dot{x}_1 + M_2 \dot{x}_2 = 0 \tag{1}$$

oder

$$M_1 v_1 = - M_2 v_2,$$

wenn M_1 die Masse des Geschützes, M_2 die des Geschosses bedeutet.

Wenn daher das letztere mit der Geschwindigkeit v_2 abgefeuert wird, erhält auch das Geschütz eine Geschwindigkeit

$$v_1 = -\frac{M_2 v_2}{M_1}, \tag{2}$$

die auf irgendeine Weise vernichtet werden muß. Das gibt den bekannten Rückstoß, wie er sich auch beim Abschießen von Handfeuerwaffen bemerkbar macht. Die abzubremsende Geschwindigkeit wird also desto größer ausfallen, je größer die Masse des Geschosses im Verhältnis zu der des Geschützes und je größer die Anfangsgeschwindigkeit v_2 ist. Dieser Rücklauf wird bei modernen Geschützen durch geeignete Vorrichtungen auf das Geschützrohr beschränkt, das beweglich in der Lafette eingebaut ist (Rohrrücklaufgeschütze).

Beispiel 57: Eine Kanone ohne Rohrrücklauf wird horizontal abgeschossen. Wie weit gleitet sie zurück, wenn die Reibungszahl zwischen Boden und Geschütz f ist?

Nach dem Energiesatz haben wir mit denselben Bezeichnungen wie oben

$$-\frac{1}{2} M_1 v_1^2 = -f M_1 g x,$$

oder

$$x = \frac{1}{2fg} v_1^2 = \frac{1}{2fg}\left(\frac{M_2 v_2}{M_1}\right)^2.$$

170. Die Raketenbewegung. Ebenfalls auf dem Schwerpunktssatz, der dabei am besten in der Form des Satzes vom Kraftantrieb, bezogen auf den Schwerpunkt, angewendet wird, beruht die Bewegung einer Rakete. Ist dM die Masse, die von einer solchen in der Zeit dt mit der Geschwindigkeit c ausgestoßen wird, so ist die Kraft, die auf die Rakete in der entgegengesetzten Richtung von c wirkt, durch die Gleichung gegeben $c\,dM = P\,dt$, also

$$P = c\frac{dM}{dt}. \tag{3}$$

Da diese Kraft in keiner Weise von dem die Rakete umgebenden Medium abhängt, so könnte sie auch zur Fortbewegung im luftleeren Raume dienen. Da in den letzten Jahren viel von der Möglichkeit einer Weltraumschiffahrt mit Hilfe dieses Rückstoßprinzipes gesprochen wurde, so wollen wir uns etwas näher mit dieser Frage beschäftigen.

Wenn wir vom Luftwiderstand absehen — die Bewegung beginne etwa an der Grenze der Lufthülle der Erde —, so wird für die Bewegung vertikal nach aufwärts die Gleichung gelten

$$M \cdot \frac{d^2y}{dt^2} = -Mg + c\frac{dM}{dt}, \tag{4}$$

wenn wir das Schwerefeld der Erde zunächst als homogen ansehen. Nehmen wir ferner der Einfachheit halber an, daß die Abnahme der Masse mit der Zeit nach einem Exponentialgesetz erfolge, daß also in der Zeiteinheit immer der gleiche Bruchteil der noch vorhandenen Masse von der Rakete ausgestoßen wird, demnach

$$\frac{dM}{dt} = -\alpha M$$

und daher

$$M = M_0 e^{-\alpha t} \tag{5}$$

ist (M_0 ist die Anfangsmasse), so erhalten wir

$$M_0 e^{-\alpha t} \frac{d^2 y}{dt^2} = -M_0 e^{-\alpha t} g + \alpha c M_0 e^{-\alpha t}$$

oder

$$\frac{d^2 y}{dt^2} = \alpha c - g. \tag{6}$$

Die Beschleunigung ist also unter dieser Annahme konstant und αc muß größer als g sein, damit eine Bewegung nach aufwärts überhaupt eintritt.

Damit die Rakete nach Aufhören des Antriebs nicht mehr auf die Erde herabfällt, muß sie auf eine Geschwindigkeit von ungefähr 12 km/sek, vgl. Nr. 111, gebracht worden sein. Setzen wir die Beschleunigung der Rakete mit 20 m/sek² an — das dürfte die Grenze sein, die der Mensch einige Minuten hindurch ertragen könnte, das Gewicht in einem solchen Fahrzeug wäre dann während des Anstiegs dreimal so groß als auf der Erdoberfläche —, so könnte das Fahrzeug nach 10 Minuten die Geschwindigkeit von 12 km/sek erlangen und hätte dabei einen Weg von rund 3600 km zurückgelegt. Um nun diese Beschleunigung von 20 m/sek² zu erzielen, muß $\alpha c = 30$ m/sek² sein. Da man mit dem Betriebsstoff sparsam umgehen, α also klein halten muß, wird man der Auspuffgeschwindigkeit einen möglichst hohen Wert geben. Es zeigt sich nun, daß man mit c auf ungefähr 10 km/sek hinaufgehen müßte, um ein vernünftiges Verhältnis zwischen Betriebsstoff und Gesamtgewicht des Raketenfahrzeugs zu erzielen. Nimmt man z. B. $\alpha = \frac{1}{100}$ pro Sekunde, $c = 3000$ m/sek, so ist das Verhältnis $\frac{M}{M_0}$ nach Erreichen der Geschwindigkeit von 12 km/sek

$$\frac{M}{M_0} = e^{-\alpha t} = e^{-6} = 0{,}00025.$$

Vom Anfangsgewicht des Fahrzeugs entfielen also $99^3/_4$% auf den Betriebsstoff und nur $^1/_4$% auf alles übrige, was selbstverständlich ganz unmöglich ist. Dabei ist aber von einem Zurückkehren des Raketenschiffes keine Rede.

Bei $\alpha = \frac{1}{400}$, $c = 12000$ m/sek sind die entsprechenden Werte erst $\frac{M}{M_0} = e^{-\frac{3}{2}} = 0{,}225$, also $77^1/_2$% und $22^1/_2$%. Auspuffgeschwindigkeiten von solcher Höhe lassen sich aber auch nicht annähernd erzielen. Aus thermodynamischen Überlegungen prinzipieller Natur, worauf hier nicht näher eingegangen werden soll, ist auch bis jetzt kein Weg ersichtlich, der zur Erreichung solch enormer Geschwindigkeiten führen könnte. Der Flug in den Weltenraum wird daher wohl noch lange nur ein Traum der Menschen bleiben.

171. Massenausgleich bewegter Maschinenteile. Der allgemeine Schwerpunktssatz gibt uns auch die Bedingung dafür, daß irgendein System miteinander verbundener Massen, etwa von Maschinenteilen, bei seiner Bewegung auf Lager und Führung keine Kraft ausübt. Es muß der Gesamtschwerpunkt entweder in Ruhe bleiben oder sich mit konstanter Geschwindigkeit auf einer Geraden bewegen (1. Bedingung für den Massenausgleich). Wenn man auf diese Bedingung nicht Rücksicht nähme, so würden die sich hin und her bewegenden Massen der Kolbenmaschinen im Takte der Motoren periodische Erschütterungen auf ihre Fundamente ausüben; wenn die Maschinen wie bei Lokomotiven, Schiffen und Kraftwagen zur Fortbewegung dienen, werden diese Kräfte auf die anderen Teile der Fahrzeuge, bei Lokomotiven auch auf den angehängten Zug einwirken. Dies muß wegen der damit verbundenen Beanspruchung des Materials und wegen allfälliger Resonanzerscheinungen möglichst vermieden werden. Wenn ein Motor mit horizontal arbeitendem Kolben auf Rollen gestellt wird, bewegt er sich mit der Periode der Kolbenbewegung immer in entgegengesetzter Richtung zu dieser hin und her. Um dies zu vermeiden, muß jede in einer Richtung sich bewegende Masse durch eine mit derselben Geschwindigkeit in entgegengesetzter Richtung sich verschiebende „ausgeglichen" werden.

Außer den durch die hin und her gehende Bewegung von Maschinenteilen verursachten Kräften werden noch — und das gilt besonders für Fahrzeuge — nach dem Flächensatz Drehmomente auf den Schiffskörper ausgeübt werden, die zu Schlingerbewegungen desselben Anlaß geben, wenn nicht der Drall, die Summe der Schwungmomente, für jede senkrecht zur Ebene der Bewegung stehende Achse verschwindet, (2. Bedingung für den Massenausgleich). Beide Bedingungen wirklich exakt zu erfüllen, ist konstruktiv nicht möglich, man begnügt sich in den meisten Fällen mit einem annähernden Ausgleich. So ist ein solcher bei Lokomotiven für die in horizontaler Richtung bewegten Teile durchgeführt, für die in vertikaler aber nicht; es wechselt daher periodisch der Druck, den die Triebräder auf die Schienen übertragen.

Auch bei Schiffen kann man selbst durch die Verwendung mehrzylindriger Maschinen keinen vollständigen Ausgleich erzielen, angenähert und für technische Zwecke vollkommen genügend ist dies aber bei vier- und mehrzylindrigen Anlagen möglich, wie es O. Schlick gezeigt hat.[1]

Ein Dampfer besitze eine Sechszylindermaschine mit gleichgroßen Zylindern, systematischer Anordnung der Kurbeln und gemeinsamer Welle (Abb. 231). Da, wie üblich, die rotierenden Massen für sich durch Gegengewichte an den Kurbeln ausgeglichen sind, so hat man nur die Geschwindigkeitskomponenten in den Richtungen der Zylinderachsen zu berücksichtigen. Wir erhalten, wenn mit m_i' die Masse der hin und her gehenden Teile und mit m_i' die der Schubstange bezeichnet wird, in

---

[1] Schlick, O.: Problem des Massenausgleiches. Zeitschr. d. Ver. d. Ing. 1894.

erster Annäherung, mit $\lambda = \frac{r}{l} = 0$, für die Bewegungsgröße des $i$ten Kolbens

$$(m_i + m_i') r_i \sin \varphi_i \omega,$$

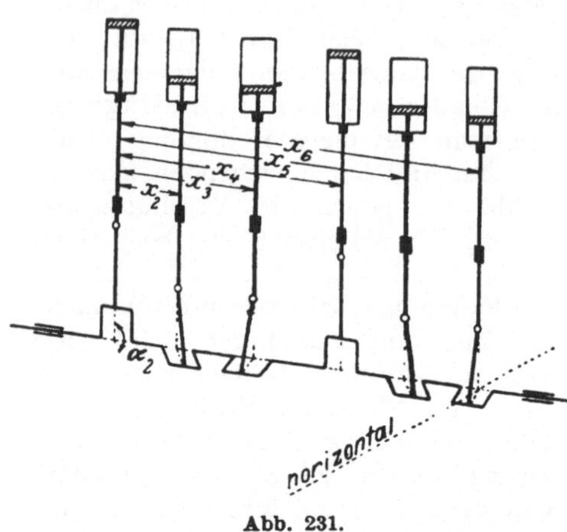

Abb. 231.

vgl. Formel (27) und (28) von Nr. 120. Befindet sich nun die erste Kurbel in der Totlage und bilden sich die anderen mit ihr die sogenannten Schränkungswinkel

$$\alpha_2, \alpha_3 \ldots \alpha_n \ (\alpha_1 = 0),$$

so ist dann

$$\varphi_2 = \varphi_1 + \alpha_2,$$
$$\varphi_3 = \varphi_1 + \alpha_3, \ldots$$

Die erste Bedingung

$$\sum (m_i + m_i') r_i \sin \varphi_i \omega = 0 \quad (7)$$

kann beim Einsetzen dieser Werte für die φ_i und Berücksichtigung der Gleichungen

$$\sin(\varphi_1 + \alpha_2) = \sin \varphi_1 \cos \alpha_2 + \cos \varphi_1 \sin \alpha_2 \ldots$$

nur dann für alle Werte von φ und ω gelten, wenn die beiden Gleichungen

$$\sum (m_i + m_i') r_i \cos \alpha_i = 0,$$
$$\sum (m_i + m_i') r_i \sin \alpha_i = 0$$

bestehen. Die Ausdrücke

$$(m_i + m_i') r_i$$

nennt man die „reduzierten Momente“ $\mathbf{M}_i$ und wir können daher die erste Bedingung für den Massenausgleich in der Form schreiben

$$\sum \mathbf{M}_i \cos \alpha_i = 0, \qquad \sum \mathbf{M}_i \sin \alpha_i = 0. \quad (8)$$

Es muß das aus den reduzierten Momenten mit den einfachen Schränkungswinkeln gebildete Polygon sich schließen.

Bilden wir weiter die Schwungmomente um den Drehpunkt der ersten Kurbel, so haben wir als weitere Bedingung

$$\sum \mathbf{M}_i z_i \cos \alpha_i = 0, \qquad \sum \mathbf{M}_i z_i \sin \alpha_i = 0, \quad (9)$$

die sich analog in der Form aussprechen läßt: Das Polygon, gebildet aus dem Produkt der reduzierten Momente mit den Abständen und den einfachen Schränkungswinkeln, muß geschlossen sein.

Treibt man die Annäherung weiter, so bekommt man etwas andere Werte für die reduzierten Momente und außerdem die weitere Bedingung, daß auch die Summen

$$\sum \mathbf{M}_i \cos 2\alpha_i = 0, \qquad \sum \mathbf{M}_i \sin 2\alpha_i = 0, \quad (10)$$
$$\sum \mathbf{M}_i z_i \cos 2\alpha_i = 0, \qquad \sum \mathbf{M}_i z_i \sin 2\alpha_i = 0 \quad (11)$$

gleich Null sein, daß also die betreffenden Polygone gebildet mit den *doppelten* Schränkungswinkeln sich ebenfalls schließen müssen. Man nennt dies den Ausgleich *zweiter Ordnung*. Diese Bedingungen müssen die Schränkungswinkel und die Abstände z erfüllen, wenn Erschütterungen und Schlingerbewegungen vermieden werden sollen. Es zeigt sich, daß mindestens *vier* Getriebe notwendig sind, um dieses Ziel zu erreichen.

Früher hat man ausschließlich die Erfüllung der Ausgleichsbedingungen erster Ordnung angestrebt, erst der moderne Schiffsmaschinenbau forderte infolge der immer größer werdenden Dimensionen der Dampfer und der immer gesteigerten Geschwindigkeit die weitere Annäherung, die, wie erwähnt, von O. Schlick stammt (1893).

172. Weitere Beispiele für Bewegung mit veränderlicher Masse. In dem vorangehenden Paragraphen haben wir eine Aufgabe behandelt, bei der die Masse des bewegten Körpers, der Rakete, nicht konstant blieb. Wir wollen noch einige derartige Beispiele mit veränderlicher Masse durchrechnen.

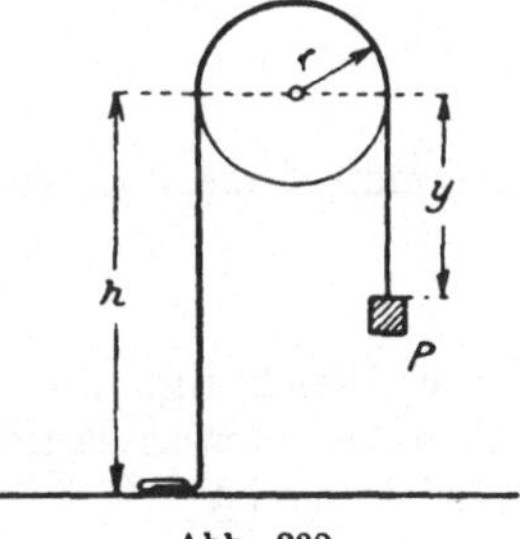

Abb. 232.

Eine Kette vom spezifischen Gewicht q, die, wie nebengezeichnet (Abb. 232), über eine Rolle läuft, trägt auf der einen Seite ein Gewicht P und hebt sich auf der anderen Seite vom Boden ab. Wie bewegt sich das Gewicht?

Mit den in der Abbildung gewählten Bezeichnungen lautet die Bewegungsgleichung

$$\left(\frac{P}{g} + (h + r\pi + y)\,\frac{q}{g}\right)\ddot{y} = P + q\,(y - h). \tag{12}$$

Setzt man

$$\frac{P}{q} - h = a, \qquad \frac{P}{q} + (h + r\pi) = b,$$

so bekommt man

$$\ddot{y} = g\,\frac{y+a}{y+b} \tag{12a}$$

und daraus

$$\frac{1}{2}\,v^2 = \int_0^{y} g\,\frac{y+a}{y+b}\,dy = g\left[y + (b-a)\ln\frac{b}{y+b}\right], \tag{13}$$

wenn man für den Beginn der Bewegung y und v gleich Null annimmt; y selbst könnte man daraus durch eine Quadratur ermitteln, die sich aber nicht mehr in elementarer Weise durchführen läßt.

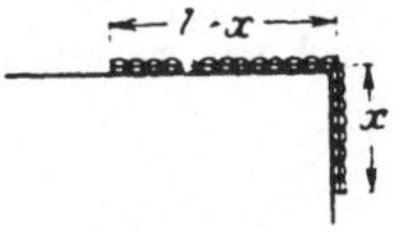

Abb. 233.

Eine homogene Kette vom spezifischen Gewichte q und der Länge l hängt, wie in Abb. 233 gezeichnet, über eine Tischkante herab; die Reibungszahl zwischen Kette und Unterlage sei f. Wie stellt sich Weg und Geschwindigkeit der Kette dar, wenn sie aus der Gleichgewichtslage in Bewegung gerät?

Bezeichnen wir die Länge des herabhängenden Teiles der Kette allgemein mit x, in der Gleichgewichtslage mit x_0, so gilt zunächst

$$q\,x_0 = f\,q\,(l - x_0),$$

wir erhalten also

$$x_0 = \frac{f\,l}{1+f} \tag{14}$$

für den Beginn der Bewegung. Schneidet man die Kette am Eck durch und nennt die dort auftretende Spannkraft S, so haben wir für den herabhängenden Teil die Bewegungsgleichung

$$\frac{q}{g}\,x\,\ddot{x} = q\,x - S \tag{15}$$

und für den horizontalen, da dessen Beschleunigung in horizontaler Richtung die gleiche ist,

$$\frac{q}{g}\,(l - x)\,\ddot{x} = S - f\,q\,(l - x). \tag{16}$$

Eliminiert man S, so erhält man

$$\frac{q\,l}{g}\,\ddot{x} = q\,x - f\,q\,(l - x), \tag{17}$$

eine Gleichung, die wir auch direkt mit Hilfe des D'Alembertschen Prinzips hätten aufstellen können. Ein partikuläres Integral dieser Gleichung ist

$$x_1 = \frac{f\,l}{1+f}$$

und daher das vollständige

$$x = \frac{f\,l}{1+f} + A\,\mathfrak{Cof}\,k\,t + B\,\mathfrak{Sin}\,k\,t, \tag{18}$$

wo

$$k = \sqrt{\frac{g}{l}\,(1+f)}$$

gesetzt ist.

Um die Integrationskonstanten zu bestimmen, machen wir die Annahme, daß zu Beginn der Bewegung, wo $x = x_0$ ist, $\dot{x} = v_0$ einen kleinen, aber endlichen Wert besitzt. Dann ergibt sich

$$A = 0, \quad B = \frac{v_0}{k},$$

und wir haben daher

$$x = \frac{f\,l}{1+f} + \frac{v_0}{k}\,\mathfrak{Sin}\,k\,t. \tag{19}$$

Wenn das Ende der Kette den Tisch verläßt, so ist $x = l$ und daher, wenn man mit t_1 den entsprechenden Zeitpunkt bezeichnet,

$$\mathfrak{Sin}\,k\,t_1 = \frac{l\,k}{(1+f)\,v_0}.$$

Die Geschwindigkeit, die die Kette dann hat, ist

$$v_1 = v_0 \operatorname{Cof} k t_1 = v_0 \sqrt{1 + \left(\frac{l k}{(1+f) v_0}\right)^2}. \tag{20}$$

Dieser Ausdruck bleibt endlich, wenn v_0 gegen Null geht, es ist ja für kleine Werte von v_0

$$v_1 = \frac{v_0 l k}{(1+f) v_0} = \frac{l k}{1+f} = \sqrt{\frac{g l}{1+f}}. \tag{21}$$

173. Nichtstarre Körper. Die Gleichungen, die wir aus dem Schwerpunkts- und Flächensatz für den starren Körper abgeleitet haben, können wir angenähert auch auf nichtstarre Körper anwenden, die ihre Gestalt nur so langsam ändern, daß wir in jedem Augenblick noch von einer annähernd gleichen Winkelgeschwindigkeit aller Teile sprechen können. Das Trägheitsmoment aber soll jetzt veränderlich sein. Bei der Drehung um eine Achse wird daher die Bewegungsgleichung jetzt lauten

$$\frac{d}{dt}(J_z \omega) = \sum M_{z\,i}. \tag{22}$$

Wir können diese Gleichung benutzen, um folgende Aufgabe zu lösen.

Beispiel 58. Ein um seine Achse mit der Anfangsgeschwindigkeit ω_0 rotierender Himmelskörper von Kugelgestalt zieht sich dabei, etwa wegen seiner Abkühlung, zusammen. Wie wird sich seine Winkelgeschwindigkeit ändern, wenn sein Halbmesser um den Betrag δ abgenommen hat?

Da keine äußeren Kräfte wirken sollen, muß $J\omega$ konstant, also gleich $J_0 \omega_0$ sein, das gibt

$$\frac{2}{3} M (r - \delta)^2 \omega = \frac{2}{3} M r^2 \omega_0$$

und daraus

$$\omega = \frac{r^2 \omega_0}{(r-\delta)^2}. \tag{23}$$

Die Winkelgeschwindigkeit nimmt also zu; dabei ist aber, wie hervorgehoben werden möge, die kinetische Energie nicht konstant geblieben, sie hat sich im Verhältnis $\left(\frac{r}{r-\delta}\right)^2$ vergrößert, es ist ein Teil der potentiellen Energie in kinetische umgewandelt worden.

Der Umstand, daß man wegen der Konstanz von $J\omega$ durch Änderung des Trägheitsmomentes die Winkelgeschwindigkeit vergrößern oder verkleinern kann, spielt bei akrobatischen Vorführungen, etwa bei dem sogenannten Salto mortale, eine gewisse Rolle.

Läßt sich das betrachtete System in zwei Teilsysteme zerlegen, die in jedem Augenblick bestimmte, aber verschiedene Drehgeschwindigkeiten ω_1 und ω_2 um dieselbe Achse besitzen, so folgt aus dem Flächensatz bei Abwesenheit bzw. Vernachlässigung äußerer Kräfte

$$J_1 \omega_1 + J_2 \omega_2 = \text{konst.}$$

Darauf beruht es, daß man sich auch auf vollständig glatter Unterlage umdrehen kann (Drehschemel). Man muß nur beim Hin- und Herbewegen das Trägheitsmoment von Ober- und Unterkörper durch Anziehen und Ausstrecken der Arme ändern. Damit hängt es auch zusammen, daß eine Katze, die mit den Füßen nach oben herabfällt, sich während des Falles umdrehen und mit allen vier Füßen am Boden ankommen kann, wenn die Fallhöhe genügend groß ist.

Beispiel 59: An den beiden Enden eines als gewichtslos angenommenen Seiles, das um eine kreisrunde Scheibe von der Masse M gelegt ist, die sich reibungslos um ihre Achse drehen kann, hängen in gleicher Höhe zwei Männer von gleichem Gewichte G. Wenn nun der eine mit der Geschwindigkeit $\bar{v}$ relativ zum Seil sich hinaufturnt, wie bewegt sich der andere?

Geht bei dem Hinaufturnen des ersten Mannes das Seil mit der Geschwindigkeit v_1 nach abwärts — es ist das dieselbe Geschwindigkeit v_2, mit der der zweite nach aufwärts bewegt wird —, so ist die wahre Geschwindigkeit des ersten

$$v_1 - \bar{v}_1 = v_2 - \bar{v}_1.$$

Da die äußeren Kräfte kein Moment um den Mittelpunkt der Scheibe besitzen, so muß die Summe der Schwungmomente um diesen Punkt konstant, und zwar, da anfänglich Ruhe herrscht, gleich Null sein. Das gibt

$$\frac{G}{g}(v_2 - \bar{v}_1)\, r + \frac{G}{g} v_2\, r + J_s\, \omega = 0.$$

Da ferner $J_s = \frac{1}{2} M r^2$ und $\omega = \frac{v_2}{r}$ ist, bekommen wir

$$\frac{G}{g}(v_2 - \bar{v}_1)\, r + \frac{G}{g} v_2\, r + \frac{1}{2} M\, v_2\, r = 0,$$

und daraus

$$v_2 = \frac{\bar{v}_1}{2 + \frac{M g}{2 G}}.$$

Vernachlässigt man die Masse der Scheibe, so bewegen sich beide Männer mit der Geschwindigkeit $\frac{\bar{v}_1}{2}$ immer in gleicher Höhe nach aufwärts, der eine muß sich aber mit der doppelten Geschwindigkeit $\bar{v}_1$ am Seile hinaufarbeiten, während der zweite ruht.

VIII. Der Stoß.

174. Allgemeine Voraussetzungen. Wenn sich die Schwerpunkte zweier Körper mit verschiedener Geschwindigkeit auf ein und derselben Geraden bewegen — um zunächst diesen einfachen Fall zu betrachten —, so wird ein Zusammenstoß dieser beiden Körper erfolgen; sie werden sich berühren, Kräfte aufeinander ausüben und dann mit verschiedenen Geschwindigkeiten ihren Weg weiter fortsetzen. Die Bewegung der Körper nach dem Stoß, vor allem die Geschwindigkeit ihrer Schwerpunkte, wird, abgesehen von den Massen und den Geschwindigkeiten vor dem Stoß, noch wesentlich davon abhängen, ob die Richtung der an der Berührungsstelle übertragenen Kräfte durch beide oder wenigstens durch einen der Schwerpunkte hindurchgeht oder nicht. Im letzteren Falle haben diese Kräfte ein Moment um die Schwerachse des betreffenden Körpers, rufen also Drehungen desselben hervor, im ersteren aber nicht. Wenn die Kraftrichtung durch den Schwerpunkt eines Körpers hindurchgeht, dann nennen wir den Stoß für diesen Körper zentral oder zentrisch. Diese Eigenschaft kann natürlich auch für beide Körper zugleich bestehen.

Bei rauher Berührung wird die Kraftrichtung auch von der Rauhigkeit der Oberflächen abhängen, die Aufgabe, die Bewegung nach dem Stoß zu finden, wird dann bedeutend verwickelter. Wir wollen daher im allgemeinen die Voraussetzung machen, daß der Stoß ein „vollkommen glatter" sei, daß die Richtung der Kraft immer mit der „Stoßnormalen", der Richtung senkrecht zum Berührungsflächenelement zusammenfalle. Außerdem ist es natürlich noch von Bedeutung, ob die Bewegungsrichtung eines oder auch beider Körper mit der Stoßnormalen übereinstimmt oder nicht. Im ersten Falle sprechen wir von einem graden, im zweiten von einem schiefen Stoß. Auch dies gilt relativ zu jedem einzelnen der Körper, der Stoß kann für den einen gerade, für den andern schief ausfallen.

Da die bei dem Stoßvorgang auftretenden Kräfte beträchtliche Werte erreichen, aber nur ganz kurze Zeit hindurch wirken und wir auch in den zeitlichen Verlauf keinen Einblick haben, so wird es sich empfehlen, an Stelle der Kraft den Kraftantrieb einzuführen. Nach dem Satz vom Kraftantrieb ist

$$m(\mathfrak{v}_1 - \mathfrak{v}_0) = m\,\Delta\mathfrak{v} = \int_{t_0}^{t_1} \mathfrak{P}\,dt. \tag{1}$$

Wir können nun den Stoßprozeß derartig idealisieren, daß wir das Zeitintervall beliebig klein werden lassen, dem Kraftantrieb aber einen endlichen Wert $\mathfrak{H}$ zuschreiben. Die Kraft $\mathfrak{P}$ muß dabei natürlich ins Unendliche gehen. Dieser Antrieb $\mathfrak{H}$ wird auch manchmal direkt als „Stoßkraft" bezeichnet, man muß sich dann aber vor Augen halten, daß er keine Kraft in gewöhnlichem Sinn ist, daß erst der Antrieb pro Zeiteinheit eine solche darstellt.

Einen ähnlichen Grenzübergang kann man bei dem Flächensatz bei der Bildung der Drehmomente der momentan wirkenden Kräfte durchführen. Es ist

$$\mathfrak{r} \times m\,\mathfrak{v} - \mathfrak{r}_0 \times m\,\mathfrak{v}_0 = \int_{t_0}^{t_1} (\mathfrak{r} \times \mathfrak{P})\,dt. \tag{2}$$

Da $\mathfrak{r}$ sich während des betrachteten Zeitmoments sehr wenig ändert, kann man es als konstant ansetzen, wenn wir zur Grenze $t_0 - t_1 \to 0$ übergehen, und wir erhalten für die rechte Seite $\mathfrak{r} \times \int_{t_0}^{t_1} \mathfrak{P}\,dt = \mathfrak{r} \times \mathfrak{H}$. Bilden wir die Summe über alle Massenpunkte, so steht dann links die Änderung des Dralls $\Delta\mathfrak{D}$ und rechts die Summe der Momente der äußeren „Stoßkräfte"

$$\Delta\mathfrak{D} = \sum (\mathfrak{r}_i \times \mathfrak{H}_i). \tag{3}$$

Ein solches Moment von Stoßkräften, also eigentlich Kraftantrieben, bezeichnet man auch als einen Drehstoß. Gl. (3) gibt uns eine dynamische Deutung des Dralls. Wollen wir einen sich drehenden Körper, der augenblicklich den Drall $\mathfrak{D}$ besitzt, plötzlich zur Ruhe bringen, so brauchen wir nach obiger Gleichung nur Momentankräfte an ihm wirken lassen, deren Moment gleich $\Delta\mathfrak{D} = -\mathfrak{D}_0$ ist; der zum Anhalten nötige

Drehstoß ist dem Drall der Größe nach gleich, aber entgegengesetzt gerichtet.

175. Der gerade, zentrale Stoß. Wenn wir uns bei dem einfachsten Fall, dem geraden, zentralen Stoß zweier Körper, die Aufgabe stellen, die Geschwindigkeiten nach dem Stoß v_1' und v_2' zu erhalten, wenn uns die Geschwindigkeiten v_1 und v_2 vor dem Stoß und die Massen der Körper m_1 und m_2 gegeben sind, so sehen wir sofort, daß wir mit den für den starren Körper abgeleiteten Sätzen nicht auskommen. Wir können nur eine Gleichung für die beiden Unbekannten v_1' und v_2' mit Hilfe des Schwerpunktssatzes aufstellen; um zu einer zweiten zu gelangen, müssen wir von der Hypothese des starren Körpers absehen und auf das elastische Verhalten derselben eingehen.

Da die Kräfte, die an der Berührungsstelle wirken, für das System der beiden Körper als innere anzusehen sind, so ist die Beschleunigung des gemeinsamen Schwerpunktes Null, seine Geschwindigkeit daher konstant und wir haben

$$m_1 v_1 + m_2 v_2 = m_1 v_1' + m_2 v_2'. \tag{4}$$

Das ist eine Beziehung, die von der physikalischen Beschaffenheit des Körpers unabhängig ist und die auch das Gesetz von der Erhaltung der Bewegungsgröße genannt wird.

Um zu einer weiteren Gleichung zu gelangen, müssen wir, wie schon hervorgehoben, eine Formänderung der Körper beim Stoß zulassen. Das ist auch schon deswegen nötig, weil bei vollkommener Starrheit beider Körper eine endliche Geschwindigkeitsänderung in dem unendlich kurzen Augenblick der Berührung vor sich ginge, also unendlich große Kräfte hier übertragen werden müßten, denen kein Körper standhalten könnte. Sehr spröde Körper zerbrechen ja auch schon bei einem schwachen Stoß. Bei elastischem Verhalten der beiden Körper werden sich diese an der Berührungsstelle zunächst zusammendrücken, bis die Schwerpunkte ihre kleinste gegenseitige Entfernung erlangt haben. Dann wird diese Formänderung wieder ganz oder teilweise rückgängig gemacht werden. Wir werden daher die jetzt zwar kurze, aber doch nicht unendlich kleine Zeitdauer des Stoßes in zwei Intervalle teilen, in die sogenannte Kompressionsperiode, die von dem Beginn der Berührung bis zu dem Moment dauert, wo beide Schwerpunkte die gleiche Geschwindigkeit haben, und in die Restitutionsperiode, die Zeit von diesem Augenblick bis zu dem Moment, wo die Berührung wieder aufhört.

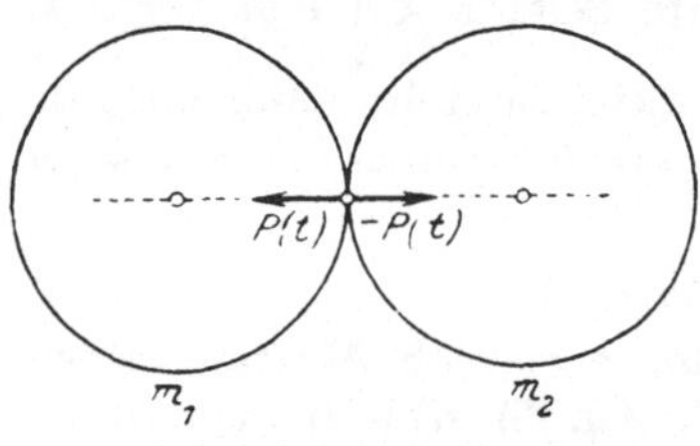

Abb. 234.

Nennen wir die Kraft, die von der zweiten auf die erste Masse in der Kompressionsperiode ausgeübt wird, $P(t)$ — die von der ersten auf die zweite ist dann natürlich $-P(t)$ (Abb. 234) — und bezeichnen wir die gemeinsame Geschwindigkeit der Schwerpunkte am Ende dieser Periode, die „Ausgleichsgeschwindigkeit" mit v, so haben wir nach dem Schwerpunkts- bzw. nach dem Satz vom Kraftantrieb für die Kompressionsperiode

$$\left.\begin{aligned} m_1 (v - v_1) &= -\int_{t_0}^{t_1} P(t)\, dt = H_1, \\ m_2 (v - v_2) &= +\int_{t_0}^{t_1} P(t)\, dt = -H_1. \end{aligned}\right\} \tag{5}$$

Für die Restitutionsperiode von t_1 bis t_2 können wir zwei analoge Gleichungen aufstellen, nur werden jetzt die Kräfte im allgemeinen andere Beträge besitzen, wir haben also

$$\left.\begin{aligned} m_1 (v_1' - v) &= -\int_{t_1}^{t_2} P'(t)\, dt = H_2, \\ m_2 (v_2' - v) &= +\int_{t_1}^{t_2} P'(t)\, dt = -H_2. \end{aligned}\right\} \tag{6}$$

Aus den ersten beiden Gl. (5) erhalten wir

$$v = \frac{m_1 v_1 + m_2 v_2}{m_1 + m_2} \tag{7}$$

und wenn wir ebenso mit den beiden letzten verfahren, kommt die schon oben angeschriebene Gl. (4) heraus. Zur Aufstellung der noch nötigen zweiten Gleichung wollen wir das elastische Verhalten beider Körper dadurch charakterisieren, daß wir den Kraftantrieb der Restitutionsperiode einem Bruchteil des Antriebes in der Kompressionsperiode gleichsetzen

$$H_2 = \varepsilon H_1. \tag{8}$$

Die dimensionslose positive Größe ε, das Verhältnis des Antriebs in der Restitutions- zu dem in der Kompressionsperiode, wollen wir die Stoßzahl nennen; sie ist eine von der Beschaffenheit der beiden Körper abhängige, experimentell zu bestimmende Konstante. Wir können uns ohne weiteres durch Betrachtung zweier Grenzfälle überzeugen, daß sie zwischen Null und Eins liegen muß.

Verhalten sich die beiden Körper bei dem Stoß vollkommen unelastisch, d. h. behalten sie eine Formänderung, die sie durch Einwirkung irgendeiner Kraft erfahren haben, auch nach dem Aufhören derselben unverändert bei, dann werden sie in der Restitutionsperiode keinerlei Kräfte aufeinander ausüben, dann ist H_2 und damit auch $\varepsilon = 0$. Beide Körper bewegen sich mit derselben Geschwindigkeit v weiter. Körper, die nahezu diese Eigenschaft besitzen, wie Ton, Lehm u. dgl., bezeichnen wir auch als plastische und einen solchen Stoß mit $\varepsilon = 0$ daher ebenfalls als einen plastischen.

Sind die Körper dagegen vollkommen elastisch, d. h. machen sie eine Formänderung nach Aufhören der Einwirkung der Kräfte vollständig rückgängig, dann wird der Kraftverlauf in der Restitutionsperiode spiegelbildlich gleich dem in der Kompressionsperiode sein, die Kräfte werden genau so vom Höchstwert zu dem Wert Null herabsinken, wie sie in der Kompressionsperiode angestiegen sind, und daher wird $H_1 = H_2$ und $\varepsilon = 1$ sein. Für kleine Kräfte verhalten sich fast alle Körper vollkommen elastisch, wegen des großen Betrages der

Momentankräfte liegt aber ε bei dem tatsächlichen Stoß immer zwischen den Grenzwerten Null und Eins.

Die Annahme, die wir dabei gemacht haben, daß die Stoßzahl von der Geschwindigkeit der Körper unabhängig sei, ist auch nur unvollkommen erfüllt, bei Zunahme der Geschwindigkeit nimmt ε zu. Wir wollen aber davon absehen und ε als konstant betrachten.

Führen wir (8) in die Gl. (5) und (6) ein, so erhalten wir

$$m_1 (v_1' - v) = \varepsilon\, m_1 (v - v_1),$$
$$m_2 (v_2' - v) = \varepsilon\, m_2 (v - v_2)$$

und daraus ergibt sich

$$\left.\begin{aligned} v_1' &= (1 + \varepsilon)\, v - \varepsilon\, v_1, \\ v_2' &= (1 + \varepsilon)\, v - \varepsilon\, v_2. \end{aligned}\right\} \tag{9}$$

Setzen wir für v noch den Wert (7) ein, so bekommen wir schließlich

$$\left.\begin{aligned} v_1' &= \frac{(m_1 - \varepsilon\, m_2)\, v_1 + (1 + \varepsilon)\, m_2 v_2}{m_1 + m_2}, \\ v_2' &= \frac{(m_2 - \varepsilon\, m_1)\, v_2 + (1 + \varepsilon)\, m_1 v_1}{m_1 + m_2}. \end{aligned}\right\} \tag{10}$$

Damit ist die gestellte Aufgabe beim geraden, zentralen Stoß gelöst.

Ist der Stoß vollkommen elastisch, so muß die Arbeit der Kräfte in der Restitutionsperiode entgegengesetzt gleich der in der Kompressionsperiode sein. Daher muß nach dem Energiesatz die gesamte kinetische Energie in diesem Falle ungeändert bleiben, vor und nach dem Stoß dieselbe sein. Davon kann man sich durch direktes Einsetzen der Formeln (9) und (10) mit $\varepsilon = 1$ in dem Ausdruck für die kinetische Energie überzeugen.

Ist der Stoß nicht vollkommen elastisch, dann wird ein Verlust an kinetischer Energie auftreten. Es ist die Differenz der Energie vor und nach dem Stoß

$$\begin{aligned} \Delta K &= \frac{1}{2}\, m_1 v_1^2 + \frac{1}{2}\, m_2 v_2^2 - \frac{1}{2}\, m_1 v_1'^2 - \frac{1}{2}\, m_2 v_2'^2 \\ &= \frac{1}{2}\, (1 - \varepsilon^2)\, \frac{m_1 m_2}{m_1 + m_2}\, (v_1 - v_2)^2. \end{aligned} \tag{11}$$

Für den vollkommen elastischen Stoß, $\varepsilon = 1$, verschwindet dieser Ausdruck, wie wir schon erwähnt haben, für jeden andern Wert von ε ist er positiv — es tritt also wirklich ein Verlust an kinetischer Energie ein — und hat seinen größten Wert für den vollkommen unelastischen Stoß. Dort ist

$$\Delta K = \frac{1}{2}\, \frac{m_1 m_2}{m_1 + m_2}\, (v_1 - v_2)^2. \tag{12}$$

Der Stoß hat technisch eine große Bedeutung. Da er mit Verlust an kinetischer Energie verbunden ist, so vermeidet man ihn bei der Konstruktion von Maschinen, soweit es möglich ist. Anderseits kann man aber durch den Stoß große Kräfte ausüben; er ist das bequemste Mittel, derartige Kräfte zu erzielen, wenn man sie benötigt. Er findet daher in dieser Richtung eine häufige Verwendung, z. B. beim Einschlagen von Nägeln, beim Schmieden bei der Bearbeitung des Stahls, beim Einrammen von Pfählen usw.

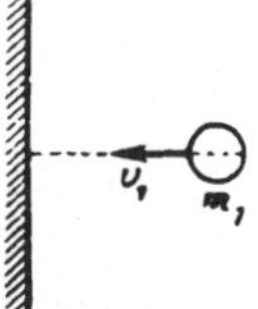

Abb. 235.

Beispiel 60: Ein Körper mit der Masse m_1 stößt zentral gegen eine ruhende Wand (Abb. 235). Man berechne seine Geschwindigkeit nach dem Stoß, wobei man die Masse der Wand m_2 gegenüber der von m_1 als unendlich groß ansetzen kann.

Nach Formel (10) ist

$$v_1' = \lim_{m_2 \to \infty} \frac{(m_1 - \varepsilon m_2) v_1}{m_1 + m_2} = \lim_{m_2 \to \infty} \frac{\left(\frac{m_1}{m_2} - \varepsilon\right) v_1}{\frac{m_1}{m_2} + 1} = -\varepsilon v_1. \tag{13}$$

Der Körper springt also mit einer ε-mal kleineren Geschwindigkeit zurück. Ferner ergibt sich $v_2' = 0$ und

$$\Delta K = \frac{1}{2}(1 - \varepsilon) m_1 v_1^2.$$

Ist der Stoß vollkommen unelastisch, so bleibt der Körper an der Wand haften, die kinetische Energie geht vollkommen verloren.

Man kann dieses Resultat auch benutzen, um auf einfache Weise aus (13) ε zu bestimmen. Läßt man einen Körper auf eine horizontale Unterlage aus der Höhe h_1 fallen und mißt man die Höhe h_2, bis zu der er zurückspringt, so ist

$$v_1 = \sqrt{2gh} \qquad v_1' = \sqrt{2gh'}$$

und daher

$$\varepsilon = \sqrt{\frac{h'}{h}}. \tag{14}$$

Bei praktischen Versuchen mit Bällen oder Kugeln — Tennisbälle kann man auf diese Weise auf ihre Güte prüfen — muß man aber auch auf den Luftwiderstand achten, der bei zu großen Geschwindigkeiten bzw. Fallhöhen das Ergebnis stark beeinflussen kann.

176. Der schiefe Stoß. Ist der Stoß nicht mehr gerade, aber immer noch zentrisch, stoßen etwa zwei aus verschiedenen Richtungen kommende Kugeln zusammen — bei glatter Berührung sind Stöße homogener Kugeln ja immer zentral —, so können wir ganz ähnlich wie in dem vorigen Paragraphen die Größe und Richtung der Geschwindigkeiten nach dem Stoß berechnen. Wir haben den Satz vom Kraftantrieb jetzt nur für die Richtung der Stoßnormalen und die dazu senkrechte, die tangentiale anzusetzen.

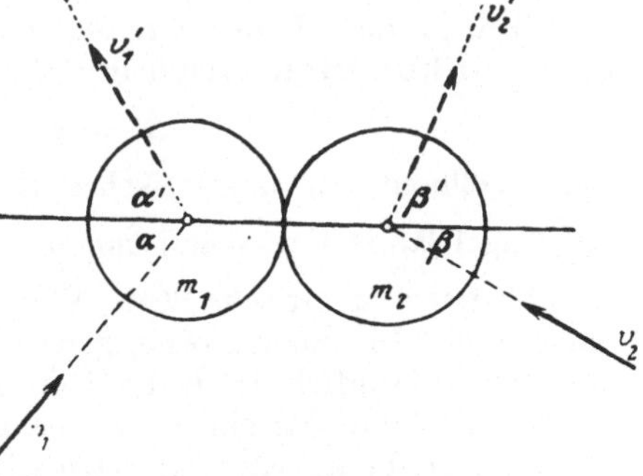

Abb. 236.

Da bei glatter Berührung in der Richtung der Tangente des Berührungselementes keine Kräfte wirken, so bleibt die Bewegungsgröße in dieser Richtung ungeändert. Wir haben also (Abb. 236)

$$m_1 v_1' \sin \alpha' = m_1 v_1 \sin \alpha, \tag{15}$$

$$m_2 v_2' \sin \beta' = m_2 v_2 \sin \beta. \tag{16}$$

Für das Verhältnis der Kraftantriebe in der Normalenrichtung führen wir wie früher die Stoßzahl ε ein und bekommen entsprechend der Formel (10)

$$v_1' \cos \alpha' = \frac{(m_1 - \varepsilon m_2) v_1 \cos \alpha + (1 + \varepsilon) m_2 v_2 \cos \beta}{m_1 + m_2} \tag{17}$$

und eine analoge Formel für $v_2' \cos \beta'$

$$v_2' \cos \beta' = \frac{(m_2 - \varepsilon m_1) v_2 \cos \beta + (1 + \varepsilon) m_1 v_1 \cos \alpha}{m_1 + m_2}. \tag{18}$$

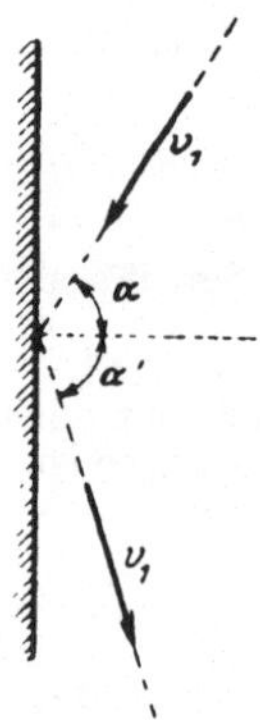

Abb. 237.

Aus diesen vier Gleichungen kann man dann v_1', v_2', α' und β' ohne weiteres berechnen.

Wir wollen als Beispiel wieder den Stoß, aber jetzt den schiefen, einer Kugel gegen eine Wand untersuchen (Abb. 237). Es ist dabei unter den eben gemachten Voraussetzungen

$$v_1' \sin \alpha' = v_1 \sin \alpha,$$

$$v_1' \cos \alpha' = \varepsilon v_1 \cos \alpha,$$

wenn man zur Vermeidung unnötiger negativer Vorzeichen v_1' so positiv rechnet, wie es in der Abb. 237 eingezeichnet ist. Daraus erhält man

$$\operatorname{tg} \alpha' = \frac{1}{\varepsilon} \operatorname{tg} \alpha \tag{19}$$

und

$$v_1' = v_1 \cos \alpha \sqrt{\varepsilon^2 + \operatorname{tg}^2 \alpha}. \tag{20}$$

Bei einem nicht vollkommen elastischen Stoß wird also der Reflexionswinkel α' größer als der Einfallswinkel α und v_1' kleiner als v_1 sein; nur beim vollkommen elastischen Stoß, $\varepsilon = 1$, erhalten wir

$$\alpha' = \alpha, \quad v_1' = v_1.$$

Beim vollkommen unelastischen Stoß ist $\alpha' = \frac{\pi}{2}$; dann bewegt sich die Kugel längs der Wand mit der Geschwindigkeit $v_1 \sin \alpha$ weiter.

177. Der exzentrische Stoß. Wir wollen zunächst den Fall betrachten, daß der Stoß für einen Körper gerade und zentral und nur für den anderen, der sich anfänglich in Ruhe befindet, exzentrisch sei. Weiter wollen wir das Problem als ein ebenes behandeln, den gestoßenen Körper also als eine Scheibe ansehen, in deren Ebene Schwerpunkt und Geschwindigkeit des stoßenden Körpers liegen. Der Stoß wird dann eine ebene Bewegung dieser Scheibe hervorrufen, v_s sei die Schwerpunkts- und ω die Drehgeschwindigkeit derselben in dem Moment, wo beide Körper an der Stoßstelle am Ende der Kompressionsperiode gleiche Geschwindigkeit besitzen. Da v_s unter diesen Voraussetzungen in die Richtung der

Stoßnormale fallen muß, so gibt der Schwerpunktssatz, wenn wir diese Richtung als x-Achse ansetzen (Abb. 238),

$$m_2 v_s = \int_{t_0}^{t_1} P(t)\, dt = H_1, \tag{21}$$

$$m_1 (v_n - v_1) = -\int_{t_0}^{t_1} P(t)\, dt = -H_1. \tag{22}$$

v_n ist die Normalkomponente der an der Stoßstelle auftretenden Ausgleichsgeschwindigkeit. Die Berührung selbst sei wie immer eine glatte.

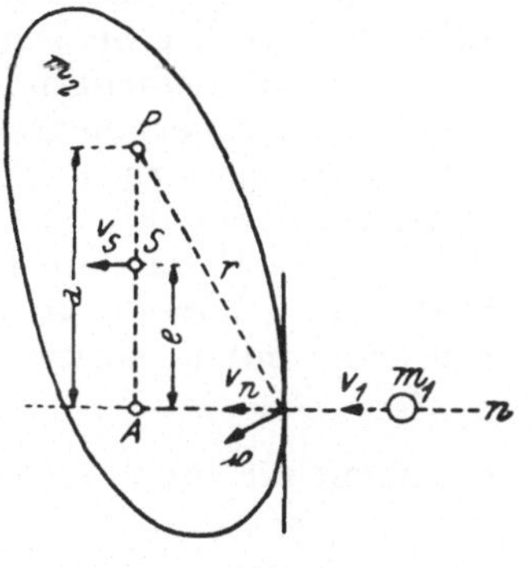

Aus dem Flächensatz folgt mit den Bezeichnungen der Abb. 238 nach Gl. (3)

$$J_s \omega = m_2 i^2 \omega = e H_1. \tag{23}$$

i ist dabei der Trägheitshalbmesser des Körpers um die Schwerachse. Da eine Drehung um den momentanen Pol P eintritt, der auf der durch den Schwerpunkt gelegten Senkrechten zur Stoßrichtung liegt, so haben wir weiters die Gleichung

Abb. 238.

$$v_n = v_s + e\omega,$$

worin e die Entfernung des Schwerpunktes von der Stoßrichtung bedeutet. Eliminiert man H_1 aus diesen Gleichungen, so bekommt man, da

$$\omega = \frac{e v_s}{i^2}$$

und nach (21) und (22)

$$v_s = \frac{m_1}{m_2}(v_1 - v_n)$$

ist,

$$v_n = m_1 \frac{i^2 + e^2}{(m_1 + m_2) i^2 + m_1 e^2} v_1. \tag{24}$$

Vergleicht man diesen Ausdruck mit der Formel, die wir beim zentralen Stoß unter den gemachten Voraussetzungen für die Ausgleichsgeschwindigkeit v erhielten

$$v = \frac{m_1}{m_1 + m_2} v_1, \tag{25}$$

so sieht man, daß Formel (24) die gleiche Gestalt wie (25) annimmt, wenn man in dieselbe an Stelle von m_2 die sogenannte „reduzierte Masse" m_2^* entsprechend der Bedingung

$$\frac{i^2 + e^2}{(m_1 + m_2) i^2 + m_1 e^2} = \frac{1}{m_1 + m_2^*} \tag{26}$$

einführt. Wir erhalten auf diese Weise

$$m_2^* = m_2 \frac{i^2}{i^2 + e^2}. \tag{27}$$

Setzen wir also in den Formeln für den zentrischen Stoß an Stelle der Masse des exzentrisch gestoßenen Körpers die so abgeleitete „auf die Stoßrichtung reduzierte" Masse m_2^* ein, so nimmt der Ausdruck für die in die Stoßnormale fallende Komponente der Ausgleichsgeschwindigkeit der Stoßstelle — das ist ja auch die Ausgleichsgeschwindigkeit des Punktes A — dieselbe Gestalt wie die entsprechende Formel beim zentralen Stoß an. Gleiches gilt daher auch für die anderen Formeln, die die Geschwindigkeiten nach dem Stoß angeben; wir können also durch Einführung des Begriffes der reduzierten Masse den exzentrischen auf den zentralen Stoß zurückführen.

Bei einem derartigen exzentrischen Stoß erfahren die Punkte des gestoßenen Körpers mehr oder minder große Geschwindigkeitsänderungen mit Ausnahme des Punktes P, des momentanen Drehpols der entstehenden Bewegung. Man nennt diesen Punkt den Stoßmittelpunkt. Seine Lage auf der durch den Schwerpunkt gehenden Senkrechten zur Stoßrichtung können wir leicht ermitteln. Bezeichnen wir den Abstand von dieser mit a, so ist

$$(a - e)\,\omega = v_s \tag{28}$$

und wenn wir für v_s seinen Wert $\frac{J_s\,\omega}{m_2\,e}$ einsetzen, erhalten wir

$$a = e + \frac{J_s}{m_2\,e} = \frac{e^2 + i^2}{e}. \tag{29}$$

Das ist aber genau derselbe Wert, der sich für die reduzierte Pendellänge l_2 ergeben würde, wenn der gestoßene Körper um den Punkt A schwingt.

178. Stoß auf geführte Körper. Wenn der gestoßene Körper nicht frei beweglich ist, sondern sich etwa um eine feste Achse O senkrecht zur Ebene des Stoßes drehen kann, Abb. 239, so kann man ganz ähnlich wie oben verfahren. Dann ist

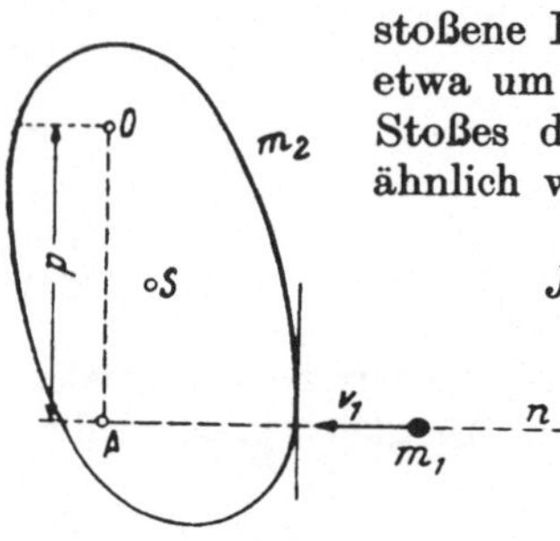

Abb. 239.

$$J_a\,\omega = m_2\,i_a^2\,\omega = p\int_{t_0}^{t_1} P(t)\,dt = p\,H_1. \tag{30}$$

J_a bedeutet dabei das Trägheitsmoment des Körpers um seine Drehachse, p die Entfernung der Stoßrichtung von derselben. Ferner ist wie oben

$$m_1\,(v_n - v_1) = -H_1 \tag{31}$$

und $v_a = p\,\omega$. Wir bekommen daher

$$v_n = \frac{p^2\,m_1}{m_2\,i_a^2 + m_1\,p^2}\,v_1. \tag{32}$$

Vergleicht man diesen Ausdruck wieder mit den entsprechenden Formeln beim zentralen Stoß (25), so sieht man, daß für die reduzierte Masse m_2^* jetzt der Wert einzusetzen ist

$$m_2^* = \frac{m_2\,i_a^2}{p^2} = \frac{J_a}{p^2}. \tag{33}$$

Beispiel 61: Haben wir einen vertikal herabhängenden Stab von der Länge l und der Masse m_2 vor uns, an dessen unterem Ende horizontal eine Kugel von der Masse m_1 und der Geschwindigkeit v_1 stößt, so ist

$$m_2^* = \frac{J_a}{l^2} = \frac{1}{3} m_2.$$

Mit der Stoßziffer ε erhalten wir

$$v_1' = \frac{3 m_1 + 2 \varepsilon m_2}{3 m_1 + m_2},$$

$$v_2' = \frac{3 (1 + \varepsilon) m_1 v_1}{3 m_1 + m_2}.$$

Die Winkelgeschwindigkeit ω' des Stabes nach dem Stoß ist dann

$$\omega' = \frac{v_2'}{l}.$$

Liegt die Achse nicht im Stoßmittelpunkt, so werden beim Stoß Achsendrücke auftreten, die ebenfalls den Charakter von Momentankräften tragen. Wir können diese auch mit unseren allgemeinen Formeln berechnen. Bezeichnen wir die „Stoßkraft" an der Achse mit H_a und die an der Stoßstelle mit H, es ist dies dann der Kraftantrieb während der ganzen Stoßdauer

$$H = H_1 + H_2 = m_1 (v_1' - v_1), \tag{34}$$

so gibt der Schwerpunktssatz

$$m_2 v_s' = H + H_a \tag{35}$$

und daher ist

$$H_a = m_2 v_s' - m_1 (v_1' - v_1) = m_2 e \frac{v_2'}{p} - m_1 (v_1' - v_1),$$

oder wenn man die Werte für die Geschwindigkeiten einführt,

$$H_a = \frac{m_1 v_1 (1 + \varepsilon)}{m_1 + m_2^*} \left(m_2 \frac{e}{p} - m_2^*\right). \tag{36}$$

Für $p = \frac{J_a}{m_2 e}$ also $m_2^* = m_2 \frac{e^2}{J_a}$ verschwindet dieser Ausdruck, wie es sein muß, weil dann O im Stoßmittelpunkt liegt.

Die Tatsache, daß im Stoßmittelpunkt keine Reaktionskräfte auftreten, ist von großer praktischer Bedeutung. Bei allen Geräten, die dazu dienen, Stöße auszuteilen oder auszuhalten, bei einem Hammer, einer Hacke, einer Axt, einem Säbel u. dgl., wird der Handgriff bzw. die Stelle, an der man sie anfaßt, im Stoßmittelpunkt liegen müssen, wenn man unangenehme Erschütterungen vermeiden will. Ist der Stiel eines Hammers oder einer Holzhacke zu kurz, so wird beim Zuschlagen ein unerwünschtes Prellen sich bemerkbar machen. Will man mit einer Waffe Stöße auffangen, deren Lage man nicht im voraus bestimmen kann, so wird es sich empfehlen, diese Waffe, etwa einen Degen, mit einem schweren Handkorb zu versehen. Wir nähern uns dann den Verhältnissen, die bei einem mathematischen Pendel vorliegen, der Stoßmittelpunkt liegt für Stöße an beliebiger Stelle der Klinge immer angenähert im Korbe.

Eine weitere Anwendung finden diese Überlegungen auch beim **ballistischen Pendel.** Dieses dient dazu, aus dem Ausschlagswinkel, den es beim Auftreffen einer Kugel erhält — man kann aus diesem ja leicht die Winkelgeschwindigkeit beim Einschlagen der Kugel mit Hilfe des Energiesatzes berechnen —, die Geschwindigkeit dieser Kugel zu berechnen. Dabei muß diese genau in der Entfernung der reduzierten Pendellänge von der Drehachse auftreffen, wenn eine allzu große Beanspruchung der Achsenlager vermieden werden soll.

Ist der Körper nicht um eine Achse drehbar, sondern ist er irgendwie zwangsläufig geführt, so werden sich ebenfalls Führungsdrücke in der Form von Stoßkräften ergeben, die man mit den allgemeinen Formeln unter den über ε gemachten Voraussetzungen (Nr. 175) im „kinetostatisch bestimmten“ Falle berechnen kann. Den Kraftverlauf im einzelnen können wir daraus natürlich nicht ermitteln, sondern immer nur den Kraftantrieb. Um den ersteren kennenzulernen, müßte man auf das elastische Verhalten der Körper weit näher eingehen, als wie es mit der Einführung der Stoßzahl geschehen ist.

179. Weitere Beispiele. Die in den beiden vorhergehenden Paragraphen gemachten Überlegungen lassen sich ohne Schwierigkeit auf allgemeinere Fälle ausdehnen, wo der gestoßene Körper sich nicht in Ruhe befindet oder der Stoß ein schiefer oder für beide Körper exzentrisch ist. Das wollen wir an einigen Beispielen veranschaulichen.

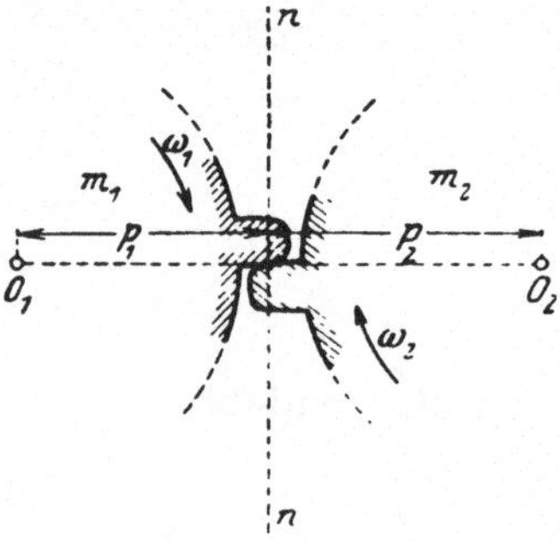

Abb. 240.

Beispiel 62: Stoß rotierender Körper aufeinander. Wenn beide Körper sich um feste Achsen O_1 und O_2 drehen können und sich an einem Punkt ihrer Ränder berühren (Abb. 240) — Stöße, wie sie bei Zahnrädern und Daumenwellen auftreten können —, so haben wir die reduzierten Massen

$$m_1 = \frac{J_1}{p_1^2}, \qquad m_2 = \frac{J_2}{p_2^2}$$

in die Formeln (10) einzusetzen und erhalten

$$\omega_1' = \frac{(J_1 p_2^2 - \varepsilon J_2 p_1^2)\, \omega_1 + (1 + \varepsilon)\, p_1 p_2 J_2 \omega_2}{J_1 p_2^2 + \varepsilon J_2 p_1^2} \tag{37}$$

und eine analoge Gleichung für ω_2'.

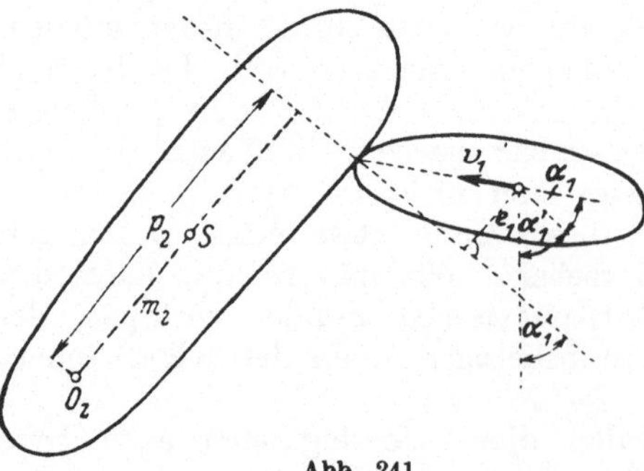

Abb. 241.

Beispiel 63. Schiefer exzentrischer Stoß. Ein mit der Geschwindigkeit v_1 sich rein translatorisch bewegender Körper mit der Masse m_1 stoße, wie in Abb. 241 gezeichnet, schief gegen einen zweiten ruhenden, der sich um die feste Achse O_2 drehen kann. Es ist die Dreh- und Schwerpunktsgeschwindigkeit des ersten Körpers nach dem Stoß zu ermitteln (Stoßzahl ε).

Die auf die Stoßrichtung reduzierte Masse des ersten Körpers ist

$$m_1{}^* = m_1 \frac{i_1{}^2}{i_1{}^2 + e_1{}^2},$$

die des zweiten

$$m_2{}^* = m_2 \frac{i_2{}^2}{p_2{}^2},$$

i_1 ist der Trägheitshalbmesser des ersten Körpers um die Schwerachse, i_2 der des zweiten um die Drehachse. Für die Komponente der Geschwindigkeit des Schwerpunktes S_1 nach dem Stoße parallel zur Stoßnormalen bekommen wir

$$v_{sn}{}' = \frac{(m_1{}^* - \varepsilon\, m_2{}^*)\, v_1 \cos \alpha_1}{m_1{}^* + m_2{}^*} = v_s{}' \cos \alpha_1{}'. \tag{38}$$

Da ferner der Wert der Komponente der Ausgleichsgeschwindigkeit $v_{sn} = \dfrac{m_1{}^* v_1 \cos \alpha_1}{m_1{}^* + m_2{}^*}$ ist, so haben wir

$$H_1 = m_1 (v_1 \cos \alpha_1 - v_{sn}) = m_1 v_1 \cos \alpha_1 \frac{m_2{}^*}{m_1{}^* + m_2{}^*}.$$

Daraus erhält man wegen $H = H_1 + H_2 = H_1 (1 + \varepsilon)$

$$\omega_1{}' = -(1 + \varepsilon) H_1 \frac{e_1}{J_s} = -(1 + \varepsilon) \frac{m_2{}^*}{m_1{}^* + m_2{}^*} \frac{e_1}{i_1{}^2} v_1 \cos \alpha_1. \tag{39}$$

In der Richtung der Tangente ändert sich die Bewegungsgröße von m_1 nicht, wir haben daher

$$v_1 \sin \alpha_1 = v_s{}' \sin \alpha_1. \tag{40}$$

Aus dieser und der Gleichung (32) kann man $v_s{}'$ und $\alpha_1{}'$ ermitteln. Schließlich kann man noch die Drehgeschwindigkeit des Körpers m_2 nach dem Stoß $\omega_2{}'$ bestimmen, sie ist gegeben durch

$$\omega_2{}' = (1 + \varepsilon) H_1 \frac{p_2}{m_2 i_2{}^2} = (1 + \varepsilon) \frac{m_1}{m_1{}^* + m_2{}^*} \frac{v_1 \cos \alpha_1}{p_2}. \tag{41}$$

180. Die Reibung bei Stoßvorgängen. Wenn wir die Berührung der beiden Körper nicht mehr als vollkommen glatt annehmen, wenn wir die Reibung berücksichtigen, werden die Verhältnisse bedeutend verwickelter. Nach dem Coulombschen Reibungsgesetz

$$R \leqq f N$$

für Haftreibung,

$$R = f N$$

für Gleitreibung werden die auftretenden Reibungskräfte ebenfalls den Charakter von Stoßkräften annehmen. Nur wenn zufällig die Normalkomponente des an der Berührungsstelle auftretenden Druckes keine Stoßkraft ist, dann wird auch die Reibung keine sein. Gegenüber den Momentankräften kommen aber etwa noch mitwirkende gewöhnliche Kräfte für den Stoßprozeß nicht in Betracht, da deren Antrieb ja verschwindet, wenn wir zur Grenze $\Delta t \to 0$ übergehen. Daher wird im letztgenannten Fall die Reibung keine Rolle spielen. Das gibt die Möglichkeit zu verschiedenen Kunststücken, von denen eines, das sich leicht nachmachen läßt, hier angeführt sei. Legt man gleiche Münzen übereinander, bis sie eine Säule von einiger Höhe bilden, so stürzt diese um, wenn man eine der unteren Münzen herauszieht, man kann aber ohne weiteres durch einen horizontal geführten Schlag, etwa mit einem Messer, eine solche Münze herausschleudern, ohne daß die Säule ins Wanken gerät. Durch einen Versuch kann man sich leicht davon überzeugen. Da in diesem Falle die horizontal gerichtete Reibung nur dem Gewicht der über dem herausgeschlagenen Geldstück liegenden Münzen proportional ist, kommt sie gegenüber der horizontalen Stoßkraft, die man beim Schlag ausübt, nicht in Betracht. Ist der Schlag aber nicht horizontal, dann mißlingt der Versuch, dann stürzt die Säule um, da dann der Normaldruck und damit auch die Reibung auch eine Momentankraft wird, also nicht mehr gegenüber der horizontalen Stoßkraft vernachlässigt werden kann. Während daher beim rein horizontalen Schlag der Stoß sich als reibungsfrei ansehen läßt, ist das jetzt nicht mehr der Fall.

Auch bei dem Stoß von Kugeln kann man durch Benützung der Reibung und dadurch, daß man den Kugeln Drehgeschwindigkeiten erteilt, Effekte erzielen, die von den gewohnten Ergebnissen bei Kugeln ganz verschieden sind. Darin liegt der Reiz des Billardspiels. Den bei diesem häufig vorkommenden Fall, daß eine rotierende Kugel gegen eine rauhe Wand stößt, wollen wir als Beispiel für den Stoß mit Reibung durchrechnen.[1]

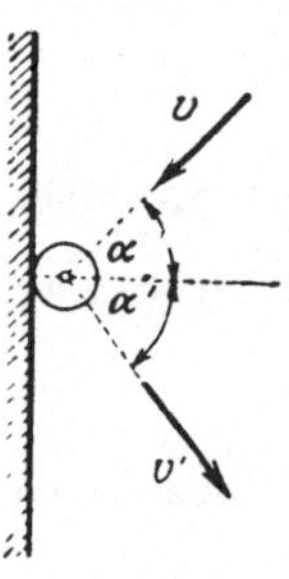

Abb. 242.

Wenn v die Translation, ω die Winkelgeschwindigkeit der Kugel vor dem Stoß, α der Einfallswinkel ist, Abb. 242, und die entsprechenden Größen nach dem Stoß durch Striche gekennzeichnet werden, so haben wir zunächst für die Normalrichtung im Einklang mit den früheren Voraussetzungen

$$v' \cos \alpha' = \varepsilon v \cos \alpha. \tag{42}$$

Der gesamte Kraftantrieb in dieser Richtung, die Normalkomponente der Stoßkraft, ist also

$$H_n = m v (1 + \varepsilon) \cos \alpha. \tag{43}$$

Die Tangentialkomponente der Geschwindigkeit des Berührungspunktes ist vor dem Stoß $v \sin \alpha + r\omega$ und nach dem Stoß $v' \sin \alpha' + r\omega'$, beide in demselben Sinn gerechnet. Daher ist die Komponente der Stoßkraft in der Tangente

$$H_t = m (v' \sin \alpha' + r\omega' - v \sin \alpha - r\omega). \tag{44}$$

Aus dem Flächensatz erhalten wir für die Änderung des Dralls

$$J(\omega' - \omega) = r H_t,$$

und daraus wegen $J = \frac{2}{5} m r^2$

$$\omega' = \omega + \frac{5}{2mr} H_t. \tag{45}$$

Jetzt haben wir aber zwei Fälle zu unterscheiden: entweder geht beim Stoß die Tangentialkomponente der Geschwindigkeit auf Null herunter und bleibt dauernd Null, dann herrscht Haftreibung und wir haben also in diesem Falle a)

$$v' \sin \alpha' + r\omega' = 0, \tag{46}$$

$$H_t \leqq f H_n, \tag{47}$$

[1] Vgl. Hamel: Elementare Mechanik. S. 448.

oder aber es ist $v' \sin\alpha' + r\omega'$ von Null verschieden (Fall b); es sei zunächst

$$v' \sin\alpha' + r\omega' > 0 \tag{48}$$

und wegen der dann herrschenden Gleitreibung

$$|H_t| = f H_n, \tag{49}$$

wobei die Richtung von H_t der der Geschwindigkeit entgegengesetzt ist.

a) Im ersten Falle erhält man durch Elimination von H_t aus (44) und (45) unter Berücksichtigung von (46) sofort

$$\omega' = -\frac{3}{2}\omega - \frac{5}{2}\frac{v}{r}\sin\alpha$$

und daher

$$v' \sin\alpha' = -r\omega' = \frac{3}{2} r\omega + \frac{5}{2} v \sin\alpha. \tag{50}$$

Dabei muß außerdem $H_t \leqq f H_n$, also

$$|v \sin\alpha + r\omega| \leqq f\,|v\,(1+\varepsilon)\cos\alpha \tag{51}$$

sein.

b) Im zweiten Fall ist $H_t = -f H_n$ und wir bekommen aus den Gleichungen die Werte

$$\omega' = \omega - \frac{5}{2r} f\,(1+\varepsilon)\, v \cos\alpha. \tag{52}$$

$$v' \sin\alpha' = v \sin\alpha + \frac{3}{2} f\,(1+\varepsilon)\, v \cos\alpha. \tag{53}$$

In Verbindung mit Gl. (42) bekommen wir daraus die Geschwindigkeit nach dem Stoß v' und den Reflexionswinkel α'; für den letzteren gilt

$$\operatorname{tg}\alpha' = \frac{1}{\varepsilon}\operatorname{tg}\alpha + \frac{3}{2} f\,\frac{1+\varepsilon}{\varepsilon}. \tag{54}$$

Es ist also wegen $\varepsilon < 1$ der Winkel $\alpha' > \alpha$. Der Reflexionswinkel ist also in dem betrachteten Falle, wo $r\omega$ dieselbe Richtung wie $v \sin\alpha$ hat, immer größer als der Einfallswinkel.

Dabei muß aber $v' \sin\alpha' + r\omega' \geqq 0$ sein. Die Werte aus (52) und (53) eingesetzt, bekommt man

$$v' \sin\alpha' + r\omega' = v \sin\alpha + r\omega - f\,(1+\varepsilon)\, v \cos\alpha.$$

Es ist also

$$v \sin\alpha + r\omega > f\,(1+\varepsilon)\, v \cos\alpha, \tag{55}$$

eine Bedingung, die gerade die im Fall a) erhaltene Formel (51) ausschließt.

Der Fall, daß $v' \sin\alpha' + r\omega'$ kleiner als Null ist, könnte auf ähnliche Art erledigt werden; das sei dem Leser überlassen.

IX. Dynamik der Ketten und Seile.

181. Die allgemeinen Bewegungsgleichungen. Wenn wir wie in der Statik unter der Voraussetzung der vollkommenen Biegsamkeit und Unausdehnbarkeit der Kette ein Element derselben von der Länge ds herausgreifen, die an den Enden wirkenden Spannkräfte $\mathfrak{S}$ und $\mathfrak{S} + d\mathfrak{S}$ und die Belastung $d\mathfrak{Q}$ ansetzen, Abb. 243, so gibt die dynamische Grundgleichung

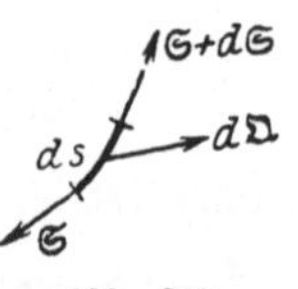

Abb. 243.

$$\mathfrak{S} + d\mathfrak{S} - \mathfrak{S} + d\mathfrak{Q} = \mu \, ds \frac{d\mathfrak{v}}{dt},$$

wenn μ die Masse pro Längeneinheit der Kette bedeutet. Wenn wir wieder die spezifische Belastung

$$\mathfrak{q} = \frac{d\mathfrak{Q}}{ds} \tag{1}$$

einführen, so können wir schreiben

$$\mu \frac{d\mathfrak{v}}{dt} = \frac{d\mathfrak{S}}{ds} + \mathfrak{q}. \tag{2}$$

$\mathfrak{S}$ ist dabei, wenn wir die Kette als unelastisch ansehen, eine Reaktionskraft, wenn als elastisch dagegen keine; dann ist $\mathfrak{S}$ durch die Längenänderung gegenüber dem ungespannten Zustand festgelegt.

Formel (2) stellt die Grundgleichung der Dynamik der Ketten und Seile dar, wenn man dabei noch im Auge behält, daß $\mathfrak{S}$ immer in die Richtung der Tangente fällt. Da wir eine solche Kette als System von linear aneinandergereihten Massenpunkten ansehen können, so muß natürlich der Schwerpunkts- und Flächensatz durch diese Gleichungen erfüllt sein, wovon man sich leicht überzeugen kann.

Beschränken wir uns auf ebene Fälle, so gibt Gl. (2) in Komponenten angeschrieben, wenn wir partielle Differentialquotienten verwenden, da wir ja außer t noch als zweite unabhängige Veränderliche s haben,

$$\left.\begin{aligned} \frac{\partial}{\partial s}\left(S \frac{\partial x}{\partial s}\right) + q_x &= \mu \frac{\partial^2 x}{\partial t^2}, \\ \frac{\partial}{\partial s}\left(S \frac{\partial y}{\partial s}\right) + q_y &= \mu \frac{\partial^2 y}{\partial t^2}. \end{aligned}\right\} \tag{2a}$$

$S \frac{\partial x}{\partial s}$ ist dabei H die Horizontalkomponente der Spannkraft, $S \frac{\partial y}{\partial s}$ die Vertikalkomponente V.

Dazu kommt noch die Unausdehnbarkeitsbedingung, die wir in der Form ansetzen wollen

$$\left(\frac{\partial x}{\partial s}\right)^2 + \left(\frac{\partial y}{\partial s}\right)^2 = 1,$$

oder wenn wir nach t differenzieren

$$\frac{\partial x}{\partial s}\frac{\partial v_x}{\partial s} + \frac{\partial y}{\partial s}\frac{\partial v_y}{\partial s} = \frac{\partial \mathfrak{r}}{\partial s}\frac{\partial \mathfrak{v}}{\partial s} = 0. \tag{3}$$

Schreibt man die Bewegungsgleichungen in den natürlichen Koordinaten der Bahnkurve an, so hat man an Stelle von (2a) die Gleichungen

$$\frac{\partial S}{\partial s} + q_t = \mu \frac{dv}{dt}, \qquad \frac{S}{\varrho} + q_n = \mu \frac{v^2}{\varrho} \tag{2b}$$

zu setzen; q_t und q_n sind dabei abweichend von den in der Statik getroffenen Annahmen in der Richtung der positiven Tangente und Normalen positiv zu rechnen.

Es seien an dieser Stelle auch die entsprechenden Gleichungen für das elastische Seil angegeben, da wir sie später in einem Beispiel benötigen werden. Ähnlich wie bei einer elastischen Feder ist jetzt die Spannkraft direkt proportional der Längenänderung zu setzen, und zwar der Längenänderung pro Längeneinheit, der Dehnung. Wenn daher s die Länge des Seiles im ungespannten, σ die im gespannten Zustand ist, so haben wir

$$S = E\,f\left(\frac{\partial(\sigma - s)}{\partial s}\right) = E\,f\left(\frac{\partial \sigma}{\partial s} - 1\right). \tag{4}$$

$E\,f$ heißt die Zugsteifigkeit, sie ist das Produkt aus dem Elastizitätsmodul E des Materials und dem Querschnitt f des Seiles, der konstant sein soll. Für den ungespannten Zustand $\sigma = s$ muß die Spannkraft verschwinden.

Um die Bewegungsgleichungen zu erhalten, brauchen wir nur diesen Ausdruck für S in die Gl. (2a) einzuführen und für die Richtungskosinus $\frac{\partial x}{\partial s}$ und $\frac{\partial y}{\partial s}$ die entsprechenden Werte $\frac{\partial x}{\partial \sigma}$ und $\frac{\partial y}{\partial \sigma}$ zu setzen. So erhalten wir

$$\left.\begin{aligned} E\,f\,\frac{\partial}{\partial s}\left[\left(\frac{\partial \sigma}{\partial s} - 1\right)\frac{\partial x}{\partial \sigma}\right] + q_x &= \mu\,\frac{\partial^2 x}{\partial t^2}.\\ E\,f\,\frac{\partial}{\partial s}\left[\left(\frac{\partial \sigma}{\partial s} - 1\right)\frac{\partial y}{\partial \sigma}\right] + q_y &= \mu\,\frac{\partial^2 y}{\partial t^2}.\end{aligned}\right\} \tag{5}$$

An Stelle der Unausdehnbarkeitsbedingung $ds^2 = dx^2 + dy^2$ tritt die analoge $d\sigma^2 = dx^2 + dy^2$, oder

$$\left(\frac{\partial x}{\partial s}\right)^2 + \left(\frac{\partial y}{\partial s}\right)^2 = \left(\frac{\partial \sigma}{\partial s}\right)^2, \tag{6}$$

die wir jetzt als die Zusammenhangsbedingung bezeichnen wollen.

182. Stationäre Bewegung. Ein einfacher Spezialfall der Bewegung ist der **stationäre**, bei dem sich das Seil in sich, das heißt in einer vorgegebenen festen Kurve bewegt, die ihre Gestalt nicht ändert. Wenn die Kette dabei unausdehnbar ist, so muß die Geschwindigkeit ihrem Betrag nach konstant sein, und wir haben also

$$\frac{\partial S}{\partial s} + q_t = 0, \qquad \frac{S}{\varrho} + q_n = \mu \frac{v^2}{\varrho}. \tag{7}$$

Setzen wir darin

$$S' = S - \mu\,v^2, \tag{8}$$

so gehen die Gl. (2b) in die des Gleichgewichts über, es ist ja dann

$$\frac{dS'}{ds} + q_t = 0, \qquad \frac{S'}{\varrho} + q_n = 0. \tag{9}$$

Wir haben also dieselben Verhältnisse wie bei Gleichgewicht, nur ist die Spannkraft um μv^2 größer anzusetzen. Wenn wir dieses Resultat auf die Formel anwenden, die für die Spannkraft in einem Treibriemen abgeleitet wurde, vgl. Nr. 73, so erhalten wir für einen mit der konstanten Geschwindigkeit v sich stationär bewegenden Transmissionsriemen, der um eine runde Scheibe läuft,

$$S_1 - \mu v^2 = (S_0 - \mu v^2) e^{f\varphi},$$

wobei S_1 die Spannkraft an der Ablauf-, S_0 die an der Anlaufstelle bedeutet (vgl. Abb. 133).

Die Energieübertragung wird bei solchen Riementrieben durch die Reibung zwischen Seil und Rolle ermöglicht. Das Moment, welches das Seil auf die Scheibe ausübt, ist gegeben durch

$$\mathrm{M} = (S_1 - S_0) r = (S_1 - \mu v^2)(1 - e^{-f\varphi}) r$$

und die übertragene Leistung daher durch

$$E = \mathrm{M}\,\omega = (S_1 - S_0) v = (S_1 - \mu v^2)(1 - e^{-f\varphi}) v.$$

Eine Energieübertragung von Seil auf Rolle und umgekehrt wird unmöglich, wenn das Moment verschwindet, also abgesehen von dem Fall $\varphi = 0$ (Berührung in einem Punkte) dann, wenn

$$S_1 = \mu v^2$$

und damit auch $S_0 = S_1$ wird. Für jede Seilspannung existiert also eine Grenzgeschwindigkeit, welche nicht überschritten werden darf, da sonst ein reibungsloses Gleiten und damit ein Versagen der Energieübertragung eintritt.

Da ein kräftefreies Seil jede beliebige Gestalt annehmen kann, so folgt, daß sich ein biegsames Seil in jeder Kurve stationär bewegen kann, wenn keine äußeren Kräfte auf dasselbe wirken, z. B. wenn wir eine schwere Kette auf glatter Unterlage betrachten. Die Spannkraft ist dann

$$S = \mu v^2.$$

Man kann aber noch eine weitere Folgerung aus (8) und (9) ziehen; ist das $\frac{\mu v^2}{\varrho}$ der Kette groß gegenüber den äußeren Kräften, also gegenüber der Belastung, so wird die Gestalt des Seiles gegenüber kleinen Störungen stabil sein, und zwar um so mehr, je schneller die Kette läuft. Darauf beruht die Tatsache der Knetbarkeit rasch laufender Riemen oder Seile. Man kann einem Seil jede beliebige Gestalt geben, die Gestalt wird bei genügend schneller Bewegung erhalten bleiben. Man kann sich davon leicht durch einen Versuch überzeugen, wenn man eine rasch über eine Rolle laufende Kette abhängt. Sie bewegt sich dann am Boden wie ein starres Rad weiter und fällt erst zusammen, wenn die Geschwindigkeit durch die Widerstände klein geworden ist.

183. Längsschwingungen eines elastischen Seiles. Als Beispiel wollen wir an dieser Stelle zunächst die Bewegung untersuchen, die ein vertikal herabhängendes gespanntes Seil ausführt, wenn es an einer Stelle reißt bzw. losgelassen wird, während der Aufhängepunkt fest bleibt. Es ergibt sich dabei die Gelegenheit, eine mathematische Methode kennenzulernen, die für die Lösung derartiger Aufgaben typisch ist und die auch sonst in der Mechanik und Physik bei vielen Problemen, besonders bei solchen, die mit Schwingungen zusammenhängen, gute Dienste leistet.

Das Seil habe den konstanten Querschnitt f und das Gewicht $\mu g f$ pro Längeneinheit; μ ist dabei die absolute Dichte des Materials, aus dem das Seil besteht, E sei dessen Elastizitätsmodul. Wir rechnen die x-Achse vom Befestigungspunkt vertikal nach abwärts (Abb. 244), der Abstand eines Punktes des Seiles von O im ungespannten Zustand sei s, der Abstand desselben Punktes von O bei der Bewegung sei x. Da nur Längsschwingungen auftreten, ist y dauernd für alle Punkte Null. Dann bleibt nur die erste der Formeln (5) bestehen, die zweite wird identisch Null. Für σ haben wir unser x zu setzen. Wenn wir durch f dividieren — an Stelle der Masse pro Längeneinheit μ in (5) haben wir jetzt μf zu setzen —, so erhalten wir

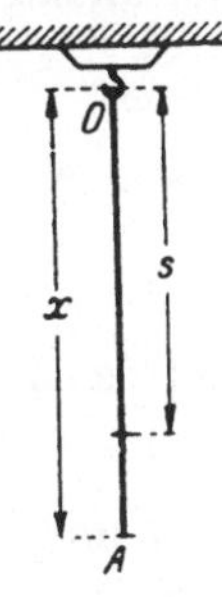

Abb. 244.

$$E \frac{\partial}{\partial s}\left(\frac{\partial x}{\partial s} - 1\right) + \mu g = \mu \frac{\partial^2 x}{\partial t^2}. \tag{10}$$

$\frac{\partial x}{\partial \sigma}$ ist ja gleich Eins. Ausdifferenziert ergibt dies

$$\frac{\partial^2 x}{\partial t^2} = \frac{E}{\mu} \frac{\partial^2 x}{\partial s^2} + g. \tag{11}$$

Die Konstante $\frac{E}{\mu}$, die die Dimension

$$[P\, l^{-2}\, m^{-2}\, l^4] = [l^2\, t^{-2}],$$

also die des Quadrates einer Geschwindigkeit besitzt, wollen wir mit c^2 bezeichnen. Führen wir als neue Veränderliche

$$z = x + \frac{g}{2c^2} s^2 - s \tag{12}$$

ein, so nimmt (11) die Gestalt an

$$\frac{\partial^2 z}{\partial t^2} = c^2 \frac{\partial^2 z}{\partial s^2}. \tag{13}$$

Das ist eine partielle Differentialgleichung zweiter Ordnung, die uns in vielen Gebieten der Physik entgegentritt. Wir wollen daher auf ihre Lösungsmethoden näher eingehen.

Ähnlich wie bei einer totalen Differentialgleichung zweiter Ordnung zwei Integrationskonstante in der Lösung enthalten sind, deren Wert man aus den Anfangsbedingungen bestimmen muß, kommen jetzt in dem **allgemeinen** Integral zwei willkürliche Funktionen vor, die so gewählt werden müssen, daß sie Anfangs- und Randbedingungen befriedigen. Bei unserer Differentialgleichung (13) können wir auf einfache Weise die Form dieser Funktionen und damit das allgemeine Integral ermitteln. Führen wir die neuen Veränderlichen

$$s - c\,t = u, \qquad s + c\,t = v$$

ein, so ist

$$\frac{\partial z}{\partial t} = \frac{\partial z}{\partial u}\frac{\partial u}{\partial t} + \frac{\partial z}{\partial v}\frac{\partial v}{\partial t} = -c\frac{\partial z}{\partial u} + c\frac{\partial z}{\partial v},$$

$$\frac{\partial^2 z}{\partial t^2} = c^2\frac{\partial^2 z}{\partial u^2} - 2\,c^2\frac{\partial^2 z}{\partial u\,\partial v} + c^2\frac{\partial^2 z}{\partial v^2}$$

und analog

$$\frac{\partial^2 z}{\partial s^2} = \frac{\partial^2 z}{\partial u^2} + 2\,\frac{\partial^2 z}{\partial u\,\partial v} + \frac{\partial^2 z}{\partial v^2}.$$

Setzen wir diese Werte in (13) ein, so bekommen wir

$$\frac{\partial^2 z}{\partial u\,\partial v} = 0 \tag{14}$$

und das Integral dieser Gleichung hat die Gestalt

$$z = f(u) + g(v),$$

wo f und g willkürliche Funktionen sind. Daher ist

$$z = f(s - c\,t) + g(s + c\,t) \tag{15}$$

das allgemeine Integral.

Die Funktion $f(s - c\,t)$ bleibt ungeändert, wenn man s um den Wert $\bar{s}$ und zugleich t um den Wert $\frac{\bar{s}}{c}$ vermehrt,

$$f(s - c\,t)$$

bedeutet daher eine f o r t s c h r e i t e n d e W e l l e. Irgendein bestimmter Wert x_1 pflanzt sich mit der Geschwindigkeit

$$c = \sqrt{\frac{E}{\mu}}$$

fort. Ähnlich stellt

$$g(s + c\,t)$$

eine rückschreitende Welle vor.

Mit der Aufstellung des allgemeinen Integrals hat man aber bei einer partiellen Differentialgleichung gewöhnlich nicht viel gewonnen, da es sich in den meisten Fällen als sehr schwierig erweist, die willkürlichen Funktionen den Randbedingungen anzupassen. Wenn dies auch in unserem speziellen Beispiel möglich ist, so wollen wir darauf doch nicht eingehen, sondern ein anderes Verfahren benutzen, das von prinzipieller Bedeutung ist und auch bei anderen partiellen Differentialgleichungen angewendet werden kann.

184. Fortsetzung. Integration mittelst trigonometrischer Reihen. Setzen wir versuchsweise als Lösung von (13) das Produkt einer Funktion von s und einer von t allein an, also

$$z = \varphi(s)\,\psi(t), \tag{16}$$

so erhalten wir

$$\varphi \frac{d^2\psi}{dt^2} = c^2 \psi \frac{d^2\varphi}{ds^2}$$

und wenn wir durch das Produkt $\varphi\,\psi$ dividieren

$$\frac{1}{\psi}\frac{d^2\psi}{dt^2} = \frac{c^2}{\varphi}\frac{d^2\varphi}{ds^2}. \tag{17}$$

Wir haben dabei die partiellen, durch totale Differentialquotienten zu ersetzen, da ja φ und ψ nur mehr von den betreffenden Veränderlichen allein abhängen.

Es steht jetzt (17) links eine Funktion von t, rechts eine solche von s, die Gleichheit beider Ausdrücke ist nur dann möglich, wenn sich beide auf ein und dieselbe Konstante reduzieren, die aber noch beliebig viele Werte annehmen kann. Wir wollen sie mit $-\nu^2$ bezeichnen. Dann müssen φ und ψ Lösungen der totalen Differentialgleichungen mit variablem Parameter ν

$$\frac{d^2\psi}{dt^2} + \nu^2 \psi = 0 \tag{18}$$

und

$$\frac{d^2\varphi}{ds^2} + \frac{\nu^2}{c^2}\varphi = 0 \tag{19}$$

sein. Das sind aber bekannte Differentialgleichungen; das vollständige Integral von (18) ist

$$\psi = a_\nu \cos \nu t + b_\nu \sin \nu t \tag{20}$$

und das von (19)

$$\varphi = c_\nu \cos \frac{\nu}{c} s + d_\nu \sin \frac{\nu}{c} s. \tag{21}$$

Für jeden Wert von ν ist das Produkt $\varphi\,\psi$ eine Lösung von (13), daher gilt dies auch für die Summe von solchen Produkten, die wir erhalten, wenn wir dem Parameter ν verschiedene Werte $\nu_1, \nu_2 \ldots \nu_n$ erteilen. Die entsprechenden Werte der Konstanten seien $a_1, a_2 \ldots a_n$, $b_1 \ldots b_n$ und so weiter. Wir bekommen auf diese Weise

$$z = \sum_{n=1}^{n=\infty} (a_n \cos \nu_n t + b_n \sin \nu_n t)\left(c_n \cos \frac{\nu_n}{c} s + d_n \sin \frac{\nu_n}{c} s\right). \tag{22}$$

Wie lassen sich nun mit diesem Ausdruck die Randbedingungen unserer Aufgabe befriedigen? In der Gleichgewichtslage, wo das Seil gespannt herabhängt, ist nach (11)

$$c^2 \frac{\partial^2 x}{\partial s^2} + g = 0,$$

also

$$x = -\frac{g}{2c^2} s^2 + c_1 s + c_2.$$

Der Beiwert c_2 verschwindet, da für $s = 0$ auch $x = 0$ ist. Aus der Bedingung, daß die Spannkraft

$$S = E f\left(\frac{dx}{ds} - 1\right) = E f\left(-\frac{g s}{c^2} + c_1 - 1\right)$$

für $s = l$ gleich einem gegebenen Betrag, etwa gleich

$$S_0 = k \mu l g \tag{23}$$

ist, ergibt sich c_1 zu

$$c_1 = \frac{(k+1) l g}{c^2} + 1$$

und daher

$$x = -\frac{g s^2}{2 c^2} + s\left(\frac{(k+1) l g}{c^2} + 1\right). \tag{24}$$

Das ist also der Wert, den x bei Beginn der Bewegung zur Zeit $t = 0$ besitzen muß. Da in diesem Augenblick auch keine Geschwindigkeit vorhanden sein soll, muß ferner

$$\frac{\partial x}{\partial t} = 0$$

sein. Als dritte Bedingung kommt hinzu, daß für $s = 0$ dauernd $x = 0$ ist, der Befestigungspunkt bleibt ja in Ruhe. Als vierte und letzte Bedingung haben wir schließlich, da die Spannkraft am Ende des Seiles nach dem Loslassen bzw. Abreißen immer Null ist, für $s = l$

$$\frac{\partial x}{\partial s} = 1.$$

Für die Variable z nehmen diese Bedingungen entsprechend der Substitutionsformel (12) die Gestalt an:

Für $t = 0$ ist

$$z = s \frac{g}{c^2}(k+1) l$$

bzw., da wir nur den Differentialquotienten brauchen,

$$\frac{\partial z}{\partial s} = \frac{g}{c^2}(k+1) l \tag{I}$$

für alle Werte von s zwischen Null und l.

Weiters haben wir für dieselben Werte von s und

$$t = 0 \; . \; . \; . \; . \; . \; . \; . \; . \; . \; . \; . \; \frac{\partial z}{\partial t} = 0. \tag{II}$$

Ferner ist dauernd für

$$s = 0 \; . \; . \; . \; . \; . \; . \; . \; . \; . \; . \; . \; . \; z = 0 \tag{III}$$

und für

$$s = l \; . \; . \; . \; . \; . \; . \; . \; . \; . \; . \; . \; . \; \frac{\partial z}{\partial s} = \frac{g}{c^2} l. \tag{IV}$$

Bei Beginn der Bewegung ändert sich wegen des Loslassens die Spannkraft am Ende und daher auch $\frac{\partial x}{\partial s}$ bzw. $\frac{\partial z}{\partial s}$ unstetig, sie springt um $\frac{k l g}{c^2}$.

Setzt man diese Randbedingungen in die Lösung (22) ein, so folgt aus (III) sofort, daß alle Beiwerte c_n verschwinden müssen, und aus (II), daß dies auch für die Konstanten b_n der Fall sein muß. Wir können daher unsere Lösung in der Form anschreiben

$$z = \sum_{n=1}^{n=\infty}{}' A_n \cos \nu_n t \sin \frac{\nu_n}{c} s + \frac{g\,l}{c^2} s. \tag{25}$$

Das zweite Glied $\frac{g\,l\,s}{c^2}$ fügen wir hinzu, weil diese lineare Funktion immer eine Lösung von (13) ist, die den Bedingungen (II) und (III) genügt, und wir dann den Vorteil haben, daß die weiteren Randbedingungen (I) und (IV) sich leichter erfüllen lassen.

Bedingung (IV) hat jetzt die Gestalt

$$\sum_{n=1}^{n=\infty}{}' A_n \frac{\nu_n}{c} \cos \nu_n t \cos \frac{\nu_n}{c} l = 0 \tag{26}$$

und sie ist befriedigt, wenn wir

$$\frac{\nu_n}{c} l = \frac{(2\,n+1)\,\pi}{2}, \tag{27}$$

also

$$\nu_n = \frac{(2\,n+1)\,\pi\,c}{2\,l}$$

setzen; (27) wird die Periodengleichung genannt.

Die Willkür der noch übrigbleibenden Beiwerte A_n wollen wir nun benutzen, um noch die Randbedingung (I) zu erfüllen. Wir erhalten

$$\text{für } 0 \leqq s \leqq l \qquad \sum_{n=1}^{n=\infty}{}' A_n \frac{(2\,n+1)\,\pi}{2\,l} \cos \frac{(2\,n+1)\,\pi}{2\,l} s = \frac{k\,g\,l}{c^2}. \tag{28}$$

Da erhebt sich zunächst die Frage, ob es überhaupt möglich ist, eine Konstante oder allgemeiner eine Funktion in einem bestimmten Intervall durch eine derartige trigonometrische Reihe darzustellen. Die Zahl der Glieder n können wir dabei ins Unendliche zunehmen lassen. Das ist nun tatsächlich der Fall, und wegen der großen Wichtigkeit dieser Entwicklung wollen wir uns mit ihr etwas näher beschäftigen.

185. Darstellung einer Funktion durch eine trigonometrische Reihe. Wenn wir annehmen, daß eine solche Darstellung einer beliebigen Funktion, die wir in dem betrachteten Intervalle als stetig und zweimal differenzierbar voraussetzen wollen, möglich ist, dann können wir auf einfache Weise die Koeffizienten dieser Entwicklung bestimmen. Es sei

$$f(x) = \sum_{n=1}^{\infty} a_n \sin n\,x, \qquad 0 \leqq x \leqq \pi \tag{A}$$

und diese Reihe sei gliedweise integrierbar, was nach einem bekannten Satz der Analysis dann zutrifft, wenn sie in dem betrachteten Intervalle gleichmäßig konvergent ist. Man nennt eine Reihe, deren Glieder lauter stetige Funktionen einer Variablen x sind,

$$u_1(x) + u_2(x) + \ldots u_n(x) + \ldots, \tag{29}$$

dann gleichmäßig konvergent, wenn die Restsumme

$$R = u_n(x) + \ldots u_{n+p}(x) + \ldots,$$

von einem bestimmten $n > m$ angefangen, für alle Werte der Veränderlichen in dem vorgegebenen Intervall unendlich klein wird, wobei m eine genügend große, von den Werten der Veränderlichen unabhängige Zahl ist. Dann stellt die Reihe auch eine in dem betrachteten Intervall stetige Funktion dar. Eine solche Reihe (29) muß nämlich, auch wenn sie für alle Werte der Veränderlichen konvergent ist, nicht notwendigerweise eine stetige Funktion darstellen, wie man leicht glauben könnte.[1] Ist sie aber gleichmäßig konvergent, dann ist dies der Fall.

Multiplizieren wir beide Seiten von (A) mit $\sin m\,x$ und integrieren wir von 0 bis π, so fallen rechts alle Glieder weg, bei denen $n > m$ ist, und nur das eine Glied für $m = n$ bleibt übrig. Denn

$$\int_0^\pi \sin m\,x \sin n\,x\,dx = \frac{1}{2}\int_0^\pi [\cos(m-n)\,x - \cos(m+n)\,x]\,dx = \\ = 0 \text{ für } m \neq n. \tag{30}$$

$$\int_0^\pi \sin^2 n\,x\,dx = \frac{1}{2}\int_0^\pi (1 - \cos 2\,x)\,dx = \frac{\pi}{2}.$$

Wir erhalten demnach

$$\int_0^\pi f(x) \sin n\,x\,dx = \frac{\pi}{2} a_n$$

oder

$$a_n = \frac{2}{\pi}\int_0^\pi f(x) \sin n\,x\,dx. \tag{31}$$

Ganz analog kann man auch vorgehen, wenn

$$f(x) = \sum_{n=0}^{n=\infty} b_n \cos n\,x \tag{B}$$

ist, die Funktion in eine Reihe mit cos-Gliedern entwickelt werden soll.

[1] Um sich davon zu überzeugen, braucht man etwa nur die Reihe

$$x^2 + \frac{x^2}{1+x^2} + \frac{x^2}{(1+x^2)^2} + \cdots \frac{x^2}{(1+x^2)^n} + \cdots$$

zu betrachten. Deren Summe ist für $x = 0$ ebenfalls Null, weil alle Glieder verschwinden. Wenn x aber einen von Null verschiedenen Wert besitzt, so hat man eine geometrische Reihe vor sich, deren Summe

$$S(x) = \frac{x^2}{1 - \frac{1}{1+x^2}} = 1 + x^2$$

ist. Wenn man jetzt mit $x \to 0$ geht, erhält man den Wert Eins. Die durch die Reihe dargestellte Funktion ist also an der Stelle $x = 0$ unstetig.

Man erhält dann genau wie früher

$$b_n = \frac{2}{\pi} \int_0^\pi f(x) \cos n x \, dx, \tag{32}$$

$$b_0 = \frac{1}{\pi} \int_0^\pi f(x) \, dx. \tag{33}$$

In diesem Falle besitzt die Entwicklung ein absolutes Glied b_0.

Geht man zum Intervall 0 bis $-\pi$ über, so setzt sich in diesem die Funktion bei der Darstellung A ungerade, bei der Darstellung B gerade fort. (A) wird also zur Entwicklung ungerader, (B) zur Entwicklung gerader Funktionen im Intervalle $-\pi$ bis $+\pi$ tauglich sein. Ist $f(+0)$ von Null verschieden, so ist (A) bei $x = 0$ unstetig, dagegen (B) stetig, da $f(+0) = 0 = f(-0)$ ist. In den weiteren Intervallen kehren die Werte der Funktion zwischen $-\pi$ und $+\pi$ periodisch wieder.

Will man die Funktion $f(x)$ nicht im Intervall π, sondern in einem beliebigen anderen l auf diese Weise entwickeln, so hat man nur $\frac{\pi x}{l}$ an die Stelle von x in den Formeln zu schreiben und erhält

$$f(x) = \sum_{n=1}^{n=\infty} a_n \sin \frac{n \pi x}{l} \tag{A'}$$

bzw.

$$f(x) = \sum_{n=0}^{n=\infty} b_n \cos \frac{n \pi x}{l} \tag{B'}$$

mit

$$a_n = \frac{2}{l} \int_0^l f(x) \sin \frac{n \pi x}{l} \, dx, \tag{34}$$

$$b_n = \frac{2}{l} \int_0^l f(x) \cos \frac{n \pi x}{l} \, dx, \qquad b_0 = \frac{1}{l} \int_0^l f(x) \, dx. \tag{35}$$

Auf den Beweis der Möglichkeit der Darstellung einer Funktion durch eine solche Fourier-Reihe — so werden diese Entwicklungen nach dem französischen Physiker Fourier genannt, der sie zuerst in größerem Umfange anwendete — und auf die Bedingungen, denen die Funktion in dem betrachteten Intervalle genügen muß, wollen wir hier nicht weiter eingehen. Es sei nur darauf hingewiesen, daß diese Bedingungen ziemlich weit gezogen sind; die Funktion kann auch endliche Unstetigkeitsstellen aufweisen, sie braucht auch nur graphisch vorgegeben sein.

Die hier besprochene Eigenschaft der trigonometrischen Funktionen, zur Reihendarstellung einer beliebigen Funktion brauchbar zu sein, tritt auch bei anderen Funktionssystemen auf, die sich als Lösungen partieller Differentialgleichungen ergeben. Sie beruht auf der durch die Formel (30) gekennzeichneten Beziehung, daß das Integral über ein

Produkt zweier solcher Funktionen mit ungleichem Zeiger, genommen über das vorgegebene Intervall, verschwindet. Man nennt allgemein eine Reihe von Funktionen $\varphi_1 \varphi_2 \ldots$, welche die Eigenschaft haben, daß

$$\int_0^l \varphi_m \varphi_n \, dx = 0$$

ist, für zwei verschiedene m und n ein **Orthogonalsystem.** Es heißt ferner **normiert**, wenn außerdem

$$\int_0^l \varphi_n^2 \, dx = 1$$

ist.

Wenn wir nun diese Resultate auf unser Schwingungsproblem anwenden wollen, so müssen wir nach Formel (28) die Konstante $\frac{g k l}{c^2}$ zwischen Null und l durch eine Reihe darstellen, die nach den Kosinus der ungeraden Vielfachen des Arguments fortschreitet. Wenn wir als Integrationsintervall $2\,l$ wählen und jene Funktion durch eine Fourier-Reihe in den Kosinus darstellen, die von 0 bis l gleich 1 und von l bis $2\,l$ gleich Null ist, so erhalten wir für

$$b_n = \frac{1}{l} \int_0^l \cos \frac{n \pi x}{2 l} \, dx = \frac{2}{\pi n} \sin \frac{n \pi}{2},$$

b_n verschwindet also für gerade n und ist für ungerade gleich

$$b_{2n+1} = \frac{2}{\pi (2n+1)} (-1)^n,$$

und $b_0 = \frac{1}{2}$. Wir haben also die Entwicklung

$$1 = \frac{1}{2} + \frac{2}{\pi} \sum_{n=0}^{n=\infty} (-1)^n \frac{1}{2n+1} \cos \frac{(2n+1) \pi s}{2 l}.$$

Daher ist

$$\frac{k g l}{c^2} = \frac{4 g k l}{c^2 \pi} \sum_{n=0}^{n=\infty} (-1)^n \frac{1}{2n+1} \cos \frac{(2n+1) \pi s}{2 l} =$$

$$= \sum_{n=0}^{n=\infty} A_n \frac{(2n+1) \pi}{2 l} \cos \frac{(2n+1) \pi s}{2 l}.$$

Daraus folgt, daß

$$A_n = \frac{8 g k l^2}{c^2 \pi^2} (-1)^n \frac{1}{(2n+1)^2} \tag{36}$$

zu setzen ist, so daß unsere Lösung z, die allen Randbedingungen genügt, schließlich die Gestalt hat

$$z = \frac{8 g k l^2}{c^2 \pi^2} \sum_{n=0}^{n=\infty} \frac{(-1)^n}{(2n+1)^2} \cos \frac{(2n+1) \pi c}{2 l} t \sin \frac{(2n+1) \pi s}{2 l}. \tag{37}$$

Derartige Reihendarstellungen sind als Lösungen natürlich nur dann praktisch brauchbar, wenn sie verhältnismäßig rasch konvergieren, wenn man bei der Berechnung mit wenigen Gliedern auskommt. Ferner muß man immer darauf achten, ob die gefundenen Reihenentwicklungen überhaupt konvergieren und besonders ob die gliedweise Integration und Differentiation derselben erlaubt ist. Für das erstere haben wir ja schon die entsprechende Bedingung kennengelernt — die Reihe muß gleichmäßig konvergent sein. Für die Differentiation ergibt sich daraus, daß die durch eine solche erhaltene Reihe die Eigenschaft der gleichmäßigen Konvergenz besitzen muß.

186. Kleine Schwingungen eines unelastischen Seiles. Im allgemeinen Fall der Bewegung sind die Schwierigkeiten, die sich der Auflösung des Systems von Gl. (2a) und (3) bzw. (5) und (6) entgegenstellen, sehr groß. Wir wollen uns daher nur mit kleinen Schwingungen einer starren Kette um ihre Gleichgewichtslage und mit der Anfangsbewegung aus einer solchen beschäftigen.

Die Gleichgewichtslage sei durch die Koordinaten x_1 und y_1, die Spannung in derselben durch S_1 bezeichnet. Die entsprechenden Werte für das bewegte Seil seien x, y und S. Dann wollen wir

$$x = x_1 + \xi, \qquad y = y_1 + \eta, \qquad S = S_1 + \overline{S}$$

setzen, wobei ξ, η und $\overline{S}$ so klein gegen x_1, y_1, S_1 sind, daß wir Glieder zweiter Ordnung gebildet aus ihnen und ihren Ableitungen nach s vernachlässigen können. Führt man diese Werte in die Bewegungsgleichungen ein, so erhält man

$$\mu \frac{\partial^2 \xi}{\partial t^2} = \frac{\partial}{\partial s}\left[(S_1 + \overline{S})\left(\frac{\partial x_1}{\partial s} + \frac{\partial \xi}{\partial s}\right)\right] + q_x. \tag{38}$$

Da im Gleichgewichtsfall

$$\frac{\partial}{\partial s}\left(S_1 \frac{\partial x_1}{\partial s}\right) + q_x = 0$$

ist und $\overline{S}\,\frac{\partial \xi}{\partial s}$ vernachlässigt wird, so nimmt (38) die Form an

$$\mu \frac{\partial^2 \xi}{\partial t^2} = \frac{\partial}{\partial s}\left[S_1 \frac{\partial \xi}{\partial s} + \overline{S}\,\frac{\partial x_1}{\partial s}\right] \tag{39}$$

und analog

$$\mu \frac{\partial^2 \eta}{\partial t^2} = \frac{\partial}{\partial s}\left[S_1 \frac{\partial \eta}{\partial s} + \overline{S}\,\frac{\partial y_1}{\partial s}\right]. \tag{40}$$

Die Unausdehnbarkeitsbedingung geht unter diesen Voraussetzungen in die Gestalt über

$$\frac{\partial x_1}{\partial s}\frac{\partial \xi}{\partial s} + \frac{\partial y_1}{\partial s}\frac{\partial \eta}{\partial s} = 0. \tag{41}$$

Wir wollen als erstes Beispiel die Fortpflanzung einer kleinen Störung der Gleichgewichtslage längs eines Seiles behandeln. Diese Störung habe die Gestalt einer wellenartigen Ausbuchtung der Kette und pflanze sich in gleichbleibender Form längs derselben fort. Da sie stetig in die ursprüngliche Gestalt der Kette übergehen muß, haben wir an den Enden der in der Kette fortschreitenden Welle

$$\frac{\partial \xi}{\partial t} = \frac{\partial \xi}{\partial s} = \frac{\partial \eta}{\partial t} = \frac{\partial \eta}{\partial s} = 0, \qquad \overline{S} = 0. \tag{42}$$

Solange bei der Bewegung die Störung sich gleichbleibt, haben für einen Punkt derselben Größe und Richtung der Geschwindigkeit, also $\frac{\partial \xi}{\partial t}$, $\frac{\partial \eta}{\partial t}$ und $\frac{\partial \xi}{\partial s}$, $\frac{\partial \eta}{\partial s}$ konstante Werte; wir erhalten daher durch Differentiation dieser Ausdrücke nach t, da s jetzt auch Funktion von t ist,

$$\frac{\partial}{\partial t}\left(\frac{\partial \xi}{\partial t}\right) = \frac{\partial^2 \xi}{\partial t^2} + \frac{\partial^2 \xi}{\partial t\, \partial s}\frac{\partial s}{\partial t} = 0.$$

Wenn wir $\frac{\partial s}{\partial t}$, die Geschwindigkeit, mit der sich dieser Punkt längs des Seiles bewegt, mit v bezeichnen, haben wir

$$\frac{\partial^2 \xi}{\partial t^2} + \frac{\partial^2 \xi}{\partial t\, \partial s} v = 0, \qquad \frac{\partial^2 \eta}{\partial t^2} + \frac{\partial^2 \eta}{\partial t\, \partial s} v = 0 \tag{43}$$

und analog, wenn wir $\frac{\partial \xi}{\partial s}$ und $\frac{\partial \eta}{\partial s}$ differenzieren,

$$\frac{\partial^2 \xi}{\partial s\, \partial t} + \frac{\partial^2 \xi}{\partial s^2} v = 0, \qquad \frac{\partial^2 \eta}{\partial s\, \partial t} + \frac{\partial^2 \eta}{\partial s^2} v = 0. \tag{44}$$

Aus diesen Gleichungen bekommen wir

$$\frac{\partial^2 \xi}{\partial t^2} = v^2 \frac{\partial^2 \xi}{\partial s^2}, \qquad \frac{\partial^2 \eta}{\partial t^2} = v^2 \frac{\partial^2 \eta}{\partial s^2}. \tag{45}$$

Setzt man dies in (39) und (40) ein,. so ergibt sich

$$\left.\begin{aligned} \left(v^2 - \frac{S_1}{\mu}\right)\frac{\partial^2 \xi}{\partial s^2} &= \frac{1}{\mu}\frac{\partial \overline{S}}{\partial s}\frac{\partial x_1}{\partial s}, \\ \left(v^2 - \frac{S_1}{\mu}\right)\frac{\partial^2 \eta}{\partial s^2} &= \frac{1}{\mu}\frac{\partial \overline{S}}{\partial s}\frac{\partial y_1}{\partial s}. \end{aligned}\right\} \tag{46}$$

Wenn man die Unausdehnbarkeitsbedingung (41) nach s differenziert, erhält man

$$\frac{\partial x_1}{\partial s}\frac{\partial^2 \xi}{\partial s^2} = \frac{\partial y_1}{\partial s}\frac{\partial^2 \eta}{\partial s^2} = 0.$$

Wenn man die Gl. (46) mit $\frac{\partial^2 \xi}{\partial s^2}$ bzw. $\frac{\partial^2 \eta}{\partial s^2}$ multipliziert und addiert, bekommen wir daher

$$\left(v^2 - \frac{S_1}{\mu}\right)\left[\left(\frac{\partial^2 \xi}{\partial s^2}\right)^2 + \left(\frac{\partial^2 \eta}{\partial s^2}\right)^2\right] = 0$$

und daraus

$$v^2 = \frac{S_1}{\mu}. \tag{47}$$

Bei einer homogenen Kette ($\mu =$ konst) ist also die Geschwindigkeit der Störungswelle proportional der Wurzel aus der Spannkraft. Da wir diese auch in der Form

$$S_1 = \frac{H_0}{\cos\alpha}$$

anschreiben können — H_0 ist der Horizontalzug —, so haben wir schließlich

$$v = \sqrt{\frac{H_0}{\mu\cos\alpha}}. \tag{48}$$

Die Geschwindigkeit hat den kleinsten Wert im Scheitel.

187. Frei herabhängendes starres Seil. Als weiteres Beispiel wollen wir die kleinen Schwingungen untersuchen, die ein derartiges Seil oder eine Kette in einer vertikalen Ebene ähnlich wie ein Pendel ausführt. Die x-Achse sei vertikal nach abwärts gerichtet, die y-Achse laufe horizontal durch den Befestigungspunkt (Abb. 245). Die Verschiebungen in vertikaler Richtung wollen wir vernachlässigen, also

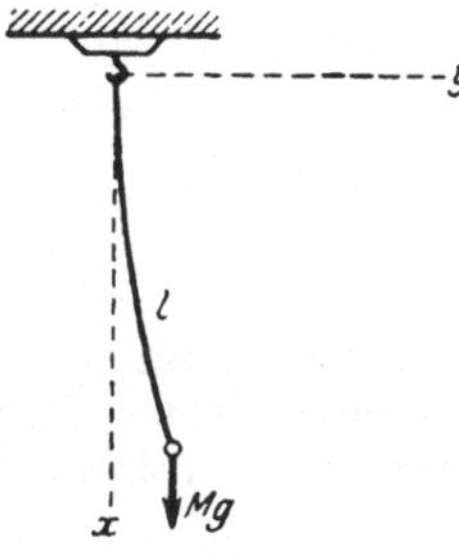

$$s = x, \quad \xi = \frac{\partial\xi}{\partial t} = \frac{\partial\xi}{\partial s} = 0 \tag{49}$$

setzen. η ist dann gleich dem y, da die Gleichgewichtslage durch $y = 0$ gegeben ist. Wenn etwa auch noch ein Gewicht $M\,g$ am unteren Ende des Seiles angebracht ist, so ist die Spannkraft in der Gleichgewichtslage

Abb. 245.

$$S_1 = \mu\,g\,(l - x) + M\,g, \tag{50}$$

wobei μ wieder die Masse des Seils pro Längeneinheit bedeutet. Für $x = l$ ist S_1 gleich dem angehängten Gewicht $M\,g$. Aus Gl. (39) folgt dann, daß die zusätzliche Spannkraft $\overline{S}$ gleich Null ist, und Gl. (40) nimmt die Gestalt an

$$\mu\,\frac{\partial^2 y}{\partial t^2} = \frac{\partial}{\partial x}\left(S_1\,\frac{\partial y}{\partial x}\right). \tag{51}$$

Man kann nun zwei Fälle gesondert behandeln. Wenn die Masse des Gewichtes groß gegenüber der Masse des Seiles, M groß gegen $\mu\,l$ und daher auch gegen $\mu\,x$ ist, so kann man in (50) $\mu\,x$ gegenüber den anderen Gliedern vernachlässigen, und man erhält aus (51)

$$\frac{\partial^2 y}{\partial t^2} = c^2\,\frac{\partial^2 y}{\partial x^2}, \tag{52}$$

wobei die Konstante

$$c^2 = g\left(l + \frac{M}{\mu}\right)$$

gesetzt wurde. Das ist eine Differentialgleichung von genau derselben Gestalt, wie die in den vorigen Paragraphen behandelte, nur die Randbedingungen sind etwas andere. Man kann bei der Lösung analog wie dort vorgehen, nur ist die Periodengleichung komplizierter, man erhält für ihre Wurzeln, die ν_n, nicht mehr ganze Zahlen und die Erfüllung der letzten Randbedingung ist bedeutend schwieriger, da wir nicht mehr gewöhnliche Fourier-Reihen, die nach ganzen Vielfachen des

Arguments fortschreiten, vor uns haben. Wir wollen uns daher jetzt mit dem zweiten Fall näher beschäftigen und annehmen, daß kein Gewicht vorhanden, $M\,g = 0$ ist.

Dann nimmt (51) die Form an

$$\mu \frac{\partial^2 y}{\partial t^2} = \mu\, g \frac{\partial}{\partial x}\left[(l - x)\frac{\partial y}{\partial x}\right]$$

oder

$$\frac{1}{g}\frac{\partial^2 y}{\partial t^2} = \frac{\partial^2 y}{\partial x^2}(l - x) - \frac{\partial y}{\partial x}. \tag{53}$$

Setzt man

$$l - x = z^2, \tag{54}$$

$$\frac{\partial y}{\partial x} = -\frac{1}{2\,z}\frac{\partial y}{\partial z}, \qquad \frac{\partial^2 y}{\partial x^2} = -\frac{1}{2\,z}\left(\frac{1}{2\,z^2}\frac{\partial y}{\partial z} - \frac{1}{2\,z}\frac{\partial^2 y}{\partial z^2}\right),$$

so erhält man

$$\frac{1}{g}\frac{\partial^2 y}{\partial t^2} = \frac{1}{4}\left(\frac{\partial^2 y}{\partial z^2} + \frac{1}{z}\frac{\partial y}{\partial z}\right). \tag{55}$$

Versucht man wieder diese partielle Differentialgleichung durch ein Produkt zweier Funktionen, von denen die eine nur von t, die andere nur von z abhängig ist, zu integrieren, setzt man

$$y = \varphi(t)\,\psi(z),$$

so bekommt man ganz ähnlich wie in dem früheren Beispiel

$$\frac{4}{g\,\varphi}\frac{d^2\varphi}{dt^2} = \frac{1}{\psi}\left(\frac{d^2\psi}{dz^2} + \frac{1}{z}\frac{d\psi}{dz}\right).$$

Damit dies für alle Werte von t und z möglich ist, müssen beide Seiten ein und demselben Parameter — $p_n{}^2$ wollen wir ihn jetzt nennen — gleich sein. Wir bekommen so, wenn wir noch $\frac{g}{4} = c^2$ setzen, für φ die Differentialgleichung

$$\frac{d^2\varphi}{dt^2} + p_n\, c^2\, \varphi = 0 \tag{56}$$

und für ψ

$$\frac{d^2\psi}{dz^2} + \frac{1}{z}\frac{d\psi}{dz} + p_n\, \psi = 0. \tag{57}$$

Die Lösung von (56) ist die bekannte

$$\varphi_n = a_n \cos p_n\, c\, t + b_n \sin p_n\, c\, t = C_n \sin(c\, p_n\, t + \varepsilon_n). \tag{58}$$

In (57) wollen wir als neue Veränderliche

$$p_n\, z^2 = u^2$$

einführen, so daß (57) die Gestalt erhält

$$\frac{d^2\psi}{du^2} + \frac{1}{u}\frac{d\psi}{du} + \psi = 0. \tag{59}$$

Das ist ebenfalls eine bekannte lineare Differentialgleichung; ihr Integral wird in der Gestalt angeschrieben

$$\psi = A_n\, J_0(p_n\, z) + B_n\, N_0(p_n\, z), \tag{60}$$

wo J_0 und N_0 die sogenannten Zylinderfunktionen nullter Ordnung erster und zweiter Art bedeuten, deren Werte tabellarisch und graphisch festgelegt sind.[1] Sie lassen sich durch Reihenentwicklungen berechnen. J_0 ist für $x = 0$ endlich und hat den Wert Eins, N_0 wird in diesem Punkte von logarithmischer Ordnung unendlich. Beides sind Funktionen, die eine gewisse Ähnlichkeit mit den trigonometrischen Funktionen besitzen, sie schwanken zwischen positiven und negativen Werten hin und her, sind aber nicht periodisch.

Unsere Lösung y hat also die Gestalt

$$y = {}_n\sum \sin(c\,p_n\,t + \varepsilon_n)\,[A_n\,J_0(p_n\,z) + B_n\,N_0(p_n\,z)]. \tag{61}$$

Die willkürlichen Konstanten A_n, B_n, ε_n und p_n bestimmen sich aus den Randbedingungen des Problems. Da für $z = 0$, also nach (54) für $x = l$, die Lösung nicht unendlich werden kann, müssen alle B_n Null sein, es bleibt daher

$$y = {}_n\sum A_n \sin(c\,p_n\,t + \varepsilon_n)\,J_0(p_n\,z). \tag{62}$$

Da ferner der Befestigungspunkt immer in Ruhe ist, also für $x = 0$ bzw. $z = \sqrt{l}$ das y dauernd verschwinden muß, so müssen die p_n so gewählt werden, daß

$$J_0\left(p_n\sqrt{l}\right) = 0 \tag{63}$$

ist. Diese „Periodengleichung“ liefert unendlich viele Werte $p_n\,z$, da J_0 unendlich viele Nullstellen besitzt. Bezeichnen wir diese mit $\varrho_1\,\varrho_2 \ldots \varrho_n \ldots$, so ist

$$p_n = \frac{\varrho_n}{\sqrt{l}}. \tag{64}$$

Wir haben ganz analoge Verhältnisse wie in dem früher behandelten Schwingungsproblem, nur steht an Stelle der trigonometrischen eine Zylinderfunktion. Jedem Wert von p_n entspricht eine sogenannte Hauptschwingung der Kette, die wirkliche Bewegung kommt durch Überlagerung der Teilschwingungen zustande.

Die Amplituden A_n und die Phasen ε_n bestimmen sich durch die Anfangsbedingungen, daß zur Zeit $t = 0$ das Seil eine gegebene, aber innerhalb der allgemeinen Voraussetzungen willkürliche Anfangslage und Geschwindigkeitsverteilung besitzt. Genau so wie nach trigonometrischen Funktionen läßt sich nämlich eine in einem bestimmten Intervall vorgegebene Funktion auch nach den Zylinderfunktionen $J_0(p_n\,z)$ in eine Reihe entwickeln. Diese Funktionen bilden ebenfalls ein Orthogonalsystem.

Die Schwingungsdauer für die erste Hauptschwingung $n = 1$, die hauptsächlich in Erscheinung tritt, ist gegeben durch

$$c\,p_1\,\tau_1 = \frac{\varrho_1}{2}\sqrt{\frac{g}{l}}\,\tau_1 = 2\,\pi,$$

also durch

$$\tau_1 = \frac{4\,\pi}{\varrho_1}\sqrt{\frac{l}{g}}. \tag{65}$$

[1] Jahnke und Emde: Funktionentafeln. Leipzig u. Berlin: B. G. Teubner.

Die Schwingungsdauer für verschiedene Ketten ist daher wie beim mathematischen Pendel der Wurzel aus der Länge proportional. Setzt man den aus den Tafeln entnommenen Wert von ϱ_1 ein, so ergibt dies

$$\tau_1 = 5{,}2\sqrt{\frac{l}{g}},$$

die Kette schwingt etwas rascher als das gleichlange mathematische Pendel, wo ja der Faktor 6,28 ist. Die Schwingung ist aber sehr nahe gleich der eines homogenen Stabes von gleicher Länge, dort ist der Koeffizient 5,13.

188. Anfangsbewegung. Die Bewegungsgleichungen (2a) lassen nur in den seltensten Fällen eine allgemeine Lösung zu; man kann aber manchmal ein schrittweises Lösungsverfahren anwenden, das unter dem Namen „Theorie der Anfangsbewegung" bekannt ist. Zu diesem Zwecke wollen wir die Bewegungsgleichungen so umformen, daß s und α an Stelle von x und y die abhängigen Variablen werden. Für den Fall einer homogenen Kette unter Eigengewicht — auf diesen wollen wir uns beschränken — erhalten wir wegen

$$x = \int_0^s \cos\alpha\, ds, \qquad y = \int_0^s \sin\alpha\, ds \tag{66}$$

durch Differentiation der Bewegungsgleichungen

$$\frac{\partial}{\partial s}(S\cos\alpha) = \mu\frac{\partial^2 x}{\partial t^2}, \qquad \frac{\partial}{\partial s}(S\sin\alpha) - \mu g = \mu\frac{\partial^2 y}{\partial t^2}$$

nach s die Beziehung

$$\frac{\partial^2}{\partial s^2}(S\cos\alpha) = \mu\frac{\partial^2}{\partial t^2}(\cos\alpha), \qquad \frac{\partial^2}{\partial s^2}(S\sin\alpha) = \mu\frac{\partial^2}{\partial t^2}(\sin\alpha).$$

Führt man die Differentiation durch, so bekommt man aus diesen Gleichungen ohne Schwierigkeit

$$S\left(\frac{\partial\alpha}{\partial s}\right)^2 - \frac{\partial^2 S}{\partial s^2} = \mu\left(\frac{\partial\alpha}{\partial t}\right)^2, \tag{67}$$

$$2\frac{\partial S}{\partial s}\frac{\partial\alpha}{\partial s} + S\frac{\partial^2\alpha}{\partial s^2} = \mu\frac{\partial^2\alpha}{\partial t^2}. \tag{68}$$

Diese beiden Gleichungen können wir nun zur schrittweisen Lösung benutzen. Denkt man sich in irgendeinem bestimmten Augenblick t_0 den Winkel α und die Geschwindigkeitsverteilung $\frac{\partial\alpha}{\partial t}$ als Funktion von s gegeben,

$$\alpha = \alpha_0(s), \qquad \frac{\partial\alpha}{\partial t} = \omega_0(s),$$

so läßt sich aus (67) S und aus (68) $\frac{\partial^2\alpha}{\partial t^2}$ für $t = t_0$ ermitteln. Für den Zeitpunkt $t_0 + \Delta t$ kann man aber jetzt wieder den Winkel und die Winkelgeschwindigkeit berechnen, indem man die Taylorsche Reihenentwicklung benutzt

$$\left.\begin{aligned} \alpha &= \alpha_0(s) + \Delta t\,\omega_0(s), \\ \omega &= \omega_0(s) + \Delta t\left(\frac{\partial^2\alpha}{\partial t^2}\right)_{t=t_0}. \end{aligned}\right\} \tag{69}$$

Jetzt kennt man also den Bewegungszustand in diesem neuen Zeitmoment $t + \Delta t$; man kann das beschriebene Verfahren wiederholen und so Schritt für Schritt α und S bestimmen. Wir entwickeln auf diese Weise die gesuchten Funktionen α und S in eine Taylorsche Reihe nach Potenzen von $\Delta t = t - t_0$, wobei wir die benötigten Differentialquotienten für den Ausgangspunkt $t = t_0$ durch fortgesetztes Differenzieren der beiden Gl. (67) und (68) gewinnen.

189. Reißen eines Seiles. Als Beispiel für die Anwendung der geschilderten Methode wollen wir die Spannungsverteilung berechnen, die in einem symmetrisch aufgehängten, homogenen Seile (Abb. 246) in dem Augenblicke herrscht, wo es, etwa am rechten Ende B, plötzlich reißt. In der Ruhelage haben wir, wenn wir das Gewicht pro Längeneinheit μg mit q bezeichnen,

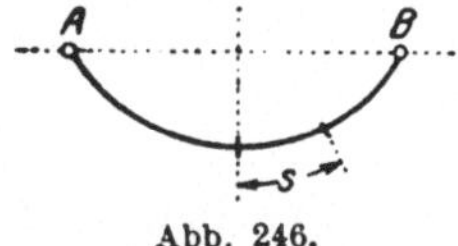

Abb. 246.

$$S = q\sqrt{a^2 + s^2}$$

und

$$\alpha = \operatorname{arc\,tg}\frac{s}{a}.$$

a ist dabei der bekannte Parameter in der Gleichung der gewöhnlichen Kettenlinie. s wird von dem tiefsten Punkt derselben gezählt (vgl. Nr. 71). Gehen wir mit diesen Werten in die Gl. (67) und setzen $\frac{\partial\alpha}{\partial t} = 0$, so bekommen wir

$$\frac{d^2S}{ds^2} - \frac{a^2}{(a^2 + s^2)^2}\,S = 0. \tag{70}$$

Ein partikuläres Integral dieser Gleichung ist

$$\sqrt{a^2 + s^2},$$

wie man sich durch Einsetzen leicht überzeugen kann. Durch die Substitution

$$S = z\sqrt{a^2 + s^2} \tag{71}$$

erhält man

$$\frac{d^2z}{ds^2} + \frac{2s}{a^2 + s^2}\,\frac{dz}{ds} = 0. \tag{72}$$

Deren Integral ergibt sich sofort zu $z = A + B\operatorname{arc\,tg}\frac{s}{a}$ und daher ist

$$S = \left(A + B\operatorname{arc\,tg}\frac{s}{a}\right)\sqrt{s^2 + a^2}. \tag{73}$$

Die Konstanten A und B bestimmen sich aus den Randbedingungen auf folgende Art. Ist die Länge des Seiles $2l$, so haben wir zunächst für $s = + l$ die Spannung $S = 0$. Würden wir aber als zweite Bedingung die ansetzen, daß für das linke Ende, für $s = - l$ die Beschleunigung verschwindet, so kämen wir zu keinem Ergebnis; denn wie bei einem physischen Pendel ist hier die Beschleunigung unstetig, im Aufhängepunkt ist sie Null, in dem benachbarten Punkt hat sie einen von Null verschiedenen endlichen Wert. Das gilt aber nur für die Beschleunigungskomponente normal zum Längenelement. Die Tangentialkomponente dagegen ist ebenso wie die Spannkraft selbst stetig und verschwindet bei der Bewegung aus der Ruhelage heraus für $s = - l$. Es gilt daher für das linke Ende die Beziehung

$$\frac{\partial S}{\partial s} - q_t = 0$$

oder

$$\frac{\partial S}{\partial s} = - q \sin \alpha = - q \frac{l}{\sqrt{a^2 + l^2}} \tag{74}$$

und dies liefert uns die zweite Gleichung für die Berechnung der Konstanten A und B. Diese ergeben sich damit zu

$$A = \frac{q\, l \operatorname{arc\,tg} \frac{l}{a}}{a + 2\, l \operatorname{arc\,tg} \frac{l}{a}}, \qquad B = \frac{q\, l}{a + 2\, l \operatorname{arc\,tg} \frac{l}{a}} \tag{75}$$

und wir bekommen daher für den Augenblick des Reißens

$$S = \frac{q\, l}{a + 2\, l \operatorname{arc\,tg} \frac{l}{a}} \left(\operatorname{arc\,tg} \frac{l}{a} - \operatorname{arc\,tg} \frac{s}{a} \right) \sqrt{s^2 + a^2}. \tag{76}$$

Im Aufhängepunkte ist

$$S_0 = \frac{2\, q\, l \operatorname{arc\,tg} \frac{l}{a}}{a + 2\, l \operatorname{arc\,tg} \frac{l}{a}} \sqrt{l^2 + a^2}. \tag{77}$$

Wenn der Durchhang gering, also $\frac{l}{a}$ klein gegen Eins ist, so läßt sich diese Formel wesentlich vereinfachen. Wir haben dann

$$S_0 = \frac{2\, q\, l^2}{a} = \frac{G^2}{2\, H_0}, \tag{78}$$

wo G das gesamte Gewicht des Seiles und

$$H_0 = a\, q$$

den Horizontalzug bedeutet. Führt man spezielle Werte ein, so sieht man, daß die Spannkraft am festen Ende beträchtlich, bis auf einige Prozente des ursprünglichen Wertes, herabsinkt.[1]

[1] Vgl. auch Gauster, W.: Seilriß bei elektrischen Freileitungen. Zeitschr. f. Elektrotechnik u. Maschinenbau. 1925. H. 42.

X. Das Prinzip der virtuellen Verschiebungen.

190. Der Begriff der virtuellen Verschiebung. Wir sind jetzt in der Lage, ein allgemeines Gleichgewichtsprinzip für ein mechanisches System aufzustellen, das bekannte Prinzip der virtuellen Verschiebungen, dessen Formulierung wir bis jetzt aufgespart haben, da zu dessen Verständnis Begriffe und Überlegungen dynamischer Natur nötig sind. In der Statik haben wir nur die Gleichgewichtsbedingungen für den starren Körper abgeleitet und haben uns darüber hinaus überlegt, daß diese Bedingungen für jedes mechanische System notwendige sein müssen, das heißt, daß sie gelten müssen, wenn das System in Ruhe ist. Die gesamten, die notwendigen und hinreichenden Bedingungen, die bestehen müssen, wenn in einem mechanischen System Gleichgewicht herrschen soll, liefert uns aber erst das in Frage stehende Prinzip.

Unter virtuellen Verschiebungen, um diesen Begriff zunächst festzulegen, versteht man solche Verschiebungen, die mit der Konfiguration des Systems vereinbar sind, die also geometrisch und physikalisch möglich sind. Sie werden natürlich von den Voraussetzungen abhängen, die man über das vorgegebene System macht. Betrachten wir ein System von starren Körpern, so werden nur solche Verschiebungen virtuell sein, die die Form der einzelnen Körper unverändert lassen; nehmen wir die Körper als elastisch an, so sind auch mit kleinen Formänderungen verbundene als virtuelle aufzufassen. Im allgemeinen müssen wir die Verschiebungen als unendlich kleine annehmen; denn da wir die Lage der Kräfte nach der Verschiebung mit der vor derselben gleichsetzen wollen, so dürfen die Angriffspunkte nur sehr kleine Veränderungen erleiden.

Bei einem System von Massenpunkten, wo zwischen den Punkten keine Verbindungen vorhanden sind, also bei einem freien Punktsystem, wird jede denkbare Verschiebung auch eine virtuelle sein; ansonsten ist das aber nicht der Fall. Die wirkliche Verschiebung, die bei der Bewegung eines Systems eintritt, ist natürlich immer eine mögliche, also eine virtuelle; im allgemeinen haben wir uns aber die virtuellen Verschiebungen als zeitlos zu denken. Als Zeichen für eine solche wollen wir entsprechend dem Vorgange in der Variationsrechnung immer den Buchstaben δ verwenden.

Wenn ein Körper sich um eine feste Achse dreht, so kann die Änderung des Drehwinkels $\delta\varphi$ als willkürlich angenommen werden, die Verschiebungen aller Punkte sind aber dann schon vollständig bestimmt, die Bewegung hat ja nur einen Freiheitsgrad. Es ist für den beliebigen Punkt A_i

$$\delta x_i = -r_i \sin\varphi_i \,\delta\varphi, \qquad \delta y_i = r_i \cos\varphi_i \,\delta\varphi, \qquad \delta z_i = 0.$$

Ebenso sind bei der ebenen Bewegung eines starren Körpers die Verschiebungen gegeben, wenn man die Verschiebung eines willkürlich herausgegriffenen Punktes O und die Winkeländerung $\delta\varphi$ kennt [vgl. Formel (13), Nr. 117]

$$\delta x_i = \delta x_0 - (y_i - y_0)\,\delta\varphi, \qquad \delta y_i = \delta y_0 + (x_i - x_0)\,\delta\varphi, \qquad \delta z_i = 0.$$

Bei der allgemeinsten Bewegung eines starren Körpers ist analog

$$\delta r_i = \delta \mathfrak{r}_0 + \delta \mathfrak{d} \times (\mathfrak{r}_i - \mathfrak{r}_0)$$

zu setzen, $\delta \mathfrak{d}$ ist dabei der Vektor der unendlich kleinen Drehung.

Die Zahl der willkürlichen Verschiebungen, durch die sich die Verrückungen aller anderen Punkte des Systems ausdrücken lassen, ist demnach gleich der Zahl der Freiheitsgrade eines Systems. Man kann dies auch direkt zur Definition des Begriffes „Freiheitsgrad" benutzen.

In einem kinematisch bestimmten Fachwerk ist keine Verschiebungsmöglichkeit der Stäbe gegeneinander vorhanden, wenn man diese als starr voraussetzt. Bei „wackeligen" Fachwerken ist das nicht mehr der Fall, da ist eine, wenn auch manchmal infinitesimale Verschiebung möglich. Nimmt man einen Stab aus einem kinematisch bestimmten Fachwerk heraus, so wird dasselbe beweglich, die Lage der Stäbe ist dann durch eine einzige unabhängige virtuelle Verschiebung festgelegt, wir haben dann ein System von einem Freiheitsgrade, eine zwangläufige kinematische Kette vor uns.

191. Formulierung des Prinzips. Auf ein mechanisches System möge eine Reihe von Kräften wirken, die wir, wie wir es auch schon bei dem allgemeinen System materieller Punkte getan haben, in äußere und innere einteilen wollen; die letzteren seien wieder durch einen Strich gekennzeichnet. Nennen wir die Verschiebung des i-ten Angriffspunktes δr_i, so können wir den Ausdruck

$$\sum (\mathfrak{P}_i + \mathfrak{P}_i') \, \delta \mathfrak{r}_i = \delta A + \delta A' \tag{1}$$

aufstellen, der uns die Arbeit bei einer virtuellen Verschiebung, die „virtuelle Arbeit", angibt. Die Summe ist dabei über alle Kräfte zu nehmen. Wenn wir mit δp_i die Projektion der Verschiebung des Angriffspunktes in die Kraftrichtung bezeichnen, so können wir dafür auch schreiben

$$\delta A + \delta A' = \sum (P_i \, \delta p_i + P_i' \, \delta p_i). \tag{1a}$$

Die Produkte $P_i \, \delta p_i$ heißen auch „virtuelle Momente". Bei der Aufstellung des Begriffes der virtuellen Arbeit kümmern wir uns nicht um die Zeit; die bei der Bewegung in dem Zeitelement dt etwa wirklich geleistete Elementararbeit ist nur ein Spezialfall unter den vielen möglichen virtuellen Arbeiten.

Unser Prinzip lautet nun folgendermaßen:

Die notwendige und hinreichende Bedingung dafür, daß bei einem mechanischen System eine bestimmte Lage eine Gleichgewichtslage ist, besteht darin, daß die Arbeit bei einer virtuellen Verschiebung aus dieser Lage heraus verschwindet.

Die virtuelle Arbeit verschwindet oder ist Null, soll heißen, sie würde auch dann gleich Null sein, wenn wir die unendlich kleinen Verschiebungen als endliche auffaßten. Die virtuelle Verschiebung kann man sich dabei von einer Kraft hervorgerufen denken, die nicht zu den Kräften gehört, die das Gleichgewichtssystem bilden; sonst könnte ja überhaupt keine Bewegung auftreten, wenn vorher Ruhe herrscht. Vom dynamischen

Gesichtspunkt aus könnte man aber auch die Bewegung des Systems durch die Ruhelage hindurch betrachten, etwa das Schwingen eines Pendels durch die Vertikale.

Wenn wir voraussetzen, daß alle mechanischen Systeme als Systeme von Massenpunkten betrachtet werden können, daß wir also auch alle einem System vorgeschriebenen Bedingungen, wie Gleiten längs einer vorgegebenen Kurve u. dgl., durch Kräfte ersetzen können, dann läßt sich unser Satz aus den Newtonschen Grundprinzipien ableiten. Wenn wir dies aber nicht annehmen wollen, sondern ein mechanisches System als ein System von Körpern auffassen, die gewissen vorgeschriebenen Bedingungen geometrischer Natur bei ihrer Bewegung genügen müssen — es ist dies der mehr formale, aber auch allgemeinere Standpunkt —, dann müssen wir das Prinzip als Axiom ohne weitere Ableitung an die Spitze unserer Betrachtungen stellen. Das ist der Vorgang, der in der analytischen Mechanik, wie sie durch Lagrange begründet wurde, eingehalten wird.

Unter der erstgenannten Voraussetzung, bei einem System von Massenpunkten, läßt sich der Beweis leicht durchführen. Wir wollen ihn in zwei Teile teilen und zuerst ein System freier Massenpunkte betrachten. In diesem Falle ist der Beweis trivial. Ist ein solches System im Gleichgewicht, so gilt für jeden Punkt

$$\mathfrak{P}_i + \mathfrak{P}_i' = 0$$

und daher ist auch die virtuelle Arbeit

$$\delta A + \delta A' = \sum (\mathfrak{P}_i + \mathfrak{P}_i')\, \delta \mathfrak{r}_i = 0.$$

Ist umgekehrt

$$\delta A + \delta A' = 0,$$

so kann man die Verschiebungen, die alle voneinander unabhängig sind, so wählen, daß alle bis auf eine einzige $d\mathfrak{r}_k$ verschwinden. Da die gesamte virtuelle Arbeit Null ist, muß dann auch der Faktor von $\delta \mathfrak{r}_k$, die Kraft $\mathfrak{P}_k + \mathfrak{P}_k'$ verschwinden. Das kann man für alle Punkte durchführen, es müssen also alle Kräfte

$$\mathfrak{P}_i + \mathfrak{P}_i' = 0$$

sein, es herrscht daher Gleichgewicht.

Für ein beliebiges mechanisches System, das wir als einen nicht freien Punkthaufen ansehen müssen, wo zwischen den Verschiebungen Bedingungsgleichungen bestehen, kann man den ersten Teil des Beweises genau so führen wie vorher. Wenn Gleichgewicht vorhanden ist, ist jedes $\mathfrak{P}_i + \mathfrak{P}_i'$, und damit auch $\delta A + \delta A' = 0$. Bei der Umkehrung muß man die Schlußweise etwas ändern. Nehmen wir an, es verschwände die virtuelle Arbeit, es sei aber kein Gleichgewicht vorhanden. Dann müßte Bewegung und damit eine Änderung der kinetischen Energie auftreten. Dann kann aber nach dem Energiesatz, $\delta A = \delta K$, die Arbeit nicht Null sein. Das widerspricht der Voraussetzung, es ist daher auch in diesem Falle keine Bewegung möglich. Damit ist der Beweis für die Gültigkeit des Prinzips, allerdings nur unter den oben hervorgehobenen Voraussetzungen erbracht.

In der ausgesprochenen allgemeinen Form hat das Gesetz für die Anwendungen keine besondere Bedeutung. Diese gewinnt es erst dadurch, daß wir behaupten können, nur die eingeprägten Kräfte leisten bei einem starren System virtuelle Arbeit, die Arbeit der anderen Kräfte ist von vornherein Null zu setzen. Das ist der wesentliche Vorteil, den es uns bietet; wenn wir ein System von starren Körpern vor uns haben, brauchen wir uns um die inneren Reaktionskräfte und auch die äußeren Zwangskräfte nicht zu kümmern, so daß nur die Arbeit der äußeren eingeprägten Kräfte gleich Null zu setzen ist, um die Gleichgewichtslage zu erhalten.

Die Idee des Prinzipes der virtuellen Verschiebungen geht bis ins Altertum zurück, schon Archimedes hat es, allerdings in etwas unklarer Weise, bei der Aufstellung des Hebelgesetzes verwendet. Aus diesen Gedanken entwickelte sich dann im Laufe der langen Durcharbeit, die die Mechanik erfuhr, unser Prinzip der virtuellen Verschiebungen oder auch virtuellen Geschwindigkeiten, wie es früher genannt wurde. Dieser letztere Name deutet noch auf die alte Auffassung hin. Der erste, der es in prinzipiell richtiger Weise und in allgemeinerer Form aufstellte, war im Mittelalter ein gewisser Johannes Nemorarius, Johann vom Walde, ein Mann, über dessen Leben und Persönlichkeit uns leider gar nichts Sicheres bekannt ist; er lebte im 13. Jahrhundert. Bei ihm tritt zum ersten Male an Stelle des Produktes von Gewicht und Geschwindigkeit das Produkt aus Gewicht und Projektion der Geschwindigkeit auf die Richtung des Gewichtes. Er gründet auch seinen Satz nicht auf das falsche Archimedische Bewegungsaxiom, daß die Kraft proportional dem Produkt aus Masse und Geschwindigkeit sei, sondern auf den richtigen Gedanken, den später auch Descartes verwendete, daß die Ursache, die ein Gewicht auf eine gewisse Höhe erhebe, das n-fache Gewicht auf den n-ten Teil dieser Höhe bringen würde. Die Ideen von J. Nemorarius kehren bald richtig, bald falsch verstanden bei einer ganzen Reihe anderer Forscher der Renaissance und der anschließenden Jahrhunderte wieder, es seien nur Leonardo da Vinci, Cardano, Galilei, Huygens genannt. Besonders in der Lehre von den „einfachen Maschinen“ wurde unser Satz viel verwendet und als die „goldene Regel der Mechanik“ bezeichnet. Aber alle diese Untersuchungen zeigen keinen wesentlichen Fortschritt gegenüber J. Nemorarius. Ein solcher wurde erst von Johann Bernoulli 1717 erzielt, der mehrere Kräfte in verschiedenen Richtungen betrachtete und das Prinzip schon fast vollständig formulierte. Die endgültige Fassung mit einer einwandfreien Definition des Begriffes der virtuellen Arbeit erhielt es dann durch Lagrange, nach dem es auch oft benannt wird. Er machte es, wie schon erwähnt, in seiner 1788 erschienenen „Mechanique analytique“ zum eigentlichen Fundamentalsatz der Mechanik.

192. Vorgang bei der Anwendung. Bei der Anwendung unseres Prinzips haben wir entsprechend den gemachten Überlegungen folgendermaßen vorzugehen: Zunächst überlegt man, welche Kräfte virtuelle

Arbeit leisten; dann drückt man die Koordinaten der Angriffspunkte in einem Koordinatensystem, das die Verschiebung nicht mitmacht, in den für die gestellte Aufgabe am besten geeigneten Veränderlichen aus und bildet die Verschiebungen, die „Variationen" der Angriffspunkte genau so wie Differentiale. Dann sucht man die Beziehungen, die zwischen diesen virtuellen Verrückungen herrschen, so daß in dem Ausdrucke für die virtuelle Arbeit nur mehr voneinander unabhängige Verschiebungen stehen, so viele, als das System Freiheitsgrade besitzt. Dann muß wegen der Willkürlichkeit dieser Verschiebungen der Koeffizient jeder einzelnen für sich verschwinden, wenn die Gesamtarbeit Null sein soll. Das liefert die Gleichgewichtsbedingungen des Systems, genau so viele, als es Freiheitsgrade gibt. Dieser Vorgang soll nun an einem einfachen Beispiele dargestellt werden.

An einem aus nebenstehender Abb. 247 ersichtlichen System von gelenkig verbundenen Stäben greifen außer dem Eigengewicht die Kräfte P und Q an. Die Berührung bei A ist vollständig glatt. Welche Beziehung muß zwischen den Winkeln α und β bei Gleichgewicht bestehen?

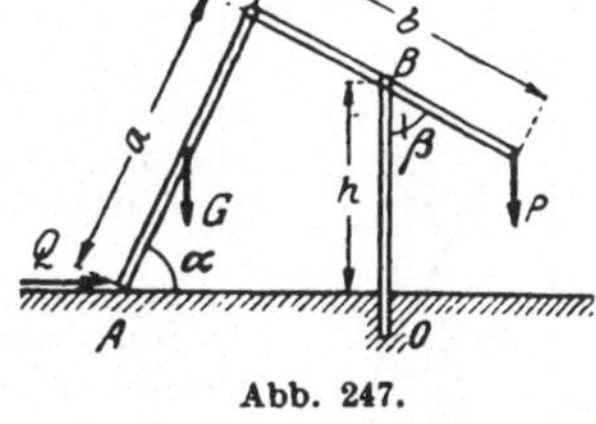

Abb. 247.

Virtuelle Arbeit leisten bei einer Verschiebung nur die Kräfte Q, P und das Gewicht des linken Stabes G, dagegen nicht das Gewicht des rechten, da dieser im Schwerpunkt unterstützt ist, und ebenso nicht der Widerstand bei A, da dieser normal zur Verschiebung von A steht. Der Ausdruck für die virtuelle Arbeit lautet also, wenn man ein Koordinatensystem mit dem Ursprung im unbeweglichen Punkte O in gewöhnlicher Weise annimmt,

$$Q\,\delta x_1 - G\,\delta y_2 - P\,\delta y_3 = 0. \tag{2}$$

Die beiden letzteren virtuellen Momente sind negativ anzusetzen, weil die Richtung der y-Achse nach oben positiv angenommen ist, die Kräfte aber nach abwärts wirken. Ferner ist

$$x_1 = -a\cos\alpha - \frac{b}{2}\sin\beta, \qquad \delta x_1 = a\sin\alpha\,\delta\alpha - \frac{b}{2}\cos\beta\,\delta\beta,$$

$$y_2 = \frac{a}{2}\sin\alpha, \qquad \delta y_2 = \frac{a}{2}\cos\alpha\,\delta\alpha,$$

$$y_3 = h - \frac{b}{2}\cos\beta, \qquad \delta y_3 = \frac{b}{2}\sin\beta\,\delta\beta.$$

Da das System nur einen Freiheitsgrad besitzt, besteht eine Beziehung zwischen $\delta\alpha$ und $\delta\beta$, die man ohne weiteres daraus erhält, daß bei jeder Bewegung des Systems die Gleichung bestehen bleibt

$$h + \frac{b}{2}\cos\beta = a\sin\alpha$$

und daher

$$\delta\beta = -\frac{2a}{b}\,\frac{\cos\alpha}{\sin\beta}\,\delta\alpha$$

ist. Eingesetzt in (2) ergibt sich

$$(G \cos \alpha - 2\,Q \sin \alpha - 2\,P \cos \alpha - 2\,Q \cos \alpha \operatorname{ctg} \beta)\, \delta\alpha = 0.$$

Der Koeffizient von $\delta\alpha$ gleich Null gesetzt, liefert die gewünschte Beziehung

$$\operatorname{tg} \alpha = \frac{G - 2\,P}{2\,Q} + \operatorname{ctg} \beta. \tag{3}$$

Wäre die Kraft Q nicht vorhanden, so bekommt man als Bedingung

$$G = 2\,P$$

bei beliebigen Winkeln α und β; dieses letztere Ergebnis könnte man auch leicht direkt ohne Zuhilfenahme unseres Prinzips aus dem Gleichgewicht jedes einzelnen Stabes erhalten.

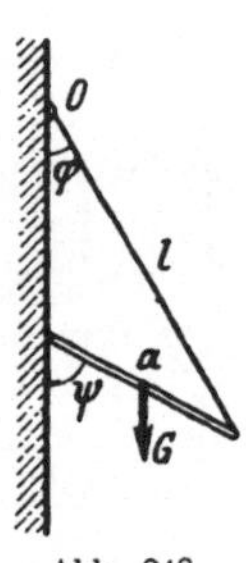

Abb. 248.

Beispiel 64. Ein Stab von der Länge a stützt sich mit dem einen Ende gegen eine vollständig glatte Wand und ist am anderen Ende von einem Faden von der Länge l festgehalten, der in O an der Wand befestigt ist (Abb. 248). In welcher Beziehung stehen bei Gleichgewicht die Winkel φ und ψ?

Virtuelle Arbeit leistet nur die Schwerkraft, daher ist

$$G\, \delta x_s = 0.$$

Daraus können wir nicht schließen, daß G verschwinden müßte, also Gleichgewicht überhaupt nicht möglich wäre; denn δx_s ist keine unabhängige virtuelle Verschiebung. Nehmen wir ein Koordinatensystem mit dem Ursprung in O, so ist

$$x_s = l \cos \varphi - \frac{a}{2} \cos \psi,$$

$$\delta x_s = -l \sin \varphi\, \delta\varphi + \frac{a}{2} \sin \psi\, \delta\psi$$

und wegen der Bedingung

$$l \sin \varphi = a \sin \psi$$

ist

$$\delta\psi = \frac{l \cos \varphi}{a \cos \psi}\, \delta\varphi.$$

Eingesetzt gibt dies

$$\left(-\operatorname{tg} \varphi + \frac{1}{2} \operatorname{tg} \psi\right) \delta\varphi = 0,$$

also

$$\operatorname{tg} \psi = 2 \operatorname{tg} \varphi. \tag{4}$$

Wir können mit Hilfe unseres Satzes auch die Gleichgewichtsbedingungen für den starren Körper ableiten. Es muß die Beziehung gelten

$$\delta A = \sum \mathfrak{P}_i\, \delta \mathfrak{r}_i = 0, \tag{5}$$

die virtuelle Verschiebung eines Punktes A_i, eines starren Körpers ist gegeben durch

$$\delta \mathfrak{r}_i = \delta \mathfrak{r}_0 + \delta \mathfrak{d} \times (\mathfrak{r}_i - \mathfrak{r}_0),$$

wo $\delta \mathfrak{r}_0$ und $\delta \mathfrak{d}$, die Elementardrehung, willkürlich sind. Daher haben wir

$$\sum \mathfrak{P}_i \{\delta \mathfrak{r}_0 + \delta \mathfrak{d} \times (\mathfrak{r}_i - \mathfrak{r}_0)\} = 0$$

und daraus erhält man zunächst

$$\sum \mathfrak{P}_i = 0. \tag{6}$$

Aus

$$\sum \mathfrak{P}_i (\delta\mathfrak{d} \times \mathfrak{r}_i - \delta\mathfrak{d} \times \mathfrak{r}_0) =$$
$$= \sum \delta\mathfrak{d} (\mathfrak{r}_i \times \mathfrak{P}_i) - \sum \delta\mathfrak{d} (\mathfrak{r}_0 \times \mathfrak{P}_i) = 0 \tag{7}$$

ergibt sich ferner

$$\sum (\mathfrak{r}_i \times \mathfrak{P}_i) = 0 \tag{8}$$

als zweite Bedingung. Der zweite Summand in (7) verschwindet wegen (6), da wir ihn in der Form

$$\sum \delta\mathfrak{d} (\mathfrak{r}_0 \times \mathfrak{P}_i) = (\mathfrak{r}_0 \times \sum \mathfrak{P}_i)\, \delta\mathfrak{d}$$

schreiben können. Das sind aber die bekannten Gleichgewichtsbedingungen für die Kräfte an einem starren Körper.

193. Anwendungen in der Fachwerkstheorie. In dieser wird unser Satz auf zwei prinzipiell ganz verschiedene Arten verwendet. Einerseits benutzt man ihn bei der sogenannten kinematischen Methode der Spannungsberechnung in einem statisch bestimmten Fachwerk in derselben Weise wie in den angeführten Beispielen zur Bestimmung der Spannkraft in irgendeinem beliebig herausgenommenen Stabe, anderseits kann man sich seiner bedienen, um die geometrischen Beziehungen zwischen den Längenänderungen der Stäbe eines statisch unbestimmten Fachwerkes zu ermitteln.

Im ersten Fall gehen wir folgendermaßen vor: Man denkt sich den Stab, in dem die Spannkraft bestimmt werden soll, entfernt und bringt dafür an den Knotenpunkten die Spannkräfte als Unbekannte an, die früher in dem Stabe geherrscht haben (Abb. 249). Da dadurch das Gleichgewicht nicht gestört wird, muß die virtuelle Arbeit der äußeren Kräfte, die Arbeit der Spannkräfte S jetzt eingerechnet, verschwinden. Das gibt ohne weiteres die Möglichkeit, diese gesuchte Spannkraft zu bestimmen, wenn man die durch Entnahme des Stabes möglich gewordenen, virtuellen Verschiebungen der Endpunkte desselben kennt. Diese lassen sich aber bei einem ebenen Fachwerk durch die Konstruktion der absoluten Drehpole der Scheiben ermitteln, in die das Fachwerk durch die Wegnahme des Stabes zerfällt.

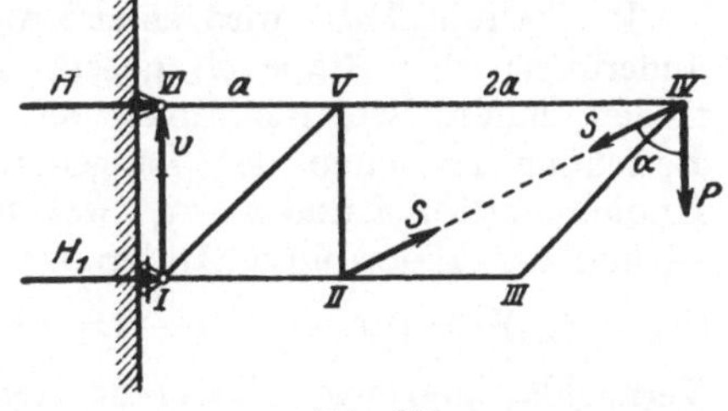

Abb. 249.

In dem nebengezeichneten Wandarm sind bei Entnahme des zweiten Diagonalstabes die Verschiebungen

$$\delta y_1 = \delta y_2 = \delta y_6 = \delta y_5' = 0$$

und die Gelenke IV und III können nur vertikale Verschiebungen ausführen. Daher liegt der momentane Drehpol der Scheibe III IV im Unendlichen und die Verschiebungen sind gleich groß

$$\delta y_3 = \delta y_4 = \delta y.$$

Virtuelle Arbeit leistet nur die Kraft S im Knoten IV und die Kraft P, da Punkt II in Ruhe bleibt. Das gibt

$$P\,\delta y + S \cos\alpha\,\delta y = 0,$$

also

$$S = -\frac{P}{\cos\alpha} = -P\sqrt{5}. \tag{9}$$

In ganz anderer Art kann man das Prinzip der virtuellen Verschiebungen zur Ermittlung der geometrischen Bedingungsgleichungen zwischen den Längenänderungen der Stäbe eines statisch unbestimmten Fachwerkes verwenden. Das soll an einem Beispiel gezeigt werden. Wenn man wieder den obigen Wandarm hernimmt und ihn durch Einfügung eines weiteren Diagonalstabes III, V zu einem einfach statisch unbestimmten Fachwerk macht, Abb. 250, so kommen wir bei der Berechnung der Spannkräfte nicht mehr mit den statischen Gleichgewichtsbedingungen allein aus, wir müssen auf die elastischen Eigenschaften der Stäbe Rücksicht nehmen und Längenänderungen derselben zulassen. Diese sind dann nicht mehr alle voneinander unabhängig, sondern, wie wir schon in dem Kapitel über Fachwerke erwähnt haben, bestehen so viel Beziehungen geometrischer Natur zwischen ihnen, als überzählige Stäbe vorhanden sind.

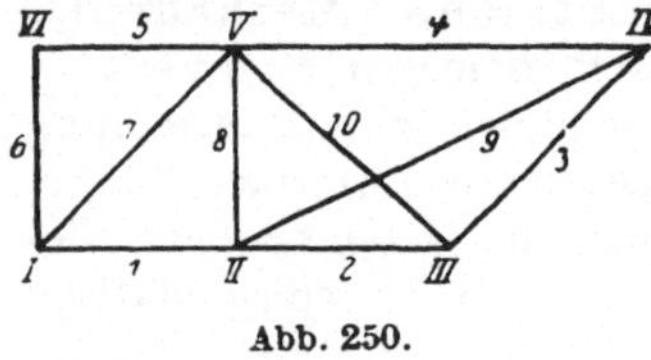

Abb. 250.

In unserem Falle wird es also eine Gleichung zwischen den Längenänderungen der Stäbe δl_i geben. Diese könnten wir rein geometrisch finden, indem wir die durch den pythagoreischen Lehrsatz gegebene Beziehung zwischen der Längenänderung eines Stabes zwischen den Knotenpunkten i und k — l_{ik} wollen wir ihn für den Augenblick nennen — und den Koordinatenänderungen dieser Knotenpunkte aufstellen

$$(l_{ik} + \delta l_{ik})^2 = [(x_i + \delta x_i) - (x_k + \delta x_k)]^2 + [(y_i + \delta y_i) - (y_k + \delta y_k)]^2.$$

Vernachlässigen wir Glieder zweiter Ordnung, so erhält man

$$\delta l_{ik} = \frac{x_i - x_k}{l_{ik}} (\delta x_i - \delta x_k) + \frac{y_i - y_k}{l_{ik}} (\delta y_i - \delta y_k), \tag{10}$$

in unserem Beispiel also zehn Gleichungen mit neun unbekannten Knotenverrückungen — drei von den insgesamt 12 möglichen sind ja durch die Auflagerbedingungen bestimmt

$$\delta x_6 = \delta y_6 = \delta x_1 = 0.$$

Daher bleibt entsprechend der Tatsache, daß nur ein überzähliger Stab vorhanden ist, auch nur eine Gleichung zwischen den δl_i übrig, die wir durch Elimination der unbekannten neun $\delta x_i\,\delta y_i$ finden können.

Diese geometrische Methode zur Auffindung der Beziehungen zwischen den δl_i ist aber in den meisten Fällen recht umständlich, nur bei hochgradig statisch unbestimmten Fachwerken findet sie manchmal mit Vorteil Anwendung.

Mit Hilfe des Prinzips der virtuellen Verschiebungen kann man dagegen diese geometrischen Bedingungsgleichungen recht einfach bestimmen und hat dabei noch den Vorteil, daß eine dazu nötige Zwischenrechnung bei der Bestimmung der Stabspannkräfte sowieso ausgeführt werden muß. Zu diesem Zwecke denken wir uns die Stäbe weggelassen und die Knoten durch Massenpunkte von beliebiger Masse ersetzt — diese kann deswegen beliebig sein, weil wir nur den Ruhezustand betrachten. In diesen Punkten lassen wir nun Kräfte angreifen, die in die Richtung der Stäbe fallen und so gewählt sind, daß sie ein Gleichgewichtssystem bilden. Ein solches System findet man in der Weise, daß man die überzähligen Stäbe durch Kräfte ersetzt und die dazugehörigen Spannkräfte in dem übrigbleibenden statisch bestimmten System ermittelt. Da wir Gleichgewicht haben, muß die virtuelle Arbeit bei einer Verschiebung verschwinden. Die virtuellen Verrückungen sind dabei die Änderungen der Entfernungen der Punkte voneinander, entsprechen also den Längenänderungen der Stäbe. Weil nun die Größe der in den überzähligen Stäben angenommenen Kräfte willkürlich ist, so können wir aus dem Verschwinden der virtuellen Arbeit jetzt schließen, daß die Koeffizienten dieser Kräfte jeder für sich gleich Null sein müssen. Das gibt die gewünschten Beziehungen zwischen den δl_i.

Bei unserem Beispiel ist der Vorgang folgender: Wir ersetzen den Stab 10 durch die beiden Kräfte U_1 (Abb. 251), bestimmen die dann in dem Fachwerk wirkenden Spannkräfte nach irgendeiner der bekannten Methoden und erhalten

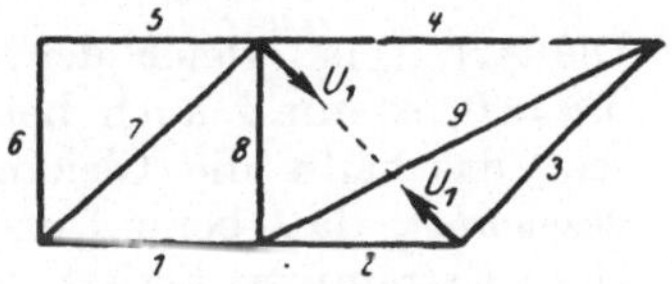

Abb. 251.

$$\left.\begin{aligned} S_1' = S_6' = S_5' = S_8' = 0,\\ S_2' = -\sqrt{2}\,U_1,\ S_3' = -U_1,\ S_4' = -\frac{1}{2}\sqrt{2}\,U_1,\ S_7' = -\frac{\sqrt{2}}{2}\,U_1,\\ S_9' = \frac{\sqrt{10}}{2}\,U_1. \end{aligned}\right\} \quad (11)$$

Diese Rechnung müßten wir auch sonst bei der Ermittlung der Spannkräfte in dem statisch unbestimmten Fachwerk ausführen. Die virtuelle Arbeit dieser Kräfte ist gegeben durch

$$S_1'\,\delta l_1 + S_2'\,\delta l_2 + \ldots S_9'\,\delta l_9 + U_1\,\delta l_{10} = 0.$$

Die Werte (11) eingesetzt, bekommen wir

$$\left(-\sqrt{2}\,\delta l_2 - \delta l_3 - \frac{\sqrt{2}}{2}\,\delta l_4 - \frac{\sqrt{2}}{2}\,\delta l_7 + \frac{\sqrt{10}}{2}\,\delta l_9 + \delta l_{10}\right)U_1 = 0.$$

Der Klammerausdruck muß wegen der Willkürlichkeit der Größe von

U_1 verschwinden und wir erhalten daher die gesuchte Beziehung zwischen den Längenänderungen

$$2\,\delta l_2 + \sqrt{2}\,\delta l_3 + \delta l_4 + \delta l_7 - \sqrt{5}\,\delta l_9 - \sqrt{2}\,\delta l_{10} = 0. \tag{12}$$

194. Stabiles und labiles Gleichgewicht. Die Erfahrung lehrt, daß es offenbar qualitativ verschiedene Gleichgewichtszustände eines mechanischen Systems gibt. Ein Stab kann in Ruhe sein, wenn er an einem Ende vertikal aufgehängt ist, aber auch wenn er auf seiner schmalen Grundfläche aufsteht. Im letzteren Fall wird er jedoch bei der geringsten Störung umkippen. Man unterscheidet dementsprechend ein stabiles und ein labiles Gleichgewicht. Es ist stabil, wenn das System bei einer kleinen Verschiebung aus der Ruhelage wieder in dieselbe zurückkehrt, wenn die Kräfte, die die Verschiebung hervorgerufen haben, zu wirken aufhören. Labil ist es, wenn bei einer solchen Verschiebung nach Aufhören der störenden Kräfte das System sich von selbst weiter aus der Gleichgewichtslage entfernt. Außerdem spricht man noch von einem indifferenten oder astatischen Gleichgewicht, wenn jede Lage, in die man das System durch eine derartige Verschiebung bringt, wieder eine Gleichgewichtslage ist.

Das Prinzip der virtuellen Verschiebungen sagt zunächst nichts über die Art des Gleichgewichtes aus. Um darüber Auskunft zu erhalten, müssen wir es etwas näher vom dynamischen Gesichtspunkt aus betrachten. Nach dem Energiesatz ist

$$\delta A = \delta K.$$

Die Arbeit ist gleich der Änderung der kinetischen Energie. Ist also $\delta A = 0$, so muß auch bei einer wirklichen Bewegung δK gleich Null sein, das heißt die Gleichgewichtslage eines Systems ist dadurch ausgezeichnet, daß beim Durchgang durch dieselbe die kinetische Energie einen Extremwert besitzt. Nach dem Satz von der Erhaltung der Energie hat dann aber auch die potentielle Energie ein Extremum. Es läßt sich nun leicht zeigen, daß die Art des Gleichgewichtes von der Art des Extremums abhängt. Ist für die Gleichgewichtslage die potentielle Energie ein Minimum, so ist das Gleichgewicht stabil, ist sie ein Maximum, so ist es labil. Ändert sich die potentielle Energie nicht, ist sie für alle Lagen die gleiche, dann ist das Gleichgewicht indifferent.

Das kann man sich leicht plausibel machen. Ist die potentielle Energie ein Minimum, also die kinetische ein Maximum, dann kann die kinetische Energie unter dem Einfluß der störenden Kräfte nicht von selbst anwachsen; wenn die durch diese hinzugekommene Zusatzenergie etwa durch Reibungsverluste aufgezehrt ist, muß sich das System wieder in seiner ursprünglichen Lage befinden. Das Gleichgewicht ist also stabil. Ist umgekehrt die potentielle Energie ein Maximum, die kinetische ein Minimum, so nimmt die kinetische Energie bei einer Bewegung aus der Ruhelage von selbst zu, das System entfernt sich weiter aus der Gleichgewichtslage heraus. Das ist das Kennzeichen für das labile Gleichgewicht. Bei indifferentem Gleichgewicht verhält es sich so wie bei dem stabilen. Man nimmt natürlich die potentielle Energie als Kriterium für die Art des Gleichgewichtes, weil wir von der Ruhelage ausgehen, bei der die kinetische Energie Null wäre, und nicht die Bewegung des Systems durch die Gleichgewichtslage betrachten. Um zu erkennen, ob die potentielle Energie ein Maximum oder Minimum hat oder konstant ist, brauchen wir nur den Wert der virtuellen Arbeit bei einer *endlichen* Verschiebung berechnen. Ist dieser *negativ*, so hatte wegen der Beziehung

$$\Delta A = -\Delta V$$

in der Ausgangslage V ein Minimum, es herrscht also *stabiles* Gleichgewicht. Ist sie *positiv*, dann ist V ein Maximum und das Gleichgewicht daher *labil*. Ist ΔA dauernd Null, dann ändert sich die potentielle Energie überhaupt nicht, dann haben wir indifferentes Gleichgewicht vor uns.

Da immer kleine störende Kräfte auftreten, kann praktisch nur ein System in Ruhe verbleiben, das sich in stabilem Gleichgewicht befindet. Die Bedingung, daß die potentielle Energie ein Minimum sein muß, ist daher das wichtigste *Stabilitätskriterium*, es hat besonders in der Elastizitätslehre bei der Theorie der Knickung und den Bruchhypothesen eine große Bedeutung.

Bei einem starren Körper im *Schwerefeld* wird die potentielle Energie größer, wenn der Schwerpunkt bei einer Bewegung gehoben wird. V ist also ein Minimum, der Körper befindet sich im *stabilen* Gleichgewicht, *wenn der Schwerpunkt am tiefsten liegt*. Umgekehrt ist er im *labilen*, wenn der Schwerpunkt seine *höchste* Lage einnimmt. Für eine Bewegung, bei der die Höhe des Schwerpunktes sich nicht ändert, befindet sich der Körper in indifferentem Gleichgewicht. Genau genommen ist ja die Art des Gleichgewichts, wie schon aus den obigen allgemeinen Überlegungen hervorgeht, von den virtuellen Verschiebungen abhängig, die man in dem System zuläßt. Ein Kegel, der längs einer Erzeugenden auf einer horizontalen Ebene liegt, ist für eine Drehung um diese Erzeugende im indifferenten Gleichgewicht, für eine Drehung um eine andere Achse im stabilen.

Eine Kette von gegebener Länge, die zwischen Befestigungspunkten herabhängt, wird sich so einstellen müssen, daß ihr Schwerpunkt die tiefste Lage einnimmt; denn sie befindet sich im stabilen Gleichgewicht. Da die Form einer homogenen Kette dabei eine gewöhnliche Kettenlinie ist, können wir behaupten, daß von allen Kurven gleicher Länge, die zwei Punkte verbinden, die Kettenlinie jene ist, deren Schwerpunkt am tiefsten liegt.

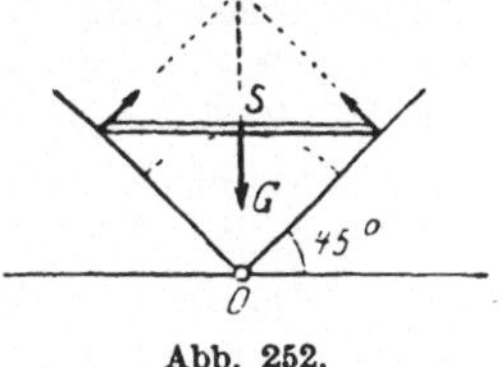

Abb. 252.

Beispiel 65. Zwischen zwei vollständig glatten Wänden, die einen rechten Winkel miteinander bilden und mit je 45° gegenüber der Horizontalen geneigt sind, liegt ein homogener Stab (Abb. 252). Er ist im Gleichgewicht, denn die Richtungen der drei Kräfte, des Gewichts G und der beiden Normalwiderstände, schneiden sich in einem Punkt und das Krafteck ist geschlossen. Welcher Art ist das Gleichgewicht?

Bei einer Verschiebung des Stabes zwischen den Wänden beschreibt der Schwerpunkt einen Kreisbogen mit dem Zentrum in der Ecke O. Daher wird der Schwerpunkt bei jeder Verschiebung gesenkt, der Stab ist im labilen Gleichgewicht.

XI. Die Lagrangeschen Gleichungen.

195. Das D'Alembertsche Prinzip in der Lagrangeschen Fassung. Wenn wir die Aussage des Prinzips von D'Alembert — bei der Bewegung halten sich die eingeprägten Kräfte und die negativen Massenbeschleunigungen das Gleichgewicht — in die allgemeinste Gleichgewichtsbedingung, das Prinzip der virtuellen Verschiebungen, einsetzen, so erhalten wir ein ganz allgemeines Grundgesetz, auf das man die gesamte Mechanik, Statik und Dynamik aufbauen kann. Wir wollen es das D'Alembertsche Prinzip in der Lagrangeschen Fassung nennen, es lautet also

$$\sum (\mathfrak{P}_i - m_i \mathfrak{p}_i)\, \delta \mathfrak{r}_i = 0 \tag{1}$$

oder in Komponenten angeschrieben

$$\sum \{(P_{xi} - m_i \ddot{x}_i)\, \delta x_i + (P_{yi} - m_i \ddot{y}_i)\, \delta y_i + (P_{zi} - m_i \ddot{z}_i)\, \delta z_i\} = 0.$$

Wenn man jedes mechanische System als ein System von Massenpunkten auffaßt, dessen Bedingungsgleichungen sich durch Kräfte ersetzen lassen, dann kann man dieses Prinzip auf die Newtonschen Grundgesetze zurückführen, wie wir schon hervorgehoben haben. Wenn man nicht diese spezielle Annahme machen will, muß man es als Fundamentalgesetz an die Spitze der Mechanik stellen, wie es Lagrange in seiner analytischen Mechanik getan hat.

Haben wir kontinuierlich ausgebreitete Massen und ein kontinuierliches Kraftfeld gegeben, so führen wir die Kraft pro Masseneinheit, die Feldstärke, ein — wir wollen sie wieder $\mathfrak{P}$ nennen — und haben in dem obigen Ausdruck an Stelle der Summe das Integral und an Stelle von $\mathfrak{P}_i$ den Wert $\mathfrak{P}\, dm$ einzusetzen. Das gibt

$$\int (\mathfrak{P} - \mathfrak{p})\, dm\, \delta \mathfrak{r} = 0. \tag{2}$$

Bei der weiteren Entwicklung zeigt es sich nun, daß die Form der Bedingungsgleichungen, die zwischen den virtuellen Verschiebungen der einzelnen Punkte bestehen, von großer Bedeutung ist. In der gewöhnlichen Form geben diese Beziehungen zwischen den Koordinaten der Punkte an. Es kann aber schon bei relativ einfachen Beispielen der Fall eintreten, daß diese Bedingungen sich nicht in dieser Art ausdrücken lassen. Wenn ein kreisrunder Reifen vertikal auf einer Ebene rollt, so ist die Bedingung des reinen Rollens durch eine Gleichung in ganzen Koordinaten $s = r\varphi$ darstellbar. Steht der Reifen aber schief, ist seine Ebene gegen die Vertikale geneigt, so besteht allerdings auch noch die Beziehung $\delta s = r\, \delta\varphi$, die Richtung des Bogenelementes δs ändert sich indessen beständig; wenn ϑ den Winkel bedeutet, den diese Richtung in der Horizontalebene mit der festen x-Achse einschließt, so haben wir die Bedingung

$$dx = \cos \vartheta\, r\, d\varphi, \qquad dy = \sin \vartheta\, r\, d\varphi$$

und diese Differentialbeziehung können wir nicht mehr so wie früher in ganze von den Differentialen freie Ausdrücke umwandeln. Wir nennen solche Systeme, bei denen Bewegungsbedingungen im unendlich Kleinen vorgeschrieben sind, nicht holonome Systeme. Sie bieten weit größere Schwierigkeiten bei ihrer Behandlung als solche, bei denen keine derartigen Bedingungsgleichungen vorkommen, wir wollen uns daher auf die letzteren, die holonomen beschränken.

Ferner wollen wir noch unterscheiden, ob die Bedingungsgleichungen die Zeit explizit enthalten oder nicht. Im letzteren Fall sprechen wir von skleronomen, im ersteren von nicht skleronomen oder rheonomen Systemen. Bei einem rheonomen System sind also die Führungen oder die Stützflächen nicht fest, sondern verändern sich mit der Zeit.

196. Generalisierte Koordinaten und Kräfte. Auf genau dieselbe Weise, wie wir aus dem Prinzip der virtuellen Verschiebungen die Gleichgewichtsbedingungen abgeleitet haben, kann man aus (1) die Bewegungsgleichungen eines Systems ermitteln. Wir haben alle Verschiebungen durch die unabhängigen Veränderlichen auszudrücken — es werden genau so viele sein, als das System Freiheitsgrade besitzt — und dann die Koeffizienten dieser willkürlichen Verschiebungen gleich Null zu setzen. Hat das System s Freiheitsgrade, so bekommen wir s Bewegungsgleichungen, die schon die bekannten Bewegungsgleichungen von Lagrange darstellen. Mit Benutzung der kinetischen Energie kann man nun diese Gleichungen in allgemeiner Form ableiten, und das soll unsere nächste Aufgabe sein.

Wenn wir s beliebige, den Verhältnissen des Systems am besten angepaßte unabhängige Veränderliche, die „generalisierten" Koordinaten, einführen, so wird die virtuelle Arbeit, in diesen Veränderlichen angeschrieben, die Gestalt haben

$$\delta A = B\,\delta\beta + C\,\delta\gamma \ldots = \sum_{i=1}^{i=s} Q_i\,\delta q_i, \tag{3}$$

wenn wir diese Variablen mit $q_1, q_2 \ldots q_s$ bezeichnen. Die Größen, die wir als Koeffizienten der unabhängigen Variationen in (3) erhalten, müssen aber jetzt nicht mehr Kräfte bedeuten, wesentlich ist nur, daß die Ausdrücke $Q_i\,\delta q_i$ immer eine Arbeit darstellen. Man nennt die Q_i die „generalisierten Kräfte". Sind die δq_i Längenänderungen, dann sind es wirkliche Kräfte, sind die δq_i Winkeländerungen, dann stellen die Q_i Momente dar, bei Volumsänderungen sind es spezifische Drücke. Allgemein haben wir

$$Q_i = \frac{\delta A}{\delta q_i}, \tag{4}$$

wobei alle übrigen q konstant zu halten sind. Besitzen die Kräfte ein Potential, so kann man dieses ebenfalls durch die generalisierten Koordinaten q_i ausdrücken und hat dann für die generalisierte Kraft

$$Q_i = -\frac{\partial V}{\partial q_i} \tag{4a}$$

zu setzen.

197. Die Lagrangesche Zentralgleichung. Bevor wir zur eigentlichen Ableitung der Lagrangeschen Gleichungen übergehen, wollen wir eine häufig angewendete allgemeine Beziehung beweisen, die wir dabei benötigen werden. Wir können nämlich behaupten, daß

$$d\,\delta q_i = \delta\, dq_i \tag{5}$$

ist, daß wir Differential- und Variationszeichen vertauschen können.

Wenn wir wie immer mit $d\mathfrak{r}$ das Bogenelement einer Kurve zwischen den Punkten P_1 und P_2 bezeichnen, die wir dann zusammenfallen lassen, so ist mit $\delta\mathfrak{r}$ die seitliche Verschiebung des Punktes P_1 nach P_1' und dementsprechend mit

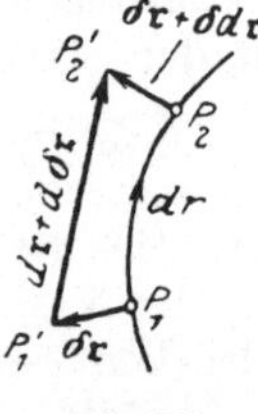

Abb. 253.

$$\delta(\mathfrak{r} + d\mathfrak{r}) = \delta\mathfrak{r} + \delta\, d\mathfrak{r}$$

die des Punktes P_2 nach P_2' zu benennen, Abb. 253. Dann ist der Vektor $\overline{P_1'\,P_2'}$

$$d(\mathfrak{r} + \delta\mathfrak{r}) = d\mathfrak{r} + d\,\delta\mathfrak{r}$$

zu setzen und aus der Geschlossenheit des Vierecks $P_1\,P_1'\,P_2\,P_2'$ folgt

$$d\mathfrak{r} + \delta\mathfrak{r} + \delta\, d\mathfrak{r} - \delta\mathfrak{r} - d\mathfrak{r} - d\,\delta\mathfrak{r} = 0$$

oder

$$d\,\delta\mathfrak{r} = \delta\, d\mathfrak{r}. \tag{6}$$

Da nun

$$\delta\mathfrak{r} = \sum_{i=1}^{i=s} \frac{\partial\mathfrak{r}}{\partial q_i}\,\delta q_i$$

ist, können wir diese Relation verallgemeinern und erhalten die angeschriebene Beziehung (5).

Wenn wir nun wieder zu unserem Prinzip übergehen, so können wir das zweite Glied in (2) $\int dm\,\dot{\mathfrak{v}}\,\delta\mathfrak{r}$ identisch umformen

$$\int dm\,\dot{\mathfrak{v}}\,\delta\mathfrak{r} = \frac{d}{dt}\int dm\,\mathfrak{v}\,\delta\mathfrak{r} - \int dm\,\mathfrak{v}\,\frac{d}{dt}\,\delta\mathfrak{r}, \tag{7}$$

wie man durch Ausdifferenzieren des ersten Ausdruckes rechts sofort erkennt. Nun ist nach (6)

$$\frac{d}{dt}\,\delta\mathfrak{r} = \delta\,\frac{d\mathfrak{r}}{dt} = \delta\mathfrak{v}.$$

Daher ist das zweite Glied

$$\int dm\,\mathfrak{v}\,\delta\mathfrak{v} = \delta K$$

und wir erhalten, wenn wir dieses Resultat in (2) einsetzen und uns überlegen, daß wir die virtuelle Arbeit

$$\int \mathfrak{P}\, dm\,\delta\mathfrak{r}$$

nach (3) durch $\sum_{i=1}^{i=s} Q_i\,\delta q_i$ darstellen können,

$$\frac{d}{dt}\int dm\, \mathfrak{v}\, \delta\mathfrak{r} - \delta K = \sum_{i=1}^{i=s} Q_i\, \delta q_i. \tag{8}$$

Das ist die sogenannte Lagrangesche Zentralgleichung.

198. Die Bewegungsgleichungen. Aus der Gleichung für die Geschwindigkeit

$$\mathfrak{v} = \frac{d\mathfrak{r}}{dt} = \sum_{i=1}^{i=s} \frac{\partial\mathfrak{r}}{\partial q_i}\dot{q}_i + \frac{\partial\mathfrak{r}}{\partial t}$$

folgt durch Differentiation nach $\dot{q}_i$, wenn wir die $\dot{q}_i$, q_i und t als unabhängige Variable betrachten,

$$\frac{\partial\mathfrak{v}}{\partial\dot{q}_i} = \frac{\partial\mathfrak{r}}{\partial q_i}. \tag{9}$$

Wir können daher schreiben

$$\int dm\, \mathfrak{v}\, \delta\mathfrak{r} = \sum_{i=1}^{i=s}\int dm\, \mathfrak{v}\, \frac{\partial\mathfrak{r}}{\partial q_i}\, \delta q_i = \sum_{i=1}^{i=s}\int dm\, \mathfrak{v}\, \frac{\partial\mathfrak{v}}{\partial\dot{q}_i}\, \delta q_i. \tag{10}$$

Denken wir uns nun die kinetische Energie

$$K = \frac{1}{2}\int \mathfrak{v}^2\, dm$$

durch die generalisierten Koordinaten ausgedrückt, K wird dann eine Funktion der generalisierten Geschwindigkeiten $\dot{q}_i$ und der Koordinaten q_i sein, so ist

$$\frac{\partial K}{\partial\dot{q}_i} = \int \mathfrak{v}\, dm\, \frac{\partial\mathfrak{v}}{\partial\dot{q}_i},$$

wenn wir wieder, was ja beim ersten Differentialquotienten erlaubt ist, die q_i und $\dot{q}_i$ als unabhängige Veränderliche ansehen. Wir haben also

$$\int dm\, \mathfrak{v}\, \delta\mathfrak{r} = \sum_{i=1}^{i=s} \frac{\partial K}{\partial_i\dot{q}}\, \delta q_i. \tag{11}$$

Die Ausdrücke

$$\frac{\delta K}{\delta\dot{q}_i},$$

die wir erhalten, indem wir die kinetische Energie partiell nach der i-ten Geschwindigkeitskomponente differentiieren, wobei alle anderen $\dot{q}$, q und t als konstant anzusehen sind, hat die Dimension einer Bewegungsgröße bzw. eines Impulses und wird daher die i-te Lagrangesche Impulskomponente genannt.

Da weiters

$$\delta K = \sum_{i=1}^{i=s} \frac{\partial K}{\partial q_i}\, \delta q_i + \sum_{i=1}^{i=s} \frac{\partial K}{\partial\dot{q}_i}\, \delta\dot{q}_i$$

ist, so bekommen wir durch das Einsetzen von (11) in der Lagrangeschen Zentralgleichung (8)

$$\frac{d}{dt}\left(\sum_{i=1}^{i=s}\frac{\partial K}{\partial \dot{q}_i}\delta q_i\right)-\sum_{i=1}^{i=s}\frac{\partial K}{\partial q_i}\delta q_i-\sum_{i=1}^{i=s}\frac{\partial K}{\partial \dot{q}_i}\delta\dot{q}_i=\sum_{i=1}^{i=s}Q_i\,\delta q_i.$$

Die Summen sind dabei wie immer über alle s unabhängige Veränderliche zu nehmen. Wenn man ausdifferenziert, gibt dies unter Berücksichtigung von (5)

$$\sum_{i=1}^{i=s}\left\{\frac{d}{dt}\left(\frac{\partial K}{\partial \dot{q}_i}\right)\delta q_i+\frac{\partial K}{\partial \dot{q}_i}\delta\dot{q}_i-\frac{\partial K}{\partial q_i}\delta q_i-\frac{\partial K}{\partial \dot{q}_i}\delta\dot{q}_i\right\}=$$

$$=\sum_{i=1}^{i=s}\left\{\frac{d}{dt}\left(\frac{\partial K}{\partial \dot{q}_i}\right)-\frac{\partial K}{\partial q_i}\right\}\delta q_i=\sum_{i=1}^{i=s}Q_i\,\delta q_i.$$

Weil die δq_i voneinander unabhängig sind, muß der Koeffizient einer jeden solchen Verschiebung für sich verschwinden, und wir erhalten auf diese Art s verschiedene Bewegungsgleichungen, genau so viele, als das System Freiheitsgrade besitzt

$$\frac{d}{dt}\left(\frac{\partial K}{\partial \dot{q}_i}\right)-\frac{\partial K}{\partial q_i}=Q_i,\quad i=1\ldots s. \tag{12}$$

Das sind die berühmten Bewegungsgleichungen von Lagrange; es ist das die einfachste Form, auf die wir die Bewegungsgleichungen des Systems bringen können. Besitzen die Kräfte ein Potential, so kann man für die rechte Seite $-\frac{\partial V}{\partial q_i}$ setzen, so daß dann

$$\frac{d}{dt}\left(\frac{\partial K}{\partial \dot{q}_i}\right)-\frac{\partial K}{\partial q_i}=-\frac{\partial V}{\partial q_i},\quad i=1\ldots s \tag{12a}$$

gilt. Wir gewinnen auf diese Weise also direkt die Bewegungsgleichungen für ein beliebiges System, wenn wir nur dessen gesamte Energie, die kinetische und potentielle, bestimmen können. Der Umweg über die Reaktionskräfte, den wir bei der synthetischen Methode machen mußten, ist nicht mehr nötig. Wir erkennen jetzt auch die Richtigkeit der früher gemachten Behauptung, daß wir immer genau so viele reine, d. i. von Zwangskräften freie Bewegungsgleichungen erhalten, als das System Freiheitsgrade besitzt.

199. Beispiele. Die große Verwendbarkeit der Lagrangeschen Gleichungen wollen wir an einer Reihe von Beispielen zeigen.

Bei einem freien Massenpunkt, wo

$$K=\frac{1}{2}m(\dot{x}^2+\dot{y}^2+\dot{z}^2)$$

ist, erhält man aus ihnen sofort die Newtonschen Grundgleichungen. Bei einem starren Körper kann man mit ihrer Hilfe aus den Ausdrücken für die kinetische Energie und die Arbeit bei der Drehung um eine feste Achse und bei der ebenen Bewegung ohne weiteres die Bewegungsgleichungen ableiten. Aber auch bei der Relativbewegung eines Punktes lassen sie sich mit Vorteil verwenden, wie an folgendem Beispiel gezeigt werden soll.

Beispiel 65. Ein Punkt mit der Masse m bewegt sich in einer glatten Röhre, die mit konstanter Geschwindigkeit um eine horizontale Achse rotiert (Abb. 254). Wie erfolgt die Bewegung des Punktes im Rohr?

Da die Aufgabe nur einen Freiheitsgrad besitzt, so wollen wir als Veränderliche r wählen, also

$$q_1 = r$$

setzen. Die kinetische Energie ist

$$K = \frac{1}{2} m v^2 = \frac{1}{2} m (\dot{r}^2 + r^2 \omega_0^2),$$

und die virtuelle Arbeit, da nur die Schwerkraft eine solche leistet,

$$\delta A = m g \sin \omega_0 t \, \delta r.$$

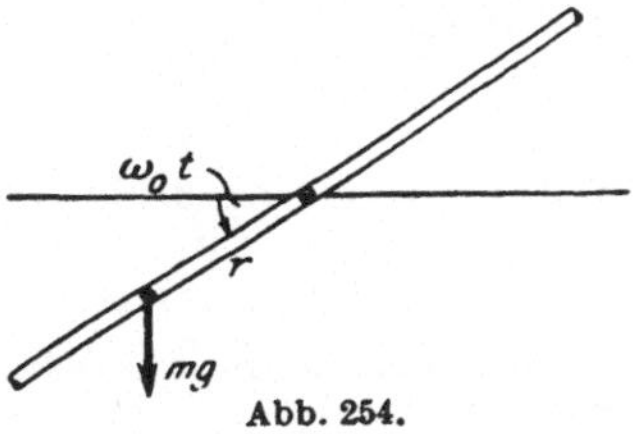

Abb. 254.

Daher gibt (12)

$$\frac{d}{dt}(m \dot{r}) - m r \omega_0^2 = m g \sin \omega_0 t$$

oder

$$\ddot{r} - r \omega_0^2 = g \sin \omega_0 t.$$

Die Lösung lautet

$$r = -\frac{g}{2 \omega_0^2} \sin \omega_0 t + A \operatorname{Cof} \omega_0 t + B \operatorname{Sin} \omega_0 t.$$

Ist zur Zeit $t = 0$, $r = 0$ und $\dot{r} = 0$, so bekommen wir

$$A = 0 \qquad B = \frac{g}{2 \omega_0^2}$$

und daher

$$r = \frac{g}{2 \omega_0^2} (\operatorname{Sin} \omega_0 t - \sin \omega_0 t).$$

Als weiteres Beispiel wollen wir ein System mit zwei Freiheitsgraden behandeln.

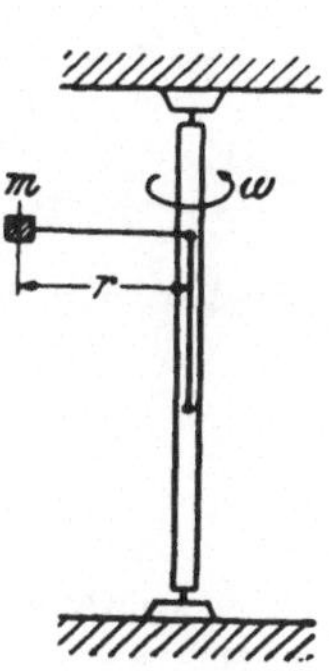

Abb. 255.

Beispiel 66. Eine hohle Welle rotiert um eine Achse und trägt an einem elastischen Seil (Federkonstante c) die Masse m (Abb. 255). Wie wird sich diese bewegen, wenn wir von der Schwerkraft Abstand nehmen und das Seil im ungespannten Zustand gerade bis zur seitlichen Öffnung reicht? Als Koordinaten wählen wir r und den Drehwinkel φ.

$$q_1 = r, \quad q_2 = \varphi.$$

Dann haben wir

$$K = \frac{m}{2} (\dot{r}^2 + r^2 \dot{\varphi}^2).$$

Das Potential der elastischen Kraft ist

$$V = \frac{1}{2} c r^2$$

und daher ist

$$Q_1 = -c r, \qquad Q_2 = 0.$$

Damit erhalten wir

$$\left.\begin{aligned} m \ddot{r} - m r \dot{\varphi}^2 &= -c r, \\ \frac{d}{dt}(m r^2 \dot{\varphi}) &= 0. \end{aligned}\right\} \tag{13}$$

Wählen wir die Anfangsbedingungen so, daß zur Zeit $t = 0$

$$r = r_0, \quad \dot{\varphi} = \omega_0$$

ist und setzen wir $\frac{c}{m} = \omega_1^2$, so bekommen wir

$$\ddot{r} - r\dot{\varphi}^2 + \omega_1^2 r = 0,$$
$$r^2\dot{\varphi} = r_0^2\omega_0$$

und daraus

$$\ddot{r} = \frac{r_0^4\omega_0^2}{r^3} - r\omega_1^2.$$

Multiplizieren wir beide Seiten mit dr und integrieren

$$\dot{r}^2 = \frac{r_0^4\omega_0^2}{r^2} - r^2\omega_1^2 + C_1.$$

Wählen wir noch $\dot{r} = 0$ für $t = 0$ und bestimmen dementsprechend C_1, so erhalten wir

$$\dot{r}^2 = (r_0^2 - r^2)\left(\omega_1^2 - \frac{r_0^2\omega_0^2}{r^2}\right)$$

oder

$$t = \int_{r_0}^{r} \frac{r\,dr}{\sqrt{(r_0^2 - r^2)(\omega_1^2 r^2 - \omega_0^2 r_0^2)}} = \int_{r_0}^{r} \frac{r\,dr}{\sqrt{(r^2 - r_0^2)(\omega_0^2 r_0^2 - \omega_1^2 r^2)}}.$$

Setzen wir $r^2 = z$ und $\frac{\omega_0}{\omega_1} = \varepsilon$, so ist

$$t = \frac{1}{2\omega_1}\int_{r_0}^{r^2} \frac{dz}{\sqrt{(z - r_0^2)(\varepsilon^2 r_0^2 - z)}} =$$

$$= -\frac{1}{2\omega_1}\left[\arccos\frac{r^2 - \frac{r_0^2}{2}(1+\varepsilon^2)}{\frac{r_0^2}{2}(1-\varepsilon^2)}\right]_{r_0}^{r} = -\frac{1}{2\omega_1}\arccos\frac{2r^2 - r_0^2(1+\varepsilon^2)}{r_0^2(1-\varepsilon^2)}$$

oder

$$2r^2 - r_0^2(1+\varepsilon^2) = r_0^2(1-\varepsilon^2)\cos 2\omega_1 t.$$

Suchen wir die Beziehung zwischen r und φ mit Hilfe der Gleichung

$$r^2\frac{d\varphi}{dt} = r_0^2\omega_0,$$

$$d\varphi = r_0^2\omega_0^2\frac{dr}{r\sqrt{(r^2 - r_0^2)(\omega_0^2 r_0^2 - \omega_1^2 r^2)}},$$

so bekommen wir auf analoge Weise

$$2\varepsilon^2 r_0^2 - r^2(1+\varepsilon^2) = r^2(1-\varepsilon^2)\cos 2\varphi$$

oder

$$r^2 = \frac{2r_0^2\varepsilon^2}{(1-\varepsilon^2)\cos 2\varphi + (1+\varepsilon^2)},$$

r ist also eine periodische Funktion von φ mit der Periode π. Es pendelt um den Wert $r_0\varepsilon\sqrt{\frac{2}{1+\varepsilon^2}}$ herum.

200. Bewegung eines Katapultsitzes. Bei manchem Flugzeug ist eine Vorrichtung eingebaut, die es erlaubt, im Falle einer unmittelbaren Gefahr den Piloten samt seinem Sitz und Fallschirm bei abgedecktem Dach hinauszuschleudern. Die dazu nötige Kraft P wirkt längs einer geradlinigen Führung, das Gestell läuft mit der vorderen Stützrolle B geradlinig in der Richtung der Kraft, mit der zweiten A aber auf einer vorgeschriebenen krummlinigen Bahn, die am Ende in eine Parallele zur Kraftrichtung übergeht (vgl. Abb. 256). Die treibende Kraft greift bei der vorderen Rolle an und ist als Funktion des Weges dieses Punktes x vorgegeben: $P = P(x)$. Das System Pilot und Sitz nehmen wir als ein starres System an, dessen Schwerpunkt S uns bekannt ist. Die Rollen mögen nur Normalkräfte übertragen, ersetzen also eine glatte Berührung. Wir wollen die Beschleunigung des Schwerpunktes und die bei der Bewegung auftretenden Stützkräfte berechnen.

Das System hat einen Freiheitsgrad. Wir werden als unabhängige Veränderliche den Weg x des Punktes B nehmen, an dem die Kraft angreift. $y = f(x)$ sei die vorgeschriebene Kurve des Punktes A. Wenn

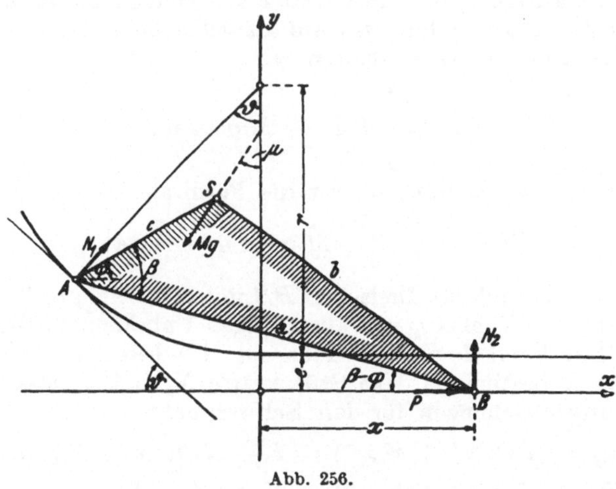

Abb. 256.

wir die Ableitungen nach x durch Striche, die nach der Zeit t wie immer durch Punkte bezeichnen, ist die kinetische Energie des ganzen Systems von der Masse M gegeben

$$K = \frac{1}{2} M (\dot{x}_s^2 + \dot{y}_s^2 + i^2 \dot{\varphi}^2).$$

x_s und y_s sind die Koordinaten des Schwerpunktes. i ist der Trägheitsradius um die Schwerpunkte zur Ebene der Bewegung senkrecht stehende Achse, φ ist der Winkel, den die Richtung AS mit der x-Achse einschließt. Da x_s, y_s und φ die Zeit nicht explizit enthalten, ist

$$\dot{x}_s = \frac{dx_s}{dx} \frac{dx}{dt} = x_s' \dot{x}$$

und ebenso

$$\dot{y}_s = y_s' \dot{x}, \quad \dot{\varphi} = \varphi' \dot{x}.$$

Das gibt

$$K = \frac{1}{2} M \dot{x}^2 (x_s'^2 + y_s'^2 + i^2 \varphi'^2).$$

Setzen wir

$$\frac{\partial K}{\partial \dot{x}} = M\,\dot{x}\,(x_s'^2 + y_s'^2 + i^2\,\varphi'^2) = M\,\dot{x}\,L \tag{17}$$

und

$$\frac{\partial K}{\partial x} = M\,\dot{x}^2 (x_s'\,x_s'' + y_s'\,y_s'' + i^2\varphi'\,\varphi'') = M\,\dot{x}^2\,\frac{1}{2}\,\frac{dL}{dx} = M\,\dot{x}^2\,\frac{1}{2}\,L', \tag{18}$$

so gibt die Lagrangesche Gleichung, wenn wir noch mit μ den Winkel zwischen der y-Richtung und der Lotrechten bezeichnen,

$$M\,\ddot{x}\,L + M\,\dot{x}\,L'\,\dot{x} - \frac{1}{2}\,M\,\dot{x}^2\,L' = M\,\ddot{x}\,L + \frac{1}{2}\,M\,\dot{x}^2\,L' = P - M\,g\sin\mu;$$

durch Multiplikation beider Seiten der Gleichung mit dx und nachfolgender Integration, oder, was auf dasselbe hinausläuft, durch Anwendung des Energiesatzes erhalten wir

$$\frac{1}{2}\,M\,\dot{x}^2\,L = \int\limits_0^x P\,dx - M\,g\,x\sin\mu = A \tag{19}$$

und die Bewegungsgleichung nimmt die Form an

$$M\,\ddot{x} = \frac{1}{L}\left[P - M\,g\sin\mu - \frac{L'}{L}\,A\right]. \tag{20}$$

Ist $y_A = f(x)$ und das Dreieck ABS mit den Seiten a, b, c gegeben, so lassen sich der Winkel φ und alle übrigen Unbekannten durch x ausdrücken. Man kann L und L' nach Gl. (17) berechnen und die Beschleunigung $\ddot{x}$ bestimmen. Die Stützkräfte N_1 und N_2 lassen sich aus den Bewegungsgleichungen für den Schwerpunkt

$$\left.\begin{aligned} M\,\ddot{x}_s &= M\,(\ddot{x}\,x_s' + \dot{x}^2\,x_s'') = P + N_1\sin\vartheta - M\,g\sin\mu, \\ M\,\ddot{y}_s &= M\,(\ddot{x}\,y_s' + \dot{x}^2\,y_s'') = N_1\cos\vartheta + N_2 - M\,g\cos\mu \end{aligned}\right\} \tag{21}$$

ermitteln, wofür $\ddot{x}$ und $\dot{x}$, die Werte aus den Gl. (19) und (20), einzusetzen sind; nur für $\vartheta = 0$, wo die erste der Gl. (21) wegen des Verschwindens von $\sin\vartheta$ versagt, müssen wir auf die Bewegungsgleichung für die Drehung um S

$$\begin{aligned} M\,i^2\,\ddot{\varphi} = M\,i^2\,(\ddot{x}\,\varphi' + \dot{x}^2\,\varphi'') = &- N_1\,c\cos(\vartheta + \varphi) + \\ + N_2\,[a\cos(\beta - \varphi) - c\cos\varphi] &+ P\,[a\sin(\beta - \varphi) + c\sin\varphi] \end{aligned}$$

zurückgreifen.

Wir wollen nun für unsere Kurve $y_A = f(x)$ einen Kreisbogen mit dem Radius r einsetzen, der tangential in eine zur x-Richtung parallele Gerade übergeht. Der Abstand desselben von der x-Achse, die mit der Führung des Punktes A zusammenfällt, sei e (vgl. die Abb. 256). Die Beziehungen zwischen x und ϑ folgen aus den Gleichungen

$$\left.\begin{aligned} x + r\sin\vartheta &= a\cos(\beta - \varphi), \\ e + r\,(1 - \cos\vartheta) &= a\sin(\beta - \varphi). \end{aligned}\right\} \tag{22}$$

Durch Quadrieren und Addieren bekommen wir

$$x^2 + 2\,x\,r\sin\vartheta + 2\,r\,(r + e)\,(1 - \cos\vartheta) + e^2 - a^2 = 0 \tag{23}$$

und daraus

$$(x + r\sin\vartheta)\,dx + [r\,x\cos\vartheta + r\,(r+e)\sin\vartheta]\,d\vartheta = 0,$$

$$\frac{d\vartheta}{dx} = \vartheta' = -\frac{x + r\sin\vartheta}{r\,[x\cos\vartheta + (r+e)\sin\vartheta]}. \tag{24}$$

Weiters erhält man aus

$$e + r\,(1 - \cos\vartheta) = a\sin(\beta - \varphi)\ \vartheta$$

durch Differenzieren nach x die Beziehung

$$r\sin\vartheta\ \vartheta' = -a\cos(\beta - \varphi)\,\varphi'.$$

Da nach der Zeichnung

$$x + r\sin\vartheta = a\cos(\beta - \varphi)$$

ist, ergibt sich, wenn man ϑ' aus Gl. (24) einsetzt,

$$\varphi' = \frac{\sin\vartheta}{x\cos\vartheta + (r+e)\sin\vartheta}, \tag{25}$$

$$\frac{d^2\varphi}{dx^2} = \varphi'' = -\frac{x^2 + x\,r\sin\vartheta\,(1 + \cos^2\vartheta) + r\,(r+e)\sin^2\vartheta\cos\vartheta}{r\,[x\cos\vartheta + (r+e)\ \sin\vartheta]^3}. \tag{26}$$

Ferner ist nach Abb. 256

$$\left.\begin{aligned} x_s &= x - a\cos(\beta - \varphi) + c\cos\varphi, \\ y_s &= a\sin(\beta - \varphi) + c\sin\varphi. \end{aligned}\right\} \tag{27}$$

$$\left.\begin{aligned} x_s' &= 1 - [a\sin(\beta - \varphi) + c\sin\varphi]\,\varphi' = 1 - y_s\,\varphi', \\ y_s' &= [-a\cos(\beta - \varphi) + c\cos\varphi]\,\varphi' = (x_s - x)\,\varphi'. \end{aligned}\right\} \tag{28}$$

Daraus bekommt man

$$x_s'^2 + y_s'^2 = 1 - 2\,y_s\varphi' + y_s^2\varphi'^2 + (x_s - x)^2\varphi'^2 = 1 - 2\,y_s\varphi' + b^2\varphi'^2$$

und demnach

$$L = x_s'^2 + y_s'^2 + i^2\varphi'^2 = 1 - 2\,y_s\varphi' + (b^2 + i^2)\,\varphi'^2. \tag{29}$$

$$\begin{aligned} \frac{1}{2}L' &= -\,y_s'\,\varphi' - y_s\,\varphi'' + (b^2 + i^2)\,\varphi'\,\varphi'' = \\ &= (x_s - x)\,\varphi'^2 - y_s\,\varphi'' + (b^2 + i^2)\,\varphi'\,\varphi''. \end{aligned} \tag{30}$$

Weiters ergibt sich

$$x_s'' = -\,y_s'\,\varphi' - y_s\,\varphi'' = -\,(x_s - x)\,\varphi'^2 - y_s\,\varphi'', \tag{31}$$

$$y_s'' = (x_s' - 1)\,\varphi' + (x_s - x)\,\varphi'' = -\,y_s\,\varphi'^2 + (x_s - x)\,\varphi''. \tag{32}$$

Durch Einsetzen dieser Werte in den Gl. (19) und (20) können wir dann die Geschwindigkeit $\dot{x}$ und die Beschleunigung $\ddot{x}$ für jede Lage des Pilotensitzes berechnen. Die Stützkräfte N_1 und N_2 lassen sich dann aus Gl. (21) ohne weiteres bestimmen.

Wir wollen die Größen für den Augenblick des Übergangs vom Kreis zur Tangente für $x = \sqrt{a^2 - e^2}$ nach Gl. (22) ermitteln. Nach Gl. (23) ist dort $\vartheta = 0$ und nach (22)

$$\beta - \varphi = \operatorname{arc\,sin}\frac{e}{a} = \varepsilon, \tag{33}$$

also

$$\varphi = \beta - \varepsilon,$$

daher wird

$$\varphi' = 0, \quad \varphi'' = -\frac{1}{r\sqrt{a^2 - e^2}},$$

$$x_s = \sqrt{a^2 - e^2} - a\cos\varepsilon + c\cos(\beta - \varepsilon),$$

$$y_s = a\sin\varepsilon + c\sin(\beta - \varepsilon),$$

$$x_s' = 1, \quad y_s' = 0,$$

$$x_s'' = [a\sin\varepsilon + c\sin(\beta - \varepsilon)]\frac{1}{r\sqrt{a^2 - e^2}},$$

$$y_s'' = \frac{[a\cos\varepsilon + c\cos(\beta - \varepsilon)]}{r\sqrt{a^2 - e^2}}$$

und daher

$$L = 1, \qquad \frac{1}{2}L' = \frac{a\sin\varepsilon + c\sin(\beta - \varepsilon)}{r\sqrt{a^2 - e^2}}. \tag{34}$$

Eingesetzt in Gl. (19) und (20) bekommen wir für die Geschwindigkeit

$$\frac{1}{2}M\dot{x}^2 = A = \int_0^{\sqrt{a^2 - e^2}} P\,dx - M g \sin\mu \sqrt{a^2 - e^2} \tag{35}$$

und für die Beschleunigung

$$M\ddot{x} = P - M g\sin\mu - \frac{2A}{r\sqrt{a^2 - e^2}}[a\sin\varepsilon + c\sin(\beta - \varepsilon)]. \tag{36}$$

Wird x größer als $\sqrt{a^2 - e^2}$, dann ist die Bewegung des Körpers eine rein translatorische, beide Stützrollen laufen auf derselben Geraden, dann haben wir nach dem Schwerpunktsatz

$$M\ddot{x} = P - M g \sin\mu.$$

An der betrachteten Stelle beim Übergang vom Kreis zur Geraden haben wir also eine endliche Unstetigkeit der Beschleunigung im Betrage des dritten Gliedes auf der rechten Seite von Gl. (36). Die Geschwindigkeit bleibt nach Formel (35), wie es ja aus physikalischen Gründen immer der Fall sein muß, stetig. Die nach den Gleichungen zu bestimmenden Stützpunkte N_1 und N_2 zeigen an dieser Stelle eine ähnliche Unstetigkeit.

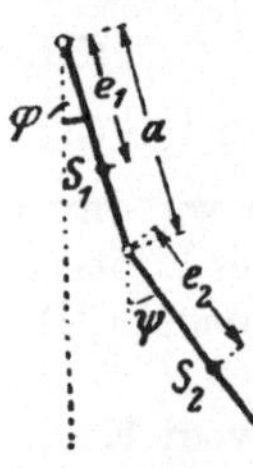

Abb. 257.

201. Das Doppelpendel. Besonders brauchbar erweisen sich die Lagrangeschen Gleichungen bei Systemen, die aus einer endlichen Anzahl starrer Körper bestehen; wir brauchen uns dabei nicht um die Reaktionskräfte zwischen denselben zu kümmern. Als Beispiel wollen wir zuerst das Doppelpendel behandeln, das ist ein System von zwei gelenkig miteinander verbundenen physischen Pendeln, die sich in einer Ebene bewegen und von denen das eine um eine feste Achse schwingt.

Mit den Bezeichnungen in nebenstehender Abb. 257 ist

$$K = \frac{1}{2}(J_1\dot{\varphi}^2 + M_2 v_{s2}^2 + J_{s2}\dot{\psi}^2),$$

wobei J_1 das Trägheitsmoment des ersten Pendels M_1 um die Drehachse, J_{s2} das des zweiten M_2 um die zur Ebene der Bewegung senkrechte Schwerachse bedeutet. Drückt man

$$v_{s2}^2 = \dot{x}_{s2}^2 + \dot{y}_{s2}^2$$

durch $\dot{\varphi}$ und $\dot{\psi}$ aus — diese beiden Veränderlichen werden augenscheinlich die geeignetsten für unser Problem von zwei Freiheitsgraden sein —, so erhält man

$$\begin{aligned} K &= \frac{1}{2}(J_1 + M_2 a^2)\dot{\varphi}^2 + \frac{1}{2}(M_2 e_2^2 + J_{s2})\dot{\psi}^2 + M_2 a e_2 \dot{\varphi}\dot{\psi}\cos(\varphi - \psi) = \\ &= \frac{1}{2} A\dot{\varphi}^2 + \frac{1}{2} B\dot{\psi}^2 + C\dot{\varphi}\dot{\psi}\cos(\varphi - \psi). \end{aligned} \tag{37}$$

Ferner ist

$$\begin{aligned} \delta A &= M_1 g\,\delta x_{s1} + M_2 g\,\delta x_{s2} = -g(M_1 e_1 + M_2 a)\sin\varphi\,\delta\varphi - \\ &- M_2 g e_2 \sin\psi\,\delta\psi = -D\sin\varphi\,\delta\varphi - E\sin\psi\,\delta\psi. \end{aligned} \tag{38}$$

Die Lagrangeschen Gleichungen geben daher

$$\left.\begin{aligned} A\ddot{\varphi} + C\ddot{\psi}\cos(\varphi - \psi) + C\dot{\psi}^2\sin(\varphi - \psi) &= -D\sin\varphi, \\ B\ddot{\psi} + C\ddot{\varphi}\cos(\varphi - \psi) - C\dot{\varphi}^2\sin(\varphi - \psi) &= -E\sin\psi. \end{aligned}\right\} \tag{39}$$

Wir wollen nun, wie beim gewöhnlichen Pendel, uns auf kleine Schwingungen beschränken, also an Stelle des Sinus das Argument selbst setzen und alle Glieder zweiter Ordnung in φ, ψ, $\dot{\varphi}$, $\dot{\psi}$ vernachlässigen. Das gibt

$$\left.\begin{aligned} A\ddot{\varphi} + C\ddot{\psi} + D\varphi &= 0, \\ C\ddot{\varphi} + B\ddot{\psi} + E\psi &= 0. \end{aligned}\right\} \tag{39a}$$

Die Auflösung dieses Systems zweier simultaner Differentialgleichungen mit konstanten Koeffizienten bietet keine besonderen mathematischen Schwierigkeiten, die eingehende Behandlung und Diskussion würde uns aber zu weit führen.

Eine spezielle Frage aber, die von besonderem Interesse ist, können wir schon jetzt beantworten, die Frage nämlich: Unter welchen Umständen ist es möglich, daß beide Pendel relativ zueinander keine Bewegung besitzen, daß dauernd $\varphi = \psi$ bleiben. Dann müssen die beiden aus (39a) sich ergebenden, in φ und $\ddot{\varphi}$ homogenen Gleichungen

$$\begin{aligned} (A + C)\ddot{\varphi} + D\varphi &= 0, \\ (B + C)\ddot{\varphi} + E\varphi &= 0 \end{aligned}$$

zusammen bestehen, es muß eine Beziehung zwischen den Koeffizienten vorhanden sein, deren Determinante muß verschwinden, und wir bekommen daher

$$(A + C)E - (B + C)D = 0. \tag{40}$$

Dieselbe Beziehung ergibt sich, wenn wir die Bedingung $\varphi = \psi$ schon in die Gl. (39) für endliche Schwingungen einführen; treten keine kleinen relativen Schwingungen des einen Pendels gegen das andere auf, dann auch sicherlich keine großen.

Setzen wir in (40) die ursprünglichen Werte für A, B, C, D, E aus den Formeln (37) und (38) ein und drücken wir die Trägheitsmomente durch die reduzierten Pendellängen beider Körper aus

$$J_1 = M_1 e_1 l_1, \quad M_2 e_2^2 + J_{s2} = M_2 e_2 l_2,$$

so erhalten wir

$$a = \frac{l_1 - l_2}{1 + \frac{M_2}{M_1 e_1}(l_2 - e_2)}. \tag{41}$$

Ist $M_2 \ll M_1$, was gerade in praktischen Fällen etwa bei Glocke und Klöppel zutreffen kann — diese bilden ja ein Doppelpendel — oder kann das zweite Pendel als ein mathematisches angesehen werden

$$l_2 = e_2,$$

so reduziert sich (41) auf

$$a = l_1 - l_2, \tag{41a}$$

es muß der Abstand der Drehachsen beider Pendel ungefähr gleich der Differenz der reduzierten Pendellängen sein.

Man kann dieses Resultat leicht durch einen Versuch verifizieren. Wählt man als erstes Pendel einen kreisrunden Reifen, der um einen Punkt seines Umfangs schwingt, so ist die reduzierte Pendellänge gleich dem Durchmesser $2r$. Bringt man nun an einer Stelle B des durch den Drehpunkt O hindurchgehenden Durchmessers in geeigneter Weise ein mathematisches Pendel an, etwa eine Metallkugel an einem Faden, Abb. 258, und macht die Länge desselben gleich der Entfernung $\overline{BC}$ dieses Punktes vom Umfang, so ist Gl. (41a) erfüllt und der Versuch zeigt in der Tat, daß Reifen und mathematisches Pendel in diesem Fall wirklich wie ein einziger Körper schwingen. Ändert man die Länge

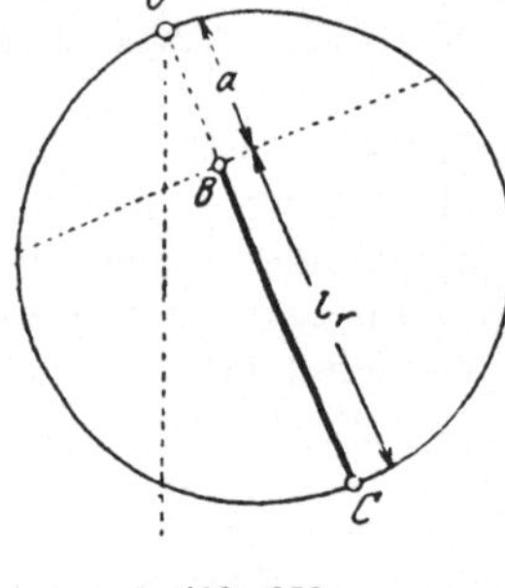

Abb. 258.

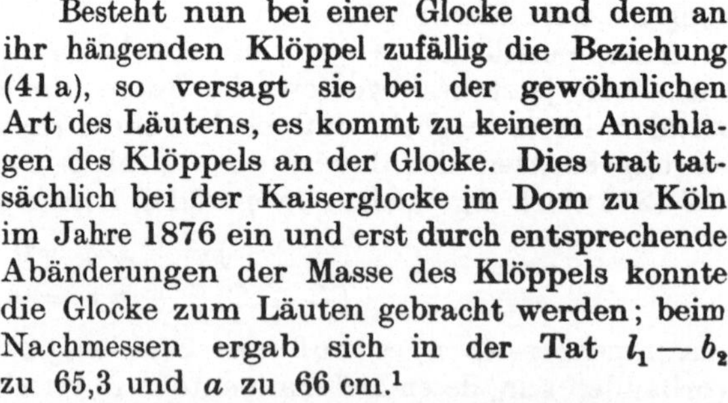
des Pendels, so tritt sofort relative Bewegung auf.

Besteht nun bei einer Glocke und dem an ihr hängenden Klöppel zufällig die Beziehung (41a), so versagt sie bei der gewöhnlichen Art des Läutens, es kommt zu keinem Anschlagen des Klöppels an der Glocke. Dies trat tatsächlich bei der Kaiserglocke im Dom zu Köln im Jahre 1876 ein und erst durch entsprechende Abänderungen der Masse des Klöppels konnte die Glocke zum Läuten gebracht werden; beim Nachmessen ergab sich in der Tat $l_1 - b_2$ zu 65,3 und a zu 66 cm.[1]

Es sei noch hervorgehoben, daß (41) nur eine notwendige, aber nicht auch hinreichende Bedingung für das Gleichbleiben von φ und ψ darstellt, es läßt sich in der Tat zeigen, daß nur für eine, und zwar für die langsamere der sich aus der Integration von (39a) ergebenden zwei Schwingungen beide Pendel wie ein einziges sich bewegen, daß dagegen

[1] Vgl. Veltmann: Über die Bewegung einer Glocke. Dinglers polytechn. Journal 1876.

für die andere, die schnellere Schwingung eine besonders starke Relativbewegung sich einstellt, auch wenn Gl. (41) erfüllt ist.[1]

202. Das Schubkurbelgetriebe. Als weiteres Beispiel wollen wir die Dynamik des Schubkurbelgetriebes untersuchen, wie es bei einzylindrigen Dampfmaschinen in Verwendung kommt. Ein solches besteht aus den rein rotierenden Massen von Kurbelwelle und Schwungrad, den hin- und hergehenden Teilen, Kreuzkopf-, Rollenstange und Kolben, und der eine ebene Bewegung ausführenden Schubstange. Es bildet ein System von einem Freiheitsgrad, die Kinematik desselben haben wir in Nr. 120 schon besprochen und die Ausdrücke für die Geschwindigkeit des Schwerpunktes der Schubstange und des Kreuzkopfes aufgestellt, wobei wir als unabhängige Veränderliche den Kurbelwinkel φ verwendeten. Es ist daher mit den Bezeichnungen von Abb. 185a die kinetische Energie von Kurbelwelle und Schwungrad

$$K_1 = \frac{1}{2} J_1 \dot{\varphi}^2,$$

wenn J_1 das gesamte Trägheitsmoment dieser Teile darstellt. Die kinetische Energie der Schubstange ergibt sich nach Formel (24) von Nr. 120 zu

$$K_2 = \frac{1}{2} M_2 (\dot{x}_2{}^2 + \dot{y}_2{}^2) + \frac{1}{2} y_{s2} \dot{\vartheta}^2 = \frac{1}{2} M_2 (\xi^2 + \eta^2) \dot{\varphi}^2 + \\ + \frac{1}{2} y_{s2} \lambda^2 \frac{\cos^2 \varphi}{\cos^2 \vartheta} \dot{\varphi}^2 = \frac{1}{2} J_2 (\varphi) \dot{\varphi}^2,$$

wobei also

$$J_2 (\varphi) = M_2 (\xi^2 + \eta^2) + \lambda^2 \frac{\cos^2 \varphi}{\cos^2 \vartheta}$$

eine bekannte Funktion von φ darstellt. Die kinetische Energie der hin- und hergehenden Teile ist nach Formel (26) von Nr. 120

$$K_3 = \frac{1}{2} M_3 \dot{x}_3{}^2 = \frac{1}{2} M_3 \zeta^2 \dot{\varphi}^2 = \frac{1}{2} J_3 (\varphi) \dot{\varphi}^2.$$

Von eingeprägten Kräften kommen bei einer Dampfmaschine vor allem der Dampfdruck auf den Kolben und der Widerstand an der Welle bzw. an den mit derselben verbundenen Triebrädern in Betracht, der durch die mittelst Transmissionsriemen angeschlossenen Arbeitsmaschinen verursacht wird. Der Dampfdruck ist als die Resultierende der auf beide Kolbenflächen wirkenden spezifischen Drücke p_1 und p_2 in der Form gegeben

$$P = p_1 F_1 - p_2 F_2,$$

p_1 und p_2 werden als Funktion des Kolbenweges gewöhnlich empirisch in Form eines Diagramms, des Indikatordiagramms, aufgenommen. Der Widerstand an der Welle äußert sich im wesentlichen in Form eines der Bewegung entgegenwirkenden Momentes M_w, das im allgemeinen ebenfalls von dem Drehwinkel φ abhängig sein wird. Die Reibungskräfte zwischen den bewegten Teilen werden dann in der Weise berücksichtigt, daß man von P zunächst einen konstanten, experimentell beim Leerlauf bestimmten Teil abzieht und dann noch eine veränderliche, ebenfalls aus der Erfahrung bestimmte Korrektur in Prozenten anbringt.

[1] Vgl. Hamel, G.: Elementare Mechanik Nr. 342.

Die Eigengewichte der Maschinenteile spielen bei einer liegenden Maschine mit horizontaler Kolbenstange keine große Rolle, man könnte sie übrigens ohne wesentliche Schwierigkeit mit in die Rechnung ziehen. Wenn wir von ihnen absehen, berechnet sich die Arbeit zu

$$A = \int (-\mathrm{M}_w \, d\varphi - P \, dx_3)$$

oder, da

$$dx_3 = -r \frac{\sin(\varphi + \vartheta)}{\cos\vartheta} d\varphi$$

ist, zu

$$A = -\int \left(\mathrm{M}_w - r P \frac{\sin(\varphi + \vartheta)}{\cos\vartheta}\right) d\varphi. \tag{42}$$

Denkt man sich das Getriebe in Ruhe und greift am Kreuzkopf die horizontale Kraft P an, so ist die an der Schubstange wirkende Kraft S bestimmt durch

$$S = \frac{P}{\cos\vartheta}$$

und die in die Tangente an den Kurbelkreis fallende Komponente der in A auf die Kurbel übertragenen Kraft

$$T = \frac{P}{\cos\vartheta} \sin(\varphi + \vartheta). \tag{43}$$

T heißt der Tangentialdampfdruck, es ist der statisch auf den Kurbelkreis reduzierte Druck.

Daher lautet der Ausdruck für die Arbeit bzw. für die potentielle Energie als Funktion von φ

$$V(\varphi) = -A = \int (\mathrm{M}_w - r\,T)\, d\varphi. \tag{44}$$

Die gesamte kinetische Energie ist nach dem Vorigen

$$K = \frac{1}{2} \dot{\varphi}^2 [J_1 + J_2(\varphi) + J_3(\varphi)].$$

Setzen wir zur Abkürzung

$$J_2 + J_3 = J(\varphi),$$

so ist die Impulskomponente

$$P = \frac{\partial K}{\partial \dot{\varphi}} = \dot{\varphi}\,[J_1 + J(\varphi)],$$

ferner

$$\frac{\partial K}{\partial \varphi} = \frac{1}{2} \dot{\varphi}^2 J'(\varphi)$$

und die generalisierte Kraft

$$Q = -\frac{\partial V}{\partial \varphi} = -\mathrm{M}_w + r\,T. \tag{45}$$

Die Lagrangesche Gleichung lautet daher

$$\ddot{\varphi}\,(J_1 + J(\varphi)) + \frac{1}{2} \dot{\varphi}^2 J'(\varphi) = -\mathrm{M}_w + r\,T. \tag{46}$$

Diese Beziehung stellt also die von Reaktionskräften freie, die reine

Bewegungsgleichung für das Schubkurbelgetriebe dar. Wir können ein erstes Integral derselben leicht mit Hilfe des Energiesatzes finden. Setzt man die Gesamtenergie gleich E, so ist

$$\frac{1}{2}\dot{\varphi}^2 (J_1 + J(\varphi)) + V(\varphi) = E \tag{47}$$

oder

$$\omega = \dot{\varphi} = \sqrt{\frac{2\,[E - V(\varphi)]}{J_1 + J(\varphi)}}. \tag{48}$$

Damit läßt sich die endgültige Lösung auf Quadraturen zurückführen; es ist

$$t = \int_0^{\varphi} \sqrt{\frac{J_1 + J(\varphi)}{2\,[E - V(\varphi)]}}\, \partial\varphi. \tag{49}$$

Die Umkehrung dieses Integrals gibt uns φ als Funktion von t, wenn wir eine fertig vorgegebene Maschine vor uns haben. Die noch unbekannte Konstante E erhält man dadurch, daß man die Integration über eine halbe Kolbenumdrehung erstreckt. Ist die mittlere Geschwindigkeit, die man aus der Tourenzahl bestimmt, ω_m — macht die Maschine n Touren pro Minute, so ist $\omega_m = \frac{\pi n}{30}$ —, dann ist die mittlere Umlaufsdauer $\frac{2\pi}{\omega_m}$ und wir haben

$$\frac{2\pi}{\omega_m} = \int_0^{2\pi} \sqrt{\frac{J_1 + J(\varphi)}{2\,[E - V(\varphi)]}}\, \partial\varphi. \tag{50}$$

Daraus kann man E ermitteln und mit Hilfe der früheren Formeln den Gang der Maschine in allen Einzelheiten verfolgen.

203. Diskussion der Bewegungsgleichung. Statt die Integration in dieser allgemeinen Form durchzuführen, kann man eine Reihe von Vernachlässigungen vornehmen. Die einfachste Form nimmt die Bewegungsgleichung (45) an, wenn man die Masse des Gestänges als sehr klein gegen die Masse des Schwungrades annimmt, also $J(\varphi)$ und $J'\varphi$ gegen J_1 vernachlässigt. Das entspricht der ältesten Behandlungsweise. Man hat dann einfach

$$J_1 \ddot{\varphi} = -\mathrm{M}_w + r\,T. \tag{51}$$

Radinger war der erste, der auf die Bedeutung der Masse des Gestänges, besonders bei schnellaufenden Maschinen hinwies. Man pflegt das davon herrührende Glied auf die rechte Seite der Bewegungsgleichung zu bringen und als ein Zusatzmoment aufzufassen, das sich infolge der Wirkung des Gestänges zu $-\mathrm{M}_w + r\,T$ addiert. Man bezeichnet es mit einem nicht gerade glücklich gewählten Namen als den „Massendruck". Um aber auch jetzt noch verhältnismäßig einfache Formeln zu erhalten, vernachlässigt Radinger $J(\varphi)$ gegen J_1, von dem Gedanken ausgehend, daß die Massen des Gestänges immerhin klein sind gegen die des Schwungrades, und behält nur das Glied $J'(\varphi)\,\omega^2$, ersetzt aber das an sich variable ω durch dessen Mittelwert ω_m. Die Bewegungsgleichung hat dann die Form

$$J_1 \dot{\omega} = - M_w + r\,T - \frac{1}{2} J'(\varphi)\,\omega_m^2. \tag{52}$$

Bei der Berechnung von $J'(\varphi)$ kann man außerdem noch Glieder von zweiter Ordnung in λ vernachlässigen, da das Verhältnis von Kurbelradius zur Länge der Schubstangegewöhnlich zu $\frac{1}{5}$ gewählt wird. Unter Umständen kann man auch Glieder in λ selbst gleich Null setzen, man spricht dann von „unendlich langer“ Schubstange.

Ist nun nicht der Gang einer fertigen Maschine zu untersuchen, sondern soll eine Maschine projektiert werden, so ist die Hauptaufgabe die, das Schwungrad bzw. das Trägheitsmoment J_1 so zu bestimmen, daß möglichst kleine Schwankungen in der Winkelgeschwindigkeit auftreten, daß der „Ungleichförmigkeitsgrad“ der Quotient aus der Differenz der größten und kleinsten Drehgeschwindigkeit und der mittleren ω_m

$$\varepsilon = \frac{\omega_{\max} - \omega_{\min}}{\omega_m}$$

unter einer vorgeschriebenen Grenze liegt, je nach dem Zweck der Maschine zwischen $\frac{1}{10}$ und $\frac{1}{100}$.

Mit den oben eingeführten Vernachlässigungen von Radinger nimmt die Energiegleichung (47), wenn wir von der Totpunktslage $\varphi = 0$ ausgehen und die Geschwindigkeit in dieser ω_0 gleich dem Mittelwert ω_m setzen, folgende Form an

$$\frac{1}{2} J_1 (\omega^2 - \omega_m^2) = \frac{1}{2} [J(0) - J(\varphi)]\,\omega_m^2 - V(\varphi) = F(\varphi). \tag{53}$$

Die rechte Seite kann man als Funktion von ω graphisch einzeichnen und das Minimum und Maximum derselben bestimmen. Dann ist

$$\frac{1}{2} J_1 (\omega^2_{\max} - \omega_m^2) = F_{\max}, \quad \frac{1}{2} J_1 (\omega^2_{\min} - \omega_m^2) = F_{\min}$$

und daher

$$\frac{1}{2} J_1 (\omega^2_{\max} - \omega^2_{\min}) = F_{\max} - F_{\min}.$$

Wenn man $\frac{1}{2}(\omega_{\max} + \omega_{\min})$ gleich ω_m setzt, bekommt man

$$J_1 (\omega_{\max} - \omega_{\min}) = \frac{F_{\max} - F_{\min}}{\omega_m}$$

und

$$J_1\,\varepsilon = \frac{F_{\max} - F_{\min}}{\omega_m^2}.$$

Als schließliches Ergebnis erhält man also, wenn ε kleiner als ein gegebenes $\varepsilon_{\max}$ sein soll,

$$J_1 > \frac{F_{\max} - F_{\min}}{\omega_m^2}\,\frac{1}{\varepsilon_{\max}}.$$

Nach dieser auf Radinger zurückgehenden Methode läßt sich das Schwungrad berechnen. Man kann die dabei begangenen Fehler abschätzen und das Verfahren vervollkommnen; v. Mises hat eine vollständige Diskussion und allgemeine Methode zur Behandlung dieses Problems gegeben, von Wittenbauer stammt eine graphische Durchführung dieser Aufgabe.

XII. Mechanische Ähnlichkeit. Theorie der Modelle.

204. Dimensionsbetrachtungen. Bei den Überlegungen, die wir über Dimensionen und Einheiten angestellt haben, wurde darauf hingewiesen, daß die Ausdrücke auf beiden Seiten des Gleichheitszeichens und die Glieder einer Summe alle dieselbe Dimension besitzen müssen und daß dies eine Kontrolle für die Richtigkeit der Formeln bietet. Man kann durch Dimensionsbetrachtungen aber auch direkt die Gestalt einer Formel finden. Wenn man weiß, daß die Fallgeschwindigkeit eines Körpers von der durchfallenen Höhe und dem Schwerefeld bzw. der Schwerebeschleunigung g abhängt, so muß sie durch einen Ausdruck von der Form $k\sqrt{g\,h}$ gegeben sein, da nur diese Zusammenstellung von g und h die Dimension einer Geschwindigkeit aufweist.

$$\left[\sqrt{l\,t^{-2}\,l}\right] = [l\,t^{-1}] = [v].$$

Auf gleiche Weise kann man schließen, daß die Abhängigkeit der Normalbeschleunigung von Bahngeschwindigkeit und Krümmungsradius nur in der Form $\frac{v^2}{\varrho}$ statthaben kann; denn nur diese Kombination beider Größen gibt die Dimension einer Beschleunigung $[l\,t^{-2}]$. Oder um ein weiteres bekanntes Beispiel zu bringen: Die Schwingungsdauer eines Pendels wird nur von der Länge desselben und der Erdbeschleunigung g abhängig sein; dies kann aber nur in der Form

$$\tau = k\sqrt{\frac{l}{g}}$$

geschehen, da nur dann eine Zeit als Dimension herauskommt. Die dabei auftretenden Proportionalitätskonstanten, im letzten Beispiel $2\,\pi$, können natürlich nicht auf diese Weise erschlossen werden.

Ebenso kann man von vornherein behaupten, daß die Geschwindigkeit, mit der sich eine Welle längs eines Seils fortpflanzt, proportional der $\sqrt{\frac{S}{\mu}}$ sein wird, wenn man sich klarmacht, daß die Geschwindigkeit nur von der im Seile herrschenden Spannkraft S und der Masse des Seiles pro Längeneinheit μ abhängen kann; denn nur dann erhält man die Dimension einer Geschwindigkeit

$$\left[\sqrt{\frac{S}{\mu}}\right] = \left[\sqrt{\frac{m\,l\,t^{-2}}{m\,l^{-1}}}\right] = [l\,t^{-1}] = [v].$$

205. Mechanische Ähnlichkeit. Mit diesen Betrachtungen kann man aber noch weitergehen, wenn man im Zusammenhang mit dem Obigen die Frage aufwirft, unter welchen Umständen Bewegungen in mechanisch ähnlicher Weise vor sich gehen. Um einen konkreten Fall vor Augen zu haben, wollen wir uns überlegen, wann zwei Massenpunkte eine geradlinige Bahn so durchlaufen, daß ihre Bewegungsgleichungen dieselbe

Form haben, die konstanten Koeffizienten darin einbegriffen. Wir nennen zwei Bewegungen, bei denen dies der Fall ist, mechanisch ähnlich. Ist das Verhältnis der Massen μ, das der Beschleunigungen β und das der Kräfte $\varkappa$, also

$$m_2 = \mu\, m_1, \qquad p_2 = \beta\, p_1, \qquad P_2 = \varkappa\, P_1, \tag{1}$$

so stimmt

$$m_2\, p_2 = P_2 \text{ mit } m_1\, p_1 = P_1$$

überein, wenn gemäß der Gleichung

$$\mu\, \beta\, m_1\, p_1 = \varkappa\, P_1,$$

$$\frac{\mu\,\beta}{\varkappa} = 1 \tag{2}$$

ist.

Wenn wir von den Beschleunigungen zu den Wegen übergehen und untersuchen, unter welchen Bedingungen die Bewegungen der beiden Punkte mechanisch ähnlich sein werden, wenn

$$x_2 = \lambda\, x_1 \text{ und } t_2 = \tau\, t_1$$

ist, so haben wir wegen der Beziehung

$$\frac{d^2 x_2}{d t_2^2} = \frac{\lambda}{\tau^2}\, \frac{d^2 x_1}{d t_1^2}$$

$\beta = \frac{\lambda}{\tau^2}$ zu setzen und erhalten daher aus (2)

$$\frac{\mu\,\lambda}{\tau^2\,\varkappa} = 1, \tag{3}$$

das sogenannte Ähnlichkeitsgesetz von Bertrand. Eine dieser Zahlen allein kann nicht geändert werden, dann würde die rechte Seite von (3) nicht mehr gleich Eins sein, dagegen können wohl zwei ihren Betrag verändern, aber immer so, daß Gl. (3) bestehen bleibt, dann wird die Ähnlichkeit nicht gestört.

Sollen die beiden Körper auch geometrisch ähnliche Wege durchlaufen, so muß λ und damit auch $\frac{\varkappa\,\tau^2}{\mu}$ konstant sein. Dann ist

$$\tau = k \sqrt{\frac{\mu}{\varkappa}} = k \sqrt{\frac{1}{\beta}}, \tag{4}$$

es verhalten sich die zum Durchlaufen entsprechender Wege, d. h. solcher, die im Verhältnis λ stehen, notwendigen Zeiten wie die reziproken Wurzeln aus den Beschleunigungen. Sind auch diese letzteren konstant, dann muß auch τ unverändert bleiben, dann stehen die in gleichen Zeiten zurückgelegten Wege immer in demselben Verhältnis; alle gleichförmig beschleunigten Bewegungen sind also geometrisch ähnlich.

Wir können diese Überlegungen auf beliebige mechanische Probleme verallgemeinern. Wenn man in dem Ansatz eines solchen die darin auftretenden Größen, wie Länge, Zeit, Masse, Geschwindigkeit, Beschleunigung, Kraft usw., durch Multiplikation mit entsprechenden Zahlenwerten so ändern kann, daß die Gleichungen ihre ursprüngliche

Form mit den gleichen Werten der Koeffizienten beibehalten, so sind die zugehörigen Lösungen mechanisch ähnlich. Die aus diesen Zahlenwerten gebildeten Quotienten, wie in dem besprochenen Fall $\frac{\mu\lambda}{\tau^2\varkappa}$, die dann bestimmte konstante Werte haben, sind für ganze Problemklassen typisch und heißen die Kennzahlen der betreffenden Problemklasse. Wir wollen nun einige Beispiele für mechanisch ähnliche Bewegungen betrachten.

Bei einer gradlinigen Bewegung, bei der die Anziehungskraft von einem Zentrum O proportional der Entfernung ist, lautet die dynamische Grundgleichung

$$m\ddot{x} = -c\,x.$$

Da für die Kraft jetzt $\varkappa = c\,\lambda$ gelten muß, erhalten wir als Kennzahl

$$\frac{\mu}{\tau^2 c} = 1. \tag{5}$$

Da λ sich weggehoben hat, folgt daraus, daß bei gleichem $\frac{\mu}{c}$ entsprechende Wege in gleicher Zeit durchlaufen werden, daß also die Zeit, die ein Punkt von der Masse m benötigt, um nach O zu kommen, von seiner Entfernung unabhängig ist, wenn die Anfangsgeschwindigkeiten immer gleich Null gesetzt werden oder im Verhältnis der Entfernungen stehen. Das gilt auch für Punkte von verschiedener Masse $\mu\,m$, wenn die elastische Konstante c so gewählt wird, daß $\frac{\mu}{c}$ konstant bleibt.

Bei einer Zentralbewegung im Gravitationsfelde haben wir [vgl. Nr. 85, Gl. (16)]

$$\frac{d^2u}{d\varphi^2} + u = \frac{k\,M}{c^2} = \frac{k}{c^2},$$

wo $u = \frac{1}{r}$ gesetzt und die Flächengeschwindigkeit $c = r^2\omega$ ist. Daraus erhalten wir

$$\frac{k_1}{\lambda} + \frac{1}{\lambda} = \frac{k_0}{\lambda^4/\tau^2}$$

oder

$$\frac{\lambda^3}{\tau^2} = \text{konst.} \tag{6}$$

Für zwei verschiedene Planeten, die sich im Gravitationsfeld der Sonne auf ähnlichen Bahnen bewegen, müssen also die dritten Potenzen der Entfernungen zweier auf denselben Fahrstrahl von der Sonne aus liegender Punkte ihrer Bahnen sich so verhalten wie die Quadrate der Zeiten, die die Planeten benötigen, um von korrespondierenden Anfangspunkten in die betrachteten Lagen zu gelangen. Daraus ergibt sich sofort das dritte Keplersche Gesetz.

206. Theorie des Modellversuchs. Auf diesen Überlegungen beruht weiterhin auch die Theorie der Modelle. Bei den großen Schwierigkeiten, die sich oft einer Anwendung der theoretisch gefundenen Resultate auf die vollständige Lösung praktischer Aufgaben entgegenstellen, teils infolge der mathematischen Schwierigkeiten der Berechnung, teils deswegen, weil man nicht alle Einflüsse theoretisch erfassen kann, ist man in vielen Fällen gezwungen, das Experiment, den Modellversuch, zu Hilfe zu nehmen. Wie aber jedes Experiment nur dann neue Erkenntnisse vermitteln kann, wenn es vorher wissenschaftlich durchdacht und unter Berücksichtigung der schon bekannten theoretischen Gesetze durchgeführt wird, so muß auch ein Modellversuch nach diesen Grundsätzen angestellt werden, weil sonst nichts als ein Zeit und Geld raubendes Probieren herauskommt.

Wir wollen nun untersuchen, unter welchen Bedingungen mechanische Ähnlichkeit zwischen Original und Modell zu erzielen ist. Es soll also das Modell, die verkleinerte Nachbildung einer mechanischen Vorrichtung, etwa einer Maschine, sich unter dem Einflusse von Kräften, die denen am Original proportional sind, so bewegen, daß die durchlaufenen Wege und die dazu gebrauchten Zeiten ebenfalls proportional den entsprechenden Größen bei der Maschine selbst sind.

Da bei einer technischen Konstruktion den äußeren Kräften auch das Eigengewicht beigeordnet ist, dieses aber proportional der Masse gesetzt wird, so muß man in (3)

$$\varkappa = \mu$$

schreiben und erhält dann

$$\tau^2 = \lambda. \tag{7}$$

Da die Geschwindigkeiten des Modells und des Originals im Verhältnis

$$\frac{v_2}{v_1} = \frac{\lambda}{\tau}$$

stehen, muß wegen (7)

$$v_2 = \sqrt{\lambda}\, v_1$$

sein, die korrespondierenden Geschwindigkeiten müssen sich wie die Quadratwurzel aus dem Verhältnis der linearen Abmessungen von Modell und Maschine verhalten.

Bei homogenem Material müssen außerdem das Gewicht und damit auch alle Kräfte proportional dem Volumen, also λ^3 sein,

$$\varkappa = \lambda^3.$$

Daher erhalten wir für das Verhältnis der Arbeiten den Wert

$$\varkappa \lambda = \lambda^4 \tag{8}$$

und für das Verhältnis der Leistungen

$$\varkappa \sqrt{\lambda} = \lambda^{\frac{7}{2}}. \tag{9}$$

Auf Grund dieser Beziehungen hat Froude als erster erfolgreiche Schleppversuche mit Schiffsmodellen in Versuchsrinnen gemacht. Die Widerstandskräfte, die dabei auftreten, können proportional der Fläche und dem Quadrat der Geschwindigkeit gesetzt werden, sie geben daher ebenfalls $\varkappa = \lambda^3$, stören also die mechanische Ähnlichkeit nicht. Allerdings muß dabei vorausgesetzt werden, daß die Proportionalitätskonstante in dem quadratischen Widerstandsgesetz dieselbe bei Modell und eigentlicher Ausführung ist, daß also die Oberflächenbeschaffenheit bei beiden als gleich angenommen werden kann. Diese Bedingung ist auch notwendig, damit dieselbe Reibungszahl f sich ergibt.

Bei einer Dampfmaschine müssen auch die Kolbenkräfte bei Modell und tatsächlicher Ausführung im Verhältnis λ^3 stehen. Da sie das Produkt aus Dampfdruck und Kolbenfläche sind, $P = p F$, so muß p ebenfalls proportional λ sein.

Die inneren Kräfte müßten dabei auch dasselbe Gesetz befolgen. Da die

$$\text{Kraft} = \text{Spannung} \times \text{Fläche} = \sigma F,$$

müßte die Spannung σ auch proportional den linearen Abmessungen sein, es müßten sich also auch Festigkeit und zulässige Spannung wie die Abmessungen verhalten. Das ist bei gleichen Baustoffen aber nicht möglich und daher ist in dieser Hinsicht eine ähnliche Abbildung des Originals nicht durchführbar. Da die elastischen Schwingungen einer Konstruktion von diesen inneren Kräften abhängen, kann man auch durch Schwingungsversuche an solchen Modellen nicht auf die wirklichen Schwingungen schließen.

Ein besonders wichtiges Gebiet für Ähnlichkeitsbetrachtungen bildet in der Hydromechanik die turbulente Bewegung einer Flüssigkeit. Trotz der sehr verwickelten und physikalisch genommen noch nicht vollständig geklärten Form der dabei auftretenden Erscheinungen kann man mit Hilfe von Dimensionsbetrachtungen recht gute Schlüsse über die Gestalt der Gesetze ziehen, die dabei auftreten.

Sachverzeichnis.